# Learning and Teaching Early Math
## The Learning Trajectories Approach
### (Third Edition)

# 儿童早期的数学学习与教育

## 基于学习路径的研究（第三版）

[美] 道格拉斯·H.克莱门茨（Douglas H. Clements）　著
朱莉·萨拉马（Julie Sarama）

张俊　周晶　田丽丽　等　译

教育科学出版社
·北京·

# 中文版序：学习路径与儿童数学教育

美国丹佛大学道格拉斯·H.克莱门茨教授和朱莉·萨马拉教授基于大量研究文献，梳理了儿童早期数学学习的进程，即学习路径。这个研究的成果反映在两本书中，本书是其中更偏向实践应用的一本。

作者强调学习路径是循证教育（evidence-based education）的基础。也就是说，教师首先要了解儿童对于某个数学内容的发展路径，才有可能设计相应的教学活动，帮助儿童沿着路径向前发展。这与我国长期以来所提倡的"以学定教"的原则是相吻合的。

有的读者可能会质疑，学习路径不就是我们所说的儿童发展的年龄特点吗？这两个概念之间有什么区别吗？为什么不沿用年龄特点的提法？的确，书中提到儿童有关某个数学内容的学习路径时，也都列出了各个水平的典型年龄。但这只是参考，而不是常模，更不是标准。以我个人的理解，作者更钟意学习路径的概念而非发展的年龄特点，与当代对于儿童学习的新认识密切相关。儿童的能力是成熟、经验及教学的复合体。甚至对于曾非常流行的"发展适宜性"的提法，当代的研究者也逐渐认识到，它不是一个简单的年龄概念，而是建立在儿童先前的学习机会基础之上的。

儿童的数学学习路径，是以先天数学能力为起点，与认知发展水平相适应，具有文化差异和个体差异的数学学习进程。很多研究已经证实，儿童早期的数学能力发展，具有明显的文化差异和个别差异。然而，尽管存在明显的差异，其学习路径却是共同的。我在2009年，该书初版刚刚面世阅读此书时，惊讶地发现，这些基于美国文化背景的研究所描绘出的儿童数学学习路径，与我们在长期的幼儿数学教育实践中所获得的经验是高度吻合的。我相信此书对于我国广大学前教育工作者会有启发，这也是我一直广泛介绍此书并力促引进翻译的原因。

我国当下的学前数学教育实践，仍面临着一些问题和困难。如，很多教师对于儿童数学学习的路径并不了解，这是造成大量无效教学的重要原因。另外，由于幼儿园课程的模式多从过去的学科课程转向综合主题课程，也导致数学教育内容的系统性遭到削弱。我认为，学科的系统性可以是显性的，也可以是隐性的，但无论采用何种课程模式，教师的心中都要有学科。相信学习路径可以启发我们对数学学科的系统性有新的认识。也许我们不应像过去那样把系统性机械地理解成教学内容的先后顺序，而应把系统性看成是儿童学习进程和教学的循序渐进。这样的话，我们的数学教育也就真正做到以儿童为中心了。

最后，衷心感谢教育科学出版社对我的信任，委托我主持本书的中文版翻译工作。我只是做了一些组织工作，大量繁复的翻译工作都是由国内一批对数学教育有研究的青年学者承担：序、第一章、第十至十二章 周晶；第二章至第四章 李正清；第五章至第六章 田丽丽；第七章 张俊；第八章至第九章 柯星如；第十三章至第十四章 臧蓓蕾；第十五章至第十六章 陶莹。因时间仓促，水平有限，错漏在所难免，也恳请大家不吝指正。

南京师范大学　张　俊

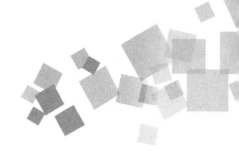

# 数学思维与学习研究

艾伦·H. 舍恩菲尔德，丛书编辑

Artzt, A. F., Armour-Thomas, E., & Curcio, F. R. (2008). *Becoming a Reflective Mathematics Teacher: A Guide for Observations and Self-Assessment* (2nd ed.).

Baroody, A. J. & Dowker, A. (2002). *The Development of Arithmetic Concepts and Skills: Constructive Adaptive Expertise.*

Boaler, J. (2002). *Experiencing School Mathematics: Traditional and Reform Approaches to Teaching and Their Impact on Student Learning* (rev. ed.).

Carpenter, T. P., Fennema, E., & Romberg, T. A. (Eds.) (1992). *Rational Numbers: An Integration of Research.*

Chazan, D., Callis, S., & Lehman, M. (2009). *Embracing Reason: Egalitarian Ideals and the Teaching of High School Mathematics.*

Clements, D. H. & Sarama, J. (2014). *Learning and Teaching Early Math: The Learning Trajectories Approach* (2nd ed.).

Clements, D. H., Sarama, J., & DiBiase, A.-M. (2003). *Engaging Young Children in Mathematics: Standards for Early Childhood Mathematics Education.*

Cobb, P. & Bauersfeld, H. (Eds.) (1995). *The Emergence of Mathematical Meaning: Interaction in Classroom Cultures.*

Cohen, S. (2004). *Teachers' Professional Development and the Elementary Mathematics Classroom: Bringing Understandings to Light.*

English, L. D. (1997). *Mathematical Reasoning: Analogies, Metaphors, and Images.* English, L. D. (2004). *Mathematical and Analogical Reasoning of Young Learners.*

Fennema, E. & Romberg, T. A. (1999). *Mathematics Classrooms that Promote Understanding.*

Fennema, E. & Nelson, B. S. (1997). *Mathematics Teachers in Transition.*

Fernandez, C. & Yoshida, M. (2004). *Lesson Study: A Japanese Approach to Improving Mathematics Teaching and Learning.*

Greer, B., Mukhopadhyay, S., Powell, A. B., & Nelson-Barber, S. (Eds.) (2009). *Culturally Responsive Mathematics Education.*

Kaput, J. J., Carraher, D. W., & Blanton, M. L. (Eds.) (2007). *Algebra in the Early Grades.*

Kitchen, R. S. & Civil, M. (Eds.) (2010). *Transnational and Borderland Studies in Mathematics Education.*

Lajoie, S. P. (Ed.) (1998). *Reflections on Statistics: Learning, Teaching, and Assessment in Grades K–12.*

Lehrer, R. & Chazan, D. (1998). *Designing Learning Environments for Developing Understanding of Geometry and Space.*

Li, Y. & Huang, R. (Eds.) (2012). *How Chinese Teach Mathematics and Improve Teaching.*

Ma, L. (2010). *Knowing and Teaching Elementary Mathematics: Teachers' Understanding of Fundamental Mathematics in China and the United States* (2nd ed.).

Martin, D. B. (2006). *Mathematics Success and Failure Among African American Youth: The Roles of Sociohistorical Context, Community Forces, School Influence, and Individual Agency* (2nd ed.).

Martin, D. B. (Ed.) (2009). *Mathematics Teaching, Learning, and Liberation in the Lives of Black Children.*

Petit, M. M., Laird, R. E., & Marsden, E. L. (2010). *A Focus on Fractions: Bringing Research to the Classroom.*

Reed, S. K. (1999). *Word Problems: Research and Curriculum Reform.*

Remillard, J. T., Herbel-Eisenmann, B. A., & Lloyd, G. M. (Eds.) (2011). *Mathematics Teachers at Work: Connecting Curriculum Materials and Classroom Instruction.*

Romberg, T. A. & Shafer, M. C. (2011). *The Impact of Reform Instruction on Student Mathematics Achievement: An Example of a Summative Evaluation of a Standards-Based Curriculum.*

Romberg, T. A., Carpenter, T. P., & Dremock, F. (Eds.) (2005). *Understanding Mathematics and Science Matters.*

Romberg, T. A., Fennema, E., & Carpenter, T. P. (Eds.) (1993). *Integrating Research on the Graphical Representation of Functions.*

Sarama, J. & Clements, D. H. (2009). *Early Childhood Mathematics Education Research: Learning Trajectories for Young Children.*

Schliemann, A. D., Carraher, D. W., & Brizuela, B. M. (2006). *Bringing Out the Algebraic Character of Arithmetic: From Children's Ideas to Classroom Practice.*

Schoenfeld, A. H. & Sloane, A. H. (Eds.) (1994). *Mathematical Thinking and Problem Solving.*

Schoenfeld, A. H. (2010). *How We Think: A Theory of Goal-Oriented Decision Making and its Educational Applications.*

Senk, S. L. & Thompson, D. R. (2003). *Standards-Based School Mathematics Curricula: What Are They? What Do Students Learn?*

Sherin, M., Jacobs, V., & Philipp, R. (Eds.) (2010). *Mathematics Teacher Noticing: Seeing Through Teachers' Eyes.*

Solomon, Y. (2008). *Mathematical Literacy: Developing Identities of Inclusion.* Sophian, C. (2007). *The Origins of Mathematical Knowledge in Childhood.*

Sternberg, R. J. & Ben-Zeev, T. (Eds.) (1996). *The Nature of Mathematical Thinking.*

Stylianou, D. A., Blanton, M. L., & Knuth, E. J. (Eds.) (2010). *Teaching and Learning Proof Across the Grades: A K–16 Perspective.*

Sultan, A. & Artzt, A. F. (2010). *The Mathematics that Every Secondary School Math Teacher*

*Needs to Know.*

Watson, A. & Mason, J. (2005). *Mathematics as a Constructive Activity: Learners Generating Examples.* Watson, J.M. (2006). *Statistical Literacy at School: Growth and Goals.*

Wilcox, S. K. & Lanier, P. E. (2000). *Using Assessment to Reshape Mathematics Teaching: A Casebook for Teachers and Teacher Educators, Curriculum and Staff Development Specialists.*

Wood, T., Nelson, B. S., & Warfield, J. E. (2001). *Beyond Classical Pedagogy: Teaching Elementary School Mathematics.*

Zazkis, R. & Campbell, S. R. (Eds.) (2006). *Number Theory in Mathematics Education: Perspectives and Prospects.*

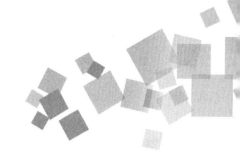

# 前　言

敢于教的人，一定不会停止学习。

——约翰·坎顿·达纳（John Cotton Dana，1856—1929）

数学，从本质上讲，是逻辑思维的诗歌。

——阿尔伯特·爱因斯坦（Albert Einstein，1879—1955）

尽量想出一个最大的数字，再加上5。然后你想象一下如果你有那么多数量的蛋糕。哇哦，那可是比你能想到的最大的数还要多5个哟！

——一名6岁儿童

所有人都知道，有效教学指的是"根据儿童现有的水平"，帮助他们在已有知识的基础上建构新知的过程。但是，说起来容易，做起来难。数学的哪些内容更为重要？哪些内容不那么重要？我们如何判断一名儿童知道了什么？我们如何建构他们的知识：往什么方向建构，用什么方式建构？

我们相信学习路径能回答这些问题，学习路径也能帮助教师成为更有效的专业人员。很重要的一点是，学习路径为教师打开了一扇窗，透过这扇窗，教师可以用新的方式看待儿童和数学，由于儿童的数学推理本身就是令人印象深刻而愉快的，因此教师也可以把数学教学变得更有趣。

学习路径有三个部分：①一个特定的数学目标；②儿童到达这个目标的发展路径；③一系列帮助儿童沿着路径前进的教学活动。所以，理解了学习路径的教师就可以理解数学，理解儿童的数学思维与数学学习的方式，以及如何帮助儿童学得更好。

学习路径在研究与实践之间建立起了联系。它把儿童与数学联系在一起，也把教师和儿童联系在了一起。学习路径帮助教师理解自己的班级在整体上以及班级中个体儿童的知识和思维水平，并将其作为满足儿童发展需求的关键。（公平问题对我们和国家都很重要。整本书的设计就是在帮助你理解如何对所有儿童进行教学。本书的第十四章至第十六章将专门详细地讨论公平问题）本书将帮助你理解儿童早期的数学学习路径，并帮助你成为真正的专业人员。

当然，教学是发生在一定背景之中的。二十年来，我们有幸和几百位早期教育工作者一起工作，在这个过程中我们产生了很多新的关于教学的想法，我们还受邀进入他们的课堂，用这些教室里的儿童来检验这些想法。我们希望能和读者分享这些协作工作的点滴。

## 背景

1998 年，我们在美国科学基金（National Science Foundation，NSF）的资助下，开始了一个为期四年的项目：搭建积木——数学思维的基础，从学前班到小学二年级的基于研究的课程开发。该项目的目的是开发一个基于理论研究和开发框架的幼儿数学课程并对该课程的科学性进行评估。基于早期教与学的理论与研究，我们确定搭建积木课程的基本途径应该是挖掘儿童活动中的数学，并通过儿童的活动发展数学能力。为了达到这个目的，搭建积木项目的所有内容都以学习路径为基础。教师们已经发现将搭建积木课程与学习路径相结合，是一个有力的教学工具。

二十多年过去了，我们仍在寻找激发早期数学研究及课程开发的新机会。来自美国教育部教育科学研究院（Institute of Education Science，IES）、美国科学基金（NSF）、海辛－西蒙斯基金会（Heising-Simons Foundation）、比尔及梅琳达·盖茨基金会和美国特殊教育办公室（Office of Special Education Programs，OSEP）的资助使得我们可以和几千位教师、几万名儿童近距离工作。所有这些机构和个人都对本书及其姐妹篇做出了自己的贡献。此外，这些项目还增强了我们的信心，我们的基于学习路径以及在每一步都有严格实证检验的教学法，反过来也对数学教育领域的所有工作者有所贡献。我们形成了一种和教育者全方位合作的模式——从教师到管理者，从培训者到研究者，在 IES 基金会的支持下，我们又开展了"基于技术和研究的教学、评估和专业发展"（Technology-enhanced，Research-based，Instruction，Assessment，and Professional Development，TRIAD）①项目。

## 本书的姐妹篇

我们相信我们的成功不仅归功于本项目参与人员的贡献，还由于我们致力于将研究中所做的所有东西都落地。因为这项工作中涉及了大量的研究，我们决定出版两本书。本书的姐妹篇——《早期儿童数学教育研究：幼儿的学习路径》（Early Childhood Mathematics Education Research:Learning Trajectories for Young Children）（Sarama & Clements，2009）系统综述了学习路径所依据的基础研究，重点梳理了对学习路径进行描述的相关研究；也就是那些描述儿童在某个数学领域内概念和技能的自然发展进程的文献（尽管我们在本书的再版中增加了一些新的研究文献，但大多数引用的研究都在本书的姐妹篇中）。本书则描述和解释了这些学习路径可以怎样运用到教学实践中，同时，本书也更新了与学习路径相关的研究。

---

① 和很多缩写一样，TRIAD 基本上可行。我们戏谑地请求大家将"professional development"中的 p 作不发音处理。

## 新版增加的内容与不同之处

早期数学教育一直是研究的热点，所以近些年该领域的研究和资源大量涌现，在本书的新版中，我们分享了这些新近的研究和资源。其中，其他国家在该领域所做的尝试是我们重点介绍的内容。另外，本书读者的意见也非常有价值，我们也在尝试把这些建议付诸实践。

另一个非常重要的变化是本书中介绍了新版的"基于学习路径的学习与教学工具"（www.LearningTrajectories.org.）。关于每个数学内容，我们都提供了不同思维发展水平的儿童数学学习的视频，以及教室和家庭环境视频。读者可以通过这些视频，了解教师以及教养者是如何支持儿童学习该数学内容的。读者也可以结合我们提供的其他资源，了解学习路径以及在实践中如何运用学习路径。

## 阅读本书

我们用简明扼要的语言概括了儿童是怎样学习的，以及如何在儿童已有认知的基础上建构新知。在第一章，我们引入了年幼儿童①的数学教育的话题。我们讨论了为什么人们对早期数学教育特别感兴趣。接下来，我们具体描述了学习路径的概念。在本章结尾我们简要介绍了搭建积木项目并解释了学习路径如何成为它的核心。

后面的大部分章节，每一章都分别针对一个数学主题，我们描述了儿童如何理解和学习那个数学主题。读者可以在本书的姐妹篇——《早期儿童数学教育研究：幼儿的学习路径》（Sarama & Clements，2009）中阅读与该主题相关的更加细致的研究综述。接下来，我们阐述了早期经验——从出生伊始——以及基于课堂的教育是如何影响儿童学习该主题的。

从第二章至第十一章，每一章都有对该章节主题的学习路径的详细描述。

————————————

① 本书中年幼儿童指0—8岁的儿童。——编者注

不要仅仅阅读那些主题章节，尽管你只是想要教某个主题！在最后三章，我们讨论了一些将以上思想运用于实践的重要问题。第十四章，我们描述了儿童的数学思维及他们的情感卷入，本章最后也探讨了公平问题。第十五章，我们讨论了早期数学教育发生的背景及所采用的课程。第十六章，我们综述了我们对具体教学实践的认识。这三章的话题是本书独有的，在姐妹篇中没有相对应的章节，因此，我们在本书中相对做了更多的文献综述，同时也列出了清晰的实践启示。

面对不同需要的儿童，要想有效地教学，请阅读第十四章、第十五章尤其是第十六章。有些读者可能在读完第一章后，马上就有阅读这三章的冲动。无论你选择什么方式，请知晓那些描述儿童在每个主题的学习和有效教学的学习路径，只是故事的一个部分——而另一重要的部分则在最后三章里。

本书并不是"教学锦囊"（我们承认本书中的很多教学策略、教学活动，尤其是儿童对这些策略和活动的反应，可以称得上是锦囊妙计），然而，我们相信，它将是您作为早期数学教师所能读的最实用的书。很多与我们合作过的教师都说，一旦他们理解了学习路径和在课堂实施的方式，他们及他们所教的儿童一直朝着好的方向在改变。而且，他们也改变了自己的信念和那些错误概念。关于早期数学教育，当前很多教师依然有以下这样的观念。

1. 年幼儿童还没做好接受数学教育的准备。

2. 数学是为那些有数学基因的聪明儿童准备的。

3. 年幼儿童掌握一些简单的数字和形状就足够了。

4. 语言和读写比数学更重要。

5. 教师应该给儿童提供丰富的物理环境，并且退后，让儿童游戏。

6. 数学不应该作为一个独立的学科来教。

7. 对年幼儿童进行数学评估是不恰当的。

8. 与具体实物进行互动是儿童学习数学的唯一途径。

9. 在数学教和学中运用计算机是不合适的。

——松·李、金斯伯格（Sun Lee & Ginsberg，2009）

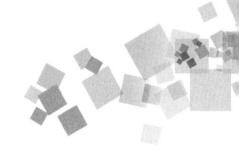

# 致　谢

**对资助机构的感谢**

我们希望对那些不仅提供了经济支持，还提供了智力支持的资助机构表示感谢。这些资助机构的支持形式包括项目官员的指导，尤其是最近，美国教育科学研究院（Institute of Education Sciences，IES）的卡罗琳·埃班克斯和克里斯蒂娜·S.钦以及美国科学基金（National Science Foundation，NSF）的伊迪丝·S.古默，为我们提供了大量支持与指导。在这些资助机构的支持下，我们也有机会与其他机构合作、参与项目并参加会议与同事交流想法。

本书报告的想法和研究得到了以下所有机构的支持。本书中表达的任何意见、结论和建议都是作者的意见，并不一定反映资助机构的意见。

Barrett, J., Clements, D. H., & Sarama, J. *A longitudinal account of children's knowledge of measurement*. Awarded by the NSF [Directorate for Education & Human Resources (EHR), Division of Research on Learning in Formal and Informal Settings (DRL)], award no. DRL-0732217. Arlington, VA: NSF.

Barrett, J., Clements, D. H., Sarama, J., & Cullen, C. *Learning trajectories to support the growth of measurement knowledge: Prekindergarten through middle school*. Awarded by the NSF (EHR, DRL), award no. DRL-1222944. Arlington, VA: NSF.

Clements, D. H. & Sarama, J. *Building blocks—Foundations for mathematical thinking, prekindergarten to grade 2: Research-based materials development*. Awarded by the NSF [EHR, Division of Elementary, Secondary & Informal Education (ESIE), Instructional Materials Development (IMD) program], award no. ESI-9730804. Arlington, VA: NSF.

Clements, D. H. & Sarama, J. *Scaling up TRIAD: Teaching early mathematics for understanding with trajectories and technologies—Supplement*. Awarded by the IES as part of the Interagency Education Research Initiative (IERI) program, a combination of the IES, the NSF [EHR, Division of Research, Evaluation and Communication (REC)], and the National Institutes of Health (NIH) [National Institute of Child Health and Human Development (NICHD)]. Washington, D.C.: IES.

Clements, D. H. *Conference on standards for preschool and kindergarten mathematics education*. Supported in part by the NSF (EHR, ESIE) and the ExxonMobil Foundation, award no. ESI-9817540. Arlington, VA: NSF. In Clements, D. H., Sarama, J., & DiBiase, A.-M. (Eds.). (2004). *Engaging young children in mathematics: Standards for early childhood mathematics education*. Mahwah, NJ: Lawrence Erlbaum Associates.

Clements, D. H., Sarama, J., & Layzer, C. *Longitudinal study of a successful scaling-up project: Extending TRIAD*. Awarded by the IES (Mathematics and Science Education program), award no. R305A110188. Washington, D.C.: National Center for Education Research (NCER), IES.

Clements, D. H., Sarama, J., & Lee, J. *Scaling up TRIAD: Teaching early mathematics for understanding with trajectories and technologies.* Awarded by the IES as part of the IERI program, a combination of the IES, the NSF (EHR, REC), and the NIH (NICHD). Washington, D.C.: IES.

Clements, D. H., Sarama, J., & Tatsuoka, C. *Using rule space and poset-based adaptive testing methodologies to identify ability patterns in early mathematics and create a comprehensive mathematics ability test.* Awarded by the NSF, award no. 1313695 (previously funded under award no. DRL-1019925). Arlington, VA: NSF.

Clements, D. H., Sarama, J., Bodrova, E., & Layzer, C. *Increasing the efficacy of an early mathematics curriculum with scaffolding designed to promote self-regulation.* Awarded by the IES, Early Learning Programs and Policies program, award no. R305A080200. Washington, D.C.: NCER, IES.

Clements, D. H., Sarama, J., Klein, A., & Starkey, P. *Scaling up the implementation of a pre-kindergarten mathematics curricula: Teaching for understanding with trajectories and technologies.* Awarded by the NSF as part of the IERI program, a combination of the NSF (EHR, REC), the IES, and the NIH (NICHD). Arlington, VA: NSF.

Clements, D. H., Watt, D., Bjork, E., & Lehrer, R. *Technology-enhanced learning of geometry in elementary schools.* Awarded by the NSF (EHR, ESIE), Research on Education, Policy and Practice (REPP) program. Arlington, VA: NSF.

Sarama, J. & Clements, D. H. *Planning for professional development in pre-school mathematics: Meeting the challenge of Standards 2000.* Awarded by the NSF (EHR, ESIE), Teacher Enhancement (TE) program, award no. ESI-9814218. Arlington, VA: NSF.

Sarama, J., Clements, D. H., Duke, N., & Brenneman, K. *Early childhood education in the context of mathematics, science, and literacy.* Awarded by the NSF, award no. 1313718 (previously funded under award no. DRL-1020118). Arlington, VA: NSF.

Starkey, Prentice, Sarama, J., Clements, D. H., & Klein, A. *A longitudinal study of the effects of a prekindergarten mathematics curriculum on low-income children's mathematical knowledge*. Awarded by the Office of Educational Research and Improvement (OERI), U.S. Department of Education, as Preschool Curriculum Evaluation Research (PCER) project. Washington, D.C.: OERI.

**对麦格劳 – 希尔集团的感谢**

作者和出版方感谢麦格劳 – 希尔集团允许他们在本书中使用许多屏幕截图。

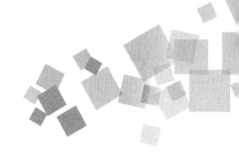

# 何为基于学习路径的
# 学习与教学 - [ LT ]²

• [ LT ]² 是一个网络工具，早期教育工作者可以运用该工具去学习儿童是如何进行数学学习与数学思考的。同时，该工具还可以帮助早期教育工作者学习如何根据年幼儿童（0—8 岁）的特点，进行数学教学。

• [ LT ]² 提供了大量儿童以自己的方式进行数学学习以及关于班级教学的短视频，教师、教养者以及家长可以通过观看短视频，理解儿童的数学学习路径。

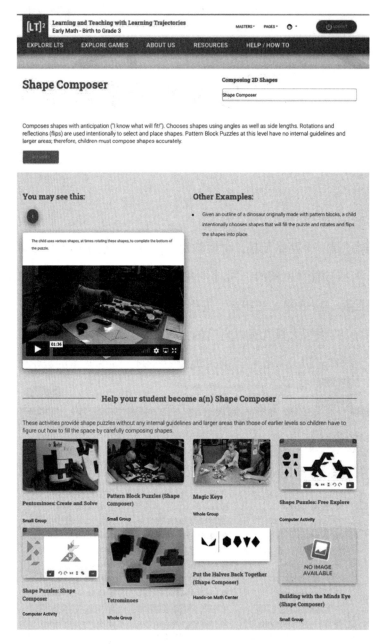

　　[LT]² 是一个关于早期数学教学与学习的开放性工具，该工具与本书关系密切。该工具的开发也得到了海辛-西蒙斯基金会、比尔及梅琳达·盖茨基金会的资助，同时也受到了大量研究的启发，如朱莉·萨拉玛教授和道格拉斯·H. 克莱门茨教授的研究。大规模的研究表明，学习路径及 [LT]² 是有效的，这一点也同样得到了"有效教学策略资料中心"（What Works Clearinghouse）的证实。学习路

径相关研究还登上了《纽约时报》的封面，《华尔街日报》也对我们进行了介绍，可见基于学习路径的教学策略及［LT］²的有效性。

　　［LT］²与所有技术平台都是兼容的，适用于0—8岁的儿童，同时与美国学校数学教育标准以及评价指标也是一致的。［LT］²还开发了儿童适用的计算机软件。教师可以运用［LT］²帮助儿童发现日常生活中的数学，并通过日常生活学习数学。日常性的活动包括艺术、故事、拼图、游戏等。我们会在网站 Learning Trajectories.org 上不断更新相关内容，读者可以登录网站阅读这些内容，同时可以借鉴一些能够支持儿童数学学习的互动性游戏以及一些实用性的工具。

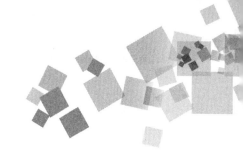

# 目　录

## 第十六章 教学实践与教学方法 / 497

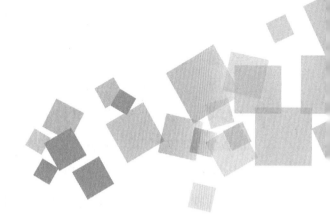

# 第一章　年幼儿童与数学学习

波士顿在下雪，幼儿教师萨拉·加德纳（Sarah Gardner）班上的孩子们陆续来园。她这一整年都在致力于开展高质量的数学教育，不过她仍然很惊讶于孩子们跟踪情境的能力：他们一直在说着"现在，来了11个了，还有7个没来。现在，来了13个了，还差5个。现在……"。

为什么这么多人对年幼儿童的数学学习感兴趣？因为早期数学非常重要。

第一，数学在当代全球经济中发挥着越来越重要的作用，但是很多国家国民的数学成绩却在下降。美国有较高学业表现的儿童数量远远不如其他国家，有较低学业表现的儿童数量却远远高于其他国家，这种情况在数学领域表现尤甚。这种成绩上的差异在小学一年级、幼儿园，甚至是学前阶段[①]就表现出来了（Gerofsky，2015b；Mullis，Martin，Foy & Arora，2012b；OECD，2014）。另外，很多国家学业表现较好的儿童的成绩一直在提升，但是美国同等的儿童却没有表现出持续性的进步（Mullis et al.，2012b）。这也是为什么在全球范围内，包括非洲、南美洲和拉丁美洲、亚洲，所有国家对早期数学教育都非常重视的一个原因。同时，各国也普遍关注那些没有早期数学学习机会的儿童（McCoy et al.，2018b）。

大部分美国儿童甚至没有机会学习在许多其他国家所教的程度较深的数学内容。如果每名儿童都有这样的数学学习

> 在 20 世纪的大部分时间，美国拥有难以匹敌的数学实力——不管是从在美国工作的数学专家的学识渊博程度和数量，还是从美国的工程、科学的规模和质量，美国在金融领域的领导地位，以及美国民众接受的数学教育的程度来衡量。但是，如果其教育系统没有实质性和持续的变化，美国将在 21 世纪失去出其领导地位。
>
> ——美国数学顾问委员会[②]（NMP，2008）

> 大部分儿童在进入幼儿园之前就有了大量数学知识。这一点很重要，因为儿童这一阶段的数学能力与他们在小学、初中，甚至是高中的数学学习息息相关。与来自高收入家庭的儿童相比，大部分来自低收入家庭的儿童入园时的数学知识都是极为匮乏的。从学前到 12 年级（pre-K-12），这些儿童与高收入家庭儿童的数学学业表现的差距越拉越大。
>
> ——美国数学顾问委员会（NMP，2008）

---

[①] 根据美国的学制，幼儿园（或称 K 年级）指的是入小学前的一年，相当于中国的幼儿园大班。而学前班（Pre-K）指的是幼儿园之前的阶段，相当于中国的幼儿园小班、中班。——译者注

[②] 本书作者之一道格拉斯·H. 克莱门茨也是这个国家数学委员会的成员，并且是报告的作者之一。

机会，每个国家的每个人都有机会改变自己的经济收入及社会地位，因为每个人都可以为社会的政治、经济、科技发展做出自己的贡献。

第二，早期阶段对人一生的发展至关重要。有研究表明，儿童在 5 岁时的数学成绩可显著预测小学时期的数学成绩（Duncan et al.，2007）。这一阶段儿童的数学成绩还可以预测儿童在小学的阅读成绩（Duncan et al.，2007；Duncan & Magnuson，2011）。看来数学是认知的核心成分。另外，研究表明，早期数学学业表现也是儿童是否能够从高中毕

> 幸运的是，一些致力于提高学前与幼儿园阶段儿童（尤其是那些来自低收入家庭的儿童）数学学业表现的课程取得了一些可喜的结果。一些关于学习的科学研究项目开发了很多有效的技术，教师可以在教室中运用这些技术，有效地促进儿童的数学学习。
>
> ——美国数学顾问委员会（NMP，2008）

业的最重要的预测因子（McCoy et al.，2017；Watts，Duncan，Siegler & Davis-kean，2014）。还有一项比较有争议的研究表明，即使在控制了其他变量后，儿童在 7 岁时的数与运算能力能够显著预测 42 岁时的社会经济地位（Ritchie & Bates，2013）。

上述研究表明，数学概念和技能对于所有学段的学习以及人的一生发展都至关重要。数学为我们提供了一种看待世界的新方式。透过数学，我们能够发现生活中的美，也能够运用数学去解决生活中的实际问题。然而，数学的作用远远不止如此：数学与批判性思维以及问题解决相关，高质量的数学学习经历能够提高学习者的社会性、情绪情感、读写能力，对大脑的发展也起着重要作用（Aydogan et al.，2005b；Clements，bSarama，Layzer，Nulu & Fesler，2020a；Dumas，McNeish，Sarama & Clements，2019；Sarama，Lange，Clements & Wolfe，2012b）！从这个意义上讲，早期数学成绩能够预测儿童后期的学业成功也就不足为奇了。

第三，除了美国儿童与世界他国儿童在数学学业表现之间的巨大差异，美国来自不同社会阶层儿童之间的数学学业表现之间也存在巨大差异。最近一些年，这种经济上的差异及学业表现上的差异越来越大（Bachman，Votruba-Drzal，El Nokali & Castle Heatly，2015；Reardon，2011）。儿童不应该由于家庭所在的社区

缺少足够的数学教育资源而在学业上处于劣势地位——实际上他们也没必要如此。这些儿童也应该在充足的教育资源的支持下，享受高质量的早期数学教育。这也是我们一直致力于开发优质的早期数学学习资源的初衷：所有社区的儿童都可以享受高质量的早期数学教育。

第四，如果美国儿童在起步时知识有限，后期的学业成绩也落后于其他国家，那还可能有亮点吗？答案是肯定的。从出生伊始，儿童就萌生出了浓厚的数学学习的兴趣与好奇心，他们能够像数学家一样进行思考。在高质量的早期教育课程中，年幼儿童就能够对数学概念进行深入的探究，这真的很令人惊讶。他们在内在动机的激发下，通过自然的方式学习数学技能、问题解决和数学概念。年幼儿童乐于以数学的方式进行思考，这一点使得我们有理由开展早期数学教育，支持儿童进行早期数学学习。儿童因自己的想法（正如前言的开头所描述的那名 6 岁儿童）和他人的想法而兴奋。为了培养完整儿童，我们必须提高儿童的数学能力。

第五，在高质量的数学课程中，儿童的推理和学习也让教师非常欣喜。在早期教育阶段，高质量的数学教育不是要求年幼儿童学习小学的运算内容。相反，好的教育允许儿童在游戏和探索世界的过程中获取数学经验。每年都有相当大比例的儿童在托幼机构中接受教育。身为教师，我们有责任为所有儿童提供数学知识，同时享受数学学习的快乐，尤其是那些缺乏高质量教育经历的儿童。好的教师可以运用基于研究的工具来迎接挑战。

这些工具包括如何帮助儿童用适宜的、有效的方法进行学习的具体指导。在本书中，我们把这些知识综合在一起，提供了一个核心的工具：早期数学中每个主题的学习路径（learning trajectories）。

## 什么是学习路径

儿童的学习与发展遵循自然的发展进程。举个简单的例子，他们先学习爬行、走路，然后跑、跳，直到快速和灵巧地跳跃。这是儿童动作的发展进程。同样，儿童的数学学习也遵循着自然的发展进程。在这个自然的发展进程中，儿童用自己的方式学习数学技能和概念。

当教师理解数学的每个主要领域或主题的发展进程，并尊重儿童的发展进程进行教学时，他们创设的数学学习环境才会特别具有发展适宜性和有效性（见图1.1）。发展进程就是本书的学习路径的基础。学习路径帮助我们回答这样几个问题：我们要达成什么样的目标？要实现这个目标，我们要从哪里开始？我们怎么知道下一步该做什么？我们怎样才能实现这个目标？

学习路径包括三个部分：①数学目标；②儿童到达目标所要经历的发展进程；③一套教学活动或任务，和上述发展进程中每个思维水平相匹配，以帮助儿童发展到更高的思维水平。让我们来看看这三个部分。

## 目标：数学的大概念（big ideas）

学习路径的第一个部分是数学目标。我们的目标包括"数学核心经验"——一些概念和技能，在数学中是最核心的、相互关联的，并且这些概念和技能与儿童的思维相匹配，并对儿童未来的学习具有生成性。这些核心经验由数学家、研究者以及数学教师提出（CCSSO/NGA，2010；Clements，2004；NCTM，2006；NMP，2008）。

核心经验既包括数学内容，也包括与儿童的数学思维、数学学习相关的一些研究。如，有一个核心经验是可以通过计数确定集合中元素的数量。

图 1.1　卡门·布朗（Carmen Brown）在鼓励儿童"数学化（mathematize）"

## 发展进程：学的道路

　　学习路径的第二个部分包括思维的不同水平，它们一个比一个复杂，儿童遵循这个发展进程，用自己的方式实现发展，并最终达到数学目标。也就是说，发展进程描述了儿童在学习某个数学主题时，其理解和技能所能达到的不同水平。

> 　　人类出生时就有对数量的基本感知。
> 　　——吉尔里（Geary，1994）

　　儿童数学能力的发展从生命之初就开始了。正如我们将要看到的，年幼儿童在出生时，就在数、空间、模式等方面拥有某种类似数学的能力。然而，年幼儿童的概念和他们对情境的理解与成人是完全不同的。正因为此，好的教师会谨慎地避免站在成人的立场，以成人的视角去看见情境、理解问题或解决方案。相反，好的教师会解释儿童正在做、正在想的，努力站在儿童的视角来看当前情境。类似地，当与儿童互动时，这些教师也会从儿童的角度出发来考虑环境、教学任务和自己的行为，以便帮助儿童发展到下一个思维水平。这使得早期幼儿教育既高要求，又高回报。

学习路径为每个发展进程的每个水平提供了简单的标签和范例。在表 1.1 中 ①，"发展进程"栏描述了计数的学习路径中的三个主要发展水平。在描述儿童每一个概念的"发展进程"时，都包括儿童在每个水平上的思维和行为的范例。

## 教学实践：教学路径

学习路径的第三个部分包括与发展进程中每个思维水平相一致的一整套教学实践，包括教育环境、互动以及教学活动。这些活动的设计旨在帮助儿童学习达到下一个思维水平所需要的概念和技能。也就是说，作为教师，我们可以用这些任务来帮助儿童从前一个发展水平向目标水平发展。表 1.1 的最后一栏提供了教学活动的范例。（再次提醒，第三章中完整的学习路径不仅包括所有的发展水平，也包括每个水平的教学活动。）

教学活动是怎样帮助儿童从一个水平向下一个水平发展的？教学与学习都是极为复杂的过程，很难用简单的语言描述，但是我们尽可能通过儿童的操作或身体动作将头脑中进行的"对物体的操作"外显化，以揭示儿童思维发展的水平（再一次提醒，第三章对此会有详细的介绍；下面的内容只是一些简单的例子）。表 1.1 中的活动表明，我们可以通过日常生活中有趣的活动培养儿童口头数数的能力，如数一数书的数量、唱数字歌、玩手指游戏、一边拍手一边数数、一边上楼梯一边数数等。每个活动都能够支持儿童伴随自己的身体动作，按照数词顺序进行口头数数。同时，儿童也会发现，随着嘴巴里说出的数词增大，对应的量也在增加（手指数越来越多，台阶也越爬越高）。儿童慢慢意识到，自己的身体动作，如拍手或爬楼梯，与嘴里说出的数词的顺序是一一对应的关系。

厨房计数是一个包含了口头数数的活动，该计算机程序能够培养儿童对物体的注意力（点击某个物体），儿童要点击每个物体，且只能点击一次。每点击一次，数过的食物就会被咬掉一口，出错的时候计算机就会发出提示信息（你已经咬过

---

① 表中的年龄是儿童发展这些概念的典型年龄。然而，儿童之间的差异是非常大的。我们需要谨记，在高质量的教育的支持下，儿童能达到更高水平的发展。

这个了！），儿童通过这种操作活动练习了一一对应能力。①

　　计数（小数量计数）水平包含了一个极具挑战性的概念：数数时，嘴里说出的最后一个数词表示的是集合元素的总数。在成人看来，这是显而易见的。但是基数概念，也即数数后判断"有多少"，是儿童必须要去建构、理解的一个概念。请仔细阅读下面的例子"我的手里有多少？"（见图1.2）。作为对比，我们先来思考另一种做法的效果：很多教师会把要数的物体排成一排，如，4个立方体积木，然后要求一组儿童跟着教师手点的动作口头数数，"1，2，3，4"。在这种活动中，儿童确实在练习口头数数，但是数词和物体的一一对应是由教师完成的，儿童在口头数数的时候可能并未意识到这种一一对应关系，也并未关注到基数概念。

表 1.1　计数的学习路径举例（每个水平的详细描述、
完整的学习路径以及链接的资源详见第三章）

| 年龄（岁） | 发展进程 | 教学活动 |
|---|---|---|
| 1 | **说出数词（number word sayer）：基础**<br>能说出数词，但不遵循数的顺序。 | • 数词对话：将数词与数量对应，按照顺序说出数词。<br><br>10个朋友手指游戏及2只蝴蝶手指游戏：这样的手指游戏很有趣，可以用来教会儿童计数并掌握数词。 |
| 1—2 | **唱数（chanter）**<br>像唱歌一样口头唱数，有时会混淆、无法区分数词。<br>成人给动物玩偶分1—6个食物代币，观察成人操作后，儿童会模仿成人的操作，并关注分给玩偶的食物代币的数量。 | • 口头唱数、唱数字歌、手指游戏及其他活动：在不同情境中，按照数词顺序进行唱数。可以包含唱歌；手指游戏，如"这个老人"；上下楼梯时数数；只是为了好玩而口头数数（你能数到多少？）。<br><br>用沙锤等物体数数，用沙锤或其他打击乐器支持儿童数概念以及计数技能的发展。 |

① 对于婴幼儿和学步儿而言，环境与互动是非常重要的。环境中丰富的材料，与成人及同伴之间有趣的、日常性的互动为年幼儿童的数学学习打下了坚实的基础。

续表

| 年龄（岁） | 发展进程 | 教学活动 |
|---|---|---|
| 3 | **复述（reciter）（10以内）**<br>口头数数1—10，保持数词与物体之间的一一对应，但一一对应时较为刻板，有时会出现错误（如漏数、重复数某个数词）。<br>"1（手指着第一个物体），2（指着第二个物体），3（开始点数），4（停止点数，但手指还指着第三个物体），5，……9，10，11，12，13，15……" | ● 数数、拍手、跺脚：所有儿童一起从1数到10或者数到一个喜欢的数字，每数一个数，做一个动作。如，数1的时候拍头，数2的时候拍肩膀，数3的时候拍头，诸如此类。 |
| | **计数（counter）（小数量数数）**<br>能够准确地数排成一排的5个以内的物体，并用最后一个说出的数词来回答"有多少"的问题，理解最后一个说出的数词表示的是总数（基数原则）。 | ● 糊涂先生：糊涂先生数数时犯了很多错误，如数数后用来回答"有多少"问题的数词是不对的；儿童帮助糊涂先生纠正这些错误。 |

[LT]² ■全班 ■小组 ❙班级 ❙计算机中心

## 手里有多少？

路径：计数
水平：计数（小数量计数）

✔ **活动概述：** 儿童要学会通过数数回答"有多少"的问题（也就是嘴巴里说出的最后一个数词代表的是集合中元素的数量）（活动来源：搭建积木项目）

**活动：**
· 一只手拿4块单元积木，把手藏在身后。
· 告诉儿童，你看到了这些木质单元积木，你想知道一只手能拿多少块这样的积木。
· 要求儿童跟你一起大声地数一数手里有几块积木。
· 把其中的一块积木移到一边，放到儿童能看到的地方。一边用手指着这块积木，一边跟儿童一起数1。
· 重复这样的动作，直到数完手里的4块积木。然后向儿童展示这只手是空的，什么都没有。
· 向儿童提问"有多少块积木（同时用手围绕着积木画一个圈）？"，如果儿童回答正确，表示同意，然后再用手围绕着积木画一个圈，再一次说："是的，这里一共有4块积木。"
· 告诉儿童你已经在学习区（或学习桌上）放了一些单元积木，鼓励儿童在自由活动时间到学习区试一试，看看他们的小手里能拿几块这样的积木。
· 接下去的几天里，你可以变换数量，也可以换大小不同的积木，重复这个活动。

**材料：**
✔ 木质单元积木或者其他差不多大小的物体（成人一只手能拿4块或5块）

**注意：**
1. 拿好积木后，把手藏起来，这样就有了这个关于数量的问题——手里有多少块积木？——也引出了数数活动。
2. 一次拿一块积木，帮助儿童运用数感（识别小集合元素的数量）去理解"基数原则"或通过数数回答"有多少"的问题。也即，当我们嘴巴里数到"2"的时候，看到2个物体；嘴巴里数到"3"的时候，看到3个物体；嘴巴里数到"4"的时候，看到4个物体。

图1.2 活动"我手里有多少？"

相比较而言，活动"我的手里有多少"能够帮助儿童在数数的过程中关注基数概念以及基数原则，即嘴里说出的最后一个数词代表的是总数，该活动通过以下几种方式对儿童的计数能力发挥重要作用（见图1.2）。

1. 教师把拿着积木的手藏在自己的身后，这唤起了儿童对基数概念的兴趣与好奇心；教师的手里藏着多少块积木呢？

2. 一次移动一块积木，唤起了儿童对小数量的意识（见第二章）。当数到1的时候，看到1块积木，数到2的时候，看到2块积木，所以最后一个说出的数词，代表的是他们看到的积木的总数。

3. 教师一边重复儿童的答案，一边用手围绕着积木画了一个圈："是的，我手里有4块积木。"通过这个动作，教师再一次强化了基数的概念，即最后一个数词表示的是总数。

4. 教师鼓励儿童自己去尝试，看看自己的手里能拿几块积木。儿童是操作、体验的主体，而非教师。（活动成功唤起了儿童的好奇心——他们想拿比4块更多的积木！）

这个活动虽然简单，但在支持儿童掌握基数概念方面的作用却非常有效：儿童学着在头脑中将一组物体作为一个整体，然后用一个数字表示这组物体的数量——数量化。

综上所述，学习路径描述了学习的目标、儿童在各个水平的思维和学习过程，以及儿童可能参与的学习活动。人们经常会提出有关学习路径的各种问题。关于这些问题，本书做出了回应，你可以就你感兴趣的问题来阅读这部分内容，或者等你读了后面章节中更多具体的学习路径之后，再回到这个部分来。

## 有关学习路径的常见问题（FAQ）

*为什么要用学习路径？* 学习路径可以让教师帮助儿童用自然发展的方式来建构他们的数学——同时也包括他们的思维。对儿童自然状态下思维的研究形成了学习路径，因此，我们知道所有的目标和活动都在儿童发展的能力范围之内。我

们也知道每一个水平为下一个水平的发展打下了坚实的基础。我们知道这些活动为儿童的学业成功打下了坚实的数学基础，因为相关研究表明，这些活动帮助儿童在学业上取得了优势。

**儿童什么时候处在某个水平？** 当儿童的大多数行为反映了某个水平的思维——包括概念和技能，我们就确定儿童"在"这个水平上。但是，儿童学习时常常会表现出一些属于下一个水平的行为，同时也有一些行为属于前一个水平。实证研究表明，基于学习路径的方法比其他方法更有效（Clements，Sarama，Broody & Joswick，2020a；Clements，Sarama，Broody，Joswick & Wolfe，2019）。

**儿童可以在同一时间做多个水平的工作吗？** 是的，尽管大多数儿童主要是做某一个水平的活动（或者开始做下一个水平的活动；当然，如果他们疲倦了或分心了，他们可能会做低一个水平的操作）。水平不是"绝对的阶段"。它们是复杂的成长过程的界碑，用以表示不同的思维方式。所以，也可以把学习路径看作思维和推理模式的发展序列。儿童在一段时间内，持续从事某个水平的学习活动，然后从某个水平过渡到下一个水平。

**儿童可以从一个水平跳跃到另一个水平吗？** 可以，尤其是一个发展阶段又可以细分为小的发展阶段时。如，我们把计数能力分为若干个发展的子阶段，其中包括口头数数和点数实物。很多儿童学会点数 10 个或以上的物体以后，才在 6 岁时学习口头数到 100；而有些儿童则在更早的时候就获得了大数量口头数数的技能。但是之后，口头数数技能仍然需要跟进。这里存在另一种可能性：儿童可能学习得非常深入，这样在拥有了比较丰富的学习经验之后，看上去向前跳过了好几个水平。

**所有水平在本质上是类似的吗？** 大多数水平是关于思维的水平——在一段特别的时期，儿童运用一种独特思维方式或思维模式，与另一个时期的思维方式有着质的差别。然而，一些只是"达到的水平"，类似我们在墙上给儿童的身高做个标记；那只是简单表示儿童已经掌握了更多的知识。如，认识数字 2 或 9。儿童确实遵循学习路径，最开始是匹配，然后识别，再后会命名数字（Wang，Resnick & Boozer，1971）。然而，一旦他们达到了那个水平，儿童一定也会学习命名（或者写）其他更多的数字，但在这个水平，并不要求儿童有更深或更多的复杂思维。所以，有些路径比其他路径更受自然的认知发展的限制。常常这种限制的关键成分就是某个领域的数学发展；也就是说，数学是一个高度次序化、层级化的领域，一些概念和技能的学习一定要在另一些内容之前。

*学习路径和单纯的范围与次序有什么不同？*当然它们是相关的。但是，学习路径不是儿童要学习的数学内容的清单，它们没有覆盖所有单个的数学事实，而是强调核心经验。而且，学习路径关乎儿童的思维水平，而不仅仅关乎儿童回答数学问题的能力。如，处于不同思维水平的儿童，可能会用不同的方法解决相同的一个问题，而且都是对的（或错的）。

*每个路径都只代表一条道路吗？*如上所述，有一些路径又包含了一些子路径。有时候，用一个名称来命名某个水平，会让学习路径看起来更加清晰。如，在比较和排序中，一些水平是有关比较者的水平，而另一些则是有关建立心理数线的。类似地，组成和分解的相关子路径也容易区分。有时为了澄清，我们将标题下的子路径用斜体字注明，如，在形状的内容中，部分和表征是形状路径里的子路径。一些儿童可能在某个领域发展很快，而在另一个领域发展很慢。

一个更为复杂的问题是，是否每名儿童的发展路径都是相同的。一般而言，儿童总体上会遵循相似的发展进程，从一个思维水平向下一个发展水平过渡，但是他们并不是步调一致地从一个水平发展到下一个水平。事实上，不同文化中的不同个体，他们的发展路径可能是不同的，但是这种差异并不是特别大（如跳过阶段 4，直接进入阶段 5）。

## 有关学习路径使用的常见问题（FAQ）

*这些发展阶段如何支持教学？*这些发展阶段帮助课程开发者和教师理解儿童的思维，提升其教学活动设计、修正以及编排教学活动的能力。理解了学习路径（尤其是作为其基础的发展水平）的教师，其设计的活动也更有效、更高效、更有趣。通过有计划的教学，鼓励非正式的、偶发性的数学学习，教师帮助儿童在适宜的水平上进行深度的学习。

*表中有年龄*。我的教学计划是不是应该帮助儿童在与他们年龄相对应的水平上获得发展？不是！表中的年龄是儿童发展这些概念的典型年龄。但这只是个粗略的指南，儿童的差别很大。而且，这些年龄常常是儿童在没有高质量教育条件下所达到的底线。所以，这些是教学的起始水平，而不是教学目标。如果提供高质量的数学经验，儿童的发展能够比其同伴高出一到几年的水平。

*这些教学任务是支持儿童达到更高思维水平的唯一方式吗？* 不是，支持儿童达到更高思维水平的方式有很多。不过，已有一些研究证据表明，对其中的某些情况，这些是特别有效的方式。在另一些情况下，它们只是说明了能有效达成某个思维水平的适宜活动的类型。此外，教师在教授数学内容时需要运用各种教学策略来呈现任务、指导儿童完成任务等。

*学习路径和《共同核心州立标准》的教学是否一致？* 很不幸，有些人把"教共同核心"理解为直接教授每一条标准，每条标准教一次，然后开始下一条目标的教学。然而，学习不是知识和技能的全或无的掌握（Sarama & Clements，2009；Sophian，2013）。《共同核心州立标准》中的目标是个界碑，但好的课程与教学总是能够把学习经验整合到儿童的一日生活中，并支持儿童慢慢实现发展目标，让他们在更高、更复杂和更概括的水平上学习概念。最后，当我们在写《共同核心州立标准》时——至少在写目标和发展进程时，我们是从写学习路径开始的。所以，学习路径是《共同核心州立标准》的核心。学习路径不是基于那种"一次过的教学"理念。

关于《共同核心州立标准》的错误认知还是非常多的，特别是有很多人认为将这些标准直接教给年幼儿童是"发展适宜"的。我们知道，如果儿童有学习的机会，他们可能会达到甚至超过这些标准的要求。关于《共同核心州立标准》，如果你想了解更多信息，可以阅读更多关于这个主题的文献（Clements，Fuson & Sarama.2017a；2017b，2019；Fuson，Clements & Sarama，2015）。

## 其他关键目标：策略、推理、创造性和积极心向

学习路径是围绕主题来组织的，但它们所包括的不止数学概念、数学事实和技能。过程（或数学实践）和态度在每一个主题里面都很重要。第十三章将聚焦数学学习的一般性的过程，如问题解决和推理。但这些一般性的过程也是每个学习路径不可分割的组成部分。同样，特殊

> 和数学内容一样重要的是：一般性的数学过程，如问题解决、推理与验证、交流、关联、表征；特殊的数学过程，如组织信息、模式、组合，以及心智习惯，如好奇、想象、发明、坚持、实验的意愿、对模式的敏感。所有这些都应该包括在高质量的早期数学课程中。
>
> ——（Clements，2004）

过程也是融于每个学习路径之中的。如，组合的过程——放在一起和分成部分——无论对于数和运算（如加减），还是对于几何（形状组合）都是非常重要的基础。

其他一般性的教育目标也永远不能忽略。下面的方框中所提到的心智习惯包括好奇、想象、发明、冒险、创造和坚持。这些是所谓积极心向的目标的重要组成部分。儿童需要把数学看成可感知的、有用的、有趣的，把自己看成具备数学思维能力的。儿童还应该欣赏数学的核心——美和创造性。记住本书开篇部分引用的阿尔伯特·爱因斯坦的名言：数学，从本质上讲，是逻辑思维的诗歌。

所有这些都应该体现在高质量的早期数学教育课程中。贯穿本书的教学建议部分也包含了这些目标。另外，本书的第十四章、第十五章和第十六章还进一步讨论了如何达成这些目标。这些章节讨论了不同的教学情境（包括早期的学校情境与教育）、教育公平、情感、教学策略等问题。

## 学习路径和"搭建积木"项目

"搭建积木"是由美国科学基金（NSF）资助的项目，旨在为学前班（Pre-K）到小学二年级儿童开发一套基于计算机软件的数学课程。

> 我们工作的最重要前提是从学前到 8 岁的所有儿童都能够并且应该具备数学能力。

> 本项目基本的前提是，从学前到 8 岁，所有儿童都能够，也应该是精通数学的。

"搭建积木"项目的初衷是支持所有的儿童建构数学的概念、技能和过程。"搭建积木"这个名字有三层意思（见图 1.3）。第一层意思是帮助儿童打好数学学习的基础——也就是前面所描述的核心经验。第二层意思是打好认知的基础：一般性的认知和（高级的）元认知过程，如，从移动和组合形状到高阶思维过程（如自我调节）。第三层意思是最直接的——儿童应该用积木做许多用途，而数学学习就是其中之一。

通过对早期学习与教学相关理论与研究的梳理（Bowman，Donovan，& Burns，2001；Clements，2001），我们确定"搭建积木"项目的基本取向是挖掘儿童活动中的数学，并通过儿童的活动发展其数学。为了实现这一点，"搭建积木"项目的所有内容都以学习路径为基础。我们在该项目中开发了课程，并通过实践对该课程进行了检验与评价。学习路径的大部分例子都来自这些工作。学习路径的相关研究登上了《纽约时报》的封面，《华尔街日报》也对我们进行了介绍，"有效教学策略资料中心"（What Works Clearinghouse）也证明该项目的有效性。"搭建积木"项目是本书的起源，我们接下来要介绍的网络工具也来源于该项目。

## 基于学习路径的数学学习与教学

为了帮助教师理解并开展"搭建积木"课程的教学，我们创建了一个网站，网站上提供了儿童数学思维的相关资料与视频，同时还提供了用来支持儿童数学思维发展的教学活动（如，见 Sarama & Clements，2003）。教师们发现这个网站非常有用，因此，我们又创建了一个新网站：基于学习路径的数学教学与学习工具，网址是 www. LearningTrajectories.org。在这个网站上，我们提供了每个数学主题下儿童不同的思维发展水平（学习路径）的视频（见图 1.4）。同时，我们还提供了教师、养育者在教室、家里帮助儿童学习的相关视频。每个教学活动，我们还提供了 PDF 文档，你可以把这些活动打印出来再使用。PDF 文档中有教学活动的详细描述，有活动所需要的材料（如可以打印出来的各种图形）介绍，还提供了相关的链接和注意事项，如怎样确保所有儿童（包括残疾儿童）都能够参与每个活动。[LT]² 还有一个特色是提供了大量拓展资源，包括与教学相关的视频、文章以及链接，还有一些与教学相关的特殊话题、问题等（如双语儿童的学习问题）。

> 数学能力包括 5 个方面：
>
> 1. 概念理解——理解数学概念、运算和关系
>
> 2. 过程熟练——灵活、准确、高效、适当地执行过程的技能
>
> 3. 策略能力——用公式表示、表征、解决数学问题的能力
>
> 4. 适应性推理——逻辑思维、反思、解释和辩解的能力
>
> 5. 积极心向——把数学看成可感知的、有用的、有趣的，相信努力会有所得以及自我效能感
>
> ——（Kilpatrick, Swafford, & Findell, 2001）

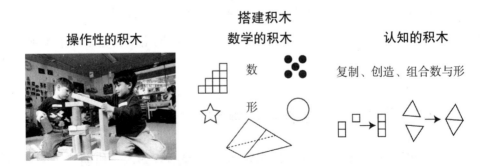

图 1.3 之所以叫作"搭建积木"项目，是因为我们想通过操作的方法，如儿童搭积木（线上或线下），发展儿童的数学能力与认知能力——为未来学习打下基础。

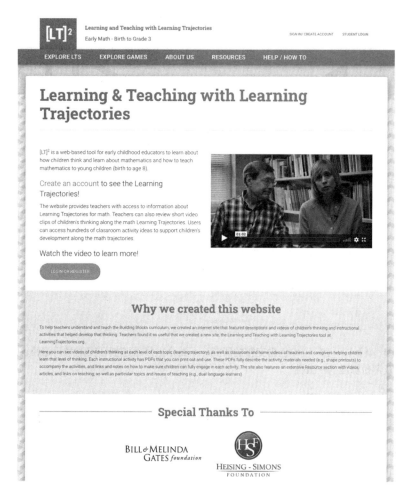

图1.4 （a）基于学习路径的学习与教学（LTLT，或者［LT］²）工具，网址：www. LearningTrajectories.org.（a）家庭版［LT］²截屏

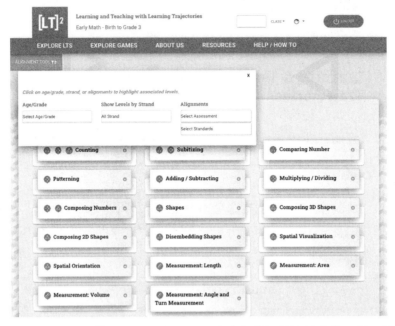

图 1.4 续 （b）［LT］²中包含完整的研究——每个数学领域被证实的学习路径以及与国家、州立课程以及评价标准的一致性

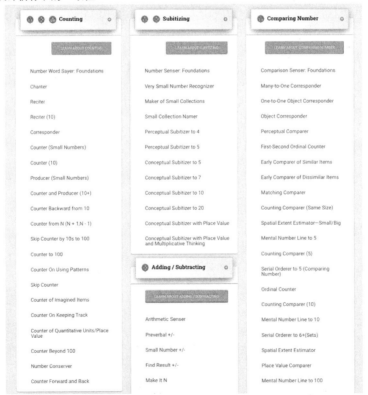

图 1.4 续 （c）在每个主题中，打开"关于……"，这里会告诉你这个主题的目标是什么，这里也提供了该主题的各个发展水平的相关信息

## Shape Composer

Composing 2D Shapes

Shape Composer

Composes shapes with anticipation ("I know what will fit"). Chooses shapes using angles as well as side lengths. Rotations and reflections (flips) are used intentionally to select and place shapes. Pattern Block Puzzles at this level have no internal guidelines and larger areas, therefore, children must compose shapes accurately.

ACTIVITIES

**You may see this:**

The child uses various shapes, at times rotating these shapes, to complete the bottom of the puzzle.

01:36

**Other Examples:**

- Given an outline of a dinosaur originally made with pattern blocks, a child intentionally chooses shapes that will fill the puzzle and rotates and flips the shapes into place.

**Help Your Student Become a Shape Composer**

These activities provide shape puzzles without any internal guidelines and larger areas than those of earlier levels so children have to figure out how to fill the space by carefully composing shapes.

Pentominoes: Create and Solve
Small Group

Pattern Block Puzzles (Shape Composer)
Small Group

Magic Keys
Whole Group

Shape Puzzles: Free Explore
Computer Activity

Shape Puzzles: Shape Composer
Computer Activity

Tetrominoes
Whole Group

图 1.4 续　（d）关于每个发展水平，［LT］² 都提供了一个概念、一个或多个视频，以及每个发展水平上儿童思维的描述。同时，这里还提供了适用于每个水平的教学活动

## Pattern Block Puzzles (Shape Composer)

*ACTIVITY TYPE: SMALL GROUP*

*Quick Description:*
Children use shapes to fill in a puzzle design. (Adapted From: Building Blocks)

**You may see this:**

The children are using pattern blocks to complete the puzzles. Notice that the children are working on puzzles that fit different levels. The puzzles appropriate for this level do not have internal guidelines.

**Directions:**

- Provide each child with a puzzle design.
- Provide each child with pattern blocks.
- Tell the children to match the pattern blocks to the outlines on the puzzles.
- At this level, it is more common to see children intentionally flip and rotate shapes before placing them on the puzzle.
- It is important to allow children to use trial and error to complete the puzzle; however, also monitor if a child is becoming frustrated or completes the puzzle easily. Consider moving these children to a more appropriate level when choosing their next activity.
- As a child finishes a puzzle, give him or her a more difficult puzzle.

*Note on Using Pattern Blocks to Teach Spatial Visualization: While these activities were developed for Shape Composition, if using them for Spatial Visualization remember to emphasize slides, flips, and turns. These are an example of ways to use pattern blocks to teach Spatial Visualization, but if your children are on a higher or lower level of Shape Composition, that's OK! They can work on Spatial Visualization at their level.*

**Materials Needed**

- Pattern Block Puzzles (Shape Composer - Set 1)
- Pattern Blocks
- Additional pattern block puzzles are available on the internet and in books

**Printable Activity**

- Spanish PDF
- English PDF

　　图 1.4 续　（e）关于每个教学活动，[LT]² 都提供了活动指导、视频以及一系列关于这些教学活动的 PDF 文档，这些文档都是精心挑选的、可以下载的。一些资料还以英语和西班牙语两种语言呈现

**图 1.4 续 （f），[LT]² 还为使用者提供了一系列资源，包括使用者关心的各种问题、主题的视频，这些资源有助于使用者的专业发展**

我们诚挚地建议读者，当阅读每个水平的相关信息时，打开网页 [LT]²，去看看处于不同思维发展水平的儿童的视频，然后再去看看（适当的时候要去用！）那些能够支持儿童学习的教学活动的视频以及其他资源。

## 结语

本书的第一章介绍了本书的相关背景，第二章到第十二章介绍了学习路径。作为起始篇章，第二章关注了数这一关键主题。儿童最早理解数是什么时候？他们是怎么学习、理解数的？我们如何帮助他们发展最初的概念？自始至终，我们强调数学过程（或称实践）和态度。另外，本书最后几章将提供有关理解儿童、社区、文化以及有效教学策略等工具的指南。在阅读有关学习路径的几章之前，可以先浏览一下第十三章。

我们再一次提醒读者，可以到网站（LearningTrajectories.org）上浏览每个发展水平儿童的活动视频以及能够支持某一发展水平幼儿学习与发展的教学活动。

在开始论述新的内容之前，我们再来回顾一下为什么早期数学如此重要。

### 早期数学的重要性：总结

1. 数学很重要，但是在美国，包括早期数学在内的数学教学质量并未显著提升。好的早期数学教育应该让所有人受益：强大的数学能力 = 社会进步。

2. 早期数学学习是从出生就开始的，对儿童所有学段的学习以及生活至关重要。早期数学学习既有助于提升儿童的数学学业表现，也有助于儿童情绪情感、社会性、读写能力以及大脑的发展。接受高质量的早期数学教育，对儿童而言，有百利而无一害。

3. 每名儿童都应该有均等的学习机会。所有社区都应该为儿童提供强有力的数学"充电站"。对所有儿童而言，数学学习应该是有目的的、与其生活密切相关的、有趣的。数学学习不应该是消极被动的、与生活无关的、枯燥乏味的。

4. 在出生的第一年，年幼儿童就表现出对数学学习的浓厚兴趣与好奇心。年幼儿童就像数学家一样，有进行数学学习与数学思考的能力。数学是一种语言，是一种在生命早期更易于习得的语言。年幼儿童乐于进行数学思考。数学为他们理解周围世界提供了一个新的、强有力的工具。

5. 高质量的数学教育有助于儿童的学习与发展，这是教师和家长喜闻乐见的。相关的研究也开发了数学教学与学习的工具，这些工具使得数学学习更简单、更高效、更有趣。

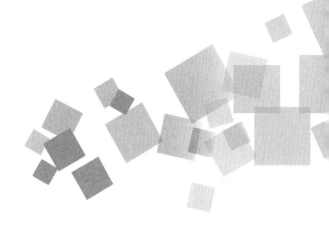

# 第二章　数量、数字、感数

在一个 6 个月大的婴儿面前悬挂三幅图：第一幅图上有 2 个圆点，其他两幅图上分别有 1 个圆点和 3 个圆点。婴儿听到 3 声鼓声，随后她的目光转移到有 3 个圆点的图上。

在继续往下阅读之前，你如何理解这项令人吃惊的研究发现？这么小的婴儿到底是如何做到的？在直觉层面，这个婴儿已经能够觉察数和数的变化。这种能力会继续发展并且能够与口头数字命名相联系，这种能力被称作感数（subitizing）——快速识别集合的数量，源于拉丁语"突然到达"。换言之，人们看到一个小的集合时几乎能够立即判断出其中所包含的物体数量。研究显示，这是幼儿应该发展的一种首要能力（Aunio & Räsänen，2015a；Baroody & Purpura，2017a；Clements，Sarama & MacDonald，2019；Hannula-Sormunen，Lehtinen & Räsänen，2015）。来自资源匮乏社区及有特殊需要的儿童往往感数能力发展迟缓，进而损害了他们的数学发展。因此，我们讨论的第一条学习路径就包含了近似数量表征系统（ANS）和感数。

## 数量、数字、感数的发展

### 最早的数能力：近似数量表征系统

无论是人还是动物，都能够不用语言对数进行表征。如，猴子和鸟通过训练能够区分 1：2（或更大）比例（而不是 2：3）的小集合与大集合（视觉圆点或声音）（Starr，Libertus & Brannon，2013）。如，它们能够判断出图 2.1 中是白色还是灰色的圆点更多。想要观看更多研究者有趣好玩的实验视频，尽在［LT］² 数感：感数的基础。

雏鸡看到 4 个物体在屏幕右侧往后方移动，1 个物体在屏幕左侧往前方移动，然后 1 个物体从右边移动到左边，这时雏鸡会立即跑向屏幕右侧（Vallortigara，2012）。

绝大多数没有特殊残疾（如威廉姆斯综合征）的儿童都具备这种能力，这是一种与生俱来的能力，它为今后学习数字知识奠定了基础。6 个月的婴儿能够分辨 1：2 的比例（见图

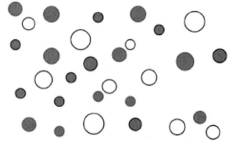

图 2.1　该任务要求说出是白点多还是灰点多

2.1），9个月时已能够辨别比例为2∶3的集合（如10和15相比）。即使在控制了年龄和语言能力之后，近似数量表征系统依然与学前儿童的数学能力紧密相关（Libertus，Feigenson & Halberda，2011a；Mazzocco，Feigenson & Halberda，2011）。对于数能力较弱的儿童来说，这种相关更加明显（Bonny & Lourenco，2013）。尽管如此，研究表明，这种能力是可以发展的（如在特制的视频游戏中让儿童进行相似数量的比较）。

但是，关于近似数量表征系统是如何支持后续数学能力发展、可以支持哪些数学能力发展，我们还知之甚少。它也许只支持直觉层面的数学（Baroody & Purpura，2017a）。对近似数量表征系统的测量也可能涉及其他能力，如执行功能（Baroody & Purpura，2017a）。近似数量表征系统还可能标志着近似数量表征系统的训练可能会导致儿童有更大的兴趣参与数学相关活动，或者对数学学习机会保持高度关注，进而提高数学能力（Libertus，2019）或者增强关注物体数量、忽略冲突刺激特征的能力（Fuhs，McNeil，Kelley，O'Rear & Villano，2016）。

### 感数的类型

数量识别和感数与近似数量表征系统的不同之处在于其目的是判定某个集合包含的确切数量。若你只是看看在一个小集合中有多少个物体，你使用的能力是感知性感数（Clements，1999b）。如，你能够看见骰子上的3个点并且迅速说出3。这3个点是同时被直观感知到的。

有证据表明，8个点超越了感知性感数的极限，那么你又是如何看见多米诺骨牌上的8个点并且刚好知道总数的呢？这时你使用的能力是概念性感数——先看到部分再组合成整体。也就是说，你把多米诺骨牌的每个面看作由4个点组成的部分，也就是"一个4"；把整个多米诺骨牌看作由两组4个点组成的整体，也就是"一个8"。这依然是感数，只是整个过程发生得非常迅速，通常很难被意识到。

感数的另一种分类方式是以被感数物体的种类为分类标准的。之前所说的多米诺骨牌的例子就是一种空间模式。除此之外，还有时间和动觉模式，包括手指模式、节奏模式和空间听觉模式。在概念性感数的过程中创造并使用这些模式可以帮助儿童发展抽象的数和计算策略。如，儿童在接数时使用时间模式："我知道还有 3 个，所以我只要数 9……10，11，12"（有节奏地 3 次使用手指，每一拍都数一个数）。儿童还会运用手指模式计算加法问题。如，3+2，儿童会竖起 3 根手指，然后再竖起 2 根（有节奏地一根一根竖起），把最终竖起的手指作为答案 5。不能进行概念性感数的儿童一般在学习这类计算的过程中存在障碍。尽管开始时儿童只能感知很小的数量，但这却是进一步建构更加复杂的大数计算程序的基础。

## 感数与数学

感数能力虽然很早就开始发展，但是就像其他数学领域一样，它并不是一种简单、基础的数学能力。感数引入了基本的基数概念——有多少、多和少、部分和整体及其关系、初步计算，以及一般所说的数量概念。这些概念同步发展，彼此相关交织，为小学、中学、高中甚至更高层次的数学学习奠定基础。早期的近似数量表征系统支持早期计算，感数支持点数（Soto-Calvo，Simmons，Willis & Adams，2015）。

在讨论儿童开始学习感数的细节时，我们不能因小失大——忽视儿童未来数学学习的蓝图。当然，我们也不能无视这精彩的开始，尽管他们还那么小，却能够如此深刻地思考数学。

## 沿着学习路径向前

### 增加数量

一个 5 岁的孩子正和妈妈散步，偶然注意到："卡车上有 7 个苹果。"妈妈只是在卡车开走的时候看了一眼卡车的侧面。"哦，对啊！你怎么数得这么快？"

"我没有数。我感觉的。"

妈妈："什么？"

很明显，集合的大小是决定感数任务难度的一个重要因素。2 岁或更早之前，儿童能开始区分包含一个物体和不止一个物体的集合，并且说出数量。有一段时间，数词 2 在这种情况中出现得最多，其次是 1，3 出现的次数相对较少（Clements et al.，2019）。

对数量 2 的早期关注帮助学前儿童用概念性感数感知更大集合（如 4、5，MacDonald，2015；MacDonald & Shumway，2016；MacDonald & Wilkins，2017）的时候开始注意 2 的子集。对称方位及在 2 的子集间留出空白让学前儿童更有机会关注两个子集。对称方位解放了儿童的工作记忆，因为儿童在建构总数四的时候只需描述一个 2。物体间的空白已经被发现可以影响儿童在感数活动中的表现，感数活动也被发现可以让幼儿关注整个集合里的子集（Gebuis & Reynvoet，2011；MacDonald & Wilkins，2017）。也就是说，2 和 3 的子集之间的空白可以让儿童更加高效地感数 4 或更多。到了 4 岁或 5 岁，绝大多数儿童已能够分辨包含至多 4 个物体的集合，接下来感数与点数相连接，这一点将在第三章再谈。

### 物体的排列方式

影响感数的另一个因素是物体的空间排列。一般对于幼儿来说，物体沿着直线分开排列、两两之间距离不过近（一开始为了感知区分，可以用不同的颜色）最简单，其次是矩形排列（每排成对排列），然后是"骰子"或"多米诺骨牌"排列，最难的是不规则排列（Kim，Pack & Yi，2017）。除此之外，如果物体不按矩形或规范排列，并且增加相对大小，儿童和成人准确感数的难度就会增加（Leibovich，Katzin，Harel & Henik，2016）。具体而言，让儿童感数 10 个点和 8 个点，如果用多米诺骨牌"5"的排列方式，感数 10 个点的错误率更低；如果用多米诺骨牌"4"的排列方式，感数 8 个点的错误率更低。在本章最后的学习路径中，我们会详细阐明。

## 经验与教育

两名学前儿童正在观看游行。"看！有小丑！"保罗大叫。"还有 3 匹马！"他的朋友南森也呼喊起来。

两名儿童都获得了很好的经验，但与此同时只有南森获得了数学经验。可能在其他儿童看来是一匹棕色、黑色和有斑点的马。但是南森不仅看到了颜色，而且看到了数量——3 匹马。这种差异可能是由于南森的教师和家人在学校和家里留心讨论数字产生的。尽管儿童对数量很敏感，但与他人的互动对于学习感数是必不可少的，感数学习并不是"靠自己"发展的（Baroody，Li & Lai，2008）。那些自发关注数量并感知数量的儿童往往在数技能上领先于其他儿童（Edens & Potter，2013；Hannula-Sormunen et al.，2015；Nanu，McMullen，Munck & Hannula-Sormunen，2018b）。

首先，让我们讨论下数量的敏感性，如近似数量表征系统。对所有大小的集合（包括动作、音调等）的数量进行判断可能有助于增强儿童的近似数量表征系统（Libertus，Feigenson & Halberda，2013；Wang，Odic，Halberda & Feigenson，2016）。近似数量表征系统通常并不一定以数词为标志，而是以诸如"多""少"（圆点）或"长""短"（距离长度或时长，详见第四章）这类词语为标志。对于特别年幼的儿童，多通道感觉刺激的冗余（intersensory redundancy）可以帮助他们把注意力集中在数上，如，你看一个球弹跳的次数越多，花的时间就越久，听到的响声也越多（Jordan，Suanda & Brannon，2008）。让儿童判断哪个更多的计算机游戏也被证实有效（Park，Bermudez，Roberts & Brannon，2016；Van Herwegen & Donlan，2018），对于来自资源匮乏社区、缺乏学习机会的儿童来说这样的计算机游戏尤为重要（Fuhs et al.，2016；Szkudlarek & Brannon，2018）。但是，也有研究表明，在感数和点数（详见第三章）的同时所学习到的数词可以预测今后的近似数量表征系统，预测的力度比近似数量表征系统对点数和感数的预测力度还要大（Mussolin，Nys，Content & Leybaert，2014）！同样地，符号技能比非符号技能发挥了更重要、更长久的作用（Toll & Van Luit，2014b）。一旦儿童认识了数字符号，对确切数字和数词的学习可以促进近似数量表征系统的发展，而不是相反（Lyons，Bugden，Zheng，De Jesus & Ansari，2018），并且花在近似数量表征系统这类特定活动上的时间占据了学习数词的时间（Baroody & Purpura，2017a）。因此，我们建议在日常活动中，对于针对近似数量表征系统这类视觉比较的游戏要更加谨慎。

接下来，我们来讨论用确切的数字表示集合数量的感数。在儿童掌握了诸如形状和颜色等某些物理属性的名称和分类之后，父母、教师和其他照料者就应该开始用数字命名小集合（Sandhofer & Smith，1999）。大量这样的数字命名经验会先帮助儿童建立数量术语（数、有多少）和数词之间的联系，随后建立数词与基数概念之间的联系（"2"就是··），最终建立指定数量的各种表征之间的联系。反例对于澄清数量的范围也很重要（Baroody，Lai & Mix，2006）。如，"哇！那不是 2 匹马，那是 3 匹马！"对于那些对数学不感兴趣或者数学能力较弱的儿童，教师与他们讨论数显得尤为重要。如，在操作材料中融入诸如数与形的数学知识，提高他们的兴趣（Edens & Potter，2013）。

与这种基于研究的实践相对的是，错误的教育经验（Dewey，1938/1997）会让儿童把集合当作具体形象的排列，然而这并不准确。理查德森曾说她几年前就已经认为她的孩子理解了诸如骰子上的知觉模式。然而，当她后来要求儿童复制这些模式时，令人惊讶的是儿童并没有使用与骰子数量相同的棋子。如，有些儿童用 9 个圆点画了一个"X"，然后把它叫作"5"（见图 2.2）。如若没有合适的任务与密切的观察，她都不会发现孩子们甚至没有准确地想象排列方式，他们所理解的模式自然也不是用数字表示的。在理解和促进儿童的数学思维时，类似这样的洞察是很重要的。

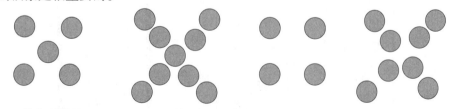

5 的典型排列　　　　　　并不是 5：儿童摆放的"X"和正方形排列

**图 2.2　儿童只理解了 5 的简单模式——左图。当要求他们排列 5 的模式时，一些儿童摆出了如图右侧所示的排列方式（如，"X"和正方形）**

课本和"数学书"上所呈现的集合通常都不利于进行感数。书中的图片有很多制约因素，包括嵌入复杂的图案、表格的单元不同、不对称以及不规则的排列（Carper，1942；Dawson，1953）。如，有 5 只鸟，但它们各不相同，有在树干上的，在树枝上的，在叶子上的，在花朵上的，在太阳下的——你明白我的意思。如此复杂的画面阻碍了概念性感数，提高了错误率，并且鼓励了简单的一个接一个点数。

由于课程本身或者缺乏关于感数的知识，绝大多数教师并没有对感数做足工作。一项研究显示，儿童的感数能力从幼儿园初到幼儿园末不进反退（Wright，Stanger，Cowper & Dyson，1994）。怎么会这样？也许下面这样的互动随处可见。一个孩子转动骰子，说"5"。在一旁观察的教师说"数一数"，于是孩子开始一一点数。此间发生了什么？教师认为她的工作是教孩子数数。但是，孩子运用的是感数——在这样的情境中运用感数比点数更加合适！然而，教师在无意间告诉孩子她的方法并不好，应该数数。

与此相反，一些研究为帮助儿童发展感数提供了指导方案。在数数前用数字命名小集合避免了数数中序数词（按顺序数每一个物体）和基数词的使用转换，可以帮助儿童理解数词和基数概念（"有多少"）（见 Fuson，1992a）。简而言之，感数小集合可以更迅速、更简单、更直接地提供多种多样的实例，并且与数词和数概念的反例相对（Baroody，Lai & Mix，2005）。感数可以用来帮助儿童进行早期有意义的数数（详见第三章）。因此，那些说"数一数"的教师不仅不当地伤害了儿童的感数能力，还损害了他们数数和数感①的发展。数量识别和感数活动的另一个好处在于不同的排列方式暗示了同一数字的不同组合方式（见图 2.3）。

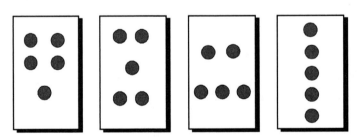

图 2.3　概念性感数的排列方式表明可以把 5 看作 4+1、2+1+2、2+3 或 5

---

① 数感包含许多数技能，包括数字的组成与分解，识别数字的相对大小，处理数字的绝对大小，使用基准数字、连接表征、理解算术计算、创造策略、估算，以及拥有理解数字的心理倾向（Sowder，1992b）。

### 发展早期数量识别——感数的基础

对于每一个人，尤其是0—3岁儿童的教师，你想知道最简单但最重要的可以帮助儿童识别物体数量的活动吗？在日常互动中尽可能频繁地使用小数词。不要说"把桌上的杯子拿走，这样才有地方"，而要说"我们需要桌上有更多的地方，你能把桌上的3个杯子拿走吗？"。不需要刻意地进行这样的对话，只是在每次有意义的时候使用5以内的数词。你可以给孩子的父母类似的建议。这样简单但却有效的互动可以增加儿童对数字的自发关注（Rathé，Torbeyns，Hannula Sormunen，De Smedt & Verschaffel，2016）。

其他活动还包括"我身上的数字"（只有1和2）和"数自己"（1到4）。教师问儿童几岁了，儿童不仅要说出数字，还要伸出对应数量的手指。还可以问儿童有几个手臂，让他们挥一挥手臂。用"手""手指""腿""脚""脚趾""头""鼻子""眼睛""耳朵"重复提问。可以的话，加入动作，如，"动一动你的10根手指"会很有趣！说一些好笑但是不对的话，如，"我有4个耳朵、3只脚、5个眼睛"，和对的话混起来，让儿童判断你说得对不对。如果儿童觉得不对，就问"那你有几个呢？你是怎么知道的？"。

### 专门的感数活动

有很多活动都能够促进感知性感数和概念性感数。其中最直接的活动也许就是"快速瞄准"（Wheatley，1996）或者"快照"（Clements & Sarama，2003a），或者简单地"感数"。如，告诉儿童必须快速地"拍下"他们看到了几个物体——他们必须在头脑中拍一张"快照"。给儿童2秒或更短的时间看一个集合，然后盖上集合，随后要求儿童取相同数量的物体或者说出数量。如若让儿童说出数量，那就让他们思考—配对—分享。这是我们一直使用的重要教学策略，限于篇幅，无法在书里的每个活动中都写到。

思考—配对—分享是这样的。你提出问题，儿童先自己安静思考；然后，他们"配对"；每人和搭档分享答案和解决策略（有解决策略的时候才分享，对于感知性感数则没有解决策略）。分享很重要，教师可以选择几名儿童和全班分享，或者总结听到的分享。

回到快照：根据研究结果，先把小数量的物体排成直线，然后排成矩形，再按骰子式排列。在典型的骰子排列之间用空格隔开，可以促进儿童用感知性感数感知每个小集合（Kim et al., 2017）。等儿童学会了再更换排列方式，换更大的数量。

选择什么物体呢？要好好考虑。如果物体的颜色和形状不同，儿童可能会回答得更快（Clements et al., 2019; Kim et al., 2017）。但是，我们并不想要儿童"记住"每个个体，而是想要他们看到集合里物体的数量。所以，尽量使用简单、高对比度的物体（如，白色纸盘上的黑色圆点）。

下面有很多"快照"活动的变式，值得一试。

• 让儿童根据"快照"的排列方式动手操作建构相同的排列方式（注意图 2.2 所示的错误理解）。

• 用计算机玩"快照"游戏（详见［LT］² 软件的多种感数等级；一些等级见图 2.4）。

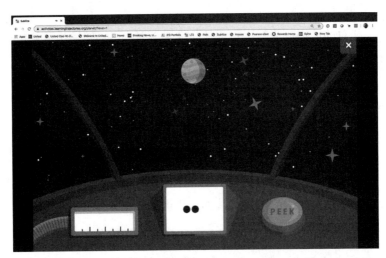

图 2.4（a）　［LT］² 里"感数"活动的一个初期等级。一开始，向儿童呈现不同排列的圆点 2 秒

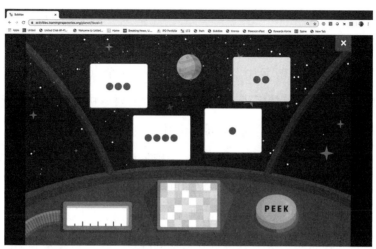

**图 2.4（b）** 然后要求他们点击相应的集合。需要的话，他们可以再用 2 秒回看一眼圆点。儿童收到口头反馈，星球离得更近，标尺显示游戏进展

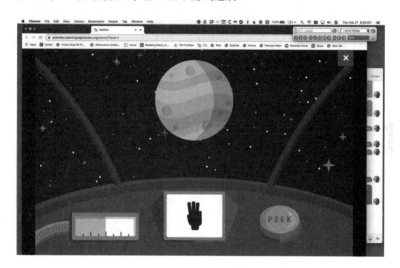

**图 2.4（c）** 提供不同的表征方式，如手指

在计算机上玩伸手指游戏。如，快速展示一些水果，儿童在计算机上用一只或两只手伸出相同数量的手指（Barendregt，Lindström，Rietz-Leppänen，Holgersson & Ottosson，2012；Sedaghatjou & Campbell，2017）。

• 匹配游戏。除了一张卡片之外，其他所有卡片上都印有相同数量的图案，要求儿童找出不同的卡片（这也涉及早期分类，详见第十二章和第十三章）。

• 注意集中游戏（也称为"记忆"游戏）。同一数量但圆点排列方式不同的

卡片若干，每次选择一张看 2 秒，根据记忆选出圆点数量相同的卡片。（详见［LT］[2]
里"游戏介绍和使用"的资源。）

• 给每名儿童发一些卡片，卡片上印有 0—10 个点并且排列方式各异。让儿童把卡片平铺在面前。然后说一个数字，儿童需要尽快找到与之匹配的卡片，并把卡片举起来。每次游戏更换不同的卡片，更换不同的排列方式。随后，用书面数字作为目标数字。可以使用这些卡片改编其他的卡片游戏（Clements & Callahan，1986）。对数字的熟悉度和兴趣可以显著预测日后的数学能力（Rathé，Torbeyns，De Smedt & Verschaffel，2019b）。

• 在一块大广告板上放上各种排列形式的圆点。让儿童聚集到你的周围，手指任何一个集合让儿童尽快说出其数量。每次活动旋转广告板。

• 让儿童说出比快照图片上数量多 1（随后多 2）的数量。他们也可以用数字卡片或者写出数字来回答，或者找到和你所示图片排列方式相匹配的图片。

• 鼓励儿童在自由时间或小组活动中玩其中的任何一种游戏。

• 模式可能是时间性的、动觉的，包括节奏模式和听觉模式。在感数和数字书写活动里加入听觉节奏，能调动儿童的积极性。让儿童每人拿一块白板在教室里分散坐下，教师来回走动，然后停下来发出一些声响，如，用固定的拍子摇铃 3 下。儿童在白板上写下数字 3，举起来（或者如图 2.5 所示竖起 3 根手指）。同样，这个活动也可以用来发展概念性感数。如，拍了几次手：拍、拍、拍、停、拍、拍、拍。（详见表 2.1 和［LT］[2] 中"5 以内概念性感数"的听数字。）

图 2.5　儿童听到 3 声铃响，竖起 3 根手指

表 2.1 数量识别和感数的学习路径 ①

| 年龄<br>（岁） | 发展进程 | 教学活动 |
|---|---|---|
| 0—1 | **感数（number senser）（基础）**<br>儿童有天生的数量感知能力，这种能力无须数的显性知识，从出生的第一个月就有。凭直觉区分1和2（或2和3）的集合。也能感知到更大数字的比率（近似数量表征系统）。这些都是基础的前数学能力。<br>看过很多3的集合后，儿童会"习惯化"（如变得不感兴趣或放松），可是一旦看到2的集合又会立刻表现出兴趣。 | • 数字躲猫猫，［LT］²：躲猫猫是婴儿和照料者之间的一种经典互动行为，因为他们在习惯一种互动之后喜欢细微差别带来的新颖刺激。儿童喜欢反复看某一个玩具，但是在看到1个玩具变成2个之后他们会觉得格外好玩。<br>• 注意集合：除了提供感知觉丰富、可操作的环境以外，还可以用一些单词，如"多"和添加物品的动作来引导对数目比较的注意。 |
| 1—2 | **识别很小的数量（very small number recognizer）**<br>开始把小数量和数词联系起来，形成明确的基数概念，也就是"多少个"。在1岁生日过后，孩子会经常学到数词"1"和"2"，然后通常会学习"更多"和"更少"之类的其他泛指词。只有随着时间的推移，他们才开始明白所有用相同数词标记的集合有相同的数量。<br>2岁的孩子看到一双鞋，说"2只鞋"。 | • 我身上的数字，［LT］²：详见第31页。<br><br>• 数字命名，［LT］²：用手示意一个小的集合（1或2），说"这是2个球，2个"。当儿童能力允许时，让他们说有几个。不论在学校还是在家，都应该把这个活动作为一日互动中很自然的一部分。 |

---

① 高年级学生以不同的方式运用感数，如，支持数数概念和技能的发展，解决算术应用题。这些目标在接下来的章节会有所强调。

| 年龄（岁） | 发展进程 | 教学活动 |
|---|---|---|
| 2—3 | **创造小的集合（maker of small collections）**<br><br>通过心智模型（如，不用非得通过匹配进行，具体过程参见数的比较）创造与另一个集合数目相同的小集合（通常为1—2，可能的话到3）。也可以用语言表达出来，但通常不会。开始时不一定能够识别空间结构，但能够点数（Nes，2009）。<br><br>给儿童展示一个3的集合，儿童创造出另一个相同排列方式的3的集合。<br><br>**命名小集合（small collection namer）**<br><br>随着准确性的提高，逐步命名1、2、3的集合。绝大多数儿童在34—39月龄时可以准确命名1、2、3的集合。很多儿童在大约6个月后，学会识别并命名4的集合。处于前一发展阶段（创造小集合）的儿童依赖匹配的策略来创造他们的小集合。而处于命名小集合发展阶段的儿童则不依赖范例或匹配策略，可以切实识别小的集合。<br><br>身边走过3只狗，儿童说："3只小狗。" | • 按数取物，［LT］²：让儿童为两三个儿童取正确数量的饼干。<br><br>• 集合复制，［LT］²：摆出一个小的集合，说"2块积木"。把它们盖起来。让儿童完成一个数量与你的集合里积木数量相同的集合。在他们完成后，也盖起来。然后大声说"嗒哒"，同时展示这两个集合。比较这两个集合，问儿童它们的数目是否一致。命名这个数量（如，"都是3个"）。<br><br>• 我身上的数字（命名小集合），［LT］²：详见第31页。<br><br>• 我看见数字，［LT］²：用手示意一个小的集合（1到3，在儿童能力允许的范围内）。当儿童能力允许时，让他们说有几个。不论在学校还是在家，都应该把这个活动作为一日互动中很自然的一部分。<br>命名"是2"的集合。可以举"是"的例子，也可以举"不是"的例子，如，说"那不是2，那是3"，或者，拿出3个2的集合和1个3的集合，让儿童找出"跟其他不一样的那个"，并讨论为什么是这个，为什么不一样。<br><br>• 棋盘游戏——小数目，［LT］²：用特殊的骰子（数字立方）或者只有1个、2个、3个（随后加入0）点子的转盘玩棋盘游戏。详见资源［LT］²上的"介绍和使用游戏"。<br><br>• 开始感数小集合：把集合摆放成规范的结构样式，如下图所示3的结构，观察儿童给它们命名用了多长时间。<br><br>⬤⬤ / ⬤⬤ ⬤⬤⬤ ⬤⬤⬤ |

续表

| 年龄（岁） | 发展进程 | 教学活动 |
|---|---|---|
| 3—4 | **感知性感数（4以内）**（perceptual subitizer to 4）迅速认出快速展示的4以内的集合，并能说出每个集合的数目。看到快速展示的4个物品时，说"4"。 | • 快照（4以内）：用集合（1—4）的物品玩快照游戏。把物品摆成一排或其他简单的结构，让儿童思考—配对—分享，说出每个集合的数目。从小的数和简单的结构样式开始，当儿童达到足够的能力和自信水平时，逐渐增加到适宜的难度。<br>**4**<br>容易<br>中等<br>困难<br>• 感数星球：感知性感数（4以内），［LT］²：在计算机上逐对匹配，如图2-4所示。 |
| 4 | **感知性感数（5以内）**（perceptual subitizer to 5）迅速认出快速展示的5以内的集合，并能说出每个集合的数目。在业已熟悉的情形（如他们最初的学习经验）之外也能够识别并使用空间和数量结构。看到快速展示的5个物品时，说"5"。 | • 快照（5以内概念性感数），［LT］²：用点子卡片玩快照游戏，从简单的结构样式开始，随着儿童水平的提高，难度也逐渐增加。<br>**5**<br>容易<br>中等　　　　中等偏难<br>困难（包括自己任意排列） |

续表

| 年龄（岁） | 发展进程 | 教学活动 |
|---|---|---|
| 4 | **概念性感数（5以内）**（conceptual subitizer to 5）看到快速展示的5时，通过看见部分能迅速知道整体，口头给各种5的排列方式命名。概念性感数是指儿童通过组合整体中更小集合数量（通过感知性感数识别）的方式识别整体数量的能力。"5！为什么？我看见了3和2，所以我说5。" | • 神奇的5（狡猾的2），［LT］[2]：移动的盒子下面有一些小圆片，儿童感数小圆片的数量。<br>• 听数字，［LT］[2]：详见第34页。<br>• 感数星球（5以内感知性感数）：在计算机上玩［LT］[2]的"感数"游戏，匹配5以内的数字和点子。<br>• 快照（5以内概念性感数），［LT］[2]：调整快照图形，用各种不同组合排列形式来发展儿童的概念性感数和加减概念。目标是鼓励儿童发现加数和总数（如，2个橄榄加2个橄榄是4个橄榄）。（Fuson，1992b）运用概念性感数，儿童可以在思考—配对—分享的讨论中提供他们的答案，以及他们是怎么知道的，就像左边的例子一样。<br><br>• 感数星球（5以内概念性感数）：在计算机上玩［LT］[2]的游戏，匹配数字和点子。 |
| 4—6 | **概念性感数（7以内）**（conceptual subitizer to 7）看到快速展示的集合，能口头给各种6的排列方式命名，然后是7。"7！因为5和那个2是7。" | • 快照（7以内概念性感数），［LT］[2]：调整快照图形，用各种不同组合排列形式来发展儿童的概念性感数和加减概念。 |

续表

| 年龄<br>（岁） | 发展进程 | 教学活动 |
|---|---|---|
| 5—6 | **概念性感数（10以内）**<br>（conceptual subitizer to 10）<br>看到快速展示的集合，能口头给2到10的所有数字的排列方式命名。儿童可能对某些数字最先熟悉（如常见的"5和5是10"），但是要达到这一阶段需要儿童能够识别所有数字的绝大多数组合（如，把9看成7和2，把8看成5和3，等等）。运用诸如十方格这样的结构认识更大的数量。<br>"在脑子里，我先有6，又有3，所以有9。" | • 快照（10以内），［LT］[2]：玩5到10个点子的"快照"游戏，展示不同排列方式，呈现所有的组合方式，问儿童"图片里有几个点子？"。<br>• 感数星球（10以内概念性感数）：在计算机上玩［LT］[2]的游戏，点子或手指匹配数字。计算机版本的反馈会强调"3和4组成7"。<br> |
| 6—7 | **概念性感数（20以内）**<br>（conceptual subitizer to 20）<br>看到快速展示的结构化排列组合，通过看到部分能迅速知道整体，口头命名20以内的数量。自发地使用自上而下的策略感数大数量（Nes，2009）。儿童可能对某些数字最先熟悉（如常见的"10和10是20"），但是要达到这一阶段需要儿童能够识别所有1到10数字的绝大多数组合（如，把16看成7和9）。<br>"我看见了3个5，所以10和5是15。" | • 感数点子（20以内），［LT］[2]：用五方格和十方格帮助儿童从视觉上认识加法的组合，并过渡到心算。（同时，确保儿童能够自行复制类似的结构。详见第十一章和第十二章"空间结构"。）<br>• 感数星球（20以内概念性感数），［LT］[2]：在计算机上玩游戏，匹配点子和数字。 |

续表

| 年龄（岁） | 发展进程 | 教学活动 |
|---|---|---|
| 7 | **包含位值的概念性感数**（conceptual subitizer with Place Value）<br>看到快速展示的结构化排列组合，能用分组、跳数和位值的方法口头命名。<br>"我看见了2个10和3个2，所以40……46！" | • 感数星球（位值的概念性感数），[LT]²：在计算机上玩游戏，匹配点子和数字。<br><br>• 快照（50以内），[LT]²：玩快照游戏，结构化分组可以支持儿童运用日渐精细的心智策略和运算，如问儿童"下面这幅图片有多少点子？"。 |
| 8 | **包含位值和乘法思维的概念性感数**（conceptual subitizer with place value and multiplicative thinking）<br>看到快速展示的结构化排列组合，能用分组、乘法思维和位值的方法口头命名。这个阶段建立在前一阶段的基础之上，只有这样儿童才能使用十进制来概念性感数更大的数字。儿童能够说出看到的十的倍数。<br>儿童看见了一组62个点子说："我看见了很多个10和3，所以我想，5个10是50，4个3是12，一共是62。" | • 快照，[LT]²：用排列好的数群玩快照游戏，用以支持日渐精细的心智策略和运算，如问儿童"下面这幅图片上有多少点子？"。<br>• 感数星球（位值的概念性感数），[LT]²：在计算机上玩游戏，匹配点子和数字。 |

从课堂讨论到课本上的各种活动，我们向儿童展示数字，鼓励概念性感数。数量分组时我们应该参考以下原则：①集合不应该嵌入在图画背景中；②集合里的单元应该使用简单图形，如统一的圆形或正方形（而不是动物图片或者其他图

形的混合）；③应该强调规律的排列方式（包括对称，对学前儿童的直线排列和对稍大儿童的矩形排列是最简单的）；④图形和背景应该对比鲜明。

若要进一步发展概念性感数，不要仅用简单的图片来展示，而要让儿童经历很多真实的生活情境，如，手指模式、骰子和多米诺骨牌的排列方式、鸡蛋包装盒（"双层结构"）、队列（横排和竖排，详见第十一章拓展讨论）以及其他结构。组织儿童讨论排列方式，尤其还要让儿童摆出"看起来很容易就能知道有多少"的排列方式。这样经过深思熟虑的互动建构式经验才能有效地建立空间感，并将空间感与数感互相连接（Nes，2009）。如，他们可以画出有特定数量花瓣的花朵，可以画出或者用操作材料搭建有特定数量窗户的房子，这样他们或者别人就能感知数量了。

鼓励并帮助儿童发展更加精细的加减运算（详见第五章、第六章，学习路径也将其作为更加高级的概念性感数）。如，一名儿童可以使用接数的方法"4、5、6"来解决"4+2"，但是当要求他用接数"4、5、6、7、8、9"解决"4+5"时，他不能接数5个及以上的数。

因此，接数2给了他一个理解接数是如何使用的机会。随后，他可以通过发展概念性感数或者发展其他学习路径来学习接数更大的数。最终，儿童会把数字模式既看作一个整体（自己作为一个单位）又看作组合的一个部分（单独的单位）。在此阶段，儿童就能够把数量和数量模式看作单位的单位（Steffe & Cobb，1988）。如，儿童能够反复回答比一个数"多10"的数是什么。"比23多10的是？""33！""再多10？""43！"

在随后的章节（第十二章及往后），我们会讨论让儿童看见模式（包括空间模式）和结构的重要性，进一步拓展我们对感数的讨论。

### 满足特殊需要

感数对于包括残障儿童在内的特殊人群而言，尤为困难，需要对感数进行特别关注。只有少数（31%）中等智力障碍的儿童（实际年龄在6至14岁）以及略多半（59%）轻度智力障碍的儿童（6至13岁）可以成功感数3和4的集合。（Baroody，1986，亦见Butterworth，2010）。有些学习障碍儿童甚至到了10岁仍然不能感数（Koontz & Berch，1996）。空间模式识别的早期缺陷可能是感数困难的根源（Ashkenazi，Mark-Zigdon & Henik，2013b）。相比于正常发育的儿童，学前期的感数能力可以更好地预测自闭症谱系障碍（ASD）儿童今后的数学成绩（Titeca，Roeyers，Josephy，Ceulemans & Desoete，2014）。

因为概念性感数通常依赖于精确的计算技能，教师需要尽早弥补儿童在感知性感数和点数能力上的不足（Baroody，1986）。教师需要在使用骰子和多米诺骨牌的游戏中，提高儿童对常规模式的熟练程度，同时面对特殊人群时不要把具备诸如感数之类的基本数学能力看得理所应当。

如图 2.6 所示，当有智力障碍和学习困难的儿童在学习识别数字的 5 和 10 结构时，五方格和十方格的排列模式能够更好地帮助他们。这样的排列方式帮助儿童识别数量，并且将这种模式运用到总数计算中。这样的数字图片对于儿童而言非常重要。（Flexer，1989）类似地，手指的视动觉模式也能够帮助儿童掌握和为 10 的重要数字组合。

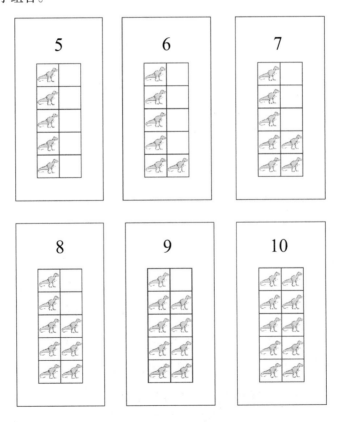

图 2.6　5 和 10 结构的模式识别

## 数量识别和感数的学习路径

感数的学习路径很明确。但是，由于感数是一个经常被忽略的计数能力，很多学习标准都没有详尽描述感数能力。如，尽管可以在 CCSSM 学前班的引言里找到这段清晰的表述："学生选择、合并、运用有效策略回答数量问题，包括快速识别小集合物体的基数"（CCSSO/NGA，2010，第 9 页，着重标明），但是《共同核心州立标准》（CCSSM）并没有如我们所坚信的那样着重强调感数能力。开端计划（Head Start）的早期学习成果框架（Early Learning Outcomes Framework，ELOF）涉及了感数的多个方面和细节，即便如此，感数被提及的时间也不够早（正如我们所见，感数能力在生命的第一年就开始发展了，儿童在 18 个月之前就学会了第一个数词），并且大数的概念性感数并未被提及。请记住，利用如图 2.7 所示的［LT］[2]① 里的对照工具，可以看到 CCSSM、ELOF 以及其他标准和评价是如何与学习路径保持一致的。请注意，学习路径不仅给出了每个阶段的很多细节，而且提供了 ELOF 的阶段，这对于指引儿童的学习经历十分重要。

因此，在这里简单说明我们自己的目标：儿童可以识别，而后不用点数就能感数（快速识别）集合的数量。从出生的头几年开始发展，持续到小学低年级。所有幼儿都会感数。

为了达成目标，表 2.1 提供了学习路径的另外两个部分：发展进程和教学任务。（需要注意的是，所有学习路径表格中的年龄都只是近似估计，因为何时达到某一发展进程在很大程度上取决于儿童的经验。接受高质量教育的儿童会比"一般"儿童提早掌握学习路径上的某些能力。）以之前所述的"快照"活动为基本的教学活动，学习路径展示了不同数量、不同排列方式的圆点，用以举例说明促进这一水平能力发展的教学活动。尽管本书在学习路径中所展示的活动可以组成一个

---

① 由海辛·西蒙斯基金会和盖茨夫妇基金会资助。"学习路径的教与学"（Learning and Teaching with Learning Trajectories）也可以用首字母缩写称呼 LTLT，也就是［LT］[2]（一个"数学玩笑"，而非真的幽默）。

基于研究的早期课程，但是一个完整的课程所应包含的内容应该更多（如，学习路径和其他需要考虑的因素之间的关系，详见第十五章）。

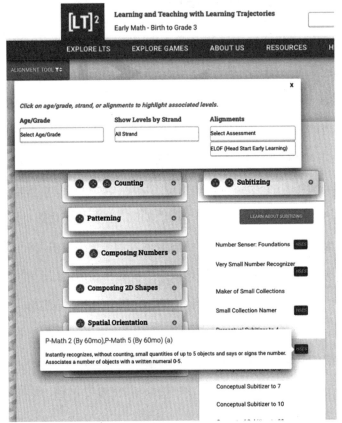

图 2.7　点击绿色的对照工具，选择某个标准（或评价，这里我们选择了早期学习成果框架 ELOF），就能看到学习路径的阶段是如何与标准保持一致的。然后把鼠标悬停在某个标准上方，就能看到详细内容，或者点击某个阶段，查看该标准在那个阶段的页面

我们强烈建议你完整地阅读并学习学习路径（见表2.1）。如若仅仅粗略浏览，你会错过包含在思维水平及与其紧密关联的教学活动里的关键知识。

同样重要的是，记得去 LearningTrajectories.org 访问我们的新工具"学习路径的教与学"（Learning and Teaching with Learning Trajectories）[1]。在那里，你可以看到很多录像，有儿童在每一个感数阶段的思维，也有教师在教室、家长在家里帮助儿童学习某一阶段的思维。此外，在［LT］² 上还有很多其他的教学活动。

---

[1]　表格里的年龄是儿童发展这些概念的典型年龄。但是，儿童的个体差异很大，并且接受高质量教育的儿童会提早掌握某些能力。详见第 9 页。

### 延伸感数的学习路径

作为延伸，小学低年级学生可以用"快照"的修改版提高数字估计能力。如，向学生展示数量过多、无法准确感数的集合。鼓励他们在估数策略中运用感数。强调运用良好的策略尽量接近目标，而不是获得精确的数字。开始时使用规则的几何形状排列，然后再加入随机排列。尤其对于高年级学生，鼓励他们建构更加复杂的策略：从猜测到尽可能多的点数，进而使用比较策略（"比之前的多"）和分组策略（"他们4个一组分散。我在头脑中每4个圈成一组，然后数了6组。所以，24！"）。学生参加这样的活动之后，确实表现得比之前更好，使用了更加复杂的策略和参照标准（Markovits & Hershkowitz, 1997）。对于所有的感数活动，都要经常停下让儿童分享他们的策略。如果儿童还不能很快地基于位值和算术运算发展出更加复杂的策略，那么此时就并不是进行估数活动教学的最佳时期。"猜测"并不属于数学思维。（详见第四章。）

## 结语

感数是儿童关于数的理解发展中的基本技能（Baroody, 1987），必须得到发展。但是，感数并不是将集合量化的唯一方式。点数是一种更加综合更加强大的方式。我们将在第三章进行详细论述。

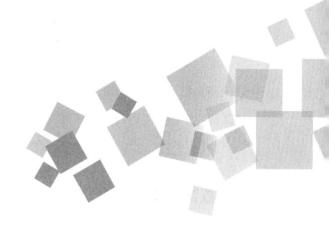

# 第三章　唱数和点数

在 4 岁生日前，艾比有 5 个火车头。一天，她拿着 3 个走进来，爸爸说："其他几个呢？"她承认说："我弄丢了。"爸爸问："弄丢了几个？""我有 1、2、3。（指着空中）4、5……，所以丢了 2 个，4 和 5。（停顿）不！我要让这些（指着 3 个火车头）做 1 号、3 号、5 号。所以 2 号和 4 号丢了。还是丢了 2 个，但是 2 号和 4 号。"

至少对于小数字，艾比已经能够抽象地理解数数了。她可以把 3 个火车头对应到 1、2、3 或者 1、3、5，而且，她可以数数。这就是说，她把数东西应用到了数数字。发展如此复杂的数数需要什么概念和技能呢？大多数年幼儿童是如何理解数数的？他们还可以学习什么？

## 数数的观念转变

20 世纪中期，皮亚杰对数的研究极大地影响了人们对早期数学的观念。其中，强调儿童在学习中的主动作用以及儿童建构数学概念的深度是其众多积极影响中最突出的两点。然而，也有一个观点来源于皮亚杰的负面影响：在儿童理解数目守恒之前，数数是没有意义的。如，当被测试者要求给自己拿取相同数量的糖果时，一名 4 岁的女孩使用了一一对应的方法，如图 3.1 所示。

但是，当测试者如图 3.2 所示的那样把自己的糖果分开摆放时，儿童就会认为测试者有更多的糖果。甚至让儿童数一数这两组糖果都不能帮助他们得到正确答案。

皮亚杰的拥护者相信，在数数变得有意义之前，儿童需要发展能够理解数目守恒的逻辑能力。逻辑包含了两种知识。第一种是类包含，如能够理解这样的问题：有 12 颗木珠，其中 8 颗蓝色，4 颗红色，蓝色木珠的数量比红色木珠的数量多。这如何与数数相关呢？皮亚杰的拥护者认为，儿童若要理解数数，必须先能够理解每一个数都包含了之前的数（见图 3.3）。

逻辑知识的第二种是序列。儿童在能够按序说出数词的同时还能够按序排列要数的物体，这样才能做到每一个物体只数一遍（这对幼儿来说并不简单，在面对散乱的集合时更是如此）。而且，儿童还必须理解每一个数字在数量上都比前一个数多 1（见图 3.4）。但是，儿童有先天的能力基础。事实上，很多其他动物也有。有些任务，如瞬间认出 0 到 8 的数字，经过训练的黑猩猩比人类完成得更好（Angier，2018）。

这两种知识都言之有理。儿童必须学习这些概念才能很好地理解数。然而，儿童在掌握这些概念之前就已经学习了很多关于数数的知识。并且，实际上并非在有意义数数之前必须获得这些知识，相反，数数能够帮助儿童理解逻辑知识。也就是说，数数能够促进分类和序列知识的发展（Clements，1984）。

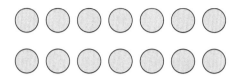

图 3.1　成人摆放了第二层的糖果并要求儿童为自己拿取相同数量的糖果，儿童使用了一一对应的方法

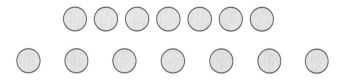

图 3.2　成人把自己的糖果分开排列，儿童便认为成人的糖果比自己的多

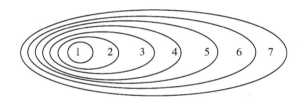

图 3.3　数的层级包含（基数或"有多少"的属性）

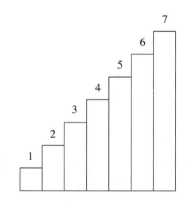

图 3.4　数的序列（或顺序）属性

# 数数的发展

## 唱数

唱数中的数学

尽管小数量计数普遍存在于人类文明中，但是大数量的计数就需要借用数字系统了。阿拉伯数字系统主要基于两个方面（Wu，2011）。第一，只有 10 个被称为数字（digit）的符号（0、1、2、3、4、5、6、7、8、9）。第二，利用这 10 个数字在不同的地方来表示所有的数字，这就是位值（place value）的概念。于是，任何数字都是它每一个数字和位值乘积的总和，如，1926 是 1 个 1000、9 个 100、2 个 10 和 6 个 1。当数到 9 的时候，我们接下来用十位上的 1 和个位上的 0 作为占位符来表示下一个数字：10。接下来，我们在个位用 10 个数字来更替，10—19，这时个位数字用完，我们把 2 放在十位：20。所以，21 意味着我们已经从 0 到 9 循环了 2 遍，因此知道我们数了 20 遍多加 1 遍。

儿童唱数的发展

这部分说明解释了为什么我们使用唱数（verbal counting）而不是机械数数（rote counting）——20 之后，儿童并不仅是机械记忆，还需要使用数学模式和结构。而且，那些能够从任意数开始数的儿童在所有数字任务中的表现都更加出色，因此，熟练地唱数并不是机械的，而是基于对数字结构的认识——唱数的模式。过了 71 是 72，儿童识别出"1······2"的模式，然后运用在这里。

还有些其他原因说明为什么唱数不是机械的。如果没有唱数，数量概念就不会发展。如，能够从任意数开始数的儿童在所有数字任务中的表现都更加出色。儿童认识到数字从它们所在的系统嵌入中获得顺序与意义，并且掌握了一系列生成适当数序的关系与规则，而非回忆。即便对唱数中的机械部分——1 到 20（英语和西班牙语），儿童也知道后面的数字更大（背诵 ABC 的时候并不会这么想）。

语言是很关键的。如，无法有效使用语言、口语或符号模型的聋人，在谈论大于 3 的集合时并不总能伸出正确数量的手指，或当目标集合大于 3 时也不总能正确地将一个集合里的物体数量与目标集合相匹配（Spaepen，Coppola，Spelke，Carey & Goldin-Meadow，2011）。类似地，跨文化研究显示，数数的学习也因所学数词系统语言的不同而不同（详见本书的姊妹篇）。如，中文与很多东亚语言类似，有着比英文更加规则的数词排序。不论中文还是英文，数字 1 到 10 都是任意的，20 之后的数都遵循先十位后个位的命名规则（如 "twenty-one"）。然而，中文（和很多亚洲语言）却有着两点显著的不同。

第一，10 的整数直接反映了十位数的名称（ "two-tens" 而不是 "twenty"；"three-tens" 而不是 "thirty" ），并且 11—20 也遵循命名规则（ 如，"ten-one" "ten-two" 等）而不是 "eleven，twelve，……"。3 岁之前，不同文化的儿童学习 1—10 都很类似，然而英语儿童学习 "teens"，尤其是 13—15，所花时间更长，所犯错误更多。只有美国儿童会出现类似 "twenty-nine、twenty-ten、twenty- eleven" 这样的错误，中国儿童并不会出现（另见第六章位值）。除此之外，还有诸如文化实践之类的很多互相交织的因素。如，在中国亲戚们都被称作 "大哥、二哥"，一周七天被称作 "星期一、星期二、星期三"，等等（Ng & Rao，2010）。

第二，亚洲数词的发音都很迅速，这创造了另一个明显的认知优势（Geary & Liu，1996）。相比于英语和西班牙语数词，亚洲数词的工作记忆负荷更小（Ng & Rao，2010），更有利于学习一一对应。荷兰语儿童甚至比英语儿童学习数词更加困难：他们的 "22" 叫作 "2 和 20"，把个位数置于词首。

唱数的学习需要数年的时间。开始，儿童只能说一些数词，但不一定是按序排列的。随后，他们会从头说出一串数字，但是并不把每个数词当成独立的单词（类似地，儿童可能把 "l-m-n-o-p" 说成一个词）。有趣的是，处于这个发展阶段的儿童可以依靠关注数字、不依靠唱数来复制一系列行为（Sella，Berteletti，Lucangeli & Zorzi，2016）。接着，他们能够区分每一个数词，学习数到 10、

20，甚至更多。在这以后，儿童能够从任意数词开始接数，也就是所谓的"从任意数开始数"水平。随后，他们学习跳数，数到100及以上。 最终，儿童自己完全掌握了数词（"接数"详见第四章）。这些阶段都在表3.2里进行了总结。

### 点数

如第二章所示，儿童命名一个小集合所包含的物体数量需要成人或年长儿童用数词标名集合的相关经验（"这里有2块积木"），这样的经验可以让儿童建立起对数词意义的理解，如说出有几个。最初阶段的数数，即便是点数，对儿童并没有这样的含义。

能够把集合中的可数物体与集合包含的物体数量联系起来，这是儿童早期数概念发展的一个重要里程碑。最初，在数完之后儿童并不知道集合中的物体数量。若被问到有多少，他们通常会再数一遍，就好像"有多少"的问题是一个数数的指令而非回答集合中的物体数量。儿童必须明白数数时所说的最后一个数词表示已数物体的数量。这比简单重复最后数的数字要复杂得多。儿童点数的核心是顺序：保持物体的顺序，保持数词的顺序，按照一个一个依次数的顺序。但是，在数数的最后，儿童需要把注意力从每个物体的顺序转移到基数概念，也就是整个集合有多少个。这就是从数数到基数的转换，这并不是显而易见的。

因此，为了能够点数，儿童不仅需要学会唱数，还需要掌握：①用手指或移动物体的方法将数词与物体一一对应；②最后一个数词所指代的基数概念（"有多少个物体"）。这个过程如图3.5所示。

"1······ 2······ 3······ 4······ 5······ 6······ 7······一共有7个！"

**图3.5 点数，包含一一对应与基数概念（"有多少"）**

理解基数原则是后续数数发展阶段所必需的（Spaepen，Gunderson，Gibson，Goldin Meadow & Levine，2018），也是诸如数量比较、加减等其他学习路径所必需的。更令人震惊的是，研究表明在学前班掌握基数原则为时已晚！学前儿童就需要掌握这个技能（Geary et al., 2017）。

有意义的点数是很多方法的基础。运用点数，能够确定无法感数的较大集合的数量。点数是今后所有数技能所必需的基础。

不仅如此，点数还是第一个也是最基础、最重要的运算法则。也就是说，数与代数中几乎所有的一切都或多或少地依赖于点数。运算法则通常用于指代表征与加工多位数的算法（如竖式加法），那为何点数是一种运算法则呢？因为运算法则是一种逐步解决某一特定类型问题的方法。点数就是儿童首先学会的一种逐步进行问题解决的方法——确定有限集合包含的元素数量。因此，点数的数学逻辑就是：每一个"最后数的数词"一样的集合都有相同数量的物体。

对于 3 岁儿童而言，最简单的集合排列方式是只有少数几个物体排成一条直线，并且在儿童数数的过程中能够触碰到这些物体。在 3—5 岁，儿童通过练习逐步掌握更多的数数技能，绝大多数儿童都能应对数量较大的集合。

儿童还需要学习很多其他的数数技能。他们需要根据某一指定的数字取物，也就是按数取物。对于成人，按数取物并没有比点数集合更加困难。然而，对于儿童，为了取出 4，他们必须记住所要取物的数量，进行一一对应，同时在每一次计数时判断所说的数词是否到了 4。在掌握这样的能力之前，他们必须不断努力进步。

随后，儿童需要学习点数不同排列方式的物体，记住已经数过和还没数过的物体。最终，在数数时不需触碰或移动物体就能点数集合，甚至能够点数看不见的物体。如，研究人员赖斯·斯泰菲正和 5 岁的布伦达在一起。斯泰菲拿出 3 个正方形，他告诉布伦达还有 4 个藏在布的下面，问布伦达一共有多少个正方形。布伦达企图掀起遮布，被斯泰菲阻止了。布伦达点数了可见的 3 个正方形。

布伦达：1、2、3。（依次触摸每一个可见物体。）

赖斯·斯泰菲：这儿还有 4 个（敲了一下遮布）。

布伦达：（掀起遮布，露出 2 个正方形。）4，5。（触摸了每一个，然后放回遮布。）

赖斯·斯泰菲：好的，我给你看 2 个。（展示了 2 个。）这儿有 4 个，你数数看。

布伦达：1、2（然后开始数可见的）3、4、5。

赖斯·斯泰菲：这儿还有 2 个（敲了下遮布）。

布伦达：（企图掀起遮布。）

赖斯·斯泰菲：（拉回遮布。）

布伦达：6、7（触摸最后 2 个正方形）。

布伦达企图掀起遮布的行为说明她意识到了被遮盖的正方形，她想要点数集合。但是，她却做不到，因为感受不到。她可以把可见的物体当作可数实体，却不能想象物体。随后，她数了研究者的手指，用以替代研究者藏起的 6 个物体。当研究者告诉她有 6 个物体被藏起来时，布伦达说："我看不到没有的 6 个！"在随后的发展中，儿童能在心里复制可数实体。布伦达还没有达到这个水平。

最后，不要忽略了代表数数的数字！相较于数数其他方面的能力，儿童对诸如 3 和 9 这样的符号知识可以更好地预测今后的数学成绩（Martin，Cirino，Sharp，& Barnes，2014）。的确，儿童对数字的自发关注和兴趣非常重要（Rathé et al.，2019），读数字对于三四岁的儿童也很合时宜。因此，通过跳数字（Number Jump）这类游戏，教师可以展示手势（见图 3.6）或数字。

### 数数策略

儿童还要学习在加入或者移除一个物体的情况下，如何使用向前数或向后数的方法快速判断集合所含物体的数量。也就是说，知道盒子里有 4 个球，再放 1 个球进去，儿童会说"5"——下一个数的数字。对于成人来说这也许显而易见，但是这却是儿童理解数字的一个重要分水岭（Baroody & Purpura，2017）。也就是说，儿童要掌握诸如接数或倒数之类更加复杂的数数策略来解决计算问题，这部分内容我们将在第四章进行详细阐述。

儿童还会用多种方法调整数数的行为，如接数、数数字（艾比的火车头）、跳数等。这些都是数数策略，也是后面的章节涉及的运用数数的重点。

图3.6 点数事件和物体。在"跳数字"游戏中，儿童点数或者感数所见的手指数量，随后跳动相应的次数

> 不论儿童有没有更高的点数水平或数数策略，他们都应该获得支持，发展更高水平的数数技能，只有高水平的数数技能可以预测今后的数学成绩。
>
> ——源（Nguyen et al.，2016）

## 零和无穷大

5岁的道恩正在计算机屏幕上输入指令来改变物体的移动速度。指令"设置速度为100"会让物体迅速移动，"设置速度为10"则会让移动变缓。她尝试了诸如55这样的限速，也尝试了诸如5和1这样很慢的速度。突然，她激动地召唤小伙伴和教师。参观的西摩·佩波特和教师都很费解：什么让她这么激动？没有什么发生啊。

他们发现"没有什么"确实发生了。0！道恩输入了指令"设置速度为0"，于是物体便停止运动了。道恩说物体正在"移动"，只不过速度是0。0是一个数字！不是"什么也没有"，而是一个真正的数字。佩波特认为这样的发现直击数学学习的核心。这个故事也说明了0并不是一个明显的概念。0的创造远远晚于数数。然而，三四岁的儿童却能够学会使用0来表示没有物体。

儿童用不同的方式理解0，并且建立了特殊的规则来解释这个特别的数字。同样，那些很难理解的0的特殊属性也反过来促进了儿童数学的发展。0在儿童日渐发展的数知识中扮演了特殊的角色，因为儿童必须认识到0的规则，这样的经验是建立算术结构普遍规则的基础。

晚餐时，一位父亲询问他二年级的儿子在学校里学到了什么。

儿子：我知道了如果你乘以或者除以0，答案都是0。

父亲：如果你用2乘以0，答案是多少？

儿子：0。

父亲：2除以0呢？

儿子：0。

父亲：2除以2呢？

儿子：1。

父亲：2除以1呢？2包含了几个1？

儿子：2个。

父亲：2除以$\dfrac{1}{2}$呢？2包含了几个$\dfrac{1}{2}$？

儿子：4个。

父亲：2除以$\dfrac{1}{4}$呢？

儿子：8。

父亲：如果我们除以一个接近0的数，会发生什么？

儿子：答案会变得越来越大。

父亲：现在你怎么看2除以0等于0？

儿子：这是不对的。答案是多少？

父亲：看起来好像并没有答案。你觉得呢？

儿子：爸爸，答案难道不是无穷大吗？

父亲：你从哪儿知道的无穷大？

儿子：巴斯光年。

（改编自 Gadanidis，Hoogland，Jarvis，& Scheffel，2003）

在倒数、标记数轴等活动中，一年级学生会呈现出对0各种不同的理解

（Bofferding & Alexander，2011）。有些学生会把0作为终点，拒绝标记0左侧的数字，或者把0左侧的数字都用0标记。还有些学生在数轴上遗漏0。这提示我们需要更好地与学生交流大于0的数和负数（尽管这部分内容是高年级课程标准中强调的）。

## 小结

　　早期数知识包括很多相互关联的方面，包括识别和命名小集合的物体数量（迅速识别小数量就是感数），学习数字名称并且最终能够按序排列数词至10以上，点数物体（如，数词与物体一一对应），理解数数时所说的最后一个数字指代了已数物体的数量，学习使用数数策略解决问题。儿童一般通过各种不同的经验分别学习不同的方面，但是在学前期，他们逐渐将这些方面联系起来（Linnell & Fluck，2001；Nunes，Bryant，Evans & Barros，2015；Reikerås，2016）。如，年幼儿童在关注小集合数量的同时，也在学习唱数，与此同时还处于数字连串的集合点数阶段（开始时并不能做到准确地一一对应）。随着能力的增长，这些不同的数数技能促进了各自技能的运用，也逐渐变得密不可分：数量识别促进了唱数和感数能力，进一步支持了点数技能中一一对应和基数概念的发展（Batchelor & Gilmore，2015；Eimeren，MacMillan & Ansari，2007）。熟练的点数技能进一步促进更加高级的感知性感数和概念性感数的发展。这4个方面的发展都是从最小的数字开始，逐渐增加数量。除此之外，每个方面都有各自显著的发展阶段。

　　如，小数量的识别最先是一至两个物体的非言语识别，随后能够快速识别并区分1—4个物体，最终能够概念性感数更大的（组合）集合。当儿童的感数能力从感知阶段发展到概念阶段时，他们数数和操作集合的能力也一并从感知阶段发展到概念阶段。

## 经验与教育

从最年幼的儿童到一年级学生，很多从事早期教育的教师都低估了他们数数和学习数数的能力。很多时候，儿童从幼儿园到一年级没能学会一点关于数数的知识。课本上讲的是儿童已经掌握的数数技能，儿童花费大量的时间在同一个数字上，如3，随后是4，然后是5……，通常忽略10以上的数字。有些教师仍然使用机械的方法教学生数数。某研究表明，芬兰学前儿童比伊朗学前儿童掌握的数数技能更多，只有芬兰儿童学会了有意义地用物体数数，并与日常生活相联系（Aunio，Korhonen，Bashash & Khoshbakht，2014）。研究提醒我们必须针对局限范围和机械记忆做出一些积极的改变。

### 唱数

最初，唱数包括学习1—10甚至20的数词序列，这对于说英语和西班牙语的儿童来说是一个任意的序列。其中，有一些明显的规律（Fuson，1992a）。开始时，数词仅仅是一首"演唱的歌"（Ginsburg，1977）。儿童或多或少地从一般语言或ABC中学习到一些序列。于是，节奏和歌曲就发挥了作用，尽管需要注意区分每一个单词并且理解每一个单词都是一个数词（如，有些儿童开始时会把两个物体与两个音节相连接"se-ven"）。

如果数词是任意的，那么我们为什么不喜欢机械计数这个名词？因为即便对于年幼儿童，唱数也应该是有意义的，应该是数字系统的一部分（Pollio & Whitacre，1970）。数词让儿童以一种直观的方式意识到数的数字越大表示的数量越多，以此类推，甚至到20以内。除此之外，唱数的规律和结构也要予以重视，以帮助年幼儿童理解十进制、位值和数词结构（Miller，Smith，Zhu & Zhang，1995）。让美国儿童比现在更早地熟悉阿拉伯数字也许会起到补偿作用。此外，轶事记录中用英语单词翻译东亚数词结构的方法也值得推荐（"ten—one, ten—two, ……, two—tens, two—tens—one, two—tens—two, ……"）。这样做的目的是帮助儿童将十位上的数字与十位数的名称联系起来（Magargee，2017；Van Luit & Van der Molen，2011）。如果儿童曾经把早期数学活动当作混乱随意、需要记忆的经验，这样的方法不仅有利于儿童按序计数，而且可以缓解这类经验给儿童信念系统带来的潜在有害影响（Fuson，1992a）。研究表明，语言的影响的确并非无处不在（Mark & Dowker，2015），相反地，高质量的教学挑战性的任务（如，正数或倒数；详见"从 N 接数（N+1，N–1）"）比数数使用的语言更加重要（Laski & Yu，2014）。

如果儿童犯错，则要强调准确性的重要，并且鼓励他们慢慢地仔细数数（Baroody，1996）。可以邀请儿童和你一起数数。然后让他们自己再独立完成一遍相同的任务。如果需要的话，可以让儿童一个数一个数地重复你。"我说完一个数，你说一样的数。1。"（停顿）如果没有回应，重复一遍 1，然后告诉儿童说 1。如果儿童说 2，你就说 3，如此继续，让儿童重复或接数你说的数字。如果儿童自己数数时仍旧犯错，可以把这个活动作为每天特殊的热身练习。

## 点数前的语言

数词在命名小集合中扮演着重要的角色（见第二章感数），我们要引导儿童参与包含数字的情境，让儿童自觉地意识到数字。如，一个小女孩正和她的小狗坐着，这时另一只小狗走进了院子。她说："2 只小狗！"于是她找妈妈要了 2 份食物款待每一只小狗。再如，研究人员格雷森·惠特利正在用多米诺骨牌和一名 4 岁的儿童互动。这名儿童会用骨牌建构形状，但并没有注意到骨牌上的点子数量。当他把一些骨牌放在一起的时候，惠特利说："这 2 块放一起，因为它们上面都有 3 个点子。"说完之后过了一会儿，儿童仍然在拼搭，但是已经开始注意点子，并且把有相同点数的骨牌放在一起。这就是他理解 3 的抽象概念的开始。研究建议，在儿童开始关注点数之前就应提供诸如此类的多样化的经验。

### 感数和点数：关系密切

发展感数概念时，要有意识地尝试将计数与感数的经验相联系。年幼儿童会使用感知性感数作为计数的单位，并建立他们初步的基数概念。如，即使已经数过了集合，儿童第一次对数词基数意义的理解仍然可能来源于对可感数的小集合数量的命名（Fuson，1992b）。

我们应该使用多种方法将计数与儿童对小集合数量的识别联系起来。"手里有多少"就是一个有效的教学活动，强调用数数的方法说出"有多少"。把 4 个小木块藏在手里放在背后，告诉儿童你看到了一些小木块（或其他近似大小的物体），你说："我想知道我一只手能拿几个。"告诉他们你的手里能拿多少就拿了多少。让儿童帮你数出手里一共藏了多少个小木块。用另一只手拿出 1 个放在儿童面前，让他们看见并注意到这个小木块（其他木块仍旧藏在手里）。如此重复，直至数完所有 4 个小木块。张开空无一物的双手，手势示意所有的小木块，问儿童这里一共有多少个。表示同意："有 4 个（再用手势示意一次）！我们数过，有 4 个。"

需要注意的是，在计数时，儿童听到的每一个数词都要与观察到的物体集合的数量一致，并且每一个数词的数量都已经教过儿童如何感数了。这样，一个还不明白基数概念的儿童就会看到：我们说 1，我看到 1 个。我们说 2 的时候，我就知道有 2 个！以此类推，4 也一样，清晰地展示了基数概念（这就是我们每次只拿出 1 个的原因，而不是指着摆成一条线的小木块）。用手势示意并且重复"有 4 个"更强化了基数概念。然后，我们可以在游戏时间挑战儿童，看看他们手里能拿几个小木块："你们的手更小，我觉得你们不能和我拿得一样多。"

和机械地点数摆成一条线的物体相比，这个活动还有哪些优点呢？我们在一开始问了"手里有多少？"这个可以通过数数回答的问题。并且，让儿童自己做也更能激励儿童，让活动更有意义（我们打赌你能猜到，儿童会一直数到 4 以上，因为他们想战胜教师）。

另一个活动是，让儿童点数可以感数的集合，然后加上或者拿走一个物体，让儿童再数一次。在这两个活动里，感数都在点数的过程中渗透了基数概念。

点数也可以帮助感数。儿童可以在感知性感数、点数和模式的过程中进一步发展概念性感数。这种更高级的快速分组并计数集合的能力反过来能够支持感数和计算能力的发展。一名一年级的学生向我们解释了这个过程。

> 看见一个 3×3 排列的圆点，她马上就说 9。问她是怎么做到的，她回答说："大约 4 岁在幼儿园的时候，我要做的只有数数。就像这样 1、2、3、4、5、6、7、8、9，我用心记下了每一个数字。5 岁的时候也不断反复练习。于是我就知道了这是 9，就像这样（手指着排列的 9 个圆点）。"
>
> ——金斯堡（Ginsburg，1977）

### 点数，说出总数

当然，儿童还需要丰富的数数经验，不仅和别人一起数，还要自己独立数。点数物体需要大量的练习进行协调，让儿童在数数时触摸物体以及把物体排成一列都可以帮助儿童点数。尽管儿童必须在整个数数过程中集中注意努力完成连续的协调练习，但是他们已经准备好了，特别是引入了节奏韵律。这样的过程可以大大提高数数的准确性（Fuson，1988），当你观察到儿童数数出错时，让他们"放慢速度"和"努力数正确"应该是首选的干预方法。有些家长和教师并不鼓励儿童用手指物体，或者认为在简单任务中儿童如果使用了——对应的方法，那么在更加复杂的任务中他们便不再需要辅助性地使用该方法（Linnell & Flunk，2001）。但是，只用眼睛注视会提高错误率，并且这种错误可能会内化。因此，要允许儿童并鼓励家长也允许儿童用手指物体，当发现儿童点数错误时要把用手指物体作为另一个早期干预的方法（Fuson，1988，1992a；Linnell & Fluck，2001）。要强调手指点数，这是表征数字的基础，也是学习数数和算术概念的基础（Crollen & Noël，2015）！要鼓励有特殊需要的儿童，如，鼓励学习困难儿童慢慢地认真点数，把数过的物体移动到另一个地方（Baroody，1996）。

基数概念是在数数教学中最经常被忽略的方面之一，它的作用没有被教师和家长准确领会（Linnell & Fluck，2001）。首先，要发展小数字的感数能力（Paliwal &

Baroody，2020）。然后使用"手里有多少？"的方法，这个方法就是为了强调序数与基数在不同方面的联系而专门设计的。除此之外，在观察儿童时，教师通常对准确的点数过程表示满意，但很少在点数之后问儿童"有多少"。教师要使用这个问题来评价并促进儿童从点数到基数的衔接和转换。让儿童先数一遍，然后再问"有多少"（Paliwal & Baroody，2020）。要设法了解儿童的概念形成，明白讨论点数的好处和目的，并且创造机会，让成人和儿童生成有点数需求的情境。

为了发展这些概念和技能，儿童需要在必须知道"有多少"的情境中获得丰富的经验。家长会问"有多少"，但仅当作一个点数的要求，而没有强调从点数向基数的转换（Fluck，1995；Fluck & Henderson，1996）。专家型教师会注意到这个区别，这会带来很大的不同（Anantharajan，2020）。他们随后会让儿童参与诸如表 3.1 的那些活动中，这些活动强调了所数集合的基数大小。这些活动要求儿童知道基数，并且有些活动隐藏了物体，如此一来要求说出"有多少"就不会被误解为再数一遍的要求。

很多教师和家长都使用数数书，但是这有很多问题。书没有给儿童足够的机会去学习数字 0 和比 10 大的数字，而且局限了儿童接触数字的多元表征（数词 20；数字 20；数量"20 本书"），而这正是理解数字和学习数数技能所必需的。要使用高质量的书（详见［LT］² 资源里的清单）。

一个重要的提醒：即使不理解关键概念，儿童也能学会数数的过程。如，他们可能会发现漏数物体或者从 2 或 3 开始数（第一个物体）是"不对"的，但是仍然认为最后一个数词表示集合的总数（Nunes et al.，2015）。不要以为数数行为就表示了理解，让儿童参与数学对话才能评价并发展这些有意义的概念理解。

该领域的研究（Baroody，1996；Baroody & Purpura，2017）以及对搭建积木项目的研究建议，当儿童犯错时，如下这些教学策略是有效的。见专栏 3.1。

---

**专栏 3.1　针对特定数数错误的教学策略**

**一一对应错误（包括记不清哪些已经数过的错误）：**

- 强调准确的重要性，鼓励儿童慢慢地、认真地"每个物体只数一遍"。

• 必要时，要解释记清楚的策略。如果移动物体是可能并可取的，那么推荐把物体移到另一堆或另一个地方的策略。另外，还可以用语言描述策略，如，"从上往下数、从顶部开始一个一个数"，然后一起执行策略。

**如果儿童返回重新开始计数（如在环形的排列中）：**

①阻止并告诉他们已经数过了这个物体。建议他们从能够记住的一个物体开始（如，"顶上""角落"或者"蓝色"的那个——任何在活动中讲得通的一个；如果没有显著标志，那就用一些方法进行标记）。

②当儿童在计算机游戏"厨房数数"（见表3.2）中点数时，让他们点击物体，同时标记已经数过的物体。如果儿童点击已经标记的物体，就立即提醒他这个物体已经数过。

**玩棋盘游戏的时候，如果儿童从棋子开始的地方数1或者犯了其他——一对应的错误：**

• 暂停并且提醒他们要数的是走多少步，和他们一起移动棋子，很夸张地走一步的同时数1，依此类推。

• 告诉儿童他们（的棋子）在的地方是0。说0，然后走一步说1，依此类推。

• 帮助儿童明白如果路过其他玩家，他们需要数被其他玩家棋子占领的那一格。

• 使用直线路径，而不是又长又弯的路径，并且在必要时给每名儿童一个自己的棋盘。

• 让儿童根据掷出的数字数出相应数量的小圆片，然后把小圆片沿着路径放在棋子前面，随后再移动棋子放在最后一个小圆片上。

• 对于最简单的游戏，让儿童根据掷出的数字数出相应数量的小圆片，摆在自己棋盘的格子里，整理成网格，如排2排每排5个（Moomaw, 2015）。

**基数（有多少原则）错误：**

• 让儿童再数一遍。

• 演示集合的基数原则。也就是说，点数集合时依次指向每一个物体，拉长最后一个数词（"1、2、3、4、5——"），然后用手势示意所有物体并说："一共5个！"（注意：既要点数，又要说集合有多少个，不能只做其一，Baroody & Purpura, 2017。）

• 用简单排列的小集合（可以感数）来演示基数原则（详见第二章的快照活动）。

• 用［LT］² 点数（小数目）水平的"手里有多少"的活动。

**基数错误（按数取物——知道何时停止）：**

• 提醒儿童目标数字，让他们再数一遍。

• 点数集合，说明这不是所要的数字，让儿童再试一次。

• 若取得太少，快速点数现有集合，让儿童添加另一种物体，完成时说："这才是——"。允许儿童添加不止一个物体，只要没有超过总数。

• 若取得太多，让儿童拿走一些物体，然后再数一遍。因此，要快速点数现有集合，说"太多了，拿走一些，我们还有——"。

• 演示一遍。

**有指导的点数序列（当上述方法还不够时）：**

• 让儿童一边用手指每一个物体一边大声数数。如果需要，可以给儿童一些如何才能记住哪些已经数过的策略。

• 如果纠正之后仍旧出错，说"和我一起数"，提出你打算进行示范记住哪些已经数过的策略。让儿童手指每一个物体的同时说出正确的数词，这样和儿童一起数完。

• 演示基数原则——重复最后一个数词，用画圈的手势示意所有物体，说

"这里一共有多少"。对于按数取物，强调目标数字，说："5，这是我们想要的！"

**跳数：**

- 说"再试一次"。（提醒儿童目标数字）

- 说"和我一起数，每10个一数"。（如果数物体，每次选择合适的数量）

- 说"像这样每10个一数（演示）。现在，和我一起数"。

### 问题解决和数数策略

为什么数数？为了知道有多少。为什么要知道有多少？很多时候是别人让儿童数数，他们才数的！更有意义、更有教育效果的原因应该是用数数解决问题。有些问题只包含了点数，如"刚刚好（Get Just Enough）"活动，数一数有多少个儿童，然后拿相应数量的纸巾［详见［LT］²复制(小数量)以及点数和复制(10+)］。即便如此，在这里点数是有目的的，并且还有自然反馈：如果你数对了，等你回来时，可以给每个人一张纸巾，并且没有剩余。

当数数是有目的的时候，儿童就特别应该去数数。如，让儿童拿4支笔等，这些情境强调了对复数的意识，特定的基数目标以及数数的活动。从这个方面而言，绝大多数的数数任务都应该强调情境和目标，强调数数的基数结果，而不仅是数数活动本身（Steffe & Cobb，1988）。桌子旁有多少把椅子（所以有多少个儿童能坐在那儿）？多少个儿童在积木区？

当然，儿童喜欢数数，成人甚至完全不明白其用意。儿童喜欢数他们爬过的台阶数，尤其是他们能够"完成某事"的次数，如，相互击打皮球让皮球不落地的次数、积木的块数、墙上砖的块数。一项研究表明，让大班儿童合作点数一些材料，这样的合作点数通过拓展儿童策略的范围和复杂程度，促进了个体的认知发展，如，在点数隐藏集合的物体时需要记清别人点数动作的数量（Wiegel，1998）。这些任务是基于数数的发展过程设计的，这是它的一个重要特点（Steffe & Cobb，1988）。

同样地，日本的幼儿园有效地把数数和其他数学内容融入一日生活，如签字、手工艺、点名和锻炼。下面是一个手工艺的例子（文章里还有更多）。

教师在教室里走动，给每名儿童分发红色的纸条（螃蟹腿）。教师问儿童："你们每个人应该拿到几条腿？请你们数一数拿到了几条螃蟹腿。"一个男孩回答："我有8个！"并且用逐一点数的方法确认："1、2、3……8。"当所有儿童都拿到材料之后，教师提问全班："我想问问你们，谁有5条腿？谁有6条腿？"只有几名儿童举手。当教师问"谁有8条腿？"的时候，很多儿童欢呼着举手。（Sakakibara，2014）

然而，重要的是作者的总结陈述："教师必须对儿童目前的数学发展阶段非常敏感。"（Sakakibara，2014）如果不了解儿童的思维阶段，不运用学习路径，那么儿童就不能有效地在一日生活中学习数学。可是一旦你了解了发展阶段，那么就讨论数学吧！在家里尤其是在学校，你和儿童开展越多的数学讨论，儿童的数数技能就越好，达到的发展水平也越高（Ramani，Rowe，Eason，& Leech，2015）。

其他东亚国家的数学教育方式和日本有所不同。在中国，数学教学是有计划、有意识的（Li，Chi，DeBey & Baroody，2015）。如，在美国有27%的教师不设定任何目标，20%的教师不使用任何数学课程或资料。

下一节也强调了有目的地数数和发展数数策略。如上所述，更多的数数教学策略会在下面几章涉及。

## 语言、数字和点数

感数和数数技能的发展需要儿童坚持认真地使用数词。除数量之外其他方面都不同的同一数字的例子，多接触这样的例子和反例是大有益处的（Baroody et al.，2006）。

同样地，有意义地使用数字（1或4）能够帮助儿童发展数概念。儿童可能最早3岁最晚6岁就开始使用数词的书面表征，这完全取决于家庭和幼儿园环境（Baroody et al.，2005）。诸如"罐头"之类的数字游戏强调了数量表征，可以激发儿童的学习动机。4个封口的罐头无序排列，里面分别放有数量不同的物体。儿童必须找到物体数量和教师要求数量相同的罐头。在很快介绍完这个游戏后，教师发现了一个新的特点：儿童会在便签纸上写字来帮助他们找到正确的罐头（Hughes，1986）。儿童会使用图像表征或者数字表征。

的确，一些课程使用了不同类型的游戏来发展儿童的计数能力（详见第十五章）。甚至 3 岁的儿童在成人介绍后就能成功地和同伴玩这样的游戏（Curtis，2005）。计数和数词命名的教学能够帮助儿童将他们的知识迁移到其他方面，如加减法。但儿童对于某些技能却无法进行迁移，如比较（Malofeeva，Day，Saco，Young & Ciancio，2004）。因此，需要在数数的学习路径中加入"赛跑"游戏等其他活动（详见第四章）。

棋盘游戏之所以有效是因为儿童练习数数吗？是的，但这并非棋盘游戏最重要的贡献。设想所有这一切都从儿童扔骰子掷到一个 5 开始。首先，他们要数（或感数）点子（如果用的是数字骰子，则要读出并理解数字 5）。然后，他们要移动相应的步数，点数跳几下而不是几格（约三分之一的儿童错误地从开始的格子数 1，Moomaw，2015），在跳 5 步之后停下。此外，再设想一下，如果掷到 3，那又是一次不同的经验。他们看到 3 比 5 的点子少，跳更少的步数，在路径上移动更短的距离，做完这些所花的时间更短。比较 3 和 5 是一次很有效的学习经验。儿童不仅数了不同的东西（点子和步数）而且在数量 5 和数量 3 之间建立了直观的联系。因此，再强调一次，需要在数数的学习路径中加入"赛跑"或棋盘游戏和其他活动，并且鼓励在家里也玩这些游戏。

还有两个小建议。第一，如果你在做小组活动，可以为儿童提供足够的支架，考虑比较学习路径里 10（和 100）以内心理数线水平的"太空竞赛"（Race to Space），使用直线道路作为游戏的介绍。第二，请参考［LT］² "介绍和使用游戏"的资源。

计算机游戏是另一个有效的方法（Moyer-Packenham et al.，2015）。在引入类似"罐头"之类的数字游戏之后，计算机游戏通常会要求儿童通过点击数字来对问题做出回应（数字写在"卡片"上，最初用五方格和十方格的圆点表征），或是读一个数字然后复制相同数量的集合（详见［LT］²的计算机活动）。进行这些活动的儿童比对照组也学习数字的儿童表现更好（Clements & Sarama，2007c）。对于大班或者更年长的儿童，运用乐高活动也可以促进数字使用，包括连接数字与数量概念（Clements，Battisa & Sarama，2001；Clements & Meredith，1993）。

这些活动在教学上有四个显著特点。第一，符号具有儿童能够理解的数量意义，同时建立在语言表征的基础上。第二，最初由儿童自己创造他们的表征方式。第三，这些符号在活动的情境中是有用的。第四，儿童能够在情境与符号之间来回转换。

让儿童关注数量的表征和反思，书面数符号能够发挥举足轻重的作用。符号的使用与理解能够对数概念产生影响，符号提供了一种促进数字交流的共同的认知模式，尤其对于年幼儿童与更年长的人之间，甚至会成为儿童数字认知模式的一部分（Munn，1998）。然而，在完全依赖符号沟通之前，应该有具体的情境和数字运算的口头问题解决来为儿童提供丰富的经验，如加减法。在幼儿园，缓慢、非正式、有意义地使用数字比强调程序而非数量意义的传统方法更加有效（Munn，1998）。

因此，要帮助儿童明确地在每一个口头和书面符号之间建立联系，与"具体感官"（详见第十六章）的数量情境建立联系，鼓励他们将数字作为情境的符号和推理的符号来使用，重点应该放在用数学的方式进行思考，在合适的时候辅之以符号。

## 零的教学

教育能够改变儿童对零的学习。如，和其他幼儿园相比，一所大学幼儿园用一年时间增加了儿童对零的理解（Wellman & Miller，1986）。因为年幼儿童通常用不同的方法来解决包含零的情境和问题（Evans，1983），所以对术语零和符号0的使用应该尽早开始，因为它与概念的发展紧密相关——对真实世界"没有"的讨论或不包含任何元素的集合数量。应该有一些这样的活动，倒数到零，用零命名集合（一些不合情理的情况，如房间里大象的数量），减去具体的物体来制造这样的集合，把零当作最小的整数进行讨论（非负整数）。最终，这样的活动可以引导出一些简单的概括性原则，如，加上零并不改变数值，关于零的知识和其他数字的知识的整合。道恩的"设置速度为0"就是一个有效的学习经验。

## 数数的学习路径

数数的学习路径比第二章感数的学习路径要复杂得多。首先，很多概念和技能的发展让水平变得更加复杂。其次，数数的学习路径有三个分支，它们是唱数、点数和数数策略。这三方面相互关联又独立发展。如，如果父母只教了儿童唱数，那么他可能在唱数方面会发展得很好（"我能数到300！"），但是并不能熟练地理解点数。绝大多数水平都涉及点数（也因此没有进一步标明），那些主要涉及唱数的技能被标记为"唱数"，那些开始主要倾向唱数但也能应用于点数情境的技能被标记为"唱数和点数"。那些被标记为"策略"的技能对于支持比较（第四章）和计算能力的发展尤其重要，并且逐渐与第五章所说的计算策略成为一个整体（甚至完全相同）。（数数是儿童计算能力的一个主要预测指标。详见 Passolunghi，Vercelloni & Schadee，2007；Spaepen et al.，2018；Stock，Desoete & Roeyers，2009）。

提高儿童的唱数能力，有意义地进行点数，学习日益复杂的数数策略，这些目标的重要性显而易见。表3.1描述了《共同核心州立标准》（CCSSM）的标准，但也要记得使用［LT］²里的对照工具，看看《共同核心州立标准》《早期学习成果框架》以及其他标准和评价是如何与学习路径保持一致的。请注意，学习路径不但给出了每个阶段的很多细节，而且还提供了不同学习标准的阶段，这对于指引儿童的学习经历十分重要。

表 3.1 《共同核心州立标准》（CCSS）中数数的目标

**点数和基数（CCSSM 大班）**

**知道数字名称和点数序列。**

1. 1 个 1 个或 10 个 10 个地数到 100。

2. 在知道的数列中从任意指定的数开始接数（而不是必须从 1 开始）。

3. 书写 0—20 的数字。用 0—20 的书面数字表征物体的数量（0 表示没有物体）。

**用点数判断物体数量。**

1. 理解数字和数量之间的关系；将点数与基数相联系。

①在点数物体时，以标准顺序说出数字名称，有且仅有一个数词与每一个物体匹配，有且仅有一个物体与每一个数词匹配。

②理解最后一个数词表示所数的物体数量。不论物体如何排列或按何种顺序点数，物体的数量不变。

③理解每一个连续的数词指代比前一个数多 1 的数量。

2. 用点数来回答大约包含 20 个物体的"有多少"问题，这些物体的排列方式可以是一条直线、长方形、圆形，或者 10 个左右分散排列的物体；指定 1—20 的任意数，按数取物。

**测量与统计（CCSSM 大班）**

**将物体分类并点数每一类的物体数量。**

将物体分成指定类别；点数每一类物体的数量并通过点数将类别排序（将每类物体的数量限制在 10 或 10 以内）。

**运算与代数思维（CCSSM 一年级）。**

**20 以内的加减。**

1. 将点数与加减相联系（如接数 2 就是加 2）。

2. 20 以内的加减，显示 10 以内加减的流畅性。使用策略，如，接数；凑 10（如，8+6=8+2+4=10+4=14）；用数的分解凑 10（如，13-4=13-3-1=10-1=9）；运用加减法之间的关系（如，知道 8+4=12，就知道 12-8=4）；以及建立更容易知道总数的等价形式（如，计算6+7时使用知道的等价形式6+6+1=12+1=13）。

**十进制的数与运算（CCSSM 一年级）**

*扩展数数序列。*

数到120，从任意小于120的数开始。在这个范围里，能够读写数字，用书面数字表

征物体数量。

**十进制的数与运算（CCSSM 二年级）**

*从相同数量物体集合中理解乘法的基础。*

确定一个集合中的物体数量（最多20）是奇数还是偶数。如，运用两个一数的方法配

对或点数物体；用两个相同加数求和的等式表示一个偶数。

**十进制的数与运算（CCSSM 二年级）**

*理解位值。*

数到1000以内；5个、10个、100个地跳数。

以这些为目标，表3.2展示了学习路径的另外两个方面，发展进程和教学活动。

（注意学习路径表格里所有的年龄都只是大约估计，因为掌握某项能力的年龄通

常在很大程度上依赖于经验。）

表 3.2　数数的学习路径

| 年龄<br>（岁） | 发展进程 | 教学活动 |
|---|---|---|
| 1 | 说数词（number word sayer）基础（口头）<br>无口头数数。<br>无序地命名一些数词。 | ● 讨论数字，[LT]²：将数词与数量相联系（详见第二章和[LT]²"数量识别和感数"学习路径中的最初水平），数词是数数序列的组成部分。<br>● 10个好朋友手指游戏和2只小蝴蝶手指游戏，[LT]²：类似这样的手指游戏是教儿童学习数数和数字的一种有趣方式。<br>● 数数书（基础），[LT]²：书帮助儿童熟悉数词和最初的数概念。 |

续表

| 年龄（岁） | 发展进程 | 教学活动 |
|---|---|---|
| 1—2 | **唱数（chanter）**（口头）用唱歌的方式唱数词，会把数词连起来。数词无法逐一区分（"一二-三"，Fuson，1988）。<br>会开始非口头"数"物体，如模仿成人一个一个地摆放物体（Sella et al.，2016）。<br>看到成人把1到6个食物玩具放进动物玩偶，模仿给玩偶喂食，同时关注数字。 | • 口头数数、唱歌、手指游戏等：在不同情境中重复数数序列的经验。其中可以包含唱歌；手指游戏，如"这个老人"；数上下楼梯；只是为了好玩而口头数数（你能数到多少？）。<br>• 用沙球数数，[LT]²：使用沙球或其他打击乐器支持数概念和数数的发展。<br>• 感受节拍，[LT]²：在做律动的同时数数，儿童可以数到超过他们已经知道的数字。 |
| 2 | **复述（reciter）**（口头）分开的数词口头数数，5以上不一定按照正确顺序。<br>"1、2、3、4、5、7。"如果知道的数词比物体的数量多，在最后快速地说出数词；如果物体数量更多，"循环"数词（生硬地罗列所有数词）。使用数词（"我爸爸20岁。"）<br>物体、动作、数词多对一（大约1岁8个月）或极度死板地一一对应（2岁6个月）。 | • 表演歌曲和手指游戏，[LT]²：儿童在唱的同时表演歌曲，练习数物体、动物的集合。详见[LT]²中"当我一岁的时候"。<br><br>• 发现错误（5以内），[LT]²：教师让儿童帮助玩偶糊涂先生纠正他口头数数的错误。 |
| 3 | **复述到10 [reciter（10）]**（口头）口头数到10，有些能够与物体一一对应，但要么继续生硬地一一对应，要么出现错误（如漏数、重复数）。<br>"1（表示第一个），2（表示第 | • 注意：所有之前阶段的活动都可以改编到这个阶段：数到10。此外，参考[LT]²手指游戏和歌曲（"面包师的卡车"，"这个老爷爷"）。<br><br>• 数数、拍手和跺脚：让所有儿童从1数到10 |

续表

| 年龄（岁） | 发展进程 | 教学活动 |
|---|---|---|
| 3 | 二个），3（开始手指），4（停止手指，不过依旧表示第三个物体），5……9、10、11、12、13、15……"。<br><br>要求取5个物体，点数3个，说"1、2、5"。<br><br>**对应（corresponder）**至少对直线排列的小集合物体，保持数词与物体之间一一对应（一个数词对应一个物体）。<br>"1、2、3、4。"<br><br>也许用重数一遍的方法回答"有多少"的问题，或者不遵守一一对应或正确数序使得最后一个数词是想要的数词。 | 或一个合适的数字，每数一个数做一个动作。如，1（摸头），2（摸肩），3（摸头），等等。<br>● 节奏数数（对应），[LT][2]：儿童每数一个数，都用不同的节奏和动作。这和之前的口头数数活动很相似，但是更慢更刻意，这样儿童才能保持对应。<br>● 西蒙说，[LT][2]：儿童玩西蒙的时候每个指令都包含一个数字（拍头3次）。这个游戏还可以发展执行功能的抑制控制。<br>● 叮叮咚，[LT][2]：儿童通过数木琴的响声或其他重复的声音来练习一一对应。<br>● 数数魔杖（对应），[LT][2]：儿童使用数数魔杖来点数一群儿童，重点关注一一对应。<br>● 厨房数数：这个"搭建积木"活动，儿童每次点击物体时，计算机也会同时大声报出1—10的数字。如，点击一个食物，数过的食物就会被咬一口。 |
| 4 | **点数小数量[counter(small numbers)]**准确地点数至多5个排列成直线的物体，并且用最后一个数词回答"有多少"的问题，理解最后一个数词表示物体的总数（基数原则）。<br>"1、2、3、4……4个！" | ● 手里有多少，详见第9页和[LT][2]：这需要依赖感数，因此确保儿童已经先发展了感数小数目的能力（Paliwal & Baroody，2020）。<br>● 摇晃，[LT][2]：儿童预测藏在袋子里的小圆片数量有没有变。<br>● 盒子里的方块，[LT][2]：让儿童点数少量的方块。把方块放进盒子里，盖上盖子。然后问儿童有几个方块被藏起来了。若儿童准备好回答，让他们在便签纸上写下数字（或你自己 |

续表

| 年龄<br>（岁） | 发展进程 | 教学活动 |
|---|---|---|
| 4 | | 写）并标记在盒子上。把方块倒出来，和儿童一起数一遍核对。如此用另外不同的数量重复进行。待所有盒子都标记完成，让儿童"找出有3个方块的盒子"。一旦正确的盒子被打开，说"3个！"。<br>• 少了哪种颜色，[LT]²：小组中的每名儿童选一种不同的颜色。每人拿5支相同颜色的蜡笔，和分配的颜色一致。确认之后，每人把所有蜡笔放进同一个盒子里，然后选择一名儿童当"狡猾的老鼠"。每个人都闭眼，"狡猾的老鼠"秘密地取出一支蜡笔藏起来，其他儿童需要数一数他们的蜡笔，看看"狡猾的老鼠"偷走了哪种颜色的蜡笔。<br>• 帮乌龟回家：点数小数量，详见[LT]²：儿童用骰子（实物游戏）或点子（计算机游戏）来确定数字（1—5），然后在棋盘上向前移动相应的格子数。通常不使用计算机进行棋类游戏。<br>• 选择：做一个有不同形状的小方块，儿童可以数不同形状有几条边。<br><br>• 糊涂先生（点数小数量），[LT]²：糊涂先生犯了很多数数的错误，如数完之后用错误的数字回答"有几个"，儿童帮助糊涂先生发现错误。<br>注意：参见[LT]²上更多活动，[LT]²有比这里更多的活动。<br><br>• 数数塔（至多到10），[LT]²：在前一天阅读形状空间。提问塔的不同部位用什么形状比较适合（如，"三角形积木的尖尖适合做底部 |

| 年龄（岁） | 发展进程 | 教学活动 |
|---|---|---|
| 4 | **点数到10**［counter（10）］点数至多10个物体，理解基数原则。也许能够读写数字来表征1—10。<br>准确地点数排成直线的9块积木并说出一共有9块。<br>也许能够判断一个数之前或之后的数，但必须从1开始数。<br>4后面是什么？"1、2、3、4、5。5！"<br>正在发展口头数数到20。 | 吗？"）。用不同的垒高物体来创设情境。鼓励儿童竭尽所能地垒高，数一数自己一共垒了多少块积木。<br><br>● 数数书：阅读好的数数书，如，安野光雅的数数书。问儿童究竟能用多少块积木垒高塔。为儿童安排指定区域，让他们竭尽所能地垒高塔。让儿童估计他们的塔上有多少块积木。在拆掉之前和他们一起数积木，数量越多越好。阅读莫里斯·桑达克（Maurice Sendak）的《一是约翰尼》（*One Was Johnny*）。讨论房间是如何变得拥挤的，因为当你每数一个数时房间里就多了一个人（随后是少一个人）。让儿童表演这个故事。<br>● 数数瓶（点数到10），［LT］²：数数瓶里装着特定数量的物体，让儿童不触摸物体来数数。一直使用同一个瓶子，每周改变瓶子里的物体数量。让儿童倒出物体进行点数，然后把他们数数的结果写在便签纸上并展示。<br>● 帮乌龟回家：点数到10，［LT］²：儿童和朋友一起玩10以内的棋盘游戏（在［LT］²计算机活动上可以和朋友一起玩，也可以和计算机玩）。 |

续表

| 年龄（岁） | 发展进程 | 教学活动 |
|---|---|---|
| 4 | | ![图片]<br>• 恐龙商店1：确认能够表征格子里恐龙数量的数字。<br>![图片]<br>• 集中注意：1—6数数卡片，[LT]²：儿童集中注意在卡片游戏中匹配相同的卡片（每张卡片上都有数字和对应的圆点）上。注意：和其他鼓励随机点击、计算机决定正确与否的计算机游戏不同，儿童一定要说出匹配或不匹配，也可以不在计算机上玩这个游戏。<br>![图片]<br>• 集中注意：1—6十方格，[LT]²：类似的游戏，现在需要匹配圆点和数字。奖励是填充完一整幅画。 |

续表

| 年龄（岁） | 发展进程 | 教学活动 |
|---|---|---|
| 4 | | <br><br>• 数字线赛跑：给儿童不同颜色的数字线。其中一名儿童掷骰子，然后向庄家索取相同数量的小圆片，一边数数一边沿着他的数字线放置小圆片。然后，一边再次大声数数，一边沿着小圆片移动游戏棋子，直到棋子放在最后一个小圆片上。问儿童谁最接近目标以及他们是怎么知道的。 |
| | **取物（小数量）［producer（small numbers）］** 点数至多5个物体。认识到数数与情境中摆放的物体数量有关。<br>按数取物：4个物体。 | 注意：［LT］² 有比这里更多的活动。<br><br>• 数动作，［LT］²：在过渡环节，让儿童数一数跳了几次，拍了几次手，或者其他动作。然后让他们重复相同的动作和数量再做一次。开始时，和儿童一起数动作。随后，示范并解释如何安静地数数。能够理解做多少个动作的儿童将会停止，其他人仍会继续。<br>• 帮乌龟回家：取物（小数量），［LT］²：在之前计算机游戏的基础上，儿童需要把乌龟移动到一个地方，从而帮助理解如何复制集合。<br><br>• 饼干游戏——数学加，［LT］²，这个特殊的活动也可以发展执行功能，参考［LT］²的更 |

| 年龄（岁） | 发展进程 | 教学活动 |
|---|---|---|
| 4 | | 多细节：儿童结对游戏。儿童A掷骰子，然后在自己的盘子里放置相应数量的小圆片。儿童A问儿童B"我对吗？"，一旦儿童B同意儿童A是正确的，儿童A便用小圆片在自己的饼干上放上馅料。两名儿童交换角色，直到所有饼干都被放上馅料。<br><br>●店主填写订单，5以内，［LT］[2]：一名儿童做店主，另一名儿童拿玩具钱假装来店里购物。店主根据订单，给每名顾客正确数量的物品。 |
| 5 | **点数和按数取物10个及以上［counter and producer（10+）］**<br>准确点数至多10个物体，然后更多（大约可以30个）。明确理解基数（数字如何告诉我们有多少）。即使在不同的排列中，也能分清已经数过和没有数过的物体。用写字或者画图的方法来表征1—10（然后是20、30）。<br>点数19个散乱的小圆片，数数时通过移动小圆片来准确点数。<br>知道下一个数字（通常到二十几或三十几）。区分数词的十位和个位，并且开始将数词、数字的每一个部分联系到它所表示的数量上。发现别人数数的错误，如果被要求认真尝试， | ●注意：［LT］[2]包含这个水平的三个"数学加"活动。这些丰富的活动可以促进该数学水平和执行功能的发展，值得仔细阅读：<br>1. 饼干游戏——数学加<br>2. 魔术师的把戏——数学加<br>3. 改变游戏——数学加<br><br>●拆掉它（超过10个）：（基本说明详见之前）为了让儿童数到20甚至更多，让他们用其他物体造塔，如硬币。儿童尽可能把塔建高，放上更多的硬币，但并不会把已经放好的硬币矫正直。目标是先估计，然后通过点数知道最高的塔用了多少枚硬币。为了数到更多，让儿童利用模式造墙。他们会尽力造更长的墙，这会让他们数到更大的数字。 |

| 年龄<br>（岁） | 发展进程 | 教学活动 |
|---|---|---|
| 5 | 能够消除自己在（手指物体）数数中的绝大多数错误。 | 变式：<br>1. 两人游戏，轮流放置硬币。<br>2. 掷骰子决定每次放置多少枚硬币。<br>3. 在任何数字情境下都能采用这个活动。 如，当每人扶着塔的两个角时，两名儿童能拿多少个食品罐头，如汤（或者其他重物）？用很大或很小的罐头重复这个游戏。在你的指导下，他们也可以尝试用罐头来造塔（根据大小排序，大的在底部）。<br><br>● 数字跳跳：举起一张数字卡片，然后让儿童先说出数字。和儿童一起多次做你选取的动作（如跳、点头、拍手）。用不同的数字重复游戏。确保使用0。<br>● 糊涂先生数数：给一个像成年人的木偶取名糊涂先生。告诉儿童糊涂先生经常犯错，让儿童帮助糊涂先生数数。他们听糊涂先生数数，发现错误，改正错误，然后和他一起数数，帮助他"回答正确"。让糊涂先生大致按照如下的发展顺序犯错： |

| 年龄（岁） | 发展进程 | 教学活动 |
|---|---|---|
| 5 | | 1. 唱数的错误<br>（1）顺序错误（1、2、3、5、4、6）<br>（2）漏数（……12、14、16、17）<br>（3）重复数（……4、5、6、7、7、8）<br>2. 点数的错误<br>一一对应错误，如，遗漏物体；数数—手指对应错误，如，说一个数词，但手指物体两次，反之亦然（但手指与物体仍然一一对应）；手指—物体对应错误，如，手指物体一次，但表示多个物体，或对一个物体手指多次（但数数与手指仍然一一对应）。<br>3. 基数或最后数词的错误<br>说出错误的数字作为最终答案，如，数3个物体，数"1、2、3（正确，但是然后说），一共4个！"。<br>4. 记不清哪个已经数过的错误<br>重复数，如，"回头"一个物体再数一次。当物体不是直线排列时漏数物体。<br><br>● 集中注意［LT］²：儿童把数字的不同表征匹配起来，可以在计算机上玩（如图），也可以玩实物游戏。<br><br><br>Concentrate: Counting Cards to Counting Cards 1-12　　Concentrate: Tens Frame to Numeral 1-12　　Concentrate: Tens Frame to Domino Patterns 1-12 |
| | 从10倒数（counter backward from 10）（口头和实物）能够口头或者在从集合中移动物体时，从10到1倒数。<br>"10、9、8、7、6、5、4、3、2、1！" | ● 数数和动作——向前和向后：让所有儿童从1数到10或其他一个合适的数字，每数一个数做一个动作，然后倒数到0。如，从蹲下开始，然后一点一点站起来，同时数到10。然后倒数到0（慢慢坐下来）。<br>● 发射：儿童站着从10或者一个合适的数字开始倒数，每数一个数字就往下蹲一点。数到0 |

| 年龄（岁） | 发展进程 | 教学活动 |
|---|---|---|
| 5 | | 之后，跳起来欢呼："发射！"［LT］²上还有其他类似活动，如生长高峰、花朵盛开等。<br>● 倒数游戏，［LT］²：儿童从5，随后从10开始倒数，玩"鸭子鸭子鹅"的游戏。<br>● 别让猴子在床上跳：经典的手指游戏，从5开始，也可以从10开始倒数。<br>● 魔术师的把戏——数学加，［LT］²：聚焦倒数。 |
| 6 | **从任意数开始数（相邻数）**<br>［counter from N（N+1，N–1）］<br>（口头和实物）口头或者利用实物从不是1的数开始数（但是仍然记不清数了几个数）。<br>要求"从5数到8"，数"5、6、7、8"。<br>立刻知道之前或者之后的数。<br>提问"7前面是什么"，说"6"。 | ● 现在盒子里有几个［LT］²：在盒子里放物品，让儿童数。提问"现在盒子里有多少个？"，加一个，重复问题，让儿童思考—配对—分享（详见第二章，第32页）。然后用点数全部物品的方法检查儿童的答案。重复，偶尔检查。（也可参考［LT］²的"现在几个？偷偷摸摸的捣蛋鬼"）<br>变式：在咖啡罐里放硬币。告诉儿童罐子里有一定数量的物体。然后让儿童闭眼，当有添加物体掉进去的时候，用听的办法接数。<br>● 我想的数是几：拿出一组数卡，从中抽一张藏起来，让儿童猜一猜你藏的是几。当一名儿童猜对时，可以兴奋地出示卡片；在此之前，告诉儿童他们猜的是大了还是小了。当儿童更熟练时，可以问他们为什么会这么猜，如，"我知道4比它大，而且2比它小，所以我猜是3！"。添加线索（如，你猜的比这个数大2），重复这一活动。在过渡环节进行。<br><br>● 魔术师的把戏——数学加，［LT］²：详见第四章。 |

续表

| 年龄（岁） | 发展进程 | 教学活动 |
|---|---|---|
| | | ● 造楼梯：先用链接积木建楼梯，然后让儿童闭眼，藏起一截积木。儿童找出哪一级楼梯没有了。 |
| 6 | **10个10个数至100（skip counter by 10s to 100）**（口头和实物）在理解的基础上10个10个数到100或以上，如，看出某个数量中10的组群并以10为单位来数（与乘法和代数思维有关，见第七章和第十三章）。<br>"10、20、30······100。"<br><br>**数到100（counter to 100）**（口头）数到100。能从任意数开始，数到十位数改变的时候（如，从29到30）能正确数下去。<br>"······78、79······80、81······" | ● 自己跳数，［LT］²：当全班欢呼2的时候（然后4、6······），每数一次一名儿童将双手举过头顶。5个5个数的时候，一次举起一只手，如此重复（或10个10个数的时候同时举双手）。<br><br>● 忙碌的海狸，10的倍数，［LT］²：儿童用10根一捆的树枝，10个10个数到100。<br>● 数数你上了几天学，［LT］²：从开学起，每天都在教室墙上添加写有数字的胶带，最终可以环绕教室一周。每天都从1开始数，并且添加当天对应的数字。10的倍数用红色书写。偶尔（如，第33天）只数那些红色的数字：10、20、30（十、二十、三十）······，然后继续数剩下的单个的数：31、32、33。<br>● 用两种方法数10的倍数："10、20、30、40"，也可以"一个10、两个10、三个10、四个10"。<br>● 比萨的数字（100以内），［LT］²：儿童练习10个10个跳数，1个1个数，从任意数接数，看百数表，也可以不看百数表。<br>● 数字翻转（100以内），［LT］²：儿童在翻动按序排列的数字卡片的同时，练习向前数或者倒数，通过十位数改变的地方。 |

| 年龄（岁） | 发展进程 | 教学活动 |
|---|---|---|
| 6 | **运用模式来接数**（counter on using patterns）（策略）能利用数字模式（空间、听觉或韵律）来记住数了几个（加1到3个）。<br>"哪个数比5大3？"儿童数的时候感受到数了3下，"5……6、7、8"。 | • 现在盒子里有几个（模式），［LT］²：基本规则见上，现在可以加2、3甚至4。在不同的情境中重复这类数数活动，每次加入更多的物体（从0—3开始）。为问题创设故事情境；如，鲨鱼吃小鱼（儿童当鲨鱼吃掉餐桌上的小鱼饼干）、玩具轿车和卡车停在停车场、超级英雄把强盗送进监狱，等等。<br>建议：教师表现出难以置信的样子，说："你怎么会知道？你都没看到它们呢！"让儿童解释。<br>注意：如果儿童需要帮助，建议他们用手指点数，以便于区分哪些已经数过。<br>• 帮乌龟回家：运用模式来接数：给儿童呈现一个数字和一个有点子的格子。从这个数字开始接数，确定总数，然后在游戏板上向前移动相应的格子数。<br><br>• 跟着我，［LT］²：儿童跟着教师从某个数开始接数。 |
| | **跳数**（skip counter）（口头和实物）在理解基础上2个2个数、5个5个数。<br>数物体"2、4、6、8……30"。 | • 跳数，［LT］²：除了10个10个数之外，跳数分组的物体，如，数几双鞋子（2个2个数）、数全班有几根手指（5个5个数）。 |
| | **记住数了几个**（counter on keeping Track）（策略）从指定数字向前或向后数，能记住数了几个，最初需借助实物，后来则可以"数自己数了几下"。 | • 用实物接数，［LT］²：教师展示一些小圆片（说5个），盖住，再放几个（说4个）。儿童运用数数策略继续从指定的数字接数，开始时摆放4个物体接数（"5……6、7、8、9!"），然后可以用心算策略。 |

续表

| 年龄（岁） | 发展进程 | 教学活动 |
|---|---|---|
| 6 | 比6大3的是几？ "6……7（伸1根手指）、8（伸2根手指）、9（伸3根手指）。9。" 比8小2的是几？ "8……7是1个，6是2个，是6。" | • 小菜一碟：在游戏板上，用骰子把两个数相加计算总数（总数从1到10）。然后在游戏板上向前移动相应的格子数。鼓励儿童从大数开始接着数（如，3加4，数"4……5、6、7！"）。<br><br>• 棒蛋：儿童使用策略识别3个数中哪2个相加会让他们用最少的次数到达游戏板的终点。通常，这意味着选择最大的2个数相加，但有时其他的组合会让你到达奖励的格子或者避开后退的格子。<br> |
| | **理解数量单位/位值（counter of quantitative units/place value）** 理解十进制系统和位值概念，包括以100、10、1为单位计数，以其倍数计数。对10的集合进行计数时，若有必要，能将其分解为10个1。<br>能根据某个数字所在的数位，判断它的值。<br>以10和1为单位进行计数。 | • 几个鸡蛋，[LT]²：出示一些完整的，和一些被分成两半的塑料鸡蛋，问儿童一共有几个鸡蛋。也可在"玩具商店"等情境中进行类似游戏，用其他材料（如，完整的蜡笔和断开的蜡笔）。<br>• 买糖果（理解数量），[LT]²：儿童用不同的货币（1元、5元、10元）假装买东西。 |

续表

| 年龄（岁） | 发展进程 | 教学活动 |
|---|---|---|
| 6 | 能用不常见的单位进行计数，如，出现既有整个也有半个的情况时，能以整个为单位进行计数。<br>看到3个完整的塑料鸡蛋和4个半个的鸡蛋，会说一共有5个鸡蛋。 | |
|  | **超过100（counter beyond 100）**（口头和实物）准确数到100以上，能识别1、10、100的模式。<br>"159后面是160，因为50后面是60。" | • 数数你上了几天学：拓展之前的活动（见第82页）。<br>• 海狸和树枝，［LT］²：儿童用10个一捆的树枝数到超过100，强调十位数和百位数改变正确。 |
| 7 | **数量守恒（number conserver）**即便面临知觉干扰（如，集合中物体间隔加大），仍始终保持数量守恒（相信数量没变）。<br>数了2行物体，发现数量相等；其中一行的间隔加大后，说："它们的数量都没变，只不过那些变长了。" | • 狡猾的狐狸，［LT］²：用动物玩偶讲故事。有一只很狡猾的狐狸，它告诉其他小动物：拿食物的时候，一定要拿两排当中最多的那排。但是，他把食物少的那排铺得很分散，食物多的那排却没有这么做。问儿童怎样才不会被狐狸骗到。 |
|  | **正数和倒数（counter forward and back）**（策略）不论正数还是倒数，都能数出自己数了几下（连续数或跳数）。认识到十位上的顺序跟个位上的顺序是一样的。<br><br>比63小4的是几？"62是1个，61是2个，60是3个，59是4个，所以是59。"<br>比28大15的是几？"2个10加1个10是3个10。38、39、40，还有3个，所以是43。"<br>对多位数的认识，能灵活地在顺序视角和组成视角间转换。 | （见第五章，有更多发展此项能力的活动。）<br>• 加减百数表，［LT］2：儿童利用百数表的结构和位值，在百数表上加（随后减）多位数。（详见［LT］2的完整说明和材料。）<br>• 数字线上跳，［LT］²：儿童运用位值，使用"开放数字线"向前和向后数。（详见［LT］²的完整说明和材料。）<br>• 算出真相：儿童把1—10的数字与0—99的数字相加，直到达到100。也就是说，如果他们"停在"33并且得到了8，他们必须输入41来达到那个格子。 |

续表

| 年龄（岁） | 发展进程 | 教学活动 |
|---|---|---|
| 7 | 能基于理解，从20或以上倒数。 | <br><br>• 数字线上跳，［LT］²：儿童使用数字线加（随后减）多位数。 |

我们强烈建议你仔细阅读表 3.2 中的学习路径。数数是一种重要的能力，这个学习路径的表格远非简单地展示活动。表格总结了关于数数不同水平的核心知识以及与之紧密相关的教学活动。学习发展进程，并思考为什么每一个活动能够帮助儿童发展每一个水平的数学思维。

此外，记得去 LearningTrajectories.org 访问我们的新工具"学习路径的教与学"（Learning and Teaching with Learning Trajectories）。我们鼓励你在阅读每一个阶段的同时，去［LT］²看儿童的录像，录像展示了每个思维阶段，然后再看（并且在合适的时候运用）那些帮助儿童发展某一阶段思维的教学活动。在［LT］²上还有很多其他的教学活动。

## 结语

数数是儿童学会的第一个也是最基本的数学运算法则。早期的数数能够预测今后的数学成就甚至今后的阅读流畅性（Koponen，Salmi，Eklund & Aro，2013）。应该尽早地好好帮助每一名儿童学习数数——包括数数的所有复杂方面（Geary et al.，2017）。记住，只有高级的数数技能才能预测今后的学业成就，基本的数数技能则不行（Nguyen et al.，2016）。

感数和数数是儿童用来确定集合数量的主要方法。在很多情况下，他们需要做得更多，包括比较、利用数量关系和位值（第四章），以及计算的数数策略（第五章）。

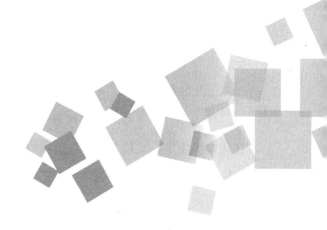

# 第四章　比较、排序与估计

　　杰瑞米和他的姐姐杰西正在争论谁的点心比较多。"她的多！"杰瑞米说。"并没有！"杰西说，"我们一样多。""不，看，我有1、2、3、4，你有1、2、3、4、5。""听着，杰瑞米，我有块饼干碎成了两半，你不能每半都数。如果你要数，我可以把你所有的都掰成两半，这样你就有办法比我多了。把那两半放在一起数。1、2、3、4，4个！我们的一样多。"

杰西继续争论说她更喜欢一整块饼干而不是两个半块。好吧，这是另一个故事。杰瑞米和杰西的数数方法，你觉得哪一种更好，为什么？在什么情境中你需要数分开的东西，什么情境会让你产生误解？

第二章介绍了儿童在生命最初几年掌握或发展数量比较能力的概念。然而，在很多情境中，尤其是在那些既可以看成离散数量（整数可数物体）又可以看成连续数量（数量可分，如物体总量或长度，详见第十章）的情境中，准确地比较是很有挑战的，正如杰瑞米和杰西关于饼干的争论。在这一章，我们讨论比较，以及两个与此紧密相关的行为：排序——必须比较多个数量并把它们从小到大排序；估计离散数量——必须把一个数量和基准相比较或者一种对一定数量物体的直觉感觉（第十一章和第十二章讨论连续数量）。

## 数学中的数词排序和序数词

数词排序是判断两个数词中哪一个比另一个大的过程。在形式上，对于两个整数 a 和 b，如果规定 b 比 a 大，那么在数数中（详见第三章）a 排在 b 之前。任意两个数之间必须满足一种关系：a=b、a<b 或 b<a。相等在这里表示等价，也就是说不必"完全相同"（有些比较在这层意义上是相同的，如，6=6），但至少等价（4+2 在数值上和 6 相等）。这样的等价关系具有反身性（和自己相等，x=x）、对称性（x=y 表示 y=x）、传递性（如果 x=y，y=z，那么 x=z）。

我们也可以在数字线（number line）上定义（和思考）数词排序——用不同的数字来标识一条线上的点。这为数字提供了几何、空间模型。通常，数字线的组成包括一条水平直线和一个被指定为 0 的点。0 的右侧，等距排列着被标记为 1、2、3、4 的点，就像尺子一样。整数用这些点进行标识（见图 4.1）。从 0 到 1 的线段被称为单位线段，1 这个数被称为"单位"。一旦我们确认了这些，所有的整数在这条线上就被确定了（Wu，2011b）。

因此，当我们定义数字线时，a<b 也表示在数字线上，点 a 在点 b 的左侧。类似的表述，如 a<b 和 b>a 被称为不等式。当整数被用来按序排列物品时，被称为序数词。通常，我们使用序数词"第一、第二、第三……"，但不总是如此：5 号可以用来标记排在队伍里的人，但却没有序数意义，因为并没有用第五来进行表述。

把数字排序和数数相联系（详见第三章）的时候，我们可以判断 a 和 b 是否是整数，如果 b 比 a 的位数多，那么 a<b（所以 99<105）。如果 a 和 b 的位数相同，从左往右比较第一个不同的数字，如果 a 的比 b 的小，那么 a<b（215<234）。

使用这种推理的能力明显需要很多年的发展。当然，儿童也不一定使用我们所描述的这种方法来进行数量比较，但是他们确实可以也能学会比较和排序的技能。

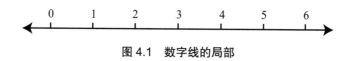

图 4.1 数字线的局部

# 比较、排序与估计的发展

## 比较和相等：两个数量

正如我们在第二章所看到的，婴儿已经开始在数字之间建立关系。如，只要数字的差别足够大（1∶2 或者 2∶3 的比率），婴儿就能敏锐察觉并且更喜欢大数字之间的差别。详情参考［LT］[2] 中比较数字学习路径"感知比较：基础"阶段里 Libertus & Brannon 的实验室录像。在生命的第一年，婴儿也会在很小的集合之间建立等价关系，很可能只是依靠建立直觉层面的对应。

随后，儿童学会通过逐一匹配来比较两个集合的物体数量。只要一个集合比另一个集合多得多，他们也会用感知的方法（"只要看一看"）明确判断哪个集合更多。

尤其当儿童学会数词、感数和数数时，这个能力已经有了相当的发展。如，在某些日常情境中，早至两三岁的儿童就能准确地比较集合，但对于教师提出的任务，要在两岁半到三岁半之间才会显示出这个能力的萌芽。如果儿童可以识别或感数集合的数量，他们甚至可以在理解点数集合（如，明白第三章提到的基数原则）之前就能比较集合（Batchelor & Gilmore，2015a）。绝大多数儿童在四五岁之前就会回答"6 和 4 哪个更大"这样的问题。如果点数两个集合，一个数到 9，另一个数到 7，儿童必须会推理出数到 9 的集合更大，因为 9 在数数序列里排在 7 的后面。研究强调了数学思维的复杂性：在比较圆点的集合时，圆点分得越开，人们说出哪个集合更大就越快。但是如果换成数字，数字越近，人们回答得越快，这说明人们运用了不同的系统来处理这两类比较（Mulligan et al.，2018）。

在比较两个集合的数量守恒任务中，即使让儿童分别点数两个集合也并不能帮助他们得到正确的答案。或者要求儿童给两个木偶分配物品，即使教师已经数出了第一个集合的数量，他们仍然不知道另一个木偶所有物品的数量。这样的任务超出了他们的工作记忆负荷，儿童不知道如何用数数的方法进行比较。只有到了小学低年级，很多儿童才能成功完成如此多不同的任务。

正如之前章节所述，非符号（如比较两组圆点）和符号（比较两个数词，如说出的"四"或符号"4"）的比较能力对于数学学习都十分重要。这两种能力互相支持，帮助儿童学习其他数学技能（Toll，Van Viersen，Kroesbergen & Van Luit，2015）。但是，在这两者之间，符号的比较更加重要，应该被鼓励（而不是被认为"发展不适宜"）。

另一组经常容易混淆的符号是关系符号：=、<、>。有时候人们用简单的例子（4=4）理解等号（=），但更少用复杂的算式（3+6=_－5）帮助理解，我们会在随后的算术章节讨论。大于（>）和小于（<）对于很多人来说都不容易理解，甚至教师都会因为分心弄错，如，在 4 和 6 之间填哪个符号（Hassidov & Ilany，2017）。人们也会不明白"符号的方向应该对哪边"。教师通常使用嘴巴的比喻（"鳄鱼想吃最大的数字"，所以开口朝向更大的数字，4<6）。我们有两点建议。首先，研究表明，儿童说出"4 比 6 小"或"6 更大"的准确率要远高于在数字之间填写正确的符号。如果我们的目标是理解，那么为什么在低年级花费很多时间学习填写符号？其次，就算符号学习十分重要，赫伯·格罗斯（Herb Gross）建议先介绍等号（=）：为什么呢？两条长度相等的直线平行，也就是距离相等，如果一头更小呢？也许我们可以把两条线放在一起：啊，4<6。

### 排序和序数词：多个数字

数词排序

名叫艾的雌性黑猩猩已经学会了使用阿拉伯数字来表征数量。通过点击触摸屏上合适的数字，它能够从 0 数到 9，并且能够将数字 0—9 按序排列。

——川合、松泽（Kawai & Matsuzawa，2000）

数词排序的能力对于学前儿童而言当然也不是太具有发展的挑战，只要学会了数数，儿童就能学会把多个数量（如点子卡片）或数字排序。

然而，如果没有高质量的学习经验，即使五六岁的儿童也许都还不会排序或者判断 6 和 2 哪个数字更接近 5（Griffin，Case & Siegler，1994）。和更具优势的同伴相比，他们可能并没有发展出表征数量的心理数线（mental number line）。尽管有人认为心理数线是一种天生的引导程序能力，但事实并非如此。我们能够感知数量，虽然不是所有的都是空间数量，但必须通过经验建立心理数线（Núñez，2011；Núñez，Doan & Nikoulina，2011）。

一个细微但是很重要的细节：我们虽然使用心理数线这个常用短语，但是对于儿童，它在很长时间里都不是一条数学的数字线。话虽如此，心理数线的基础发展得有多早还是令人惊讶。如，7 个月的婴儿偏爱从左到右按顺序排列的数组（McCrink & de Hevia，2018）。随后，受到文化和经验的影响，即便在学前阶段，它也只是一条心理数字的路径或列表，包含离散数量的物体集合而非连续数量（如所有的分数），正如本章开头所述的那样。

找出一个集合比另一个多（少）几个的难度要大于简单比较两个集合哪一个更多。儿童必须理解较少物体集合的数量是包含在较多物体集合的数量之内的。也就是说，他们必须在心里建构较大集合的一部分和较小集合相等，这部分是无法用视觉表征的。然后，他们必须判断另一部分或较大的集合，并且找出多少物体包含在剩余总量之内。

序数词

序数词通常（但不必须）包含表示序列或排列位置的词，如第一、第二、第三。同样地，序数词有不同的特点（如，序数词的意义和它们所表述的序列相关）。绝大多数典型美国家庭的儿童很早就开始学习诸如"第一""第二""最后"之类的词语，但是却很晚才开始学习其他序数词。东亚的语言在基数词和序数词上使用相同的词语，这能帮助东亚儿童更早地学习序数词（Ng & Rao，2010），但是东亚儿童较晚理解序数和基数意义的差别。

## 估计

估计并不仅是猜测，它至少是一种受过数学教育的猜测。估计是一个要求对数量进行粗略的暂定评价的问题解决的过程。估计有很多种类，加之通常对估计和胡乱猜测的混淆，导致了对这一技能的糟糕的教学。 最常被讨论的估计种类是估测、估数和估算（Sowder，1992a）。估测，如，"这个房间大约有多宽？"将在第十一章和第十二章进行论述。估算，如，"$17 \times 22$ 大约是多少？"已经被广泛研究（详见第六章）。

估数通常包括的程序与估测和估算类似。如，为了估计电影院里的人数，人们需要选取一个样本区域，统计在此区域内的人数，然后乘以电影院里这样区域的估计数量。早期的估数也包含着类似的程序（如，尝试想象 10 个东西在瓶子里，然后 10 个 10 个数，同时从视觉上划分出每组 10 个），甚至根据基准（10 看起来像这些，50 看起来像那些）或只凭直觉进行直接的单一估计。

另一种估计是数字线估计，如，在任意长度、给定端点（假定 1 到 100）的数字线上标记数字的能力。构建这种心理结构的能力对于年幼儿童尤其重要，因此我们下面要开始介绍这种估计能力。

数字线（路径）估计

建立起日渐熟练的心理数线是一项重要的数学目标。这种能力支持着计算、估计以及其他数学过程的发展和表现。在学习心理数字列表（关键的第一步）之后，第一个技能就是形成数字的线性表征。但是，绝大多数人倾向于夸大数字线开始一端的数字间距，因为对于那些数字更加熟悉，同时低估数字线末端的数字间距。因此，并不是如图 4.1 所示的那般在数字线上表征数字，由于对小数字有更多的经验和更高的熟悉程度，人们倾向于如图 4.2 所示的那般表征数字。（想一想，对你而言，1000 和 100 万间隔多远，10 亿和 10 万亿是否也类似地间隔，还是说，它们仅仅是非常大的数字？）人们需要对数字序列更加熟练，发展分割数序的策略，这样才能提高数字线估计能力（Hurst，Monahan，Heller & Cordes，2014）。

提高儿童的数字线估计能力对于提高他们的表征能力，进而提高数知识，具有广泛的积极影响。而且，低资源社区学前儿童的估计能力揭露了他们缺乏与数值大小有关的经验。因此，帮助他们学习数字线估计尤为重要。

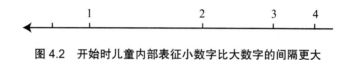

**图 4.2　开始时儿童内部表征小数字比大数字的间隔更大**

估数

一旦儿童学会了感数（第二章）和数数（第三章），他们还能够估计集合中的物体数量吗？也许会让你感到惊讶，并不能。儿童需要很好地学习这些基础技能，并且构建数字和基准集合（如 10 个物体看起来有多少）的心理形象，来帮助他们准确地进行估数。也就是说，儿童需要能够感数或点数到被估计的数量，才能有一些感觉，因此，早期估数需要等待这些能力的发展才能避免无意义的猜测。

## 经验与教育

### 比较两个数量或数字

较早地进行关于"哪个多"的对话对所有年龄阶段的儿童都有好处。比较不同集合的数量可以加强儿童的近似数量表征系统和非正式数感，并且应该成为经常发生的非正式经验的一部分（Libertus et al.，2011b）。应该使用和发展诸如多和少（圆点）或长和短（距离或时间的长度）之类的词汇。多通道感知的冗余（intersensory redundancy），如，你看见一个球不停弹跳，看得越久，听见的声音越多，可以帮助年幼儿童注意到数字，为数字建立牢固的数量基础（Jordan et al.，2008）。

幼儿需要先学习其他技能才能比较数字。如，为了鼓励——对应，邀请3岁的儿童玩各种容器（威浮球和松饼模具），相比于只有球没有松饼模具的自由游戏，可以更好地提高他们完成高难度数字匹配任务（把2朵花的卡片和2只乌龟的卡片匹配，而不是3朵花的卡片）的能力（Mix，Moore & Holcomb，2011）。

为了比较数字，儿童需要了解数数结果的重要性。为了帮助他们形成概念，可以提供多种有意义的任务和情境（可做一些熟悉的日常比较，如零食的数量），在这个过程中，数数是一项必须完成的相关策略和推理。在这些比较的情境中提示儿童进行数数，然后验证数数可以得出正确的判断。

当然，儿童还必须意识到如何利用数数来比较两个集合的数量。他们必须能够思考："我数了6个圆形和5个正方形，所以圆形更多，因为我们数数的时候6在5的后面。"为了达到这个目标，儿童还必须理解每一个数字在数量上都比它之前的数字多1［回顾第三章，第51—52页和第81—82页的"从任意数开始数"水平］。甚至在被认为简单的情境中，语言如果运用得好，都能够变得出人意料的复杂，并且能够支持学习。告诉一名5岁的儿童她有7分钱，问她能够买些什么（Lansdell，1999）。随后，儿童用了"多一个"这个短语；也就是说，一个价值8分钱的东西比她所有的钱"多一个"。然后，对于价值少一分钱的物品，她说她有"比少一个多一个"。她认为她可以用7分钱买那个物品（价值6分钱）。教师给了她7分钱让她拿着，这个女孩自言自语地思考说："没问题，可以买这个东西。"随后，教师介绍了找零（change）的概念："你还剩下一分钱，对吗？一分钱找零。真是太棒了。"教师后来又问女孩如果买5分钱的商品会有什么结果，那个女孩说："我有两分钱找零。"

第二天，她对这个词语有些困惑，但不是因为概念。教师纠正了她的说法，肯定了她计算的准确性，同时示范了正确的说法。很快，从那之后，兑换（change）被用来表示把美分（pennies）兑换成其他硬币。令人印象深刻的是，小女孩依旧能够更加自信地正确使用 change 的两种意思（找零和兑换）。

研究表明，非正式的谈话和语言是这种互动中最为重要的方面，对于数学术语的澄清和介绍也很重要。很多数学术语可能含混不清，通常是由于它们可能还包含非数学的其他含义。教师封闭式的问题和直接的陈述帮助儿童理解特定的新的数学含义。除此之外，开放式的问题帮助教师了解儿童的概念和意义。

因此，教师需要知道这些潜在的含义模糊的词语，在儿童理解概念之后再向他们介绍新的词语和意义，并且在使用这些词语的过程中小心谨慎、保持一致。为了达到这一目标，我们需要观察儿童对这些词语的使用，建构儿童自己的语言，在实践经验中讨论其新的含义（Lansdell，1999）。

### 顺序和序数词

序数词也许比点数的基数词更加难以理解，同时这两组数词通常很难联系起来。[①]然而，一些日常活动还是很容易进行的，这些活动中包含一些重复的经验，如，问儿童在队伍里谁排第一、第二、第三，还可以明确地讨论序数词与基数词的对应关系（如，"谁是第二个？第二表示队伍里的二号"）以及计划一些包含这种关系的活动。如，在积木课程（Clements & Sarama，2007c）中，儿童使用连接起来的方块建造并标记楼梯，计算机版的楼梯活动有正方形和数字。儿童也会补全缺少的楼梯。这些活动鼓励儿童注意到第二层楼梯是数字 2（有 2 个方块），以此类推。总结性评价表明，该活动对儿童有关顺序关系和序列的理解及技能有很深刻的积极影响。

儿童还可以通过观察添加和取走物体所造成的结果，学习有关的顺序关系（Cooper，1984；Sophian & Adams，1987），这就意味着加减小数量（尤其是重复的加上或减去 1）的各种经验会帮助儿童建立顺序关系，提高算术能力。对于那

---

① 这在英语中是个问题，one、two、three 和 first、second、third 确实无法对应，但对于中文则不存在这个问题，基数词之前加上"第"就变成序数词。——译者注

些有困难的儿童，包括学习障碍儿童，类比会很有帮助。如，如果儿童无法判断哪一个集合数量更多，把数量和儿童的年龄相联系，如，"杰克7岁，苏5岁，谁大？你是怎么知道的？"

最后，这样的经验帮助儿童理解和运用数量守恒。出人意料的是，儿童完成数量守恒任务的典型特点是策略的多样化（使用不同的方法解决问题）（Siegler，1995）。该研究包含三种训练条件：反馈正确性，反馈时要求证明自己的推理，以及反馈时要求证明研究者的推理。最后一种训练条件最为有效（尽管反馈、解释的要求相互混杂，最后一种条件可以看见别人的观点和对正确回答的解释）。儿童使用多种类型的解释，而且对研究者推理的解释比对自己推理的解释更加多样化。因此，语言表达和策略多样化的好处是显而易见的。

## 数字线估计

对于小学一、二年级的儿童，让他们在数字线上标记数字也许会有所帮助，但对于幼儿就比较困难了。棋类（竞速）游戏能够发展所有儿童的数字线估计能力，以及大小排序、数数和数字识别能力，也应鼓励家长在家和孩子玩游戏。棋类游戏［竞速类游戏，如，糖果乐园（Candyland）或爬坡与梯子（Chutes & Ladders）］之所以有益，是因为它们为儿童在数字排序和比较数字大小时提供了多种线索（Siegler & Booth，2004）。在游戏中，方框里的数字越大就表示儿童移动棋子的距离越远，儿童移动的格子数就越多，儿童所说的数词就越多，游戏进行的时间就越长，也就是多通道感知的冗余。棋类游戏能够比较容易地和室内活动成功地整合在一起，乃至在学前班阶段（Ramani，Siegler & Hitti，2012）。

不过等等！在你去拿糖果乐园之前，要明白这些游戏的通常玩法几乎是没用的！特别是糖果乐园，一个人转转盘，得到一个颜色，移动到那个颜色的格子，没有学到任何数学（Siegler & Booth，2004）。即便使用了有点子或数字的骰子和转盘，除非在棋盘路径上标有数字（如爬坡与梯子），心理数线也不会得到很好的发展。而且，这是最难"重新再学"的。你不能用通常的玩法：如果你在14，掷到了3，你就数"1、2、3"，这对于读数字（儿童忽略数字）和发展心理数线

没有促进作用。相反，儿童需要在移开棋子的时候读数字，"15、16、17！"（Laski &
Siegler，2014）。这对于我们绝大多数成人来说有些奇怪，但是对发展数字关系和
心理数线却很有必要。可以参考表格 4.2 以及［LT］²里三个不同阶段的"太空竞
赛游戏"，也可以参考［LT］²里的资料"介绍和使用游戏"。

如果目标是增强数感，那么应该包括却不仅限于在直线上放数字或者玩棋盘
游戏。举个例子，让儿童的整个身体参与进来：相比于在屏幕上估计距离，用走到
估计位置的方法估计目标数字在 0—100 数字线上的位置，可以更好地提高一年级
学生的数字线估计和加法能力（Link，Moeller，Huber，Fischer，& Nuerk，2013）。此外，
很多能力都能帮助儿童建立心理数线，特别是儿童对考虑范围内数字的熟悉程度。
如，儿童的自发感数能力（第二章 Nanu et al.，2018b）或者会不会从任意数开始数（相
邻数）（第三章 Ebersbach，Luwel & Verschaffel，2015）。

通过数字线估计提高数感（number sense）并不是让儿童完成数字线任务或者用
数字线解决问题。数字线模型的使用实际上对于儿童来说是非常困难的，也许是因为
儿童很难理解点和距离（矢量）的双重数字表征（Gagatsis & Elia，2004）。对于幼儿，
印好的数字线并不是一个简单或者明显的工具（Skoumpourdi，2010）。

事实上，在特定范围内解决算术问题可能是另一个最有效的发展数字线估计
的方法。增加和减少数字可以建立数感（Laski & Yu，2014c，参考第五章第六章）。

## 估数

尽管有研究者表示，已经成功地通过活动促进了儿童估数能力的发展，但另
外一些研究取得的有限效果也提示，对于学龄早期的儿童，在这些活动上花费大
量时间应当持谨慎态度。小学低年级阶段都最好遵守以下一些指导原则。第一，
确保感数、数数，特别是数字线（像棋类游戏的路径）估计这些技能有比较好的
发展。感数技能至少应发展到小数量水平，数数和数字线估计技能至少应发展到
可估计数量的水平。第二，帮助儿童较好地发展并理解基准（"我知道 10 个小圆
片看起来是什么样子"）。同样地，基准最初也许可以在数字线估计任务中得到
发展，随后扩展到包含那些数量的物体集合的表象（不同的排列方式，详见第二

章）。第三，在一个很短的教学单元中，应该更多地期待在学习路径的一个水平内获得发展。第四，确保儿童学会把数量和数字联系起来，这对于计算也很重要。这项技能对于发展日益复杂的基本计算组合（事实）的策略十分重要（Vanbinst，Ghesquiere & Smedt，2012）。再一次强调，精确的识别（感知性感数和概念性感数）和粗略的估计都对今后的计算学习有帮助（Obersteiner，Reiss & Ufer，2013）。

## 数的比较、排序、估计的学习路径

与数数类似，数的比较、排序、估计的学习路径十分复杂，这是因为有很多概念和技能的发展进程，同时每一个子领域都有很多子路径。

表 4.1　《共同核心州立标准》中数的比较、排序、估计的目标

**点数和基数（CCSS 大班）**

**比较数量**

1. 识别一个集合中的物体数量和另一个集合相比是更多、更少，还是相等，如，使用匹配和数数的策略。（所包含的集合至多有 10 个物体）

2. 比较 1—10 以书面数字表征的两个数字。

**十进制的数与运算（CCSS 一年级）**

**理解位值**

基于十位和个位的意义，比较两个两位数，用 >、=、< 记录比较的结果。

**十进制的数与运算（CCSS 二年级）**

**理解位值**

基于百位、十位和个位的意义，比较两个三位数，用 >、=、< 记录比较的结果。

**测量与统计（CCSS 大班）**

**测量与估计标准单位长度**

使用英寸、英尺、厘米、米等单位估计长度。

该领域目标的重要性对比较、排序和估计的一些方面（关于多位数的比较详见第六章，长度的比较详见第十章）而言显然易见。这些目标在《共同核心州立标准》中涉及的部分详见表4.1。记得使用［LT］²里的对照工具，看看《共同核心州立标准：数学》《早期学习成果框架》以及其他标准和评价是如何与学习路径保持一致的。

该学习路径有些复杂，因此，我们在学习路径表格里增加了新的内容。我们不希望你见木不见林，因此，我们增加了一列，鼓励从全局思考广泛层面的思维。记住这些广泛层面，你就不会因为那些虽然重要，但不计其数的教学阶段而分心，始终关注儿童的主要发展。

以这些为目标，表4.2展示了学习路径的另外两个方面——发展进程和教学活动。（注意学习路径表格里所有的年龄都只是大约估计，因为掌握某项能力的年龄通常在很大程度上依赖于经验。）

表4.2　数的比较、排序、估计的学习路径

| 年龄（岁） | 广泛 | 发展进程 | 教学活动 |
|---|---|---|---|
| 0—1 | 匹配物体——视觉的、身体的 | **比较感知（基础）compar-ison senser: foundations）**<br>从出生的第一个月起，儿童就对数字的变化很敏感，不论是很小集合的变化，如1对2，还是更大集合的大变化，如扩大2倍。因此，我们知道婴儿有对这种简单的等价比较的无意识的先天敏感性。 | ● 鼓励探索数量的活动，一般先由成人示范再讨论数量（很多、只有一个、更多、更少，等等），发生在任何可能地点的自然对话。参考［LT］²里的例子。 |
| 1 | | **多对一的对应（many-to-one corresponder）**<br>比较：通过直观地对应每个集合里的物体，意识到两个很小的集合数量一样。在这个阶段，儿童也可能在 | ● 非正式的匹配，［LT］²：提供丰富的感知、操作环境，其中包括能引发匹配活动的物体。鼓励儿童玩集合直观匹配的游戏，如给每个娃娃穿衣服，讨论他们在做什么。 |

续表

| 年龄（岁） | 广泛 | 发展进程 | 教学活动 |
|---|---|---|---|
| 1 | | 某些情境中将物体、单词或动作进行一一对应、多对一对应或者混在一起。<br>在每个松饼模具里放一块或几块积木。 | |
| 2 | 匹配物体——视觉的、身体的 | **一一对应（one-to-one corresponder）**<br>比较：当材料从外在看起来是一对时，把物体一一对应放置。在其他情况下，如摆放餐具时，会开始一一对应，但是如果物体没有都分散开就会一直分发，或者跳过一些（由于缺乏清晰的匹配，如杯子靠近盘子）（Tirosh，Tsamir，Levenson，& Barkai，2020）。<br>在每个松饼模具里放一块积木，如果积木有剩余，会设法去找更多的容器，并将剩余的积木一一放入。<br>隐约意识到多于、少于的关系，但仅限于比较小的数量（从1岁到2岁）。会使用诸如多、少或一样这样的词语。<br><br>**物体对应（object corresponder）**比较：将物体进行一一对应，不过可能并没有充分理解这一举动是 | ● 一一对应：讨论儿童做出的或者可能会做出的对应。"每个玩具娃娃都有一块积木可以坐在上面了吗？""每个孩子都有喝的了吗？"拿出相同的简笔画动物图案（如8只鸭子），让儿童在每一个图案上放一个橡皮鸭。<br><br><br><br>● 放在一起［LT］²：儿童把数量刚好相同的一组物体和另一组物体匹配，一对一的关系非常清晰，这样才能激发对应，如用来放鸡蛋的托盒和刚好相配的塑料鸡蛋，或者在其他物体里放东西（Tirosh et al.，2020）。<br>● 一对一拼图，［LT］²：提供手柄拼图或简单形状的拼图，每个形状要放进拼图相应的洞里。<br>● 放在一起［LT］²，见上文，需要时也很有用。<br>● 匹配起来，［LT］²：儿童把足够多的 |

| 年龄（岁） | 广泛 | 发展进程 | 教学活动 |
|---|---|---|---|
| 2 | 匹配物体——视觉的、身体的 | 在创造相等量（2岁8个月）。给每个饮料盒插入一根吸管（吸管有剩余也没关系），但是并不知道吸管和饮料盒的数量是相等的。 | 一组物体和另一组物体匹配起来，如摆放餐具。<br>● 摆放餐具：让儿童给小桌上的每个人一个餐具。如果儿童感到困难，可以引入游戏并且讨论一一对应，帮助儿童。开始时只用三四个餐具（Tirosh et al., 2020）。 |
| 3 | 视觉比较 | **感知比较（perceptual comparer）比较**：比较数量差别非常大的集合（如一个至少是另一个的两倍）。<br>出示10块积木和25块积木，能指出25块积木那一堆更多。<br>如果两组物品数量相近，那么数量要很少。比较时能使用1、2这样的数词。（2岁8个月）<br>对数量分别为2和4的两组物品进行比较时，能指出4个物品的那组数量更多。 | ● 哪个更多，谁的更多，［LT］[2]：出示两个集合，让儿童判断哪个更多（或更少）。 |
| | | **第一、第二的序数计数（first- second ordinal counter）序数**：能识别出序列中的第一以及第二个物体。 | ● 是谁先：和儿童讨论谁希望成为队列中（或上场击球等）的第一位和第二位，逐渐扩展到更大的序数。 |
| | | **对相同物品的早期比较（early comparer to similar Items）（1—4个物品）**<br>比较：对含有1—4个物品的集合进行口头的和非口头 | ● 公平吗（相似），［LT］[2]：将小数量的物品分给两个人（玩具娃娃、玩具动物），让儿童判断是否公平——如果两个人都有数量相等的物品。<br>● 比较圆片（相似物体），［LT］[2]：秘 |

续表

| 年龄（岁） | 广泛 | 发展进程 | 教学活动 |
|---|---|---|---|
| 3 | 视觉比较 | 的比较（仅通过看）。物品必须相同。可以使用数词，如用2和3（约3岁2个月）、3和其他数词（3岁6个月）进行小数量集合的比较。有些儿童可以在识别和感数这些数量、准确数数之前就能做到。能将顺序关系从一个集合迁移到另一个集合。<br><br>能认识到···和···是相等的，并且和··与··是不同的。 | 密地在一个盘子里放2个小圆片，在另一个盘子里放4个小圆片。用一块黑布盖住有4个小圆片的盘子。向儿童展示这2个盘子，其中一个被盖住。告诉儿童把手放在腿上，仔细安静地观看，然后教师快速地掀起遮盖，这样他们就能和另一个盘子进行比较。问儿童："这两个盘子里的圆片数量一样吗？" |
| 3—4 | | **对不同物品的早期比较（early comparer to dissimilar Items）**<br>比较：对包含不同物体的小数量相等集合进行匹配，能说出它们的数量相等。<br>比较3个贝壳和3个点子，然后会说出"它们数量相同"。 | • 公平吗（相似），［LT］[2]：同上，选择不同的物品进行比较。 |
| 4 | 数数比较 | **匹配比较（matching comparer）**<br>比较：通过匹配，对包含1—6个物品的集合进行比较。<br>给每只狗一根玩具骨头，并能说出狗和骨头的数量相等。 | • 匹配比较：让儿童确定摆成两堆的勺子和盘子的数量是否相等（或者其他类似的情景），必要时提供反馈，和儿童讨论是如何确定和想出的。开始和儿童讨论，引导他们逐渐明白——对应的两组物体数量相等："如果你知道一组的数量，那么你就知道另一组的数量。"<br>• 金发姑娘和三只熊：阅读或者讲述《金发姑娘和三只熊》的故事，讨论故事中熊和其他东西的一一对应。提问："故事中有几只碗？""几把椅 |

续表

| 年龄（岁） | 广泛 | 发展进程 | 教学活动 |
|---|---|---|---|
| 4 | 数数比较 |  | 子？""你是怎么知道的？"，然后再问："有没有足够的床给熊睡？你是怎么知道的？"<br><br>总结——对应能够创建相等的组。也就是说，"如果知道了一个组中熊的数量，那么也就知道了另一个组中床的数量"。<br><br>让儿童在区域活动时间再次阅读故事，并对其中的道具进行匹配。<br><br>● 晚会时间1：让儿童将晚会使用的餐具和餐垫进行匹配，练习——对应。 |
|  |  | **计数比较（相同大小）**<br>［counting comparer（same size）］<br><br>比较：通过数数进行准确比较，但是仅限于数量比较少并且物体大小相同（1—5个）。<br><br>数一数两堆积木（每堆有5个），并说出这两堆积木一样多。<br><br>一组物品数量多但尺寸小，另一组物品数量少但尺寸大，儿童在比较这两组物品数量时会犯错。<br><br>能准确数出两个数量相等的集合包含的物品数量，但是被提问时，他们会说物品尺寸大的那组数量更多。 | ● 翻卡比较，［LT］[2]：这个游戏很像"战争（War）"，两名玩家翻卡比较大小。<br><br>● 快速比较（相同大小），［LT］[2]：和之前类似，但是有两点不同。①要用更大的数字，可以到5或更大，只要儿童感觉自信。②使用数数来明确检查。如，秘密地将3个小圆片放在一个盘子中，将5个小圆片放在另一个盘子里。用一块深色的布盖在有5个小圆片的盘子上。给儿童出示两个盘子，其中一个盖着布。请儿童仔细安静地看，把手放在膝盖上。快速揭开盘子上的布，请儿童比较两个盘子里的小圆片。两秒钟后重新把布盖上。问儿童"两个盘子里的小圆片数量一样多吗？"，如果儿童说"不一样"，继续询问"哪个盘子里的小圆片多？"，让儿童指出盘子或说出小圆片数量。问"哪个盘子里的小圆片少？"，必要的时候，再次揭开盘子上的布。不再盖上布，问儿童每个盘子里各 |

| 年龄（岁） | 广泛 | 发展进程 | 教学活动 |
|---|---|---|---|
| 4 | 数数 比较 | | 有多少个小圆片，让儿童了解5比3多，因为数数的时候5在3的后面。<br>● 比大小游戏：儿童两人一组进行游戏，需要两套或者更多的牌（1—5）。教儿童洗牌（将所有的牌面向下，打乱顺序放在一起），然后把牌平均分给两名儿童（一人一张轮流发牌），两名儿童的牌都牌面向下放着。<br>两名儿童同时翻看自己最上面的那张牌，然后比较谁的牌大。牌面点数大的儿童要说"我的大"，然后把对手的牌收过来，如果两张牌点数相等，那么两人同时翻开下一张牌比较大小。<br>直到所有牌都被比较过，游戏结束，手中牌多的儿童获胜。<br><br>开始时使用有数字和点了的卡片，随后使用只有点子的卡片。开始先使用数字比较小的，慢慢向大的过渡。也可以在计算机上玩这个游戏。 |
| 5 | 心理 数线 | **空间范围的估计—小/大（spatial extent estimator-small/big）**<br>估数：如果差别很明显（如一组是另一组的两倍），估计哪个集合更大或更小。用 | ● 估数罐子（小/大），［LT］²：将物品放在盖好盖子的透明罐子里。告诉儿童现在它是估数罐子，要开始估计罐子里的物品数量。将儿童估计的数字和他们的名字写在便签纸上，然后贴在罐子上。到了周末，把罐子里的东西倒出 |

续表

| 年龄（岁） | 广泛 | 发展进程 | 教学活动 |
|---|---|---|---|
| 5 | 心理数线 | 小数（1—4）表示所占空间较小的一组物品，使用大数（10—20，或者更大的数）表示占空间大的。儿童对数字表示的多少有自己的判断，这个认识也会随着需要估计的集合的大小而变化。<br><br>将9个物品散放着，给儿童呈现1秒钟，然后问有多少。儿童会回答"50"。 | 来数一数，比较一下估计的数量和实际数出的数量。 |
| | | **计数比较（5）[counting comparer（5）]**<br>比较：当数量较多的集合中物品尺寸较小时，也能通过数数进行比较。随后得出多多少或少多少。<br>能准确数出两个相等的集合，并说出它们数量相等，即使其中一个集合中的积木尺寸更大一些。 | • 刚刚好（计数比较5），[LT]²：让儿童将两组刚好能配对的物品进行匹配，如，给桌旁的每名儿童发一把剪刀。在这个水平上，儿童需要去另一个房间取剪刀，因此他们必须数数。这里也可以进行"摆餐具"游戏（参看上面）——确保儿童进行数数。<br>• 记忆游戏——数字：两名儿童一组进行游戏，需要一套点卡和数卡。将卡片牌面向下分两列摆放，游戏者轮流选牌，翻开，然后出示。如果卡片不匹配，那么将卡片牌面向下放回。如果两人的卡片匹配，那么游戏者就保存自己的牌。<br><br> |

107

续表

| 年龄（岁） | 广泛 | 发展进程 | 教学活动 |
|---|---|---|---|
| 5 | 心理数线 | | ● 集中注意：1—6数数卡片，［LT］²：儿童集中注意在卡片游戏里匹配相同的卡片（每张卡片都有数字和对应的圆点）。注意：和其他鼓励随机点击、计算机决定正确与否的计算机游戏不同，儿童一定要说出匹配或不匹配！<br>● 找数字——比较：开始活动前，把几块比萨（纸盘子）遮盖起来，每个上面都用不透明的遮盖物盖着，每块比萨上面都有数量不等的香肠片（小圆片）。给儿童呈现一个有3片或者5片香肠的比萨，然后让儿童在遮盖物下面找到匹配的比萨。 |
| | | **心理数线（5以内）**（mental number line to 5）<br>数字线估计：有感官支持时，联系数数的知识，确定相对的大小和位置。<br>在一端为0，另一端为5的线段上，能将3放在中间。 | ● 谁年龄大，［LT］²：问儿童2岁和3岁哪个年龄更大，在需要时提供反馈。让儿童解释他们是怎么知道的。<br>● 帮乌龟回家：取物（小数量），［LT］²：参考第三章第77页。<br>● 太空竞赛（5以内），［LT］²：使用数线板进行棋盘游戏（数线板上排列着10个相邻的方格，方格里依次写着数字1—10）（［LT］²有详细的说明和资源）。用骰子掷出数字1或2，然后用棋子在数线板上移动相应的数量，一边移动一边说出棋子经过的每个数字（如，如果棋字原来在数字5，骰子掷到了2，边移动边说"6、7！"）。<br>● 少了哪一层：给儿童呈现一个用小立方体搭成的逐层增加数量的积木塔，1、2、3、4、3、2、1，让儿童闭上眼睛，然后抽掉第一个3块那一层。然后问儿 |

| 年龄（岁） | 广泛 | 发展进程 | 教学活动 |
|---|---|---|---|
| 5 | 心理数线 | | 童"少了哪个？""为什么这么说？""他们数了吗？"，出示取走的那一层，数一数立方体的数量。<br>重复玩这个游戏，这次抽走第二个3块那一层，然后问儿童少了哪一层，为什么这么说。 |
| | | **5以内的排序（比较数字）serial orderer to 5（comparing number）**<br>比较/排序：给5以内的数量（点子）或数字排序。同样地给标记出单位的长度排序。<br>给1—5个点子卡片排序。给方块塔排序（1—5）。 | ● 拥挤的房间，［LT］[2]：儿童按顺序排列5个可连接方块的长度。<br>● 排点卡（5）：把点卡1—5按从左到右的顺序放在儿童面前，让儿童描述这种模式。让儿童大声数出这些点卡上的点子数量，当你持续将后续的点卡放入这个序列时，让儿童预测下一个数字是什么。然后让儿童把卡片混起来，他们自己按照顺序放好（在区角设置）。可以一起放卡片，也可以两组比赛按序摆放卡片，等等。 |
| | | **序数计数（ordinal counter）**<br>序数：能识别并使用第一到第十的序数。<br>能识别出谁是"这一行的第三个"。 | ● 序数建筑公司：儿童通过移动建筑物两层之间的物体学习序数的位置（从第一到第十）。 |
| | | **计数比较（10）［counting comparer（10）］**<br>比较：当数量较多的集合中物品尺寸更小时，也能通过数数比较10以内数量的多少。<br>能准确数出两个含有9个物品的集合，并说出它们数量相等，即使其中一个集合中的积木尺寸更大一些。 | ● 糊涂先生——比较，［LT］[2]：告诉儿童糊涂先生需要别人帮助他进行比较。比较物品尺寸不同的集合。如，教师出示4块积木和6个尺寸更小的小物件，然后假装是糊涂先生，说"积木的个头大，所以肯定是积木的数量多"，让儿童数一数到底哪组数量多，并解释为什么糊涂先生错了。<br>● 翻卡比较，［LT］[2]：儿童两人一组进行游戏，需要两套或者更多的数卡（1—10，含有点子和数字，随后可以使用只 |

续表

| 年龄<br>（岁） | 广泛 | 发展进程 | 教学活动 |
|---|---|---|---|
| 5 | 心理<br>数线 | | 有点子的）。将所有的牌面向下洗牌后分别发给两名儿童。两名儿童同时翻看自己最上面的那张牌，然后比较谁的牌大。牌面点数大的儿童要说"我的大"，然后把对手的牌收过来。如果两张牌点数相等，那么两人同时翻开下一张牌比较大小。直到所有卡片都被比较过，游戏结束。<br><br><br><br>● 积木塔——哪个多哪个少，［LT］[2]：呈现两座塔，一座在地上用8块相同的积木搭成，另一座在椅子上用7块同样的积木搭成。问儿童哪座塔更高。讨论儿童在比较过程中使用的各种策略，进行总结，虽然椅子上的塔高，但是从塔底到 |

| 年龄<br>（岁） | 广泛 | 发展进程 | 教学活动 |
|---|---|---|---|
| 5 | 心理<br>数线 | | 塔顶的高度比较矮，因为和地上的塔相比，椅子上的塔所用的积木要少一块。 |
| 6 | | **心理数线（10以内）（mental number line to 10）**<br>数字线估计：能够利用内部表象和数的关系的知识来确定相对大小和位置。<br>4和9哪个数离6更近？ | • 太空竞赛（10以内），［LT］[2]：参考上文说明，特别［LT］[2]里的完整说明和资源。<br>• 我的大（翻卡比较），［LT］[2]：参考上文。<br>• 少了哪一层，［LT］[2]：参考上文1—10。<br>• 帮乌龟回家：取物（10以内），［LT］[2]：参考第三章第77页。<br>• 我想的数是几（10以内数字线），［LT］[2]：使用1—10的数字卡，选择并藏起来一个数字，告诉儿童藏了一张数字卡，让他们猜测是哪张，当有儿童猜对时，激动地揭开那张卡片。如果儿童没有猜对，告诉他们猜的结果是大于还是小于藏起来的卡片上的数字。<br>随着儿童玩得越来越熟练，问他们为什么这样猜，如，"我知道藏起来的卡片上的数字比4小比2大，所以我猜它是3"。<br>重复这个游戏，增加一个线索，如，"你猜的数字比我的数字大2"。在过渡环节做这个游戏。<br>• 火箭发射1：让儿童估计1—20中离目标数字最近的数字。 |

| 年龄（岁） | 广泛 | 发展进程 | 教学活动 |
|---|---|---|---|
| 6 | | **6以上的排序（serial orderer to 6+）**<br>给6或6以上的数量（点子）或数字排序。同样地，给标记出单位的长度排序。<br>给1—12个点子卡片排序。<br>给方块塔排序（1、10）。 | • 造楼梯（6以上）：让儿童用相连的立方体建楼梯。鼓励他们数一数每级楼梯需要多少块立方体，请他们说出数字。<br>**延伸：**让儿童藏起楼梯的某一级，然后你指出哪一级被藏起来了，再把它插进去。<br>让儿童打乱楼梯的顺序，再按顺序排好。<br><br>• 排点卡（6以上），［LT］²：在小组或区角，挑战儿童把点卡1—10（或更多）按顺序放好。他们可以合作，也可以两组比赛按序摆放卡片，等等。<br>• 魔术师的把戏，［LT］²（这是一个综合数学和执行功能的活动，请参考［LT］²扩展资源）：将数卡按1—10的顺序从左到右排列在儿童面前，并跟儿童一起大声唱数这些数字。然后将这些卡片按原来的顺序背面朝上放着。让一名助手任意指向一张卡片。使用你的"数学魔法"（实际是从1数到这一张，以明确它是几），告诉儿童这张卡片上的数字是几，助手将卡片翻过来展示给儿童看，证明你答对了，然后再将卡片翻过去。<br>指某一张卡片，让儿童用同样的方式使用他们的数学魔法。提醒儿童哪里是1， |

| 年龄（岁） | 广泛 | 发展进程 | 教学活动 |
|---|---|---|---|
| 6 | | | 然后指向2，让儿童自发地回答他觉得这张卡片是几，然后翻过卡片来看是否回答正确。让儿童轮流独立游戏。<br><br><br><br>变式：这个活动变式鼓励儿童正数和倒数数字。和之前一样开始。告诉儿童这是一个新玩法，在儿童猜测后将卡片翻过来给他们看。开始游戏，在有一张卡片正面朝上的时候，指向正面朝上卡片的下一张。让儿童使用他们的"数学魔法"回答卡片上的数字是几，说出是怎么知道的。和儿童讨论可以从这张面朝上的卡片往前数。让这两张卡片都正面朝上，用这些卡片右边扣放的卡片重复此游戏。让儿童轮流独立游戏。 |
| | | **空间范围估计（spatial extent estimator）**<br>估数：扩展物品的类别和数量，从小的数（通常是被感知到而不是估计）到中等的数（如10—20）和大的数。 | ● 估数罐子，［LT］[2]：将5—15个物品放在盖好盖子的透明罐子里。告诉儿童这是估数罐子，要估计罐子里的物品数量。将儿童估计的数字和他们的名字写在便签纸上，然后贴在罐子上。到了周末，把罐子里的东西倒出来数一数，比较一下估计的数量和实际数出的数量。开始的时候放5—10个比较大的物体，然后换成更小的物体（数量更多）。在每周末儿童估计的时候，让儿童讨论他们的策略。 |

续表

| 年龄（岁） | 广泛 | 发展进程 | 教学活动 |
|---|---|---|---|
| 6 | | 需要估计物体的排列形式会影响估计的难度。<br>给儿童展示散开的9个物体一秒钟，并问他们有几个，儿童回答："15个"。 | • 估计有几个（空间范围），［LT］²：在专门设计的教学情境里（如，全班集体活动时，展示一张有一定数量点子的大图表），或者其他情况（如操场上的一群鸟），然后让儿童估计物体的数量。与儿童讨论估计的策略，可以让一些儿童说出自己的策略，然后鼓励他们将这些策略应用于新的情境。鼓励他们使用基准（"我知道10个差不多是这么多，所以我想10、20、30……"） |
| 7 | | **位值比较（place value comparer）**<br>比较：通过理解位值含义来比较数字。<br>"63比59大，是因为6个10大于5个10，即使9比3大。" | • 相不相等和天平，［LT］²：阅读弗吉尼亚·克罗尔（Virginia Kroll）的故事《相不相等》（*Equal Shmequal*），动物尝试不同的属性（如是否食肉），找出公平的方法玩拔河。阅读时，在桌上放一个天平。让儿童在托盘上放十进制积木，代表故事里的情节（如，3个1代表3个小动物，而3个10代表3个大动物）。然后让儿童比较其他多位数，解释他们的推理过程，和故事以及天平建立联系。（改编自Larson & Rumsey，2018，还有很多其他的书和想法。）<br>• 哪个数更大，［LT］²：在白板上写两个数字，如64和47，或35和58，问儿童哪个数字更大。在白板上再写一组两位数。用一张便笺纸盖住十位。讨论并鼓励儿童解释他们的策略。盖住个位再重复一次。<br>• 我能写的最大或最小数字，［LT］²：儿童使用数字卡片建构0—99的数字，看看什么数字能组合成最大的数字，什么数字能组合成最小的数字（详见［LT］²的完整说明）。 |

续表

| 年龄（岁） | 广泛 | 发展进程 | 教学活动 |
|---|---|---|---|
| 7 | | | • 快速比较（位值模型）。也可参考专门讨论位值的第六章。 |
| | | **心理数线（100以内）**（mental number line to 100）数字线估计：使用心理表象和数字之间关系的知识，包括十进位制来确定数字的相对大小和位置。提问："哪个数字离45更近，30或50？"答："45离50近，只是差了5，但是30不是。" | • 太空竞赛（100以内），[LT]²：参考上文说明，特别[LT]²里的完整说明和资源（Laski & Siegler, 2014）。• 我想的数是几（100以内），[LT]²：同上，但是口头进行或者使用一个空的数字线——只有0和100两个数字标记的线段，然后用儿童的估计来填满数字线。• 火箭发射（100以内），[LT]²：让儿童估计1—100以内离目标数字最近的数字。第六章的位值活动和其他高水平的学习路径中的活动也可以很好地发展此能力。 |
| | | **通过直觉性量化的扫视估计**（scanning with intuitive quantification estimator）估数：扫视一组物体，把结果和心理数线联系起来，以此熟练地进行估数。给儿童展示散开的40个物体一秒钟，并问他们"有几个"，儿童回答："大约有30个。" | • 估计有几个（扫视），[LT]²：参考上文。 |
| | | **心理数线（1000以内）**（mental number line to 1000）数字线估计：使用心理表象和数字关系的知识、数值知识等，来确定数字相应的大 | • 我想的数是几（1000以内），[LT]²：参考上文，0—1000。• 火箭发射（1000以内），[LT]²：让儿童估计1—1000中离目标数字最近的数字。有的计算机游戏可以对猜测提供有用 |

续表

| 年龄（岁） | 广泛 | 发展进程 | 教学活动 |
|---|---|---|---|
| 7—8 | | 小和位置。<br>提问："2000和7000哪个数字更接近3500？"回答："70是两倍的35，但是20仅仅和35差15个，所以100个20，2000更接近。" | 的反馈。 |
| 8 | | **基准估计**（benchmarks estimator）<br>估数：点数要估计集合的一部分，把这个数字作为估计的基准，使用重复加法或乘法或者直观地估计总数。运用扫视的策略来确定基准。<br>看到11的时候，说："它比20更接近10，所以我猜是12。"<br>在一秒内展示45个分散的物体，问："有多少个？"回答："大约有5个10，50个。" | ● 估计有几个（基准），［LT］²：（见上）在这个或下个水平的游戏中强调策略的使用。 |
| | | **组合估计**（composition estimator）<br>估数：把要估计的集合分解和划分为合适的子集，然后重新组合。起初，运用重复相加法和乘法来估计规则的排列。然后，可以扩展到不规则的排列，儿童可以稳定地用乘法技能重新组合。<br>展示散开的87个物体，让儿童估计，儿童回答："这些大概是20个，20、40、60、80，80！" | ● 估计有几个（组成），［LT］²：（见上）在这一水平上强调策略的使用。 |

## 结语

在很多情境中，人们希望比较、排序或估计物体的数量，还有另一种常见的情境，包含把集合以及集合的数量放在一起或者分开，这些加减的运算将是第五章的重点。

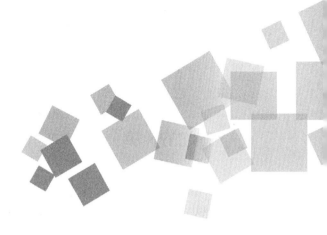

# 第五章 计算：
# 早期加法与减法及计数策略

亚历克斯，5 岁。她的弟弟，保罗，3 岁。

亚历克斯跳着进入厨房并宣布：当保罗 6 岁时，我就 8 岁了；当保罗 9 岁时，我就 11 岁了；当保罗 12 岁时，我就 14 岁了（一直数到保罗 18 岁，她自己 20 岁）。

父亲：天哪！你究竟是怎么算出这些的？

亚历克斯：这很简单。你只要数 3—4—5（说到 4 的时候很大声，还一边拍着手，说出结果时也非常有节奏感，轻—重—轻的模式），然后数 6—7—（拍手）—8，接着数 9—10—（拍手）—11。

——戴维斯（Davis，1984）

这是超常儿童才具有的卓越表现吗？还是说，这预示着所有年幼儿童都具有学习计算的潜力？若是如此，那么计算的教学可以多早开始？又应该多早开始呢？

## 最初的计算

我们发现，儿童在生命初期就具有对数量的感知。同样，他们似乎也有对计算的感知。如，如果增加了一个物体，婴儿好像能预料到物体多了一个。图 5.1 就是这样的实验。5 个月的婴儿，首先看到屏幕后藏了一个玩偶，随后看到有一只手把另一个玩偶放到屏幕后，当移走屏幕显现的结果是错误时，婴儿看的时间比起看正确结果的时间更长一些（违反期望的程序；Wynn，1992）。

有关感数（第二章）以及早期计算的研究表明，婴儿能够直观地以单个物体（他们能"跟踪到的"）而非数群的方式表现小的数目（如 2）。相对地，他们却以数群的方式而非单个物体表现大的数目（如 10）——但是，他们可以合并这类数群，并能直观地预测出确切的结果。如，5 个小圆点为一组，显示有两组被合并到一起——想象在图 5.1 中摆放玩偶的位置上有 5 个圆点，随后从屏幕下方滑入另外 5 个圆点——婴儿可以区分 5（错误结果，同图 5.1 中"不可能"的结果）和 10（正确结果）两种结果。同样地，2 岁儿童的行为显示，他们已经明白添加使数量增多，拿走使数量减少。他们这种直觉的数量感知可能是天生的，并有助于后期精确计算的发展。然而，这一直觉的数量估算能力并不能直接形成或决定儿童精确的计算。

在许多研究中，研究者认为儿童在 3 岁左右就开始明确理解小数目的加法和减法。然而，直到 4 岁时大多数儿童才能准确地解决稍大一点数目的加法问题（Huttenlocher，Jordan & Levine，1994）。

大多数儿童得到约 5 岁半时才能在有实物的情况下解决大数目的问题。然而，这并非发展上的不足，而是受到经验的限制。随着经验的获得，3—6 岁儿童都可以学习"数全部"，甚至是"接数"的基本策略。

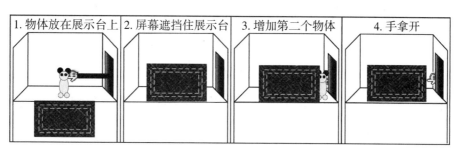

随后……

图 5.1 5 个月婴儿对增加一个物体的敏感度实验

## 计算：数学的定义与属性

在数学领域，可以用数数来说明加法（Wu，2011）。这样就把计算与计数联系起来了（特别是数的递增，也就是接数，每个数加 1）。3 + 8 的总和就是从数字 3 开始接着数 8 个数字后的整数结果：3……4、5、6、7、8、9、10、11（Wu，2011）。37+739 的总和就是从数字 37 开始再数 739 个数字后的数字——37……38、39……774、775、776，虽然这样枯燥的做法可能不受欢迎。总体而言，任何两个整数 a 和 b，其总和就是从数字 a 开始再接数 b 个数字的结果（Wu，2011）。

我们也可以间隔着跳数。如，我们间隔 10 数 10 次，那就是 100。相同地，间隔 100 数 10 次，就等于 1000，依此类推。所有这些都符合我们在第三章、第四章中所涉及的数数内容。因此，计算 47 + 30 可通过以 10 为间隔的跳数来解决——47……67、77。位值是计算的基础，这个问题我们将在第六章中再详细讨论。从儿童最初的发展来看，计算主要围绕以下两个定理。

121

1. 加法结合律：（a + b）+ c = a +（b + c）。结合律方便儿童用心算策略使计算得以简化，如，4 + 4 + 6 = 4 +（4 + 6）= 4 + 10 = 14。

2. 加法交换律：a + b = b + a。为了理解可交换性，可以让儿童试想，向一个空玩具盒里装玩具车。如果盒子里有多少辆玩具车取决于是先放卡车还是先放轿车，那会是一件多奇怪的事。

年幼儿童往往并不明确理解这些定律，但却能直觉地使用这些定律。然而，一些研究表明，当儿童在数数中使用这样的策略时能理解交换的概念（Canobi，Reeve，& Pattison，1998）。

减法并不遵循这些定律。从数学意义上来看，减法是加法的逆运算；也就是说，减法是以相反数（加法逆元）-a 表示任何数字 a，a + -a = 0。又或者说，以 8 - 3 为例，不同之处在于需求的数字几加上 3，结果是 8。所以说，c - a = b 意味着 b 就是使算式 a + b = c 成立的那个数字。因此，尽管有点复杂，但仍可以把（8 - 3）看作（5 + 3）- 3 = 5 +（3 - 3）= 5 + 0 = 5。还有就是，由于我们知道减法和加法是一对逆运算，因此可以认为：

8 - 3 = □

就相当于：

8 = 3 + □

也就是说，如果问"8 - 3 等于几？"，其实就相当于问"几加上 3 等于 8？"。

减法也可以通过计数来直观地理解：与加法不同的是，8 - 3 是从数字 8 开始往回数 3 个数字后获得的整数——8……7、6、5。这个过程与减法"拿走"的概念是一致的。所有这些概念都是相同的，对于我们来讲很自然。但对于刚开始学习减法的儿童来说，要理解减法的所有这些概念跟加法都是"同一回事"，却要花很多时间和练习。

因此，加法和减法都可以通过计数来理解，这也是儿童进一步学习这些算术运算的方式。儿童理解运算的此种方式便是本章的重点。

# 加法和减法问题的结构（以及其他影响难度的因素）

在大多数计算中，数字越大，问题的难度越大。即使是个位数的计算问题也是如此，原因在于个人进行算术运算的次数以及个人必须运用的运算策略。如，儿童解决被减数（从整体中减去的那部分）大于 10 的减法问题时，比起解决被减数小于 10 的减法问题，会使用更为复杂的策略。

除了数字的大小外，问题的类型或结构也是决定问题难度的主要因素。问题的类型取决于未知数及其所在的问题情境。一共有四类不同的类型，详见表 5.1 中的四行内容。表中双引号内的名称被认为是在班级讨论时最有用。每一行中的类型，在具体问题中都有三种变量，每一种变量都可以是未知量。在有些题目中，如，"部分—部分—整体"问题中的未知量，事实上，部分作为未知量在不同的情境中并没有本质的区别，因此这种情况并不影响题目的难度。另外一些题目，如，加入问题的结果未知、中间量未知，或初始量未知，则难度差异很大。结果未知的问题比较简单，中间量未知的问题中等难度，而初始量未知的问题是最难的。这在很大程度上是由于儿童在面对每种类型进行情境建构或"操作"时的难度逐步增加。学习这些问题类型可以有效地对所有应用题进行分类。

表 5.1　加法和减法的问题类型

| 类型 | 初始量/部分未知 | 中间量/差未知 | 结果/和未知 |
|---|---|---|---|
| 加入（"加的变化"）通过加入行为增加集合中的数量。 | 初始量未知<br>□ + 6 = 11<br>艾尔有一些球，随后他又有了6个球，现在他有11 个球，那么一开始他有多少个球？ | 中间量未知<br>5 + □ = 11<br>艾尔有5个球，他又买了些，现在他有11个球，那么他买了多少个球？ | 结果未知<br>5 + 6 = □<br>艾尔有5个球，他又有了6个球，那么他总共有多少个球？ |
| 分开（"减的变化"）通过分出的行为减少集合中的数量。 | 初始量未知<br>□ − 5 = 4<br>艾尔有一些球，他给了巴布5个球，现在他有4个球，那么一开始他有多少个球？ | 中间量未知<br>9 − □ = 4<br>艾尔有9个球，他给了巴布一些，现在他有4个球，那么他给了巴布多少个球？ | 结果未知<br>9 − 5 = □<br>艾尔有9个球，他给了巴布5个球，那么他还剩下多少个球？ |

| 类型 | 初始量/部分未知 | 中间量/差未知 | 结果/和未知 |
|---|---|---|---|
| 部分—部分—整体（"集合"）<br>两个部分形成一个整体，但没有行为操作——静态的情境。 | 部分（"组成"）未知<br><br>\| 10 \|<br>\| 6 \|<br><br>10<br>△<br>□  6<br><br>艾尔有10个球，一些是蓝色的，6个是红色的，那么蓝色的球有多少个？ | 部分（"组成"）未知<br><br>\| 10 \|<br>\| 4 \| \|<br><br>10<br>△<br>4  □<br><br>艾尔有10个球，4个是蓝色的，其余的是红色的，那么红色的球有多少个？ | 整体（"总共"）未知<br><br>\| 4 \| 6 \|<br><br>□<br>△<br>4  6<br><br>艾尔有4个红球和6个蓝球，那么他一共有多少个球？ |
| 比较<br>比较两个集合中对象的数量。 | 较小数未知<br><br>\| 7 \|<br>\| \| 2 \|<br><br>艾尔有7个球，巴布比艾尔少2个球，那么巴布有几个球？<br><br>（较难的表达方式："艾尔比巴布多2个球。"） | 差未知<br><br>\| 7 \|<br>\| 5 \| \|<br><br>将得不到：艾尔有7条狗和5根骨头，那么有多少条狗将得不到骨头？<br><br>艾尔有6个球，巴布有4个球，那么艾尔比巴布多几个球？<br><br>（也可以说成：巴布少几个球？） | 较大数未知<br><br>\| \|<br>\| 5 \| 2 \|<br><br>艾尔有5个球，巴布比艾尔多2个球，那么巴布有几个球？<br><br>（较难的表达方式："艾尔比巴布少2个球。"） |

## 计算中计数策略的发展

大多数人在解决计算问题时都能自己发明一些策略，年幼儿童的策略尤其具有创造性和多样性。如，学前班到一年级的儿童能发明并使用各种隐蔽的和明显的策略，包括数手指、手指模式（如概念性感数，见第二章）、口头数数、直觉提取（"刚好知道"固定的算式）、算式推导（"事实推导"，如双倍加1：7 + 8 = 7 + 7 + 1 = 14 + 1 = 15）。儿童是灵活的策略家，会根据他们对题目难易程度的理解使用不同的策略。本章聚焦儿童基于计数的策略。

## 儿童的情境建构和计数策略

策略常出现在儿童建构问题情境时。也就是说，学前班和幼儿园那么小的儿童也能运用实物或图画（详见第十六章中"操作物和具体表征"的内容）的方法来解决问题。来自资源匮乏社区的儿童在解决口头问题时会更困难一些。

## 计数策略

3—4岁的学前儿童在听故事的过程中，可以给他们提出问题任务，如帮助一名面包师。给儿童展示一排物品让他们先数一下，然后把这排物品盖上，增加或减少其中的1个、2个或3个。这时让儿童先预测结果是几个，然后再数一数进行确认。即便是3岁的儿童也能理解预测的结果与数数确认的结果之间的差异。所有儿童都能用加法或减法给出一个预测的数，这个数与加法使数量增加、减法使数量减少的原理一致。儿童还会做出其他合理的预测。他们通常都能数正确，并且希望答案符合他们的预测（Zur & Gelman，2004）。

从发展的角度来看，大多数儿童最初使用的是"全部数"的方法。如图5.2所示，在5 + 2的情境中，使用这一策略的儿童会数由5个物品组成的集合，然后再多数2个物品，最后，从1开始把所有物品数一遍——如果他们不数错——就能报告结果7。这些儿童一旦理解了故事中的语言和情境，他们就会自然而然地使用计数策略来解决故事情境中的数字问题。

儿童掌握了这些策略后，他们最终则会简化地使用它们。4岁的儿童会开始自行使用接数的方法，如，在解决前面的问题时会这样数，"5……6、7。7！"，拖长音地数5可能代替了原本一个一个地数。这个就像数了5个物品的集合。一些儿童一开始使用的是过渡策略，如"简化—求和"的策略，即类似数全部的策略，但只数一次；如，在解答4 + 3的问题时，数1、2、3、4、……，5、6、7，并得出答案 7。重要的是，儿童在这样的情境中可以通过过渡策略在适用的情境下使用接数（Tzur & Lambert，2011）。他们需要有能力预见从一个集合中的数字开始数数，直到持续数到第二个集合中的某数字后停下的数数行为（特别是当集合中的物品并不存在时）。

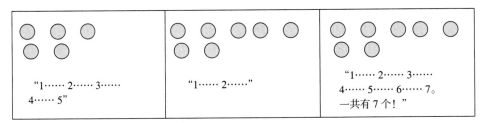

**图 5.2　使用"数全部"方法解决加法问题的过程（5 + 2）**

随后，儿童通常会接着使用"从大数开始数起"的策略，大多数儿童一旦发现这个策略后就会乐意使用。如，呈现 2 + 23 这样通过数数可以轻松解决的问题，经常能提示儿童发现或使用这一策略。因此，数数技能——特别是复杂的数数技能——在计算能力的发展过程中具有重要作用。数数可以简便而快速地预测儿童在幼儿园及后期的计算能力。知道下一个数字（详见第三章"从任意数开始数"的水平）也可以预测儿童在小学一、二年级时的数学成绩和加法运算的速度。

针对递增数集的接数，以及相对应的针对递减数集的倒数，对于儿童来说是很有效的计算策略，然而，却是算术刚开始发展时的策略。在未知增加量的情况下，儿童采用"往大的数"来找到未知增加量。如果原来有 6 个物品，现在有 9 个物品，儿童则会通过数数得知增加量，"6……，7、8、9，是 3 个"。如果 9 个物品减少后还剩下 6 个，儿童则会从 9 倒着数到 6 来算出减少的量（分开的中间数未知），如下表述："9、8、7、6，是 3 个。"然而，倒着数，特别是数大于 3 的数，对于大多数儿童来说都是困难的，除非他们在这方面得到有效的指导。

相反，全世界很多地方的儿童都学会用"往大的数"到总和来解决减法问题，因为儿童觉得这样更简单。如，应用题"桌上有 8 个苹果，孩子们吃掉了 5 个，现在还有几个？"的问题可以通过以下思考予以解决："我从 8 个里拿走 5 个，所以 6、7、8（每数 1 个伸出一根手指），那么在 8 个里还剩下 3 个"。当儿童充分认识到可以通过把 6 个物品放回去，并从 6 数到 9 求得减少的量（如，9 - □ = 6），他们开始建立减法是加法逆运算的概念，并了解可以用加法代替减法。这一概念需要好几年才能逐步建立起来，但可能在学前阶段就萌发了，在有效指导下幼儿园儿童也能够使用。

### 元认知策略与其他知识

即使是解决简单的应用题，除了知晓计数策略之外，还需要更多的能力。儿童必须具备对语言的理解，包括对词义和语法的理解，还要熟悉语言所表述的问题情境。并且，应用题的解决都是在特定的社会文化情境中，这也会影响儿童解答应用题。如，某些不好的教学行为会导致儿童采用无效的应对策略，甚至直接教不当的策略限制了儿童问题解决的能力，如，教儿童使用找关键词的方法，如找到问题中"剩下"或"减少"的词，然后根据文中的内容，从较大的数字中减去较小的数字。当然，如果问题是"弗兰克拿走了 3 块饼干，还留有 7 块，那么最开始他有多少块饼干？"，那么前文中提到的方法就不管用了。即使没有教儿童不适当的关键词策略，儿童也需要通过抑制控制的执行功能避免使用这些错误策略（见第十四章）。

当儿童认识到没有即时策略解决问题时，他们通常不会运用启发式的、一般策略或其他表述来解题。启发式教学，如"画一幅画"或"把问题进行分解"并不显著有效。然而，元认知或自我调节的教学，通常包括启发式的内容，更有利于解题（Verschaffel，Greer & De Corte，2007）。第十三章会聚焦这方面的问题解决过程。

### 小结

婴幼儿对于一些成人视为算术的情境非常敏感。他们可能会具备一些与生俱来的数感能力，但局限于非常小的数字，如 2 + 1。此外，他们也可能会跟踪个别物体。但不管怎样，相对于传统皮亚杰所描述的，婴幼儿拥有一个更为丰富的算术基础。

随着年龄的增长，儿童会借助实物以及感知或数数来解决较大数字的问题（但还是不够大，如 3 + 2）。随后，儿童发展的是基于前期问题解决策略的更为高效的数数和组合策略。儿童学会从特定的数字开始数（而不是只从 1 开始数），生成该数字前面或后面的数，并能在数列中形成数的序列。儿童会思考数字序列，而不仅是说出它（Fuson，1992a）。这样的思考可使儿童的数数能力成为问题解决的有效表征工具。因此，教育者应当学习儿童使用数数策略以及解决问题的过程，以此了解儿童在不同年龄阶段的优势和不足。儿童学习的内容应包括复杂的知识、理解以及技能的发展，通常还应包括一系列策略的综合运用。学习的策略越复杂，选用的策略越有效，那么运用策略的速度和准确性也会逐步提高。（NMP，2008）。

## 经验与教育：计算中的计数策略

每个年龄阶段的儿童都需要有机会学习计算。在美国，现在所提供的机会是学习加减法，实际上应当以儿童的感知、模型建构和数数等方面的能力为基础，让所有儿童有更好的学习计算的机会。由于教育实践中这一问题普遍存在，因此这一部分将就如何实现高质量的教学进行讨论（也可以参考 Davenport，Henry，Clements & Sarama，2019b）。

### 实现高质量经验与教育的困难

#### 理念上的局限

儿童从 3 岁开始就能够学习计算，在特定情境中可以更早。然而，大多数教师和其他专业人士并不认同计算教学的适当性，也不认为非常年幼的儿童能用数学的方法思考问题。因此，年幼儿童难以获得高质量的算术教育经验就不让人意外了。

习以为常的教学

教学可以帮助儿童进行算术运算，但却忽略了儿童对概念的理解。儿童具有初步建构不同问题类型的能力，但学校教学却使儿童提出疑问"我该做什么，是加还是减？"，并且让儿童犯更多的运算错误。相反，对算术情境的非正式建构和理解应当被鼓励，教学也需要以儿童的非正式知识为基础（Frontera，1994）。儿童需要体验各种不同问题类型（Artut，2015a）。

教材

在太多的美国传统教材中，只简单重视加法和减法问题，即合并或分离以及求未知结果等问题类型（Stigler，Fuson，Ham & Kim，1986）。这是非常不幸的，因为大多数幼儿园儿童已经能够解决这些类型的问题，而且其他国家小学一年级课程中已经包含了表 5.1 中所有的类型。

教材对于数的感知或计数的作用也很小，这两方面的自动化发展有助于计算推理，并且教材未强调复杂计数策略的使用。儿童年龄越小，这些教学方法就越有问题。这也难怪美国学校教育对于儿童计算精确度的积极作用不明显，对于儿童策略使用是否有促进作用也较难确定。

另外，教材中除了涉及小数目问题，其他所有问题类型的内容都不够充分。在一个幼儿园教材中，只呈现了 100 种加法组合中的 17 种，且每种类型呈现的次数很少。

**计数策略的教学**

有理由相信，目前有关计算的计数策略教学并不充足。如，跟踪研究的结果表明，尽管许多年幼儿童有所获益，在小学一年级时能通过应用有效的心算策略解决计算问题，但仍有相当比例的小学高年级学生仍然以无效的计数策略解决计算问题（Carr & Alexeev，2011；Clarke，Clarke & Horne，2006；Gervasoni，2005；Perry，Young-Loveridge，Dockett & Doig，2008）。早期较多地运用复杂的计数策略，包括二年级时策略使用的流畅性和精确度，会对后期的计算能力产生影响。早期倾向使用实物操作策略的儿童会持续使用实物策略（Carr & Alexeev，2011）。

　　我们可以怎样做得更好？教师希望儿童在运用复杂策略方面有所进步，但实际进步往往并不能替代以学校算法教学为基础的初级策略，如列式加法（见第六章）。相反，有效的教学反而能帮助儿童缩减并调整他们早期的发明和策略。

常规方法

　　正如我们反复看到的，有关计算的研究所得出的最主要的启示之一在于，要把儿童的学习技能、行为、概念以及问题解决联系起来。因此，要与儿童一起提出问题、建立联系，并使用让内在联系可见的方式解决这些问题。鼓励儿童使用更加复杂的计数策略，寻求规律，并理解加法与减法之间的关系（参考 Davenport et al.，2019b；Gervasoni，2018b）。

　　其他研究证实了让儿童解决较难的计算问题，更有利于他们建构、使用、分享以及解读不同的策略。儿童理解并使用的不同策略的数量可预测儿童后期的学习。

接数

　　鼓励儿童掌握新的策略。一开始先帮助儿童学好从数字 N 向前数一个（N + 1）和向后数一个（N − 1）。这有助于儿童学习新策略，原因在于儿童常常认为可以用"往后数数字"的策略（数字 N 后的数字就是和）解决 N + 1 任务，并由此掌握接数的策略。特别是那些有学习障碍的儿童，更需要帮助他们学习往后数数的技能，让他们逐步有一个良好的开端。所有儿童都可以从发现 N + 1 即 1 + N，以及 N + 0 = N 即 0 + N = N 计算规则的针对性教学中获益，并且这也可以通过计算机学习（Baroody，Eiland，Purpura & Reid，2012，2013）。另外，激励儿童尝试使用从大数数起的策略，给儿童呈现匹配的问题，使用该策略就可以非常省力地解决问题，如 1 + 18。儿童起初只能在他人的提示下接数，慢慢地，有时也会自我思考（"哎哟，我已经知道这里一共有多少个！"）后自己开始接数，或又恢复到数全部物体。

给儿童类似这样的任务（如，以 8 + 1 来开始 N + 1，或者以 3 + 21 来鼓励儿童在更多问题的解决中使用接数的策略）并激励儿童使用接数的策略（"你能从 21 开始，用更快的方法来数一数吗？"）使儿童内化计算过程，并且理解接数与全部数的策略可以得到相同结果但更为有效（Tzur & Lambert，2011）。

如果有些儿童没能自己发现接数的策略，还是采用全部数的方法，那么可以通过强化数相邻承接的原则——加 1 后得到的数便是"下一个接数的数"，鼓励儿童理解数数和计算之间的联系。在适当的活动（参考第三章和表 5.2）和教师的稍加引导下，儿童通常会自己发现接数的概念和技能（Baroody，Purpura，Eiland & Reid，2015）。

**表 5.2　《共同核心州立标准》中有关加法和减法的学习目标（强调计数策略）**

**幼儿园**

---

**运算与代数思维（CCSSM 中的 K.OA）**

把加法理解为放在一起和添加，把减法理解为分离和拿走。

1. 用实物、手指、心理意象、图画、声音（如拍手声）、情境表演、口头解释、表达式或方程式来表征加法和减法。〔图画不必显示细节，但应当表现问题中的数学要素。（无论标准中是否提到图画，皆可运用。）〕

2. 解决加法和减法的应用题，以及 10 以内的加减法，如用实物或图画来表征问题。

3. 在数字 1—9 中，找到数字和已知数字相加合成 10，如使用实物或图画并用图或算式记录答案。

---

**一年级**

**运算与代数思维（CCSSM 中的 1.OA）**

**表征和解决包含加法和减法的问题**

1. 用 20 以内的加法和减法解决包含添加、拿走、放在一起、拆开和比较等情境的应用题，涉及不同位置上数字未知的情况，如，用实物、图画以及用符号表示未知数的方程式来表征问题。（CCSSM 指的是表 1 中的词汇表，词汇表上的信息类似于本章中的表 5.1。）

2. 解决含有 3 个整数且总和小于或等于 20 的应用题，如，用实物、图画以及用符号

---

续表

表示未知数的方程式来表征问题。

**理解并运用运算定律以及加法和减法间的关系**

1. 运用运算定律作为解决加法和减法的策略。如，如果已知 8 + 3 = 11，那么也就知道 3 + 8 = 11（加法交换律）。要计算 2 + 6 + 4，后两个数相加为 10，所以 2 + 6 + 4 = 2 + 10 = 12（加法结合律）。（学生不必使用这些定律的正式术语。）

2. 把减法理解为加数未知的加法问题。如，把减法 10 − 8 理解为找到那个加上 8 等于 10 的数字。

**20 以内的加法和减法**

1. 把数数和加法、减法联系起来（如，把接着数 2 理解为加上 2）。

2. 会做 20 以内的加法和减法，熟练运算 10 以内的加法和减法。使用策略如接数；凑十（如，8 + 6 = 8 + 2 + 4 = 10 + 4 = 14）；把数字分解成 10 和几（如，13 − 4 = 13 − 3 − 1 = 10 − 1 = 9）；运用加法和减法间的关系（如，知道 8 + 4 = 12，就知道 12 − 8 = 4）；创造等效的但更为简便的方法算出总和（如，通过创造出等式 6 + 6 + 1 = 12 + 1 = 13 算出 6 + 7）。

**解决加法和减法算式**

1. 理解等号的含义并且能判定包含加法和减法的等式是对还是错。如，以下哪个等式是对的，哪个是错的？ 6 = 6，7 = 8 − 1，5 + 2 = 2 + 5，4 + 1 = 5 + 2。

2. 可以算出包含 3 个数的加法或减法等式中的未知整数。如，可以算出以下每个等式中使等式成立的未知数。8 + ? = 11，5 = ? − 3，6 + 6 = ?

## 二年级

### 运算与代数思维（CCSSM 中的 2.OA）

#### 20 以内的加减法

熟练进行 20 以内加减法的心算。（详见标准 1. OA 中第 6 点心算策略列表。）到二年级末，通过回忆就知道两个个位数的和。（详见本书的后续章节。）

**用等量分组的实物理解乘法运算的基础**

续表

---

确定一组实物（最多为 20）是奇数还是偶数，如，通过把实物配对或 2 个 2 个地数实物；将一个偶数用算式表示为两个相同加数的和。

**测量与数据（2. CCSSM 中的 MD）**

**测量并用标准单位估计长度**

通过测量确定一个物体比另一个物体长多少，用标准长度单位表示长度差。

---

如果有些儿童需要更多的支持，有一个公认的较费时但有效的方法：教儿童理解并使用逐步分解的技能。

如，呈现数字 6 和 4 并让儿童呈现相对应的物品数量，然后让儿童数一数总共有多少。在儿童数的过程中，当他数到 6 的时候，指向这一组（即 6 个物品）的最后一个。当他在数这最后一个物品时，让儿童暂停并指着数字卡片说："看，这也是 6，表示这里一共有 6 个。"然后让儿童重新数，再迅速让儿童暂停，直到儿童理解当他数到这个物品时他就数到 6 了。随后，指着第二组的第一个物品（加数）说："看，已经有 6 个了，所以这个（用夸张的动作从上一组的最后一个物品跳着指向这一组的第一个物品）就是 7 了。"如果需要的话，可以在儿童数第一个加数时用问题打断他："这里（第一个加数）是多少？这个（第一个加数中的最后一个物品）数了多少？那么这个呢（第二个加数的第一个物品）？"直到儿童能够理解并轻松回答这些问题。

这样的计数策略教学对于有数学学习困难的儿童特别有效。按部就班地依照这个成熟方案进行教学也被认为是最有效的（Fuch et al.，2010，他们也倡导只要可能，儿童也可以使用直接提取策略）。

全部数以及其他策略，包括正着数和倒着数，并非得出答案的好策略。比起教儿童纸笔运算的方法，儿童还能发展形成更为有效的部分—部分—整体关系的方法（Wright，1991）。

还有其他一些数概念是儿童策略发展和数学学习的基础（Aunio & Räsänen，2015a）。

加 0（恒等增加）

这个是关于任何数加上 0 都是该数字本身，或者是关于 N + 0 = N 的简单理解（0 被称为恒等增加）。儿童可以将此作为一个普遍规则来学习，因此并不需要进行包括 0 在内的算式练习。

交换律

通常无须直接教学儿童就能自己学会。将类似 3 + 5 和倒过来的 5 + 3 的题目同时呈现，并让儿童系统地重复练习，有助于儿童掌握交换律。

逆运算

同样地，儿童在接受正式学校教育前就会使用计算原理了，如逆向运算原理，课程设计及教学实施时应考虑儿童的这些已有经验。一旦幼儿园的儿童能够感知并口头说出少量物体的数量，理解加与减恒等的原理，那么他们就可以解决包含 1 的逆运算（N + 1 − 1 = ?）并能慢慢地做到最大数为 4。一个有效的教学策略是，先加上再取走相同数量的物体，和儿童讨论逆运算的原理，随后再呈现以下问题：加上几个物体后取走相同数量的不同物体。研究表明，儿童在逆运算问题上的表现更好，特别是在使用图片表现逆运算操作过程的情况下（Gilmore & Papadatou Pastou，2009）。

研究还表明，与小学二年级和三年级的学生明确讨论加法与减法之间的逆向关系有助于儿童理解并使用相关概念（Nunes，Bryant，Evans，Bell & Barros，2011）。请儿童看包含故事问题的漫画（如，一个邮递员有一些信，送了 12 封，现在还剩下 29 封，那么一开始他有多少封？），由于这个问题让儿童在开始计算前就要运用逆运算，因此可以让儿童用计算器展示他们是如何解决该问题的。这些儿童比起那些没有学过逆运算的儿童，在解决逆运算问题的过程中表现得更好。而那些学过逆运算和正运算（非逆运算）混合问题的儿童比那些在一定范围内学习过逆运算问题的儿童表现得更好（Nunes et al.，2011）。

自我发现还是直接指导

有些人认为必须由儿童自己发现计算的策略。然而其他人则断言，儿童理解数学关系才是关键，而具体教学方法的作用却不那么重要。我们梳理的以往研究（Gersten et al.，2016）表明：

• 要尝试让学前儿童形成感知、计数以及其他能力，并在具体的情境中解决计算问题；

• 随后，让儿童解决半具象的问题，儿童在解决这类问题时会对隐藏的但以前有操作经验或者观察过的部分进行推理；

• 鼓励儿童发现他们自己的策略——与同伴一起或在教师积极的引导下——讨论并解释他们的策略；

• 尽快鼓励儿童运用更为复杂、有效的策略；

• 避免将儿童自己发现（属于建构主义）与直接指导对立起来。对一些儿童来说，在某些问题的学习过程中，教师呈现明确的示例，和儿童进行清晰的数学语言交流，对每个新概念、策略或技能进行练习并给予即时反馈，会非常有用。

## 表征

表征的形式是年幼儿童解决计算问题的重要因素。

课程中的表达

小学低年级的学生倾向于忽略用作装饰的图，如，一道配有公共汽车图（其他什么也没有）的应用题，问上下车的儿童人数。儿童会注意到图片中包含了解决问题所需的信息，但也不总是借助图片中的信息；也就是说，儿童必须能对图片进行解读，收集那些题目文字中没有但含在图片中的必要信息（这种图片解读更难；Elia，Gagatsis & Demetriou，2007）。装饰性的图片应避免，应该以教会学生使用含有信息的图片为教学目标。

学生往往会忽略或困惑于数轴的表征。如果教师运用数轴进行计算教学，那么学生应该学习在数轴表征和符号表征之间进行转换。一项研究表明，在同伴的精心指导下，儿童用数轴来解决加数缺失问题（如，4 + □ = 6）是有效的，并且受到教师以及被辅导的一年级学生的欢迎。辅导者可使用以下简化版的教学步骤。

1. 这个符号是什么？

2. 你准备朝哪个方向走？（在数轴上）

3. 要填的数字在等号前还是等号后？（前一个问题有点难）

4. 第一个数字是什么？把你的铅笔放在第一个数字上，这个就是开始的地方。

5. 把第二个数字确定为目标。

6. 跳几格？

7. 在空格中填写数字并朗读完整的等式来验算。

还有一些重要的细节。首先，这一教学干预仅在同伴使用数轴进行展示和数轴示范指导时才有所帮助——数轴本身并没有用。其次，如果儿童解决加数缺失问题的准确率降低的话，则表明练习是没有帮助的。最后，一些初步的证据表明，同伴对正接受辅导的儿童给出反馈是非常重要的。因此，对于绝大多数儿童而言，目前针对表征运用的指导教学，特别是几何、空间、图画等表征方面的教学，都是不够的，应当给予更多的关注。

语言：非常重要的表征

我们都知道，一个关键的表征工具就是儿童的口头语言。语言可以方便儿童对问题类型进行命名。尽管这需要花时间，但研究表明这个过程非常有用（Schumacher & Fuchs，2012）。儿童可以对问题情境进行角色扮演，用他们自己的话描述，并会使用一些在本节中讨论到的表征方式（教具、图表等）。随后，儿童便能够使用数学表达式描述问题中的关系，如，B − s = D，其中 B 是较大的数，s 是较小的数，D 是差。鼓励儿童相互描述问题和他们的解决策略，也可向全班描述。对儿童的想法进行反馈，并使用清晰、常用的数学名词来详细表述，在必要的时候可加以解释。

使用表示关系的语言。这在讨论、比较问题时特别重要。教师应该对相关术语的含义以及在问题情境中对"更多""更小""更少"的对称关系进行明确说明（引自 Schumacher & Fuchs，2012）。如，在确定比较问题的类型后，对"更多""更小""更少"的特定含义进行说明，讨论如何确定哪个数量更多或更少。对表 5.1 中的问题进行思考，"艾尔有 7 个球，巴布比艾尔少 2 个球，那么巴布有几个球？""艾尔比巴布多 2 个球"的表达，应该简化为"艾尔的球比巴布的多"，这便于儿童理解和明确两者的关系。同样地，教学生说出或写出关系的不同表述方式，这样"巴布比艾尔少 2 个球"，也可以表达为"艾尔比巴布多 2 个球"。

在研究中，教小学二年级学生以上内容后，可继续教以下内容。首先，确定了问题类型及合适的数学表达后，$B - s = D$，学生在解决比较的问题时识别出未知的部分，并在表达时用 x 代替。接下来，学生确定并写出其他的数字。最后解决问题，解出 x。这些儿童的表现优于那些接受传统教法的儿童以及针对计算进行特别干预的儿童（Schumacher & Fuchs，2012；更多细节内容详见该研究）。

教具 [①]

怎么看待教具？无论是用来数数的替代物还是手指，许多教师将这些方式视为对物的依赖，并不鼓励儿童过早使用（Fuson，1992a）。但是，与此矛盾的是，那些最擅长用实物、手指或数数解决问题的儿童，却会在未来最少使用这种初级策略，因为他们对自己的答案有信心，并且能逐步做到准确、快速地提取（Siegler，1993）。因此，帮助和鼓励所有儿童，特别是那些来自低收入社区的儿童，运用这些策略让他们建立信心。

如果极力推动儿童快速学会提取反而会使这种发展变慢且令儿童不安。相反，尽可能快地掌握计数策略——但不能太快，并且讨论怎样有效使用策略，为什么策略是有用的，以及为何一个新的策略是可取的，这些都将帮助儿童理解并建立

---

[①]　许多重要且复杂的关于教具的问题将在第十六章进行详尽讨论。

信心。

教具在什么阶段是必需的？儿童在任何年龄段都有一定的思维水平。学前儿童最初需要教具对计算任务及其中包含的数字符号赋予意义。在某些情况下，年龄较大的儿童也需要具象的表征。如，莱斯·斯蒂芬让一年级学生布伦达数 6 颗玻璃弹珠放到他手里。然后他把这些弹珠盖起来，又出示了另 1 颗，并问一共有多少颗弹珠。布伦达说 1 颗。当他指出他还藏着 6 颗弹珠时，布伦达坚决地说："我没有看到那 6 颗！"对于布伦达来说，如果没有物体要数就没有数量（Steffe & Cobb，1988）。有经验的优秀教师会对儿童做什么和说什么进行解释，并尝试从儿童的视角看问题。以儿童的理解为基础，有经验的教师会推测儿童能从他或她的经历中学到或者提取什么。相似地，当他们与儿童互动时，他们也会从儿童的视角考虑自己的行为。如，布伦达的老师，可能会把 4 颗弹珠藏起来，然后鼓励布伦达伸出 4 根手指并用这 4 根手指代表被藏起来的弹珠。

### 手指——最好的教具

手指是特别重要的教具（Crollen & Noël，2015b），使用有效的方法教儿童用手指做加法，可以促进其学习个位数的加减法，而用传统方法教儿童数物体或图片的话，这个过程一般需一年多的时间（Fuson，Perry & Kwon，1994）。这里的特定策略是把不写字的手指用来进行接数（即使是减法也可以使用）。食指表示 1，中指表示 2，以此类推，直到 4 根手指表示 4。大拇指可以表示 5（所有手指都竖着），大拇指和食指表示 6，以此类推。儿童接下来会用手指接数第二个加数。大多数儿童到二年级时会开始心算；较多来自低收入家庭的儿童在整个二年级时仍使用掰手指的方法，但他们对能加和减较大的数目感到自豪。教育者应该注意不同的文化，如，在美国、朝鲜、拉丁美洲和莫桑比克的传统文化中，用手指表示数字的非正式方法是不同的（Draisma，2000；Fuson et al.，1994）。

正如我们以前所观察到的，如果教师急于阻止儿童使用手指，儿童则会把手指放在桌子下面，以让别人看不见他们在使用手指帮忙，或者采用其他无效或容易出错的方法。此外，大多数复杂的方法都会阻碍儿童。

脱离实物操作

一旦儿童掌握了成功使用实物作为操作物的策略，他们在解决简单计算任务时常常就可以不再使用实物了。为了鼓励儿童逐渐使用更抽象的策略，可以这样做。先让儿童数出 5 个玩具，并把玩具放在一个不透明的容器内，然后再数出 4 个玩具，也放到这个容器内，随后让儿童在不看的情况下算出一共有多少个玩具。

儿童所画的图和表都是他们很重要的表征工具。如，求 6 + 5 的和，儿童可以先画 6 个圈，再画 5 个圈，然后把 6 个圈中的 5 个圈和之后画的 5 个圈圈在一起组成 10，随后就可以说出总和是 11 了。又如另外一个例子，详见表 5.1，凯伦·富森发现，在问题类型"集合"中的第二种图表形式对儿童解题更为有用（Fuson，2018b）。他们把这种图表称为"数山"，并借用"小不倒翁"的故事进行介绍，一些不倒翁倒向山的一边，另一些则倒向山的另一边。他们在山两边的圈里都画上点，然后进行不同的组合。这种类型的问题都是从总和（如，10 = 4 + 6）开始进行数运算的，他们会记录可以得出的所有组合（10 = 0 +10；10 = 1 + 9……）。第十三章还有关于儿童在问题解决中使用图表的其他研究，表 5.1 中的那些图表儿童已经在数百个课堂中成功使用（Fuson，2018b）。

使用数字

尽管书面算式和限定时间的测试不宜用于学前儿童（见第六章），然而，数字是对儿童非常有帮助的表征形式。也就是，用数字表示量的增加或减少，如一个是 4，一个是 5（不一定必须是 4+5 的算式）就可以帮助儿童记住物体的量并根据这些数字进行操作（Alvarado，2015）。不要认为数字对小年龄儿童"太抽象"。另有一项研究发现，点数卡，一张上面有 5—10 个点和对应的数字，同样对儿童有帮助（Banse et al.，2020）。不限于数字，学前儿童能够识别熟悉的数字算式（3+4=7）但很难自己给出算式。一年级学生都能做到，但对于不熟悉的算式（7=3+4）的识别会比较难（Mark-Zigdon & Tirosh，2017c）。

### 计算问题解决的教学

计算问题解决的教学的一个重要问题是了解问题类型的呈现顺序，大致的发展阶段如下。

1. *（1）加入，结果未知（变化加数）；（2）部分—部分—整体，整体未知；（3）分开，结果未知（改变减数）*。儿童可以直接进行这些问题的运算，一步接着一步的。如，儿童可能像下面这样解决加入的问题："摩根有 3 颗糖（儿童数 3 个物体），然后又多了 2 颗糖（儿童再多数了 2 个物体）。那么他一共有多少颗糖？（儿童数了数，然后说出 5）"这时应该关注儿童说的数学术语，如，"总共"表示"一共"或"全部"。

2. *加入，加数未知；部分—部分—整体，部分未知*。要具备解决该问题类型的能力，需经历发展的三个阶段。第一，儿童学习用接数的方法解决前两种问题类型［第 1 点中的（1）和（2）］。第二，儿童学习解决最后一种问题类型［第 1 点中的（3）］。"分开，结果未知"的问题用接数的方法（把 $11-6$ 想成 $6+\square=11$，再"接着往大的数字数"，然后记住数过的 5 个数字）或者倒着数（那些能熟练进行倒着数的儿童可以用这种方法）。无论哪种情况，都需要专门的教学。如果所有幼儿教师都能在学前期及其后阶段，认真负责地教会儿童倒着数的技巧，那么倒着数的方法是最有效的。而接数的方法在明确帮助儿童理解如何把减法转换成缺少加数的加法问题时是最有效的。这也表明该方法的另一个优势：突出了加法与减法的关系。第三，最后一点，儿童学习应用这些策略解决两种新的问题类型；如，从"开始"的数字数起，接着数到总和，然后用手指记下数过的数字，并报告该数字。

3. *"初始数未知和比较"*（Artut，2015a）。儿童能用交换律把开始数未知的加法问题转换为适用于接数的问题（如，$\square+6=11$ 变成 $6+\square=11$，随后接着数并记下数的数字）。或者，儿童也可以用逆运算把 $\square-6=5$ 变成 $6+5=\square$。这样的话，所有的问题类型都可以用由组合得出的新方法进行解决（使用一个已知组合，如，$5+5=10$，并推导出另一个组合，如，$6+5$，得出"多 1 个"或者 11——具体内容将在第六章中讨论）。

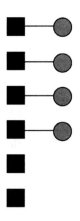

**图 5.3 比较问题的对应图示**

比较这一类型的问题使儿童面临一些特别的困难，包括术语的难度。很多儿童把更小或更少理解成更多的同义词（Fuson，2018b）。儿童在很多情境下听到更大（更高、更长）的术语比更小（更短）的术语更加频繁，因此他们需要学习很多数学术语。比较有许多方式，其中一种方式更为简便。先说"乔纳有 6 颗糖"再说"胡安妮塔比乔纳多 3 颗糖"的表达顺序，比起"他比胡安妮塔少 3 颗"更为简单，因为前者指出了胡安妮塔有多少颗糖。研究显示，针对"有 5 只鸟和 3 条虫"，问题"有几只鸟吃不到虫？"比起问题"鸟比虫多几只？"更简单（Hudson，1983）。因此，在介绍这些问题时可以采用这样的表达，也可鼓励儿童画出对应的图示，如图 5.3 所示。

随后，儿童可以采用表 5.1 中的条形图的方式，在很多课堂中儿童都能成功使用（Fuson，2018b）。在表述比较问题时改用相似的措辞有益于儿童的学习，如，把问题"A 比 B 多多少？"变成"B 要多几个才和 A 一样多？"。最后，让儿童来改变问题的陈述，包括把更少改成更多。更进一步，尽管教科书上常用减法解决比较问题，但更多的儿童却采用加数未知的接着数或顺着加的方法来解比较的问题。之所以接着数或顺着加的方法可以模拟比较的情境，原因在于两个加数（较小且不同的数量）在等式的一边相加，可以和单独写在等式另一边的较大的数量平衡。

基于要素的方法类似于侧重明确问题类型的界定，如表 5.1 所呈现的那样（Jitendra，2019）。教儿童找出问题类型，再使用要素图组织信息解决问题。这一方式被证明对三年级的学生（包括有数学学习困难的学生）非常有用（Jitendra，2019）。

总而言之，儿童从教学中对以上问题有两个方面获益。第一，理解情境，包括对情境中"发生了什么"的理解，以及对描述该情境的语言的理解。第二，理解数学结构，如，通过一组算式或解决加数缺失的问题，$\square + 3 = 8 - 2$，来学习部分—整体的关系。初学者、学习表现差的儿童，还有那些有认知障碍或学习困难的儿童，尤其可以从问题情境教学中获益。而学习经验丰富或学习表现较好的儿童则从直接的数学教学中受益较多。这类数学教学应当包含相同的教学情境，可以对情境的相似性进行讨论，从而帮助儿童把部分—整体的知识在问题中予以迁移运用（如，"我们知道什么？对了，我们知道整体和其中一部分。整体是多少呢？其中一部分呢？那么我们现在需要找出来的是什么呢？对了！另一个部分。所以，我们应该用什么策略呢？……"）。

同样，结合专门设计的故事情境作为相关教学内容可以帮助儿童对部分—整体的问题有一个大概的理解。如，一位教师讲一个关于爷爷给他两个孙子送礼物的故事，或者，也可以说，两个孩子给他送礼物的故事。另一个是关于住在两个岛上的孩子乘船去学校的故事。儿童会用部分—部分—整体的图示来呈现故事（类似表 5.1 中部分—部分—整体的图表）。这样可以引导儿童理解有关整体和部分关系的互补原则，也就是，如果 5 和 8 是两个部分组成整体 13，那么从整体中减去其中任一部分，剩下的便是另一部分（Baroody，2016a）。

### 启示——简短的小结

提供具有年龄适宜性（从 3 岁开始）的各种活动，包括感数、计数策略以及逐步增多的加法和减法情境（问题类型），这些活动在一年级结束之前应当包含了所有问题的类型。活动的重点应当在意义和理解上，并通过讨论予以强化。如果不理解原理，那么学习就是缓慢和无效率的。然而，学龄儿童常因为难以理解计算问题的目标和关系而进行枯燥和一知半解的学习。必须持续关注活动对儿童的意义。以下强调的是其他一些教学要点，当然，这些都已编写在本章的学习路径中。

• 为了让计算有意义，具有挑战性又有趣，最重要的方式，会让你感到意外，是根据儿童的学习路径进行教学。我们的已有研究也表明，与直接教目标技能和计算步骤相比，基于儿童的学习路径进行教学更有效（Clements et al., 2020a）。

• 对于最年幼的儿童，使用与问题相关的实物材料（不要使用结构化的"数学教具"），可以支持儿童使用非正式的知识解决算术问题。

• 从儿童的解题方法开始教学，确保先从问题的文字语义分析开始，也就是"在这个情境中正在发生什么？"，随后结合概念理解的发展，建构更为复杂的数字和计算的策略。

• 让儿童构建多种支持性的概念和技能。感数是数数策略，如，接数以及将在下一章中讨论的，用小的数组合与分解的方法来进行加法和减法等的重要支持。简单的数数练习可以迁移到加法和减法中，但数数技能也应该包括熟练地正着数和倒着数，从任意数开始往任意方向数，对前一位数字或后一位数字命名，"有规律地接数""接数并留心数字"以及在数序中最终嵌入量的理解。

• 给儿童提供各种经验，包括创造、运用、分享和解释不同的策略，以帮助儿童发展适应的计算知识和技能。

• 避免使用仅起装饰作用的图片和图表，因为这些会被儿童忽视（或令儿童困惑），并且对问题解决不起作用，仅仅是增加了教材的厚度（NMP，2008）。

如果在儿童在某种问题类型上有困难，使用"第二人称（你）"进行语言转述，如"艾未有 7 个球，芭波比艾未少 2 个球，那么芭波有几个球？"可以转述为"我有 7 个球，你比我少 2 个，那么你有几个球？"（Artut，2015a）。

• 开展表征运用的教学，特别是几何、空间、图像的表征。

• 让儿童解释和验证解决方法，不要仅让儿童检查自己的解题过程。检查对大多数年幼儿童来说都是没有帮助的，然而验证，如，向其他人解释"为什么你是对的"，既可以建构概念和解题步骤，也可以当作检查解题过程的一种有意义方式。

这里有一个结果检查举例，也是对指导儿童初次尝试解题的示范。简单地讲，先让儿童自己尝试做题，然后再讲解指导，这没有先进行讲解指导有效（Loehr，Fyfe & Rittle-Johnson，2014b）。但是，先让儿童自己尝试做题，再讲解指导，然后让儿童检查他们的答案是否正确（不正确可以再写一个新的答案）却比先进行讲解指导更有效。这样，如果第一次解答错误也是一个"有价值的错误"，检查给儿童一个机会整合知识，深入思考，同时使用学到的内容。

● 选择适宜的课程，避免出现绝大多数美国教材中的难度；教学应当减少所采用课程的局限性。

小结：向儿童呈现一系列加法和减法的类型，并鼓励他们去发现、调整、使用、讨论和解释各种他们觉得有意义的解决策略。大多数儿童可以从 4 岁开始学习这些内容，并且在幼儿园及一年级时就能掌握这些概念和技能。当儿童处于点数可感知物体的水平时，可能需要鼓励儿童把两组东西（两个集合）放在一个盒子里，数一数所有的东西，这样通过动作理解合并得出总的数量。大多数儿童能很快学会对两个集合的操作并想象成一个可以计量的集合。随后他们就可以用越来越多样化的策略来解决问题。让儿童给集合加一个或两个，以鼓励他们注意集合中数量的增加，并把数数和增加联系起来（倒着数、拿走以及减法也可用类似的方法）。一些儿童需要重新数数，但大多数儿童，即使是在学前阶段，也可以根据经验学习相加。在所有例子中，应强调儿童使用有意义的策略。即使是有特殊需要的儿童，也可以和他们一起使用那些强调理解、意义、模式、关系以及策略发现的方法，只要能坚持且有耐心地使用（Baroody，1996）。非正式的策略，如，知道如何加 0 或 1，也应该鼓励儿童学习；研究表明，如果以适当的节奏，那些有学习障碍的儿童也能学会这些模式和策略（详见第十五章和第十六章中有关有特殊需要的儿童的更多内容）。其他的要点将在本章和其他章节的学习路径中呈现。

## 加法和减法的学习路径（强调计数策略）

由于涉及很多概念和技能的发展进程，因此加法和减法的学习路径是复杂的。该领域目标的重要性显而易见：基础教育的内容主要关注的是计算。图 5.2 表明了这些目标在《共同核心州立标准》中出现的位置。鉴于儿童会使用不同的策略解决问题，在此处，或在下一章里，或在两处都列出了标准，略显随意。应关注标准里不同内容领域中所包含的计算。

基于这些目标，表 5.3 提供了学习路径中另外两个构成要素，发展进程以及教学活动。注意，在所有学习路径表中的年龄都是大约估计，因为掌握的年龄常常在很大程度上依赖于儿童的已有经验。最后一个重要的注释：大多数策略在一年或更长的时间内，用于解决小数目（总数为 10 或更少时）将会是有用的，随后在解决大数目时也能起作用（Frontera，1994）。在给儿童设计任务时，应当考虑到这一点。

我们强烈建议你学习并理解图 5.2 和表 5.3 中的内容，记住学习路径。这些并不是可以跳过的插图：教师必须掌握这里总结的知识点，成为真正的专业人士。与本书配套的视频示例呈现了儿童不同的发展水平，这非常重要，视频真实形象又方便记忆。还有相关说明以及资源和常用的活动视频在我们学习路径网站上可以找到。

表 5.3　加法和减法的学习路径（强调数数策略）

| 年龄（岁） | 发展进程 | 教学活动 |
|---|---|---|
| 1 | **对计算的感知：基础**（arithmetic senser: foundation）非常小的儿童就能感知一堆物品的分与合。一个小婴儿在别人拿出一些东西时，会注视、伸手去指或发出声音。他们会注意到少量东西是多了1个或少了1个，也会关注较多物品的组合。 | ● 通过加法和减法情境获取日常基本经验［LT］[2]：除了提供丰富的感知、改变周围环境中物品的数量，使用如"更多"这样的词语，以及添加东西的动作可以直接引起幼儿对比较与组合的注意。 |

续表

| 年龄（岁） | 发展进程 | 教学活动 |
|---|---|---|
| 1 | 给婴儿展示两组点点，每组5个，然后一个一个地把点点藏在挡板后面，等最后拿开挡板。当他们看到后面是5个点时（错误答案）会比他们看到后面是10个点（正确答案）时显得更惊奇。 | |
| 2—3 | **非语言的加减（preverbal +/-）** 用非语言方式对非常小的集合（3以内）进行相加和相减。可以操作但不会用语言表达。<br>呈现一张餐巾，将2个物品放入纸下，随后再加入1个物品，做一个含有3个物体的集合与之匹配。 | • 用最小的数字解决非语言的问题"加入，结果未知"或"分开，结果未知"（拿走）：如，先给儿童看，将2个物品放入一张餐巾纸下，随后再加入1个物品，然后问儿童一共有多少个[LT][2]。 |
| 4 | **小数目的加减（small number+/-）** 用"全部数"的方式解决5以内的实物"加入，结果未知"或"分开（拿走），结果未知"的问题。<br>问儿童"你有2个球，又得到1个，一共有几个？"，先数出2个球，再数出1个球，随后3个球全部数："1、2、3……3！" | • 应用题[LT][2]：让儿童解决"加入，结果未知"或"分开（拿走），结果未知"的简单问题。可以用玩具来表示问题中的对象。最多用5个玩具，问儿童是如何得出答案的。<br>告诉儿童你想买3个三角龙玩具和2个暴龙玩具，然后问儿童一共是多少个恐龙玩具。<br>• 手指应用题[LT][2]：让儿童尝试用手指解决简单的加法问题。用非常小的数目。儿童应该在解决每个问题后把手放在自己的膝盖上。<br>在解决以上问题时，引导儿童一只手伸出3根手指，另一只手伸出2根手指，然后让他们数一数"一共有多少"。 |
| 4—5 | **寻找结果量的加减（find result +/-）** 借助实物，用全部数的方法，找到加入（"你有3个苹果，又得到3个苹果，你一共有多少个苹果？"）和部分—部分—整体（操场上有6个女孩和5个男孩， | • 应用题[LT][2]：儿童运用教具或自己的手指来表示对象，解决以上所有类型的问题。<br>• 分开，结果未知（拿走）问题[LT][2]："你有5个球，给汤姆2个，你还剩下几 |

| 年龄<br>（岁） | 发展进程 | 教学活动 |
|---|---|---|
| 4—5 | 一共有多少个孩子？）等类型问题的答案。<br><br>问儿童"你有2个红球和3个蓝球，你一共有几个球？"，让儿童数出2个红的，再数出3个蓝的，随后5个全部数一下。<br><br>通过把物体分开来解决拿走的问题。<br><br>问儿童"你有5个球，给汤姆2个，你还剩下几个球？"，儿童数出5个球，拿走2个，随后数数剩下的3个。 | 个球？"儿童数出5个球，拿走2个，随后数出剩下的3个。<br><br>● 部分—部分—整体，整体未知的问题［LT］²：儿童可以解决的问题，如，"你有2个红球和3个蓝球，你一共有几个球？"。<br><br>说明：在所有教师主导的活动中，依次呈现两数交换的组合：先5＋3，随后3＋5。通过这样的学习，大多数儿童可以获得交换律的策略。并且，鼓励儿童使用简化—求和的策略（计算5＋3，"1、2、3、4、5……6、7、8……8！"），该策略会逐渐过渡到接数策略。<br><br>● 摆放场景（加法）——部分—部分—整体，整体未知的问题［LT］²：儿童在一定场景里玩玩具，并合并成组。如，儿童在纸上摆放4个霸王龙玩具和5个雷龙玩具，然后数出全部9个恐龙玩具，就可以看出一共有多少个恐龙玩具了。<br><br><br><br>● 比较游戏（加入）［LT］²：给每组儿童2套或更多套的数卡片（1—10）。打乱并把卡片均匀发给玩家，正面朝下。玩家同时翻2张卡片并相加，随后比较谁的更大。较大的玩家说"我的较 |

续表

| 年龄（岁） | 发展进程 | 教学活动 |
|---|---|---|
| 4—5 | | 大！"并拿走对手的卡片。如果卡片相加的数相等，则每位玩家翻开另一张卡片以打破平局。<br>当所有的游戏卡片都翻过之后，有更多卡片的玩家赢。<br>变式：如果不让玩家拿走卡片，则这个游戏没有玩家赢。见网站资源"游戏使用说明"［LT］[2]。 |
| | **变成N（make it n）** 增加物品后，不必从1开始数，知道"一个数字变成了另一个数字"。不（必要）表征加了多少（在这类中等难度的问题中，表征加数并不做要求）（Aubrey，1997）。<br>问儿童"这个木偶有4个球，但它应该有6个，怎么把它变成6个？"。一个手伸4根手指，当再伸出2根手指时，马上从4接着数，并说"5、6"。 | ● 找到5［LT］[2]：儿童分别把1—5颗豆子放在一起，然后把它们藏在5个杯子下面。搞混杯子。然后尝试找到2个杯子，底下的豆子合起来正好是5颗。一旦儿童会玩了，则增加豆子的数量。<br>● 修正［LT］[2]：儿童解决如下问题，"这个木偶有4个球，但它应该有6个，把它变成6个"。 |
| | **寻找变化量的加减（find change +/−）** 通过添加或拿走物品，找到缺失的加数（5 + _ = 7或9- _ = 3）。<br>加入，全部数：问儿童"你有5个球，后来又得到更多的球，现在你一共有7个球，你得到多少个球？"，数出5个球，再从1开始重新数到5，随后加上更多的球，数出"6、7"，再数一数刚加上的球，就找到答案2。（一些儿童会用到自己的手指，并运用手指模式，从大向小的数数一数。）<br>分开，全部数：问儿童"妮塔有8张贴纸，她给了卡门一些贴纸。现在， | ● 解决"加入，中间数未知"的问题，如，"你有5个球，后来又得到更多的球，现在你一共有7个球，你得到多少个球？"<br>● 解决"部分—部分—整体，部分未知"的问题［LT］[2]："操场上有6名儿童，2名是男孩，剩余的是女孩，有多少名女孩？"<br>这种类型的问题对于大多数儿童来说可能较有难度，由于要求记住从初始数中分出或加上的数量，因此，儿童可能要等达到高一个水平时才能独立解决。儿童可能用到手指和手指模式。如果先形 |

续表

| 年龄（岁） | 发展进程 | 教学活动 |
|---|---|---|
| 4—5 | 她有5张贴纸。她给了卡门多少张贴纸？"，数8个物体，分出一些直到剩下5个，随后数一数拿走的部分。<br><br>通过在简单情境中匹配来进行比较。<br><br>匹配，数余下的部分：问儿童"这里有6只狗和4个球。如果我们给每只狗一个球，那么有多少只狗拿不到球？"，数出6只狗，给其中4只狗匹配4个球，然后数一数没有球的狗有2只。 | 成一个部分则可能"接着加"，如果数出6则可能"从……中分开"，去掉2，随后数剩下的部分。<br><br>然而，在支持性的语言及引导下，很多儿童能学会解决这类问题。如，以上问题中使用"男孩和女孩"会有助于问题理解，同样用"剩下的是"表达也有帮助。最后，先说一下总和也有帮助。 |
| 5—6 | **基于数数策略的加减（counting strategies +/-）**采用手指模式和（或）接数的方法，找到问题类型-加入（"你有8个苹果，又得到3个苹果……"）和部分—部分—整体（"6个女孩和5个男孩……"）的结果。<br><br>接数："4，又多了3，是多少？""4……5、6、7（采用有节奏的或手指模式来记录）。7！"<br><br>数到几：解决加数缺失（3+ _ ＝7）或比较的问题，可以采用数到几的方法，如，边伸手指边数"4、5、6、7"，再数出或看出伸了4根手指。<br><br>问儿童"你有6个球，你还得多要几个球才能有8个球？"，随后说"6，7（伸出第一个手指），8（伸出第二个手指）。2个"。 | • 现在有几个：让儿童数一数你放在盒子里的物体。问"盒子里有多少个物体？"，然后加1，重复问题，随后用全部数的方法来检查儿童的答案。再重复，偶尔检查。当儿童掌握之后，可以有时加2，最后逐步递增。<br><br>变式：把硬币放在一个咖啡罐里，说出放进罐子里的硬币的数量。随后让儿童闭上眼睛，用耳朵听的方法接着数出后来放进去的硬币数量。<br><br>• 更多的装饰［LT］[2]：儿童使用比萨的图片和褐色的圆点来做装饰。教师让儿童在比萨上放5个装饰物，然后问如果他们再放3个的话，他们一共有多少个。让儿童接着数一数然后回答，再把装饰物放在比萨上并进行核对。<br><br>• 双重比较［LT］[2]：儿童比较卡片总数，并确定哪个更多。鼓励儿童运用较为复杂的策略，如接数。 |

续表

| 年龄（岁） | 发展进程 | 教学活动 |
|---|---|---|
| 5—6 | | （此处为图片）<br><br>• 解决"加入，结果未知"和"部分—部分—整体，整体未知"的问题［LT］[2]："4，又多了3，是多少？"<br>• 鼓励儿童使用接数：儿童总是用接数来代替直接数（全部数的策略），特别是当接数的策略用起来更方便时，如，当第一个加数非常大（23），而第二个加数非常小（2）的时候。<br>• 教儿童接数的技巧［LT］[2]：如果儿童在使用接数的策略时需要帮助，或者不能自发地使用接数的策略，则教他们辅助的技巧，见第125-126页。<br>• 应用题［LT］[2]：儿童在计算机上或不在计算机上解决应用题（总和最大为10）。<br>• 翻转10和形成10［LT］[2]：详见第六章。很多儿童，特别是在第一次玩的时候，会使用数数策略来完成这些游戏中的任务。 |
| 6 | **部分—整体的加减（part-whole +/-）**<br>基于对部分—整体的初步理解，可以灵活运用策略解决之前所有的问题类型（可以使用一些已知的组合算式，如，5 + 5 = 10）。<br>有时可以做"开始数未知"（如，+ 6 = 11）的题目，但要反复尝试才行。 | • 解决"分开，结果未知"问题［LT］[2]："你有11支铅笔，送给别人7支，你还有多少支？"，鼓励儿童采用倒着数的方法——或者，上面这个例子特别适用的，正着接数——来确定差。和儿童讨论每种策略何时使用是最有效的。包括讨论"加入，中间数未知"，"部 |

续表

| 年龄（岁） | 发展进程 | 教学活动 |
|---|---|---|
| 6 | 问儿童"你有一些球，然后你又得到6个球，现在，你有11个球。那么你一开始的时候有几个球？"，先拿出6，再拿出3，数一数并得到9。拿出3的时候多加1并说10，随后再多拿1个。从6正着数到11，再重新数一数这些加上的数字，并说5。 | 分一部分一整体，部分未知"以及"比较，差不同"（如，妮塔有8张贴纸，卡门有5张贴纸，妮塔比卡门多几张？）等问题类型。<br>• 藏东西［LT］[2]：在黑布下藏4个筹码，给儿童看7个筹码。告诉儿童，有4个筹码被藏起来了，让儿童尝试告诉你一共有多少个筹码。或者，告诉儿童一共有11个筹码，问他们有多少个筹码被藏起来了。让儿童讨论解决的策略。用不同的总数重复以上问题。 |
| 6—7 | **数内部的加减（numbers in numbers +/-）**能识别一个数是整体中的一部分时，并且能同时记住这个部分和整体；能用数数的策略解决"开始数未知"（如，_ + 4 = 9）的问题。<br>问儿童"你有一些球，随后你又得到4个球，现在你有9个。一开始你有多少个球？"，伸出手指，数一数："5、6、7、8、9。"看一看手指，然后说"5个"。 | • 解决"开始数未知"的问题［LT］[2]："你有一些球，随后你又得到4个球，现在你有9个球。一开始的时候，你有多少个球？"<br>• 翻转卡片［LT］[2]：轮流进行。儿童滚动2个数字立方体（每个面上分别写着数字1—6），相加，并翻转1—12的数字卡片。儿童翻转与2个立方体上数字总和相等的任何卡片组合。随后，把仍然正面朝上的卡片总和记录下来。总和最小的玩家赢。市面上有类似玩具在卖，如"醒来吧，巨人"或"关上盒子"。<br>• 猜猜我的规则［LT］[2]：让全班儿童猜猜你的规则。儿童给出数字（如4），随后教师记录下来：<br>4 → 8 儿童可能会猜，规则是"加倍"。但，游戏继续进行：<br>4 → 8<br>10 → 14<br>1 → 5……<br>儿童随后猜规则是"加4"。但 |

续表

| 年龄（岁） | 发展进程 | 教学活动 |
|---|---|---|
| 6—7 | | 儿童不能说出来。<br>如果他们认为自己猜出来了，他们就试着也给出箭头右边的数字。如果给的数字是对的，教师就记录下来。只有当大多数儿童都能这么做了，才和儿童讨论规则。<br>● 函数机器［LT］²：儿童通过观察一系列使用相同加法或减法值的操作（+2，-5，等），确定一个数学函数（规则）。<br> |
| | **算式推导的加减（deriver +/–）**使用灵活的策略和算式推导（如，7 + 7是14，那么7 + 8是15）解决所有类型的问题。包括"拆分后凑十"（BAMT，第六章中有详细解释）。能同时思考3个数字的总和问题，并能把一个数字的部分合并到另一个数字中，能理解一个数增多的同时另一个数减少。<br>问儿童"7加8是多少？"。思考：7 + 8 → 7 + (7 + 1) → (7 + 7) + 1 = 14 + 1 = 15。<br>或者，使用拆分后凑十的方法，思考：8 + 2 = 10，因此，把7分成2和5，把2和8相加形成10，然后再加上5，得出15。 | 个位数问题的所有类型。<br>● 井字游戏［LT］²：画一个井字格，在格子旁边写上数字0、2、4、6、8、0和1、3、5、7、9。玩家依次划掉其中一个数字，并把这个数字写在格子里。一个玩家只用偶数，另一个玩家只用奇数。谁在一行（或列、斜线）里3个数字的总和先达到15为赢家（Kamii，1985）。把总和改为13后，变成一个新的游戏。<br>● 21点［LT］²：扑克牌游戏，其中A可以表示1或者11，2和10表示它们本身的值。庄家给每人2张牌，包括他自己在内。<br>每轮进行时，每位玩家手里的牌如果总 |

续表

| 年龄（岁） | 发展进程 | 教学活动 |
|---|---|---|
| 6—7 | 能10个10个地数和（或）1个1个地数，来解决简单的多位数加法（有时是减法）。<br>"20 + 34等于多少？"，儿童运用可连接的立方体从20数起，30、40、50，再加4，等于54。 | 和小于21，则可以再要一张牌，或者"不要牌"。<br>如果要的一张新牌导致总和超过21，则玩家出局。游戏进行到所有人都"不要牌"。<br>总和最接近21的玩家为赢家。<br><u>变式：一开始可以先玩总和为15。</u><br>多位数的加法和减法［LT］2："28 + 35等于多少？"（详见第六章） |
| 7 | **问题解决的加减（problem solver +/–）**<br>用灵活的策略和已知的组合算式解决所有类型的问题。<br>问儿童"如果我有13，你有9，那么如何让我们有相同的数量？"，然后说"9和1是10，多3形成13。1和3是4。所以我还需要4！"。<br><br>用以10为单位递增和逐个数的方法来解决多位数问题（逐个数的方法不适用于解决"加入，中间数未知"的问题）。<br>"28 + 35等于多少？"递增的方法：20、30、40、50；随后数58、59、60、61、62、63。 | ● 解决涉及个位数的所有问题类型<u>［LT］²</u>：<br>详见第六章中关于多位数问题的内容。 |

## 辅助工具——树型结构图

本章已经涵盖了数与计算的大部分内容（更多计算的内容见下一章），我们希望提供另一个图，即简单的一组树型结构图，只有大致两个水平，但它呈现了儿童学习路径的联系。我们尝试用树型图清晰地呈现学习路径之间的紧密联系，

表 5.4 中呈现的便是它们非常紧密的关系。我们这里只是为了说明一些相关的发展水平（特别是，我们所知道的，比表 5.4 中呈现的发展水平更高的学习路径）。

表 5.4 数与计算学习路径之间的联系

| 总体水平 | 感数（目测） | 计数 | 比较、排序 | 加和减 |
|---|---|---|---|---|
| 视觉的 /<br>知觉的思维 | 知觉估算 | 用基数计数 | 匹配比较 | 小数量实物表征 |
| | • 基础：数感<br>• 识别非常小的数<br>• 组成小集合<br>• 命名小集合<br>• 4 以内目测<br>• 5 以内目测 | • 基础：说数词<br>• 反复念数词<br>• 唱数<br>• 数物对应<br>• 点数（小数量）<br>• 点数（10）<br>• 按数取物（小数量）<br>• 点数并取物（10 以上）<br>• 从 10 倒数 | • 基础：比较的感知<br>• 多和 1 的对应<br>• 实物的对应<br>• 知觉比较<br>• 少量相似物品的初步比较<br>• 不相似物品的初步比较<br>• 匹配比较 | • 计算感知：基础<br>• 非语言的加减<br>• 小数目的加减<br>• 求结果量的加减变成 N |
| 数字的 /<br>建模的思维 | 概念估算 | 计数策略 | 数字比较 | 灵活的策略 |
| | • 5 以内的概念估算<br>• 7 以内的概念估算<br>• 10 以内的概念估算<br>• 20 以内的概念估算 | • 从 N 开始数（向前或向后）<br>• 有规律的接数<br>• 接数并识记接数的个数<br>• 以一定量为单位或基于位值的数数 | • 通过计数比较（数量相同）<br>• 数数比较 5 以内的物品<br>• 根据心理数线进行 5 以内的比较 | • 求变化量的加减<br>• 基于计数策略的加减<br>• 部分—整体的加减<br>• 数内部的加减<br>• 算式推导的加减 |

## 结语

在第二章和第三章里，我们发现儿童可以用不同的方法确定集合的数量，如感数和计数。他们也可以用不同的处理方法解决计算任务。本章强调了以计数为基础的计算方法。第六章将描述以组合为基础的方法，包括概念估算。儿童常使用这两种方法，甚至将二者结合，正如之前已叙述过的更为复杂的策略（如算式推导）。

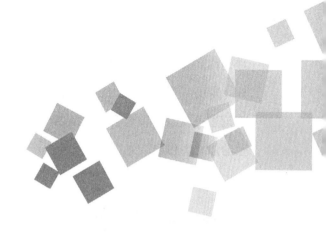

# 第六章 计算：
# 数的组成、位值、多位数加减法、
# 乘法和除法以及分数

  我发现做（简单加法）时不用手指更方便，因为有时我会搞混它们。（并且）我发现由于没能关注总和，做加法会变得很难。我在关注手指是不是数对了……，这会有点花时间。所以这样比起用脑子算，时间会更长。关于"用脑子算"，艾米丽指的是在脑子里想象由点排成的列。如果她喜欢用这种方法，那么她为什么不只用这种想象的方法呢？她为什么还要用手指呢？她是这么解释的：如果我们不用手指，老师就会想："为什么他们不用手指算呢？……他们只是坐在那边想。"一般认为，我们用手指算会更简单……，其实这是不对的。

  —— 格雷和皮塔（Gray & pitta, 1997）

你认为，教师应该让艾米丽使用实物，还是应该鼓励儿童采用复杂的计算推理？比方说，让艾米丽先使用心理表征，然后再帮助艾米丽对数字进行分解和重构，如，采用"双倍—加—1"的方法（把 7+8 算成 7+7=14，然后再 14+1=15）。本章将论述更复杂的数组合问题的四个内容：计算组合（"事实"）、位值以及多位数的加减法和乘除法，还有分数。

## 数的组成的发展

数的组成和分解是进行加法和减法的一种方法。儿童多与计数策略一同使用，正如"双倍—加—1"的策略。"双倍"的部分就是数的组合（把要双倍的部分放在一起，两个 7，算出 14），然后再根据数数加上 1。概念性感数是数的组合的一个重要实例（见第二章）。

### 整体—部分关系的初级能力

学步儿在可直观感知的情境中学习认识整体—部分的关系，并且能（通常是用非言语的方式）表征构成特定整体的部分（如，··和··构成····）。在 4—5 岁阶段，儿童从日常情境中理解整体由更小的部分构成，因此整体大于其构成的部分；然而，两者也不总有准确的量化关系。也就是说，儿童理解量的（非数值的）部分—部分—整体概念要略早于数值表示的部分整体概念（Langhorst, Ehlert & Fritz, 2012）。然而，两者是同步发展的子路径，其中一个并不是学习另一个的先决条件。

学步儿能认识到集合可以按不同的顺序进行组合（即使他们不能明确认识到组合是由更小的组合构成的）。学前班儿童表现出对交换律的直觉认知（把 3 加上 1 得出的结果与 1 加上 3 得出的结果是一样的），随后，是对结合律的直觉认知（把 4 加上 2，再把得出的结果加上 1，最后得出的结果与先加 2 和 1，再加上 4 得出的结果是一样的）。

随后，儿童学习把这些概念运用到更为抽象的情境中，包括特定的计算问题（Langhorst et al., 2012），如，2 和 2 构成 4。到那个时候，儿童对数字 2 和 3 "藏在" 5

里，正如数字 4 和 1 也"藏在"5 里的认识能力会有所发展（Fuson，2018b）。更确切地说，儿童到 4 岁或 5 岁时能明确认识整体—部分的关系。最终，他们甚至可以用完整的部分—部分—整体图式解决"初始数未知"的问题（查阅表 5.1）。

总之，儿童对交换律的早期、直觉理解先有所发展，随后依次是加法的组成（较大的集合由较小的集合构成），合并集合的交换律以及结合律。因此，儿童最早在 5 岁前就已经开始能解决需要运用部分—整体进行推理的问题了，如，合并或分开，中间数未知的问题。然而，教师可能需要帮助儿童看到这些问题类型之间的相关性并把对部分—整体关系的理解运用于这些问题中。

以对部分—整体的理解为基础，儿童能学习用多种方法把一个集合分成部分，并能给出一个已知数的（到最后，是所有的）组合构成，如，8 由 7+1、6+2、5+3 等构成。这一计算组合（arithmetic combinations）[①] 的方法是以前一章中基于数数的策略为基础，同时也是对这一策略的补充。

### 学习基本的数组合（"事实"）并达到熟练 [②]

对高质量数学教育的建议是，绝不要忽略需要儿童最终能熟练掌握基本的数的组合，如 4+7=11。但这并不意味着目标的真正本质，以及何时、如何能最好地达成目标，也同样达成了一致意见。我们来仔细看一下研究的结果。

澄清事实：对儿童有害的错误认识

世界范围内的研究都表明，在美国，大多数人对计算算式和儿童学习算式的看法及其他们对此的语言表述可能是弊大于利的。如，我们听到"记住算式"以及"想想你知道的算式"。这其实是对学习过程（本节内容）以及教学过程（下节内容）中发生的事情的误解。正如第二章和第五章所述，儿童通过长期的发展过程才能

---

[①] 也就是我国所称的"数的组成"。这里根据字面意思翻译成"计算组合"。——译者注

[②] 我们用"组合（combination）"一词代替通常使用的"事实（fact）"，有两个原因。首先，"事实"意味着它们是言语知识，需要通过背诵来记住。我们则相信，它们是数的关系，可以通过多种方式去理解，而这些理解方式是必须由儿童去建构的。其次，与"事实"不同，"组合"意味着组合两个数得到另一个数，而且存在多种相互关联的组合方式（3+2=5、2+3=5、5=2+3、5−2=3 等）。

理解数的组成。并且，儿童还应该直观地学习计算的属性、模式及其相互关系的知识，理论上还应同时以一种整合了计算知识的方式学习其他所有知识。

研究表明，学会基本的数组合并不仅是"查找"或机械记忆的过程。记忆提取（retrieval）是这个过程中的一个重要部分，但仍有许多大脑系统发挥着作用。如，包括工作记忆、执行（元认知）控制，甚至空间"心理数轴"的系统都支撑着计算组合的知识（Gathercole，Tiffany，Briscoe，Thorn & The，2005；Geary，2011；Geary，Hoard & Nagent，2012；Passolunghi et al.，2007；Simmons，Willis & Adams，2012b）。另外，就减法计算而言，专门负责减法的区域和专门负责加法的区域都会被激活。因此，当儿童真正理解 8-3=5 时，他们也就理解了 3+5=8、8-5=3，等等，所有这些"事实"都是相关的。这一情况也使研究得出以下结论，造成基本组合问题的主要原因，特别是那些可能有或已经经历学习困难的儿童，是由于在学前阶段和学校的早期教育中缺少发展数感的机会（Baroody，Bajwa & Eiland，2009）。

由此得出的启示是，儿童需要长时间的适当练习。并且，由于计数策略并不激活相同的系统，因此需要引导儿童学习更为复杂的组合策略。最终，练习不应是无意义的训练，而应是在有意义且有数量关系的情境中进行。许多策略都有助于形成数感，并让精于计算的儿童知道并运用多种策略。如果曾有教育工作者需要一个关于反对教儿童"一个正确做法"的理由，这个便是了。在下一节中，我们将对其他不利于儿童的错误教学观念进行讨论。

## 经验与教育：数的组成

如此，儿童应当有能力进行策略性推理，并把策略用于不同的情境中，且能简单而快速地提取任何适合的计算组合的答案。那么，究竟如何促进这种适应性知识（adaptive expertise，Broody & Dowker，2003b）的发展呢？

## 哪些是无效的策略

主要有 3 个教学认识误区。

**1. 数的组合分解运算（数学"事实"）是各自独立、互不关联的内容，必须分开学习**

太多人认为，"事实（Fact）"一词就意味着是一条独立存在的信息，在我们中的一些人学习计算的时代，当时一些心理学家提出 4+9=13 必须和 13-4=9，甚至 9+4=13 分开学习。但是有意义的教学会把这些和其他关系都关联起来。

也许不用过于关注"事实"一词，但重要的是教育工作者理解并认同学生是需要学习相关联的数学事实的，正如本章开篇法国数学家彭加勒（Poincaré）所指出的那样。同时，儿童还应该学习计算的属性、模式及其相互关系的知识，理论上应以一种整合了计算组合的方式学习其他知识和技能。因此，很好地理解计算组合的意义远远超过知道一个简单而孤立的"事实"。如，儿童注意到 N 和 1 的总和不过就是按序数数时 N 之后的数字，从而使组合的知识与熟练地数数进行整合。 这些都已经学会的学生就具有了适应性知识——能灵活地运用于新任务和相似任务的有意义的知识。

**2. "学习组合分解"意味着死记硬背**

一些读者可能认为，学习组合分解就是要记住每一个组合以及它们之间的关系，那就是要更多地去识记。这的确是一百多年前的一位心理学家的观点。这一观点认为每一个组合算式是独立存储的，如口头念"4 加上 9 等于 13"（Baroody et al.，2009b）。不应该认为用数数去解答一个组合算式是低级的策略。然而"记住数的组合分解"一直是也将仍是数学课程和教材的一个核心内容，为了让学生记住答案，总有数页的题目练习（Fuson，2003）。

但是，我们大部分人不都是通过死记硬背学的吗？也不是没用呀？不，我们中的大部分人，特别是学业优秀的人，学到的远非只是死记硬背。我们学会了理解量和组合之间的关系。因此，我们记得，但这是基于理解与技能的深层联系。我们把这种能记住的状态称为熟练：精准的知识、概念和有助于知识迁移的策略。能达到这种熟练程度的学生可以对组合算式进行重组，将其用于新的问题类型。

我们的确认为记忆提取——作为学习和教学过程的一部分内容，是非常好的事情。特别是当基于关系的理解和基于理解的"记住"时，而不仅是死记硬背。

事实是，已有研究揭示了记忆教学的负面性，效果不是很好。我们来看一项加利福尼亚州的"自然"研究。加利福尼亚州过去有着和全国数学教师协会一致的教学标准，其内容平衡考虑了概念、技能和问题解决。由于来自保守团体的压力，他们加快了对加减法算式的识记（Henry & Brown，2008b），这就要求儿童在一年级结束之前就学会所有加法和减法的基本组合运算，甚至，"学会"这些运算仅限于记住算式组合。他们颁布了法律要求2008年加利福尼亚州购买的任何教材必须教儿童在一年级记住数组合分解的所有算式，二年级只要少许指导。因此，教材和教师都用练习，如限时测试和闪卡直接教算式记忆。所有这些要求和教学策略可能来自对高学业成就国家，如韩国、中国以及日本的教育实践的误解（Henry & Brown，2008b）。

从教师和学生来看，这一举措的效果如何呢？不好。只有7%的学生表现出令人满意的进步。即使是表现最优秀的学校的学生，跟他们学年的进步相比，在算式记忆方面有同等进步的学生不到11%。只有1/4的学生可以对50%以上的数的组合和分解进行提取。

3.掌握数组合分解的最好方法是通过反复练习（闪卡、练习题）和限时测试

在加利福尼亚州的结果中存在与记忆提取呈负相关的两个教学措施。

· · ·

- 在一年级时使用了加利福尼亚州批准的含有算式记忆要求的教材。
- 限时的测验。

当教师依赖含有算式记忆的教材时，他们的学生知道的数的组合分解更少。实际上，跟那些不依赖这些教材的学生相比，他们在数的组合分解上只达到了1/3。那些根据这些教材要求教出来的学生不仅不会记忆提取，他们的计算还多依赖于低水平的数数。

同样，使用限时的测验教出来的学生知道的数的组合分解更少。我们非常令

人惊讶地发现，准确地练习目标技能却不利于该技能的学习。

这跟很多人的直觉相反。如果你想要学生记住，就教他们去记忆，对吗？错，至少理解为直接教、死记硬背是错的，它没有效果。积极地看，这发展了程序性知识（Baroody & Dowker，2003b），消极地看，这对发展程序性知识也没有很大效果。

其他教学措施既没坏处，也没好处。使用闪卡识记没有不好的作用，但也对学习没有帮助。大量有关小数目的闪卡识记也是如此。另一个不好的做法是，卡片过于频繁地呈现容易的算式题目，而较少出现有难度的题目。但那正是大多数美国教材中的做法，而有较高的数学学业成就的国家则相反，如东亚国家（NMAP，2008）。


这是怎么回事？这一研究可以给我们什么启示？没有意义理解的记忆、缺少概念和策略支持的训练，并非有效的教学和学习数的组成分解的方式，更不是系统学习数学的方式。

尽管计算算式的练习形式会阻碍当下和未来的学习，但是应该思考怎么让这些练习更加合理。

$$3+4=\underline{\hspace{2cm}}$$

$$5+9=\underline{\hspace{2cm}}$$

$$6+0=\underline{\hspace{2cm}}$$

$$8-7=\underline{\hspace{2cm}}$$

$$9-5=\underline{\hspace{2cm}}$$

$$5-2=\underline{\hspace{2cm}}$$

我们会说在学生概念和计算策略发展后再进行这些练习任务。这些传统的加减算式练习会有什么坏处呢？

同样，研究结果很明确。学生越多做这样的传统练习，他们在等式转换题目，如 $2+6+3+4+6=3+4+$ 上的得分越低。美国 7 到 9 岁的学生总体在这些题目上更差。令人惊讶的是，即使是接受过这样传统计算训练的大学生在等式转换问题上也表

现 得 更 差（McNeil，2008b；McNeil，Fyfe & Dunwiddie，2015；McNeil，Fyfe，Petersen，Dunwiddie & Brletic-Shipley，2011）。持续这样单调的题目练习限制了学生的思维模式，他们习得了一些糟糕的规律，如"等号就意味着计算并填上答案"。

## 有效的策略是哪些呢

加利福尼亚州的研究表明，一些做法是成功的，如采用思维策略。这样的策略包括以下这些。

1. 概念估算：最早的学校加法教育

早在儿童 4 岁时，教师就使用概念估算来发展以组合为基础的加法和减法概念（详见第二章）。感数活动的一个作用在于，不同的排列意味着对同一个数目的不同看法。儿童能够通过操作实物发现一个已知数目的所有不同的数组合（如 5 个对象）。在一个故事情境中（如两个不同围栏里的动物），儿童能够把 5 个对象分成不同的部分（4 和 1、3 和 2）。类似地，儿童通过使用或不使用计算机，都能形成"数图"——用有标签的子集对已知数做尽可能多种的排列；详见图 6.1 中的例子（Baratta-Lorton，1976）。

2. 学习推理策略

有经验的教师会清晰直接地处理学生可能碰到的重要概念问题。他们帮助学生加强对重要概念的理解及相关的程序性技能（Hiebert & Grouws，2007b），如果学生会发现、使用、分享并解释不同的策略，他们能更好地学习数的组合分解（Baroody & Rosu，2004）。事实上，学生使用不同策略的数量可以预测他们未来的学习（Siegler，1995b）。

"最好"的策略是什么？研究表明，有效的策略包括数数策略（如双倍加 1 和接数）、概念估算和拆分凑十（Baroody，1987b；Baroody et al.，2009b；Henry & Brown，2008b；Murata，2004b；Murata & Fuson，2006）。我们接下来会讨论每个策略和其他有用的方法。

3. 交换律和结合律

学前班和幼儿园的教师可以提一些让儿童通过操作来解决的问题，并确保比如提出"3 再加上 2"的问题后还要呈现"2 再加上 3"的问题。在许多游戏活动中，儿童会把一定数量的物品分解成多种不同的子集，对这些子集进行数量命名会很有帮助的。如，儿童在前面水平放置 4 个立方体，并用一个透明塑料板"盖住"1 个，随后说出"1 和 3"。然后再盖住 3 个，并说出"3 和 1"（Baratta-Lorton，1976）。

与儿童讨论无论加数的顺序怎么变化，6 和 3 的总和都是 9。很多儿童会自己逐步形成这些认识和策略。如果课程中或教师交替成对地呈现问题（如先呈现 6+7，紧接着呈现 7+6，正如前面提到的小数目），其他儿童也能形成这些认识和策略，但仍然有些儿童可能对这一特征还需要明确的指导。在以多种组合和顺序呈现等量集合的基础上，帮助儿童把对实物的理解与对实物进行不同组合的操作联系起来，然后再到明确的数值概括。无论是哪种形式，这样的教学都可能帮助儿童发展更为复杂的策略，并与儿童对计算原理的知识及儿童不常解决的问题联系起来。特别是丰富的教学内容或许可以确保儿童理解较大的集合是由较小的集合累加组合而成的，并运用交换律学习从较大的加数开始数的策略。

无论儿童是直接目测估算，或是估算后再数一数，即使是幼儿园的儿童也能从发现一个数的全部分解中获益——所有数对都"隐藏在"其他数字里。列出这些数对，有助于儿童发现模式，并且能展现一种表示等式的方式，这种方式扩展了传统的、局限的，仅把等号看作"答案在其后"的观点（Fuson，2009；Fuson，2018b）。

$$6=0+6$$
$$6=1+5$$
$$6=2+4$$
$$6=3+3$$
$$6=4+2$$
$$6=5+1$$
$$6=6+0$$

实际上，为了防止成人仍然认为最好还是用 5+1=6 这种形式，一定要注意仅使用这种形式会限制儿童的思维，并导致儿童出现更多的错误（McNeil，2008b）。儿童应该学会识别并能给出不同的正确算式（Mark-Zigdon & Tirosh，2017b）。

4. "双倍"及"N+1"规则

特殊的模式非常有用，也很容易被儿童发现。这些模式包括"双倍"（3+3，7+7），这个模式也可转变成结合律，如 7+8（"双倍—加—1"）。儿童能够出乎意料地轻易学会双倍（如 6+6=12）。儿童似乎靠自己或通过简短的讨论或运用软件练习，就能发展双倍加（或减）1（7+8=7+7+1=14+1=15）。然而，应先确保儿童能很好地建立诸如 N+1（任何数加 1 正是下一个要接数的数）这样的规则。同时，很重要的是，理解儿童会把"双倍"看作一种操作（把一个数字叠加）和一种关系（一个数和它的"双倍"之间的关系是相等的两部分组成一个整体）（Björklund，2015）。

教师们可能会发现讨论在"原有的整体单位"里有"相等的很多部分"并且我们可以"加倍这个整体"。

5. 5 与 10 的模式

另一个特殊的模式是"5 与 10 的模式"。这个模式支持把数分解出 5 个和 10 个（如，6 由 5+1 构成，7 由 5+2 构成），如图 6.1 所示。

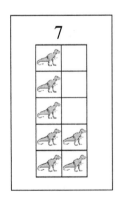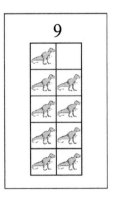

图 6.1 5 与 10 的模式可以帮助儿童分解数并学习结合律

6. 拆分后凑十（Break-Apart-To-Make-Ten）的策略

日本的儿童通常和美国的儿童一样经历相同的发展过程，其他研究者也确定儿童都是从"数全部"到"接着数"，然后再发展结合律和分解—组合策略。然而，两国儿童的学习路径却不同，但他们都会形成一个简单的策略：拆分后凑十（BAMT），这一策略的发展受到很多研究的支持（Clements，Vinh，Lim & Sarama，2020；Murata & Fuson，2006）。在加利福尼亚州的研究中也被认定为是最有效的策略（Henry & Brown，2008b）。

在学习该策略之前，儿童已经具有许多相关的学习经验。他们积累了扎实的数字和数数的知识（也就是，沿着数数的学习路径发展），也包括数字十几的结构，就是 10 + 另一个数，这正如在亚洲语言中更为直接的表述（"13"就是"10 和 3"）。研究表明，学习经验比语言更重要（Laski & Yu，2014c；Mark & Dowker，2015a），在学习该策略之前，儿童还学习了 10 以内的加法和减法（如，第五章学习路径中的"寻找结果量的加减"），以及把数拆分成 5 和别的数（如图 6.1 所示，7 就是 5+2）。

随着这些思维能力的形成，儿童在理解组合、分解发展的过程中也能发展其他水平的思维能力（就是本章最后提到的学习路径中"4 的组合，随后 5"，直到 10 的组合）。如，儿童把小于或等于 10 的数拆分成部分。儿童用 10 的框架结构解决含有十几的数字的加法和减法（10+2=12，18-8=10），以及含有 3 个加数的加法和减法（如，4+6+3=10+3=13，15-5-9=10-9=1）。

到了那个时候，拆分后凑十的策略会有所发展。（逐渐熟练的）整个过程总共有 4 个教学阶段。

在第 1 阶段，教师引出、评价、讨论儿童发现的策略，鼓励儿童使用这些策略解决各种问题，同时支持儿童把数的视觉感知与符号表征相联系，随着儿童的学习，从广泛使用到减少使用，直至完全淘汰。如，在第 1 步，教师提出问题，如 9+4。随后，教师拿出 9 个筹码和 4 个筹码，并问道："我需要什么数才能把 9 变成 10 呢？"这时，儿童已经知道把 10 拆分成部分，所以他们能说出 1。随后，教师从 4 里拆出 1，组成 10，并且强调，还剩下 3。教师提醒儿童 9 和 1 可以组成

10，引导儿童看到 10 个筹码和 3 个筹码，并想到 10-3（记得儿童已学过这个）。接着，教师把教学的整个过程（如图 6.2 所示），用具象的图示表征出来。

在第二阶段，教师重点讨论数学的特性以及有利的方法，特别是"拆分后凑十"。在 9 加上另一个数的问题之后，教师可以提出 8 加上另一个数的问题（随后是 7 等）。

在第 3 阶段，儿童已经熟练掌握了拆分后凑十的策略（或其他方法）。

在第四阶段，分段练习可以让儿童记住这些策略并提高效率，同时帮助儿童把这些策略用到加法情境中，并作为更为复杂方法的一个组成部分。

特拉普和加利莫尔的模型（Tharp & Gallimore，1988）中提到帮助儿童的策略，其中教师广泛采用提问和认知调整的方法，以及反馈、建模、较少的讲授和指导。教师也根据儿童的想法和参与情况使用其他策略，把第 1 阶段的课程纳入进来。

所有策略都是可取且被认可的。要求儿童尝试表达他们的观点及策略，以及对其他策略的理解。发明策略的儿童可以给策略命名，随后让儿童给"最有效的"策略进行投票，大多数最有效的都是类似拆分后凑十这样的策略。

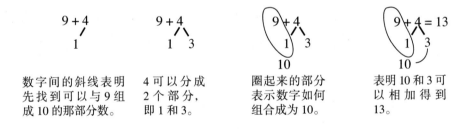

| 数字间的斜线表明先找到可以与 9 组成 10 的那部分数。 | 4 可以分成 2 个部分，即 1 和 3。 | 圈起来的部分表示数字如何组合成为 10。 | 表明 10 和 3 可以相加得到 13。 |

**图 6.2　拆分后凑十策略的教学阶段**

在第 2 阶段，教师复习不同的方法，并从数学的角度比较不同的方法，然后让儿童给"最有效的"方法投票。把新型问题（如加上 8）与之前已经解决的问题（加上 9）联系起来。教师也把概念的讲授重点从拆分后凑十策略的最初的教学阶段转移到后面的步骤（见图 6.2）。在作业方面，儿童可以在家长的支持下，进行复习和预习。

在第 3 阶段，儿童通过练习逐步掌握拆分后凑十的策略。在日文中，"练习"的意思是对不同的观念和经验同时"揉捏着"学习。儿童不仅自己练习，而且要参加集体的（全体回答）、集体中个人的以及独立的练习。在集体中进行个人的练习时，教师让个别儿童回答问题，但要再问全班儿童"这个回答对吗？"，让儿童再把答案大声说出来。所有练习都要强调概念间的联系。"揉捏知识"的学习常用于提高流畅性及理解度。

第4阶段是分段练习。这个阶段并非死记硬背式地学习或机械地练习，而是对学习路径中的概念进行清晰、高质量的运用，如儿童使用更复杂的策略解决更复杂的问题。

7. 组合策略

学习各种不同策略对于不同能力水平的儿童都是有益的。并且，尽管拆分后凑十的策略是一个有效的策略，且比起其他策略对于后期多位数的计算更有帮助，但该策略并非儿童学习的唯一策略。"双倍 ± 1"及其他策略也是值得学习的内容。

帮助儿童理解不同策略之间的联系也非常有帮助。回顾一下第五章介绍的使用数轴线做加法。在一年级的一堂课上，学生们正在做 7+5（Lai，Carlson & Heaton，2018）。凯蒂通过将 5 分解为 3 和 2，再用 3 和 7 凑 10，然后再加上 2 得到结果 12。有儿童使用一条数轴线，从 7 开始跳 5 格。教师把这两种策略联系起来，帮助儿童看到把凯蒂的方法放在数轴线上就是"跳大步"（从 7 跳 3 格到 10，再跳 2 格就是 12），然后她让学生们用这样的"跳大步"把另一名儿童的方法表示出来。教师这样将不同的策略方法联系起来可以让大家看到不同方法的内在相似结构。这样不但帮助儿童学习获得更多的策略，而且增强了他们的理解以及概念与操作步骤的联系。她带领儿童从在数轴线上单个数数到拆分凑十。在这一过程中，她突出了 10 的重要作用，为学习计算时使用位值奠定了基础（Lai et al.，2018）。

当然，好的策略可以综合运用，从而形成可根据问题灵活应对的能力。如，第二章中"数量识别和感数的学习路径"中针对"概念性感数（20 以内）"水平的活动。请注意 5 与 10 的结构是如何为拆分后凑十的策略提供了基本的、图像化的支持，同时能促进概念估算。

8. 达到计算的流畅性

要达到计算的熟练流利，儿童必须进行计算策略练习。这不是指策略训练，而是通过不断的练习将不同的概念和经验结合起来以学习和内化这些策略。儿童会参加集体练习（全体回答），集体中个人的练习以及独自练习。在集体中进行个人练习时，是教师让个别儿童回答问题，但要再问全班儿童"这个回答对吗？"，让全体儿童再把答案大声说出来。所有练习都要强调概念间的联系，整合已有知识以达到流畅性及理解度。然后他们开始进行分段练习（在一定时间段内练习各种组合计算和策略，而非长时间一次针对一个策略进行训练）。这并非死记硬背式地学习或机械地练习，而是对概念和策略技能进行明确、高质量的运用以解决不同的问题。

教育技术可以是帮助儿童提高流畅性的有效方式，前提是他们理解并已达到学习路径中的发展水平（Sarama & Clements，2019b）。需要警惕的是线上训练的使用需慎重并保持适度，特别是小年龄的儿童和那些缺少学习兴趣或在持续大量的单一训练中缺少创造性的儿童。线上练习可能没有和纸笔练习一样有助于归纳概括（Sarama & Clements，2019b）。让儿童将 20% 的时间用于纸笔练习似乎可以避免归纳概括的不足（Rich，Duhon & Reynolds，2017）。相比之下，鼓励策略发展和使用的练习提供了不同情景（促进归纳概括），并侧重问题解决会比单一训练更恰当或者最好是将二者结合（Sarama & Clements，2019b）。如，结合计算机游戏成功开发的两种计算策略的训练，把减法看作加法（对于 8-5，可以想"5 加几等于 8"）和 10 的使用（类似于拆分凑十），其效果比常规的课堂教学和计算机线上单一训练都好（Baroody，Purpura，Eiland，Reid & Paliwal，2016a）。把减法当作加法，对于这一策略需要注意的是，在美国被广泛采用的 6 种课程并没有提到有意义地学习该策略的关键学习路径：①反向运算（加 8 的解题过程中可以减 8）；②共同的部分整体关系（5+8 和 13-8 都有一个整体是 13，部分是 5 和 8）；③涉及部分整体关系时有互补原则（如果 5 和 8 作为部分组成整体 13，那么从整体中减去其中一部分，另一个就是剩下的部分，Broody，2016b）。教师需要积极干预确保儿童学会这些发展路径。

更多关于教学技术的信息在第十六章，第十六章中有更多教学与实践的具体细节，也可以参考我们合著的另一本书《不再为计算抓狂》（*No More Math Fact Frenzy*）（Davenport et al.，2019b）。基于已有研究，我们总结了一些要点。

实现流畅性的要点

研究证实了帮助儿童实现计算组合流畅性的几条指导原则，也就是促进适应性知识发展的准确无误的知识、概念及策略。

1. 遵循学习路径，让儿童先发展特定领域的概念和策略。先理解（与操作程序一起），后练习。

2. 确保分散练习，而不是大量集中练习（Ericsson，Krampe & Tesch-Römer，1993b）。如，与其花 30 秒集中学习 4+7，还不如先学习一遍，然后学习其他的组合，再回过来学习 4+7。并且，最好对所有组合进行短时间、高频率的练习。最终，进行这些练习时应相隔一天或以上，以便形成长期记忆。

3. 使用短时间、高频率的偶然强化。举个简单的例子，让儿童看一个书面的组合，随后盖上，让儿童复制、比较并获得奖励，以高过之前的得分（Methe，Kilgus，Neiman & Chris Riley-Tillman，2012）。如，奖励可以是获得自由活动时间（详见 Hilt-Panahon，Panahon & Benson，2009b）。

4. 其他简单的研究性策略，包括"对问题进行录音""渐进式练习"（Codding et al.，2009）。

• 对问题进行录音——朗读问题并录音，随后给儿童一点时间写下答案，再念出答案。

• 渐进式练习——教师先确认儿童已经知道了数的哪几个组合，再告诉儿童一个未知组合的算式，随后通过把未知组合的算式分别与 9 个已知的算式并列进行识别，这样未知的组合算式就可以有 9 次练习。

5. 在所有情况中，确保教学策略是适合儿童需要的。举例来说，能准确答题，但回答速度较慢的儿童能从定时练习中获益，然而对那些还在努力准确答题的儿童来说，上面的第 3 个和第 4 个策略或许才有所帮助（Codding et al.，2009b）。

6. 尽管定时测验常常没什么实效（Henry & Brown，2008），但方法得当的计算速度练习会很有效且重要。结合速度练习的指导比起对速度无要求的练习指导更为有效（Fuch et al.，2013）。将提速练习整合有关知识和关系的教学，包括强调记忆提取的内容以及整合用于纠错的有效数数策略教学，会有利于复杂计算的流畅性及其能力的发展（Fuch et al.，2013）。计算准确却慢的儿童会从速度练习中受益，但是速度练习可能会伤害那些计算正确都有困难的儿童（Codding et al.，2009b）。一旦儿童能计算准确且掌握了计算策略，如游戏般，自愿参加的速度训练可以是一个非常好的补充练习。这种练习要简短、频繁，没有压力且有趣，让每一名儿童都可以参加来提高自己。

7. 同样地，运用练习软件时其内容需包括具有研究支持的策略。

8. 确保练习能持续促进关系思维及策略性思维能力的发展。如，练习应当涉及所有形式的所有组合，这能帮助儿童理解组合的属性，包括交换律、加法逆运算以及等式，同时也能支持儿童对基本组合的记忆提取。

| | | | |
|---|---|---|---|
| 5+3=8 | 3+5=8 | 8−5=3 | 8−3=5 |
| 8=5+3 | 8=3+5 | 3=8−5 | 5=8−3 |

举个实例，教师制作"数山"的卡片，如图6.3所示（Fuson & Abrahamson，2018b）。儿童盖住3个数字中的任何一个数字，并给他的同伴看，让同伴说出盖住的那个数字。用其他表征方式来表示部分—部分—整体的关系，见图6.3。

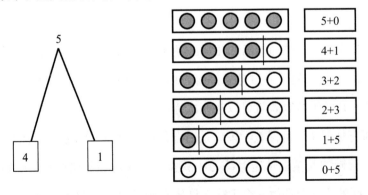

图6.3 "数山"（做成卡片用于练习计算组合）以及其他部分—部分—整体的表征

这表明，不仅只有组合分解计算需要达到自动化的熟练程度。儿童也应该熟练掌握相关的推理策略。如，积木软件不仅提供了遵循指导原则的练习问题，而且根据在特定类型的解决方案中最有效的策略给出了每组组合。具体来说，该软件最初归纳了能很好符合拆分后凑十策略的所有组合。

### 有学习困难儿童的强化干预

在本书中我们多次主张，有些儿童在第五章及本章涉及的学习路径中没有发展。在此，我们强调，如果儿童到了一年级，甚至是二年级时还没有获得发展，这样的儿童需要强化干预（详见第十四章至第十六章以及［LT］[2]，网站上也有很多不同类型学习困难儿童的教学资源）。

### 组合的学与教：小结

早期数学教育的一个重要目标是儿童对加法和减法组合知识的灵活性、流畅性、准确性的发展。学习这些组合并非死记硬背。儿童的学习路径从（a）建立数字和计算的基本概念并通过数数和基于视觉的策略学习简单的运算，到（b）学习推理策略以更有效地得出运算结果，然后达到（c）所有组合分解运算的流畅性（Baroody et al.，2009b；Sarama & Clements，2009c）。发现和使用模式以及建立联系都能使儿童在其他任务中自由使用认知资源。儿童可以把他们学到的模式举一反三，并运用到没有学过的组合中（Baroody & Tiilikainen，2003）。数组合分解的教学需侧重鼓励儿童寻找模式及发现关系，这样可以迁移到问题解决的情境中，让儿童的计算更有效率，可以释放注意力和精力关注其他任务。

科学是事实；就像房子是石头造的，所以科学是事实构成的；但一堆石头不是一座房子，而一组事实也不一定就是科学。

——朱尔斯·亨利·庞加莱（Jules Henri Poincairé）

## 分组和位值的发展

是什么决定了儿童对十进制理解的发展？不是儿童的年龄，而是儿童的经验。如，运用拆分后凑十的策略，帮助儿童通过凑十来解决加法和减法的问题，并发展位值的概念。位值是第二章至第五章中学习路径的内容之一，但此处将直接聚焦分组和位值的概念。

### 数学的扩展

分组构成了乘法以及用不同单位测量的基础。特定的分组可把集合分成 10 的群组。也就是说，一个数的集合可用单位 1、10、100 或 1000 来测量，也可写成多位数，数字的值则由其所在的位值决定。如，数字 5 在 53 中表示 50（5 个单位的 10），但是在 1508 中，5 表示 500（5 个单位的 100）。为了理解比 10 大的数字，儿童必须以早期数的认知以及分解、组成为基础，从而理解数字十几就是 1 个 10 和另外一些数，并随后理解超过 19 的数字就是一些 10 和另外一些数。从数字十几开始，写数字和理解数词都与 10 的群组联系起来（如，11 就是 1 组 10 和 1 个 1）。

从第三、第五、第六章中有关数数、比较和加法的内容中，可以了解到，35 就是比 30 多数 5 个数的结果。相似地，435 就是比 400 多数 35 个数的结果。因此，435=400+30+5（Wu，2011）。符号 435 在印度—阿拉伯数字系统中的深层含义表示：每个数都表示不同的量，由其在这个符号中的位置决定。数的位值表示该数的值或量，正如 4 在 435 里表示 400（但 4 在 246 里表示 40）。400+30+5 的总和，用于分别表示每一个数字的位值，被称为数的扩展计数法（expanded notation）。

### 儿童对分组和位值的理解

学前儿童开始理解把物品等分成组的过程。这样的分组以及分成若干个 10 的特定分组都似乎与数数技能无关。然而，加法组合的经验似乎对理解分组和位值有帮助。

儿童在理解位值的过程中面临许多挑战。语言与数值可能不一致，如，在许多语言中，fourteen 把 4 放在最前面，而对应数值是 14，当然，teen 对许多儿童来说并不意味着 10。此外，14 和 41 具有两个相同的符号，但表示完全不同的数（参见 Mix，Smith & Crespo，2019）。

　　教师总是相信，儿童对位值的理解是由于儿童有这个能力，如，把数字放进"10 和 1 的表"中。然而，问这些儿童 16 中的 1 是什么意思，他们很可能会说表示 1（或意味着单独 1 个），也可能会说 1 个 10。还有，儿童能把 10 美分换成 10 个 1 美分，并加上 6 个 1 美分，组成 16，但却拒绝从 10 美分中减去 6 个 1 美分，因为儿童从根本上认为 10 美分和 10 个 1 美分不是等量的。这些只是众多任务中的两个，用以说明不理解位值的儿童和已经发展或已经完全理解位值概念的儿童之间的差别。

　　几个分类系统被用来描述儿童从零起点发展到丰富位值知识的不同思维水平。以下内容是对它们的整合（Fuson，Smith & Lo Cicero，1997；Fuson，Wearne，et al.，1997；Rogers，2012）。

　　• 只说 1 的儿童对位值几乎不理解。他们常用 16 个实物的一个群组来表示 16，但他们不理解数字的位值概念。

　　• 儿童理解 26 表示一组 20 个立方体和一组 6 个立方体，但会把二十六写成 206。儿童可能可以识别并运用等量的表征，如，3 个 100＝30 个 10＝300 个 1。

　　• 儿童能通过数两组 10（10、20），并一个一个地接着数（21、22、23、24、25、26），来创建一组 26 个立方体。

　　• 儿童数"1 个 10，2 个 10……"（或者"1、2 个 10"），随后再像之前那样数好多个 1。

　　• 儿童把数词（二十六）、数字（26）以及数量（26 个立方体）联系起来。他们能够理解 546 等于 500 加 40 加 6，并能用多种策略来解决多位数的问题。

　　• 儿童理解数系统的指数性质（在后面乘法的部分我们还将说明这一概念）。

　　• 儿童能用他们所理解的知识解决其他基数的问题。

　　比起儿童不太熟悉的数（如接近 1000 的数），儿童对于小的数（如最大到

100）可能有更高水平的能力。儿童最终需要理解500等于5个100，40等于4个10，等等。儿童也应知道所有相邻的位置都有相同的交换值：左边位置的1个单位相当于右边位置的10个单位，反之亦然。

### 语言和位值

正如之前提到的，英语中表示13，并非用"3 10"或者更好的"10-3"等方式；表示20，并非用"2 10"或者更好的"2个10"等方式。在其他的语言中，如，汉语，其中13读作"十三"，对于儿童来说就更加有帮助一些（尽管我们前面已提到儿童的经验比所用的语言更重要！Laski &Yu，2014c；Mark & Dowker，2015a）。同样地，尽管都是10，只是表示的方式不同，但"十几"或"几十"在英语中却都不读作10。在书写时，10的模式更为清晰，但由于写的数字太简洁，反而会误导儿童：52看起来就是5和2并排写，并不表示50或以5个10开头。尤其不幸的是，10之后的最开始的两个数字甚至都没有表示"十几"的词根。相反，11和12出自古英语，表示"多1"（10之后）和"多2"。下一节中将帮助儿童针对这些挑战提出建议。

## 经验与教育：分组和位值

随着儿童看到以10个一组呈现的量并将其与口头数词和书面数字对应起来，他们在学习理解我们的口头数词和书面数字正对应十进制分组的命名。也就是说，他们需要整合（分组并把组作为一个单位）多位数中的数字的相对位置和语言（Brendefur，Strother & Rich，2018）。他们可能把52块积木数成若干10和1个单位，但计数和堆砌积木并不能代替学习概念和符号。儿童必须思考并讨论这些概念。他们可能一边计数，一边假装在堆积木，"11是1个10和1，12是1个10和2……，20是2个10"，等等。儿童必须综合各种经验，从而形成以10为基础的概念，更为重要的是，以10为一个新的单位（1个10包含10个1）。通常一起使用的数词以及正规的10和1的数词（52是"5个10和2个1"）有助于儿童学习表示分解和组成的语言。

另外，让学前班和幼儿园的儿童解决简单的加法问题可以帮助儿童形成理解位值的基础。在第三章至第五章里关于计数、比较以及加法的学习路径与这些研究的结果也是相符合的。

前面那些章节的各内容表明有两种互补的方法可以学习分组和位值。第一种方法直接聚焦学习特定范围内（十几，或者 100 以内的数）的数的位值。第二种方法则运用计算问题的情境来学习位值，这种方法将在随后的内容里予以讨论。

在第一种方法中，儿童在学习计算之前先学习位值的概念。如，他们可以绘制条形图，方法是围绕一排没有间隙地连接在一起的几个立方体，先绘制一排 5 个的，然后是一排 10 个的（Brendefur et al.，2018）。教师问数量为 12、8 或 20 的条形图会是什么样子的，并强调图中各间隔相等（第十章）。然后，她向儿童展示一排 10 个的立方体条，在桌子上把这 10 个组成的一条包起来，并说："现在我们有一个大小为 10 的单位"，并展示标有从 0 到 10 的数字的条形图和仅标有 0 和 10 两个数字的条形图，以强调把 10 作为一个单位（不同单位中的一个）。讨论并提出新任务，强调一个人可以用 12 个立方体或一排 10 个的立方体条和 2 个立方体来画 12。这将使条形图扩展到的更大的两位数，然后可以延伸使用空数轴线，以及数比较和计算。

另外一个例子，儿童可以玩"银行"的游戏，在游戏中儿童掷两个数字立方体，并获得相应的美分（也可以从一套游戏币里选用 1 元的币），但如果儿童有 10 个或更多美分的话，儿童须在轮到他们时把 10 分换成 1 角。第一个获得 100 分的儿童获胜。儿童清点教室里的用品，或为集会准备椅子，或准备一个派对，或组织一次科学实验——在这些活动中，都需要把项目按 10 和 1 来计数并进行分组。类似的游戏还包括在目标物上套圈或放其他东西，并累积得分。

这里重要的是在不同的表征之间建立一致的联系：口头数词、分组的物体、数字、数轴线、从一组转换到由不同材料和结构组成的另一组（例如，捆绑的棍子换成 10 个一组的积木）等（Mix et al.，2019）。对于数词，回想一下第三章中的建议，即儿童有时会使用东亚结构的英文翻译来计数〔"ten one（表示 11）、ten-two、ten-three……two-tens(20)、two-tens-one(21)、two-tens-two……"〕(Magargee,

2017；Van Luit & Van der Molen，2011）。为了匹配不同的材料，使用手势甚至颜色编码（单位1是一种颜色，单位10是另外一种颜色）来帮助儿童看到两种不同材料有相同的数量组成结构。（Mix et al.，2019）。

在一个活动里，儿童用纸板或者纸做的美分条来表示10和1，把10个美分分成两组，每组5个，放在正面；1角放在背面（基数为10的钱显得贵些）。最终，儿童通过画画来解决问题。儿童画出一列10个圈或点，10个10个地、1个1个地计数，并用10根小棒和10的一列联系起来。当儿童明白10根小棒意味着10个1时，他们就会画出10根小棒和一些1了。用5个一组的方式画10和1可以减少错误，并能帮助儿童一眼就能看清楚数量。在最初的5组10根小棒后要留一些空间，这样就可以水平地画出5个圈或点，随后，剩下的圈就在下面一个个地画成一行。

在这个活动过程中，教师说78读70-8，也是"7个10，8个1"。一些儿童仍然把多位数里的数字看作个位数一样，因此，此处介绍许多教育者都使用的"密码卡"。把卡片同时并置，用以说明位值系统，如图6.4所示。

高质量的教学多使用教具或其他事物用以说明并记录数量。而且这些教具在足够多的使用后就会成为思维的工具（详见第十六章），用来说明位值的概念，并解决问题，包括算术问题。最终，就可以用符号代替这些教具了。

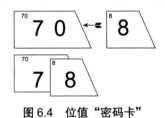

图6.4 位值"密码卡"

## 多位数加减法的发展

几乎所有能完全理解算术的人，都不得不以自己的方式重新学习。

——沃伦·科尔伯恩（Warren Colburn，1849）

概念性知识，特别是十进制的概念影响着儿童如何理解、学习以及使用策略和算法进行多位数计算（Hickendorff, Torbeyns & Verschaffel, 2019）。算法是一步步的程序，以确保解决特定类别的问题。计算算法是一种循环算法，它以有限的步骤解决计算问题，如算术问题。高效、准确的多位数计算方法都是把数分解成其所在数位的数量（由于是一个位数做完，再做后一个位数，因此是循环进行的），如数组加减时的交换和结合特性，还有，无论特定的数值是太大（相加时），还是太少（相减时）时的组成与分解。（回忆第五章"计算：数学的定义与属性"中的讨论）

策略包括以 10 为单位的数数和以 1 为单位的数数（见第三章）能随着儿童对计算和位值理解的发展而改变，从而增进对多位数加法和减法知识的理解。儿童计数策略的复杂化能自然促进他们在计算中发展对位值的理解。儿童可能会把 38 分成 3 个 10 个的和 8 个 1 个的，也可能把 47 分成 4 个 10 个的和 7 个 1 个，但不会 10 个 10 个和 1 个 1 个地数，得出 38 和 47 的总和。这鼓励儿童以 10 为单位进行思考，就像以 1 为单位一样，并用 10 组成 7 个 10，或 70。在把 1 组成 15 个 1 之后，儿童就能把总和转化为 70 和 15 的和了。为了得出这个总和，儿童从 15 中拿出 10，并把这个 10 给了 70，因此，总和就是 80 多 5，也就是 85。这样的策略是对诸如 10 个 10 个一组数数和逐个数数的计数策略的改良，就同计算 8 和 7 的总和时所有的某种策略一样（如，从 7 中拿走 2 分给 8，随后用 10 加 5），这是对逐个计数策略的改良。

为了运用这些策略，儿童需要使数字概念化，包括作为整体（如，数字本身包括不同单位）和作为部分（是其中一个单位）。部分是"单位的单位"，如，100 是 1 个 100，也是 10 个 10。理解这些概念的儿童可以不停地回答诸如比另一个数字"多 10"是什么数字的问题。"比 23 多 10 是几？""33！""再多10 呢？""43！"（见第三章"顺数和倒数"）。

因此，这是学习位值以及多位数计算的发展过程的第二种方法。如同其他发展过程一样，位值理解的发展水平并不是绝对或同步的。儿童可能会基于分解—组合和计数策略，或者数序，灵活组合策略。如，在解决横式计算题 148+473 时儿童可能会这样说，"100 和 400 是 500，70 和 30 也是 100，所以就是 600。随后数 8、9、10、11……，以及另一个 10，就是 21。所以，就是 621。"

然而，这些儿童在解决竖式问题时可能会退回一个较低的水平，在解决如下问题时可能会出错。

$$\begin{array}{r} 148 \\ +473 \\ \hline 511 \end{array}$$（儿童忽略了需要进位的数。）

竖式的格式会使儿童把每一个数都看成个位数，即使这个数字所在的位置表示其他位值。对这类算法"错误"的研究给出了更多例子，如下所示。

$$\begin{array}{r} 73 \\ -47 \\ \hline 34 \end{array}$$（儿童在每一个数位上都用较大的数减去较小的数。）

$$\begin{array}{r} 802 \\ -47 \\ \hline 665 \end{array}$$（儿童忽略了 0，从 8 里借位了两次。）

这些对我们来说都是教训。教算法远不止教步骤，它包括关系、概念以及策略。确实，如果从概念上进行教学，那么大多数儿童都不会犯这些错误。但是最终的目标是儿童能够达到这些算法的自动化，简单地说，就是无须 太多思考就可以运用。然而，一旦发生错误（我们作为人类，错误再所难免），如果进行概念上的教学，大多数儿童会理解这些错误类型，更进一步，他们能发现自己的错误并进行改正因为他们明白算法是如何以及为什么这样运用的。

最后，教算法也不只是教"计算"——它为未来大多数数学奠定了基础，包括代数（Mark-Zigdon & Tirosh，2017b，参考第十二章）。这很重要：基于众多观点担心算法教学是"总会出错的事情"，我们必须记住这一点：算法是无数智力成果的结晶。

在培训教师和教学生时，无论怎么强调我们的现代算法的成就以及它们对我们计算能力发展的重要性都不为过。

——数学家爱德华·巴尔博（个人交流，2020）

## 经验与教育：多位数的加法和减法

前文中的内容表明，掌握扎实的关于运算属性，数数过程、位值和计算方面的知识，能帮助儿童使用恰当的算法，并把他们掌握的知识运用到新的情境中。没有这些概念，儿童就会常常出错，如，不管实际上应该从哪个数中减去哪个数，只管从较大的数中减去较小的数。很多这样的错误，源自儿童把多位数看成是一串个位数，却不考虑在数学情境中数字的位值和作用（Fuson，1992b）。太多美国儿童掌握了学习运算的步骤却不理解位值概念，这是目前的问题。

一些人认为，"标准的算法"事实上对儿童有害。如，没有教儿童算法的班级比起教算法的班级来说，到儿童二三年级，甚至是四年级时，在诸如心算 7+52+186 的题目上都表现得更好（Kamii & Dominick，1997，1998）。另外，当儿童出错时，没有教过算法的儿童的答案更具合理性。而教过算法的儿童到四年级时，在解决总和大于 700，甚至 800 的题目时给出的答案（与那些掌握概念性知识及数感的儿童相比而言）都是无意义的。他们也会给出像 "4、4、4" 这样的答案，这表明他们没有把数字看成是有位值的，而只是一系列单个的数。研究者还认为，标准算法对儿童有害的原因在于，它促使儿童放弃了自己的思考，并且它也"没有教"位值。

然而，这可能是由于不好的课程或教学缺乏对儿童思维的了解。传统的教学与儿童自己的策略以及概念的理解脱节，算法的出现代替了数量的推理。算法有目的的一列列地进行计算，但不关注数字本身的位值。教师大多直接教标准的算法，而忽视儿童基本能力的发展过程，如计数策略，并且允许儿童做出无意义但却是规定的运算程序，不考虑儿童对数概念的理解。

相反，那些既强调概念理解及过程技能，又鼓励儿童发现和灵活运用多种策略的课程与教学会使儿童掌握同等的技能，但更熟练、灵活地运用这些技能，会让儿童更好地理解概念（Hickendorff et al.，2019）。这样的教师常常问儿童，他们是如何解决问题的以及为什么他们的方法有效。简单地讲，在开始时，跟随儿童好奇心的方向（更多信息请参见第十四章），使用引导式发现法帮助他们发现策略并先使用自己的策略来解决问题。

总体而言，高质量的教学强调概念、运算过程和彼此的联系，而且强调儿童的意义建构。如，使用数量的可视化表征以及概念和技能之间的关系可能很重要。教师说："这里有 8 个 10 和 7 个 10 就是 15 个 10，这等于 1 个 100 和 5 个 10。"必要时，教师可以用基数为 10 的教具进行说明。这样的教学通常是必需的，但仅仅这样是不够的。儿童需要自己理解这些过程。儿童先自然地描述并解释他们在做什么，然后再用数学语言进行说明。特别是在一定程度的理解上，儿童需要有能力改变运算过程。这正是一些人认为儿童应该在学习正式算法之前自己先创造策略来解决多位数计算题的主要原因之一。也就是说，儿童的非正式策略可能是发展位值和多位数计算概念及技能的最好开端。这些策略与正式的书面的运算方法有明显不同。如，儿童偏向于从左算到右，然而正式的加法和减法运算是从右算到左的（Kamii & Dominick，1997，1998）。这样做的原因并不仅在于可以鼓励儿童的创造性思维——尽管这点正是研究发现的惊人结果。如前所述，一组研究者相信，算法的教学对儿童的思维有害。正如一个例子所示，教师给班上儿童看的题目里只包含一个以"99"或"98"结尾的加数（如，366+199）。在大多数情况下，儿童都使用标准算法。只有一名儿童，之前没有学过这些算法，他把 366+199 改成 365+200，随后得出总和为 565。然而，只有三名儿童使用了这种方法，其余所有的儿童仍然"把数字排成列"，并一位一位地数数进行计算。

凯米指责，标准算法导致儿童不愿意思考问题。当教师停止教儿童时，差异是"令人震惊的"（Kamii & Dominick，1998）。如，教师停止教标准算法，并让儿童自己思考一年后，16 名儿童中有 3 名得出了 6+53+185 这道题目的正确答案，这 3 名儿童都用了标准算法，还有 2 名儿童也用了标准算法（都做错了），另有 18 名儿童使用了自己的策略，其中 15 名得出了正确答案。因此，凯米相信，至少对于整数的加减法而言，过早把运算方法教给儿童，弊大于利。但是，许多人会问，如果儿童做错了呢？凯米认为，儿童关于问题情境的推理，足以帮助全班儿童自己纠正任何错误。一堂二年级的课上，教师问 107 加 117 是多少。第一组儿童从右开始加起，得出 2114。第二组儿童认为 14 是两位数，所以不能写在一个位置上，所以应该只写 4，那么答案就是 214 了。第三组儿童认为，14 中的 1 要写下来，这是因为 1 更为重要，所以答案应该是 211。第四组儿童还加上了 10，因此得出的答案为 224。儿童讨论并为自己一方的观点争论。儿童通过使用每种方法进行验证。到 45 分钟结束之前，全班儿童唯一全部认可的就是有四个不同的正确答案显然是不可能的。（这便是很多教师听到这个案例后最担心的部分——没有让儿童带着正确的答案回家，是不是就是不道德的。）

在随后的教学中，班里所有儿童都构建出一个正确的算法。尽管儿童偶尔做错，但他们仍然被鼓励坚持自己的观点，直到他们认为自己算的过程是不对的。儿童的学习，是通过对自己想法的修正实现的，而不仅是"接受"新的程序。这些相似的研究都支持同一个观点，就是发明自己的程序往往是一个良好的开端（Baroody，1987；Clements，et al.，2020）。正如之前所提到的，他们也对在解决多位数加法和减法问题的情境中开展位值的教学进行了说明（Fuson & Briars，1990）。

儿童的发明必要吗？一些研究者主张，在这个阶段，发明并非是关键点。相反，他们强调儿童进行意义建构的重要性，这时儿童会关注他们是否发现、改变或照搬了一个方法。

意义建构可能是最关键的；然而我们相信，大部分研究表明，儿童的发明能促进多位数相关概念、技能以及问题解决的发展（Clements et al.，2020）。这并不意味着，儿童必须发现每一个程序，但儿童的概念发展、自适应的推理以及技能，却是同时发展的，并且，儿童最初的发现可能在达成这些目标时特别有效。最后，我们还相信，儿童的发现是数学思维的创造性表现，且有其自身的价值。

### 算法前的心理程序

许多研究者相信，书面算法的使用介绍得为时过早，而更为有利的一种方法是使用心算。凯米的著作及研究举例说明了这种方法。标准的书面算法阻碍了对从哪里开始以及给数分配什么位值等的思考。这对于早已理解的人来说是有效的，但对初学者起到了消极的作用。相比之下，心理策略来自且支持深层的概念。以往教过的儿童通常需要花很长一段时间来掌握算法，甚至他们常常也无法掌握。

如果在教书面算法之前，配合使用实物或图片，先教、先用心算（并且在整个教育过程中进行练习）的话，儿童会学得更好些。

这样的心算会培养灵活的思考者。不灵活的儿童主要采用标准纸—笔算法的心理图像。计算 246+199 时，他们会照着下面的步骤进行计算：9+6=15，15=1 个 10 和 5 个 1；9+4+1=14，14 个 10=1 个 100 和 4 个 10；1+2+1=4，400；所以，445——并且，他们经常做错。

相反，灵活的儿童则会照着下面的步骤进行计算：199 接近 200；246 +200 =446；拿走 1，就是 445 了。灵活的儿童也会使用如下的策略来计算 28 + 35。

- 补偿法：30+35=65，65-2=63（或者 30+33=63）

- 分解法：8+5=13，20+30=50，63

- 跳步法，或"从一个数开始"：28+5 =33，33+30 =63（28+30 =58，58+5 =63）。

补偿法和分解法的策略都与十进制积木块（base-ten blocks）及其他类似的教具一致，然而，跳步法则与 100 的图表或数轴（特别是空的数轴，将在本章后面的内容中讨论）一致。对于许多儿童来说，跳步法更为有效和准确。如，在减法中，使用标准算法的儿童常常出现"只从较大数中减去较小数"的错误，如 42-25，得出的答案为 23。

通过游戏，可以对跳步法进行针对性的练习。如，在"11 的游戏"中，儿童旋转两根指针（可以用部分未弯曲的回形针围绕铅笔尖旋转）。举例来说，如果他们转到的数字是图 6.5 中显示的数字，他们则必须从 19 中减去 11。见网站［LT］[2] 资源"游戏使用说明"。

随后他们把一个筹码放在结果上，数字 8（出现在两个位置上）——只要其中一个还空着。他们的目标是首先在一排中（水平的、竖直的或斜线的）占有四个位置。强调只有 1 个 10 和 1 个 1 的加法或减法，有助于儿童理解并构建对跳步法的稳定使用。当然，可能还有很多变化，如，把 11 变成 37，或者加上、减去 10 的倍数。建议儿童尝试和同学或朋友一起玩这个游戏。

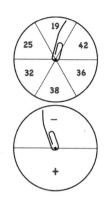

| 8 | 27 | 30 | 36 | 47 |
|---|---|---|---|---|
| 21 | 42 | 14 | 30 | 14 |
| 49 | 31 | 8 | 47 | 53 |
| 43 | 30 | 21 | 25 | 36 |
| 27 | 49 | 53 | 43 | 25 |

图 6.5　11 的游戏

同样地，乐透游戏的改进版中有一个买卖的情境，它被成功地用在一个两位数的加法情境中，激发并指导一年级的儿童学习（Kutscher，Linchevski & Eisenman，2002）。儿童把他们所学的知识迁移到班级情境中。

荷兰人最近提倡使用空数轴线支持跳步法。有报告称，使用该模式，可支持更为智能的算术策略。空数轴线就是一把没有标数字的尺，但仍简单保持着数的顺序，并标有跳的步数（但并没有按照一定的单位比例），如图 6.6 所示。

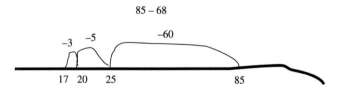

图 6.6　空数轴线有利于算术

其他研究者认为，分解和跳步策略都是有价值的，但都不必先学（Wright，Stanger，Stafford & Martland，2006）。跳步法更像一种心算策略，用空数轴线作为记录，但还不是计算的手段。由此可见，儿童应该使用空数轴线来记录他们在心理上做的运算，因此，空数轴线变成了一种书面表征方式，一种与同伴和教师交流想法的方式。

儿童也会把这些策略组合使用。如，儿童可能先分解，然后再使用跳步法：48+36——40+30=70；70+8=78；78+2=80；80+4=84。他们也可能使用组成或其他变换策略，如，34+59→34+60-1，因此，94-1=93（Wright et al.，2006）。

不要只是鼓励儿童使用这两种策略，也应帮助儿童理解它们之间的联系。如，跳步法可能不强调 10 进制，但仍保留着数感。分解法强调位值，但可能导致错误。使用并结合两种策略，可以有意识地解决涉及两者的数学问题，用一种策略去验证另一种，可能是最有效的方法。

另一种旋转指针的游戏可以为这些策略提供大量有趣的练习。如，"转 4"的游戏就类似于"11 的游戏"，除了第二个旋转指针表示的是在第一个指针转出的数上加上或减去的量。这个可以用多种方法来玩。图 6.7 表示的是无须重新组合的减法（试试看！）。也可以设计别的游戏涉及需要重新组合的减法，需要和不需要重新组合的加法，或加减法的混合运算。

"一连 4 个"是类似的游戏，在这个游戏里，每位玩家有 12 个同色的筹码（如有可能"可看透"）。每位玩家从左侧方框里选择两个数字，求出它们的和，（在同一轮中）并用筹码盖住它们（见图 6.8）。玩家同时把对应在右侧的方框里的数也用筹码盖起来（该筹码保留）。第一个能用他的筹码把 4 个连成一行的为赢家（来自凯米，1989 年，该版本应归功于格雷森·惠特利与保罗·科布；凯米的书里还包含了很多其他游戏）。

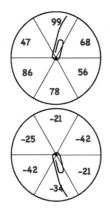

| 78 | 47 | 52 | 65 | 57 |
| 57 | 72 | 14 | 22 | 44 |
| 36 | 31 | 53 | 57 | 43 |
| 34 | 22 | 61 | 65 | 26 |
| 5 | 26 | 13 | 53 | 35 |

图 6.7　"转 4"游戏

| 5 | 6 | 7 |
|---|---|---|
| 8 | 9 | 10 |
| 11 | 12 | 13 |

| 16 | 21 | 18 | 13 | 18 |
|----|----|----|----|----|
| 19 | 20 | 12 | 20 | 23 |
| 22 | 24 | 19 | 21 | 16 |
| 17 | 11 | 23 | 22 | 14 |
| 14 | 15 | 15 | 17 | 25 |

图 6.8 "一连 4 个"游戏

在结束这个话题前，我们注意到，当儿童几乎没有形成策略的时候，说他们"使用""跳步"策略，或许是不准确的（如最年幼的儿童）。也就是说，他们可能不是慎重考虑之后再选择和运用策略的，而只是把计算建立在他们熟悉的某些数字关系上。一名二年级儿童在做 39+6 时，可能并没有认真地想过——甚至都不知道"跳步"策略，就决定先把 1 和 39 加起来，随后再加 6 的"剩余部分"（如 5）到 40，最终得出 45。这样明确的知识和决定可能来源于使用数字关系的重复经验。起初，这些都是"操作时的定理"（Vergnaud，1978），直到心理上重新描述后才成为明确的策略。从教学的角度来看，这意味着最初的教学目标与其说是教策略，不如说是发展数关系的方案，再运用它们来构建策略，并讨论包括强调数学原理在内的策略。

### 哪种算法

有很多关于是否要教标准算法的争论。在绝大多数情况下，这样的争论产生了更多的争论，而非解决办法，这有许多原因。


•并没有单一的标准算法。在美国及世界范围内，在使用许多不同的算法（如，见表 6.1 中算法 a 和 b），所有这些方法都是有效的（Kilpatrick et al.，2001）。

•那些被教师和外行人当作"标准"的算法，在数学家看来，却没有什么不同，数学家认为这些算法都只是对基于一般位值算法的简单改造（经常是以记录数字的方式）。也就是说，表 6.1 中都是在同一位值进行减法，必要时使用组成、分解；他们只是操作这些流程，并使用了稍有不同的记录方法。

许多美国标准算法的这种变形（见表 6.2）都是有用的（Fuson，2009；2020）。对于初学者，或者那些有学习困难的儿童来说，记录每一个显示完整位值的加法，如表 6.2b，能够促进他们知识和技能的发展。一旦实现了这一点，表 6.2c 中所示的，可理解的且数学上更理想的算法，就会优于表 6.1a 中的标准，原因如下。第一，用数字相互靠近写成数（如 13），对儿童来说显示着数 13 来自哪些数。第二，"从最上面开始加起"的儿童，先加（通常较大的）数，可以让儿童不必始终记着其中一个数（需要被加到"进位的"1 上）。相反，较大的数先加，而容易加的 1 则最后加。

类似地，注意表 6.1c（与表 6.1a 相比）中的减的算法。每个位值都需重组，首先帮助儿童只关注需要重组的数和重组本身。一旦这些都完成了，各位值上的减法就可以一个接着一个完成了。不必在重组和减法运算两个过程之间"切换"，这样可以让儿童更好地聚焦每一个过程。

表 6.1 "不同的"标准算法

| a. 分解——美国传统的方法 | | | | |
|---|---|---|---|---|
| 4 5 6<br>−1 6 7 | 4<br>4 5¹ 6<br>−1 6 7<br><br>加10到6个1，从5个10里借位。 | 4<br>−4 5¹ 6<br>−1 6 7<br>9<br>减法，16−7。 | 3¹ 4<br>−4 5¹ 6<br>−1 6 7<br>9<br>加10个10到4个10，从400中借位。 | 4 5 6<br>−1 6 7<br>2 8 9<br>减法，14−6（个10），3−1（个100）。 |
| b. 相等加数——欧洲和拉美的方法 | | | | |
| 4 5 6<br>−1 6 7 | 4 5¹ 6<br>−1¹ 6 7<br><br>加10到6个1，形成16个1，再加1个10到6个10（这里1加6个10，但不是16个10）。 | 4 5¹ 6<br>−1¹ 6 7<br>9<br>减法，16−7。 | 4¹ 5¹ 6<br>−1¹ 6 7<br>9<br>加10个10到5个10，1个100到1个100。 | 4¹ 5¹ 6<br>−1¹ 6 7<br>2 8 9<br>减法，15−7（个10），4−2（个100）。 |

续表

| c.更便利且数学上更理想的算法——美国算法的变形（Fuson，2009） |
|---|

```
            3 1 4        3 1 4
  4 5 6     4 5 1 6      4 5 1 6
 -1 6 7    -1 6 7       -1 6 7
                        2 8 9
```

所需的每处都重      每处都减。
新组合。

**表6.2 标准加法运算的变形**

| a.美国传统的方法 |
|---|

```
                   1            1 1          1 1
  4 5 6     4 5 6        4 5 6        4 5 6
 +1 6 7    +1 6 7       +1 6 7       +1 6 7
             3             2 3         6 2 3
```

加法，6+7，          加法，6+5+1          加法，1+4+1（百位
写3在1的位置上，      （十位数），写2在      数），写6在100的位
10个1进位形成1个10。  10的位置上，10个10   置上。
                      进位形成1个100。

| b.过渡的算法——写下所有的总和（Fuson，2009） |
|---|

```
                                      4 5 6        4 5 6
  4 5 6        4 5 6          +1 6 7       +1 6 7
 +1 6 7       +1 6 7          5 0 0        5 0 0
                5 0 0          1 1 0        1 1 0
                                             1 3
                                           6 2 3
```

| c.更便利且数学上更理想的算法——美国算法的变形（Fuson，2009） |
|---|

```
  4 5 6     4 5 6         4 5 6        4 5 6
 +1 6 7    +1 6 7        +1 6 7       +1 6 7
             3             2 3          6 2 3
```

加法，6+7，写"13"      加法，5+6+1个10，写      加法，4+1+1个100。
但在1的位置上写3，      "2"在10的位置上，
以及1个10在10的一      以及1个100在100的一列下。
列下。

189

这些"更便利且数学上更理想的算法"是美国标准算法的简单变形。然而，这些方法可以有效地帮助儿童构建技能和概念（Fuson，2009）。

对于任何变形来说，基数为 10 的教具和图画都能支持组成和分解方法的学习，特别是在保持概念和步骤之间的联系上。表 6.2b 和表 6.2c 对图画的使用进行了说明。（注意两者之间的两点基本不同之处，位值分组的顺序以及分组的方式。）教具或图画有助于说明不同的位值数应分别相加，以及特定的数应组合而形成更高位值的单位。

研究表明，关键在于指向意义和理解的教学。注重灵活应用多种策略的教学有助于儿童构建明确的概念和步骤。儿童学习根据问题的特点调整自己的策略。相反，只关注运算步骤的教学会导致儿童盲目地遵照这些步骤。对数学以及儿童对数学的理解，包括儿童可能运用的不同策略和算法，都有助于儿童创造并使用适宜的计算。如果儿童先发明了自己的策略，那么他们从一开始就比那些专门被教算法的儿童出错更少。

## 基于概念的教学支持数学能力

先教概念性的知识，同时教程序性的知识。在教育过程中让儿童越早发展自己的方法越好。当儿童发展了标准算法，可与儿童的非正式策略和推理联系起来。已呈现的变形的算法可以帮助儿童同时构建概念和过程。关于这一点，可以翻看本章的学习路径。

为了支持问题解决，应使用有力的表征。如，在东亚国家（新加坡、日本）广泛使用的条形图或带状线，一直被作为问题情景的有效表征（Murata，2008）。表 5.1 就是这一方式的简单版，用以说明问题的类型。更多详细信息在图 6.9 中，展示了教师和儿童如何表征那些问题类型。

让儿童推理！即使儿童已经发展了书面的算法，仍然可以坚持玩诸如"接近 100"（或 1000）的游戏，确保儿童在算术中思考位值的问题。儿童可以用数字卡片（0—9），两人一组地玩。给儿童每人 6 张卡片，儿童从中选出 4 张，并把它们摆成一个两位数加法的形式，尝试让和尽可能接近 100。如，一名儿童分到的数字是5、3、0、8、6、9、1，他可能摆出：

$$\begin{array}{r} 8\,6 \\ +\,1\,3 \\ \hline \end{array}$$

这个可以得出99，因此她得1分。谁得出的结果最接近100得1分（如果和为102，则得分为2，得1分的人赢）。这样的游戏可以提高儿童的数学智力，并给算法赋予了意义。（如果只给每名儿童4张卡片，那么这个游戏会更具挑战性；也可以玩和接近1000的游戏。）

### 逆运算和结果核查

因为加法和减法互为逆运算，所以儿童用来核查结果是否正确的一个好方法就是进行逆运算，如核查减法503−384=119，将被减数（384）和差（119）相加。

球的总数是多少？

红球：4个蓝球：6个

阿尔有4个红球和6个蓝球，他总共有多少个球？

球的总数是：10个

蓝球：4个  红球：多少个？

阿尔有10个球，其中4个是蓝球，剩余的都是红球，红球有多少个？

巴布有多少个弹球？

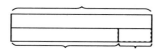

阿尔有5个弹球多2个弹球

阿尔有5个弹球，巴布比阿尔多2个，巴布有多少个弹球？

**图6.9  把条形图作为问题解决的工具**

# 数的组成和多位数加减法的学习路径

以提升儿童计算能力为目标的重要性是显而易见的。表 6.3 表明了这些目标在《共同核心州立标准》中出现的位置。当然，由于儿童能使用不同的策略解决大多数问题，因此许多内容与前几章的相关内容是一样的。同样，请注意在表中的不同领域中是如何呈现计算的。

为了达到这个目标，表 6.4 提供了学习路径的两个额外组成部分：发展进程和教学任务。在这个学习路径上有三个重要的注意事项。

1. 不同于其他学习路径，表 6.4 分为两个部分，第一部分是数的组成，第二部分是多位数的加减法。这样做是强调，第二部分早已包含在第五章学习路径的发展进程中了，本章是要强调其对应的教学任务。

2. 注意，位值是所有数相关领域的基础，因此在第二章至第五章，包括本章中，都加以强调，本章不过是较具体地聚焦位值。

3. 再次说明，所有学习路径表中的年龄仅仅是大致年龄，因为儿童获得知识的年龄常常非常依赖经验。

表 6.3 《共同核心州立标准》中加减运算与位值的目标

（侧重数的分合、熟练、位值和多位数加减）

---

**幼儿园**

**运算与代数思维（CCSSM 中的 K.OA）**

理解加法的意义是合并和添加，理解减法的意义是分开和拿走。

1. 运用实物、手指、心理表象、图画、声音（如拍手）、演出相应的情境、口头解释、表达式、等式来表征加减。[画图无须体现细节，但需要体现问题中的数学内容。（CCSSM 中所有提到画图之处，都是如此。）]

2. 用一种以上的方法将 10 以内的数分解为两部分。如，用实物或画图的方法进行分解，并用画图或等式（如，5=2+3 和 5=4+1）记录每种分法。

3. 对 1—9 中的任意数，发现加上几得 10。如，用实物或画图的方法解答，并用画

---

图或等式做记录。

4. 熟练进行 5 以内加减运算。

## 一年级

**运算与代数思维（CCSSM 中的 1. OA）**

*表征并解决涉及加减的问题。*

1. 运用 20 以内加减法解决各类文字应用题,涉及的情境包括添加、拿走、合并、分开、比较, 未知量在各种位置。如, 用实物、图画、等式（其中用一个符号表示未知数）来表征问题。（CCSSM 提及其术语表、表 1, 其内容与本书中的表 5.1 非常相似。）

2. 解决涉及 20 以内三个整数加法的文字应用题。如, 用实物、图画、等式（其中用一个符号表示未知数）来表征问题。

*理解并运用运算定律和加减互逆关系。*

1. 把运算定律用作加减策略。如, 已知 8+3=11, 则可知 3+8=11。（加法交换律）2+6+4 中, 后两数相加得 10, 所以 2+6+4=2+10=12（加法结合律）（儿童无须掌握运算定律的规范术语）。

2. 把减法看作加数未知的问题。如, 通过找到 8 加几得 10, 来解决 10−8。

*20 以内加减。*

做 20 以内加减时, 表现出能熟练进行 10 以内加减。运用接数、凑十（如, 8+6=8+2+4=10+4=14）；通过分解某数凑十（如, 13−4=13−3−1=10−1=9）；运用加减互逆关系（如, 已知 8+4=12, 则可知 12−8=4）；创造等价但简化（或已知）的加法算式（如, 把 6+7 转换为自己已知的式子 6+6+1=12+1=13）。

*解加减算式。*

1. 理解等号的意义, 判断加减等式是否成立。如, 下列等式中哪些成立, 哪些不成立。6=6, 7=8−1, 5+2=2+5, 4+1=5+2。

2. 判断含三个整数的算式中的未知数。如, 确定能让 8+？=11, 5=？−3, 6+6=？这些等式成立的未知数。

续表

---

### 十进制的数与运算（CCSSM 中的 1. NBT）

**运用对位值的理解和运算律进行加减运算。**

1. 100 以内加法，包括两位数加一位数、两位数加 10 的倍数，用具体的模型或图画和基于位值的策略、运算律、和或加减的互逆关系，将其策略与某种书面方法联系起来，并解释其推理过程。认识到两位数相加时，十位加十位、个位加个位，有时需凑十进位。

2. 对一个两位数，无须计数就能找出比它大 10、小 10 的数；解释其推理过程。

3. 10—90 范围内，10 的倍数减去 10 的倍数（差为正数或零），用具体的模型或图画和基于位值的策略、运算律、和或加减的互逆关系，将其策略与某种书面方法联系起来，并解释其推理过程。

## 二年级

### 运算与代数思维（CCSSM 中的 2. OA）

**表征并解决涉及加减的问题。**

运用 100 以内加减解决一步或两步文字应用题，涉及的情境包括添加、拿走、合并、分开、比较、未知量在各种位置。如，用图画、等式（其中用一个符号表示未知数）来表征问题。（CCSSM 提及其术语表、表 1，其内容与本书中的表 5.1 非常相似。）

**20 以内加减。**

运用心算策略熟练地进行 20 以内加减。（参看标准 1. OA. 6 所列的心算策略。）二年级末，熟记所有两个一位数相加的和。

**解决物体等分问题，为乘法奠定基础。**

1. 判断一组物体的数量（20 以内）是奇数还是偶数。如，把物体配对，或两个一数；写出等式，把偶数表示为两个相等的加数之和。

2. 用加法算出摆成长方形队列的物体（5 行以内、5 列以内）的总数；写出等式，把总数表示为多个相等的加数之和。

**十进制的数与运算**（CCSSM 中的 2. NBT）

**运用对位值的理解和运算律进行加减运算。**

1. 运用基于位值的策略、运算律、和或加减互逆关系，熟练解决 100 以内加减问题。

2. 运用基于位值和运算律的策略，完成 4 个以内两位数的加法。

3. 1000 以内加减，用具体的模型或图画和基于位值的策略、运算律、和或加减的互逆关系，将其策略与某种书面方法联系起来。认识到三位数做加减时，百位加减百位、十位加减十位、个位加减个位，有时需凑十、百进位或退位。

4. 对 100—900 的给定数，能通过心算加减 10 或 100。

5. 根据位值和运算律对加减策略的依据进行解释。（解释过程可能会用到图画或实物）

**测量与数据**（CCSSM 中的 2.MD）

**用标准单位进行长度的测量和估测。**

通过测量来判断一物比另一物长多少，以标准的长度单位来表示长度差。

**将加减与长度建立联系。**

1. 运用 100 以内加减解决长度单位相同的文字应用题。如，用图画（如，画出的尺子）和等式（其中用一个符号表示未知数）来表征问题。

2. 在数轴线示意图上，均匀分布的各点依次对应数字 0、1、2……，把整数表征为从 0 开始到该点的长度；在数轴线示意图上表征 100 以内整数的和、差。

**解决时间、货币问题。**

解决涉及美元、25 分、1 角、5 分、1 分的文字应用题，正确使用 $ 和符号。如，如果你有 2 个 1 角和 3 个 1 分，你有多少分。

**表征并解释数据。**

用示意图和柱形图表征包含 4 个以内类别的数据集。运用柱形图呈现的信息，解决简单的合并、分开、比较问题。（CCSSMM 查阅其术语表、表 1，其内容与本书第五章中的表 5.1 非常相似。）

表 6.4　数的组成与多位数加减法的学习路径

| 年龄（岁） | 发展进程 | 教学活动 |
| --- | --- | --- |
| 0—1 | **对部分—整体关系的前认识（prepart–whole recognizer）**<br>在动作上显示出对部分和整体的直觉理解，如把物品聚拢在一堆。只能以非言语的方式识别部分和整体。认识到多个集合能以不同的顺序进行组合，但不能明确认识到一个集合是由多个更小的集合相加、合并得到的。 | ● 积木派对［LT］²：儿童通过分出不同颜色的积木块，再将它们重新组合成一个整体来探索部分和整体。 |
| 1—3 | **部分的组合（parts combiner）**<br>认识到多个集合能以不同的顺序进行组合，但不能明确认识到一个集合是由多个更小的集合相加组合而成的。蹒跚学步的儿童也能在非语言、直觉、感知的情境中识别部分与整体的关系，并能以非语言的方式表征构成整体的部分。<br>看到 4 块红积木和 2 块蓝积木，能直觉地意识到所有积木包括红色和蓝色积木，但问到一共有几块时，可能会说出一个小的数字，如 1。 | ● 部分组合的手指游戏［LT］²：手指游戏通过在过程中添加部分或展示一个整体包含几个部分支持儿童学习数的组成。 |
| 3—4 | **对部分—整体关系的不精确认识（inexact–part–whole recognizer）**<br>知道整体大于部分，但不能精确量化。（先是对交换律的直觉认识，然后能借助实物认识到结合律，继而在更抽象的情境，包括数字中做到这一点。）<br>看到 4 块红积木和 2 块蓝积木，被问到一共有几块时，会说出一个大数，如 5 或 10。 | ● 玩具袋：整体中的部分［LT］²：儿童在游戏袋里探索玩具的数量。在教师的支持下识别玩具的数量，儿童可以练习思考部分如何构成整体。<br>说明：其他各章学习路径中的经验也适宜发展这些能力。关系尤为密切的是感数（第二章）、计数（第三章、第五章）、比较（第四章）、分类（第十二章）。 |

续表

| 年龄（岁） | 发展进程 | 教学活动 |
|---|---|---|
| 4—5 | **4的分合，随后是5（composer to 4, then 5）**<br>知道数的各种组合。能迅速说出任一整体的部分，或根据部分快速说出整体。<br>展示4个物品，悄悄藏起来1个，展示剩下的3个。能迅速说出藏了1个。 | • 手指游戏：让儿童用手指来表示数字。（活动间隙时双手放在膝盖上。）这些活动应简短、有趣、多次重复，分散在许多天里进行。<br><br>让儿童用手指表示4。"想一想，做一做，说一说，告诉同伴你是怎样做到的。现在换一种方法，再告诉你的同伴。"<br>"现在每只手伸出相同数量的手指来表示4。"<br>"用手指表示5"，并讨论："你用了一只手还是两只手？""你还会其他的方法吗？"，等等。重复上述任务，但是要求"不能用拇指"。挑战儿童，要求他们两只手伸出相同数量的手指来表示3或5。讨论为什么做不到。<br><br>• 竖起兔耳朵［LT］[2]：在这一变式中，让儿童用数字当作兔耳朵，把手放在头上，用不同的方法表示数字1—5。因此，他们能看到别人的方法，却需要对自己的方法形成心理表象。<br>• 伸直弯曲［LT］[2]：在另一个活动中，让儿童伸一只手的手指表示4。问 |

续表

| 年龄<br>（岁） | 发展进程 | 教学活动 |
|---|---|---|
| 4—5 | | 他们几根手指是伸直的，几根手指是弯曲的（仅用一只手）。在几天或几周之内，用0、1、2、3、5来重复玩这个游戏。<br><br>● 咔嚓（5以内）[LT][2]：选择3—5中的任意数，用相应数量、同种颜色的可连接方块组装成一辆火车。把火车藏到背后，咔嚓断开一部分，然后展示剩余的部分。让儿童判断你背后还有几个方块，讨论他们解决问题的方法。<br>儿童可以结对玩这个游戏，轮流把方块火车放到背后并取下一部分。先让对方猜背后有几个，再展示并验证。<br><br>● 目测[LT][2]：儿童从四个选项中识别出一张图片和目标图形是否正确匹配。<br> |
| 6 | **7的分合（composer to 7）**<br>知道7以内数的组合。能迅速说出任一整体的部分，或根据部分迅速说出整体。10以内数的双倍相加。<br>展示6个物品，悄悄藏起来4个，展示剩下的2个。能迅速说出藏了4个。 | ● 咔嚓（7以内）[LT][2]：（规则同上）<br><br>● 凑数[LT][2]：儿童决定要凑哪个数，如7。他们拿3副牌，拿走所有数字大于或等于7的牌，把剩下的牌打乱。儿童轮流抽一张牌，尝试用它和剩余的其他牌组合成7，做到的拿走这几张牌。如果不能做到，必须把抽取的牌放回去。用完所有牌时，拥有最多牌的人获胜。改变要凑的数，重新进行 |

续表

| 年龄（岁） | 发展进程 | 教学活动 |
|---|---|---|
| 6 | | 此游戏。<br>说明：7以内数字的概念估算在第154页，以上和下面的许多活动（为这一数的水平进行了改编）见网站［LT］[2]，包括手指游戏、饼干游戏、分与合等。 |
| | **10的分合（composer to 10）**<br>知道10以内数的组合。能迅速说出任一整体的部分，或根据部分迅速说出整体。20以内数的双倍相加。<br>"9加9等于18。" | • 手指游戏：让儿童用手指来表示数字。（活动间隙时双手放在膝盖上。）让儿童用手指表示6。"告诉同伴你是怎样做到的。"<br>"现在换一种方法，再告诉你的同伴。"<br>"现在每只手伸出相同数量的手指来表示6。"用其他偶数（8、10）重复这个游戏。让儿童用手指表示7，并讨论他们的反应。重复上述任务，但是要求"不能用拇指"。<br>（你能表示10吗？）挑战儿童，要求他们每只手伸出相同数量的手指来表示3、5、7。讨论为什么做不到。<br>• 竖起兔耳朵：在这一变式中，让儿童用数字当作兔耳朵——把手放在头上，用不同的方法表示数字6—10。<br>• 伸直弯曲［LT］[2]：让儿童用一只手表示6，问他们几根手指是伸直的，几根手指是弯曲的（只在一只手上）。在许多天里，用0—10的所有数字重复玩这个游戏。<br>• 翻10［LT］[2]：该卡片游戏的目标是积攒最多的和为10的成对卡片。给每 |

| 年龄（岁） | 发展进程 | 教学活动 |
| --- | --- | --- |
| 6 | | 组儿童提供 3 副 0—10 的卡片。<br>每名儿童分到 10 张卡片后，摞起来，面朝下扣好。其余卡片放成一摞，作为公牌，面朝下扣放在两个玩家之间。最上面的一张翻过来，面朝上。玩家 1 翻开他最上面的卡片，如果这张卡片跟那张公牌合起来是 10，他就可以拿走并保留这一对。（每次公牌最上面的那张被拿走后，再翻一张。）如果合起来不是 10，玩家把手中的卡片面朝上放到公牌摞的旁边，让大家能看到卡片上的数字，并在接下来的游戏中使用这些卡片。（因此，两个玩家之间会有一排面朝上的"垫牌"）。无论配对成功还是垫牌，都轮到对方翻他最上面的卡片。 如果展示的卡片中有一张可以用来配成 10，玩家可以保留这一对。如果玩家发现展示的卡片中有一对可以配成 10，他可以选择不翻自己最上面的卡片而要这对卡片。两个玩家轮流，直到双方都翻开了自己所有的卡片。积攒对数最多的玩家获胜。<br>● 凑 10［LT］[2]：目标是用所有的卡片凑 10 并避免额外的卡片剩下。给每组儿童提供两副 0—10 的卡片，外加一张卡片，上面的数字是 0—10 中任意一个数（这张最后会成为凑不成 10 的卡片）。如，用下面方式中的一种。<br>1. 两副 0—10 的卡片，上面有点子和数字，另加一张 5 的卡片。<br>2. 两副 0—10 的卡片（只有数字），另 |

| 年龄（岁） | 发展进程 | 教学活动 |
|---|---|---|
| 6 | | 加一张 5 的卡片。<br><br>● 变式（2 人游戏）：把所有卡片分发给两个玩家。玩家先把各自手里能凑成 10 的所有对子都配好，放在自己的得分摞里。把剩余的卡片捏在手中。轮流从对方手中抽出一张卡片（不能看）。如果能凑成 10，就把这一对放在得分摞里，凑不成 10 的则留在手中。游戏结束时，将有一个玩家手中剩下那张额外的卡片。<br><br>● 拍 10 ［LT］²：目标是用所有的卡片凑 10 并最先出完。给每组儿童提供 4 副 1—10 的卡片。<br><br>● 变式（2—4 人游戏）：发给每个玩家 6 张卡片。剩余的卡片面朝下放在中间。一个玩家翻开最上面的卡片，其余玩家迅速判断自己能否用那张卡片和手中的某张卡片凑成 10。如果能，就拍出手上那张卡片。最先拍出卡片的人必须用它来凑成 10。如果不能，则需收回这张卡片，并从中间那摞上再取一张。玩家轮流翻开最上面的卡片。当有玩家出完手中卡片或中间的那摞卡片翻完时，游戏结束。出完或手中剩余卡片最少的玩家获胜。<br><br>● 变式（如果出现同时拍出卡片的问题）：如果能跟翻开的卡片凑成 10，他们可以拍出自己手中的卡片。拍出卡片的人首先要问"是 10 吗？"。必须所有玩家同意两张卡能凑成 10 才行。<br><br>● 记 10 游戏：每对儿童需要两副 1—9 的数字卡片。 |

续表

| 年龄（岁） | 发展进程 | 教学活动 |
|---|---|---|
| 6 | | 把卡片面朝下排列成两个 3×3 的队列。玩家轮流从每个队列中选卡片、翻卡片并展示。如果两张卡片合起来不是 10，把卡片重新翻过去。如果是 10，玩家赢得卡片。可增加卡片，使游戏玩更长时间。<br><br>• 啪（10 以内）：（规则同上）<br>• 凑数（10 以内）：（规则同上）<br>• 目测［LT］[2]：儿童从四个选项中选出与目标图像匹配的那个。<br><br> |
| 7 | **十位和个位的分合（composer with tens and ones）**<br>把两位数看作十位和个位的组合；对角币和分币进行计数；运用重新组合的方法，做两位数的加法。<br>"17 加 36 可以看成 17 加 3 等于 20，再加 33，等于 53。" | 说明：以上有关 10 的所有游戏都可以换成更大的数进行，以扩展儿童数的组合的知识。<br><br>• 凑和［LT］[2]：6 副 1—10 的数字卡片混合在一起，并分发给玩家。一个玩家扔 3 个数字骰子，并说出它们的和。所有玩家都试着用尽可能多的方式凑出这个和。最先用完手中卡片的人获胜。<br>• 敬礼［LT］[2]：一副牌去掉人头牌（即 J、Q、K），A 当作 1，分发给三个玩家中的两个（Kamii，1989）。<br>两个玩家面对面坐着，牌面朝下放好。第三个玩家说"敬礼"，这两个玩家 |

| 年龄（岁） | 发展进程 | 教学活动 |
|---|---|---|
| 7 | | 拿起自己牌堆最上面的一张牌放在自己的额头上，这样其余两个玩家能看见牌，但自己看不见。第三个玩家宣布两张牌的和，另两个玩家尽快先说出自己那张牌上的数，先说出的人得到这两张牌。得到牌最多的人获胜。<br><br>•藏方块［LT］²：给儿童展示可连接的方块——4块和10块相连的，3块和1块相连的——2秒（如藏在布下），问他们看见了多少，讨论他们是怎么知道的。用新的数量重复玩这个游戏。告诉儿童下面是一个真正的挑战。藏起来的有2块和10块相连的，17块和1块相连的，一共是多少。儿童回答后，立刻展示并验证。放4组蓝色组块（10个方块相连成一组）、1组红色组块（10个方块相连成一组）、4组红色组块（1个方块为一组），告诉儿童一共有54块方块，其中14块是红的，问他们蓝的有几块。<br><br>说明：由此往后，最重要的活动都包含在感数（估算）的学习路径中。参见第二章，第40页，特别是"包含位值的概念性感数"和"包含位值和乘法思维的概念性感数"这两个水平。 |
| 6—7 | **加减推导（deriver +/–）**<br>用灵活的策略和算式推导（如，7＋7等于14，所以7＋8等于15）来解决所有类型的问题，包括"拆分后凑十"（Break Apart to Make Ten, BAMT）。 | 多位数的加减<br>对所有类型的个位数问题，都能用算式推导（越来越多地用）已知的组合算式来解决。<br>（说明：儿童应该在达到"以10为单 |

续表

| 年龄（岁） | 发展进程 | 教学活动 |
|---|---|---|
| 6—7 | 能同时考虑加法算式中的三个数，并把一个数的某个部分转给另一个数，意识到一个数的增加和另一个数的减少。<br><br>问："7加8等于几？"思路：7+8→7+（7+1）→（7+7）+1=14+1=15。<br><br>或者，用拆分后凑十的方法。思路：8+2=10，所以把7分解成2和5，2加8得10，再加5得15。<br><br>通过加10和或1的办法，解决简单的多位数加法（经常还可以做减法）。<br><br>"20+34等于几？"用可连接方块数出20、30、40、50，再加4，得54。 | 位按群数数到100"和"数到100"的水平后，再进行以下活动；参见第三章的学习路径。）<br><br>● 整10的加减［LT］[2]：最初，分别用整5、整10的方框，或10个一组的可连接方块来呈现类似40+10的问题，问：一共有多少个点子（方块）？有几个10？添加一个10，再次询问。慢慢变成一次添加多个10。<br><br>● 重复至消失：重复进行上述活动，直到儿童能流畅地完成。必要的话，教师可示范解决问题的过程。<br>把展示的物品尽可能快地藏起来，使儿童形成视觉的心理模式。最终演变为只口头提出问题。随后，再进行减去10的倍数的活动（如，80-10）。<br><br>● 在整10上加［LT］[2]：呈现诸如70+3、20+7这样的问题。运用与上面相同的策略，先摆出2个10，再摆出7个1。如果儿童需要额外的支持，可每次添加1个并逐一计数。描述结果（"27……意思就是2个10和7个1"），鼓励儿童用更快的方法解决下一个问题。<br><br>● 十位上的加减：呈现诸如73+10、27+20这样的问题。运用与上面相同的策略，先摆出7个10和3个1，再每次添加1个（或多个）10。<br><br>● 不进（退）位的加减：以如下方式呈现问题：先呈现2+3，随后22+3，接着72+3，等等（待儿童熟悉这一模式后，可把12+3纳入其中）。反复进行。 |

| 年龄（岁） | 发展进程 | 教学活动 |
|---|---|---|
| 7 | **解决加减问题（problem solver +/-）**<br>用灵活的策略和已知的组合，解决所有类型的问题。<br>问："如果我有 13，你有 9，怎样才能让我们的数相同呢？"答："9 加 1 得 10，再加 3 得 13。1 加 3 得 4，再给我 4 个就可以了！"<br>能解决多位数的加减问题，用加 10 和 1 的方法，或组合 10 和 1 的方法（后者不用于合并情境、改变量未知时）。<br>"28+35 等于几？"<br>累加思路：20+30=50；+8=58；再加 2 得 60，再加 3 得 63。<br>组合思路：20+30=50；8+5 可看成 8 加 2 再加 3，所以得 13；50 加 13 得 63。 | 解决所有问题结构类型的个位数问题。<br>• 进位加法［LT］[2]：呈现需要进位的问题，如，77+3、25+7。同上，先借助操作材料，必要时可做示范，直至儿童能进行心算，或借助画图（如空的数轴线）解决。<br>• 重复至消失：同上。<br><br>• 退位减法：呈现需要进位或退位的问题，如，73+7、32-6。同上，先借助操作材料，必要时可做示范，直至儿童能进行心算，或借助画图（如空的数轴线）解决。<br>• 运用操作材料进行十位和个位的加减：用整 5、整 10 的方框，或可连接方块来呈现加法问题。呈现 1 个 10 和 4 个 1。问"一共有多少个点子（方块）？"，添加 1 个 10 和 3 个 1，再次询问。持续进行，每次添加 1—3 个 10 和 1—9 个 1，直到接近 100。然后问"现在一共有多少？还需要多少才能到 100？"。<br><br>运用不同的操作材料，如，代币或硬币。<br>• 用空的数轴线做两位数的加减：在空的数轴线下面，呈现加法（随后呈现减法)问题（见下图上部的"35+57"）。让儿童"出声"地解决问题，在空的数轴线上呈现他们的思考（见下图下部的"35+57"）。 |

续表

| 年龄（岁） | 发展进程 | 教学活动 |
|---|---|---|
| 7 | | 从 45+10 这样的问题到 73-10，再到 27+30、53-40，然后再到……  • 十位和个位的加法：在空的数轴线下面呈现加法问题，同上。从无须进位的问题开始，如，45+12、27+31、51+35，然后转到需要进位的问题（如，49+23、58+22、38+26），以及需要转换的问题，如，互补〔如，57+19 → 56+20 或 57+20-1；43+45（44+44）；22+48 等〕。允许儿童使用那些对他们来说"管用"的策略，但鼓励他们从逐个计数向更复杂的策略转变。 借助位值操作材料或画图呈现类似的问题，如，十进制积木，或相应的画图（见表 6.2）。 运用不同的操作材料，如，代币或硬币。 •重复至消失：同上。 • 十位和个位的减法：在空的数轴线下面呈现减法问题，同上。从无须退位的问题开始（如，99-55、73-52、59-35），然后转到需要退位的问题（如，81-29、58-29、32-27 等），以及需要转换的问题，如互补，如，83-59（84-60 或 83-60+1）、81-25、77-28 等。关注"用大数减小数"的错 |

| 年龄（岁） | 发展进程 | 教学活动 |
|---|---|---|
| 7 | | 误（如，58-29，个位上 9-8 而不是正确的 8-9）。<br>借助位值操作材料或画图呈现类似的问题，如，十进制积木或相应的画图（参见正文）。<br>运用不同的操作材料，如，代币或硬币。<br>●重复至消失：同上。<br>●11 的游戏：参见第 185 页和图 6.7。 |
| 7—8 | **多位数加减（multidigit +/-）**<br>用凑十和之前的所有策略，解决多位数的加减问题。<br>问："37-18 等于几？"答："从 3 个 10 中拿走 1 个 10，还有 2 个 10。再把 7 全部拿走，是 2 个 10 和一个 0……20。还要再拿走 1，得 19。"<br>问："28+35 等于几？"思路：30+35 得 65，但加数是 28，所以要比 65 少 2，得 63。 | ●藏起来的 10 和 1：告诉儿童你把 56 块红色的可连接方块和 21 块蓝色方块藏在布下了。问：一共有多少块？<br>逐渐演变到需要进位的问题，如，47+34。再到无须退位的减法问题（85-23），进而是需要退位的（51-28）。<br>●转 4 游戏：参见第 186 页和图 6.7。<br>●一连 4 个：参见第 187 页和图 6.8。<br><u>变式</u>：玩"5 个一组"的游戏，使用更大的加数。<br><u>变式</u>：呈现两块小方块，一块上面的数字较大另一块上面的数字较小。让儿童做减法。<br>●跳到 100［LT］[2]：用数字方块，其中一块上面的数字是 1—6，另一块是 10、20、30、10、20、30。两组轮流掷方块，然后从 0 开始，在他们现在所处的位置上加上这一数字。先到达或超过 100 的那组获胜。<br><u>变式</u>：从 100 倒跳到 0。<br>●计算器"凑 100"［LT］[2]：一名（或 |

续表

| 年龄<br>（岁） | 发展进程 | 教学活动 |
|---|---|---|
| 7—8 | | 一组）儿童一方输入两位数，另一方只需要输入一个加数，总数达到 100。得分可以累计。<br>变式：儿童（或小组）只能加上 1—10 中的一个数。两组轮流输入，总数先达到 100 的组获胜。<br>● 更多位数的加减：呈现这类问题，如"374-189 等于多少？""281+35 等于多少？"。 |

## 乘法、除法和分数的发展

同样跟分组和位值有关的是多个"等组"的概念，产生了乘法和除法。和分组有关很容易理解，我们大多都学过 2×3 就是"有 2 组 3"或者一共 6 个。但是位值呢？也有关。当我们说 52 是"5 个 10 和 2 个 1"时，那 5 个 10 就是 5×10，这样我们就可以对相乘做出界定：5×10=10+10+10+10+10（Wu，2011b）。

进一步讲，我们没有充分解释对位值的更高一个水平的理解，"学生理解数体系的指数性质"。我们知道数 1234，根据理解可以展开为 1000+200+30+4，但这样会很枯燥。如，美国近期的人口数估计是 321526816 或者 300000000+20000000+1000000……。用指数概念来表达会更简洁：$3×10^8+2×10^7+1×10^6$……这里 $10^8$ 的简单理解就是 10 乘以 10，乘 8 次（100000000-1 和 8 个 0）。

现在所解释的已经远超过了这里的学习路径，让我们回到儿童最初的学习，研究已经发现，非常小的儿童在学数数时（Young Loveridge & Bicknell，2018）就能学习等分，这一领域的核心研究者杰瑞（Jere Confrey）也称之为"划分"（更多有关它的学习路径的详细信息可以查阅 Confrey，Maloney，Nguyen，& Rupp，2014）。等分的目的是得到数量相等的小组。儿童最早分东西时会给每个人一点，但不会给每个人分相同的数量。也就是说，当他们把东西（如玩具娃娃）递给不同的人时，只是在"堆放"东西，并不重视给每个人相同的数量（Miller，1984b）。

儿童具有初步的"公平"意识后开始逐渐理解等组和等分，先是两人等分，之后是更多人的等分。在解决等分问题时，儿童为了公平分配，他们常使用分步策略，一次轮流给每个人分一个东西（Hunting，2003）。最初，先是仅在两个人之间分小数目的东西。然后，和更多的人分，但并不一定理解这时就产生了等数量的小组。也就是说，虽然他们给每人分了相同的东西，但是可能还没有清晰地意识到，如果这一人分到了 7 个东西，那另一个人也分到了 7 个东西（Bryant，1997；Miller，1984b）。经过一段时间，儿童会更有体系化，一轮给每个人分一个东西并检查是不是每个人都拿到了 1 个，然后再重复下一轮（Hunting & Davis，1991）。

下一个阶段，儿童可以对一个单独的整体进行等分，如圆或三角形（参考表6.5 中"几何"的部分，《共同核心州立标准》把图形分割和初步的分数内容都放了进去）。

在之后的发展水平里，儿童明确理解，当对一个可以等分的集合进行公平分配时，就会产生数量相等的几个组（数学上，等分的一组包含的数量就是总体的几分之一或者说来自总体的几个组成元素）。

因此，早期的等分策略最终会形成我们都了解的除法。儿童以他们自己的方式达到乘法和除法的不同发展水平，类似于加法和减法的发展路径，从具体的实物概念到使用更加复杂的计算策略，再到数的组合分解和多位数计算。实际上，表 6.6 中乘除法各发展水平的命名我们特意参照了加减法的发展路径。

儿童首先通过分组建构小的个位数的乘法问题（Carpenter，Fennema，Franke，Levi & Empson，2014），他们把相乘看作"多组的"（Young-Loveridge & Bicknell，2018）。他们可以通过使用非正式的分配策略解决除法或分配问题，也就是使用实物，可以多达 20 个，从能给 2 个人到能给 5 个人等分。有些儿童甚至到了 9 岁仍会一次给每人分一个——逐次分发（Miller，1984b）。还有些儿童使用数群分配，如一次给每人发两个，这样重复几次。也有些儿童可以一下子数出数量相等的几组，如一次给每人发 5 个，然后再检查总和是不是跟物品总量相符，再根据需要调整。

儿童也会使用基于数数的策略，如跳数，来解决乘法和除法的测量分配问题。在测量分配问题中，已知总数，如 28 块糖，和每个人分多少，如 4 块糖，问题是这些糖能分给多少个人。儿童可以通过间隔着跳数计算 4×5，5 个一组跳数，使用手指帮助记忆，5、10、15、20。值得注意的是，儿童将数数策略用于乘除法与用于加减法相比，相对要晚一些。

最终，儿童学会了一些基本的乘法算式，特别是双倍（"×2"），然后他们发现可以推异算式，如解 7×6，通过已有经验（可能是以前的跳数或其他的经验）知道 5 个 7 是 35，那么再多 7 个就是 42。他们还学会使用由行列组合的矩阵模型，这会拓展他们在不同的情景下使用跳数和乘法的能力。

然后，在理想情况下，儿童会继续使用这些推理策略，（非正式地）使用交换律和结合律，如，他们会说"9×2 是 9 个 2，但也是 2 个 9，所有结果都是 18"。他们也会在乘法表中发现和使用模式。这会促进儿童更容易并更快地熟练掌握 10 以内乘法运算（Fuson，2003），如发现 9 的乘数模式（9、18、27、36、45……）。

同样，与加减法相似，乘法和除法是逆运算（如，总体物品是每人平均分配数量的 N 倍），这与一种具体情景下不同的提问方式有关系。如果问一名儿童把 6 块饼干平均分给 3 个人，一人分几块，结果是 2 块。这可以用除法算式表示为 $6 \div 3 = 2$。然而，如果问一名儿童原来一共有多少块饼干，可以让 3 个人每人都分到 2 块，那么这可以表示为 $3 \times 2 = 6$。

和等分一样，儿童相乘的思维，从整数开始，再到连续的量（如长度），最后是分数。分数的概念和程序性知识的学习对儿童非常关键。不同年龄的儿童都表现出缺少分数的基本知识，如不理解整数和分数的关系（Hunting & Davis，1991）导致他们认为 $\frac{1}{4}$ 大于 $\frac{1}{2}$，因为 4 大于 2。有的把分子分子相加，分母分母相加，如 $\frac{3}{4} + \frac{1}{3}$ 得出 $\frac{4}{7}$，都没有发现 $\frac{4}{7}$ 比 $\frac{3}{4}$ 还小。在更初级的水平，没有经过高质量教育的儿童明确知道一个圆的阴影部分是"一半"，但是当问他没有加阴影的部分是多少时，他的回答是"我不知道，什么也没有"。然而，儿童能够也一定会形成对分数，如"一半"的知觉感知（Hunting ＆ Davis，1991）。

表 6.6 中分数的学习路径里给出了年龄，但是跟所有之前的年龄一样，这些只是大概的估计，儿童的发展有很大的个体差异，如，一些小学儿童还没有完全理解 1/2（Gupta，2014）。

也许，特别是对于分数，学习机会是关键，并且对于不同的儿童，学习机会的差异也很大。

## 经验与教育：乘法、除法和分数

儿童当然能在很小的年龄就学会很多关于分享物品和公平分配的经验。如，每个人都有一张纸巾了吗？每个娃娃都有帽子了吗？书给那个最小的儿童了吗？（Lin，2020b）。你可以在表 4.2 中找到对应学习路径前三个水平的教学活动。儿童在入学前也应该有过比 1 个多的"一组"物品的经验，如，讨论 2 个一组的物品，可以使用熟悉的生活用品，如一双袜子、一双鞋子、一双靴子、一副手套等（Young-Loveridge ＆ Bicknell，2018）。

同样，即使在给儿童正式介绍乘法之前，儿童也能解决包含乘法和除法的问题（如分享）。位值便是建立在这些概念的基础上，但还需要有更多的经验，其中重要的一个是面积的测量问题，更多关于这个话题的讨论详见第十一章。

儿童可以解决很多有意义情景下的相乘问题。如，"3 个孩子，每人有一双鞋，那么他们一共有多少只鞋？"（Young-Loveridge ＆ Bicknell，2018）。最近的一项研究表明，某些类型的问题比其他类型的问题更适合儿童。比较有代表的是教师通过使用一个重复相加问题引入乘法，如，"汤姆有 3 个，然后迈克又给了他 3 个，这样，汤姆最后一共有多少个？"。尽管涉及所有类型的一些问题是很有帮助的，但是研究发现，多和 1 的对应问题能更有效地帮助儿童理解乘法的原理（Nunes，Bryant，Evans ＆ Bell，2010），如，"汤姆想在这 4 个花盆里每个里面种 3 朵花，那么他需要买多少朵花？"。听障儿童在入学时往往缺少乘法的相关经验，但同样的教学策略可以帮助他们理解乘法原理（Nunes et al.，2009）。

通过强调使用跳着数、推理策略、交换律（4×7=7×4）、找模式规律等，教师可以帮助儿童逐渐提高乘除法计算的流畅性。

加减法教学的大部分策略也适用于促进儿童乘法计算的流畅性。等一下，为什么不适用于除法？许多人实际上并不知道除法算式，如 56÷7，儿童想的是"几乘 7 是 56……8！"。

更具体些，2×8 当然可以关联到 8+8。数学是一个系统，具有一定结构，各部分之间相互关联，因此，除法可能最好和乘法联系起来进行学习。如，48÷6=＿＿ 可以通过回想 6×8=48 得出结果。

同样学习乘除法，要重视乘法算式的不同形式，儿童也应该学习并使用不同的除的符号，包括 24/8，24÷8，$\frac{24}{8}$。

更多有关乘除法教学的内容可以查阅我们的书《不再疯狂的数学事实》（《*No More Math Fact Frenzy*》）（Davenport et al.，2019b）和网站［LT］[2]。主要的教学活动见表 6.6。

儿童需要基于操作的，与分数有关的概念经验，即便是涉及二分的重复性活动经验（Gupta，2014；Perry & Lewis，2017；Wilkerson er al.，2014）。一定要注意区分整数和分数之间的概念差异，如，认为 $\frac{1}{4}$ 比 $\frac{1}{2}$ 大，因为 4 比 2 大。儿童应该使用离散的实物（如用来数数的物品）和连续量（如圆形）的形态，最好是两者的结合，如条形包装的糖里面可以看到独立的一块块糖，也许开始时可以用来比较容易地理解分数。

丰富的数学语言交流很重要，在儿童学会了口头语言表达之后再慢慢引入符号（如 $\frac{1}{4}$）。同样，东亚语言中的表述更容易理解，$\frac{3}{4}$ 就是 4 分之 3，从 4 个里面分 3 个，而不是让人困惑的"Three Fourth 三第四"（Siegler，2017）。赫布·哥罗斯（Herb Gross）建议使用"形容词－名词"：名词是"Fourth"（分母），形容词是"多少个 Fourth"（如，$\frac{3}{4}$ 就是有 3 个 fourth）。这样的语言强调一个分数是一个数字，不只是几份。（Perry & Lewis，2017）。用数轴线表征分数对二三年级的儿童会有帮助（Hamdan & Gunderson，2017），特别是帮助他们把分数看作可以用来比较的数，这是非常重要却常被忽视的概念和能力。还有诸如第十章和

第十一章里的测量活动也会特别有帮助。

# 乘法、除法和分数的学习路径

乘法思维和有理数的总体是一个复杂而重要的领域（Watts et al.，2015）。

结合许多概念，涵盖在 7 个相关的学习路径中：等分，乘法和除法，作为数值的分数，长度和面积，比值和比率，相似与缩放，以及小数和百分数（Confrey et al.，2014）。在这一章中我们解释了乘法、除法和分数，这些内容都涉及等分问题。

这样我们会发现除法中的等分是学习分数知识的基础。在之后的章节里会涉及长度和面积以及其领域。

《共同核心州立标准》中这些方面的具体目标要求见表 6.5 。

表 6.5　《共同核心州立标准》中乘法、除法和分数的目标

---

**几何 [CCSSMM 中的 1.G]**

**用形状及其属性进行推理。**

　　将圆形和长方形等分为两份和四份，用一半、四分之一（fourths & quarters ）来描述份额，使用短语 "×× 的一半" "×× 的四分之一"（fourth of & quarter of），并将整体描述为两份什么或四份什么。理解这些示例了解等分的份数越多，每一份的量就越小。

**运算和代数思维 [CCSSMM 中的 K.0A]**

**使用等组的物品来初步理解乘法。**

　　1. 确定一组物品（最多 20 个）的数量是奇数还是偶数，如，通过一一对应或对它们进行数数来确定；写一个等式将偶数表示为两个相等的加数之和。

　　2. 用加法求行列摆放的物品的总数，最多五行五列。写一个等式将总数表示为两个相等加数的总和。几何 [CCSSMM 中的 2.G]。

---

续表

**用形状及其属性进行推理。**

1.将一个长方形分成行列排列的大小相同的正方形，然后数一数，说出一共有多少个正方形。

2.将圆形和长方形分成二、三或四等份，用"二分之一""三分之一""××的一半""××的三分之一"等词描述每一份的大小，并将整体描述为两个二分之一、三个三分之一、四个四分之一。认识到同一整体的等份不一定具有相同的形状。

表6.6　乘法和除法以及分数的学习路径

| 年龄（岁） | 发展进程 | 教学活动 |
|---|---|---|
| 0—2 | **基础：非量化的分配（nonquantitative share; foundation）**<br>每次分几个，但不一定给每人分的数量都一样。 | ●家里的数字［LT］²：不同情景下的分享。 |
| 3 | **开始分组和逐次分配（beginning grouper and distributive sharer）**<br>把物品分成几组（每组数量5以内），通过依次逐个分发进行分配，但一般只是两个人之间进行分享，不关注数量结果。 | ●茶话会［LT］²：儿童通过假装分享食物和饮料来探索乘法和除法。 |
| 4—5 | **分组和逐次分配（grouper and distributive sharer）**<br>在公平分配的场景下，把物品分成数量相等的几组（每组数量6以内）。可以和两个以上的人进行等量N分配，但没有明确意识到结果数量的均等（Confrey et al., 2014）。 | ●在动物园喂食［LT］²：儿童要确定如何让每只小动物都有一样多的水果。 |
| 5 | **具体实物模型（concrete modeler）**<br>×/÷：通过分组解决小数目的乘法问题——分组后全部数一下得出结果。使用非正式的方法解决除法或分配问题，也就是使用具体实物，把20个以 | ●买一条糖（实物模型）［LT］²：儿童使用不同面值的钱（1元、5元、10元）去买糖果。 |

续表

| 年龄（岁） | 发展进程 | 教学活动 |
| --- | --- | --- |
| 5 | 内的东西分给2—5个人。通过数数、行列组合或找规律的方式进行等分以验证计算结果。 | |
| 6 | **部分和整体（parts and wholes）**<br>×/÷：在简单的实物情景中能预测除数和商的负相关关系。能把等分的N个小组或部分重组为一个集合或总体，即"和每一组的N倍一样多"。 | ● 买一条糖（实物模型）[LT]²：儿童使用不同面值的钱（1元、5元、10元）去买糖果。他们探索给不同数量的朋友分同样的糖果会得到不同的结果。 |
| 7 | **跳数（skip counter）×/÷**<br>使用叠加、成双成对的物品相加或间隔跳数的方法解决乘法问题和测量分配问题（找出可以分多少份）。使用尝试错误的方式进行量的分配（找出每一份分多少）、预测、演示和验证等分的结果（Confrey et al., 2014）。 | ●跳着数小方块（相乘/相除）[LT]²：儿童使用跳着数的策略数叠起来的小方块。 |
| 8-9 | **算式推导（deriver）×/÷**<br>使用策略、模式、拆分（如12×2=10×2+2+2）和算式推导，如，乘9就是乘10-1或者7×8是由7×7+7而来。通过分别计算十位数和个位数解决多位数运算问题。分配同一数量物品，对因人数改变带来的每一份数量的变化进行量的预测（反向变化，Confrey et al., 2014）（更高的水平见[LT]²）。 | ● 相乘关系[LT]²：儿童用他们已知的一个乘法算式的知识解决另一个相乘的算式。（使用2×3=6来计算4×3） |
| 0-2 | **分数**<br>**基础：早期的比例思考**<br>对比例有直觉的感知（Resnick & Singer, 1993）。把一个玩具埋在沙 | ● 一半和一半[LT]²：把东西分成相等的两部分。当儿童理解语言时，跟他说"一半给你，一半给妹妹"等类似的话。也要一起讨论整体，如把一个苹 |

续表

| 年龄<br>（岁） | 发展进程 | 教学活动 |
|---|---|---|
| 3—4 | 盒的一侧，并把沙盒放在一边，儿童会移到与沙盒大约相同比例的位置开始挖玩具（Huttenlocher, Newcombe, & Sandberg, 1994）。 | 果切成两半，并描述说"这是一个完整的苹果吗？不，只是一半！（把两半合在一起）这才是刚才完整的一个苹果……"。等分的经验（以上例子是离散量）和前面章节中，特别是空间、几何和测量的经验，都能促进这一直觉能力的发展。 |
| | **形状等分**（shape equipartitioner）<br>能把形状作为一个整体进行等分，如一个圆或长方形（Confrey et al., 2014）。 | ● 分蛋糕[LT][2]：儿童在用纸做的蛋糕上划线来和一个朋友进行等分。如果分的两半不一样，告诉儿童两半要一模一样（如果是全等的图形，大小和形状都会一样）或者一样多。类似的情景还有两个儿童想在同一张纸上涂颜色。和儿童讨论可以将纸分开，为了公平，两人要大小一样，因此把纸分切成相同的两半，分食物时也一样，儿童非常想要均分（公平）。其他的情景下还可以把橡皮泥平均分成两份、三份和四份。<br>● 对称的两半[LT][2]：观察周围的环境，特别是儿童的画和搭建的作品或者制作的对称图形（如用纸做成心形），跟儿童讨论"看，它们是一样的"（如果可以把两半上下对齐叠在一起）。 |
| 4—5 | **认识二分**（half recognizer）<br>至少能通过连续量（如面积）的表征认识两半，特别是在公平分配的情景下（Wilkerson et al., 2014）。当对奇数个物品进行平分时知道需要1/2。能直觉或视觉地把整体的一部分合并，这是学习加法的初步基础（Mix, Levine, & Huttenlocher, 1997）。 | ● 给小狗平分食物[LT][2]：给儿童两个一模一样的玩具狗，狗喜欢吃面包（或者给两个娃娃喂巧克力棒），给儿童一个纸做的三角形面包，告诉他们要给两只狗吃一样多的面包。拿出一个盘子，里面装有同样的面包，但切成了两半，问儿童把这两半的面包给狗是否公平。用不同的盘子尝试，包括装有正确的两半的面包（两半一样，边和角都能对齐）的盘 |

| 年龄（岁） | 发展进程 | 教学活动 |
|---|---|---|
| 4—5 | **认识单位分数（unit fraction recognizer）**<br>在简单的离散量（可以数的物体）或可能的连续量（如面积）的表征中认识 $\frac{1}{2}$、$\frac{1}{3}$ 和 $\frac{1}{4}$，并直觉地理解它们是由一个整体等分而成的，能够对等分的一份进行分数命名（Confrey et al., 2014）。 | 子，还有盘子里是错误的，也把面包分成了两半但不均等（一个大一个小）。讨论哪些是公平的，并强调一个分数是一个数，不是几块。<br>• 分数的图形拼图 [LT][2]：根据儿童的水平用二维平面图形组合（如图片拼贴），让他们制作形状拼图，并用分数语言描述他们的作品。可以拓展语言，比如问多少半组成一个整体。见表 9.2。 |
| 7 | **分数识别（fraction recognizer）**<br>在熟悉的连续量和离散量情景中能识别简单（小分母）分数。<br>**用单位分数组成分数（fraction maker form units）**<br>能用等分的几部分和对应的单位分数的多次重复表示一个分数整体（Steffe & Olive, 2010）。用书面分数符号标记该分数。比较不同的分数并能说出哪个是较大的分数。 | • 给小狗分食物 [LT][2]：给儿童两个一模一样的玩具狗，狗喜欢吃面包。告诉他们要给两只狗吃一样多的面包。展示两个盘子，一个盘子里是切成两半的圆形面包，另一个里是切成四等分的面包。给一只狗 $\frac{1}{2}$ 的面包并让儿童想办法给另一只狗同样数量的面包（从四等分的盘子里）（McMullen, Hannula-Sormunen & Lehtinen, 2014）。<br>• 切分长方形 [LT][2]：儿童用两种颜色的正方形拼出不同的长方形，有的长方形是由等分的两半组成的，有的不是。从 6 块开始，要求他们用组合的方式呈现等分两半的和不能分半的长方形。尝试用 7 块正方形拼出二等分的长方形（不可能）。让他们用自己选择的其他数目的正方形组合分半。作为一项挑战，让他们说出不能分半的组合用什么分数表示。使用彩色正方形制作长方形的 $\frac{1}{4}$ 和 $\frac{1}{3}$，重复以上基本活动。儿童将他们的组合复制到方格纸上以供讨论展示。如，他们从 8 开始，4 种颜色各 2 次。 |

续表

| 年龄（岁） | 发展进程 | 教学活动 |
|---|---|---|
| 7 | **分数的组成（fraction maker）**<br>能用等分的几部分和对应数量的单位分数或非单位分数（只要不大于总体分数，是总体的一个部分即可）表征一个分数。使用实物模型比较常见的分数。 | （Aker，Battista，Good row，Clements，& Sarama，1997）。<br>• 图形切分 [LT][2]：根据儿童的水平用二维平面图形，让他们组合和切分图形拼图，用分数语言描述他们的作品。扩展语言，如询问 $\frac{1}{3}$ 或 $\frac{1}{2}$ 哪个更大。平面图形组合和切分的学习路径请参阅表9.2。 |
| 8+ | **分数叠加（fraction repeater）**<br>使用单位分数和非单位分数的重复叠加表示一个分数，包括结果大于总体的情况。从理解分数是整体的一部分，深入理解分数是把相关的总体作为参照的一个数字。理解同分母的分数可以用单位加减，使用数轴等模型比较简单的常见分数——理解当两个分数代表整体的相同部分或在数轴上具有相同长度时，它们是相等的。<br>**分数运算（fraction arithmetic）±**<br>使用实物模型计算常见的简单分数的加法和减法。<br>**分数运算（fraction arithmetic）×/÷**<br>使用矩形行列模型将简单的常见分数相乘。<br>**分数和整数排序（fraction and integer sequencer）**<br>将简单比率表示为百分比、分数和小数。对整数、正分数和小数排序。 | • 跳数字、爬分数 [LT][2]：准备大量数轴线（如在户外可以用粉笔画线），让儿童假装是兔子可以轻松地从一个数字跳到另一个数字。然后让他们假装是缓慢爬行的乌龟。当儿童爬到了1的一半时，问："你现在在哪里？""$\frac{1}{2}$！"<br>接下来，介绍单位分数（$\frac{1}{4}$ 或 $\frac{1}{2}$）在数轴上的位置，如图所示（Hamdan & Gunderson，2017）。<br><br>给儿童一个预先分段的数轴线（可以在 [LT][2] 上找到）并让他们涂上正确的线段数，通过画阴影线来标记分数，将分数写在阴影线标记上方。随后给儿童一个未分段的数轴线，让他们分段、画阴影线，把分数放在正确的位置。将正在使用的每个分母的数轴线分别排列，并将它们垂直排列以便两端的0和1对齐。稍后，当儿童比较分数时可以返回查看。 |

| 年龄<br>（岁） | 发展进程 | 教学活动 |
|---|---|---|
| 8+ | | • 图形的分块组合，$[LT]^2$：在儿童平面图形组合的最高水平，用分数语言描述他们的作品。扩展语言，如让他们描述用代表不同分数的图形组合六边形的多种方式（6个$\frac{1}{6}$、3个$\frac{2}{3}$、2个$\frac{1}{2}$，还有1个$\frac{1}{2}$和3个$\frac{1}{6}$、2个$\frac{1}{6}$和2个$\frac{2}{3}$，等等）。见表9.2。<br><br>• 分享核仁巧克力饼，$[LT]^2$：儿童将长方形的核仁巧克力饼切开，分别等分给4个人、8个人、3个人和6个人。他们将纸折成相应的份数，每个部分都显示的是单位分数。然后他们会发现"分数事实"，如$\frac{1}{4}+\frac{1}{4}=\frac{1}{2}$和$\frac{1}{2}+\frac{1}{4}+\frac{1}{4}=1$。用纸剪下单位和非单位部分来比较分数，如比较$\frac{2}{3}$和$\frac{1}{2}$或$\frac{3}{4}$。他们还分享了不止一个核仁巧克力饼，发现3个朋友分享2个核仁巧克力饼，每人得到$\frac{2}{3}$，如果2个朋友分享3个核仁巧克力饼，每人得到$1\frac{1}{2}$（Tierney & Berle-Caman，1997）。<br><br> |

续表

| 年龄<br>（岁） | 发展进程 | 教学活动 |
|---|---|---|
| 8+ | | • 在数轴线上标分数［LT］²：使用（或通过折叠制作）矩形区域和符号表示分数，儿童将它们剪下来并按顺序面朝下放在地板上（不显示分数）。先只用单位分数，让他们命名每个分数，将卡片翻过来验证。他们会注意到一个数字模式（分数越大，分母越小）。添加非单位分数，再重复以上过程。然后，他们可以在电线或墙上标分数（Tierney & Berle-Caman，1997）。完整说明和材料请参阅［LT］²。<br><br>（图示：矩形区域分数卡片，分别表示 1/2、1/3、1/4、1/6、1/8 等分数） |

# 结语

到此为止，我们的讨论一直侧重于数。然而，在数概念中似乎存在着很强的空间成分，早期的数概念尤其如此。如一些研究表明，儿童最初的数量认知的核心是空间。本章中的十进制积木等操作材料和数轴线等表征方式也都是空间的。空间和图形的知识，本身就与数的知识同等重要，甚至更重要。第七章将介绍空间思维，第八章、第九章将具体介绍几何思维。

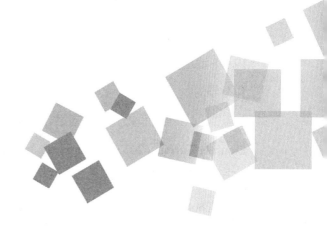

# 第七章　空间思维

往下读之前，请思考一下：看到本章标题时，你觉得空间思维应该包含哪些内容？在你平常的一周时间里，你都会怎样空间地思考？其中哪些你认为可以算作数学的？

空间思维很重要，它是对数学能力有贡献的一项基本的人类能力（Gilligan，Flouri & Farran，2017；Manginas，Nikolantonakis & Papageorgioy，2017；Mix et al.，2016；Verdine，Golinkoff，Hirsh-Pasek & Newcombe，2017）。如，幼儿期（preschoolers）的空间技能可以预测后续的数学知识，甚至控制了早期的数学知识（Rittle-Johnson，Fyfe & Zippert，2018b）。然而，空间思维对于科学、工程与技术（即 STEM 中的前三个学科）以及读写也很重要（Hawes，LeFevre，Xu & Bruce，2015；McGarvey，Luo & Hawes，2018；Simmons et al.，2012b；Verdine et al.，2017）。

然而，空间思维与数学的关系并不简单。有时候视觉思维是好的，但有时候却不是。如，很多研究表明，具有某些空间能力的儿童数学能力更强（如，The Spatial Reasoning Study Group，2015c）。

但是，其他研究则显示，以语言—逻辑方式加工数学信息的儿童，他们的表现优于以视觉方式进行加工的儿童（Clements & Battista，1992a）。同时，数学思维中的表象过于具体也会带来麻烦。

到了第八章我们会详细介绍，一个概念可能出现和某个单一表象联系过于密切的情况。如，把三角形的概念跟底边水平的等边三角形这样的单一表象联系在一起，会制约儿童的思维。

因此，空间能力对许多数学内容的学习都很重要，但它所起的作用却难以捉摸，即便在几何中它的影响也是复杂的。空间能力主要有两种空间定向与空间视觉化（Bishop，1980；Harris，1981；McGee，1979）。空间定向领域有大量的研究，我们将首先探讨这一领域，随后探讨空间视觉化与表象。

# 空间定位

> 捣蛋鬼丹尼斯在地图上看他们一家开车途经哪里，他一副很震惊的样子说："两天？才走了三英寸？"

> ——利本（Liben，2008）

空间定位是指你知道自己在哪儿以及应该怎么走，也就是说，理解空间中不同位置间的关系。空间定位最初是基于你自己的位置和运动，最终会基于包括地图和坐标系在内的更抽象的视角。空间定位这一基本能力不仅与数学知识有关（Gunderson，Ramirez，Beilock & Levine，2012；Leavy，Pope & Breatnach，2018b；Van den Heuvel-Panhuizen，Elia & Robitzsch，2015），还与我们怎样记忆事物有关。

和数一样，空间定位被研究者看作是一个核心领域，其中有些能力是与生俱来的。如，婴儿能把自己的视线聚焦在某个物体上，随后他们的视线开始跟随运动的物体；学步儿能运用自身所处环境的整体形状信息完成定位任务。而且，和数一样，有些空间定位能力是人与动物共有的。如，小鸡能运用周围环境的几何信息完成自身的再定位（Lee，Spelke & Vallortigara，2012；Vallortigara，Sovrano & Chiandetti，2009）。此外，和数一样，这些早期能力会随着经验和社会影响而发展。儿童会怎样理解、表征空间关系和导航（navigation）呢？他们什么时候能表征这些知识并最终把它们数学化呢？

## 空间定位能力的发展

### 空间位置与直觉导航

儿童的心理地图是什么样的？不管是儿童还是成人，都不是真的在脑海中有张地图，也就是说，他们的心理地图并不是一张纸质地图的心理图像。不过，人们在认识空间的过程中确实会形成个人独特的知识。他们会发展出两种空间知识：第一种是基于自己的身体——基于自身的参照系；第二种是基于其他物体——基于外部的参照系。随着儿童的发展，这些参照系的关联日益密切。两种参照系都有初期和后期两个类型。下面将分别进行介绍。

### 初期的基于自身和外部的参照系

基于自身的参照系与儿童自身的位置和运动有关。初期的类型是反应学习（response learning），儿童会注意到与特定目标相关的运动模式（Newcombe & Huttenlocher，2000）。如，儿童会逐渐习惯于从餐椅上向左看，看家长做饭。

基于外部的参照系是以环境中的地标为基础的。地标通常是熟悉且重要的事物。儿童通过线索学习（cue learning），把一个事物与附近的地标联系起来，如，玩具在沙发上。在生命最初的几个月里，儿童就具备了基于自身和基于外部这两种类型的参照系。

### 后期的基于自身和外部的参照系

后期的基于自身的参照系是路径整合（path integration），这时儿童能记住自身运动的大致距离和方向，也就是说，他们能记住自己走过的路线。早在 6 个月大的时候（当然 1 岁时更是如此），儿童就能在移动自己的身体时，比较准确地运用这一策略。年龄较小的学龄儿童能画出从家到学校简单的地标式地图（landmark map）（Thommen，Avelar，Sapin，Perrenoud & Malatesta，2010）。

更有效的基于外部的参照系是位置学习（place learning），它和人们对心理地图一词的直觉印象最为接近。儿童会记住某个位置相对于地标的距离和方向，据此储存它的方位信息。如，儿童在寻找玩具时会以房间的四面墙作为参照系。

空间定位能力为将来学习坐标系奠定了早期的、内隐的基础。这一能力从人生的第二年就开始发展，并在随后的一生中不断完善。随着儿童的发展，他们能越来越好地运用上述每一类空间知识，还知道在什么情况下应该运用哪种空间知识，他们还会对这四类知识进行整合。

### 空间思维

在人生的第二年，进行符号思维所需的关键能力开始发展。这些能力支持了多种数学知识的发展，包括外显的空间知识。如，在观察物体时，儿童学会采用他人的视角。他们不但学会协调观察物体的不同视角，还会运用外部参照系（就像在位置学习中那样）来产生各种视角。

#### 大范围环境中的导航

儿童还能学会在较大环境中导航。这需要整合多种表征，因为不管从哪个视角都只能看到部分地标。学前班儿童中只有年龄较大的能知道熟悉的路线上各地标间的相对距离，从而掌握成比例的路线。不过，至少在某些情况下，年龄较小的儿童也能将不同的位置以某种关系沿着路线摆好（如，他们能从一个地点指出另一个地点，即便自己没有亲自走过连接二者的路）。

即使3.5岁的儿童也能在教室里准确地往返于自己的座位和教师的桌子之间。

自主产生的运动非常重要。如果不运动，年幼儿童就无法想象出同样的运动，也不能准确地指出某个地点；但是当他们实际行走、转弯时，就能想象和再现这些运动，并准确地指出某个地点。也就是说，他们能够建立这些地点的心理表象并运用这些表象，但这一能力只有通过身体运动才能表现出来。学前班至一年级的儿童，需要借助地标或边界才能完成这类任务。到了三年级，儿童就能运用更大、包含更多内容的参照系（观察者位于情境中）。

可见，这些复杂的概念和技能是随着年龄而发展的。然而，成人的空间概念也不是完全准确的。如，所有人都会直觉地将空间视为以自己的家（或其他熟悉的地点）为中心。人们还会觉得离中心越近，空间密度越大，因此，同样的距离，离中心越近，给人的感觉越远。

#### 空间语言

英语儿童学习新的空间词汇（如，on、in front of）或理解已知的空间词汇时，往往会忽略事物的具体形状。而当他们学习新的物体名称时，他们往往会对它的具体形状给予同样多的关注。如，给 3 岁儿童呈现一个放在盒子边的陌生物体，告诉他们 "This is acorp my box"，他们会关注这个物体相对盒子的位置而忽略它的形状。他们相信 acorp 指的是一种空间关系。如果告诉他们的是 "This is a prock"，他们就会关注这个物体的形状。

英语儿童学会的第一批空间词汇，包括里（in）、上（on）、下（under），还有竖直方向上的词汇上（up）、下（down）。这些词汇最初的含义是空间关系的变化。如，上（on）最初不是指某物在另一物上面，而是把某物贴着另一物放的动作。

第二批词汇是接近性的，如，旁边（beside、next to）、中间（between）。第三批是涉及参照系的，如，前（in front of）、后（in back of、behind）。儿童学会左、右则要晚得多，他们在许多年中一直会混淆二者，通常直到6—8岁才能充分理解（不过学前班儿童关注这些词汇有助于他们的自身定位）。

到 2 岁时，儿童已具备学习空间语言所需的许多空间能力。此外，有些人注重让儿童学习事物的名称，其实相比之下，儿童运用空间词汇要更频繁，而且往往更早。而且，即便是 19 个月的婴儿发出的一个单音节词，如，"in"，它实际反映的空间能力比我们的第一印象要更为广泛，因为相关的情境很多，如，想爬到购物车的婴儿座里时说 "in"，在沙发垫子底下寻找他刚刚放到垫子缝隙里的硬币时说 "in" 等。

## 模型与地图

儿童从几岁起开始运用和理解空间表征？从俯视的角度观察后，连 2 岁儿童都能找到障碍物后面的妈妈。但只有到了 2.5 岁后，儿童才能在看了相应空间的图片后找到玩具的位置。3 岁时，儿童能用玩具（如房子、汽车、树木）搭建一些简单却有一定意义的模型，不过这一能力直到 6 岁时仍很有限。如，幼儿在搭建自己教室的模型时，能把材料正确地分区（如把表演区的材料放在一起），但却考虑不到区和区之间的联系。类似地，从 3 岁起（到 4 岁更是如此），儿童能理解地图上人为规定的符号，如，蓝色的长方形代表蓝沙发，或 X 表示一个点；在另一张地图上，他们能认出线条表示道路，但可能会把网球场看成一扇门。在简单情境中，他们能借助地图进行导航，即沿着某条路线走。

概括地说，有四个关于地图的空间概念（Sarama & Clements，2009）：身份——什么对象、位置——在哪儿、方向——往哪儿走、距离——走多远。对于对象和位置，儿童从 3—6 岁起就能识别地图中的地点、地图和航拍照片中的景观特征（landscape features），并在地图上定位自己熟悉的地点。他们可能还会运用地标来确定各个地点或事物在地图中的位置，但是如果地图的方向与真实世界不一致（the map is not well aligned to their real world），他们就很容易弄混地图中的各个地点。7—9 岁儿童能在地图中更准确地定位地点和场景特征，不过他们对于熟悉的地点表现得更好，且在运用地标确定地点方面表现得不够一致（inconsistent）。他们开始更好地理解网格图（grid）或坐标系（Solem，Huynh & Boehm，2015）。

对于方向和距离，3—6 岁儿童能理解相对距离，如近、远、挨着，在有提示的情况下还能在地图上开始运用相对方向。如果地图的方向与真实世界不一致，他们就可能会混淆各种方向。7—9 岁儿童能够更好地理解具体的方向和距离（Solem et al.，2015）。关于儿童逐年发展的更多细节，参见表 7.3。

## 坐标系与空间构造（spatial structuring）

在成人提供坐标系并指导儿童使用的情况下，那么即使是幼儿，也能运用坐标系。但在面对传统任务时，他们乃至更大的儿童都没有能力（或不会自发地）制作和运用坐标系。

要理解空间可以组织成网格图或坐标系，儿童必须学会空间构造。空间构造是对空间中的一个或一组物体构建其组织形式的心理操作。儿童一开始会把网格图看成一组方格，而不是两组互相垂直的线；逐渐地，他们认识到网格图是按行、列组织起来的，开始理解网格图中的顺序关系和距离关系。对坐标系而言，坐标值必须与网格线联系起来，并以有序的坐标的正确形式跟网格图上的点联系起来。最终，这些认识也要和网格图的顺序关系和距离关系整合起来，把它们理解为一个数学系统。

### 空间视觉化与表象（spatial visualization and imagery）

视觉表征在我们的生活中是非常基础而重要的，在数学的大部分领域中也是如此。空间表象是对物体的内部表征，与真实物体相似。与表象相关的心理过程有四个：生成表象；检查表象，回答与该表象有关的问题；保持表象，以便进行其他心理操作；变换表象。

空间视觉化能力是生成和操作（包括移动、匹配、合并）二维和三维物体的心理表象所涉及的心理过程，其目的是探索和交流各种想法。空间视觉化可以指导人们在纸上或计算机屏幕上绘制图画或示意图。如，儿童可以生成某个几何图形的心理表象，保持这一表象，然后（可能要在更复杂的图形中）寻找和它相同的图形。为了做到这些，他们可能需要对该图形进行心理旋转，这是儿童需要学习的最重要的变换之一。这些技能直接支持了几何、测量等主题的学习，但也可用于其他各个数学主题的问题解决（如算术中数字线的使用）。

## 空间视觉化与表象能力的发展

### 什么在发展

儿童移动心理表象的能力确实在不断发展，这一过程从他们 22 个月时就开始了（Örnkloo & von Hofsten，2007b）。他们最初的表象是静态的，而非动态的。这些表象能在心理上再现，甚至可以检查，但不一定能变换。只有动态的表象，才能让儿童在心理上将一个图形（如一本书）的表象移动到另一个地方（如书架上，看这么放合不合适），或在心理上移动（平移）、旋转一个图形的表象，从而把它跟另一个图形做比较。对儿童来说，平移似乎是最简单的，然后是旋转和翻转。不过，变换的方向也会影响旋转和翻转的相对难度。任务不同，儿童的表现也不同，这是自然的；如果任务简单而且有线索，如，图形边缘有明确的标记，且没有翻转后的图形这样的干扰项，那么连四五岁的儿童也能完成旋转任务。心理旋转能力与儿童后续的算术能力有关（Zhang & Lin，2015）。其他研究者则主张，表象也能支持儿童后续从算术到代数的过渡（The Spatial Reasoning Study Group，2015c）。

或许是由于阅读教学，一年级儿童对镜像字母（如 b 和 d）的区分要比幼儿园儿童好，但他们也会把几何图形之间方向上的差别看成有意义的，而实际上并不是这样（正方形旋转后并不会变成菱形！，见第八章）。因此，需要在不同的情境中明确讨论，图形的方向和把两个图形叫作"一样的"什么时候有关，什么时候无关。

研究表明，先天失明者与视力正常者的表象在有些方面相似，在有些方面不同。如，他们能通过触摸和运动来建立物体的表象，包括它们的空间范围或大小。不过，只有视力正常者才能根据距离的不同对物体生成不同大小的表象，这样表象就不会溢出固定的表象空间；他们生成的物体表象所处的距离，跟真实物体所对着的视角是相同的。因此，视觉表象的有些方面是视觉性的、先天失明者不具备的，但有些方面可以通过多种模块激活（Arditi，Holtzman & Kosslyn，1988）。

对于特定的技能存在公平性问题（Equity issues arises with special skills）。来自低资源社区的儿童，或女孩、视觉工作记忆能力较低的儿童，从培养空间视觉化能力的特定干预中获益更多（Carr et al.，2018）。

### 表象类型与数学问题解决

表象有多种类型，根据其特征和儿童运用方式的不同，有些是有益的，有些是有害的（请参阅 Toll & Van Luit，2014b）。高成就儿童的表象具有一个概念性和关系性的核心。这些儿童能把不同的经验联系起来，从中抽象出共同点。学习机会较少的儿童的表象往往是以表面特征为主。 教学或许能帮助他们发展出更成熟的表象。

• 图式表象( schematic images )更全面、抽象，包含了与该问题相关的空间关系，从而可以支持问题解决（Hegarty & Kozhevnikov，1999）。

• 儿童的图画表象（pictorial images）无助于（实际上会阻碍）问题解决，儿童表征的主要是问题情境中事物或人表面上的视觉特征。如，在面对以下的问题"在一条笔直的路两端，一个人分别种下一棵树，然后他沿着路每隔 5 米就种一棵树。这条路长 15 米，能种几棵树？"时，研究者发现，高成就儿童报告的是他们的图式表征中的数学关系，如，"我（心里）有张道路的图，没有树，每隔 5 米就有个东西，不是树，只是某个东西"。其他儿童报告的则是图画表征，如，"我只看见一个男人沿着路在种树"。如果让他们画图，二者的区别如图 7.1 所示。

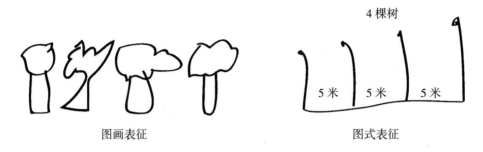

图 7.1 "沿路种树"问题的图画表征和图式表征

## 经验与教育

空间能力在儿童早期本应得到明显的发展，但是发展速度和达到的能力水平高度依赖于家庭和学校中空间活动、空间语言和学习机会的可及性（National Research Council，2009）。遗憾的是，在家庭和学校中，许多儿童难以接触良好的空间经验（Verdine et al.，2017）。

有的读者可能接触过这样的观点，即人们要么有，要么没有空间能力（Newcombe，2013）。但是，空间推理能力是可教的、可学的，而且这样的教学是有效的！所有年龄的人，包括幼儿，都能基于各种聚焦式的空间经验获得可观的发展（Uttal et al.，2013）。令人印象深刻的是，这样的干预能让具备工程师所用的空间技能的人数翻倍（Uttal et al.，2013）。

## 空间定位、导航与地图

对所有年龄的儿童来说（对最年幼的儿童尤其如此），运动的经验有利于成功完成空间思维任务。这意味着对所有年幼儿童来说将此类经验最大化是颇有益处的；这一点似乎不言而喻，但有些机会并不是人们目前愿意提供。如，在某些社会中，年幼的女孩只被允许在自家院子里玩耍，而同龄的男孩则被允许探索周围的环境。因此，考虑所有的可能性是很重要的，就像表 7.1 中对于最年幼的儿童那样。

表 7.1　为婴儿及更大儿童提供的非限制性运动的机会（选自 Leavy et al.，2018b）

| | |
|---|---|
| ● 在地板上玩 | ● 拉着东西坐起来 |
| ● 抓住头顶悬挂的好玩的物品 | ● 把头伸到肚子上方看好玩的物品 |
| ● 当婴儿爬得更熟练时，提供软积木，供其翻越 | ● 躺着够自己的脚（尝试吮脚趾） |
| | ● 尝试翻过去再翻过来 |
| ● 在海洋球池里坐着，稍后蹦跳 | ● 匍匐爬过隧道或打开的纸箱 |
| ● 滚和追不同大小、质地的球或水瓶，里面装有不同的填充物（如大米）或不同量的水（加入亮片、食用色素） | ● 推装着积木的婴儿车（而非坐在带脚轮的学步车里） |
| | ● 拉着东西站起来，靠近镜子 |
| ● 推和拉玩具、小型购物车 | ● 骑三轮车或其他带斗的交通工具来运输物品（较大的学步儿） |

为了发展儿童的空间定向能力，布置校园环境时应在教室内外都做一些有趣的设计。可提供大型装置，包括用大纸箱、木板、积木搭建的足以供儿童进入的结构，支持学步儿和幼儿园儿童（preschooler children）用多种方式进行探索。还可以开展各种促进空间感发展的活动，如爬梯子、翻越障碍（Meaney，2016），匍匐爬过隧道，推着或骑着小车（carts）、三轮车等轮式交通工具绕着其他物体走，或在这些物体中间穿行（Leavy et al.，2018b）。这些做法，可以为儿童提供充分（而非过多）的支持（这方面精彩的叙述和讨论参见 Meaney，2016）。同时，也应在地标和路线方面提供偶然的和有计划的经验，并经常讨论各种尺度上的空间关系，包括区分自己的身体部位、区分各种空间运动（向前、向后）、找到丢失的东西（在紧挨着门的桌子下面）、整理物品、远足后找到回家的路。语言的丰富性非常重要。

儿童还需在模型和地图方面得到专门的指导。学校的经验非常有限，无法将地图技能与其他课程领域（包括数学）建立联系。绝大多数学生过了儿童早期仍然不能有效地使用地图。在校园中寻宝是一个富有成效的情境，可以引导儿童绘制自己的地图。

研究就如何帮助儿童建立这些联系给出了若干建议。提供关于使用地图的指导，明确地将真实空间与地图建立联系，包括真实物体与地图上图标的一一对应，都可以帮助儿童理解地图和符号。运用倾斜视角的地图（图上的桌子能看到桌腿）能改善学前班儿童随后在平面地图（鸟瞰图）任务上的表现。对于非常小的儿童，告诉他们模型是把某一空间放到"压缩机"里得到的，可以帮助他们把模型看作对这一空间的符号表征。

此外，还可以在非正式活动中鼓励儿童用模型玩具来制作这一空间的地图。儿童可以用树、秋千和沙箱的剪纸，在毡板上摆出一幅简单的操场地图。这诚然是良好的开端，但模型和地图最终不应停留在简单的图标式图画地图，而应该挑战儿童去运用几何对应物，应该帮助儿童把地图符号在抽象层面和具体感知层面的意义联系起来（Clements，1999；也可参看第十六章对这些术语的解释）。

与之类似的是，许多儿童的困难之处不在于对空间的理解，而在于具体感知的参照系和抽象的参照系之间的冲突。要引导儿童①发展建立空间中物体关系的能力；②扩展这一空间的尺度；③将空间信息初级和高级的意义及其运用联系起来；④发展心理旋转能力；⑤超越"地图技能"，在当地进行真实的地图运用（Bishop，1983）；⑥发展对地图中的数学的理解。

要和儿童共同提出下面四个数学问题：方向——往哪儿走，距离——走多远，位置——在哪儿，身份——什么对象。回答这些问题，儿童需要发展多种技能。他们必须学会处理抽象、概括、符号化等绘图过程。有些地图符号是图标性质的，如飞机表示机场；有些符号更为抽象，如以圆圈代表城市。儿童最初会用建筑模型来制作地图，然后可以画图表示物体的布局，之后可以用实景缩小版的地图，最终能够使用有抽象符号的地图。即便对于年幼儿童，有些符号也是有益的。过度依赖直观的图片和图标会阻碍儿童对地图的理解，如，会使儿童以为地图上标记为红色的道路实际上真的是红色的（Downs，Liben & Daggs，1988）。与此类似，儿童需要对方向和位置发展出更为成熟的概念。儿童应该掌握环境中的方位，如上空（above）、上面（over）、后面（behind）。他们应该发展导航概念，如向前、向后、直走、拐弯。年龄稍大的儿童可以在教室内部的简单路线图中表征这些概念。

以上面的开端为基础，儿童可以发展其他导航概念，如左、右、前，以及地理方向，如东、西、南、北。视角和方向与地图和真实世界的一致程度是特别重要的。任何年龄的儿童中都会有人在使用和真实世界不够一致的地图时出现困难。同时，他们需要补充视角方面的具体经验。如，可以让他们从不同视角辨别积木的结构，匹配同一结构不同视角的画像，或找出某张照片是从哪个角度拍摄的。这类经验有助于解决视角混淆的问题，如，学前班儿童在航拍照片上看到建筑物的门和窗的情况（Downs & Liben，1988）。应循序渐进地引入这些任务。几何中的现实主义数学教育流派大量使用了有趣的空间任务和地图任务（Gravemeijer，1990），但遗憾的是，对其教育效果的研究很少。小学生能以数学的方式制作地图，表征位置和方向。三年级儿童在制作操场地图时，可以从最初的基于直觉的图画转而使用极坐标（用角度和距离来确定一个位置）（Lehrer & Pritchard，2002）。步测促进了对特定方向上的长度的描述，绘制地图使得儿童能对这一空间进行描绘。儿童了解到原点、比例等概念的有用性，以及多个位置之间的关系。将身体运动、纸笔任务和计算机任务结合起来，能促进数学技能与地图技能的发展。这类空间学习可能非常有意义，因为它可以和年幼儿童移动自己身体的方式一致（Papert，1980）。如，儿童可以在玩 Logo 乌龟①的过程中抽象、概括方向和其他地图概念（Sarama & Clements，2019b）。向乌龟发出类似向前 10 步、右转、向前 5 步这样的指令，他们可以学会定向、方向、视角等概念。如图 7.2 所示的寻宝游戏中，会给儿童一个清单，上面的物品都是乌龟需要找到的。从网格图的中心开始，他们要命令乌龟向前 20 步，右转 90 度，向前 20 步——汽车就在那儿。现在他们找到了汽车，就可以给乌龟发出其他指令去找别的东西了。幼儿园至小学的儿童同样也能从针对其年龄所设计的可编程机器人（Palmér，2017）和其他基于路径的游戏（Lin & Hou，2016）中获益。

走过这些路线，随后在计算机上再现它们，有助于儿童对自己的导航经验进行抽象、概括和符号化。如，一名儿童在对路线的几何概念进行抽象时，他说"路

---

① 作者开发的一个教学软件的名字，以下对 Logo 均未翻译。——译者注

线就像虫子从紫色颜料上爬过后留下的痕迹"（Clements et al.，2001）。Logo 还可以控制地面上的乌龟机器人，对某些人群有特别的益处。如，失明或弱视的儿童可以使用计算机控制的地面乌龟来发展左右等空间概念和准确的对向运动（facing movements）。

很多人认为地图是透明的——任何人都能立即看穿地图所代表的真实世界。事实并不是这样。儿童对地图的误解为此提供了明确的证据。如，有些儿童以为地图上的河是一条路，有些认为地图上的某条路不是路，因为"它太窄了，没法并排走两辆车"。

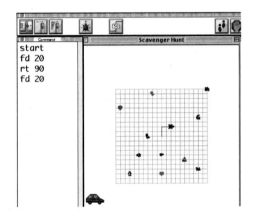

**图 7.2　乌龟数学（Turtle Math）中的寻宝游戏（Clements & Meredith, 1994）**

坐标系

儿童需要学会理解网格标签代表的意思并最终把它们量化，为此他们需要把自己数数的动作和这些量、标签联系起来。他们需要学会在心理上把网格图构造为用概念尺（conceptual rulers）（心理数线——见第十章）进行分割和测量的二维空间。也就是说，他们需要把坐标系看作以两条互相垂直的数字线来组织二维空间——每个位置都是两条数字线上的坐标值相交之处。

一开始，真实情境有助于坐标系的教学，但在整个教学过程中应该清晰表达出数学目标和视角，而且当儿童不再需要时应尽早撤去这些情境（Sarama，Clements，Swaminathan，McMillen & González Gómez，2003）。计算机环境能进一步促进儿童能力的发展，并使他们意识到清晰概念和精确工作的必要性。打开和关闭坐标网格，可以帮助儿童形成坐标系的心理表象。基于坐标系的计算机游戏（如战舰）能帮助年龄较大的儿童学习位置概念（Clements et al.，2003）。如果儿童输入一个坐标以移动某物却发现它往相反方向走了，这时他得到的反馈是自然的、有意义的、非评判性的，因此非常有用。

Logo 既能帮助儿童学习路径（基于自我的参照系，以自己的运动和所走路线为依据），也能帮助他们学习坐标（基于外部的参照系）概念，以及如何区分二者。移动 Logo 乌龟的一种方式是给它"向前 100"和"向右 90"这样的指令。这种路径视角不同于坐标指令，如，"setpos〔50 100〕"〔把位置设定为坐标（50，100）〕。图 7.3 展示了莫妮卡的叠层蛋糕项目。

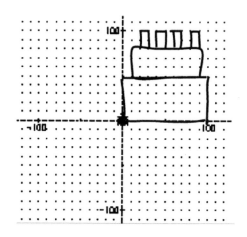

莫妮卡选择叠层蛋糕任务作为自己的项目。她在点阵图纸上画出了自己的计划，如上图所示。

她数点阵图纸上的空间，确定了蛋糕层数以及蜡烛的长和宽，轻松写出了它们的长方形程序。

在计算机上画出底层蛋糕后，她尝试了 jump to [1 10] 和 jump to [0 50]，说："我在这一点上总是有点小问题。"她细心地 10 个 10 个数，发现需要的是 jump to [10 50]。

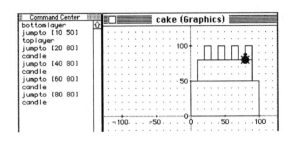

这时她打开了网格图工具，说："现在开始变难了。"她打算用 jump to [10 70]，但是看到乌龟最后到达的位置后，她把输入先后改为 jump to [10 80] 和 jump to [20 80]。

她输入了蜡烛程序。她看了看自己画的图，觉得不喜欢一开始画的蜡烛的分布方式，决定不按原来的图做了。她从（20，80）开始数，输入 jump to [40 80] 和蜡烛程序。教师问她，如果不数数，能不能从刚才的指令知道下一个 jump to 指令是什么。她说应该是 [80 80]，在上一个 jump to 上增加 40。可当她看到结果后，就把输入先后改成了 [70 80]、[60 80]。最后的 [80 80] 和蜡烛程序完成了第一个蛋糕作品。

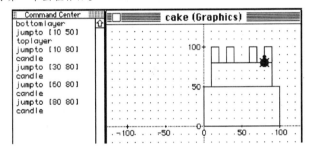

她对蜡烛的位置不满意，想移动两个。她直接根据正确的 jump to 指令进行了移动，将输入改为 [10 80] 和 [30 80]。她的自信显示，她已经理解了每个命令和它的效果之间的联系。

### 图 7.3 莫妮卡对 logo 路径指令和坐标指令的使用

从图中可以看出，莫妮卡不仅会用路径指令，包括长方形程序，还知道每个指令和它的图画效果之间的联系，改变每个坐标产生的效果，路径指令和坐标指令之间的区别。一开始，莫妮卡曾困惑于区域和线条的区分，凭借感觉对路径长度做出不少错误的判断，还把两个坐标对理解成四个独立的数字。因此，她的叠层蛋糕项目显示了她在数学上重要的进步。

这一研究还对一些普遍使用的教学策略提出了警示。如，我们曾无数次记录"向上"和"X 轴在底部"等说法，这些说法在四个象限的网格图中并不适用。此外，

"向上"策略还会阻碍儿童把坐标整合为一个坐标对并用它代表一个点（Sarama et al.，2003）。

### 建立表象与空间视觉化

早在学前班时期，美国儿童在空间视觉化与表象任务上的表现就不如日本和中国等国儿童。这些国家对儿童的空间思维提供了更多的支持，如，他们会运用更多的视觉表征，对儿童绘画能力的期待更高。因此，鼓励家庭发展年幼儿童的空间视觉化能力是很重要的。另一个例子是，父亲在搭建积木过程中给予的较高水平的空间概念支持，能预测一年级儿童更好的数学成绩，对女孩来说尤其如此（Thomson，Casey，Lombardi & Nguyen，2018c）。具体来说，更高水平的支持包括：①使用具体（如，运用手势或词语来澄清一个概念）且范围广泛（wide-ranging）的概念（如，说"那个在前面，挨着另一块积木"）；②鼓励儿童运用空间概念（如，通过提问或建议，提示儿童自己运用某个空间概念）；③提供丰富的解释（如，"虽然这里没有全部呈现它们的背面，但呈现的部分足够让我们看出来，它们是对称的，你知道什么是对称吗？"）。针对芬兰家长的一项研究显示，父母的作用都很重要，更多的认知指导（cognitive guidance）会对儿童的空间技能产生积极的影响，这些指导不但鼓励儿童的独立和自主，还根据儿童的发展水平提供细致入微的支持和引导（如遵循发展路径，Sorariutta & Silvén，2018）。

因此，我们能够也应该做得更多。表 7.1 所列的活动能发展早期的空间视觉化能力。对于能坐起来但尚无法移动的婴儿，也可使用宝篮（treasure baskets）（Goldschmeid & Jackson，1994）。宝篮直径 35 厘米以上，高 10 厘米—13 厘米，平底，没有拎手，足够结实，可容一名婴儿躺在里面。宝篮里可装满家中的自然物（非塑料的），这些物品应该是婴儿能安全地放入口中的，能刺激多种感官的，如，大的布球和其他球、柠檬、大的松果、木质汤勺、大的木质窗帘环。婴儿在成人监控下运用多种感官探索这些物品的特征。这些经验可以扩展到学步儿阶段，特别是在同类材料提供多份的情况下（Leavy et al.，2018b）。

应聪明地运用单位积木（也称单元积木，unit blocks）、拼图和七巧板等操作材料（见第十六章）；鼓励儿童在学校和家里玩积木和拼图；鼓励女孩玩"男孩的玩具"（真是令人遗憾的说法），帮助她们发展更高的视觉—空间技能。此外，还可以和她们谈论这些游戏。多数教师在男孩身上花费的时间要多于女孩，而且通常和男孩在积木、建构、玩沙、攀爬等区域互动，和女孩则通常在戏剧表演区互动（Ebbeck，1984）。在你自己的教学中应注意这一点，要帮助所有儿童全面发展各项能力。最后，应鼓励所有儿童在进行解释时运用手势，这样可以提高他们的空间视觉化技能（Ehrlich，Levine & Goldin-Meadow，2006b；Elia，2018c）。

可以运用几何"快照"活动建立空间视觉化与表象。呈现一个简单的造型2秒，然后请儿童尝试画出自己看到的东西。随后，让他们互相比较自己的画，讨论自己看到了什么，见图7.4。不同的儿童把这三个三角形分别看作一艘正在下沉的帆船、一个正方形里面有两条线、信封、盒子里有个 y。 这些讨论对于发展词汇和从其他视角看待事物的能力都非常有价值。鼓励儿童旋转这一图像，看看他们的视角会怎样随之变化。对更年幼的儿童，可以呈现模式积木（pattern block）的组合2秒，然后让他们用自己的模式积木再现这一造型。

图7.4　几何"快照"

从幼儿园到小学一年级，研究均支持将"快照"作为推荐的活动。如，那些画出并讨论自己所见图像的一年级儿童，在心理旋转能力上取得了长足的进步（Tzuriel & Egozi，2010）。

这些活动可以引发强调图形属性的高质量讨论。这类表象记忆任务还会引发围绕"我看到了什么"展开的有趣讨论（Clements & Sarama，2013；Razel & Eylon，1986，1990；Wheatley，1996；Yackel & Wheatley，1990）。请儿童用多种不同的媒介来表征他们对于"儿童的一百种语言"的记忆和想法（Edwards，Gandini，& Forman，1993），可以帮助他们建立空间视觉化和表象。当然，教师应该尽可能多地运用空间语言与手势（Verdine et al.，2017）。手势有助于将语言植根于真实世界及其空间关系。这些习惯很容易培养和保持，而且对儿童的空间发展益处颇多。游戏过程中也要互动——相比于开放式自由游戏，支架（scaffold）儿童的学习可以引发更多的空间语言、空间问题解决和空间学习（Verdine et al.，2017）。

触觉—运动任务要求儿童识别、命名和描述放在摸箱里的事物和图形（Clements & Sarama，2013）。与此类似，在计算机上执行几何运动可以帮助儿童学会这些概念（Clements et al.，2001）。涉及几何运动——平移、翻转、旋转——的活动，不管是玩拼图（见第九章及 Lin & Chen，2016）还是 Logo，都能提升空间知觉。通过多媒体用拼块构造图形，既可以建立表象，也可以建立几何概念（见第八章）。二维图形、三维图形的分解与组合（如搭积木）非常重要，以至于整个第九章都是关于这些过程的讨论。

尽早建立空间能力是有效且高效的。如，旨在发展空间思维的课对二年级儿童的促进作用要大于对四年级儿童的（Owens，1992）。在这 11 次课上，儿童需要描述图形之间的异同，用一些图形组合出别的图形，用小棍摆出图形的轮廓，进行角的比较，用五格骨牌①玩拼图并发现它们的对称性。在一次关于空间思维的随机现场测试中，这些儿童的表现优于控制组，这种差异可归因于二年级儿童。个体学习、合作学习、全班讨论等各组之间没有发现差异。几乎所有导致关于做什么的启发式和概念化的互动都发生在师生之间，而非学生之间（Owens，1992）。因此，要主动地教。

而且，还要主动地用操作材料和多媒体来教。在一项针对一年级儿童的研究中，运用操作材料或多媒体的组得分高于两种方式均不使用的组。表现最好的组同时用了多媒体和操作材料（Thompson，2012）。

---

① 四格骨牌为俄罗斯方块，有 5 种不同的形状，五格骨牌则有 12 种不同的形状，故别称"伤脑筋十二块"，也可音译为"潘多米诺骨牌"。可追溯至中国古代宋徽宗宣和年间的骨牌，与七巧板、孔明锁、华容道、九连环等并称为中国古典益智玩具。20 世纪 40 年代受到西方数学家垂青，他们极力提倡，一时风靡全球。（摘自腾讯博客"伤脑筋十二块与潘多米诺拼图"）——译者注

其中的教学活动旨在发展空间技能，不过是围绕三维（立体）图形来组织的。儿童会讨论它们的特征，动手操作它们，确定哪些能垒高、滑动或滚动，并根据二维的模式或展开图（见第九章）进行搭建，从而发展心理旋转能力。

心理旋转能力还可以通过拼图活动得到发展，从幼儿园的填充拼图（insert puzzles）到七巧板和图形组合拼图（见第九章）。计算机上的拼图游戏也被证明是有效的（Lin & Zhou，2016）。

一项干预研究将空间技能作为K—2年级常规数学课程的必要组成部分。该研究表明，与控制组相比，实验组儿童在空间语言、视觉—空间推理、二维心理旋转、数字符号比较等方面的能力均得到了发展（Hawes，Moss，Caswell，Naqvi & MacKinnon，2017）。在该研究中，空间视觉化与几何方面的活动不是作为附加模块，而是作为常规课程的一部分，这一点使得该研究的结果尤为令人印象深刻（这些活动已被纳入本书的学习路径和［LT］²）。

在发展空间技能的诸多途径中，一个重要的领域是建构。儿童的建构项目对其空间技能有重要贡献（English，2018b；Lippard，Riley & Lamm，2018；McGarvey et al.，2018；Portsmore & Milto，2018）。这类活动也称建构游戏，特别是在初始阶段，涵盖积木（见第九章）、积塑和其他建构类玩具。有趣的是，在这类游戏中，重要的似乎不只是游戏的时间，还有建构的质量，包括准确度和复杂度（The Spatial Reasoning Study Group，2015c）。如，与只是自由玩积木的儿童相比，那些设定了积木建构目标（特别是围绕一个故事进行建构）的儿童，在空间能力和积木建构能力上获得了更大的发展（Casey et al.，2008b）。一项针对处境不利（at-risk）的学前班和一年级儿童的干预研究显示，这些儿童在数学和执行功能方面（见第十四章）都获益良多。在这个长达一年的课后干预项目中，这些儿童建构和复制了积塑、维基蜡条（Wikki StixR）、模式积木等多种材料的造型（Grissmer et al.，2013）。

回忆一下，图画表象通常是缺乏高质量学习机会的儿童使用的，实际上无助于问题解决，反而会妨碍他们的成功。它们表征的主要是问题中所描述的事物或人表面上的视觉特征。而我们想让所有儿童使用的，是高成就儿童经常使用的图式表征。如图 7.5 中右侧的图式表征更有用。

问题：胡安和丹在分 44 美元，胡安分到的比丹多 12 美元，丹得到了多少钱？

图画表征　　　　　　　　　　图式表征

**图 7.5　图画表征（无用）与图式表征（有用）**

因此，简单地鼓励儿童用图画或示意图进行视觉化可能毫无用处，真正的视觉化更为概括和抽象，它们包含了与问题有关的空间关系，因此能支持问题的解决（Hegarty & Kozhevnikov，1999）。第五章（见表 5.1）、第六章（见图 6.3、图 6.7）中的算术示意图就属于这种图式表象，在许多数学情境中都是有用的。教师应帮助儿童发展和运用特定类型的图式表象。

很重要的一点是，高质量的几何活动也能促进空间视觉化能力的发展。参见第八章和第九章。

最后，尽管相关的研究有限，但是一些研究显示，儿童空间能力的发展也能促进他们数学能力的发展。如，3 种针对 3 岁儿童的空间训练方法都在促进其二维和三维视觉化方面获得了成功，其中示范与反馈、手势反馈最为有效（Bower et al.，2020）。在 5 次活动中，儿童观察了 9 个图形，并操作不同的图形与范例进行匹配。特别是对于低资源条件（low-resource）的学习者而言，这些训练还提升了他们的数学能力，尤其是在简单算术问题方面（Bower et al.，2020）。

同样引人注目的是，仅仅一次心理旋转训练就能提升 6—8 岁儿童的算术成绩（arithmetic calculations），在合并问题、变化量未知问题（如 6+_=13）上尤为显著（见第五章）。训练的内容是什么呢？儿童先观察一个对称图形的两半，如图

7.6a 中的某一个（即 a1、a2、a3 或 a4）所示，并从视觉上（visually）选择，这两半合并后会是图 7.6b 中的哪个完整图形。随后，儿童将对称图形的剪纸进行拼合，借此检验自己的选择的准确性。这样，儿童就能立刻获得对于自己的心理旋转的准确性的反馈。这个训练之所以提升了儿童的算术成绩，特别是在合并问题、变化量未知问题（见 6+_=13）上（见第五章），可能是因为它有助于他们看到部分与整体（Cheng & Mix，2012）。

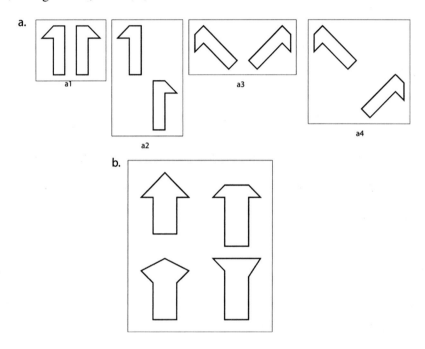

**图 7.6　两半合一起，［LT］² （心理旋转任务，改编自 Ehrlich et al.，2006b）。四种分成两半的对称图形，难度依次升高：a1 是水平平移，a2 是沿对角线平移，a3 是水平旋转，a4 是沿对角线旋转**

　　一项研究对幼儿园至二年级的教师进行了为期 7 天的教师发展培训，内容是各类地毯活动（rug activities），包括绘画、搭建、复制、视觉化练习（正如表 7.3 中的那样，直至心理运动水平）。一年后，他们所教的儿童在所有空间能力指标上都获得了进步，包括空间语言、二维心理旋转、视觉—空间几何推理，还在一项数字大小比较测验中获得了显著的进步（Moss，Hawes，Naqvi & Caswell，2015）。开展更多的空间思维活动吧！

## 空间思维的学习路径

作为目标，"丰富儿童的几何与空间知识"的重要性仅次于数的目标，而且这些目标之间是（或应该是）密切相关的（Moss et al.，2015）。表 7.2 展示了《共同核心州立标准》中的这些目标。鉴于几何与空间思维的主题之间、各年级之间的相互关联性，我们将所有这些主题的目标放在了一起，包括第七至九章的目标，也包括三年级的目标。对本章来说，需特别注意《课程焦点》（CFP）的学前班和一年级目标、《共同核心州立标准》的 K.G.1。

**表 7.2　几何与空间思维的目标（对应第七、八、九章），来自《共同核心州立标准》**

> **学前班**
>
> **几何：识别形状，描述空间关系（CFP）。**
>
> 　　儿童在考察物体的形状、审视它们的相对位置时，从两种不同的空间视角发展空间推理能力。他们发现周围环境中的各种形状，并用自己的语言进行描述。他们通过组合二维和三维图形进行绘画和设计，并解决"哪个拼块会适合拼图中的空位"这类问题。他们用上面（above）、下面（below）、挨着（next to）等词描述物体间的相对位置。
>
> **幼儿园**
>
> **几何：描述图形与空间（CFP）。**
>
> 　　儿童用几何概念（如，形状、方向、空间关系）理解物理世界并用相应的词进行描述。他们识别、命名和描述多种图形，如，以各种形式（如，不同的大小或方向）呈现的正方形、三角形、圆形、长方形、（正）六边形、（等腰）梯形，以及球体、立方体、圆柱体等三维图形。他们运用基本图形和空间推理为周围环境中的物体搭建模型，并构造更复杂的图形。
>
> **几何（CCSSM 中的 K.G）。**
>
> 　　1. 识别并描述图形（正方形、圆形、三角形、长方形、六边形、立方体、圆锥体、圆柱体和球体）。
>
> 　　2. 用图形的名称来描述周围环境中的物体，并用上面（above）、下面（below）、旁

续表

边（beside）、前面（in front of）、后面（behind）、挨着（next to）等词描述这些物体之间的相对位置。

3. 无论图形的方向、整体大小如何，均能正确命名图形。

**分辨二维图形（在平面内，"平平的"）和三维图形（"立体的"）。**

1. 分析、比较、创造和组合图形。分析和比较不同大小和方向的二维、三维图形，运用非正式语言描述它们的共同点、不同点和组成部分（如边数和顶点数/"角数"）及其他特征（如边长相等）。

2. 通过用部件（如小棍和泥丸）组合图形、画出图形等方式，为真实世界中的物体搭建模型。

3. 用相同的简单图形组合成大的图形。如，"你能把这两个三角形的边完全合在一起，组成一个长方形吗？"。


**一年级**

**几何：组合和分解几何图形（CFP）。**

儿童组合、分解平面和立体图形（如，用两个全等的等腰三角形组合成一个菱形），从而建立对部分－整体关系、原始图形和组合图形各自属性的理解。组合图形时，他们从不同视角和方向识别这些图形，描述它们的几何特征与属性，确定它们的异同，从而为测量和初步理解全等、对称等属性奠定基础。

**几何（CCSSM 中的 1. G）。**

**对图形及其特征进行推理。**

1. 区分定义性特征（如三角形是封闭的且有三条边）与非定义性特征（如颜色、方向、整体大小）；构造和画出具有定义性特征的图形。

2. 用二维图形（长方形、正方形、梯形、三角形、半圆和四分之一圆）或三维图形（立方体、长方体、直圆锥、直圆柱）构造组合图形，并用组合图形再次组合新的图形。儿童无须掌握长方体等正式名称。

3. 把圆形和长方形分成相等的两份和四份，用"一半""四分之一"等词和"……的一半""……的四分之一"等短语描述等分后的各份。把整体描述为两个或四个等份。通过这些例子理解，如果把整体分成更多的等份，每一份会更小。

## 二年级

**几何联系（CFP）。**

在解决数据、空间、空间中的运动方面的问题时，儿童估计、测量并计算长度。儿童通过组合和分解二维图形，有意识地用小图形的组合替代大图形或用大图形替代许多小图形，运用几何知识和空间推理为理解面积、分数和比例奠定基础。

**几何（CCSSM 中的 2. G）。**

**对图形及其特征进行推理。**

1. 识别并画出具有指定特征的图形，如，指定的角数或全等的面数。识别三角形、四边形、五边形、六边形和立方体。

2. 把长方形按行和列分成等大的小正方形，通过计数确定小正方形的总数。

3. 把圆形和长方形分成相等的两份、三份或四份，用"一半""三分之一""……的一半""……的三分之一"等词描述等分后的各份，并把整体描述为两个一半、三个三分之一或四个四分之一。认识到同一个整体可以有不同的等分方法，分成的形状不一定相同。

## 三年级

**几何：描述并分析二维图形的性质（CFP）。**

儿童根据边和角对二维图形进行描述、分析、比较和分类，并把这些特征与图形的定义联系起来。儿童对分解、组合与变换多边形从而构造其他多边形的过程进行探究、描述和推理。通过构造、画出和分析二维图形，儿童理解二维空间的特征与属性以及这些特征与属性（包括全等和对称）在问题解决中的应用。

续表

几何（CCSSM 中的 3. G）。

**对图形及其特征进行推理。**

1. 理解不同类别的图形（如菱形、长方形等）可以具有共同的特征（如都有四条边），这些共同特征可以定义更大的图形类别（如四边形）。认识到菱形、长方形和正方形都是四边形的特例，并且能画出不属于以上子类的四边形。

2. 把图形分成面积相等的几份。用整体的单位分数表示每份的面积。如，把一个图形分成面积相等的 4 份，把每份的面积描述为图形面积的 $\frac{1}{4}$。

在这些目标的基础上，表 7.3 呈现了学习路径的另外两个组成部分，即发展进程和教学任务，涉及空间思维的两条学习路径：空间定位（地图与坐标系）、空间视觉化与表象。地图的学习路径与儿童空间构造能力发展的关系越来越密切，空间构造能力是将空间组织为两个维度的能力，第十二章将对此做详细介绍（因为它对理解面积至关重要，注意表 7.2 中标准 2.G 的第 2 条）。读者可能会注意到，这条学习路径中的教学任务并非具体的活动，而是一般性的建议，这种不同反映了我们的想法：①目前关于这条学习路径在儿童数学发展中的具体作用的证据很少；②这类活动可以在其他学科的课程中进行（如社会研究课）；③这些活动最适宜的开展方式，通常是作为日常活动的一部分，非正式地进行。

然而，这两条学习路径仅仅代表了空间思维在数学中作用的一小部分，特别是对于空间视觉化而言，我们只聚焦于几何变换（geometric transformations）和心理旋转。这些能力和动态表象（dynamic imagery）及相关的语言都很重要（Duval，2014b；Elia，van den Heuvel-Panhuizen & Gagatsis，2018b）。然而，我们还看到，空间与构造思维对概念性感数（conceptual subitizing），如，5 个 5 个数、10 个 10 个数、比较和排序（心理数线）、数数策略和计算（凑十）都至关重要。这些空间知识对后面几章要介绍的几何、测量、模式与结构、数据呈现及其他主题都是最重要的。因此，对空间思维的关注应贯穿于整个课程中，并明确地包含在上述各章的学习路径中。

## 空间定位、空间视觉化与表象的学习路径

要促进儿童空间思维与几何能力的发展，这一目标的重要性已非常明确。表7.2展示了《共同核心州立标准》中相关的具体目标。基于这些目标，表7.3提供了学习路径的另外两个组成部分，即发展进程和教学活动。表7.3分成两个部分，对应两种类型的空间思维。一如既往地，作为本表的补充资源，还可以参阅［LT］² （LearningTrajectories.org）网站中不同发展水平的范例视频（非常重要，能让它们更加真实、好记），以及描述、资源和活动视频等。

表 7.3 空间思维的学习路径

| 年龄（岁） | 发展进程 | 教学活动 |
| --- | --- | --- |
| a. 空间定位（包括地图和坐标系） | | |
| 0—1 | **空间定位的基础（foundations of spatial orientation）**<br>运用空间定位最早期的两种认知系统——知道自己在哪里，以及怎样在真实世界中运动。<br>1. 反应学习：运用首个基于自身的参照系，即与儿童自身的位置和运动相联系。注意到与某个目标联系在一起的运动模式。<br>坐在餐椅上时会看向左侧，因为食物平时都是来自那边。<br>2. 线索学习：运用首个基于外部的参照系，基于熟悉的地标。<br>将玩具熊和小椅子联系在一起，因为它平时就坐在那儿。 | ● 提供感知信息丰富、可操作的环境，［LT］²：给予充分的自由，鼓励动手操作和在环境中运动。婴儿爬得越多，在空间关系上就学得越多。参见表7.1中的建议。 |

续表

| 年龄（岁） | 发展进程 | 教学活动 |
|---|---|---|
| 0—2 | **路径整合（path integrater）**<br>记住并重复自己曾经做过的运动，包括大致的距离和方向。<br>爬向自己选定的地点，绕过障碍物，到达视线中的某个终点。 | ● 丰富的环境，［LT］²：同上，参见表7.1。还可以选择让学步儿走路，而不是坐婴儿车；使用低矮的小床，而不是带围栏的婴儿床；使用不会限制运动的座椅。这些做法也能支持儿童在这方面的发展。<br>● 运用空间词汇引导儿童关注空间关系：一旦儿童开始学说话（have language），就可以用那里（there）（动作指示）、绕着（around）、拐弯（turn）等词向他们描述方向。 |
| 1—2 | **位置学习（place learner）**<br>记住一个位置相对于地标的距离和方向，据此存储它的方位信息，形成心理地图，并用它解决空间问题。用房间的四面墙作为参照系；运用空间词汇，如里面（in）、上面（on）、下面（under），还有竖直方向上的上（up）、下（down）。 | ● 丰富的环境，［LT］²：同上，参见表7.1。学习、记忆和运用地标的经验，可以发展这一能力。可以和儿童讨论，并问他们去哪儿，或请儿童从房间中事物的里面（in）、下面（under）找出某个物品。<br>● 运用空间词汇引导儿童关注空间关系：最初强调里面（in）、上面（on）、下面（under），还有竖直方向上的上（up）、下（down）。 |
| 2—3 | **运用本地–自身参照系（local–self framework user）**<br>如果目标物体已事先明确，即便儿童自己相对地标运动了，仍能根据距离地标找到它附近的物体或位置。确定空间中的水平线或竖直线（Rosser, Horan, Mattson, & Mazzeo, 1984）。<br>3岁儿童能够识别那些指引他们从学校大门走到班级的事物。 | ● 走几条不同的路线，说说你看到的地标：在路线上的几个不同地点，请儿童指出多个地标分别在哪里。<br>运用空间词汇引导儿童关注空间关系：强调接近性的词汇，如旁边（beside）、中间（between）。让3岁儿童按图画所示找到物体的位置。<br>请儿童拼搭积木来表征简单的场景和位置（更多关于搭积木的介绍见第九章）。如果儿童感兴趣，可以搭一个教室模型，指着其中的一个位置，告诉他们它表示实际教室中的这个位置藏有奖品。用"压缩机"的观念帮助他们理解模型是教室空间的一种表征。<br>● 《去捉熊》（*Going on a Bear Hunt*），［LT］²：阅读并讨论这本书。 |

| 年龄（岁） | 发展进程 | 教学活动 |
|---|---|---|
| 4 | **运用较小的本地参照系（small local framework user）**<br><br>即便目标物体没有事先明确，儿童在运动之后仍能定位物体。能全面搜索一个小的区域，通常运用环形搜索模式。运用涉及参照系的词，如，在……前面（in front of）、在……后面（behind），或者左（left）、右（right）。<br><br>儿童在有意义的情境中，能根据两个轴上的多个位置来推断其所在直线，并确定它们在哪儿相交。 | • 运用空间词汇引导儿童关注空间关系：强调涉及参照系的词，如，在……前面（in front of）、在……后面（behind）。开始学习左（left）、右（right）。鼓励家长在能直接用手指或出示时也尽量不要这么做，而是用语言指导代替（"它在桌子上的袋子里"）；让儿童互相提口头问题，如，找出一个丢失的物体（"在门边的桌子下"），整理物品，远足后找到回家的路等。<br><br>• 藏宝地图，［LT］[2]：在自由活动时间，向儿童发出挑战，请他们根据教室或操场的简图找到你藏起来的神秘宝藏。有兴趣的儿童可以画出他们自己的地图。从有倾斜度的地图开始（如桌椅都能看到腿）。佩特•哈群斯的《母鸡萝丝去散步》对本活动来说是很好的导入。<br><br>探索并谈论户外空间，在保证安全的前提下，尽可能地给儿童（无论男女）自由，允许他们按自己的想法活动。鼓励父母也这么做。<br><br>走过并讨论不同的路线，哪条更长，哪条更短。问为什么某条路更短。<br><br>• 入门障碍游戏（Introductory Barrier Game），［LT］[2]：一名儿童（设计师）画出设计图，但是不让同伴看到；另一名儿童（建筑师）根据设计师的语言描述实现其设计。 |
| 5 | **运用本地参照系（local framework user）**<br><br>运动后仍能定位物体并保持物体布局的整体形状不变。能表征物体相对地标的位置（如，大致在两个地 | 鼓励儿童用玩具搭建房间或操场的模型。计划和讨论不同的路线中走哪条路最好，并说明原因。画出路线图，表示不同的路线会路过或看到什么。<br><br>• 寻宝，［LT］[2]：儿童收到一封信，信中提到古代的海盗将一个神秘的宝藏藏在了他们 |

| 年龄<br>（岁） | 发展进程 | 教学活动 |
|---|---|---|
| 5 | 标正中间），并在开放区域或迷宫中始终记住自己的位置。在简单情境（如游戏）中，有的儿童能运用坐标标签。 | 学校的某个地方，要想发现它，就要根据大楼周围的标识或地标去找，它们能帮助儿童沿着正确的路线到达藏宝处。儿童要按照信中的指导画出寻宝的地图。<br><br>● 运用空间词汇引导儿童关注空间关系：强调上述所有词汇，包括左和右。<br><br>鼓励儿童搭建教室的模型，用积木或家具玩具表征教室里的物体。讨论哪些东西互相挨着或具有其他空间关系。<br><br>● 操场地图：儿童可以用树、秋千和沙箱的剪纸，在毡板上摆出一幅简单的操场地图。可以讨论如果移动操场上的一个东西（如桌子），操场地图该怎样改变。在地图上指出那些坐在树边（上）、秋千旁（上）或沙箱旁（里）的儿童相应的位置。在操场上玩寻宝游戏时，儿童可以设定方向或线索，并按照它们来搜寻。<br><br>● 探索并谈论户外空间，在保证安全的前提下，尽可能地给儿童（无论男女）自由，允许他们按自己的想法活动。鼓励父母也这么做。（这条建议适于所有年级。）<br><br>鼓励儿童标记路线，如，用遮蔽胶带标出从桌子到废纸篓的路线。在教师的帮助下，儿童可以画出这条路线的地图。（有的教师会给废纸篓和门拍照，然后把它们的照片贴在一张大纸上。）可以把这条路线途经的物体（如，一张桌子或一个画架）加到地图上。<br><br>● 再捉一次（熊），［LT］[2]：本活动是《去捉熊》这本书的延伸活动。请儿童进行续编，学习超出原书内容的空间词汇。<br><br>● Logo：让儿童置身年龄适宜的电脑乌龟数学环境中（Clements & Meredith，1994； |

续表

| 年龄<br>（岁） | 发展进程 | 教学活动 |
|---|---|---|
| 5 | | Clements & Sarama，1996）。让他们在这类环境中互相辅导。<br>● 请儿童解决二维矩阵问题（如，按同行同色、同列同形把所有物体放好），或在地图上运用坐标系。 |
| 6 | **使用地图（map user）**<br>运用有图画线索的地图给物体定位。能外推（延伸）两个坐标，理解它们结合起来能确定一个位置，并能在简单情境中运用坐标标签。 | 运用空间词汇引导儿童关注空间关系。强调上述所有词和左、右的多种含义。<br>● 地图：继续前面的活动，但强调四个问题：方向——往哪儿走，距离——走多远，位置——在哪儿，身份——什么对象。注意在地图上运用坐标系。<br>当你在计算机上找到儿童的家或学校时，让儿童在互联网的航拍照片上找到这些位置。<br>● 让儿童规划路线，运用地图规划环游校园的路线，然后按路线游览。<br>● Logo：让儿童置身年龄适宜的乌龟数学环境中（Clements & Meredith，1994；Clements & Sarama，1996）。让他们在这类环境中互相辅导。<br>在所有适当的情境中运用坐标系，如，儿童用钉板绷图形时，请他们说出钉板上点（"钉"）的位置。<br>● 坐直升机，[LT][2]：将儿童从家到学校的路线的鸟瞰图打印出来。与儿童讨论去学校的方向和距离，以及沿途的各个地标。 |
| 7 | **绘制坐标图（coordinate plotter）**<br>能在地图上阅读和绘制坐标系。 | ● 让儿童画出简单的示意图，如，自己家的周边、教室、操场或学校。讨论各自对同一空间的表征之间的差异。所给任务中，地图的方向应该与实际空间一致。向儿童展示几个地图和模型，借助语言和醒目的标志对它们进行明确的比较，帮助儿童形成表征性的 |

续表

| 年龄（岁） | 发展进程 | 教学活动 |
|---|---|---|
| 7 | | 理解。<br>● "战舰"类游戏很有用。在所有坐标任务中，引导儿童发展以下能力。<br>1. 把网格图看作由线段或直线（而不是区域）构成。<br>2. 认识到直线的位置要精确，而不是把它们看作模糊的边界或表示间隔。<br>3. 学会沿着细密的（坐标轴之外的）竖直线或水平线走。<br>4. 将两个数字整合为一个坐标。<br>5. 理解坐标标签是用来表示位置和距离的：①对网格标签的含义进行量化；②把自己计数的动作与这些量和标签联系起来；③将这些观念归入与网格图、计数、算术都相关的部分—整体图式；④在这一图式中建构比例关系（Sarama et al.，2003）。<br>Logo 和计算机上的坐标游戏、活动，能促进儿童对坐标系的理解和相关技能。（Clements & Meredith，1994；Clements & Sarama，1996） |
| 8 | **按路线图走（route map follower）**<br>能按照简单的路线图走，对方向、距离的把握更准确。 | ● 鼓励儿童参与实际使用地图和制作地图的任务，与寻宝类似，先在儿童熟悉的环境中进行，然后在不那么熟悉的环境中。将坐标系地图纳入其中。（参见本书第七章中"空间定位、导航与地图"中的内容；Lehrer & Pritchard，2002。）<br>● 操场地理寻宝（Playground Geocache），[LT][2]：这个地理寻宝游戏并不使用全球定位系统（GPS），而是运用团队设计并相互提供的指令在操场上寻找宝藏。 |

续表

| 年龄（岁） | 发展进程 | 教学活动 |
|---|---|---|
| 8 | **运用参照系（framework user）**<br>运用包括观察者和地标的一般参照系。即便精确测量会很有帮助也不会自发运用，除非有人指导。<br>即便空间关系变了，仍然能理解和绘制地图。 | • 旋转地图（Spinning Map），[LT][2]：用网格图纸设计一幅含有地标和坐标的地图。儿童向同伴发出指令，后者只有网格图上的坐标，他们要尝试从一个位置到达另一个位置，每个指令后都要旋转一次地图。<br>• 找到丢失的宠物，[LT][2]：儿童运用地图和地标在教室中找到丢失的物品。<br>• Logo：让儿童置身乌龟数学环境中，其中已经把地图转换为计算机程序（Clements & Meredith，1994；Clements & Sarama，1996） |

b. 空间视觉化与表象

| 年龄（岁） | 发展进程 | 教学活动 |
|---|---|---|
| 0—1 | **直觉运动：基础（intuitive mover: foundations）**<br>探索物体的大小和形状，包括观察事物在空间中的运动，发现它们是如何运动并刚好放在某个位置的，最终复制各种运动模式（但不去尝试其他可能的解决方案）。这样的直觉技能最终将支持未来的空间视觉化能力的发展。<br>一名学步儿在玩模式积木，他用各种方法移动它们，从而将它们用各种有趣的方式组合起来。 | • 在丰富的环境中游戏，[LT][2]：操作多种多样（安全）的物品和容器——在丰富的环境中玩水，能为儿童理解空间关系提供最强有力的经验基础。运用空间词汇描述儿童的动作，能够丰富儿童这方面的经验。 |
| 1—2 | **具体的平移、翻转和旋转（concrete slider, flipper, turner）**<br>能通过动手试误将图形移动到某个位置。 | • 在丰富的环境中游戏，[LT][2]：同上，加强语言的运用（enhanced with language）。<br>• 填满和溢出（具体的平移、翻转和旋转），[LT][2]：儿童运用一个形状分类器（a shape sorter）开始旋转图形，使其刚好放入视觉上匹配的洞里。<br>• 我的画：要求儿童运用建构积木或模式积木复制一幅简单的画。 |

续表

| 年龄（岁） | 发展进程 | 教学活动 |
| --- | --- | --- |
| 3—4 | **简单的平移和旋转（simple slider & turner）**<br>在简单的任务中，能准确地平移或旋转物体，在初步直觉（early intuition）的指引下开始动手移动，随后在移动过程中实时调整（运动方式、方向或程度①）。<br>对于正面有颜色的图形，在实际动手移动之前，能正确地识别出它这样转（演示转90°）后，会像三个图形中的哪一个。 | ● 我的画——隐藏版：给儿童看一幅简单的画，呈现5—10秒后盖住，要求儿童用建构积木或模式积木复制。（也可参看第八章的几何快照。）<br>● 请儿童试着转一个圆形物体，让它看起来像圆形或椭圆形的：玩影子游戏，让一个长方形的影子变成非长方形的平行四边形（长菱形），或者相反。<br>● 拼在一起，［LT］²：请儿童完成拼图、模式积木和简单的七巧板拼图，并讨论怎么移动图形让它们刚好放进去（更多介绍见第八章）。鼓励家长引导儿童玩各种拼图游戏，并在玩的过程中和他们讨论（对女孩尤其要这样）。<br>● 摸箱：通过摸箱里的物体来识别其形状（更多介绍见第八章）。请儿童旋转一个有明显标记的图形，使它跟另一个相同的图形方位一致。<br>● 几何快照1：呈现简单的模式积木造型，持续2秒，请儿童复制出来（更多介绍见第九章）。<br>● 图形组合：参见早期的部件装配（Piece Assembler）水平的活动（参见第九章），也可参见"把它画出来，然后转、转、转"，［LT］²。 |
| 5 | **开始平移、翻转和旋转（beginning slider, flipper, turner）**<br>能在更发达的直觉的指引下运用正 | ● 把两半合起来（开始平移、翻转和旋转），［LT］²：参见图7.6。这一水平运用的是a1和a2的排列方式。讨论图形的对称性。 |

---

① 运动方式：平移或旋转。方向：对于平移，是指向哪里移动；对于旋转，是指顺时针或逆时针。程度：对于平移，是指移动的距离；对于旋转，是指转过的角度（以度数表示）。

| 年龄（岁） | 发展进程 | 教学活动 |
|---|---|---|
| 5 | 确的运动形式，但方向、程度并不总是准确的（通过试误进行调整）。<br>知道要翻转一个图形才能和另一个图形匹配，但翻错了方向。 | • 摸箱：通过摸箱里的物体来识别更多的形状（更多介绍见第八章）。<br>• 七巧板拼图：请儿童完成七巧板拼图，讨论他们是怎么移动图形让它们刚好放进去的（更多介绍见第八章）。<br>• 几何快照 2：呈现简单的图形造型，持续 2 秒，让儿童根据记忆（表象）把它从四个造型中选出来。<br><br>• 几何快照 3：儿童从四个选项中找出目标图形的对称整体。<br><br>• 图形组合：参见构造图画（Picture Maker）水平的活动（参见第九章），也可参见"把五格骨牌拼起来"，［LT］²。 |
| 6 | **运用平移、翻转、旋转（slider，flipper，turner）**<br>用操作材料进行平移和翻转（通常只能做水平和竖直方向的），但受到这些运动（旋转 45°、90° 和 180°，水平和竖直方向的翻转）的 | • 把两半合起来（运用平移、翻转、旋转），［LT］²：参见图 7.6。这一水平运用的是 a3 和 a4 的排列方式。讨论图形的对称性。<br>• 几何快照：呈现一个或多个图形，持续 2 秒，请儿童画出来。<br>• 几何快照 4：请儿童根据记忆（表象），从 |

续表

| 年龄（岁） | 发展进程 | 教学活动 |
|---|---|---|
| 6 | 心理表象的指引，即他们能在心中想象该运动及其结果。<br>知道一个图形必须顺时针转90°才能刚好放进拼图中。 | 四个复杂程度中等的造型中，选出与目标图形一样的。<br><br>• 图形组合：参见构造图画（Picture Maker）水平的活动（参见第九章），也可参见"感知五格骨牌拼图"，［LT］$^2$和"图形拼图：图形组合"，［LT］$^2$。 |
| 7 | **沿对角线运动（diagonal mover）**<br>能沿对角线平移和翻转，也能进行前面各个水平的所有运动。<br>知道一个图形必须沿斜线（45°方向）翻转才能刚好放进拼图中。 | • 几何快照6：儿童根据记忆（表象），从角的度数不同的几何图形中选出与目标图形一样的。<br> |
| 8 | **表象运动（mental mover）**<br>能运用心理表象，预测图形移动的结果（任意方向或程度）。<br>"如果你把它转120°，它就会刚好变成这样。" | • 替代组合（Substitution Composer）水平的模式积木拼图和七巧板拼图，［LT］$^2$：问儿童要用多少个特定图形才能覆盖另一个图形（或图形的造型）。儿童进行预测，记录自己的预测，然后去动手验证。（更多介绍见第九章。） |

## 结语

视觉思维是一种与有限的、表面的视觉观念绑定的思维。儿童通过学习操作动态表象，丰富自己的图形表象库，将自己的空间知识与语言—分析性知识联系起来，能够超越这种视觉思维，达到与概念联系的灵活的空间思维。因此，下面关于图形、图形组合的这两章中介绍的教学活动，同样对儿童的空间思维有重要影响。

第八章 图形

一名儿童的话让他的教师印象深刻，他说自己知道这个图形（见图 8.1a）是三角形，因为它有"三条直线和三个角"。可是，过了一会儿他又说，图 8.1b 不是三角形。

| | |
|---|---|
| 师： | 它有没有三条直直的边呀？ |
| 幼： | 有。 |
| 师： | 你刚才说，三角形还应该有什么？ |
| 幼： | 三个角。它有三个角。 |
| 师： | 很好！所以…… |
| 幼： | 它不是一个三角形。因为它上下颠倒了！ |

　　这名儿童是否理解三角形呢？你认为是什么促使他对于三角形的思考？更一般地说，作为教育者，我们应该如何帮助儿童发展几何图形的数学概念？我们为什么要这么做呢？

　　图形是认知发展中的一个基本概念。如，婴儿主要通过形状来学习物体的名称（Smith，Jones，Landau，Gershkoff-Stowe & Samuelson，2002）。图形也是几何中的基本概念，在数学的其他领域中也是如此（Dindyal，2015）。遗憾的是，几何是美国学生数学中最薄弱的主题之一。即便是在幼儿园时期，美国儿童对图形的认识也要少于其他国家的儿童。而且到 3 岁时，来自资源匮乏社区的儿童对图形的认识也少于资源丰富社区的儿童（Chang et al.，2011）。好消息是，来自不同背景的儿童所具备的已有的认识足以支持进一步的学习，他们像其他儿童那样能够快速学习足够的知识，而且他们也喜欢玩图形（Clements，Sarama，Swaminathan，Weber，& Trawick-Smith，2018a）。


## 二维图形的数学

　　在深入探讨儿童的思维和学习之前，我们需要先界定一些几何术语。特征（attributes）是指一个图形的任何特点，其中有些是定义性特征。正方形的各边必须都是直边（数学中的"边"是指线段——各处都是直的）。

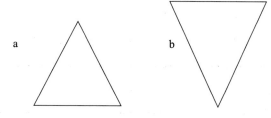

**图 8.1 两个三角形（a 和 b）**

有些则是非定义性特征。儿童可能会考虑到一个图形"正面朝上"（如果把正方形旋转一定角度，儿童可能会说："现在它是个菱形！"），或者描述它是"红色的"，但这些特征与该图形是不是正方形无关。有些定义性特征描述的是图形的组成部分，如，正方形有四条边。还有些特殊的特征，我们称为属性（properties），描述的是组成部分之间的关系。正方形的四条边必须长度相等。相等描述的是各边之间的关系。与此类似，正方形的直角依赖于各边之间的另一种关系：邻边互相垂直。

在更高水平的几何思维中，儿童能根据图形的定义特征来识别和描述图形。如，儿童会把正方形理解为具有四条等边和四个直角的平面图形。对图形属性的认识是通过观察、测量、绘画和建模而形成的。直到更大一些，通常要到中学甚至更晚一些，儿童才能认识到不同图形类别之间的关系（见图8.2）。如，大多数儿童会错误地认为正方形不是长方形（实际上，正方形是一种特殊的长方形）。

## 图形的定义

以下的定义旨在帮助教师理解儿童具体数学概念的发展，并与他们谈论这些概念。它们并不是正式的定义，而是综合运用数学语言和日常词汇所做的简单描述。专栏8.1中的图形是指二维（平面）图形。

## 图形之间的关系

图 8.2（a）和（b）展示了图形类别之间的关系。如图8.2（a）中的所有图形都是四边形。其中一个真子集是平行四边形，其两组对边分别平行。平行四边形又包括其他子类。如果平行四边形的所有边长相等，则称为菱形。如果平行四边

形的所有角相等，那么它们都应该是直角，这样的平行四边形也被称为长方形。

如果同时符合这两点，既是菱形又是长方形，则称为正方形。

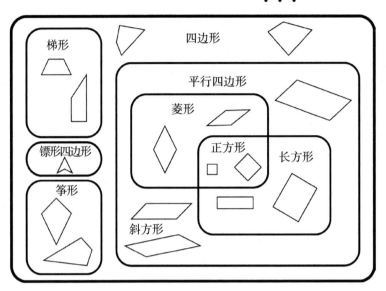

（a）四边形

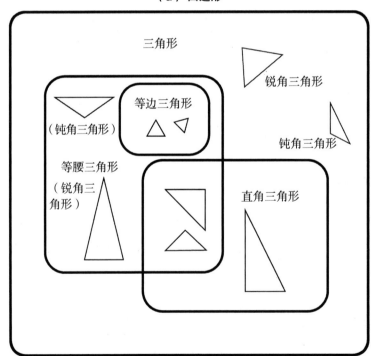

（b）三角形

图8.2 （a）四边形和（b）三角形的韦恩图

# 儿童的几何概念发展进程

## 儿童关于二维图形的学习

儿童在很小的时候就可以进行图形的配对。他们在 22 个月的时候就可以将图形插入盒子上对应的孔中，在图形到达孔之前还能调整其位置（Örnkloo & von Hofsten，2007b）。

似乎显而易见的是，我们学习图形的方式就是通过看到它们并说出它们的名字，然而有些研究者，如，让·皮亚杰（Jean Piaget）认为，事实不完全是这样，甚至这并不是我们学习图形的主要方式。皮亚杰认为，儿童并不是通过"读出"他们的空间环境来学习图形，而是通过主动操作环境中的图形，甚至是主动转动他们的眼睛来建构关于图形的认识。此外，即使儿童能够命名正方形，他们的知识可能也是有限的。如，如果儿童用手摸了一个藏起来的正方形后不能判断并说出它是什么形状，皮亚杰就认为他们并不真正理解正方形的概念。

研究人员皮埃尔和迪娜·范·耶勒（Pierre & Dina van Hiele）夫妇也认为儿童会构建他们的几何认识。他们还描述了儿童建构几何认识所经历的各种发展思维水平，我们对其进行了整理（我们将在表 8.1 中进行回顾）。如，最初儿童可以配对图形，但在口头上不能区分一个图形和另一个图形：图形感知阶段。之后，他们可以通过视觉进行区分，他们将图形当作整体来看：视觉思维阶段。他们可能会把一个图形称为长方形，因为"它看起来像一扇门"。接着，他们逐渐理解并谈论图形的组成部分，如"它是一个三角形，因为它有三条边"：组成部分思考阶段。最后，他们开始思考图形的定义性特征或属性：属性思考阶段。

正如我们在第七章中看到的，可视化并不是一个简单的过程，成为一个视觉思维者需要大量的学习。它涉及逐渐发展的能力（Dindyal，2015），即理解和区分物体的所有特征，包括理解三维的、二维的和一维（线段）的方面及其相互关系，以及区分物体的数学属性，使之成为抽象数学思想的真实世界的体现，区分使其成为抽象数学概念的现实世界表示的数学属性（Duval，2014b；Elia et al.，2018b）。

### 对于特定图形的思考和学习

儿童从出生的第一年起，对图形就非常敏感。他们偏爱闭合的、对称的图形，如图 8.3 中四类图形的原型。许多文化中的大多数人都是如此，即便是那些很少或没有与其他文明交流的人，也偏爱这些图形，所以这些偏好可能是与生俱来的。

文化影响这些偏好。我们对图书、玩具店、教师参考资料商店和商品目录中教儿童认识图形的材料进行了广泛的调查。除了极少数例外，这些材料都以严格死板的方式向儿童介绍三角形、长方形和正方形（近年来这一点正在发生变化）。三角形通常是等边三角形或等腰三角形，并且底边是水平的。大多数长方形是水平放置的，而且长是宽的两倍。所以并不奇怪，在整个小学阶段，很多儿童会说正方形旋转以后"不再是正方形了，现在它是菱形"（Clements，Swaminathan，Hannibal & Sarama，1999b；Lehrer，Jenkins & Osana，1998b）。

#### 表 8.1　2D 图形的学习路径

| 年龄（岁） | 阶段 | 发展进程 | 教学活动 |
|---|---|---|---|
| 0—2 | 图形感知 | **基础配对：找出"一样的东西"（"same thing"comparer：foundations）比较**<br>比较现实世界中的物体（Vurpillot，1976）。如果两个图形在视觉上相似，则判断它们相同。<br>判断两幅房屋的图片是否相同。<br>**图形配对—完全相同（shape matcher–identical）比较**<br>对相同大小和方向的常见图形（圆形、正方形、典型的三角形）进行配对。 | • 讨论图形和空间，［LT］[2]。<br>• 配对图形（图形配对—完全相同），［LT］[2]：和儿童坐成一圈。从"图形全集"（参见图 8.9）中选择一些熟悉（原型）的图形，各两种颜色。给每名儿童发一个同种颜色的图形。从另一种颜色的图形集合中选择一个与某名儿童手中的图形完全一样的（除颜色外）图形。请儿童说出谁拿的图形跟他的图形一模一样。在得到正确答案后，问他是如何知道它们是一模一样的。儿童可能会同意将他的图形放在你的图形上来证明它们一模一样。让儿童把手中的图形展示给身边的同伴，并尽可能命名这个图形。教师留意观察，必要时给予帮助。本活动可重复一次或两次。随后告诉儿童，他们能够在之后的活动中继续探索这些图形并进行配对。<br>• 形状挂钩，［LT］[2]：配对图形，包括图 |

续表

| 年龄（岁） | 阶段 | 发展进程 | 教学活动 |
|---|---|---|---|
| 0—2 | 图形感知 | 将□和□配对 | 形中孔的数量。 |
|  |  | **图形配对—大小不同**（shape matcher-sizes）**比较**<br>将不同大小的熟悉图形进行匹配<br>将□和■配对<br>**图形配对-方向不同**（shape matcher-orientations）**比较**<br>将不同方向的常见图形进行配对。<br>将□和◇配对 | • 配对图形（图形配对），[LT]²：与上述相同，扩展到不同的大小和（或）方向。<br>• 神秘图画1：儿童选择与目标图形相对应的图形，从而完成拼图。在这个活动中，儿童练习的技能是配对能力，但程序会说出图形的名称，因此儿童也学习了图形的名称。这一水平的活动所选的图形是儿童熟悉的。<br><br>![Mystery Pictures 1] |
| 3 | 视觉思维 | **图形识别-典型图形**（shape recognizer-typical）**分类**<br>识别并命名典型的圆形、正方形以及三角形（不那么经常）。会动手旋转处于非典型方向上的图形，使其符合心目中的原型。<br>能说出□是正方形。<br>一些儿童虽然能对不同大小、形状和方向的长方形正确地命名，但也会将一些看起来像但实际上不是长方形的图形称为长方形。<br>将这些图形称为长方形（包括不是长方形的平行四边形）： | • 圆圈时间：[LT]²：让儿童尽可能地围坐成一个标准的圆形。展示一个大的平面的圆形（如呼啦圈），并说出它的名称。教师一边用手指沿着圆圈的边缘划过，一边跟儿童讨论它是一个多么完美的圆形；这条曲线的弯曲程度始终是一样的。让儿童们说出他们所知道的圆形，如玩具、建筑物、图书、三轮车或自行车以及衣服上的圆形。投放各种圆形供儿童探索：滚一滚、叠到一起、用手沿着圆边划等。让儿童用手、胳膊和嘴巴做圆形。总结圆形的特点：圆圆的、弯曲程度一致、不间断。<br>• 寻找并命名双胞胎图形（典型图形）[LT]²：类似于上面的配对图形，但要求儿童同时给图形进行命名。<br>儿童需要知道每个图形的名称；建议在进行这个活动之前先进行神秘图画1活动，因为它会教给儿童图形的名称）。 |

续表

| 年龄<br>（岁） | 阶段 | 发展进程 | 教学活动 |
|---|---|---|---|
| 3 | 视觉<br>思维 | | <br><br> |
| 3—4 | | **图形配对—更多图形、方向和组合（shape matcher–more shapes, sizes & orientations, combinations）比较**<br>配对更多种大小和方向相同的图形。<br>图形配对—不同大小和方向（Shape Matcher-Sizes & Orientations）比较<br>配对更多种具有不同的大小和方向的图形。<br>能将以下图形配对：<br><br>**图形配对—组合图形（shape matcher–combinations）比较**<br>将组合图形的组合相互匹配。<br>能将以下图形配对：<br> | • 图形配对与命名（图形配对—更多图形），［LT］[2]：如前所述，但从图形全集中选择更多种类的图形，摆成不同的方向。<br>• 积木配对：请儿童把各种图形积木与教室中的物体进行配对。让所有儿童围成一个圆圈，教师坐在圆圈内，面前摆放着不同形状的积木。教师出示一块积木，问儿童教室里有什么东西跟这块积木的形状一样。针对不正确的回答，如，选择了一个三角形的东西却说它是四分之一圆的形状，组织儿童充分讨论。<br>• 神秘图画3：儿童选择与目标图形相对应的图形，从而完成拼图。在这个活动中，儿童练习的技能是配对能力，但程序会说出图形的名称，因此儿童也学习了图形的名称。这一水平的活动所选的图形更为多样，包含了一些新的（儿童不太熟悉的）图形。 |

| 年龄（岁） | 阶段 | 发展进程 | 教学活动 |
|---|---|---|---|
| 4 | | • **图形识别—圆形、正方形和三角形（shape recognizer–circles, squares, & triangles）分类** 能够识别一些不太典型的正方形和三角形，有些也能识别一些长方形，但通常不能识别菱形。通常不区分边和角。可能会在仅对比了图形的边或比较图形的一半后认为两个图形相同。<br><br>能够命名以下图形：<br><br>◇ △ ▷ | • 全神贯注：更多旋转的图形，[LT]²：线上 [LT]² 游戏，配对不同方向的几何图形。<br>• 摸箱（配对）：将一个图形偷偷藏进摸箱中（一个挖有洞的箱子，洞的大小足以让儿童的手伸进去，却无法看到箱子里的东西）。教师展示 5 个图形，其中一个与藏起来的图形完全相同。请儿童将手伸进洞里感知摸箱里的图形，然后指出 5 个图形中哪个与之匹配。<br><br>![摸箱游戏界面 Do they match? YES NO]<br><br>• 圆形与罐子，[LT]²：展示一些食品罐，与儿童讨论它们的形状（圆的）。引导儿童关注每个罐头的底部和顶部（统称底面）。指着这些位置告诉儿童这些面是圆的，它们的边缘就是圆形。教师出示几张纸，上面有沿着不同罐子（大小差异要明显）的底部画出的图形。再用一两个罐子向儿童展示教师是如何描画的，然后打乱这些纸张和罐子。请儿童将罐子和纸上的圆圈进行配对。当儿童拿不准时，让他们将罐子直接放到圆圈上去核对。告诉儿童他们可以在自由活动时间轮流进行圆圈和罐子的配对活动，并将活动的材料投放在区角中以供操作。<br>• 它是不是（圆形），[LT]²：在全班都能看到的平面上画一个标准的圆形。请儿童给它命名，并要求他们说明为什么它是圆形。 |

续表

| 年龄<br>（岁） | 阶段 | 发展进程 | 教学活动 |
|---|---|---|---|
| 4 | | | 在旁边再画一个椭圆形，问儿童它看起来像什么，然后问他们为什么它不是圆形。再画几个圆圈和可能被误认为是圆圈的图形，跟儿童讨论它们有什么不同。总结并回顾，圆形是一个完美的圆弧，是一条弯曲程度始终相同的曲线。<br><br>●图形秀（三角形），［LT］²：向儿童展示一个大的、平面的三角形。用手指沿着它的边缘划过，伴随着明显的动作和描述："直直的边……拐弯，直直的边……拐弯，直直的边……停。"问儿童三角形有多少条边，并跟他们一起数一数。<br><br>跟儿童强调，三角形的边和角可以有不同的大小；重要的是它三条边是直的，并且连接在一起形成一个闭合的图形（没有开口或间隙）。问儿童家里有哪些东西是三角形的。向儿童展示三角形的不同实例。让儿童在空中画三角形。如果条件允许，让儿童沿着大三角形（如，用彩色胶带在地板上贴出一个大的三角形）的边走路。<br><br>●图形寻宝（三角形），［LT］²：<br><br>1. 在周围环境中寻找图形。请儿童在房间里找到一个或两个至少有一个面是三角形的物品。也可以事先在整个房间里藏一些图形全集里的三角形。在儿童找出它们时，要求他们不仅说出图形的名称，还要说出物体和图形的名称："那个时钟也是一个圆形"（Verdine et al.，2016）。<br><br>2. 鼓励儿童数数三角形有几条边，如果可能的话，向成人展示这个三角形，并讨论它的形状。如，三角形有三条边，但是这些边并不总是一样长。在讨论结束后，让儿童把三角形放回原位，以便其他儿童继续寻找。 |

续表

| 年龄（岁） | 阶段 | 发展进程 | 教学活动 |
|---|---|---|---|
| 4 | | | 3.还可以给这些三角形拍摄照片，做成班级的图形书。<br><br>● 它是不是（三角形）：如前所述。加入一些变式（如瘦三角形）和那些看上去跟三角形在外观上相似的干扰项（"困难的干扰项"或"迷惑项"），如图8.9b所示。<br><br>● 摸箱（命名）：与"摸箱（配对）"类似，在这一活动中还鼓励儿童给图形命名并解释是如何推理出来的。 |
| 4—5 | 关注部分 | **用组成部分构造图形—看起来像（constructor of shapes from parts-looks like）组成部分**<br>用操作材料代表图形的组成部分，如，边，以制作一个"看起来像"目标图形的图形。可能将角视为拐角（"尖尖的"）。<br>要求用木棒摆出三角形时，儿童摆出了如下造型：<br><br>（图形）<br><br>**图形识别——所有长方形（shape recognizer—all rectangles）分类**<br>识别各种大小、形状和方向的长方形。<br>正确命名这些图形为长方形： | ● 构造图形、吸管图形（看上去像）[LT]²：包括给这些图形命名。在教师的小组课堂中，儿童使用不同长度的塑料搅拌棒或吸管摆出他们所知道的各种图形。确保儿童拼的图形具备正确的特征，如，正方形的四条边一样长，四个角都是直角。所有搅拌棒的端点应连接（接触）在一起。在儿童摆图形的过程中，让他们讨论图形的特征。如果儿童需要帮助，可以提供一个模型让他们复制，或者给他们一张画有形状的图纸，让他们摆放搅拌棒。他们能够选择正确数量和大小的搅拌棒来制作给定的图形吗？如果儿童表现出色，可以增加难度，要求他们摆出一个"一摸一样"的图形。（在这一思维水平上，儿童只能做出大体相似的表征。）<br><br>● 构造图形（三角形），[LT]²：在自选活动区，请儿童使用塑料搅拌棒摆三角形，并且、或者创作出包含三角形的图案。<br><br>● 图形秀（长方形）和图形秀（正方形），都在[LT]²：展示一个大的、平面的长方形，并说出它的名称。用手指沿着它的边缘划过，伴随着明显的动作和描述："直直的边……拐一个直角，直直的边……拐一个直 |

续表

| 年龄（岁） | 阶段 | 发展进程 | 教学活动 |
|---|---|---|---|
| 4—5 | 关注部分 |  | 角，又是一条直直的边……拐一个直角，长长的直直的边……停。"问儿童长方形有多少条边，并和他们一起数一数。要强调长方形的对边长度相等，而且所有的拐弯都是直角。如果要演示的画，可以拿一根长度与其中一组对边长度相同的搅拌棒放在这两条边上，并对另一组对边重复此操作。为了说明什么是直角，可以走到门口，说直角就像一个大写字母 L。与儿童一起使用拇指和食指做出大写字母 L 的形状，然后把这个手势放在长方形的角上。问儿童家里有哪些物品是长方形。向儿童展示不同的长方形实例。让儿童围绕一个大的、平面的长方形（如地毯）走一走。回到座位后，让儿童在空中用手指画长方形。切记正方形是（特殊的）长方形。<br>● 神秘图画 3（在这里展示的）适用于此活动之前，因为它教授了图形的名称。<br><br>● 神秘图画 4：儿童找到搭建积木软件"说出"的许多不同的图形，从而完成拼图（即儿童需要知道每个图形的名称）。<br>● 图形寻宝（长方形）：如前所述，增加长方形。<br>● 构造图形、吸管图形：如前所述，增加长方形。<br>● 吸管图形（长方形）：如前所述，增加长方形。<br>● 它是不是（长方形），[LT] [2]：如前所 |

| 年龄（岁） | 阶段 | 发展进程 | 教学活动 |
|---|---|---|---|
| 4—5 | 关注部分 | | 述，换成长方形或正方形。<br>● 小小侦探，［LT］²：提前在教室中放置图形全集中的图形和其他物体（尤其是形状比较少见的）。教师说出房间里某一个物体的形状，可以从简单的开始，如，正方形或三角形，让儿童猜测说的是哪个物体或图形。可能的话，让猜对的儿童想下一个物体或图形，由教师和其他儿童来猜。<br>变式：试试"属性版"。教师描述一个图形的特征，看儿童能否猜到教师指的是哪个物体或图形。可以使用图形全集、教室中的实际物体和或其他图形的操作材料来进行这个活动。<br><br>● 长方形与盒子：在全班儿童都能看到的地方画一个大长方形，用手指沿着它的边缘划过，同时数出它的边数。可以向儿童提出挑战：在你数边数的时候，让他们用手指在空中画一个长方形，提醒他们每条边都应该是直的。向儿童展示各种盒子，如，牙膏盒、面条盒和谷物盒，讨论它们的形状。最终引导幼儿关注盒子的表面，这些面绝大多数是长方形。跟儿童谈论盒子的边和直角。在一张大纸上水平放置两个盒子，描出它们的面。让儿童把描出的长方形与盒子进行配对。用更多的盒子描出长方形，并重复这个活动。帮助儿童了解其他盒子表面的形状，如，三 |

续表

| 年龄（岁） | 阶段 | 发展进程 | 教学活动 |
|---|---|---|---|
| 4—5 | 关注部分 | | 角形（糖果盒和食品盒）、八边形（帽子盒和礼品盒）以及圆形、圆柱形（玩具盒和麦片桶）。<br><br>● 命名积木的面：在晨圈活动或自由玩耍时，让儿童给不同积木的各个面命名。问儿童教室中哪些物品有跟它相同形状的面。<br><br>● 踩图形—升级版数学：（"升级版数学"活动已经增加了培养执行功能的内容。请参阅［LT］²的所有资源。）在地上画出一些大图形。告诉儿童只能踩在某一类图形上（如三角形）或某一特征上（如三条边）。问儿童他们是如何知道踩的图形是正确的。<br><br>● 猜猜我的规则（长方形），［LT］²：把图形全集中的某些图形根据一种秘密规则（某些特征）分堆摆放，分的时候请儿童仔细观察。<br><br>1. 要求儿童在心里默默猜测教师分类规则，如"圆形／方形"或"四边形／圆形"。<br><br>2. 逐个对图形进行分类，直到两个堆中至少有两三个图形。<br><br>3. 用手示意"嘘——"，然后拿起一个新图形悬空停在两堆中间，面带困惑地示意儿童安静地指出这个图形应该放到哪一堆。<br><br>4. 将图形放入正确的那一堆。在所有图形都被归类后，请儿童说说他们觉得分类规则是什么。<br><br>5. 使用其他图形和新规则重复这个活动。 |
| | | **识别边（side recognizer）组成部分**<br><br>能够认识到边是具有特征的不同几何对象。儿童可能通过比较两个图形的许多特征而判断它们是相同 | ● 探索图形（边），［LT］²：儿童数图形的边数，然后根据边数来识别图形。<br><br>● 我触摸的是什么图形（识别边），［LT］²：儿童在不看图形的情况下触摸它，并通过数边来命名图形。<br><br>● 真或假（识别边），［LT］²：儿童依据图 |

续表

| 年龄（岁） | 阶段 | 发展进程 | 教学活动 |
|---|---|---|---|
| 4—5 | 关注部分 | 的，但并非所有特征。<br>当被问到这个图形△是什么时，会用手指沿着每条边，数完所有的边后说出它是一个四边形（或有四条边）。 | 形的边来确定图形是否属于某个图形类别。在［LT］²上还有：真或假？数学升级版！这是一个教授执行功能的增强版。<br>●图形组成部分1：儿童使用图形的组成部分构造与目标图形相同的图形。他们必须准确地放置每个组成部分，这实际上是一个"用组成部分构造图形—准确"水平的能力，不过部分儿童开始从支架性的计算机游戏中受益。<br><br> |
| 5 | | **根据多数特征判断相同**（most Attributes comparer）**比较**<br>会寻找特征的差异，能检查整个图形，但可能会忽略某些空间关系。<br>"这些是相同的。" | ●摸箱（描述）：如前所述，但要求儿童不能直接说出图形的名称，必须把图形描述得足够清楚，让同伴能够猜出他们所描述的是什么图形。请儿童解释他是如何确定这个图形的。他们应该描述这个图形，强调边是直的还是弯的，以及边和角的数量。 |
| | | **识别角[corner（vertex，angle）recognizer]组成部分**<br>在拐角有限的情景下，能够认识到角是独立的几何组成部分。 | ●探索图形和角，［LT］²：儿童在图形中识别特定类型的角（如直角）。<br>●摸箱（描述）：如前所述，重点放在角。<br>●图形组成部分1：如前所述，重点放在角。<br>●真或假，［LT］²：同上，重点放在角。<br>●踩图形，［LT］²：同上，重点放在角。 |

续表

| 年龄（岁） | 阶段 | 发展进程 | 教学活动 |
|---|---|---|---|
| 5 | | 当被问到为什么这是一个三角形时，会回答："它有三个角"，然后清楚地指着每个顶点（指着拐角），数这些角。 | |
| | | **图形识别—更多的图形（shape recognizer–more shapes）分类**<br>能够识别大多数常见的图形和其他图形的典型例子，如六边形、菱形和梯形等。<br>正确地辨认和命名下面这些图形：<br> | • 踩图形（更多图形），[LT]²：在地上用遮光胶带、彩色胶带贴出（或者用粉笔画）图形。告诉儿童只能踩在某一类图形上（如菱形）。让5名儿童为一组踩在菱形上。要求班上其他儿童仔细观察，确保该组踩在所有正确的图形上。尽可能地让儿童解释为什么他们踩的是正确的图形（"你怎么知道那是一个菱形？"）。重复这个活动，直到每组儿童都玩过为止。<br> |
| | | | • 神秘图片4：儿童找到搭建积木软件"说出"的各种图形，从而完成拼图（即在儿童需要知道每个图形的名称）。这个活动包括六边形、菱形和梯形。<br> |

| 年龄（岁） | 阶段 | 发展进程 | 教学活动 |
|---|---|---|---|
| 5 | | | （图） • 几何快照2：展示一个简单的图形造型2秒，儿童凭记忆（表象）在4个选项中选出相同的一个。可以在计算机上进行，也可以在现实中进行。（图） • 寻找并命名双胞胎图形（更多图形）[LT]²：如前所述，重点放在新图形上。 • 真或假（更多图形），[LT]²：如前所述，重点放在新图形上。 • 猜猜我的规则（更多图形），[LT]²：如前所述，使用适合这一水平的规则。如，圆形/三角形/正方形（所有不同的方向）、三角形/菱形、梯形/菱形、梯形/非梯形。 |
| 6 | | **图形识别（shape identifier）分类** 能够准确地命名大多数常见的图形，包括菱形、六边形、八边形和梯形等，而且准确无误，如，不会将椭圆形说成圆形。（至少） | 六边形/梯形、三角形/非三角形、正方形/非正方形（如所有其他图形）、长方形/非长方形、菱形/非菱形。 • 梯形和菱形：依次出示各种模式积木图形，让儿童命名每个图形。尤其要关注菱形和梯形，问儿童可以用这些图形做什么。让儿童描述它们的属性：梯形有一对平行的边（平 |

续表

| 年龄<br>（岁） | 阶段 | 发展进程 | 教学活动 |
|---|---|---|---|
| 6 | | 能识别直角，因此能区分长方形和没有直角的平行四边形。<br><br>能正确命名以下所有图形：<br><br>（图形） | 行——在同一方向）；菱形有两对平行边，且边长都相等。<br><br>• 糊涂先生（图形）：告诉儿童要帮助糊涂先生给图形命名。提醒儿童在糊涂先生犯错误时要及时让他停下来并纠正他。使用图形全集中的图形，让糊涂先生从混淆正方形和菱形的名称开始。在儿童确认正确名称后，请他们解释两者的角有什么不同（正方形的角必须是直角；菱形的角则可以不同）。回顾并总结：所有菱形和正方形都有 4 条长度相等的直边，正方形实际上是 4 个角都是直角的特殊菱形。可以换成梯形和六边形重复以上步骤，或者其他希望儿童练习的图形。<br><br>• 几何快照 4：儿童凭记忆（表象）从 4 个选项中选出和原图案（中等复杂程度）一致的选项。<br><br>（图：Geometry Snapshots 4） |
| 7 | | **识别角——更多情境**（angle recognizer-more contexts）组成部分<br><br>能够识别和描述与角相关的情境，包括拐角（可以讨论更尖的角）、交叉（如一把剪刀），还可以是一些弯曲物体和弯道（有时是弯曲的路径和斜坡）。但在刚开始时，可能无法明确理解角的概念与这些情 | • 糊涂先生（角和图形），[LT]²：如前所述，但这次糊涂先生是把边和角弄混了，一定要请儿童解释什么是边，什么是角。<br><br>• 几何快照 6：让儿童根据记忆（表象），在几个角度不同的选项中进行选择。<br><br>（图：Geometry Snapshots 6） |

续表

| 年龄（岁） | 阶段 | 发展进程 | 教学活动 |
|---|---|---|---|
| 7 | | 境的关系（如，可能不会将道路上的弯曲视为角；在斜坡情境中可能无法通过添加水平线或竖直线来完成角的构造；甚至可能只觉得拐角有点尖，而没有表征构成角的两条线），需要晚一些才能达到。通常不会将这些情境相关联，在每种情境中可能只表征角的某些特征（如，在斜坡情境中，可能仅用斜线）。 | |
| | | **根据组成部分识别图形（parts of shapes identifier）分类**<br>根据组成部分识别图形。<br>"无论它看起来有多么瘦长，它就是一个三角形，因为它有三条边和三个角。" | • 我摸到了什么图形（根据组成部分识别图形），［LT］²：教师向儿童展示一个图形，要求儿童说出对应名称，并解释是如何知道它是那个图形的，强调作为图形的定义性特征：边和角。<br>• 踩图形——升级版数学，［LT］²：如前所述，现在重点关注边和角。 |
| | | **通过重叠判断全等（congruence superposer）比较**<br>把两个图形上下叠放在一起，判断它们是否全等。通过比较所有的特征和空间关系，判断图形是否全等。<br>两个图形能完全重合，则判断它们的形状相同、大小相等。<br>对两个图形的每条边和每个 | • 图形叠叠乐（重叠），［LT］²：儿童从图形集中匹配相同的图形，并解释为什么这些图形是全等的。 |

续表

| 年龄（岁） | 阶段 | 发展进程 | 教学活动 |
|---|---|---|---|
| 7 | | 角进行比较之后，判断它们的形状相同、大小相等。 | |
| | | **用组成部分构造图形——精确（constructor of shapes from parts-Exact）表征**<br>基于对图形组成部分及其系的认识，使用操作材料代表图形的组成部分（如，边和角连接器）构造出完全正确的图形。<br>要求用木棒摆出三角形时，摆出了如下的图形：<br><br>△ | • **热身：快照和吸管（图形组成部分），[LT]²：** 教师提前用吸管拼一个图形，如一个长方形，并用一块黑布盖住它。告诉儿童仔细看所展示的图形，在2秒内在脑海中拍下快照，随即再次用黑布盖住图形。给儿童一些不同长度的吸管，让儿童用吸管摆出和自己所看到的图形一样的图形。必要时，可以再给儿童展示图形2秒，以便他们检查和修改自己摆的图形。随后让儿童描述他们所看到的图形，以及他们是如何摆出自己的图形的。可以根据儿童的能力水平选择更复杂的图形，再次进行这个活动。<br>• **构造图形、吸管图形（精确的组成部分）[LT]²：** 如前所述，但现在期望儿童能够准确地表征所有的组成部分和属性，并能构造出图形全集中的任意图形，或者根据教师所说的一组特征摆图形（如，摆一个有两对相邻边相等或者四条边长度相等但没有直角的图形）。他们能够在尝试次数少的情况下准确地放好图形的每个组成部分吗？<br>还可以提出其他挑战，如"随意取三根吸管（长条）都能摆出一个三角形吗？"（不能，如果一根吸管比其他两根之和长就不行）"你能用两对长度相等的吸管摆出多少个不同的图形（类别）？"<br>• **五格拼版对称游戏，[LT]²：** 儿童之间轮流挑战，使用五格拼版完成沿对称线的对称拼图。 |

续表

| 年龄（岁） | 阶段 | 发展进程 | 教学活动 |
|---|---|---|---|
| 8+ | 关注图形的属性 | | • 图形组成部分2：让儿童使用图形组成部分构造出与目标图形一样的图形。他们必须准确地摆放每个组成部分。<br> |
| | | **角的表征（angle representer）组成部分**<br>能把角的各种情境都以两条线的形式表征出来，明确包含参照线（斜坡情境中的水平线或竖直线；旋转情境中的视线），而且至少隐含地把角的大小表征为两条线之间的旋转（可能仍然存在对角度测量的误解，如，认为角的大小与边的端点之间的距离相关，并且可能不会把自己的这些理解应用于各种情境中）。 | • Logo：参考本章和前一章节中的Logo实例和建议。<br>• 当世界转动时，［LT］²：让儿童估计、测量、绘制和标记现实世界中大小不同的角，如，门的打开角度、收音机的旋钮、门把手、头部转动、打开水龙头等。<br>• 合二为一，［LT］²：让儿童用吸管将两个较小的角合并为一个更大的角。 |
| | | **全等的表征（congruence representer）比较**<br>根据几何特征，结合图形变换进行解释。<br>"这些图形一定是'全等'的，因为它们有相等的边长、所有的角都是方方的，并且我可以完全将它们重叠在一起。" | • 找到另一个我：儿童需要证明两个图形的大小和形状完全相同。 |

续表

| 年龄（岁） | 阶段 | 发展进程 | 教学活动 |
|---|---|---|---|
| 8+ | | **识别图形类别（shape class Identifier）分类**<br>能运用图形类别（如进行归类），但没有明确地基于图形属性。<br>"我把三角形放在这边，把四边形，包括正方形、长方形、菱形和梯形放在那边。" | • 猜猜我的规则（识别图形类别），［LT］²：如前所述，使用适合该水平的规则，涵盖所有的图形类别。<br>• 踩图形（分类），［LT］²：如前所述，但说的是图形类别而不是图形名称（如，所有菱形，包括正方形）。要求儿童证明他们选择的图形属于该类别。<br>• 踩图形—升级版数学，［LT］²：参见上文。 |
| | | **识别图形属性（shape property identifier）分类**<br>能明确运用图形属性。当图形的方位、形状改变但仍保持原有属性时，能看出其中的不变。<br>"我把具有对边平行属性的图形放在这边，而那些有四条边但不是两组对边都平行的图形放在那边。" | • 踩图形（属性），［LT］²：如前所述，但是告诉儿童的是图形属性而不是图形名称（如，"各边长度都相等的所有图形"或"……至少一个直角的图形"）。请儿童证明他们踩的图形具有该属性。<br>• 猜猜我的规则（识别图形属性），［LT］²：如前所述，使用适合该水平的规则，如，"有直角/无直角"，"正多边形（各边都是直边的闭合图形）/与其他任意图形"，或"对称图形/非对称图形"等。 |
| | | | • 小小侦探（识别属性），［LT］²：如前所述，但说的是图形属性，如，"我看到一个图形，它有四条边，对边长度相等，但没有直角。"<br>• 我摸的是什么形状（识别图形属性），［LT］²：儿童通过触摸的方式识别图形，弄清楚它们的所有属性（直角、边的长度相等），甚至可以是具有相同边数的图形。<br>• 失踪图形的传说：让儿童通过提供的文本线索来识别目标图形，如，具有特定角度的图形。 |

| 年龄（岁） | 阶段 | 发展进程 | 教学活动 |
| --- | --- | --- | --- |
| 8+ | | **根据属性区分类别**（property class identifier）**分类**<br>明确地基于图形属性（包括角度判断）来将图形类别化（如，进行图形归类或判断图形是否相似）。<br>意识到图形变换和图形定义的双重限制，并且能把两者结合起来。根据图形属性进行层级分类。<br>"我将等边三角形放在这边，将不等边三角形放在这边。这些都是等腰三角形，其中包括等边三角形。" | ● 糊涂先生（根据属性区分类别），[LT]²：如前所述，但重点放在图形类别和定义性属性。如，糊涂先生说"一个长方形有两对平行且长度相等的对边，但（错误地认为）不是平行四边形，因为它是长方形"。<br>● 猜猜这是什么图形：[LT]²：在儿童面前慢慢地从遮挡物后面逐步展现一个图形，每揭开一点都请儿童判断它可能是哪一类图形，以及他们有多大把握。<br>● 图形组成部分3：儿童使用图形的组成部分拼成与目标图形匹配的图形，目标图形是经过旋转的，因此，拼成的图形与目标图形的方向不同。他们必须精确地摆好每个组成部分。根据问题和解决方法的不同，这个活动可以应用在不同的发展水平上。 |

续表

| 年龄（岁） | 阶段 | 发展进程 | 教学活动 |
|---|---|---|---|
| 8+ |  |  | ● 图形组成部分 4：如前所述，但使用多重嵌套图形。<br><br>● 图形组成部分 5：如前所述，但不提供范例。 |
|  |  | **角 的 整 合（angle synthesizer）组成部分**<br>把角的各种含义（旋转、拐角、倾斜）综合在一起，包括角的度数。<br>"这个斜坡与地面形成45°角。" | ● 吸管拼角：使用清管器和吸管拼出具有特定角度的角。<br>● 图形组成部分 6：如前所述，但儿童必须使用边和角度（可操作的拐角）来拼图形。<br><br>● 图形组成部分 7：如前所述，但涉及更多的图形属性，问题也更难。<br><br>Logo：使用 Logo 乌龟画具有挑战性的图形， |

| 年龄（岁） | 阶段 | 发展进程 | 教学活动 |
|---|---|---|---|
| 8+ | | | 如在乌龟数学（Clements & Meredith，1994）中创建一个等腰三角形。 |

专栏8.1　二维图形

| | |
|---|---|
| | 角（Angle）：相交于一点（即顶点）的两条射线所呈现的图形。 |
| | 圆形（Circle）：一个二维图形，由到一个点（称为圆心）距离相等的所有点组成。圆是完美的，即每个圆具有恒定的曲率。 |
| | 闭合（Closed）：组成二维图形的各条线段互相连在一起，且过每个顶点有且仅有两条边、各边互不交叉时，我们称这个二维图形是闭合的。（曲线图形的判断标准与此类似） |
| | 全等（Congruent）：形状和大小完全相同，它们可以相互重叠（叠放一起时完全重合）。<br><br>六边形（Hexagon）：一个有六条直边的多边形。 |
| | 筝形（Kite）：一种有四条边的多边形（四边形），两组相邻（相接）的边的长度分别相等。 |
| | 轴对称（Line symmetry）：如果一个平面图形在某一条直线一侧的部分沿该直线翻转后即为另一部分，则称该图形是轴对称（或镜面对称）。如果沿该直线折叠平面，图形的两个部分会完全重合。 |
| | 八边形（Octagon）：一个有八条直边的多边形。 |
| | 方向（Orientation）：一个图形相对于基线的旋转程度。 |
| | 平行线（Parallel lines）：具有相同方向且距离处处相等的两条直线（如铁路轨道）。 |

| | |
|---|---|
| 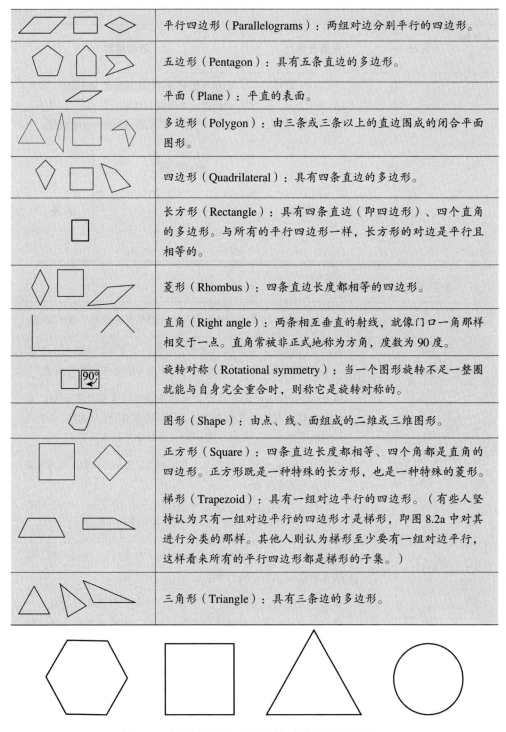 | 平行四边形（Parallelograms）：两组对边分别平行的四边形。 |
| | 五边形（Pentagon）：具有五条直边的多边形。 |
| | 平面（Plane）：平直的表面。 |
| | 多边形（Polygon）：由三条或三条以上的直边围成的闭合平面图形。 |
| | 四边形（Quadrilateral）：具有四条直边的多边形。 |
| | 长方形（Rectangle）：具有四条直边（即四边形）、四个直角的多边形。与所有的平行四边形一样，长方形的对边是平行且相等的。 |
| | 菱形（Rhombus）：四条直边长度都相等的四边形。 |
| | 直角（Right angle）：两条相互垂直的射线，就像门口一角那样相交于一点。直角常被非正式地称为方角，度数为90度。 |
| | 旋转对称（Rotational symmetry）：当一个图形旋转不足一整圈就能与自身完全重合时，则称它是旋转对称的。 |
| | 图形（Shape）：由点、线、面组成的二维或三维图形。 |
| | 正方形（Square）：四条直边长度都相等、四个角都是直角的四边形。正方形既是一种特殊的长方形，也是一种特殊的菱形。 |
| | 梯形（Trapezoid）：具有一组对边平行的四边形。（有些人坚持认为只有一组对边平行的四边形才是梯形，即图8.2a中对其进行分类的那样。其他人则认为梯形至少要有一组对边平行，这样看来所有的平行四边形都是梯形的子集。） |
| | 三角形（Triangle）：具有三条边的多边形。 |

图 8.3　大多数人喜欢闭合、对称的二维图形原型

因此，儿童往往只能看到每种图形的典型形式——我们将其称为原型（图 8.3

中展示的图形就是这四类图形的原型）。他们不常见到和讨论这些图形的其他实例，我们称为变式。反例——在评估或教学中常称为干扰项——不属于相应的图形类别。如果反例与原型之间总体相似性很小或没有，则称为明显干扰项；如果与原型看上去高度相似但缺乏至少一个定义性特征，则称为困难干扰项（对于儿童而言，我们称为迷惑项）。图 8.4 以三角形为例做了展示。

一项研究发现，即便是原型，25 个月大的儿童对其图形的名称也了解甚少，（Verdine，Lucca，Golinkoff，Newcombe & Hirsh-Pasek，2016）。到了 30 个月大，他们学会了更多的图形名称，甚至能正确地命名一些变式。

一项针对学前儿童的研究使用了与之前用于小学生的相同的线条画来进行比较（Clements et al.，1999b）；在新加坡（Yin，2003）和土耳其（Aslan，2004）进行了重复研究，并对塞尔维亚学前儿童进行了类似的研究（Maričić 和 Stamatović，2017）。学前儿童对常见图形会形成视觉原型和认识，对此我们学到了什么？

圆形——因为只有一种基本原型，只在大小上有所变化——对于儿童来说是最容易识别的图形。92％的 4 岁儿童、99％的 6 岁儿童能从图 8.5 中所示的各种图形中准确地识别出圆形（Clements et al.，1999b）。只有几名年龄最小的儿童选择了椭圆形和另一个曲线图形（见图 8.5 中的图形 10 和图形 11）。如果对圆形进行描述，大多数儿童会说它"圆圆的"。因此，对这些儿童来说，圆形识别起来很容易，但描述起来有点难。他们将图形与视觉原型进行了匹配。在一项重复研究中，土耳其儿童表现出相同的反应模式（Aslan，2004，Aktas-Arnas & Aslan，2004；Aslan & Aktas-Arnas，2007）。

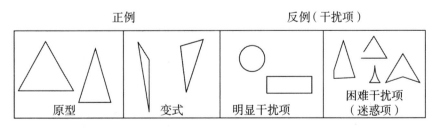

图 8.4　三角形的原型、变式、明显干扰项、困难干扰项

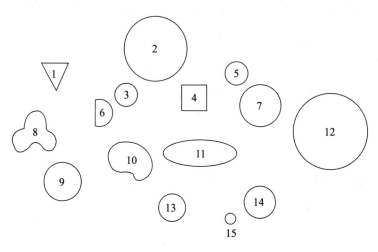

**图 8.5　儿童要在其中标记出圆形**

儿童也能较好地识别正方形：4 岁、5 岁和 6 岁儿童的准确率分别为 82%、86% 和 91%。年纪较小的儿童往往会把非正方形的菱形（见图 8.6 中的图形 3）错误地选择为正方形，在新加坡，25% 的 6 岁儿童和 5% 的 7 岁儿童会这样做。然而，美国儿童在识别底边不水平的正方形（见图 8.6 中的图形 5 和图形 11）时的准确率并不逊色。如果教学上应对不当，这一混淆——当图形旋转后会改变其名称——可能会持续到 8 岁。在新加坡，7 岁儿童比 6 岁儿童更不可能正确识别出这些是正方形（Yin，2003）。

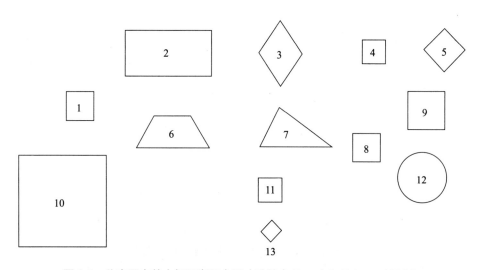

**图 8.6　儿童要在其中标记出正方形（改编自 Razel & Eylon，1991）**

塞尔维亚儿童对圆形很熟悉，但对正方形的认识较少（57%，Maričić & Stamatović，2017）。这三个国家的儿童中，当他们是基于形状的定义性特征做判断时，则更有可能准确地识别正方形。土耳其儿童得到 4 岁之后才会给出基于属性的理由；到了 6 岁时，41% 的儿童能这样做（Aslan，2004）。此外，当儿童通过属性来判断图形时，他们大部分情况是正确的（与基于视觉的回答 70% 的正确率相比，基于属性的回答正确率为 91%）。塞尔维亚儿童对圆形很熟悉，但对正方形的认识较少（57%，Maričić & Stamatović，2017）。

当使用操作材料或绕着放在地上的大型图形走的时侯，儿童被方向（图形的旋转方式）误导的情况会少一些。当儿童基于图形的定义性特征（如边的数量和长度）解释自己的选择时，他们的选择会更准确。

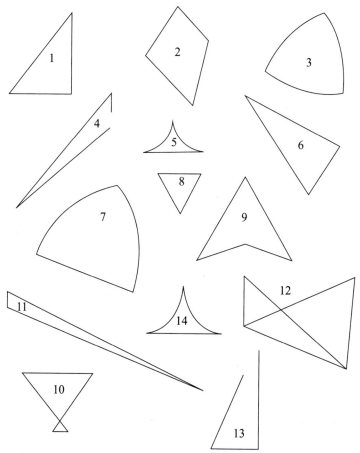

图 8.7　儿童要在其中标记出三角形（改编自 Burger & Shaughnessy，1986；Clements & Battista，1991）

儿童识别三角形和长方形的准确率要差一些。然而，他们的得分并不低，三角形的准确率约为 60%（见图 8.7），在土耳其和塞尔维亚稍微更高，分别为 68% 和 78%（Aslan，2004；Maričić & Stamatović，2017）。在 4—6 岁，儿童首先经历把许多图形看作三角形的阶段，随后又进入另一个阶段，在这个阶段他们收紧标准，拒绝一些干扰项，但同时也拒绝了一些实例。儿童的视觉原型似乎是等腰三角形。尤其是在没有接受高质量几何教育的情况下，他们会被不对称性或宽高比——高与底边的比值——偏离原型所误导（如又长又瘦三角形，如图 8.7 中的图形 11）。

年幼儿童倾向于将长的平行四边形或直角梯形（见图 8.8 中的图形 3、图形 6、图形 10 和图形 14）误认为是长方形。因此，儿童对长方形的视觉原型应该是一个有两条长的平行边、角接近直角的四边形。

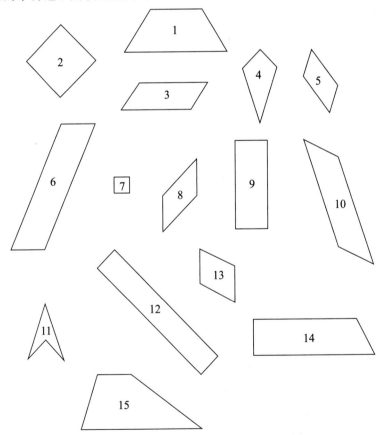

图 8.8　儿童要在其中标记出长方形（改编自 Burger & Shaughnessy，1986；Clements & Battista，1991）

只有少数儿童能正确地将正方形（见图 8.8 中的图形 2 和图形 7）看作长方形，因为它们具有长方形的所有属性，所以应该被选出来。对于那些从未接受过良好几何教育的成年人来说，这是令人苦恼的。但这是一个鼓励儿童进行数学地、逻辑地思考的好机会，即使大的文化环境并非如此。

尽管在我们的研究以及国际研究中，学前儿童在识别三角形和长方形方面的准确率较低，但他们的表现却显示出他们已经有了相当多的知识，特别是考虑到测验的抽象性，以及其中所使用图形的多样性。令人沮丧的是，儿童从早年直至六年级学到的东西非常少。

在他们的游戏中，儿童对"模式和图形"表现出的兴趣和参与度超过了其他六类内容中的任何一类（Seo & Ginsburg，2004）。他们的行为中大约有 47% 是对图形的识别、分类和命名。最后，儿童所做的远不止命名图形，上述涉及图形的行为是儿童许多游戏的重要组成部分。当然，这些游戏也涉及三维（3D）图形。

## 三维图形

即使是出生一两天的新生儿也能在距离变化时保持物体的大小（从而改变视网膜图像的大小）（Slater，Mattock & Brown，1990）。也就是说，他们习惯于看着一个恒定大小的球体，即便这个球体与新生儿之间的距离发生变化，但当这个距离和球体的大小都发生变化，导致球体在视网膜上占据相同的角度时，他们就不习惯了（Granrud，1987）。此外，婴儿可以感知三维图形，但这仅限于连续移动的物体，而不是同一物体的单个或多个静态视图（Humphrey & Humphrey，1995）。

与二维图形一样，年龄较大的儿童，即使在中年级在涉及三维图形的学校任务中也表现不佳（Carpenter，Coburn，Reys & Wilson，1976）。南非一年级儿童对立方体（如"正方形"代表立方体）使用了不同的名称（Nieuwoudt & van Niekerk，1997）。美国儿童对立方体的推理与他们对平面图形的推理非常相似，他们会提及各种特征，如，尖锐、大小或纤细程度的比较（Lehrer et al.，1998b）。儿童还将立体木制图形视为可塑的，认为长方体可以通过"坐在上面"变成立方体。他们使用二维图形的名称，可能意味着他们并没有明确地区分开二维和三维（Carpenter et al.，1976）。在小学低年级阶段仅学习平面图形可能会导致初学立体图形时的一些困难。塞尔维亚儿童最发达的概念是立方体（83%）和球体（76%），只有17%的儿童能够识别和命名长方体（Maričić & Stamatović，2017）。

两项相关研究请儿童将立体图形和它们的展开图（二维图形的模式或布局，可以围成三维图形）进行配对。当立体图形和展开图都由相同的连接在一起的材料制成时，幼儿的表现相当成功（Leeson，1995）。在另一项更难的任务中，儿童在画出展开图时遇到了更大的困难（Leeson，Stewart &Wright，1997），可能是因为他们无法将更抽象的材料视觉化。

### 三维图形的数学

图形的定义。与二维图形一样，下面关于三维图形的定义旨在帮助教师理解学前班儿童具体数学概念的发展，并与他们讨论这些概念。它们不是正式的数学定义，而是综合运用数学语言和日常词汇所做的简单描述。

专栏8.2　三维图形

| | |
|---|---|
| 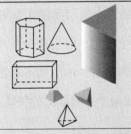 | 锥体（Cone）：一种有一个圆形底面（也可以是其他曲线图形）的三维图形，圆形各点与位于底面上方的顶点间连线形成一个弯曲的表面。 |
| 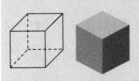 | 立方体（Cube）：一种特殊的正棱柱，各面都是正方形。 |
|  | 圆柱体（Cylinder）：一种有两个相同（全等）且底面平行的三维图形，底面为圆形（或其他图形，通常是曲线），通过一个曲面将两个底面连在一起。（大多数柱体都是正圆柱，不过和棱柱一样，它们也可以是斜的。） |

| | |
|---|---|
| | 棱柱体（Prism）：一个有两个相同（全等）且底面平行的三维图形，底面为多边形（各边为直边的二维图形），通过长方形将两个底面相对应的各边连接在一起。（适用于大多数正棱体，如果使用非长方形的平行四边形连接，则为斜棱柱）。 |
| | 棱锥体（Pyramid）：一种具有一个多边形底面的三维图形，由三角形连接底面和底面上方的顶点，连接部分为三角形。 |
| | 球体（Sphere）：一种三维图形，是"完美的圆球"，球上各点与球心的距离相等。 |

## 全等、对称和变换

儿童除了对图形产生初步的认识以外，还会对对称性、全等和变换也产生一些初步的认识。正如我们所见，即使是婴儿也对某些对称图形敏感。学前班儿童在玩模式积木时，通常运用和提到旋转对称（⬠⬠⬠⬠）的情况跟轴对称或镜面对称（⬡）一样多，如，把等边三角形描述为"很特别，因为当你稍微旋转一下它时，它就又跟自己重合了"（Sarama，Clements & Vukelic，1996）。他们还会在游戏中创造出对称关系（Seo & Ginsburg，2004）。如，学前班儿童约翰将一个二倍单元积木放在垫子上，又把两块单元积木放在二倍单元积木上，再在中间放一个三角形单元积木，建造出一个对称的结构。

许多儿童会根据图形之间总体上相同点多于不同点来判断全等（相同的形状、相同的大小）。然而，学前班以下的儿童不会进行彻底的比较，他们可能会把有旋转关系的图形判断为不一样。直到 7 岁左右，儿童仍然无法注意到复杂图形的所有组成部分之间的空间关系。直到 11 岁以后，大多数儿童的表现才接近于成年人。

然而，在引导之下，即便是 4 岁儿童以及部分更小的儿童也能对某些任务形成判断全等的策略。他们逐渐对图形之间的几何差异有更深入的认识，从只考虑图形的某些组成部分转变为考虑这些部分的空间关系。大约一年级（如果受到良好教育，则可能更早），他们开始使用重叠法——将一个图形放在另一个图形上，以检验它们是否完全重合。

总之，教授图形识别和图形变换可能对儿童的数学发展至关重要（详见豪于2018年深入且具有启发性的讨论）。传统的教学方法孤立地教正方形和长方形等图形类别，可能是儿童难以把这些图形类别和它们的特征联系在一起的原因。如，使用不同的变换，逐渐加长长方形短边的方法，可能使儿童形成动态的直觉：正方形就是这样产生的。

### 音乐与几何

许多人猜测音乐和数学之间存在关系，但证据却很少。然而，有一项研究显示，大量的音乐训练与几何方面的表现改善存在关联，如，发现几何属性，把距离与数量联系起来（Spelke，2008）。

## 经验与教育

一个22个月大的儿童将一个正方形的钉子放进一个正方形的洞里（Örnkloo & von Hofsten，2007b）。她对图形了解多少？她在幼儿园和小学阶段还会学习什么？她可能学到什么？

儿童在掌握数和计算方面存在很大压力的情况下，还有时间学习几何和测量等空间方面的内容吗？答案是肯定的，原因有以下几点。首先，《共同核心州立标准》和其他标准明确指出，几何和测量是至关重要的数学内容。其次，研究明确表明，让儿童学习这些空间方面不会妨碍其他内容的学习（Gavin, Casa, Adelson & Firmender，2013），实际上还会有助于数和计算的学习（Sarama & Clements，2009c，也可以参见第七章）。我们必须做得更多：在许多国家，从美国到波兰（Klim-Klimaszewska & Nazaruk，2017），幼儿园教室中几何教学的质量很低。

### 二维图形

经验和教学对儿童几何知识的掌握起着重要作用。如果他们缺乏图形方面的经验，并且接触的图形实例和反例是刻板的，没有涵盖该图形的各种变式，那么儿童对该图形的心理表象和认识也会是刻板、有限的。如，许多儿童只接受水平底边的等腰三角形是三角形，就像图8.4中的"原型"。而其他儿童则在年幼时就积累了更为丰富的经验，如，其中最年幼的3岁儿童在前面提到的图形识别任务中得分比所有6岁儿童都高。

这很重要。儿童的想法早在6岁时就开始定型（Gagatsis & Patronis，1990；Hannibal & Clements，2010）。因此，我们必须为所有3—6岁儿童提供更好、更丰富的学习几何图形的机会。

引导儿童关注图形，提供相应的语言，对从婴儿和学步儿往上所有年龄的儿童都很重要。他们的经验可以比平常更丰富。在父母的日常语言中，图形名称只占到千分之一左右（Verdine et al.，2016）！这是一个问题，因为考虑到儿童从出生第一年就对图形敏感。回想一下第七章的宝藏篮子。用各种尺寸和图形的球填充篮子（等等！不同的图形？球不都是球体吗？大部分是，除了足球和一些皮球，Leavy et al.，2018b），或者使用非常不同的3D图形和尺寸的新材料进行抓取、用口型默示、掉落、滚动等。

使所有这样的经验都成为数学经验（Kinnear & Wittmann，2018）。给非常小的儿童看图形书(如，Lin，2020a)，但不要看那些错误教图形的书(Nurnberger-Haag，2016)！几何和其他领域一样，需要所有教师都使用精确、充分的数学语言。如，学步儿的教师可以观察儿童对什么感兴趣，然后介绍图形的变式和比较。

以下是一位对促进儿童数学思维发展感兴趣的教师和一名学步儿之间互动的例子（Björklund，2012）。一名2岁的学步儿阿尔宾正在把木块和球进行分类。

安妮特：很好，你有多少个球，阿尔宾？

阿尔宾：有这么多（继续分类）。

安妮特：我们来数一数，好吗？有多少个？我来帮你数，从哪里开始？一个，然后是两个，然后是三个（一次指着一个球）。

　　阿尔宾：不要（看着别的方向）。

发现阿尔宾对数数不感兴趣，教师迅速将关注点从数字转移到其他数学概念上。

　　安妮特：这些叫什么？（指着两个较大的椭圆形积木中的一个。）

　　阿尔宾：……桶。

　　安妮特：是的，它看起来像一个桶……你觉得还有其他像桶的吗？

　　阿尔宾：有（将黄色积木放进另一个杯子里）。

　　安妮特：我们来找一找好吗？

　　阿尔宾：（迅速拿起一个黑色球）黑色的！

　　安妮特：黑色的，它是桶吗？

　　阿尔宾：不是，圆的（把它给安妮特看）球。

　　安妮特：还有其他有趣的桶吗？

　　阿尔宾：（专注地看着盒子里的积木和球，拿起一个小块）这里有一个。

教师找到了这名儿童的兴趣点，进而引导她进行图形的比较。

当然，准确使用语言非常重要。如，直的意思是没有弯曲或拐角的线或路径，但在非正式场合，它可以表示多重含义，包括完全的竖直或水平。再举一例，许多 4 岁儿童声称自己知道三角形有"三个顶点和三条边"（Clements et al., 1999b）。然而，这些儿童中有一半不确定点或边是什么意思！英语中的数词序列比其他语言（如东亚语言）更具挑战性。如，在东亚的语言中，四边形（quadeilateral）的名字很简单，就是四—边—形（four-side-shape）。尖锐的角则称为锐角。用英语或西班牙语教这些概念时，则需要进行充分的讨论，才能说清楚相应词语的含义。与数学中大多数其他内容相比，语言对于几何学习而言显得更为重要（Vukovic &

Lesaux，2013）。

而且，尽管表面特征通常主导着儿童的判断，但他们也在学习一些语言知识，有时还会加以运用。准确地使用这样的语言知识需要相当长的时间，而且一开始可能看起来是一种退步。儿童最初可能会把正方形描述为"四条边一样长、有四个顶点"。由于他们还没有学习到垂直的概念，一些儿童会把任意一个菱形都当作正方形。尽管他们对这种新的正方形的外观感到矛盾，但他们的描述让自己相信它就是正方形。不过，在教师的引导下，这种矛盾最终会变得有益，因为他们解决了这个矛盾后就能对正方形的属性建立更为坚实的理解——正方形还需要四个直角。

因此，应该提供多样化的变式和反例，帮助儿童理解图形的哪些特征和数学领域相关，哪些特征（方向、大小）和数学领域无关。对三角形（见图 8.4）和长方形，要涵盖那些"困难干扰项"，应该讨论各种图形的类别以及每种类别有哪些特征。

这样做，你将成为一个受欢迎的例外。美国的教育实践通常没有体现上述建议。儿童在入学时对图形的了解仅限于低年级的几何课程。这是由于教师和课程编写者认为儿童对几何图形知之甚少，甚至一无所知。此外，教师在自己的教育经历中也几乎没有几何方面的经验。因此，大多数教室里仅仅展示有限的几何教学也就不足为奇了。一项早期研究发现，学前儿童在开始学习之前就已经掌握了大量关于形状和匹配形状的知识。他们的教师倾向于引出和验证这些先前的知识，但没有添加任何内容或发展新的知识。也就是说，大约三分之二的互动让儿童以重复的形式重复他们已经知道的内容，产生了如下的交流。

教师：你能告诉我那是什么图形吗？

儿童：一个正方形。

教师：好的，这就是一个正方形。（Thomas，1982）

更糟糕的是，教师们确实会做出一些错误的陈述，如，每次把两个三角形放在一起，就会得到一个正方形（Thomas，1982）。小学的教学没有改善。儿童实际上不再计算图形的边和角度，以区分一个顶点和另一个顶点（Lehre et al.，1998b）。避免这些常见的错误做法，了解更多关于几何的知识，让儿童每年都能学习更多的相关知识。

家庭和更广泛的文化通常也不会促进几何学习。在几何水平评估中，美国4岁儿童得分为55%，中国儿童得分为84%（Starkey et al.，1999b）。回想一下本章开头关于两个三角形的故事（见图8.1）。这个例子说明了对概念图像的研究发现表明，某些视觉原型可以支配儿童的思维。也就是说，即使他们知道一个定义，儿童对图形的想法仍然被典型的图形心理图像所支配。

为了帮助儿童发展出准确、丰富的概念图像，我们提供了一种图形的不同例子的体验。如图8.9a（正例）显示了各种各样的三角形，这些三角形一定会引发讨论。此外，还需要展示一些反例，与相似的正例进行比较，有助于将注意力集中在关键属性上。如，图8.9b中的非示例与其左侧的示例非常接近，仅在一个属性上有所不同（您能为每个属性命名吗？）。使用这样的比较来关注三角形的每个定义属性。

玛丽·伊莲·斯皮特勒（Mary Elaine Spitler）对积木的研究表明，儿童在学习和使用三角形的定义时会感到非常厉害（Sarama & Clements，2003）。一位学前儿童对图8.9a中从上到下的第二个图像说："这不是三角形！它太瘦了！"但他玩积木的朋友回应道："我告诉你，这是一个三角形。它有三条直边，看到了吗？1、2、3！瘦点也没关系。"世界各地的类似研究表明，儿童在比大多数人想象的更早的年龄就可以学习更多关于几何学的知识。

小学儿童可以扩展这些能力，像是为具有挑战性的几何问题编写解决方案。如，可以让他们确定4个3英尺乘6英尺的睡袋是否适合一个占地面积为8英尺乘10英尺的帐篷，并解释原因（Gavin et al.，2013）。一位二年级儿童写道："……可以容纳3个，有足够空间容纳18平方英尺，只是它不是$3 \times 6$，而是$9 \times 2$。"

三角形

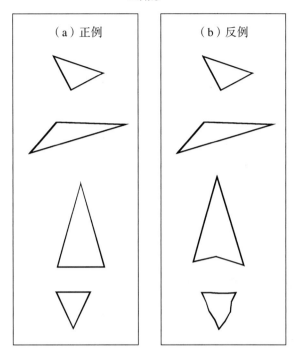

**图 8.9** （a）三角形的（a）正例和相应的（b）反例

二年级儿童还可以探索二维和三维图形之间的关系，而不仅是识别立体物体表面的图形。如，他们可以写一段比较正方形和立方体的文字。另一个例子是，他们可以从二维图形构建三维图形，并通过从不同位置观察三维图形，然后绘制二维图形来研究透视（Gavin et al.，2013）。这样的绘画有助于儿童的几何学习，他们在绘画过程中学习了二维和三维图形的区别等新概念（Thom & McGarvey，2015）。

### 高质量的图形教学的七个引导特征

总而言之，如果儿童的教育环境包括如下七个特征，他们可以学习到更丰富的图形概念。

第一，确保儿童能够接触到某种图形的许多不同示例，这样他们就不会对任何一种图形形成狭隘的概念。使用示例引导初始学习，不要使用常见的物体，因为它们已经有了标签，而要使用清晰的图画或教具。同时，示例应尽快变得更加多样化。展示非示例并将它们与类似的示例进行比较有助于引导儿童关注图形的关键属性，并激发讨论。这对于拥有更多多样化示例（如三角形）的类别尤为重要。请参考图 8.10 中的积木"图形套装"的插图，以了解儿童可能探索的图形的多样性。

第二，鼓励儿童进行描述，同时也能促进他们语言的发展。可以预期和接受基于视觉原型的描述，但也应该鼓励特征和属性的回答（Clements et al., 2018a）。这类描述可能最初会在具有更强和更少的形状（如圆形、正方形）上自发出现。同样，对于三角形这类形状，应该特别鼓励儿童去描述。儿童可以学会解释为什么一个图形属于某一类——"它有三条直的边并且是闭合的"或不属于"边不直！"。最终，他们可以将这些论点内化，如，说"这是一个奇怪的、长的三角形，但它有三条直边，而且是闭合的"。阅读关于图形的高质量儿童书籍可能很有趣，也很有帮助（Flevares & Schiff，2014）。如果书中存在几何错误（通常如此），儿童会喜欢成为图形侦探，找出那些错误！

图 8.10　积木游戏的"图形套装"。每种单独可操作的图形都有两个副本（每个副本有两种颜色），这样可以让儿童探索、匹配、分类、分析和组合各种丰富多样的几何图形

第三，除了语言之外，鼓励积极的处理方式，包括触觉、手势（Elia，2018c）和搭建。

第四，包括各种各样的图形类别。早期儿童课程传统上会引入四类图形（在美国文化中被视为基本形状）：圆形、正方形、三角形和长方形。5岁时，儿童已经知道正方形不是长方形。我们建议提供许多不同方向、不同大小的正方形和长方形的例子，以及将正方形作为长方形特例的例子。如果儿童说"那是一个正方形"，教师可能会回答"这是一个正方形，是一种特殊类型的长方形"，儿童可能会尝试双重命名（"这是方形长方形"）。大一点儿的儿童可以讨论一般类别，如四边形和三角形，计算各种图形的边来确定它们的类别。

此外，教师可以鼓励他们描述一个图形属于某个图形类别的原因，或者不属于某个图形类别的原因。然后，教师们可以说，"如果一个三角形的所有边都相等，那么它会是一种特殊的三角形，称为等边三角形。"儿童也可以用直角检查器（拇指和食指保持90°或一张纸的一角）在长方形上测试直角。此外，儿童应该尝试并描述更多种类的图形，包括但不限于半圆形、四边形、梯形、菱形和六边形等。

利用计算机环境培养儿童对各种形状（包括正方形和长方形）之间关系的思考。在一项大型研究中（Clements et al.，2001），一些学前儿童根据他们对Logo软件的研究形成了自己的概念（如，"这是一个方形长方形"）。许多其他模型也是可能的，如呈现"图形家族"属性的软件（Zaranis，2018）或者允许儿童探索几何运动的软件（Seloraji & Eu，2017）。一个社交辅助机器人通过互动游戏让儿童参与几何思考（Keren & Fridin，2014）。计算机的视觉和动态可能性使其成为几何探索的理想工具（另见第七章、第九章和第十六章）。

第五，用一系列有趣的任务来考验儿童。使用操作工具和计算机环境的经验通常得到研究的支持，前提是这些经验与刚才提到的含义一致。促进反思和讨论的活动可能包括从零部件构建图形模型。与计算机一起匹配、识别、探索甚至制作图形，特别具有激励性（Clements & Sarama，2003b，2003c）。即使是学前儿童也可以使用Logo软件的海龟图形（Clements et al.，2001），研究结果表明，这对该年龄段的儿童有很大的好处（如，他们比年龄较大的儿童更受益于学习正方形和长方形）（见图8.11）。

第六，采用有趣的方法和引导性发现的教学策略。在一项比较直接教学、自由游戏和引导游戏的研究中，儿童通过引导游戏学习了更多关于几何和图形的知识，在游戏中，教师跟随儿童并提供脚手架的互动支持（Fisher，Hirsch-Pasek，Golinkoff & Newcombe，2013）。如，一位教师在观察儿童建造一座塔时可能会问，"你有什么形状的？""正方形，看到了吗？""是什么使它成为正方形？"然后问"我想知道能用你手中的部件制作一个更大的正方形吗？"（Hassinger Das，Hirsch Pasek & Golinkoff，2017）。

第七，教授几何推理。几何是证明和推理的一个富有成果的领域，正如研究所表明的那样。考虑"猜我的规则"活动（［LT］²）。教师，然后是儿童根据图8.12中的一条秘密规则（如三角形与长方形），将大约三个形状分为两类，然后让儿童不出声地指出每个额外的图形应该如何分类。一旦大多数儿童都正确地指出来，教师就让他们进行思考、配对、分享，描述规则。

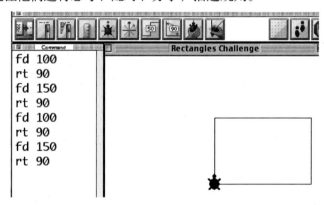

图8.11　在Logo Turtle Math中使用Logo海龟绘制长方形（Clements & Meredith，1994）

这个游戏一开始很简单，但显示了它在教授数学概念和数学实践（做出和证明猜想）以及执行功能（认知灵活性，见第十四章）方面的功效。因为儿童经常会认为他们猜到了分类规则（如长方形与三角形），但随后教师会将一个六边形和三角形放在一起。现在规则是什么？长方形与非长方形？或者有直角的形状与没有直角的形状？你必须"放弃"你最初的想法，看看接下来的几个图形，做出新的推测。

最终，教师可能会用一个非无声版本的游戏来挑战儿童，其中包括两类"交叉点"的规则和形状。如，"所有相等的边"和"所有直角"（见图 8.13a）。然后她举起一个正方形，它位于两者的交点，需要一个新的维恩图（见图 8.13b）。

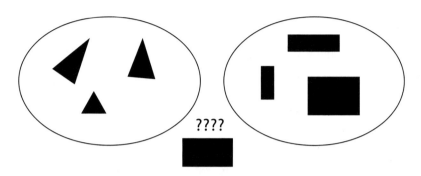

图 8.12　使用非常简单的起始规则的"猜猜我的规则"游戏

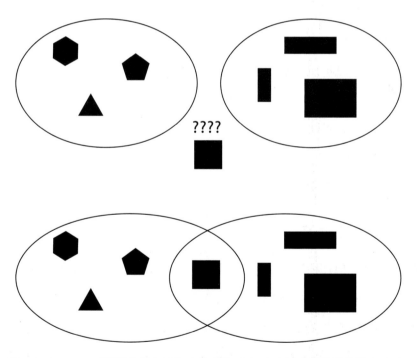

图 8.13a、8.13b "猜测我的规则"中的新规则（a）和具有挑战性的情况（b）

### 三维图形

使用积木进行游戏和其他活动有很多好处。如更有益于学习几何，使游戏更有趣、更富有成效，以及将儿童的游戏数学化。让儿童参与关于积木和其他立方体的有益讨论，使用具体术语描述单个积木的面（当然包括它们的二维图形名称）和边，以及整体结构的术语，如对称性和表面的水平、垂直以及倾斜。关于使用积木和其他三维图形的建筑已经有了更多的研究成果（参见第九章）。

探索三维图形的属性可以培养空间技能。儿童应该研究实体，触摸它们并检查哪些可以堆叠、滑动或滚动以及为什么。他们应该切割并从二维展开图中构建三维图形。在这项研究中，使用教具或多媒体的组得分高于不使用两者的组，表现最好的组同时使用了多媒体和教具（Thompson，2012）。

### 几何运动、全等和对称

鼓励儿童表演和讨论几何运动可以提高他们的空间技能。计算机尤其有用，屏幕工具可以使运动更加清晰。探索性环境可以让儿童进行对称性的研究（Chomey & Sinclair，2018）。利用计算机环境帮助儿童学习一致性和对称性（Clements et al.，2001）。认真考虑儿童直觉、偏好和对称性方面的课程还有待开发（Howe，2018）。儿童绘画和建筑可以作为引入对称的模型，包括绘图、绘画和拼贴的二维作品，以及用黏土和积木制作、搭建的三维作品。

### 角度、平行和垂直

角度很重要，但往往没有学好或者教好。儿童对什么是角度有很多不同的想法，而且往往是不正确的。要理解角度，儿童必须将角度作为几何图形的关键部分进行辨别、比较和匹配[①]，构建并在心理上表达旋转的概念，并将其与角度测量结合。这些过程可以从儿童早期开始，如，5岁儿童可以开始匹配角度。旋转和角度学习的长期发展过程可以在学前期和小学课堂中——儿童处理图形的顶角，比较角度大

---

① 角度的具体数值和角度图像的匹配。——译者注

小和旋转这类非正式学习中开始。

基于计算机的图形操作和导航环境可以帮助将这些体验数学化。尤其重要的是，要理解在导航中转动身体与转动形状和沿着路径旋转的关联，并学会使用数字来量化这些旋转和角度的情况。如，即使是 4 岁儿童也能学会点击一个形状来转动它，然后说："我需要将它转动三次！"（Sarama，2004）

密切·摩尔和他的同事（Mitchelmore，1993；Mitchelmore & White，1998）提出了以下任务顺序。首先，在各种情境中提供关于角度的实际经验，包括角、弯曲、转向、开口和坡度。每个情境的第一个示例应该是具有两个角的两边的东西，如剪刀、道路交叉口、桌子的角。拐角对于儿童来说最为明显，应首先强调。其他物理模型可以在此早期阶段后继续介绍。弯折（如毛根，又称线圈绳）和转动（如门把手、拨号盘、门）的经验将在此早期阶段的最后介绍。其次，通过讨论类似情境的共同特征，如地图上的直线或路径弯曲，帮助儿童理解每个情境中的角度关系。最后，通过表示每个情境中角的共同特征来连接不同情境。如，它们可以由具有共同端点的两条线段（或射线）表示。一旦理解了旋转，就可以使用旋转的动态概念开始测量角度的大小。

### 数学精神——最后的 logo 实例

Logo 经验的高质量实施既强调几何思想，又强调数学中探索、调查、批判性思维和解决问题的精神。以一年级儿童安德鲁为例（Clements et al.，2001）。

在最后一次访谈中，他对自己颇为自信。当被要求解释他认为显而易见的事情时，安德鲁总是在讲话的开头强调"看！"。在一个问题中，他被问道："假如你在和一个从未见过三角形的人通电话，你会告诉这个人什么信息来帮助他制作一个三角形？"

安德鲁：我会问"你见过菱形吗？"。

访谈者：假设他们说"是的"。

安德鲁：好吧，剪下一个三角形。（停顿）不对，我弄错了。

访谈者：怎么了？

安德鲁：他们从未见过三角形。好吧，在中间剪开它。折叠它的中间部分，覆盖在另一半上面，然后用胶带固定，你就会得到一个三角形。然后把它挂在墙上，这样你就知道什么是三角形了！

访谈者：如果他们说他们没见过菱形呢？

安德鲁：画一条斜线向上，然后斜线向下，然后斜线向上，再画一条斜线回到起点。

访谈者：（认为他试图描述一个三角形）什么？

安德鲁：（重复了一遍指示。然后……）那是一个菱形。现在，按照我之前告诉你的做吧！

安德鲁做了数学家们非常喜欢做的事。他把这个问题简化为一个已经解决的问题！最后，他问道："这个测试会写在我的成绩单上吗？因为我做得很好！"在整个面试过程中，显然安德鲁对自己的推理和知识非常有信心。虽然安德鲁并不代表我们项目中的典型儿童，但需要注意的是，像安德鲁这样的儿童可能会成为数学家、科学家和工程师。安德鲁对课程中的思想进行了深思熟虑的反思，并乐于讨论它们，以展示他思考的结果。

## 图形学习路径

与我们所看到的情况类似，二维图形的学习路径相当复杂（三维图形的学习路径见表8.2）。

第一，存在多种概念和技能的发展进程，这使水平的划分更为复杂。

第二，有四条彼此相关但在一定程度上又相对独立的子路径。

1. 比较子轨迹：在早期阶段，通过不同的标准匹配图形以及判断全等。

2. 分类子轨迹：涉及对图形的识别、辨认（命名）、分析和分类。

3. 组成部分子路径：涉及区分、命名、描述和量化图形的组成部分，如边和角。

4. 与之密切相关的表征子路径：涉及构造或画出几何图形。

增强儿童命名、描述、分析和分类几何图形以及空间思维能力的目标，仅次于数学目标的重要性。《共同核心州立标准》包含了在表 7.2 中已经描述的目标（特别是 K.G，1-5；1.G.1；2.G.1；3.G.1）。

这个学习路径非常复杂，因此我们添加了一列，鼓励你思考全局，我们介绍了概括性的思维层次：图形感知、视觉思维、关注部分和关注属性。牢记这些概括性的层次，你就不会被"树木"（教学中重要但繁多的）层次分散你对儿童将要取得的重大发展的注意力。

因此，表 8.1 提供了实现这些目标的学习路径。包括概括性的（"森林"）层次、发展进程（"树木"）和教学任务。正如我们在前几章中所述，所有学习路径表中的年龄仅供参考，尤其是因为习得的年龄通常在很大程度上取决于经验。在几何领域尤其如此，因为大多数儿童接受的经验质量较低。

表 8.2　三维图形的学习路径

| 年龄（岁） | 发展进程 | 教学活动 |
|---|---|---|
| 0—2 | **三维图形感知：基础阶段（3D perceiver：foundations）**<br>从婴儿期开始可以准确地感知三维图形，但这种能力仅限于连续移动的物体，而不是同一物体的单个或多个静态视图。 | ●图形和空间对话，［LT］²。<br><br>注意："组合三维图形"轨迹中提供了对三维图形的探索。 |
| 3—4 | **三维原型识别（3D prototype recoqnizer）**<br>能够使用正式或非正式名称识别一些原型三维图形，如球体和立方体，还可以使用二维词汇来命名一些三维图形，并使用各种非正式特征来描述实体，如尖头或细长。 | ●圆圈和罐子（三维），［LT］²：儿童将不同大小的罐子与描绘罐子底部的圆形配对，将二维图形（圆形）与三维图形（圆柱体）连接起来。 |

续表

| 年龄（岁） | 发展进程 | 教学活动 |
|---|---|---|
| 5—6 | **三维图形识别（3D shape recoqnizer）**<br>使用非正式名称和一些正式名称识别更多的三维图形（实体）。将人脸识别为二维图形。 | • 长方形和盒子（三维），［LT］²：儿童在各种形状和大小的盒子上找图形，尤其是长方形，他们把每个盒子的所有面都画在一张单独的报纸上，并把它们打乱，然后试着把盒子与画出的图形匹配。 |
| 7 | **三维面计数（3D face courter）**<br>将实体的所有面识别为二维图形，从而准确计算其面数。 | • 是什么样的盒子，［LT］²：儿童检查盒子并讨论每个盒子有多少个光滑的侧面（面），以及面的类型。 |
| 8 | **三维图形识别（3D shape identifier）**<br>能够识别大多数实体图形，并命名它们的几个属性。能够识别由特定展开图创建的常见实体图形。 | • 比较和构建三维图形，［LT］²：儿童使用硬纸板制作三维图形，分享图形的名称并描述其属性。 |
| 9+ | **三维图形分类识别（3D shape class identifier）**<br>基于实体图形的属性，能够识别大多数类别。 | • 猜猜我的规则（3D），［LT］²：儿童猜测图形的类别（多面体或非多面体，棱柱或非棱柱）。 |

## 结语

正如本章所展示的，儿童可以学习到关于几何图形的许多知识。还有一项更重要的能力，以至于我们会专门在第九章介绍二维和三维图形的组合。

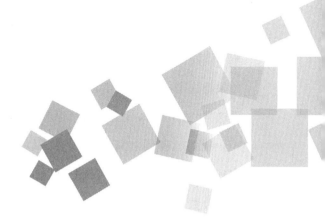

# 第九章 图形的组合与分解

扎卡里和奶奶一起走出幼儿园。他看着铺满地砖的人行道喊道:"看,奶奶,六边形,整条路上都是六边形,它们能拼在一起,一点缝隙也没有!"(见图9.0)

图9.0 人行道上铺设的六边形瓷砖

扎卡里的表现说明他对图形与几何有哪些认识？扎卡里和同伴们一直在参与积木课程，这一课程强调图形的组合。儿童喜欢玩拼图游戏，类似七巧板这类挑战。如果把这类经验进行组织，纳入学习路径，儿童能从其中获益更多。教师的报告称这类经验可以改变儿童看待世界的方式。

描述、使用和可视化组合，以及分解几何区域的能力本身就非常重要。它还为理解其他数学主题打下了基础，特别是识数和算术，如部分－整体关系、分数、面积等。此外，这样的活动可能有助于发展执行功能过程（Duran，Byers，Cameron & Grissmer，2018；Schmitt，Korucu，Napoli，Bryan & Purpura，2018）。

在本章中，我们将考查三个相互联系的主题。第一，在积木搭建这一虽然有限但重要的早期儿童教育情境中，探讨三维图形的组合；第二，探讨二维图形的组合与分解；第三，探讨在嵌套（隐藏）图形这类问题中二维图形的分拆。

## 三维图形组合的发展

教师们不难发现，积木游戏可以培养空间语言、创造力、象征能力（将圆柱体比作罐头食品）、语言和社交情感（Cohen & Emmons，2017；Cohen & Uhry，2007）。

然而，许多教师会惊讶地发现，积木是作为一种培养儿童数学思想的教育工具而发明的（Aksoy & Aksoy，2017，详见第十五章中帕蒂·希尔和卡罗琳·帕特的故事）。

一开始，儿童搭积木时一次只拿一块，直到后来，他们才会明确地把这些三维图形放在一起来构造新的三维图形。在他们人生的第一年中，他们会拿着积木往地上敲，把两块积木对着碰，让积木在地上滑行，或者用一块积木表示一个物体，如房子或汽车。儿童首先出现的组合是简单的配对。1岁左右时，他们会用积木垒高，随后用积木铺路。2岁左右时，他们会把完全相同的积木一块挨一块地往下排或往上摞（见图9.1）。2—3岁时，儿童开始把自己的搭建扩展到两个维度，构造出地板或墙面。3—4 岁时，儿童通常都会在同一建筑中搭出竖直和水平的部分，甚至搭出简单的拱门。

在 4 岁或 5 岁时，儿童开始在建造之前和期间发展出空间排列的内部表征，这改变了他们的构建方式。在 4 岁时，他们可以使用多个空间关系，在多个方向和组件之间具有多个接触点，展示了在生成和整合结构的部分时的灵活性。如，他们可以制作更复杂的构造，如图 9.2 中的一个封闭空间、一个"+"形结构和水平角，以及在二维平面上制作的弓形结构。

少数儿童会用所有的积木搭建一座塔；如，通过组合三棱柱积木制作长方体积木（Kamii、Miyakawa & Kato，2004）。图 9.3 中的 4 岁儿童直觉地通过稳定性对积木进行分类，并按照该分类进行排序，将更稳定的积木放在底部，在接近顶部的一层中组合三棱柱，在顶部放置另一个三棱柱，即处于导致中间不稳定的位置。到 5 岁时，他们的心理表征能够组织子结构，如在三个层次上构建八个拱门，如图 9.4 所示。

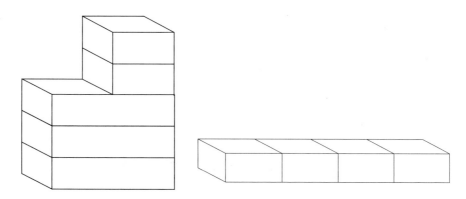

**图 9.1　两岁儿童经常将积木放在一起，通常是相同形状的积木，放在彼此上方或相邻的位置**

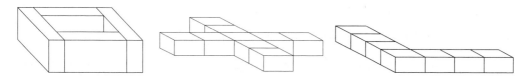

**图 9.2　更复杂的排列方式**

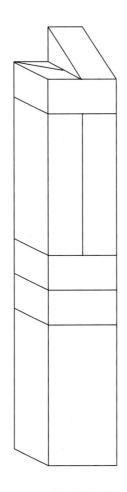

图 9.3　一名 4 岁儿童建造的高而稳定的塔楼

## 二维图形组合与分解的发展

我们已经创建并测试了一个用于二维图形组合的发展进程。简而言之（见表 9.1），儿童开始将图形作为个体进行操作，而不是真正将它们组合成一个更大的图形。如，儿童可能使用一个单独的图形代表太阳，一个单独的图形代表树，另一个单独的图形代表人物（见表 9.1 中的"单个积木操作：基础"）。然后，他们将图形相互靠近放置以形成图片，通常只在顶点（角落）处接触。

**图 9.4 一连串拱门的拱门（这是分层思维）**

如在自由形式的画图任务中，每个使用的图形在画图中代表着独特的角色或功能（如一个图形代表一条腿）。儿童可以使用试错法完成简单的轮廓拼图，但不容易使用旋转或翻转来完成；他们不能通过运动来从不同的角度看图形（拼图组装者）。

下一个等级，儿童会将各种图形放在一起，边完全相接拼成一幅图，其中几个图形扮演一个角色，但仍然使用试错法，并不预期创造新的几何图形（图画制作者）。当儿童发展出将图形组合起来制作新图形或有意识地完成拼图的能力时，他们会达到一个重要的等级（"我知道会是什么"）。他们在放置时考虑角度和边长，并有意识地使用旋转和翻转来选择和放置图形（图形组合者）。

随着儿童学会有意识地组建复合单元的图形并识别和使用替代关系（如，两个梯形图形块可以组成一个六边形，替代组合者），一种新型的能力得以发展。不久之后，他们可以有意地构建和操作复合单元（单元的单元）。他们可以延续图形的模式，以实现"良好的覆盖"（图形复合重复者）。儿童建立并应用（迭代和其他操作）单元的单元的单元（图形组合者 – 单元的单元）。

## 分拆二维嵌套图形的发展

儿童在成长中会逐步学习怎样在嵌套图形中分离出各种结构，也就是说，在复杂的图案中发现隐藏的图形。4 岁儿童极少能发现相互嵌套的圆形或正方形中嵌套的正方形，但许多 5 岁儿童则有可能做到。6 岁前，儿童的知觉是以各种基本结构刻板地进行组织的。也就是说，他们可以看到主要的结构，但无法看到次要的结构，如图 9.5 所示。儿童知觉组织的灵活程度会不断提高，最终能够整合各个组成部分，能够创造并使用想象的组成部分。当然，我们都知道嵌套图形可以非常复杂，难倒任何年龄的人，需要一点一点去构建（图中的任意一个次要结构对你来说是否都很困难）。嵌套图形的学习路径把这方面的研究整合成了一个发展进程。

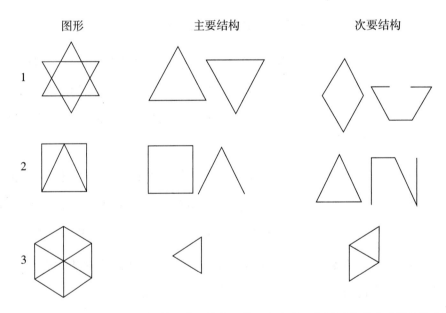

**图 9.5** 展示了图形的主要结构和次要结构。第 1 行和第 2 行展示了轮廓或线结构（第 1 行重叠，第 2 行并列），第 3 行展示了面积结构

## 经验与教育

### 三维图形的组合

长期以来，积木搭建都是优质幼儿教育的主要内容之一（至少理论上是这样）。它可以支持儿童对图形的学习以及图形组合能力的发展，更不用说对一般推理能力的促进作用了（The Spatial Reasoning Study Group，2015c）。令人惊讶的是，幼儿园时期的积木搭建水平能预测高中时期的数学成绩（Wolfgang，Stannard，& Jones，2001，不过与大多数此类研究一样，是"相关的，而非因果"）。积木搭建还有助于培养空间技能。如，用乐高积木搭建特定模型的 9 岁儿童在空间能力方面得分比没有完成模型的儿童高（Brosnan，1998）。此外，三维图形的组合对许多令人兴奋的项目来说是天然的（McCormick & Twitchell，2017）。高质量的积木游戏可以发展所有 STEM 领域：科学、技术、工程和数学（Bagiati & Evangelou，2018；Chalufour，Hoisington，Moriarty，Winokur & Worth，2004；Gold，2017）。

研究结果还提供了如下几点有价值的建议。

1. 让年龄较小的儿童和年龄较大的儿童一起（或在他们旁边）拼搭，在这种条件下，年龄较小的儿童的积木搭建技能发展得更快。

2. 要提供操作材料、支持性的同伴关系以及搭建所需的时间，还要在课程中加入有计划的、系统的积木搭建活动。儿童既要进行开放式的探索性游戏，也要解决半结构化、结构化的问题，所有这些活动都需要教师有意识地教学。举例来说，儿童可以通过复制模型，如积木建筑或著名的现实世界建筑（Chalufour et al.，2004）或者通过听指示用连接立方体搭建形状（The Spatial Reasoning Study Group，2015c）来进行搭建。这类活动并不一定要进行直接的指导，参见下面的实例。

3. 要理解并运用儿童在积木搭建复杂程度上的发展进程。更有效的指导是基于儿童的水平提供语言的支持（如"有时候人们会用一块积木来连接……"），要避免直接帮助儿童或亲自动手参与搭建。

4. 要完整地理解学习路径，也就是说，目标、发展进程和相应的活动，这样才能充分支持儿童积木搭建技能的发展。理解了这三个方面的教师，他们班上儿童的发展要好于控制组，虽然后者在自由游戏环节提供了相同时长的积木搭建经验。

5. 注意公平问题。与其他类型的空间训练一样，积木搭建方面的有意识教学对女孩来说更为重要。至少，我们不要让男孩占领了积木乐园。

6. 使用数学词汇（如，"我认为三角形积木放在前面，靠近圆柱体"，参见Sæbbe & Mosvold，2016）和手势提供强有力的概念支持，这对于女孩尤其重要，如由女孩的父亲提供支持（Thomson et al.，2018c）。

结构化的、循序渐进的积木搭建教学干预有助于为男孩和女孩学习积木的结构属性、发展空间技能提供公平且有益的机会。如，活动设计应鼓励空间思维和数学思维，各个活动依据发展进程循序渐进地安排。在一项研究中，第一个问题是搭建闭合的围墙，要求至少两块积木高、有一个拱门（Casey，Andrews，Schindler，Kersh，Samper & Copley，2008）。这就引入了搭桥的问题，其中包含了平衡的测量和估计。第二个问题是搭建更复杂的桥，如，有多个拱门、末端有斜面或台阶的桥。这就引入了计划和顺序。第三个问题是搭建复杂的塔，要求至少有两层。为儿童提供硬纸板做天花板用，因此，他们需要根据硬纸板尺寸的限定来搭建适合它的围墙。

单元积木为我们了解年幼儿童游戏中的几何打开了一扇窗。在这个积木的世界里，物体之间的相似程度、相互关系都是明确可期的。儿童构造的各种形式和结构都是以数学关系为基础的。如，儿童在搭建房顶时需要处理长度关系，用两块短积木替代一块长积木时，就涉及长度和相等关系。儿童还要考虑高度、面积和体积。现代单元积木的发明者卡罗琳·帕特（Caroline Pratt）讲过一个故事，是一名儿童怎样设法为一匹马做一个空间足够大的马厩。教师告诉戴安娜，如果她能给这匹马做一个马厩，这匹马就归她了。一开始，她和伊丽莎白做了一个，发现太小了，马放不进去。戴安娜又做了一个大的，但这次顶棚又低了。她多次尝试把马放进去都没有成功，然后就去掉顶棚，在围墙上加了一些积木让顶棚高一些，最后又把顶棚放上去。接着，她尝试把自己刚才做的事情说出来。"顶棚太小了。"教师给她提供了新的词汇"高"和"低"，随后她向其他儿童重新做了介绍。

就在搭积木的过程中，儿童会形成许多重要的想法。教师可以促进这些直觉的想法进一步发展，就像戴安娜的老师所做的那样，和儿童讨论这些想法，提供词汇来描述他们的行动。如，教师可以帮助儿童区分高度、面积和体积等不同的量。三名搭建高塔的学前班儿童在争论谁的塔最大。教师问他们，到底是指最高（用手势比画）、最宽敞，还是用的积木最多，儿童惊奇地发现，最高的塔用的积木竟然不是最多的。

在许多情况下，都可以引导儿童观察和讨论他们所用的积木之间、所搭的结构之间的异同，还可以通过提出挑战，把儿童的行动聚焦在这些想法上。时机恰当时，可以向儿童提出以下挑战。

- 将积木按长度排序。
- 用其他积木搭一个跟最长的积木一样长的墙。
- 用 12 个"半单位"（正方形）积木搭出各种不同形状的（长方形）地面，搭出的形状越多越好。
- 做一个 4 块积木见方的盒子。

## 三维图形组合的学习路径

《共同核心州立标准》中关于发展儿童几何图形组合能力、空间思维的目标已经在图 7.6 中做了描述。

三维几何图形的组合的学习路径参看表 9.1。这一学习路径仅仅是单元积木的，其他更复杂、更少见的三维图形的组合应该也遵循相同的发展进程，但相应的年龄会更晚，更依赖于特定的教育经验。

## 二维图形的组合与分解

儿童在二维图形的组合与分解方面会依次经历不同的水平。一开始儿童缺乏组合几何图形的能力，随后他们能够把图形连在一起形成图画，接着能把几个图形组合成新的图形（组合图形），最终能够操作和重复这些组合图形。这一学习过程最初的基础似乎是在儿童的日常经验中形成的。很少有课程会支持儿童沿着这些水平不断发展。在为不同发展水平的儿童选择拼图时，我们的理论上的学习路径提供了指引。有一个项目的内容和效果显示了图形与图形组合的重要性。一位艺术家与教育研究者合作开发了阿甘（Agam）项目来发展3—7岁儿童的视觉语言（Razel & Eylon，1986），其中的活动从构造基本的视觉元素（不同方向的线条、图形等）开始。如活动中，教师会首先单独介绍水平线，随后介绍线与线的关系，如平行线。用同样的方式，教师先介绍圆，随后是同心圆，接着是水平线和圆相交。随着每次视觉资料的介绍，这一课程也发展了儿童的口头语言。根据组合规则（包括基本视觉元素和大、中、小等观念）可以生成复杂图形。

表 9.1　三维图形组合的学习路径

| 年龄（岁） | 发展进程 | 教学活动 |
|---|---|---|
| 0—1 | **单个积木操作：基础（separate blocks Actor: foundations）**<br>在这个阶段，个体可能会随机摆放或单独操作积木，但尚未将它们组合起来形成更大的复合图形。他们可能会敲击、拍打积木，或使用单个积木或滑动积木来代表简单的物体，如房子或卡车。 | ●家庭中的空间学习，[LT]²：对于婴幼儿来说，家里的数学学习无处不在。使用各种类型的积木鼓励儿童进行探索，并进行适当的讨论。操纵各种类型的积木（拿起柔软的布质或泡沫积木，然后放下，重复！或在9—12个月大时，拿起两块积木并敲击在一起）以及其他物体，可以建立精细运动和感知能力的基础，这是后续所有学习发展的基础。为儿童建造塔并让他们推倒它们。 |

续表

| 年龄（岁） | 发展进程 | 教学活动 |
|---|---|---|
| 1 | **堆叠（stacker）**<br>展示使用空间关系"在上方"来堆叠积木，尽管积木的选择可能不系统。 | ● 堆叠数字，［LT］²：儿童堆叠积木并比较其他人的不同堆叠方式。总体而言，鼓励儿童使用各种不同的积木和其他物品进行建造。儿童天生喜欢将物品堆叠在一起，尤其是在成人注意到他们这样做或者自己示范时。在插图中，一个儿童试图将一块积木放在另一块上面，尽管它滑落了下来。<br> |
| 1½ | **线条制造（line maker）**<br>线条制作者展示了使用挨着的关系来制作（一维的）积木线。 | ● 建造道路，［LT］²：鼓励儿童使用任何类型的积木来解决建造问题，特别是建造道路或其他线性结构。也就是说，这些活动鼓励儿童使用各种类型的积木来建造线性结构。儿童自然而然地喜欢将积木组织成线性结构，尤其是当成人注意到他们这样做或者模仿他们自己来建造诸如车道、简单的围栏或者"非常长的积木线"这样的东西。玩具人物、动物和车辆等配件可以增加游戏的乐趣。 |
| 2 | **相同图形堆叠（same skape stacker）**<br>展示了使用"在上方"的关系来堆叠相似的积木，或者展示了其他类似有用的关系来构建堆叠或线性结构。 | ● 积木堆叠，［LT］²：儿童将积木堆叠在一起。可以通过阅读罗比·哈里斯（Robie Harris）的《嘣嘣嘣！数学故事》（*Crash! boom! A math tale*）或者斯图尔特·J.墨菲（Stuart J. Murphy）的《建筑师杰克》（*Jack the Builder*）来引入这个概念。儿童天生喜欢将物体堆叠在一起， |

| 年龄（岁） | 发展进程 | 教学活动 |
|---|---|---|
| 2 | | 尤其是当成人注意到他们这样做或自己示范时。在这里，成人可以评论儿童使用相同形状的积木堆叠成一座塔，给它们命名并注意它有多高。讨论积木的"形状都一样"可以为稍后发展的全等概念提供更多基础。引入词汇，如上方、下方和旁边。同时使用大型空心积木。 |
| 2—2.17 | **部件装配（三维）[piece assembler（3D）]**<br>在有限范围内组合建筑物中的垂直和水平组件，如构建楼层或简单的墙壁。这些构造是二维结构。 | • 利用积木制作物品，[LT]²：鼓励儿童用积木来代表和制作物品，重点是填充二维区域。目标是通过教师的观察、描述和鼓励在这个水平上进行创造性的积木构建（具有挑战性但可实现）。提出问题（你需要在那里建一堵墙吗？你在做一个大的楼层吗？）甚至贴上插图来说明构建类型的图片可能会激励儿童尝试新的三维图形组合方式（Chalufour et al.，2004）。相互模仿对方的构造可以是另一种有帮助的方法。您可能希望暂时移除乐高积木，以便使用不黏在一起的积木来解决STEM概念，如形状、稳定性和平衡（Chalufour et al.，2004）。 |

续表

| 年龄（岁） | 发展进程 | 教学活动 |
|---|---|---|
| 3—4 | **构造图画（3D）[picture maker（3D）]**<br>使用多个空间关系，在构件之间延伸出多个方向，并且具有多个接触点，展示了在结构的各个部分中整合的灵活性。<br>从 30 个月开始，儿童可以制作拱门、桥梁、围墙、转角和交叉结构，可以采用无系统的试错方式和简单的积木添加。 | ● 使用积木制作场景（3D）：鼓励儿童利用积木解决建造问题。目标是通过积木进行创造性建造，教师要注意、描述并鼓励符合儿童这个阶段的 3D 构建类型（有挑战但可实现）。<br>提出问题，甚至展示一些插图来说明构建类型，可能会激发儿童尝试使用新的方式组合三维图形。如，他们能否建造一道围栏以防止马逃跑。讨论他们将使用的积木，如"哪种形状的积木适合作为房子的底部？顶部呢？屋顶呢？"。<br> |
| 4—5 | **图形组合（3D）[shape composer（3D）]**<br>能够预期地组合图形，理解通过组合两个或更多其他（简单、熟悉的）3D 图形可以产生什么样的 3D 图形。能够系统地构建带有垂直内部空间的拱形结构、带有水平内部空间的围合结构、角落和交叉形状。能够建造几个积木高的围合结构和拱形结构（Kersh, Casey & Young, 2008）。<br>在这个水平的后期，儿童会增加深度，制作三维结构，并在多个积木高度上添加屋顶，但可能没有内部空间（Casey et al., 2008a）。 | ● 用积木构建图形，[LT][2]：鼓励儿童使用积木解决建筑问题。为了吸引儿童的兴趣，可以让他们首先创建一个玩耍场景，如建造一座房子或一个小镇，或者讲一个故事，故事中的角色需要一个建筑物……他们可以建造它！这个思维水平的目标是构建拱形、斜坡、围合、交叉等结构，并增加深度制作包括跨越多个积木高度的 3D 结构以及屋顶。所以，如果儿童建造一个简单的矩形围合物（如，有四堵墙、三个积木高）可以考虑以下问题："他们如何看到外面？"（建造一个窗户的拱形结构。）"这是一条河吗？他们怎么过河？"（用斜坡或阶梯建造一座桥。）如果儿童没有建造屋顶，问他们如果下雨了，房子里的人怎么保持干燥。如果他们建造了一个谷仓，可以引入一匹过不了门口的高个动物，并询问他们如何重建谷仓让这匹高马进来。 |

续表

| 年龄（岁） | 发展进程 | 教学活动 |
|---|---|---|
| 4—5 | |  |
| 5—6 | **替代构建和图形重复组合（3D）**[substitution composer and shape composite repeater（3D）]将复合图形替代为相似的整体。构建具有多个拱形、斜坡和楼梯的复杂桥梁，其结构是三维的，通常包括屋顶和多个内部空间。 | • 建造一座桥梁，[LT][2]：让儿童观看桥梁的图片，然后使用积木构建一座复杂的桥梁。<br>• 寻找其他方式，[LT][2]：挑战儿童使用不同形状和大小的积木来创建与原始积木相同的形状。如，两个三棱柱积木可以组合成长方体或正方体积木。两个单位长度的长方体积木可以组合成一个更长的长方体积木。如，询问他们是否有其他方式可以在不使用之前使用的某种积木的情况下构建相同的结构（如，如果他们用完了所有单元积木，但可以用两个较薄的长方体积木或两个直角三棱柱来填充相同的空间）。讲一个故事，如想要建造完全相同的房屋，但是没有特定尺寸的木材。如，如果儿童使用了长方体积木，可以从他们的建筑中移除该积木。提供可以组合在一起以形成与原始长方体积木相同形状和大小的较小积木。通过提问（你能用其他积木构建相同大小和形状的长方体吗？我们将如何在整面墙上建造一系列拱门？）或者张贴展示实际建筑物或积木建筑的图片来激发儿童尝试以新的方式构建三维图形。相互复制对方的建筑也是另一种有帮助的方法。 |

| 年龄（岁） | 发展进程 | 教学活动 |
|---|---|---|
| 6—8+ | **图形组合-单元到单元（3D）**<br>［shape composer-units of units（3D）］<br>制作复杂的塔或其他结构，涉及多层楼，并用积木构建成成人样式的结构，包括拱门和其他子结构，其中包括合适的天花板。 | • 建造塔楼，［LT][2]：使用问题叙述（Casey, Paugh & Ballard, 2002）、城堡的图片（Sarama, Brenneman, Clements, Duke & Hemmeter, 2017）或实地考察，鼓励儿童创建或重新创建各种结构。 |

使用（特别是连续数年使用）这一项目的效果是积极的。儿童在几何与空间技能方面得到发展，在算术和书写准备方面也获益颇丰。与这些结果相印证的是，搭建积木项目（我们在设计这一项目时从阿甘项目中借鉴了很多）对图形组合的学习路径的注重收到了这方面强有力的效果——其效果与个别指导不相上下。 在追踪研究中，我们对 36 个班级进行了大规模随机现场测试，发现在图形组合及其他多个主题中，搭建积木项目与非干预组和另一个幼儿园数学课程相比，效果是最显著的。尤其是考虑到另一个课程中也有图形组合的活动，我们相信搭建积木项目之所以能有更显著的效果，应归功于它明确地根据学习路径设计循序渐进的活动，以及教师对学习路径的理解。其他的干预研究也显示了类似的循序渐进的图形组合活动的效果（Casey, Erkut, Ceder & Young, 2008）。

多格骨牌的使用也涉及几何和数学。多格骨牌是由一个或多个相等的正方形边缘相连形成的平面几何图形。你可能熟悉的游戏俄罗斯方块就涉及几何构成，由几何构成的四格块！（见表 9.2 中的四格块）。试图找到所有不同的五格块（五个正方形），并在此过程中确定形状是否全等，这是一个丰富的数学活动（Shiakalli & Zacharos, 2014）。它还建立了其他主题的早期概念，如面积（参见第十一章）。当增加每个额外的正方形时，可能的多格骨牌数量会大大增加（试试看！）。

构造和分解图形有许多好处。儿童学习图形的数学特性，学会解决问题和创造性地处理图形，并学习执行功能流程，他们还能看到数学的美（Eberle，2014）。为了最大限度地发挥这些好处，帮助儿童沿着学习路径不断发展，提供适当的支持，以促使他们的发展。使用清晰的词汇描述图形和几何运动（Clements et al.，2018），并在描述中经常使用手势（Elia，2018）。

## 二维图形的组合与分解的学习路径

在《共同核心州立标准》中，增强儿童构成几何图形和空间思维能力的目标已经在表 7.2 中描述过。由于组合与分解二维图形的学习路径密切相关，我们在表 9.2 中将它们一起呈现。

表 9.2　二维图形的组合与分解的学习路径

| 年龄<br>（岁） | 发展进程 | 教学活动 |
| --- | --- | --- |
| 0—3 | **独立图形：基础（separate shapes actor： foundations）**<br>儿童将图形作为个体进行操纵，但通常不会将它们组合起来构成一个更大的图形。<br>摆放的图样：<br><br>儿童可以通过尝试错误来进行分解。<br>只给出由两个梯形组成的六边形，可以通过随机放置来分解它，做成下面这个简单的图片。 | ● 积木游戏，［LT］[2]：儿童使用物理图案积木和其他图形集进行游戏，通常制作简单的图片。<br>回想一下，神秘图片系列也为这个学习路径奠定了基础，并将成为下一个级别的首个任务。儿童只是匹配或识别图形，但他们的工作结果是由其他图形组成的图片，这是组合的示范。<br><br>这一级别的每一步都有简单的谜题，不仅是线性的，而且经常只接触一个顶点（角），使匹配变得容易。 |

| 年龄（岁） | 发展进程 | 教学活动 |
| --- | --- | --- |
| 4 | **部件装配（piece assembler）**<br>能摆出图画，每个图形表示一个特殊的角色（如，一个图形代表身体的某个部位），图形之间相互接触。能通过尝试错误填充简单的积木拼图。<br>会摆出下面的图画： | • 图案拼图（部件装配）[LT]²儿童将图案块与轮廓相匹配，以填充拼图。<br><br>然后，谜题转移到那些通过匹配侧面来组合图形的谜题，但每个图形仍然扮演不同的角色。<br><br>• 形状拼图，[LT]²：还有一系列在线游戏提供这些拼图，可以参考"形状拼图：部件组装器"和"形状拼图：部件组装器2"。<br><br>• 形状拼图：自由探索，[LT]²也是非常有趣和重要的活动——儿童可以使用图形块制作自己的拼图。然后他们点击"播放"按钮（右箭头），它就成了一个拼图，可以让朋友或家人尝试解决！这是所有儿童都应该参与的创意数学游戏。 |

续表

| 年龄（岁） | 发展进程 | 教学活动 |
|---|---|---|
| 4 | | |
| 5 | **构造图画（picture maker）**<br>能把一些图形放在一起作为图画的一部分（如，用两个图形做成一个手臂）。儿童在这一过程中是尝试错误的，还不能有意识地构造新的几何图形。根据整体外形或边长来选择图形。能填充简单水平，这提示了每个图形位置的模式积木拼图（在右边的例子中，儿童正在尝试把正方形放到拼图中，其实它的直角并不适合这个位置）。<br>会摆出下面的图画： | • 图案块拼图（图片制作者），［LT］²：儿童解决图案块（或七巧板）拼图，真正地将图形组合起来制作拼图的每个部分。从那些将几个图形组合成一个部分的拼图开始，但内部线条仍然可见。在讨论儿童的解决方案时使用分数语言［如，你用两个菱形来做那条腿，一半在这里（指着），一半在这里！］。<br><br>随后的拼图则要求儿童用图形的组合来填充一个或更多的区域，但不再有内部线条提示。<br><br>• 形状拼图（图片制作者），［LT］²：线上的拼图游戏也按同样的顺序进行。 |

续表

| 年龄<br>（岁） | 发展进程 | 教学活动 |
|---|---|---|
| 5 | | <br>• 形状迷宫：自由探索，[LT]²：在每个级别上，自由探索形状拼图都是有益的。<br>• 把两半重新组合起来，[LT]²：详见图7.6。该级别使用a1和a2的半形排列。<br>• 观察、搭建、检查，[LT]²：给儿童展示用图案块创建的由二维图形组成的图像，然后邀请他们自己重建这个图像。<br>• 快照（图形）：给儿童提供模式积木。事先用一个正方形（基座）和一个三角形（屋顶）拼一个房子。告诉儿童要仔细看，在头脑中进行快照，随后展示房子2秒，随即用深色的布盖起来。让儿童用模式积木拼出自己刚才看到的。必要时，可以再给儿童看房子2秒，以便他们检查和修改自己拼的图形。<br>最后揭开房子上的盖布，请儿童描述他们看到的是什么，以及他们是怎么拼出来的。可以根据儿童的能力水平选择其他更复杂的神秘图画，再次进行这个活动。 |
| | **简单分解（simple decomposer）**<br>能对有明显分解线索的简单图形进行分解（拆分成更小的图形）。<br>能把六边形分解，并摆成下面的图画： | • 我是怎么做的，[LT]²：儿童在看到模型后，将图案块（正）六边形等图形分解成更小的图形。 |

续表

| 年龄<br>（岁） | 发展进程 | 教学活动 |
|---|---|---|
| 5 | <br><br>**图形组合（shape composer）**<br>有预期地组合图形（"我知道哪个合适！"）。根据角和边长来选择图形。有意识地运用旋转和翻转来选择和摆放图形。<br>会摆出如下图形： | 图案块拼图（形状编辑器）和在线形状谜题：<br>• 形状编辑器，［LT］²：儿童解决没有内部引导线和较大区域的形状谜题；因此，儿童必须准确地构图。在讨论儿童的解决方案时使用分数语言，如，"你用一个梯形做了一半的身体，一半是3个三角形，六分之一（每个点一个），六分一个，还有六分之一！"。<br><br>• 形状谜题：自由探索，［LT］²（见上图）在各个阶段都是有益的。<br>• 快照（图形）：如前所述，但使用多个相同的图形，使得儿童需要在头脑中进行组合。还可以尝试提供简单的轮廓线，看看儿童能否用模式积木组合成相同的图形。七巧板也能够提供额外的挑战。<br>• 你能建造这个吗、用心灵之眼构建，［LT］²：通过复制模型或聆听指示构建具有连接立方体的形状（空间推理研究小组，2015c）。<br>• 魔法钥匙，［LT］²：儿童组合了6种不同排列方式的5个正方形（五联骨牌），创造了"魔法钥匙"来拯救王子。另请参阅四联骨牌，［LT］²和五联骨牌：创造和解决，在这款 |

续表

| 年龄<br>（岁） | 发展进程 | 教学活动 |
|---|---|---|
| 5 | | 游戏中儿童可以互相创建五联骨牌谜题让对方解决。<br>● 把两半放回一起，［LT］²：见第七章，包括图7.6。这个级别使用的是a3和a4的两半排列。 |
| 6 | **替代组合（substitution composer）**<br>用小的图形组合成新的图形，尝试错误地用图形组合来替代别的图形，用不同的方式组成新图形。<br>有意识地用替代的方法完成以下图画：<br><br>● 你能找到另一条路吗，［LT］²：儿童用不同的方式构建图片，用新的图形组合代替最初的排列。在讨论儿童的解决方案时使用分数语言如，"你用2个梯形来做这个六边形，每个都是一半！这里的菱形是什么？（三分之一）和三角形？（六分之一）"。<br><br><br>● 图案方块拼图和七巧板拼图：新方法，［LT］²让儿童用替代图形法来完成一个轮廓图，估计需要多少个图形去覆盖另一个图形对他们来说也是一项挑战。做出预测后，让他们检查自己的答案。<br>● 形状谜题：替代组合［LT］²是这个在线系列的有趣版本。第一次解决谜题后，左下角显示了儿童的解决方案……真正的任务是用不同的方式解 |

续表

| 年龄（岁） | 发展进程 | 教学活动 |
|---|---|---|
| 6 | | 决同一个谜题。<br><br>**在帮助下分解图形**［shape decomposer with help］<br>根据任务或者环境的提示，以及建议的图像来分解图形。<br><br>给出特定的六边形，可以将其分解成以下形状： | • 超级形状（在帮助下分解），［LT］[2]：从一个大的图形开始，儿童面临的挑战是通过将大图形切割成更小的图形并重新组合，来找到拼图的解决方案。<br>• 超级形状2（和几个附加关卡）需要在此积木软件中进行多次分解。 |
| 7 | **图形组合迭代**（shape composite Repeater）有意识地构造和重复单元的单元（由其他图形组合成的图形）；理解每个单元既是许多个小图形，同时也是一个大图形。能够不断重复图形的样式，进行平铺。<br>儿童重复使用同一个图形组合来构造一个结构或画面。 | • 你能做什么，［LT］[2]：儿童掷骰子决定他们要组合什么图形，然后要求他们重复组合他们所组成的结构。另请参见配对［LT］[2]。<br><br>• 纸被子，［LT］[2]：儿童在纸被子上重复9次他们的被子正方形的设计，以制作他们独特设计的被子。 |

| 年龄（岁） | 发展进程 | 教学活动 |
|---|---|---|
| 7 | **运用一组图像进行图形分解**（shape decomposer with imaginary）<br>灵活地运用独立生成的一组图像来分解图形。<br>要分解一个正方形，儿童可能会说，需要从一个角到另一个角进行切割，才能形成两个直角三角形。<br>能分解一个或多个六边形，拼成下面的图形： | • 超级图形（图像），[LT]² ：从一个大的图形开始，要求儿童通过将图形切割成更小的图形并重新组合拼图中的各个部分来找到谜题的解决方案。<br>让儿童用分数语言描述他们的工作。<br>图中显示了该游戏的软件版本。<br><br>• 几何快照7：儿童从记忆中识别出与四种复杂配置中的一种匹配的一张或者一组图像。 |
| 8 | **使用单元的单元**（shape composer–units of units）<br>（由其他图形构成的图形）进行图形组合。如，不具破坏性的空间图案，扩展图案以创建具有新的图 | • 四格骨牌（Tetrominoes）：必须反复构建和重复高级单位。如图所示，儿童反复地用4个方块构造"T"，再用4个"T"构造正方形，最后用正方形铺满一个长方形。 |

续表

| 年龄（岁） | 发展进程 | 教学活动 |
|---|---|---|
| | 形单元的瓷砖——他们认识到并自觉地进行构建的图形单元的单元。<br><br>先一遍又一遍地组合模式块，然后将它们组合在一起构建一个大型结构。 |  |
| 8 | **使用单元的单元进行图形分解（shape decomposer with units of units）**<br><br>灵活地运用独立生成的一组图像分解图形，有计划地对图像分解得到的图形再次进行分解。<br><br>给出一个正方形，可以将它们分解，然后将生成的图形再次分解，构建出以下图形： | ● 超级形状（单元的单元），[LT]²：从一个大的图形开始，儿童通过将图形分割成更小的图形并重新组合拼图中的碎片来找到拼图的解决方案。对于单元的单元，儿童通过分割相似大小的小块并将其铺在一起来进行挑战。<br>● 超级形状7：儿童只得到完成拼图所需的超级形状的确切数量。同样，需要多次应用剪刀。该游戏的软件版本如下所示。<br><br>● 几何快照8：儿童从记忆中识别出与四种复杂配置中的一种匹配的立方体配置（一组图像）。 |

续表

| 年龄（岁） | 发展进程 | 教学活动 |
|---|---|---|
| 8 | | ![](Building Blocks Geometry Snapshots 8) |

### 分拆二维嵌套图形

在就需要花多少时间以及如何分拆二维嵌套图形提出可靠的建议之前，还需要进行更多的研究。然而，分拆操作的激励性质（参见儿童杂志中的"隐藏图片"任务）可能表明，儿童对这类额外的任务可能会很感兴趣，因此，可以考虑作为学习中心的任务或者家庭作业。

我们在学习路径中提出的主要任务是直接确定越来越复杂的几何图形中的图形，包括嵌套图形。在确定已经嵌套的图形之前，让儿童自己嵌入图形是明智的。

## 二维嵌套图形的学习路径

表格 9.3 呈现了二维嵌套图形的一个初步学习路径。

**表 9.3　二维嵌套图形的学习路径**

| 年龄（岁） | 发展进程 | 教学活动 |
|---|---|---|
| 3 | **直观分解：基础阶段**（intuitive disembedder: foandation）<br>能记住和复制一个或一小组非重叠（单独）的图形。 | 请参阅第七章和第八章。<br>• 寻找嵌套图片，[LT]²：与儿童一起阅读，除了帮助他们语言的发展，还帮助他们构建数学思维的可视化。在看儿童有兴趣的图画书时，可以就图片中的物体、人物、动物等展开对话。 |

续表

| 年龄<br>（岁） | 发展进程 | 教学活动 |
|---|---|---|
| 4 | **分解简单图形（simple disembedder）**<br>识别复杂图形的边框。能够找出一些图形，这些图形以重叠的方式排列，但不能找出其中一个图形嵌套在其他图形中的情况。 | • 隐藏图片，［LT］[2]：儿童要找出复杂形状图片中的一个简单主要结构。 |
| 5-6 | **分解图形中的图形（shapes-in-shapes disembedder）**<br>能够识别嵌套在其他图形中的图形，如同心圆和或一个圆在一个正方形中。他能够识别复杂图形中的主要结构。 | 活动要求儿童找出一个图形或几何结构的一部分，这部分图形可能在其他图形的内部或重叠部分。追踪目标图形（尽可能让儿童独立完成，需要的话可以由成人帮助他们完成）可能会有帮助。 |

续表

| 年龄<br>（岁） | 发展进程 | 教学活动 |
|---|---|---|
| 7 | **分离次要结构（secondary structure disembedder）**<br><br>可以识别嵌套的图形，即使它们不与复杂图形的任何主要结构重叠。 | ● 发现图形，[LT]²：儿童试图在复杂的图形旁边立即找到一个主要结构。<br><br>出示：    找出：<br><br>出示：    找出： |
| 8 | **完全分离（complete disembedder）**<br><br>能成功识别所有类型的复杂排列方式。 | ● 寻找有趣图形（Finding Funny Figures），[LT]²：活动要求儿童找到一个几何结构，它可能是两个或更多不同图形的一部分，而这些图形都在一部分重叠的图形中。追踪目标图形（尽可能让儿童独立完成，需要的话可以由成人帮助他们完成）可以有所帮助。<br><br>出示：    找出：<br><br>出示：    找出： |

## 结语

对图形的组合、分解、嵌套、分拆的效果进行描述、使用和视觉化的能力，是一项重要的数学能力。它不仅和几何有关，而且和儿童数的分解与组合能力有关。此外，它还是艺术、建筑和科学知识与技能的基础。因此，它有助于人们解决非常广泛的问题，从几何证明到楼层空间的设计。当然，这类设计也需要几何测量，这正是下面两章的主题。

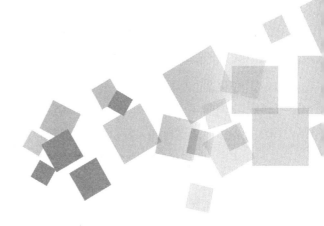

# 第十章　几何测量：长度

一群一年级儿童在通过测量而不是通过点数物体来学习数学。他们描述和表征物体量之间的关系，如，比较两根小棍的长度，并把其符号化为"A<B"。这让他们能够进行关系推理。如，当儿童看到记录板上的以下陈述后——如果V>M，那么M≠V，V≠M，M<V——有一年级儿童记录道："如果是不相等的，那么你能写出4种陈述；如果是相等的，那么你仅能写出2种陈述。"

——斯罗文（Slovin，2007）

这是一个真实发生的学习情境。你觉得这种情境发生在高智商儿童的班级吗？如果不是，它给年幼儿童的数学思维提供了什么样的启示？你觉得该情境——思考和谈论小棍的长度——有助于一年级儿童形成非凡的数学洞察力吗？

## 测量学习的重要性、挑战与潜能

测量是数学在真实世界的一个重要领域。我们在日常生活中总是在使用长度。而且，正如上述故事所讲的，测量的相关经验有助于儿童其他领域的数学学习，包括推理和逻辑。从本质上讲，测量把早期数学中两个最关键的领域——几何和数——联系起来。

但遗憾的是，美国典型的测量教学并没有达成这些目标。大多数儿童以死记硬背的方式进行测量的学习。在国际比较中，美国学生在测量方面的学业表现不佳。通过对测量学习路径的理解，我们可能更好地帮助儿童学习测量。

毫无疑义，我们的社会也没能通过课外活动帮助儿童获得更多测量方面的知识。在日常生活中，当人们进入地毯店挑选某种地毯时，会这样问："这块地毯有多大？"通常的回答是："它正好是起居室大小。""是什么尺寸？""是标准起居室大小。"但并没有一个标准的起居室。毫不奇怪的是，即使他们确定了线性的测量值（如 2 米 ×6 米），他们仍然无法根据地毯的面积计算出其价格。价格是按照面积计算的，在该案例中就是平方米。我们能做得更好，而且我们必须做得更好。

儿童几岁可以开始学习测量？研究表明，正如在不连续的数领域一样，即使是婴儿，他们对诸如长度这样的连续量也是敏感的。儿童在 3 岁时就知道，如果他们先前有一些黏土，后来又得到了一些黏土，那么他们现在拥有的就比以前的要多。然而，他们对两堆黏土哪一堆多的问题，却不能做出可靠的判断。如，如果把两堆等量黏土中的一堆捏成长蛇状的话，他们就会认为它更多一些。

儿童也不能辨别连续量与不连续量。[1] 如，儿童常常会试图通过分割饼干的数目而非饼干的量来完成等分。如，为了给某人更多的小块饼干，他们可能会把那个人的饼干中的一块掰开成更小的两块。

尽管测量对儿童具有如此大的挑战，但我们仍然能够给儿童提供适宜的测量经验。儿童会在他们的日常游戏中进行数量的讨论。他们愿意学习测量，把数和量建立联系。本章我们主要讨论长度，下一章我们讨论诸如面积、体积、角的大小等其他连续量。

## 长度测量：数学定义与概念

测量被定义为一种按照某种单位成比例地把数字分配给物体某种属性量——连续量——的过程。长度是通过量化物体两个端点之间有多远而得到的物体的一种特征，就像量化空间中任意两点之间有多远常常用"距离"一词表示。此处关于数字线的讨论是一个关键，因为我们常常用数字线来测量长度（见第四章）。测量长度或距离包含两个方面，一是对测量单位的界定，二是用这种单位来（在心里或实际地）细分物体，再把这些单位量沿着物体头尾相连地（重复）摆放。细分和重复单位是复杂的心理操作，而这一点在传统的测量课程材料和教学中又常常会被忽略。因而，大多数的研究者会越过测量的身体动作而考察儿童对测量的理解，如，覆盖空间并且定量这种覆盖。

首先让我们界定几个作为测量基础的关键概念（Clements & Stephen，2004；Stephen & Clements，2003）。

对长度属性的理解主要是指要理解长度是对固定距离的跨越。

长度守恒这个概念指的是，刚性物体的长度不会由于位置的改变而发生变化。

---

[1]　非连续量是可以数出来、结果用整数表示的量（这里有且只有 4 只狗）。与非连续量相比，连续量是可以分为若干部分，且对每个部分小到何种程度没有任何限制的量（这些狗大约一共重 117.3 千克）。使用工具的科学测量可以帮助我们获得一个大致的结果——最接近的千克数或磅数，或者把千克数四舍五入到百分位，但是永远不可能得到一个精确的数字。

传递性的意思是，如果一条白色丝带比灰色丝带长，而灰色丝带又比黑色丝带长，那么白色丝带就比黑色丝带长（即使没有办法对二者进行比较，见图10.1）。理解了长度传递性的儿童就能够使用第三个物体去比较其他两个物体的长度。

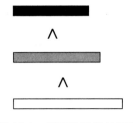

图 10.1　长度传递性的图示

等分是把一个物体分成相同大小单位的心理活动。这个观念对儿童来说是不明显的。理解这个概念要求儿童在进行物理测量之前，先要在心理上把物体看作一种能够被分割成长度更短的东西。有些儿童尚未形成这种能力，他们会把5单纯地理解为尺子上的一个刻度，而不会把它理解为是能够划分为5个相等单位的长度。

## 单位和单位重复

单位和单位重复是与等分密切相关的概念。就某种程度来说，单位的重复是等分"这枚硬币的另一面"。它指的是这样一种能力：把诸如一块积木这样的小单位长度看成是所测量物体的长度的一部分，并且在不重复、不漏数的情况下，点数沿着大物体的长度能重复放置这块积木多少次。这样就完成了对大物体的等分。年幼儿童并不总能明白等分的需要，因此就不能理解使用相同单位的必要性。

## 距离的累计和叠加

距离累计指的是，当你重复一个单位的时候，点数的数词表示的是所有单位所覆盖的长度。叠加的观念指的是长度既可以组合在一起（可组合的，也包括沿着某物的边缘测量长度），也可以分开。

## 原点

比例尺上的任何一点都可以当作原点（当情况允许的时候，通常用0作为原点）。由于缺乏这样的理解，年幼儿童在测量时常常将尺子上的1而不是0作为原点，因此，当一根铅笔的首端在数字2，末端在数字10时，他们会认为这根铅笔的长度是10厘米而不是8厘米。

### 数和测量的关系

儿童必须懂得，他们通过点数进行测量的项目是连续的单位。他们基于数数观念进行的测量判断，通常是基于点数非连续量的经验进行的。如，英海尔德和皮亚杰（Inhelder & Piaget）给儿童呈现了两排火柴，每一排中的火柴长度不同，火柴的数量也不一样，这样形成的两排火柴的总长度相同（见图10.2）。

尽管从成人的视角来看，两排火柴的长度是相同的，但仍有许多儿童认为，有6根火柴的那一排更长一些，因为这一排有更多的火柴。他们点数了非连续量，但在对连续量的测量中，单位的大小是必须要考虑的。

儿童必须认识到，在给定的测量任务中，使用的测量单位越大，单位的数量就越小，也就是说，单位的大小和单位的数量之间是互逆关系。

图 10.2　一个研究儿童关注非连续量还是连续量的实验

## 长度测量概念的早期发展

年幼儿童已经开始学着给物体排序了——将物体按照一定的顺序排列。即使是6个月大的儿童也能进行简单的长度判断（Huttenlocher，Levine & Ratliff，2011）。18个月大的儿童开始理解诸如"大""小""多"等数学词汇。到了两三岁，他们能在一般序列关系的基础上进行数字和数字对的比较。到了3岁，儿童能够在配对的基础上对物体进行两两比较。4 岁儿童则能够对小数量的物体进行排序，但无法对所有物体进行排序。到了 5 岁左右，儿童能够根据物体长度进行 6 个物体的排序。大部分 5 岁儿童能够把一个物体插入一个序列当中。

然而，许多小学生也不能明确地理解长度守恒，或者进行传递性推理。然而，正如在数概念中一样，诸如守恒和传递性推理等逻辑概念似乎对儿童理解某些概念是非常重要的。但缺乏这种概念也并不会阻碍儿童对初始概念的学习。如，达到守恒水平的儿童更可能理解我们刚讨论的观念，单位的大小和那些单位的数量之间的互逆关系。然而，有了高质量的教育经验，即使是学前儿童也能够理解这种互逆关系。因而，对守恒性的理解可能并不是一种必需的先决条件，但却能支持儿童更好地理解这些概念。同样，理解守恒性的儿童也更可能理解在测量中需要使用等长单位。总之，儿童在达到守恒水平之前就能够学习许多有关连续量的比较和测量的概念。早期开始的、高质量的测量经验有利于儿童获得守恒、传递性推理等逻辑概念。

当然，这种学习具有挑战性，并且会持续很多年。本章末的学习路径描述了儿童思维的发展水平（Sarama，Clements，Barrett，Van Dine & McDonel，2011）。此处我们仅仅是简单描述一些在儿童身上表现出的共性的错误概念和困　难（Barrett，Clements & Sarama，2017a；Sarama，Clements，Barrett，Cullen & Hudyma，2019）。

- 要比较两个物体哪个更长，儿童可能仅在一端比较物体。
- 在进行测量的时候，儿童可能会在测量单位之间留下空隙，或者把测量单位重叠在一起。
- 五六岁的儿童可能会在某个物体上随意写下一些数字，并将其作为一种测量工具，很少关注数字之间空间的大小。
- 儿童可能从 1 开始测量，而非从 0 开始，或者错误地从尺子的末端开始测量。
- 儿童可能错误地把尺子上的刻度或脚跟到脚趾的步子仅仅理解为是数到的一个点，而不是覆盖的一个空间。
- 有些儿童认为，需要复制很多个单位长度来填满物体的长度，而不是用一个单位长度进行重复（把它放下，标注出其结尾处，再移动它，如此循环）。

• 有些儿童会用一种单位长度，如尺子来填满物体的长度，但并不会把测量单位延伸出所测量物体的末端。因而，他们常常会忽视测量单位的分数部分。

• 许多儿童并不理解测量单位必须大小相等，如用不同大小的纸夹子测量一个长度。

• 许多儿童可能会把不同大小的单位合并在一起，如3英尺和2英寸合并为"5的长度"。

## 经验与教育

年幼儿童在游戏中自然会遇到和讨论到量的问题（Ginsburg, Inoue & Seo, 1999）。简单地使用诸如"爸爸、妈妈、孩子"和"大的、小的、微小的" 这样的标签可以帮助两三岁的儿童意识到大小，并发展其排序的能力。然而，教师一定要有这样的意识：即使是诸如"大"和"小"这样的概念，对年幼儿童而言也不是自然而然就熟悉的，理解起来也会遇到一定的困难。缺少具体实物作为参考，这些概念对学步儿来说是非常难理解的（Björklund，2012）。一个大的物体仅对比它小的物体而言是大的，这一点需要引起儿童和教师的共同关注（Björklund，2018）。

我们用安妮特老师和2岁的阿尔宾之间的互动为例。我们把他们重组为安妮特老师引导儿童进行大小和形状比较的讨论（Bjorklund，2012）。安妮特老师询问阿尔宾怎么描述这些积木。

阿尔宾：小。

安妮特：你的意思是一个小圆筒？

阿尔宾：是的（把一块积木竖直放置）。它能站住。

安妮特：阿尔宾，我们能比较一下这两块积木吗？你看，它们有什么不一样的地方？（从杯子中拿出黄色的大圆筒，放在桌子上黑色圆筒的旁边）

阿尔宾仔细观察了两个圆筒，拿起小的那个，把它放到较大的那个上面，积木上有孔正好能够穿过。

安妮特：是的，它（小积木）能放到它（大积木）里面吗？

阿尔宾：（尝试把小积木的两端都放进大积木里边，但没有成功）不能。（把黄色积木重新竖着放好，把黑色积木放到黄色积木上面）

安妮特：你还能找到更多的大圆筒吗？

阿尔宾在盒子里寻找，拿起另一个黑色的小圆筒，手里并排拿着两个黑色的小圆筒。

安妮特：它们两个一样吗？

阿尔宾：是的。

安妮特：你能找到一个大圆筒吗？（阿尔宾犹豫了）它也可能是另一种颜色的。

阿尔宾：（快速拿出一个橘黄色的圆筒）这个。

安妮特：很好。


再一次强调，比较是参与数学活动和学习数学概念的关键，特别是对大小（连续量）的学习更是如此。

在传统数学教育中，测量教学的目标是帮助儿童学习使用传统尺子所需要的技能。与此相反，研究和最近的课程方案却认为，除了这种技能，奠定这些技能的概念基础可能是发展儿童的测量技能、概念（理解）以及问题解决能力的关键。更进一步说，这些基础性概念的学习应该从学前阶段就开始（Zacharos & Kassara，2012；Sarama et al.，2019）。以下将提出一些基于研究的教育建议，这些建议也会在表 10.2 长度测量学习路径中正式介绍。

许多研究提出了一种教学顺序，即①儿童进行长度比较；②用非标准单位测量，看是否有标准化的需要；③整合各种使用标准单位的策略；④使用尺子测量。如，儿童可能从一点踱步到另一点。当他们讨论自己的策略时，关于重复测量单位和使用等长单位的观念就会呈现出来。

然而，一些研究指出，为年幼儿童提供使用不同大小的测量单位（非标准单位）进行测量的经验可能是不对的做法。在儿童理解测量的概念以及测量单位的作用之前，使用不同的、任意的测量单位会对儿童造成困扰。如果儿童尚未很好地理解测量的概念以及等长单位的作用，频繁地进行不同测量单位的转换，即使我们的目的是向儿童呈现使用标准测量单位的必要性，也会向儿童传递错误的信息：使用任何长度的组合作为测量单位进行测量的效果是一样的。相反，使用标准测量单位，如尺子对于年幼儿童而言要求更低、更有趣也更有意义。始终如一地使用这些测量单位能够帮助儿童建构起一种模型和情境，据此儿童可以更好地建构对等长单位的概念、必要性，以及所有与测量相关的更广泛的概念的理解。当儿童理解了测量单位的概念以及需要使用等长单位（否则，就不能作为测量单位）之后，可以使用不同的测量单位进行测量活动，以强调使用标准的、等长单位（如厘米或英寸）的必要性。

我们提出一种基于近期研究的教学顺序。即使对最小的儿童，我们也要仔细倾听并理解他们是如何解释和使用语言的（如，"长度"是端点之间的距离或"一端延伸出来"）。也可以使用语言来辨别诸如"一个玩具"或"两辆卡车"等基于数数的术语，以及诸如"一些沙子"或"更长一些"等基于测量的术语。

一旦儿童懂得了这些概念，就要给儿童提供比较物体长度的各种经验。一旦儿童能够把物体的端点连接起来，他们就可能会使用剪成一段一段的线绳去探索教室中与他们的椅子高度一样、比椅子矮或高的物体。此时，教师就可以和儿童明确地讨论传递性的概念。

接下来，要为儿童提供能够将数与长度相联系的经验。给儿童提供传统的尺子和一些可操作的、有标准长度单位的材料，如，边长是1厘米的正方体积木，要特别标注"长度单位"和"厘米"或"英寸"。在儿童探索这些工具的时候，要跟儿童讨论重复长度单位的含义（如测量单位间不能留下空隙）、测量单位（尺子）要在一条直线上以及原点等概念。可以让儿童通过绘画、切割以及使用他们自己的尺子来强化这些概念。

在所有活动中，都要关注尺子上的数字对儿童的意义，如，这是对长度的数字化，而非孤立的数字。换句话说，课堂讨论时应该用"长度单位"来回答"你数的是什么？"这样的问题。点数不连续的物体常常能正确地告诉儿童，点数结果与物体的大小无关（这和点数实物是一样的），那么现在就要设计活动让儿童在点数不连续物体和长度测量的不同情境中体验和反思长度单位各种属性的本质。鼓励儿童比较使用操作材料和使用尺子测量同一个物体的结果，支持儿童用长度单元积木制作他们自己的尺子，这些都可以帮助儿童在经验和数学概念之间建立联系。

儿童会逐步由数自己的步数发展到建构测量单位，如，一条"步条"（footstrip）是由黏在一卷加法机袋子上的足迹组成的。随后儿童可能会接触到用不同大小的单位（如，15步或3个步条，每个步条上有5步）表达测量结果的问题。他们也可能会讨论如何处理剩余的空间，如何作为一个整体单位或一个单位的一部分来点数这个剩余的空间。使用由测量单位建构出的单位进行测量，可以帮助儿童将长度视为一个可以组合的概念。另外，这也为儿童理解尺子中的细分单位，进而制作尺子打下了基础（同样也为儿童理解英尺和码或者厘米和米之间的关系打下了基础）。

在小学二、三年级，教师可以介绍标准化长度单位的必要性，以及长度单位的大小和长度单位的数量之间的关系。此时，多样的非标准长度单位的使用对儿童是非常有益的。

如果教学关注儿童对其测量活动的解释，就能让儿童在尺子上使用灵活的起始点成功地完成测量。不注意这一点，儿童在中年级就常常会仅读出尺子上与物体末端相连的数字。

儿童最终必须学习细分长度单位。就这一点而言，制作他们自己的尺子，在单位的二等分和其他等分点做标记对儿童非常有益。儿童可以把一个单位折叠为二等分，把折叠的部分标注为一半，然后继续这样的操作，建构四等分和八等分。

操作计算机的经验也能帮助儿童在测量活动中建立数与几何的联系，并形成测量感。乌龟几何（Turtle geometry）为许多长度测量活动提供了动机与意义。这种学习活动描述了一个重要的、一般性的指导方针：儿童应该把测量作为一种达成目标的手段，而非测量结果本身。如果界面是适宜的，活动是计划好的，那么，即使是幼儿也能通过操作计算机抽象和概括测量相关的概念。给乌龟指出方向，如，向前 10 步，右转 90°，向前 5 步，儿童就学习了长度、向左向右转和角度概念。在图 10.3 中，儿童必须通过算出缺失的测量值来"完成图片"（本章末的学习路径中有更具挑战性的例子）。

图 10.3　Logo 乌龟中的"缺失的测量值"问题

无论采取何种具体的教学策略，研究已经给出了四个方面的一般性启示。

第一，不能把测量当作一种简单的技能来教，测量是多个概念和技能复杂的综合体，这些概念和技能的获得需要多年的学习。教师只有理解了测量的基本概念，才能更好地了解儿童对概念的理解并通过提问来引导儿童建构对这些概念的理解。如，当儿童在测量活动中数数时，要通过对话引导儿童关注他们在数什么，并不是"点"，而是相等的长度单位。也就是说，如果儿童重复了一个单位 5 次，那么 5 表征的是 5 个长度单位。对某些儿童来说，5 表示的是紧挨着数字 5 的竖条，而非由 5 个单位覆盖的空间。这样，尺子上的标记就会遮蔽测量活动的预期目标，即概念理解。儿童需要理解他们在测量什么，为什么尺子上的一个单位是用它末尾的数字编号的，以及整套的原则。在某种程度上，许多儿童认为，只要完全覆盖了物体的整个长度，那么混用单位（如，既使用回形针，又使用笔盖）或使用不同大小的单位（如，小回形针和大回形针）都没有问题（Clements，Battista & Sarama，1998；Lehrer，2003）。对儿童的研究和对教师的访谈都支持了如下主张：①测量的原则对儿童是有难度的；②学校需要对测量给予比目前更多的关注；③需要花时间进行非正式测量，并关注测量原则的明确运用；④从非正式测量到正式测量的转换需要更多的时间和关注，正式测量的教学常常要关注基本原则（参见 Irwin，Vistro-Yu & Ell，2004）。

儿童需要创建一种抽象的长度单位（Clements，Battista & Sarama，Swaminathan & McMillen，1997；Steffe，1991），这并不是一种静态的图像，而

是对沿着物体移动（视觉上或物理上）、对物体进行分割、点数所分割的部分等过程的内化。当把连续的单位看作一个单位体（unitary object）时，儿童就已经建构了一种概念尺（conceptual ruler），这种概念尺可以投射到未分割的物体上（Steffe，1991）。此外，美国的数学课程并没有充分地讲解单位概念。如果我们在测量活动中把注意力从不同的物体转向我们点数的单位，那么测量将会是一个教有所成的数学领域（参见 Sophian，2002）。

第二，采用最初的非正式活动来建构对长度属性的理解，并发展诸如"长""短""一样长"等概念，以及诸如直接比较等策略。

第三，鼓励儿童解决真实的测量问题，这样做可以帮助儿童建立并重复单位以及由单位构成的单位。

第四，帮助儿童在使用的测量单位和尺子之间建立紧密的联系。在这样实施的时候，测量工具和测量程序就成了学习数学以及思考数学的工具（Clements，1999c；Miller，1984，1989）。在小学一年级以前，儿童就已经开始朝向该目标的旅程了。

最后需要指出的是，要将儿童的数学学习与其他内容的学习融合在一起并进行探究。参与专业的学习共同体或者一些课程研究小组有助于提高教师的教学水平并展现出年幼儿童那些令人惊叹的能力。

## 长度测量的学习路径

长度测量的重要性可以从其在《共同核心州立标准》中出现的频率上体现出来，详见表 10.1。

表 10.1　《共同核心州立标准》中的长度测量目标

**测量和数据（CCSSM 中的 K.MD）**

**描述并比较物体可测量的属性。**

1. 描述物体可测量的属性，如长度或重量。描述某个单一物体的几种可测量的属性。

续表

2. 直接比较两个物体的某个共同的可测量的属性，看哪一个物体的该属性的测量数值更大或更小，并描述其差异。如，直接比较两名儿童的身高，把某名儿童描述为更高或更矮。

**测量和数据（CCSSM 中的 1.MD）**

**间接测量长度，并能够通过重复长度单位进行测量。**

1. 根据物体的长度进行 3 个物体的排序；通过与第 3 个物体进行比较，间接地比较 2 个物体的长度。

2. 理解一个物体的长度可以由另外具有相同长度的较短物体排列得出，将相同长度的较短物体首尾相接进行排列，其个数代表的是所测量物体的长度。

**测量和数据（CCSSM 中的 2.MD）**

**用标准单位测量和估计长度。**

1. 选择和使用适宜的工具对物体的长度进行测量，如，直尺、码尺、米尺和卷尺。

2. 分别使用不同长度的长度单位测量物体的长度两次；描述两个测量值与所选长度单位大小的关系。

3. 使用英寸、英尺、厘米和米等单位进行长度估计。

4. 测量并判断一个物体比另一个物体长多少，根据标准长度单位来表述其长度差异。

**把加减运算与长度建立联系。**

1. 用 100 以内的加减运算来解决包含有相同长度单位的与长度相关的文字题，如，通过画图（如画出尺子）和含有未知数的方程来表征问题。

2. 在数字线上以相等的空间点对应数字 0、1、2 等，把整数表征为从 0 开始的长度，且在数字线上表征 100 以内整数的和与差。

基于上述目标，表 10.2 提供了学习路径的两个部分：发展进程和教学活动。大量的研究对这些内容进行了探讨并证明了其有效性（Barrett et al.，2017a；Sarama et al.，2019）。

表 10.2　长度测量的学习路径

| 年龄（岁） | 发展进程 | 教学活动 |
|---|---|---|
| 2 | **长度感知：基础（length senser: foundations）**<br>6 个月大的时候，能根据直觉对物体长度进行简单比较（与儿童在感数中的表现类似）。然而，他们还不能把长度识别为一种明确的属性（从物体一般的大小属性中独立出来，如"小"和"大"）。<br>"这是长的。所有直的东西都是长的。如果东西不是直的，就不能是长的。" | ● 生活中的长度活动，[LT]²：儿童能根据直觉对多种材料进行比较、排序并用来做搭建活动。<br>鼓励儿童操作材料，探索材料的大小属性。<br>● 数学谈话，[LT]²：建议与这个水平和下个水平的儿童谈论他们的活动。 |
| 3 | **长度量识别（length quantity recognizer）**<br>认识到长度、距离是一种属性。可能会将长度理解为一个绝对的概念（如，所有的大人都是高的），但是不能理解长度是相对的概念（如，一个人比另一个人高）。<br>"看到了吗？我很高。"<br>在判断形状的边长时，可能会对不相关的部分进行比较。 | ● 使用不同长度的物体进行建构，[LT]²：提供不仅可以激发儿童搭建和建构兴趣，而且可以鼓励儿童对诸如大小、长度等属性进行比较的积木。鼓励儿童参与建构活动，支持儿童使用诸如正方体、长方体等形状的积木进行高度和长度的比较。这种属于教师指导下的游戏活动。<br>● 就长度展开谈话，[LT]²：教师倾听儿童关于事物"长"和"高"等属性的讨论并帮他们扩展这样的讨论。鼓励儿童在相关的活动中讨论长度，从以往关注诸如"大"等尚未分化的数学词汇转向关注"高""短""更高"或"更宽"，尤其是"更长"和"长度"等精确的词汇（注意：很多教师在"长度"与"宽度""高度"等词上做了很多努力，但是更重要的是要理解这些词的实质都是长度！）。 |
| 4 | **直接的长度比较（length direct comparer）**<br>能在动作层面上将两个物体摆放在一起比较哪个长，或是否一样长。<br>使用数学词汇：长、更长、最长。 | ● 生活中的长度比较：在许多日常活动中，儿童会直接比较物体的高度或其他长度（谁的塔更高、谁用泥巴捏的小蛇最长等）。<br>● 跟我的胳膊一样长，[LT]²：儿童截出一段跟自己的胳膊一样长的丝带，并且试着寻 |

续表

| 年龄（岁） | 发展进程 | 教学活动 |
|---|---|---|
| 4 | 把两根小木棍紧挨着摆放在桌子上，并做出判断，"这根更长"。<br><br>‖ | 找教室里跟这个长度一样的物体。<br>• 积木搭建、测量，〔LT〕²：积木搭建活动中蕴含着大量的长度比较经验：比较积木的长度，将两块积木组合在一起——详见图形拼搭（3D）——构成与其他积木一样长的积木，测量某个人搭建的建筑的高度，等等。〔LT〕²中对此有详细的描述并提供了精彩的视频。<br>• 长度比较：鼓励儿童比较生活中常见物品的长度，如搭建的塔或公路的长度，家具的高度，等等。<br>• 鼓励儿童对建构活动中的作品进行比较：〔LT〕²：在建构游戏中，儿童会搭建出诸如房子或者塔等作品，教师可以让儿童将其与生活中有形的、可视的物体进行比较。<br>• 鞋子测量，〔LT〕²：儿童可以在故事情境中对他们的鞋子进行比较，看看鞋子是不是一样长。<br>• 按照身高排队，〔LT〕²：在活动转换时间，一组5名儿童（在教师的指导下）按照身高排队。 |
| 4—5 | **间接的长度比较（indirect length comparer）**<br>通过与第三个物体进行比较判断两个物体的长度。使用数学词汇：长、更长、最长、短、更短、最短。<br>使用一根线绳比较两个物体的长度。<br>要求儿童测量长度时，他们可能会用猜的方式，或者一边沿着长度移动，一边进行数数（不使用等长的测量单位）。 | • 这张桌子能通过吗，〔LT〕²：给儿童提供生活中需要通过间接比较解决的问题，如，门的宽度是否能让一张桌子通过。由于儿童常常会采用覆盖的办法比较物体的长度，所以儿童实际上无法进行间接比较。不过可以让儿童比较类似毡条的物体，如果他们用第三个物体，如，一个（宽些的）纸条，把毡条全盖住了（无法直接看到毡条和纸条的相对长度，只能靠猜测），教师可以鼓励儿童直接比较两根毡条的长度。如果间接比较的结果不对，可以问问他们怎么能更好地用纸 |

续表

| 年龄（岁） | 发展进程 | 教学活动 |
|---|---|---|
| 4—5 | 手指在一段线段上移动，并说出10、20、30、31、32。<br>可能会使用尺子进行测量，但经常表现出不理解或缺乏必要的技能，如，没有从原点量起。<br>能用一把尺子分别测量两个物体从而判断它们是否一样长，但测量其中一个时没能准确地找到 0 点。 | 条进行比较。必要的情况下可以在旁边给儿童提供范例。<br>● 有用的淘气包（The Helpful Elf）（间接的长度比较），［LT］²：儿童（这个故事情境中的"淘气包"）使用第三个物体测量城堡墙体上的裂缝长度，这样他们就能确定如果要修复这条裂缝，需要多长的双面胶。其他故事情境也蕴含长度比较任务，详见"给克利福德的冰激凌"（Ice Cream for Clifford）以及"去学校的捷径"（The Shorter Road to School），［LT］²。 |
| 4—5 | **5个物体排序（长度）serial orderer to 5 (length)**<br>能够将标记为 1—5 个单位长度的物体按照长度排序。当物体没有标记时，能够根据物体明显的类别差异（大和小）进行长度的比较，并能够通过尝试错误的方法对 3—5 个这样的物体进行排序。随着工作记忆的提升，儿童开始在头脑中形成排序结果的一种心理表象，即序列中物体的长度是由短到长一点一点增加的。心理表象的形成可以提高儿童排序的准确性和效率。（心理表象的发展与用首尾相接方式测量长度的发展是平行的。）<br>能够按照 1—5 的顺序给正方体塔排序。 | ● 建构楼梯（长度为 5），［LT］²：儿童用可连接起来的单元积木搭建台阶，数数台阶数量，然后再把台阶恢复到原来的序列。<br>● 缺失的是哪一级台阶：儿童观察由连接起来的单元积木建构的楼梯（实物操作像上面"建构楼梯"那样分步进行）。蒙住儿童的眼睛，教师将台阶的一级藏起来。睁开眼睛后，儿童要识别出藏起来的是哪一级，并告诉大家他是如何知道的。<br>● 楼梯建构 3：当必须要找出被藏起来的是哪一级台阶时，儿童需要把数知识与长度建立联系。这个游戏可以操作单元积木来搭建，也可以用计算机软件操作（见下图）。<br><br>● 垒高，［LT］²：儿童给 5 个物体进行长度排序，可以从使用可连接的单元积木（数量可数）开始，然后过渡到连续的长度。 |

续表

| 年龄<br>（岁） | 发展进程 | 教学活动 |
| --- | --- | --- |
| 4—5 | **用首尾相接的方式测量长度（end–to–end length measurer）**<br>能把测量单位首尾相接地一个个排列在一起，可能无法发现测量单位要等长的要求，也可能无法发现其实测量时可以使用更少数量的测量单位。把测量结果用于解决比较任务的能力在这个水平的晚期才会发展起来。在教师的指导下，能够用尺子进行测量。（这个能力与5个以内物体排序能力的发展是平行的。）<br>把9个单位为1英寸的单元积木沿着一本书排列成一条直线，量这本书有多长。 | • 长度谜语，［LT］²：给儿童提供3—6块单元积木长度的连接积木或物体，如书、油画棒、铅笔。给儿童提供如下的猜题线索，"你跟我一起写，我有7块单元积木那么长，我是什么？"用其他物体重复上述活动。<br><br>• 毛毛虫测量和其他测量活动，［LT］²：在这些活动中，使用实物的或图画的单位进行测量。最好选择长而细的物体做测量单位，如切成1英寸长的牙签。要明确地强调测量单位的线性特征。也就是说，假如用1厘米长的单元积木做单位进行测量，那么儿童应该明白所谓线性单位指的是单元积木的一个边长，而不是积木的某个面的面积或体积。<br>• 在铁轨上工作（首尾相接），［LT］²：在这个有趣的活动中，儿童需要将铁轨上缺失的轨道补全，这样火车才能从车站开到市中心。儿童需要合作，使用多种不同的测量单位进行测量，最终发现需要多少块材料才能将缺失的部分补全。<br>• 到底有多大，［LT］²：在阅读了史蒂夫·詹金斯（Steve Jenkins）的一些图书后，儿童可以测量动物的身体，看看这些动物有多长。<br>• 糊涂先生量东西，［LT］²：这本书可以设计不同层次的活动。如，让玩偶（糊涂先生）测量物体时，在测量单位之间留下空隙，将测量单位重叠，或者测量单位在起始点（也就 |

续表

| 年龄（岁） | 发展进程 | 教学活动 |
|---|---|---|
| 4—5 | | 是物体的两端）之间并没有排成一条直线。开始使用尺子测量。制作一些尺子的图片，与儿童一起讨论图中表现出的或没有表现出的测量的关键概念，这有利于儿童理解和运用这些概念。教师可以要求儿童使用特定的单位，如用长为1英寸或1厘米的单元积木制作尺子。儿童需要学习在制作的尺子上按照单元积木的长度做好标记并正确地写上数字。再次提醒：这里要明确强调测量单位的线性特征。 |
| 5—6 | **6个以上（含6）物体的排序（长度）[Serial Orderer to 6+（长度）]**<br>对标记为1—6个单位长的物体，根据长度进行排序。儿童起码在直觉上应该理解，任何一组长度不同的物体都能按照长度递增或递减的方式排成一排，所以他们能够从一堆物体中挑出最短的（最长的）、第二短的（也就是那个和最短的物体长度差异最小的），以此类推。在整个排序过程中，儿童可能只出现很少的错误。<br>能够按照1—6的顺序给正方体塔排序。 | • 建构楼梯（长度为6或6以上），[LT]²：儿童使用可连接的单元积木建构楼梯，然后数台阶的数量。<br>• 6个以上（含6个）物体的长度排序，[LT]²：儿童对6—10个物体进行排序，可以先从可连接的单元积木开始（数量可数），然后过渡到长度没有那么明显的材料，接着开展如下活动。<br>　　缺失的是哪一级台阶：儿童观察由可连接的单元积木建构的楼梯（由实物搭建的楼梯）。然后把眼睛蒙住，教师把其中的一级台阶藏起来。睁开眼睛后，儿童要识别出缺失的台阶并说明自己是怎么知道的。 |
| 7 | **长度测量单位的相关和重复（Length Unit Relater and Repeater）**<br>重复使用一个单位进行测量，并理解使用等长单位的必要性。<br>重复使用一块一英寸的单元积木正确地测量一个物体的长度。 | • 移除建构材料学习重复，[LT]²：教师可以把作为测量单位的实物一个一个地从建构作品中移除（最初拿掉多余的），直到得到一个精确的测量结果，注意移除的时候一次拿掉一个测量单位。通过这个移除的过程，儿童能够学习测量单位的重复。<br>• 搭建建筑学习重复，[LT]²：在这种方法中， |

续表

| 年龄（岁） | 发展进程 | 教学活动 |
|---|---|---|
| 7 | 能在测量单位的大小与其数量之间建立明确的相关（互逆关系）。<br>"以厘米为单位进行测量，会比以英寸为单位测量用到更多的单位，因为每个厘米单位都小于英寸单位。"<br><br>能够把两个长度相加得到一个完整的长度。<br>"这个有 5 个单位长，这个有 3 个单位长，所以它们加起来是 8 个单位长。"<br><br>能够在最少指导的情况下，经常使用尺子解决简单的测量任务。<br>能用尺子正确测量一本书的长度。 | 儿童一次增加一个测量单位学习重复，教师可以根据实际需要适当地增加用来测量的单位材料。<br>● 宝箱，［LT］²：儿童把一个宝箱沿着直尺路带回家并检验宝箱的大小，这个过程可以帮助他们理解，不管宝箱在直尺上的位置在哪里，它的长度是不会变的。<br>● 长度谜语，［LT］²：重复长度谜语活动（见上文），但是提供更少的线索（如只有长度），而且只给每名儿童一个测量单位，这样他们就只能重复使用（反复放置）这个单位进行测量。<br>● 在铁轨上工作（长度单位的关系与重复），［LT］²：在这个有趣的活动中，儿童需要将铁轨上缺失的轨道补全，这样火车才能从车站开到市中心。儿童需要合作，使用一种测量单位进行测量，最终发现需要多少块材料才能将缺失的部分补全。<br>● 糊涂先生量东西，［LT］²：这本书可以设计不同层次的活动。如，让玩偶（糊涂先生）测量物体时，在测量单位之间留下大大的空隙或者测量单位的起点没有对应物体的起点（这一点对于使用尺子进行测量也非常重要）。<br>● 给双胞胎的礼物（长度单位的关系与重复），［LT］²：儿童使用一个或两个 1 英寸长的操作材料测量一条水果糖的长度，这样他们就能在糖果店里得到一根一样长的水果糖。儿童可以用两个长度单位交替测量，也可以用一个长度单位重复测量，同时在测量单位的末端做好记号。详见"有用的淘气包"（长度单位的关系与重复），［LT］²。儿童也会使用自制的尺子进行测量——详见"临时的"尺子以及 |

续表

| 年龄（岁） | 发展进程 | 教学活动 |
|---|---|---|
| 7 | | "尺子制作"，两个活动在[LT]$^2$中都有介绍。<br>● 画测量工具：在儿童开始精确地测量物体的长度之前，他们可能会在待测的物体旁画一条线（Nührenbörger，2001）。教师可以通过画线活动强调要从 0 点开始画起，并与儿童讨论：如果要测量物体的长度，需要将物体的一端与这个 0 点对齐。同样，教师需要结合着使用实物长度单位首尾相接地测量物体长度的活动经验，与儿童清楚地讨论这条线上的数字以及数字之间的距离所表示的含义。<br>● 是多还是少，[LT]$^2$：玩偶"滑头先生"企图说服儿童：如果用一个大点儿的长度单位去测量物体，那么需要的长度单位的数量也更多。儿童就此展开讨论并发现情况刚好与此相反，通过这个过程他们建构了对长度单位大小与数量之间逆关系的理解。<br>● 海盗绳索，[LT]$^2$：在一张图中，船体两侧有不同长度的绳子垂到海底。儿童需要测量这些绳子的长度（测量单位的长度是最短单位的 2 倍和 4 倍），并绘制图表、讨论测量的结果。<br>● 太空飞船图纸，[LT]$^2$：儿童使用不同的长度单位进行测量，并讨论如果用不同的单位填满一个线性空间，需要多少个长度单位。在活动中，儿童明确表示，使用的单位越长，需要的单位的数量就越少。 |
| 8 | **长度测量（length measurer）**<br>能够进行测量，并能理解测量需要使用等长的单位、不同测量单位之间的关系、单位划分的意义、0 点在尺子上的意义以及距离的累加。能够理解一条弯路的长度是它各部 | ● 残缺不全的尺子，[LT]$^2$：儿童使用一把残缺不全的尺子（原点或者 0 点看不见了）测量不同长度的泡沫条。<br>● 摇晃的道路，[LT]$^2$：儿童使用不同的测量单位，如单位积木的边去测量一条弯弯曲曲的路的长度。详见"搭出租车"（The Taxi |

续表

| 年龄<br>（岁） | 发展进程 | 教学活动 |
|---|---|---|
| | 分的长度之和（而不是两个端点之间的距离）。开始尝试估计长度。<br>"我在测量时重复用了3次米尺，之后还剩下一小段。然后我又从0点开始量这一小段，发现它有14厘米长。所以，段路的总长度是3米加14厘米。" | Ride），[LT]²。<br>● 房间测量，[LT]²：为了测量房间（或其他测量任务）的尺寸，儿童会主动创造测量单位，如，脚印尺就是把他们的脚印连续地贴到一条计数单上形成的。他们能够使用不同大小的单位进行测量（如，用15步或3个脚印尺表示距离，每个脚印尺包括5步），并能在单位之间进行精确的换算。他们还会讨论怎么处理测量剩余的非整数的部分，把它计为一个整数单位或其中的一部分。 |
| 8 | **概念化的尺子测量（conceptual ruler measurer）**<br>掌握内化的测量工具。能在心理层面使用测量工具沿着物体移动，对物体进行分割，并对所分割部分进行计数。在算术层面解决测量问题（长度相加）。准确地估计长度。<br>"我想象自己把一根又一根的米尺接起来测量房间的长度。我就是这么估计出房间长9米的。" | ● 码杆可视化，[LT]²：儿童学着用精确的测量去估计长度，包括给每个测量单位设计一个基准（如一块1英寸长的口香糖）以及给多个单位设计一个基准（如一张6英寸长的1美元纸币），并且能够在心理层面重复使用单位进行测量。<br>● 缺失的部分：儿童要弄明白怎么用给定的测量工具测量图形。这种活动可以通过计算机编程乌龟绘图（见下图）来进行。<br><br>● 想象所有部分：在很多日常活动中，儿童会发现有必要更精确地了解单位的细化部分。在学习细分单位的过程中，儿童可以把一个测量单位对折，并标记为一半，然后重复上述操作，并标记为 $\frac{1}{4}$ 和 $\frac{1}{8}$。 |

## 结语

本章阐述了长度测量的教与学的问题。第十一章将讨论我们需要测量的其他几何属性，包括面积、体积和角度。

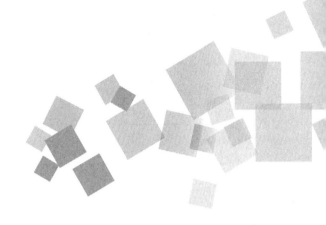

# 第十一章　几何测量①：
# 面积、体积和角度

　　我的一名学生基本上理解了面积和周长之间的区别。我在格子上画了这样的长方形。为了计算面积，她这样向下进行了点数［图 11.1（a）］，然后横着这样点数［图 11.1（b）］，然后她把 3 乘以 4 得到了 12。这样，我问她周长是什么的时候，她说："周长是环绕在外部的方框。"她是这样点数的［图 11.1（c）］。她理解了周长，她只是数错了。她总是相差 4 个。

① 　本章结束部分，我们对非几何测量——时间和重量做了简要的讨论。

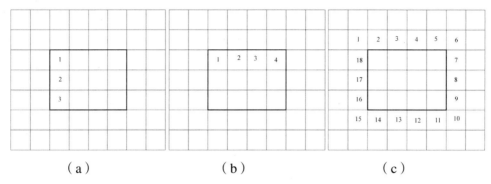

（a）　　　　　　　　　（b）　　　　　　　　　（c）

**图 11.1　一名学生在解决周长问题**

你同意这位教师的观点吗？学生理解面积和周长了吗？学生能区分二者吗？你还会问什么样的问题来确认学生是否理解了？

## 面积测量

面积是包含于一定边界内的二维平面的量。面积概念是复杂的，儿童理解面积概念需要经历一定的时间。在出生的第一年，儿童就对面积和数字表现出一定的敏感性。然而，婴儿近似的数感却要比他们的面积感更精确一些。因而，婴儿对面积的探索还是具有一定挑战性的。

在很长的一段时间里，传统的美国学校数学教育并没有很好地帮助儿童理解面积。年幼儿童对测量并没有很好地理解。当问小学低年级儿童一个正方形占有的空间有多大时，他们会用尺子进行测量。即使在有操作材料的情况下，很多儿童会先测量正方形一边的长度，然后平行移动尺子到相对的一边，重复这样的过程，再把长度值加起来（Lehre，Jenkins et al.，1998）。正如故事开始所描述的，职前教师存在知识上的不足。

要学习面积测量，儿童必须理解面积概念，也要理解图形的分解与组合不会对图形的面积产生影响。随后，儿童要发展对二维排列的理解，然后能够理解这些排列维度的测量值是两个长度。如果没有这样的理解和能力，那么年龄较大的儿童就会常常在不理解面积概念的情况下学习规则，如，仅仅是把两个长度乘起来。

尽管面积测量主要是在小学强调的内容，但文献表明，儿童早期就可以接受一些非正式的面积测量的学习内容。

## 面积测量中的数学

面积测量的理解涉及对许多概念的学习和协调。这些概念，如，数与测量之间的关系与转换，同长度测量所涉及的概念是一样的。以下是其他一些基本概念。

对面积属性的理解涉及给二维空间或平面的量以某种定量的意义。儿童对面积的初始意识常见于儿童非正式的观察活动，如，儿童要更多张彩纸来覆盖他们的桌面。比较任务是有目的地评价儿童是否把面积理解为某种属性的重要途径之一。学前班儿童可能会通过比较两个图形的边长来进行面积的比较。随着年龄的增长或优质经验的累积，儿童会采用更有效的策略，如，把一种图形叠放到另一种图形上。

要进行测量，必须建立单位。这就要求我们必须遵从以下基本概念。

### 等分

等分是把二维空间分割为若干个面积相等的部分（常常是分割为全等图形）的心理操作。教师通常认为掌握"长乘宽"就是理解面积的目标。然而，年幼儿童常无法进行面积分割和面积守恒，也不能基于数数进行比较。如，当确定一份纸饼干太少的时候，学前儿童会把那份饼干中的某一块切成两半再放回去，因为他们认为那一份现在变得更"多一些"了（Miller，1984）。这些儿童不可能理解面积的任何基本概念；这里的重点是，最终，儿童必须学习把平面分割为相等面积单位的概念。

### 单位和单位重复

正如进行长度测量一样，儿童也常常采用覆盖空间的策略，但起初并不能做到不留空隙或没有交叠，他们会努力让所有的操作材料都保留在平面内，不让测量单位延伸出边界，即使当需要对单位进行细分的时候（如，用正方形单位来测量圆形的面积），也是如此。他们更倾向于选用那些在形状上跟所要覆盖的空间区域类似的单位；如，选择砖块覆盖长方形区域，而选择豆子覆盖手的轮廓。他们也会混合使用不同形状（和面积）的图形，如，长方形和三角形，来覆盖同一块区域，从而获得一个 7 的测量值，即使用于覆盖区域的 7 个图形的大小是各不相同的。

在理解的基础上，使用相等单位的重复策略进行面积测量之前，儿童必须要能够理解这些概念。一旦解决了这些问题，儿童就需要把二维空间建构为一个有组织的单位矩阵（array of units）来完成面积计算中的思维操作。

### 累积和相加

面积的累积和相加的操作跟长度测量相似。小学低年级儿童能够学会图形可以分解或组合成面积相同的区域。

### 构建空间

为了真正从二维角度理解面积，儿童需要建构一个阵列。也就是说，他们需要理解如何在一个平面上以行和列的方式把正方形平铺开。尽管对成人来说这是非常明显的，但是大部分小学生还不能理解这一点。如图 11.2 中所描绘的任务（在配套用书中有更详尽的讨论），我们给出了以行和列排列的小正方形，要求儿童把图中的空白填满。当儿童完成任务时，不同儿童所表现出的思维水平是不同的。最低思维水平的儿童看到长方形内部的图形，但并没有覆盖整个空间。只有当儿童学习根据正方形的行与列组合二维图形的时候，才能在更高级的水平上从竖直和水平两个方向排列所有正方形。

### 守恒

与线性测量相似，面积守恒也是一个重要的概念。很多儿童很难理解并接受这一事实：当他们把一个既定的区域分割成小的部分，再用这些小的部分组合成一个新的图形时，面积与分割前的图形面积是一样的。如图 11.3 所示的任务，很多儿童都认为右边的图占据的空间更大，原因就是它看起来更大或者这个图由 6 个部分组成。

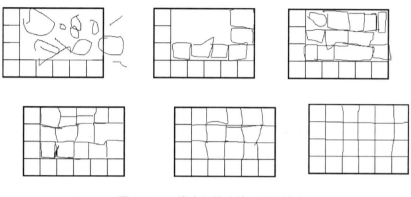

**图 11.2　二维空间构建的不同思维水平**

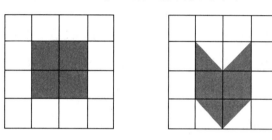

**图 11.3　哪个图形占据的空间更多**

（资料来源：Barrett et al.，2017a；The Spatial Reasoning Study Group，2015c）

## 经验与教育

传统的美国学校数学教育在面积概念和相关技能的教学方面做得不够好。有研究者对一组儿童进行了 7 年的跟踪研究（Lehrer，Jenkins et al.，1998），他们发现到四年级的时候，儿童在空间填充和加法组合方面的能力有所提高，但在其他方面，如，面积辨别和长度辨别，应用相同面积单位和探寻不规则形状的测量方面，没有提高。

相比之下，基于研究的教学活动却教会了二年级儿童许多不同的面积概念和技能（Lehrer，Jacobson，et al.，1998）。教师给儿童呈现了 3 个长方形，分别为长 1 厘米、宽 12 厘米，长 2 厘米、宽 6 厘米，长 4 厘米、宽 3 厘米），问哪一个占的空间更大。最初，儿童对哪个大哪个小有不同的看法。之后，儿童将这些图形进行变化，通过折叠和匹配的办法认识到这些长方形所覆盖的空间大小相同。沿着长 4 厘米、宽 3 厘米长方形的两条边（长边和短边）进行折叠，就会认识到这个长方形——3 种长方形——最终都能分解为 12 个正方形（在先前的缝被子活动中，也有意使用相同单位的正方形）。这样，儿童就从分解活动迁移到使用面积单位的测量活动。

接下来，为了让儿童在违反直觉的情境中使用正方形进行测量，教师请儿童比较手印的面积。儿童起初采用了重叠的策略，然后又放弃了这种策略。将豆子作为面积测量单位的想法也被儿童拒绝了，因为豆子在填充空间时会呈现出不合适的特征（它们会留下缝隙）。教师引入了格子纸。儿童起初拒绝使用这种工具，可能是因为他们认为测量单位的形状应该跟手的形状是一致的。然而，最终儿童还是使用格子纸作为测量单位。在这个过程中，他们创造了一种概念性体系：把一个测量单位分成面积相同的几份（份数不同，面积不同），相同份数的面积可以涂上相同的颜色（如，$\frac{1}{3}$ 和 $\frac{2}{3}$ 采用相同的颜色，这样它们就可以很容易组合成一个单位）。这样，儿童就学习了空间填充、单位的形状与被测物体形状的无关性、符号和非整数等与测量有关的知识。

最后的任务是在给定图形（有些是长方形，另一些是组合图形）并已知它们的面积但没有内部边界（如没有格子纸）的情况下，比较动物园笼子的面积大小。儿童学会建立一种对面积的乘法理解。这些儿童呈现了对面积测量各个方面的基本学习。开始的时候，二年级学生的测量知识大概与纵向追踪的儿童是一致的（Lehrer, Jenkins et al., 1998）。到二年级末的时候，他们的表现就超过了纵向追踪儿童的表现，而此时追踪儿童已经读到了四年级。

由这个研究可知，更多的儿童能够比现在学习更多的面积知识，可以更有意义地学习面积公式。儿童应该学习诸如这些初始的面积概念，也应该学习建构面积矩阵，从而为学习所有面积概念奠定基础，最终学习理解和进行精确的面积测量。作为另一种学习方法，儿童可以通过直接比较的方法，来确定哪一个物体覆盖了更多的面积。诸如折纸等有趣的活动，会鼓励儿童使用一些更复杂的叠加策略——把一种图形放到另一种图形上面。

在有意义的情境中，儿童可以把一个物体折叠或者切成小块，再重新组合后，对这个过程的探索和讨论可以帮助儿童理解：一个物体被分成几块再重新组合后，它的面积是不变的（面积守恒）。如，图 11.3 中这些时常令人感到困惑的图形，儿童可能会用左图中的小块去组成合右图中的图形（使用第九章中的图形组合策略）。他们也有可能会运用空间视觉化技能（第七章），在头脑中想象着将左图底部的三角形移到图形的顶部。重要的是，本书图形组合部分的所有活动（第九章）都可以用来支持儿童理解：不同区域的组合可以有相同的面积。如，在多联骨牌活动中，儿童可以用单位正方形摆出不同的图形，但是它们的面积都是一样的。对这种活动的讨论对于儿童理解面积守恒也是非常有助益的（Bruce，Flynn & Bennett，2015）。

然后，让儿童接受挑战，选择二维单位平铺出一个区域，在此过程中，跟儿童讨论剩余空间、单位重叠和精确度的问题。把这些讨论引导到让儿童在心理上把一个区域分割为能够数数的子区域。点数相等的面积单位就会把讨论转移到面积测量本身。帮助儿童认识到测量时面积单位之间不能留有空隙、不能重叠，且整个区域均要覆盖。回到图 11.3 中的问题，儿童需要把图中的三角形单位全部数一遍或者把右图中的三角形视为单位的一半。

要确保儿童学会如何建构矩阵。研究表明，帮助儿童观察或者清楚地画出一排排、一列列长方形区域去覆盖一个空间（见图 11.2），这种活动对于发展儿童对空间结构和面积概念的理解是最为有效的（Clements et al.，2018a）。让儿童玩一些结构性的材料，如单元积木、模式积木和瓷砖，可以为这种理解奠定基础。在这些非正式的经验基础上，儿童就能够在小学低年级准确地理解矩阵和面积概念。

总之，通过简单点数单位来发现面积（学前儿童是可以完成的）的频繁练习直接转向面积公式的教学对许多儿童来说简直就是一场灾难（Lehrer，2003）。更有效的方法是基于儿童最初的空间直觉，并认识到儿童需要建构测量单位的概念（包括测量时需要使用标准单位的测量感的发展；如，在环境中寻找可以作为测量单位的常见的物体）；体验用合适的测量单位来覆盖量并点数测量单位的数量；在空间上组织他们所测量的物体（如，把按组计数与长方形的矩阵结构联结起来，建立二维概念），从而为面积公式的学习奠定扎实的基础。

对面积相关概念的理解早在儿童上小学一年级之前就已经开始了。无论如何，我们应该重视这些早期概念形成过程的重要性。如，3 岁和 4 岁儿童能够在某些情境中直觉地进行面积比较。

## 面积测量的学习路径

早期数学教育并没有很好地阐述面积和体积的目标，但某些经验，特别是覆盖和空间结构的基本概念可能是重要的。如《共同核心州立标准》指出："通过搭建、绘画和分析二维、三维的图形，学生可以为其在以后年级中理解面积、体积、全等、相似和对称概念打下基础。"表 11.1 呈现了学习路径中发展进程和教学活动的内容。

表 11.1　面积测量的学习路径（根据儿童测量项目的最新研究结果进行了修订；

括号内是配套用书中的各水平）

| 年龄（岁） | 发展进程 | 教学活动 |
|---|---|---|
| 0—3 | **面积感知：基础（area senser：foundations）**<br>即使是 0—1 岁的婴儿对面积也是非常敏感的。但是很多时候，他们并没有把面积视为物体的一种属性（还没有把面积与一般意义上的尺寸，如小和大区分开）。如果被要求填充一个长方形，这一阶段的儿童绘画出一些近似圆形的图形（Mulligan, Prescott, Michelmore, & Outhred, 2005）。能够使用大小匹配策略进行面积比较（Silverman, York, & Zuidema, 1984）。<br>画的几乎都是封闭图形和线条，没有有意识地覆盖具体区域。 | • 手指画面积填充，［LT］[2]：儿童用手指画填充物体表面并学习特定的与面积相关的词汇。这些探索活动为儿童在动作水平上理解面积奠定了基础。在很多情境中，儿童可以在直觉的基础上，通过操作多种材料，进行比较、排序和建构，并不断学习有关二维空间的量和覆盖的词汇。 |

续表

| 年龄<br>（岁） | 发展进程 | 教学活动 |
|---|---|---|
| 4 | **面积量识别（area quantity recognizer）**<br>感知到二维空间的量，能在直觉的基础上进行比较，然而，当要求他们进行比较时，很多儿童比较的是两个物体的长度而非面积，因为长度特征更加明显，儿童也更熟悉（如把一张纸的一边与另一张纸的一边进行比较），他们也有可能会在直觉的基础上根据长加宽（而不是乘以宽）的结果进行面积大小的估计。<br>然而，当任务中有可以覆盖（把一个物体放在另一个物体上）的建议时，这一阶段的儿童就能够正确进行面积比较。当要求其将一个空间分割成多个正方形或者复制一个被分割成矩阵（行和列）的长方形时，儿童可能就简单地在长方形内部画出正方形（通常都是这样）或者其他图形，或者就在长方形内部或者围着长方形画线。<br>当要求儿童选择一个和4厘米×5厘米一样大的长方形糖果时，一名儿童选择了一条边一样的4厘米×8厘米的糖果。另一名儿童则直觉地将边长相加选择2厘米×7厘米的。<br>用尺测量面积，测量一条边的长度，然后移动尺子再一次测量这条边，很明显是将长度看作二维空间覆盖的属性（Lehrer et al.，1998b）。<br>给出一个4×5的区域，用一些正方形瓷砖来铺满这个区域，问需要多少块。儿童猜要15块。<br>一名儿童会将一张纸放在另一张上面说"这一个"。 | ● 问儿童哪张纸可以让他们画出最大的图画。<br><br><br><br><br>● 乌龟缸，[LT]²：通过比较不同形状、大小的乌龟缸，儿童探索出哪一个乌龟缸对于乌龟提米而言是更大的。在其他情境中，儿童也可以探索哪一张纸上可以画出最大的画。 |

续表

| 年龄（岁） | 发展进程 | 教学活动 |
|---|---|---|
| 4—5 | **物体覆盖和计数（physical coverrer and counter）**<br><br>在提示下能够测量，或者尝试用图形片覆盖一个长方形区域。但是，在没有任何感知觉线索的提示下，如每个测量单位的轮廓线，儿童则无法识别和构造一个二维的空间。在画或想象和点数作为面积测量单位的正方形时，只能表现结构的某些方面，如挨在一起的两个相似的长方形。能够运用简单的、直接的比较策略进行面积比较（如儿童将一张纸放在另一张纸上，来选择出能覆盖更多空间的那张）。<br><br>用图形片覆盖一个区域，一个一个移动它们以计数。<br><br>在区域中绘画，努力覆盖这个区域。可能只是覆盖了填充线索的邻近区域，如，只是覆盖了区域的边缘。<br><br>有意覆盖区域，但是留下了一些空隙，不能对齐所画的图形或只是在一个维度上能够对齐。 | • 三只小猪，［LT］²：儿童需要用图形片覆盖一个内部有正方形轮廓的长方形区域（小猪们的房子地板），他们需要探索出所需要的图形片的数量。为了达成这一目标，教师要为儿童提供自选二维单位并覆盖长方形区域的机会，在这个过程中，讨论剩余空间、单位重叠以及精确性等概念。对这些概念的讨论，有利于儿童在头脑中将一个区域划分为若干个能够计数的子区域。<br>• 只有一个面积最大吗，［LT］²：为儿童提供3个长方形（分别是 $1×12$、$2×6$ 和 $4×3$）并回答哪一个面积最大。引导儿童通过折叠、匹配的方式将3个长方形进行转换，最终都变成12个边长为1的正方形。 |

续表

| 年龄<br>（岁） | 发展进程 | 教学活动 |
|---|---|---|
| | **完全覆盖和计数（complete coverrer and counter）画图**，完全覆盖一个特定区域，没有任何的空隙或重叠，并且大致是成行分布的。当给儿童提供了多于其所需的图形片时，儿童能够建构一个指定面积的区域（如，用一堆 20 块图形片<br>建构一个含有 12 块图形片面积大小的长方形）。<br>画图，完全覆盖区域，但在对齐方面有一些小的错误。沿着边缘计数，然后无规律地数内部区域，有的数了两次，有的则漏数了。<br>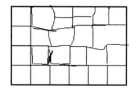 | • 小猪们的砖房子，［LT］²：儿童需要用正方形的图形片覆盖一个内部有部分轮廓的长方形，并探索出需要多少块正方形图形片才能覆盖整个长方形（即面积），也就是小猪们的砖房子的每一面墙。<br>• 给小猪们的房子画墙，［LT］²：请儿童读完《三只小猪的砖房子》后，给小猪们的房子画墙，要求是把墙上的砖画出来。引导儿童使用相关的绘画技巧，如画一条直线表示两行或两列的边。与儿童讨论如何更好地表示每一块砖，砖与砖之间怎样才能没有空隙。 |
| 5 | **面积单位的关系和重复（area unit relater and repeater）**<br>儿童按行点数单个的单位。在运用实物覆盖某个区域时，会重复使用一个测量单位。能够在对行或列的直觉的基础之上，画出一幅完整的覆盖图。能够画出相等大小的单位，但是一次只能画一个。也就是说，儿童能够画出一个一个相等大小的单位并把他们排列成一行或一列，但是还不能把行或列当作若干个单位的组合。能够在单位大小和单位数量之间建立联系，认识到不同面积大小的单位会得到不同的测量值，也能认识到测量单位越大，所需要的数量就越少。可以通过点数每个区域用到的单位数量来比较面积大小。如上图一样绘画。同样，准确地计数，用一次数一行的方法来帮助计数，通常也要借助感知的标注。 | • 地毯，［LT］²：儿童通过重复使用一个作为单位的实物，来覆盖一个长方形区域，如教室中的地毯，来探索需要多少这样的实物。教师需要引导儿童讨论、学习、练习有规律地计数矩阵。最后，儿童可以比较两块不同形状的地毯的面积。<br>• 地砖，［LT］²：教师提出问题："我们有一块地板需要铺瓷砖。这种小块的瓷砖 1 美元一块，大块的瓷砖 2 美元一块。使用哪一种瓷砖更划算？"为了解决这个问题，儿童要在单位面积的大小与铺满整个区域所需的瓷砖的数量之间建立联系。 |

续表

| 年龄（岁） | 发展进程 | 教学活动 |
|---|---|---|
| 5 | 如，当要求比较图形面积的时候，表述为它们占有相同数量的空间，"因为它们都有4个"。 | |
| 6 | **最初的组合结构**（initial composite structur-er）<br><br>把一个正方形单位既看作一个单位，也看作一个更大的单位的一个组成部分（一行、一列或一组），并在数数或者画画的时候运用这种结构。然而，儿童对空间形成结构需要图画支持（这可能包含某些砖片的物理运动或画出某些单位集，而非使用面积）。在这个水平上，儿童通常还不能协调好宽度和高度，在测量的时候，可能不能考虑需要覆盖的长方形的面积大小来决定单位的大小。能够合理地估计面积大小。<br><br>一行一行地绘画和计数，但只是部分而不是全部。能够画出一些行，然后又开始画一个独立的正方形，但始终保持这些正方形排成一排。没有协调好宽度和高度。在测量情境中，不能用根据长方形的面积去限制单位的大小。 | • 面积测量，［LT］²：教师指导儿童使用行或列的结构来进行面积测量。如，向儿童提问"一行有多少个？"（5——使用能轻易跳数的数字）。教师用手沿着行移动，然后换一行继续该动作，同时重复提问上述问题。<br><br>• 把它填满，［LT］²：儿童把缺失的正方形补进去。每完成一行或多行，教师用手部动作或者语言，如"下一行"，引导儿童关注行的重复以及每行中单位的数量。通过表征自己重复将正方形放进长方形中的动作，儿童学习理解在一个矩阵中，单位应该对齐，以及每一行中的单位数量应该是一样的。除了那些长方形边缘上的正方形之外，每个正方形的两条边都应该与已经画好的正方形的边匹配。能使用直尺在长方形中画线的儿童肯定已经意识到正方形应该在一条直线上，但是可能尚未意识到每一行都应该是全等的，所以围绕这一点的讨论与检验是非常重要的。 |

续表

| 年龄（岁） | 发展进程 | 教学活动 |
|---|---|---|
| 6 | | • 非长方形区域的面积，[LT]²：儿童使用正方形纸片测量物体的面积，既巩固了单位正方形的使用，同时也巩固了对非整数值的理解。 |
| 7 | **面积的行列结构（area row and column structurer）**<br>能够分解和重组部分单位形成一个整体的单位。如，画行的时候，划出一条一条的水平线等。开始形成面积守恒的概念，能够就面积的可加性特征进行推理（如，为何两个看起来不一样的区域有相同的面积），同时能够在大部分情境中意识到空间填充的必要性。<br>一行一行地画和数，画出一些平行线。重复计数每行中正方形的数量，或使用实物测量或估计它重复的次数。能够一个一个计数的儿童通常有了系统的空间策略，这些儿童经常会这样做（如按照行来判断）。<br>如果任务是测量一个没有标记的长方形区域，测量一个维度以判断内部正方形的大小，然后再测量另一个维度，最后判断需要画的行数。此时的儿童也许不需要完全画出来，才能通过数数（大多是年幼的儿童）或计算（重复的加或者乘）来判断面积大小。 | • 画网格，[LT]²：为了取得进步，儿童需要从局部空间结构过渡到整体空间结构，协调他们的想法和行动，以便把正方形看作行和列的一部分。在这个活动中，教师鼓励儿童填充空白的空间，方法是在头脑中建构一行，与指定的位置建立一一对应关系，然后重复这一行来填充长方形区域。<br>儿童知道一条线的长度就是沿着它首尾相接摆放的单位的总长。给儿童没有标记的长方形，进行讨论：在线的端点做上0的标记，线的另一端的读数就是铺满这条线的单位的数量。<br>• 面积守恒与图形组合，[LT]²：这不是一个单独的活动，而是提醒读者本书中图形组合部分的所有活动（第九章）都可以用来支持儿童理解不同的组合可以有相同的面积。如，神奇的钥匙、四方连块、五格骨牌：创造和问题解决，[LT]²。 |

续表

| 年龄（岁） | 发展进程 | 教学活动 |
|---|---|---|
| 8 | **矩阵结构（array structurer）**<br>通过对两个维度进行线性测量所得的测量值或者其他类似的指标，在一行或一列中以重复倍数的方式来判断面积。不需要在矩阵中画画就可以这样做。对长方形面积公式有抽象的理解。能够理解、证明不同图形的区域面积可以相同。能够通过传递性推理进行面积比较（如，A比B大，B比C大，所以我知道A比C大）。<br><br>*绘画不再必要。在很多情境中，儿童能够根据长方形的长度和宽度计算面积，并解释怎样用乘法算出面积。* | • 泥瓦匠，[LT]²：儿童根据已经部分完成的网格来估计面积。然后对自己的估计进行检验并讨论他们使用的策略。他们是如何知道有几行几列的？他们是如何算出这个数字的？他们运用的是乘法还是跳数？理想的情况是，儿童要使用乘法去计算面积而不是画出缺失的部分，这样他们才会确信自己的推理是准确的。之后，可以给儿童提供两个长方形（再之后，提供用多个长方形组合成的图形），然后让儿童思考一个图形比另一个图形多占据多少空间。 |

# 体积

体积是一个更加复杂的概念。首先，第三维对儿童的空间建构是一个极大的挑战，用体积来测量液体的本质，又带来了另一种复杂性。这就决定了体积测量具有两条路径，一条是用正方体单位填充一个类似于三维矩阵的空间，另一条是用重复某种流体单位的方式充满某个三维空间，而该流体单位表示了某种容器的形状。填充对儿童来说是较为容易的，难度与长度测量类似。起初，这可能令人感到惊讶，但我们能明白原因，特别是在填充圆柱体罐子，而罐子的高度与所测查的体积正好匹配的情境中。

其次，填充体积不但比长度测量和面积测量难一些，而且包括对体积更复杂的理解和体积公式。学前儿童可能会明白用大的物体填充一个容器，所需要的数量会少于所能容纳的小物体的数量。然而，要理解填充体积，他们必须理解三维的空间结构。如，对一层正方体搭建物的空间结构的理解与对长方形面积的空间结构的理解相似。如果是许多层的话，那情况就复杂了，特别是一些三维矩阵的物体处于内部，是隐藏起来看不到的。许多年幼儿童仅会点数正方体的面，因而常常会多次点数某些正方体，如，在角上的那些正方体，而不去点数内部的正方体。在某项研究中，仅有 $\frac{1}{5}$ 三年级儿童理解一个正方体矩阵是由很多层组成，每一层又由行和列组成。

## 经验与教育

正如长度测量和面积测量一样，儿童如何表征体积会影响他们对体积结构的思考。如，与仅有 $\frac{1}{5}$ 的儿童没有关注空间结构相比，所有具有广泛的体积表征和体积经验的三年级儿童均成功地把空间结构化为一种三维矩阵（Lehrer，Strom，& Confrey，2002）。甚至绝大多数的儿童已经发展起体积是面积（如长乘以宽）与高度的积的概念。如，一名三年级儿童使用平方格子纸估算圆柱体的底面积，通过画出底面来估算其高度，然后用此估算值乘以圆柱的高得到体积。这就表明，空间结构化，包括填充体积的发展进程可能要比基于美国教学序列中的儿童所进行的某些横断研究表明的进程更领先一些。

## 体积测量的学习路径

表 11.2 提供了学习路径的两个附加部分，发展进程和教学活动。

表 11.2　体积测量的学习路径（根据儿童测量项目的最新研究结果进行了修订；括号内是配套用书中的各水平）

| 年龄（岁） | 发展进程 | 教学活动 |
| --- | --- | --- |
| 0—2 | **体积量的感知：基础（volume senser: foundation）**<br>即使是出生后一年的婴儿，也会对体积很敏感，但是他们有时还不能明确地将体积视为物体的某种属性（与一般意义上的尺寸，如把小和大区分开）。 | ● 水桌（体积感知），[LT]²：水桌游戏是很好地介绍测量概念以及使用数学词汇的途径。玩这个游戏的时候，要指出游戏中蕴含的数学属性，如尺寸、形状等。<br>●装满，再倒出来（体积感知），[LT]²：学步儿用各种各样的图形装满图形分类器，然后再全部倒出来！重复！ |

续表

| 年龄（岁） | 发展进程 | 教学活动 |
|---|---|---|
| 0—2 | 一个学步儿开心地用沙子装满一个桶，然后把沙子倒出来说："一座大山。" | |
| 1—3 | **体积量识别**（volume quantity recognizer）<br>将物体容积或体积识别为物体的属性。用积木搭建时，如果使用了更多积木，会使用诸如"大"等词汇，当使用的积木较少时，则会使用诸如"小"等词汇。<br>儿童说："这个盒子能装下许多积木！" | • 水的体积游戏，[LT]²：在水桌里注满水或沙子，同时也要提供一些打不碎的、各种形状和大小的容器。教师倾听并拓展关于物体可以容纳很多东西（物体、沙、水）的对话。<br>• 我合适吗？箱子游戏，[LT]²：儿童可以在不同大小的箱子里爬进爬出，来发展空间感。教师可以通过给箱子贴上标签、提问等方式支持儿童对空间的探索与学习。 |
| 3—5 | **体积填充**（volume filler）<br>能够通过把一个容器中的物体倒入另一个容器来比较两个容器的大小（虽然起初会对"哪个能装更多东西"这类问题感到困惑。）能用一个小容器装物体，倒入另一个大容器，然后点数装满大容器所需要的小容器的数量（但是可能不会把勺子装满或者不会关注量化容积或者体积。）<br>在填充的情境中，能够把正方体积木放进长方体盒子里，把它填满。最终能够以一种结构化的方式，用正方体积木把盒子装满。能够在动作或者思维层面上比较物体；能够参考物体至少两个维度的量。可能通过第三个容器比较另外两个容器的大小并进行传递性推理。<br>把一个容器中的东西倒进另一个容器，看看哪个容器能装更多东西。<br>把一个容器中的东西倒进另外两个容器，得到一个装得多，一个装得少的结论，因为一个容器溢出了而另一个还没装满。 | • 在水桶里，[LT]²：儿童比较8个容器能装多少沙子或水。请儿童说说哪个更多以及他们是如何知道的。最后，请儿童说说哪个容器装得最多。<br>请儿童说一说，当用第3个容器分别将另两个容器装满时，这两个容器哪一个装得更多。讨论一下他们是如何知道的。 |

| 年龄（岁） | 发展进程 | 教学活动 |
|---|---|---|
| 5—6 | **体积计量**（volume quantifier）<br>片面地把正方体理解为填充一个空间的单位。能够估计填充所需要的勺数。能够注意到容器中被填充的部分和未填充的剩下部分。认识到什么时候容器是半满的。展现出初步的空间结构化能力。熟练地用正方体把盒子填满；可能在填充的时候会一次点数一个正方体，从而数出总数。能够在动作层面和思维层面进行三维校准，对物体的三个维度有清晰的认知。<br>开始，只是数正方体的表面，可能会将角落的正方体数两次，内部的不数。<br>最终，在一个有结构化的、有指导的情境下，能一次数一个正方体，如，用正方体装满一个小的盒的时候。 | ● 猜猜有多少（Guessing Jar）（体积计量），[LT]²：儿童需要估计一个透明的容器中有多少个正方体。<br><br>● 探索长方体，[LT]²：儿童操作长方体的过程中探索其体积。儿童使用正方体填充自制的盒子，所需的正方体不是很多。最终，他们预测需要多少块正方体才能装满盒子。儿童装满箱子，然后计数以检验自己的预测是否准确。<br>请儿童通过点数正方体的数量来比较物体的体积。鼓励儿童把较大的物体分割为较小的部分，这样儿童就能"看到"里面填充的所有的正方体。 |
| 7 | **体积单位的关系和重复**（volume unit relater and repeater）<br>用简单的单位去填充容器，能精确地计数。<br>反复将单元积木放到容器里，数出用了多少块。<br>清楚地在单位的大小和单位数量之间建立联系。认识到如果要用大的单位填满一个给定的容器，所需的数量要少于小单位数量。能精确转换1∶2比率的单位。<br>儿童会说："我们用大积木吧，这样装满这个盒子就不需要这么多积木了。"<br><br>**最初的三维组合结构**（initial composite 3D structurer）<br>把正方体理解为对空间的填充，但没有使用分层和乘法的思维。使用更加精确 | ● 果汁罐比较，[LT]²：教师提供3个半加仑的容器，用3种颜色分别做上A、B、C标记，裁成能够装2杯、4杯和8杯水或沙的大小，提供水和沙子，以及一个单位的量杯。让儿童找到一个能装4个单位的容器。帮助他们把水或沙子装到量杯的上限。<br><br><br><br><br><br><br>● 有多少正方体（最初的三维组合结构），[LT]²：儿童使用正方体填充自制的盒子，所以所需的正方体不是很多。最终，他们需要预测需要多少块正方体才能装 |

续表

| 年龄（岁） | 发展进程 | 教学活动 |
|---|---|---|
| 7 | 的计数策略。在正方体个数与正方单位之间建立联系。如果有一个以立方英寸为单位的量筒，儿童就会明白，把沙子填充到量筒中 10 的位置，那么这些沙子就可以填满一个能够放置 10 个 1 立方英寸的正方体的盒子。儿童开始想象并操作组合型单位，如行或列（我们称作是 1×1×N 的核心部分）。儿童能够通过重复来铺满整个空间，会考虑到内部或隐藏的正方体。当允许儿童使用单位或子单位的时候，儿童能够分解空间。认识到当一个盒子仅有一半满的时候，能想象剩下的行或列。<br><br>无规律地计数，但是试图数出内部的正方体。<br><br>有规律地计数，试图数出外部和内部的正方体。<br><br>以一行或列来计数三维结构的正方体数量，运用跳数策略得到总数。 | 满盒子。儿童装满箱子，然后计数以检验自己的预测是否准确。 |
| 8 | **三维的行和列的结构（3D row and column structurer）**<br>能够灵活地协调体积的填充、平铺和建构性特征。表现出对用加法比较体积的偏爱（如"这个有 12 个以上"），但也可能使用初步的乘法比较策略（如，"这个有 4 倍那么大"）。<br>计数或计算（行 × 列 × 高）一行中的正方体数量，然后运用加法或跳数的办法去得到总数。<br>起初，儿童点数或计算（如行数乘以 | • 把船装满，［LT］² ：儿童使用尽可能多的木质积木把一艘货船装满。<br>• 有多少个正方体（三维的行和列的结构），［LT］² ：预测填满盒子需要多少个正方体，然后计数和验证。先为儿童提供一张网或模型(下方左图)和一张图。<br><br> |

续表

| 年龄（岁） | 发展进程 | 教学活动 |
|---|---|---|
| 8 | 列数）一层中的正方体数量，然后以层为单位使用加法或跳数的方法获得总的体积。最后，转到乘法上（如，一层中的正方体数量乘以层数）。<br><br>计算（行 × 列 × 高）一行中的正方体数量，然后乘以层数得到总数。 | |
| 9 | **三维阵列结构**（3D array structurer）<br>儿童对长方体的体积公式有抽象的理解。儿童表现出对使用乘法进行体积比较的偏爱，能够灵活地在乘法比较和加法比较之间进行协调、转换。用线性测量或其他相似的三维指标，用重复一行、一列或一层中正方体数量的方式来决定体积。<br><br>建构和绘画不再是必需的。在多种情境下，儿童能够根据长方体的长、宽、高计算长方体的体积，并且解释是怎样通过乘法算出体积的。 | ● 货船测量，[LT]²：儿童需要测量"把船装满"活动中那艘货船的体积。<br>● 盒子照片中的正方体数量，[LT]²：问儿童需要多少个正方体才能填满上图那样的盒子，然后，只给儿童提供盒子的长宽高。再往后，儿童就会用到非整数测量。 |

## 长度、面积和体积的关系

研究表明，长度、面积和体积之间没有严格的发展顺序，在某种意义上三者的发展进程是相互交叉重叠的。空间结构化的过程似乎是以一维、二维、三维的顺序发展的。因而，合理的做法是先发展儿童对长度概念的理解，并强调测量过程中单位的重复。填充体积的经验可以作为讨论基本测量概念（如相等大小单位的重复）重要性的另一个领域。用一些给定数量的物体（如方砖）建构矩阵的非正式经验可以发展儿童二维的空间结构化概念，而对面积概念的理解正是基于这样的经验。装满体积紧随其后。自始至终，教师应该明确讨论长度测量、面积测量、体积测量中单位结构的异同之处。

## 角和旋转测量

角的大小的测量方法基于对圆的分割。与长度测量和面积测量相似，儿童需要理解诸如等分和单位重复等概念来发展对角的测量和旋转测量的理解。此外，在学习角的测量的过程中还有一些独特的挑战。从数学的角度来说，角以不同但相关的方式被赋予了不同的含义。如，一个角可能会被看作是由同一点延伸出的两条射线所形成的图形，或者是把一条线或一个平面与另一条线或平面建立重合或平行关系所需要的旋转量。前者涉及几何图形的两个或多个部分的组成，后者是对角的大小的测量，涉及两个部分之间的关系。因而，两种定义描述的都是几何特性（见第八章），两者均是儿童学习的难点。两者之间建立联系也有难度。学前儿童和小学生常常会形成不同的角的概念，如，角是一个形状，是一种位置移动。在不同的情境中，他们对旋转（如，一个风扇或一条铰链的无限旋转）、道路、绒线棒或图形中的各种弯曲的解释也是不同的。

儿童对角和角度测量有很多错误的认识。如，直可以表示不弯曲的，也可以表示不是直上直下的（竖直的）。如果构成角的线段是等长的（见图 11.4 的第一部分），那么，许多儿童都能正确地比较角的大小。但当线段不等长时（见图 11.4 的第二部分），仅有不到一半的小学生能够完成角的比较任务。他们常常基于角的边的长度或两个端点间的距离来判断角的大小。儿童还有一些错误的概念，如，他们认为直角（right angle）是指向右边（right）的角，或者认为指向两个不同方向的直角是不相等的。

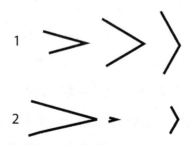

**图 11.4 上面的角的边是相等的，下面的角的边是不相等的**

## 经验与教育

儿童所面临的困难可能意味着角和旋转测量并不是年幼儿童需要学习的内容。然而，也有一些把此类内容的学习作为早期儿童数学教育目标的正当理由。

第一，儿童能够非正式地比较角和旋转测量。

第二，儿童在学习其他内容，至少在学习图形的过程中，需要运用角的相关知识。如，儿童能够在直觉的水平上识别角的大小关系，进而对正方形和非正方形进行区分。

第三，角的测量在整个学校几何教育中起着关键的作用，早期阶段奠定此基础是一个良好的课程目标。

第四，研究表明，尽管仅有很小部分的小学生能够较好地领会角的概念，但学前儿童也可以成功地学习这些概念。

儿童学习角的概念最困难的地方可能是在旋转情境下动态地理解角的测量。计算机可能是一种有益的教学工具。

特定的计算机环境能够帮助儿童对角，特别是旋转进行定量，并把数与量建立联系，进而形成真正的角的测量概念。此处我们探讨两类计算机环境。第一类是计算机操作，这可能是两类环境中更适合学前儿童的一类。如，软件能鼓励学前儿童使用旋转和点击工具有意识地绘图、进行设计以及完成拼图。仅仅使用这些工具就可以帮助儿童对旋转概念形成一个明确的认识（Sarama et al., 1996）。如，4岁儿童利亚（Leah）先是把工具称为旋转（spin）工具，这么称呼这个工具是有道理的。她一点击这个工具，图形就会旋转。她不停地点击，图形也不停地旋转。不管怎样，还不到一周，她称其为转动（turn）工具，并有意地使用左键和右键。同样，当学前班儿童不使用计算机进行操作的时候，他能快速地操作模式积木片，但是却决不回答诸如"他要做什么""他为什么这样做"等问题。当他最终停下来的时候，研究人员问他是如何找到合适的图形片的，他努力地想回答这个问题，最终给出的回答是"把它转一转"。而在计算机上操作的时候，他似乎意识到自己的动作，因为当问他对某个特定的积木片旋转了多少次的时候（每次转30°），他毫不犹豫且正确地回答"3 次"（Sarama et al., 1996）。第二类计算机环境是 Logo 的乌龟几何。Logo 也能帮助儿童学习角和旋转测量的概念。一名学前儿童是这样解释他如何把乌龟旋转了 45°的："我是 5、10、15、20……45 这样转的！（她一边数一边旋转她的手）它就像一个汽车速度计。你可以 5 个 5 个地提速！"（Clements & Battista, 1991）。该儿童在以数学的方式思考旋转。她把某种单位应用到自己的旋转动作上，并且应用她的数数能力来判断某个测量值。

Logo 的乌龟需要精确的旋转指令，如"向右旋转 90°"。如果儿童在教师的引导下开展一些有价值活动，那么通过对乌龟发出转向的指令，儿童就能理解一些有关角和旋转测量的知识。而相关的讨论应该关注旋转的角度和乌龟爬行路线所形成的角之间的差异。

如，图 11.5 呈现了乌龟数学中的几种工具。"标签旋转"工具［见图 11.5（a）］展示了对每个旋转的测量，提醒儿童"右转 135°"的指令会形成一个 135°的外角，一个 45°的角（由 100 和 150 个单位长的两条线所形成的内角）。

图 11.5（b）呈现的工具可以帮助儿童测量一个他们想进行的旋转。这些工具内置于乌龟数学中（Clements & Meredith, 1994），但使用任何 Logo 或乌龟几何情境的教师均应该确保儿童理解这些概念之间的关系。鼓励儿童旋转他们的身体，讨论他们的移动，然后用 90°和 45°等基准，在心理层面上将自己的身体移动可视化。

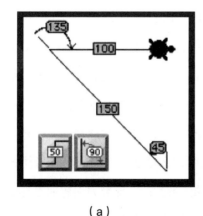

（a）

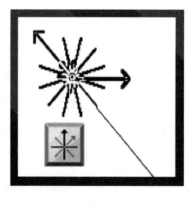

（b）

图 11.5　乌龟数学工具：（a）"线标签"和"旋转标签"（插入）和（b）"角度测量"

## 角和旋转测量的学习路径

要形成对角的理解，儿童必须理解角的概念的各个方面。他们必须克服定向方面的困难，把角看作几何图形的关键部分，表征旋转的概念及其测量值。他们必须学习在所有这些概念之间建立联系。这是一项艰巨的任务，应该在儿童接触图形的角、比较角的大小和旋转图形的时候就开始学习这些概念。表 11.3 呈现了角和旋转测量的学习路径。

表 11.3　角和旋转测量的学习路径

| 年龄（岁） | 发展进程 | 教学活动 |
|---|---|---|
| 1—2 | **角和旋转的感知：基础（angle and turn senser：foundation）**<br>即使是婴儿，也会对物体或自己身体旋转过程中形成的角很敏感。在空间定向的前三个阶段以及空间视觉化的第一个阶段有详细介绍。 | ● 去散步：带儿童去散步是发展其对旋转的理解的首选方法之一。<br>注意：同第七章中空间定位（旋转自己的身体）的前三个阶段以及空间视觉化（物体旋转）的第一阶段。 |
| 2—3 | **对角的直觉建构（intuitive angle builder）**<br>能在日常情境中，如，积木搭建、拼图和走路时（见请观看[LT]² 中的视频），直觉地使用某些角度测量的概念。<br>平行或垂直摆放积木（在积木的感性支持下），搭建一条路出来。 | ● 每个角落都有，[LT]²：使用术语角和旋转，描述那些与角相关的情境。<br>注意：第九章的教学活动以及第七章日常导航活动也可以用来强化角和旋转的概念。 |
| 4—5 | **对角的间接使用（implicit angle user）**<br>在排列物体、积木建构或其他日常情境中间接地使用某些角概念——包含平行和垂直（Mitchelmore，1989，1992；Seo & Ginsburg，2004）。能够在实物的支持下，辨别一对全等三角形中相对应的角。用角或其他描述性的词汇描述某些类似的情境。<br>在调整两块长积木之间的距离后，移动其中的一块，使其与另一块平行，以便 | ● 在建构活动中讨论角，[LT]²：请进行积木建构的儿童描述他们如此搭建的原因，或者让他们重新铺设一条积木路，引导儿童对平行、垂直和非直角等概念进行思考。<br>●随着世界的旋转(角的使用)，[LT]²：用角、旋转来描述各种含有角的情境。如，图形的角、弯曲的电线、道路的转弯处或斜坡。请儿童发现并描述生活中具有相似角的事物。这样儿童就可能把 |

续表

| 年龄（岁） | 发展进程 | 教学活动 |
|---|---|---|
| 4—5 | 在它们之间准确地放置一块垂直的积木。预计在它们之间能垂直放置几块其他积木。 | 打开的门与张开的剪刀建立联系，把用积木搭建的斜坡与斜立于墙的梯子建立联系，等等。此处应该关注角以及旋转的概念。 |
| 6 | **角的匹配（angle matcher）**<br>能正确地对角进行匹配。在具体情境中能清晰地辨识平行与非平行（Mitchelmore，1992）。把角度分类为小的和大的（但可能会受到无关特征的误导，如角的边的长度）。<br>给儿童几个不全等三角形，让他们通过将两个角重叠，找到大小相同的角。 | • 角的匹配，[LT][2]：即使图形不是全等的，儿童也能发现具有相同角的图形。<br>• 找出正确的菱形，[LT][2]：儿童根据拼图上图形的角找到合适的菱形。<br>• 图形组合，[LT][2]：解决那些需要关注角度大小的图形拼图。<br>（也就是，"图形组合"或以上水平；见第九章）。 |
| 7 | **角度大小的比较（angle size comparer）**<br>从形状和情境中将角和角的大小分化出来，并能够比较角度的大小。在不同方向上识别直角，然后能识别其他大小的等角（Mitchelmore，1989）。比较简单的旋转。（注意：如果不进行教学，即使是小学末期的儿童也可能达不到该水平及以上水平）。<br>"我把含有直角的形状都放在了这里，把含有较小角或较大角的形状放在了那里。"<br>在使用角度测量的过程中，旋转Logo乌龟。 | • 随着世界的旋转（角的使用），[LT][2]：用角、旋转来描述各种含有角的情境，此时需要关注开口（剪刀）的大小或者角（斜坡与水平线的夹角）。请儿童发现并描述生活中具有相似角的事物。这样儿童就可能把打开的门与张开的剪刀建立联系，把用积木搭建的斜坡与斜立于墙的梯子建立联系，等等。教师可以和儿童讨论一些小技巧，如用两条较长的线段来表示一个较小的角，以纠正儿童的错误概念：角的边长或者两个端点之间线段的长度是衡量角的大小的合适指标。<br>• 乌龟旋转：儿童使用Logo乌龟绘制或者追踪乌龟的路径，并绘制图形（Clements & Meredith，1994）。同样，在各种各样的活动情境中与儿童谈论旋转以及旋转的角度，如外出散步或制作地图的活动中。 |

续表

| 年龄<br>（岁） | 发展进程 | 教学活动 |
|---|---|---|
| 8+ | **角度的测量（angle measurer）**<br>在两个主要方面理解角和角的测量，并能够使用与角、角的测量相关的标准化的、概括化的概念和过程来表征多种情境（如，两条射线，共同的端点，一条射线绕端点旋转到另一条射线，并测量旋转的角度）。 | • 随着世界的旋转（角度的测量），[LT][2]：将角度大小的概念与日常生活中常见的隐喻建立联系，如钟表，强调角的两条边（钟表的指针），旋转的中心点，从一条边旋转到另一条边的角度等概念。<br>• 乌龟旋转和角度：儿童计算由 Logo 乌龟的旋转（外角）所形成的角的测量值（内角）。 |

## 时间、重量和钱

当我们在准备美国研究委员会（NRC）关于早期儿童数学学习的报告时（NRC，2009），我们看到在州标准中均包含了时间、重量和钱这几个主题。在对相关研究进行综述之后，我们认为这些主题在大多数情况下更适合于作为科学或社会研究的主题，而非数学研究的主题。钱在数学教学中是一种有效的表征，但要再一次强调，认识钱币并非数学。在诸如基于项目的学习中做出调整才是有价值的数学（Capraro，2017）。［可能因为在其他州标准中也有相关内容，《共同核心州立标准》中只是简单地提及了这些内容。如，学前儿童要"使用模型钟或数字钟说出并书写整点和半点"（K.MD），二年级儿童要"说出并书写模型钟和数字钟里的时间，精确到 5 分钟以内"并"能恰当地使用 $、¢ 符号来解决涉及 1 美元、25 美分、10 美分、5 美分和 1 美分（便士）等概念的应用题。如，如果你有 2 个一角硬币和 3 个便士，那么你一共有多少美分？"（2.MD）］。由于这些原因，我们在此仅对时间做简单的讨论，在其他章节中有使用钱的例子。

时间是用于对事件进行排序，比较事件的持续性与事件之间的间隔长度的测量值（Burny，Valcke & Desoete，2009）。时间可能是一个令人困惑的概念，这是由很多原因造成的。时间的本质仍然困扰着科学家和哲学家们。从数学的角度来说，时间是一个复杂的概念，60 秒构成 1 分钟，60 分钟构成 1 小时，24 小时构成 1 天，7 天构成 1 周，4 周构成……，想想所有的这些数字线！要理解这个概念，儿童需要拥有数感、空间感、时间感、语言能力、点数的能力，以及分数的初始知识（一半和四分之一）。最后，测量时间间距或时间间隔需要加减的技能。由于这几点原因，时间对所有儿童来说都是一个难学的概念也就不足为奇了（Burny，et al.，2009；Burny，2012；Russell & Kamii，2012）。

认读钟表存在一个简单的发展进程。绝大多数学前儿童能做的仅仅是把时间与熟悉的活动相联系，如睡觉时间和吃饭时间（Burny，et al.，2009）。约有三分之一到一半的 5 岁儿童能读出整点，绝大多数的 6 岁儿童能准确地读出整点。几乎所有的二年级儿童都能读出整点和半点，三年级儿童能精确地读出时间，误差在 5 分钟以内。

即使许多儿童直到三年级才学会整合时间概念，但幼儿教师可以很好地强调时间的意义，强调时间与情境之间的联系，如时钟和日历（Burny，Valcke & Desoete，2012）。小学生已经具有比某些课程所显示的更高的能力来学习和理解这些概念，那些主张尽早开始教儿童读钟表的教学是可以成功地教授年幼儿童时间概念的（Burny，Valcke，Desoete & Van Luit，2013）。这些教学应该确保儿童理解时间（科学的）概念、数学概念和语言（词汇和故事会有所助益）。时间可能也会涉及空间能力（Burny，et al.，2012）。许多文化会使用空间隐喻来思考时间问题（Nunez，Cooperrider，Doan & Wassmann，2012）。使用手势和语言来给钟面做注释可以有效地帮助儿童理解时间概念（Willians，2008）。教育技术的使用是有效的（Wang，Xie，Wang，Hao & An，2014）。

数学学习困难儿童（见第十四章）比普通儿童在认读钟表时表现更差。他们在程序性和提取性策略上均存在问题，而二者是儿童要读出复杂的 5 分钟和 1 分钟的钟表时间所必须的（Burny，et al.，2012）。

对时间跨度的理解尤其困难，因为儿童必须整合不同大小的单位（如小时和分钟）。如，二年级及以上的儿童常常认为 8：30 和 11：00 之间有 3 小时 30 分钟，因为从 8 点到 11 点是 3 小时，然后再加上 30 分钟（Kamii & Russell，2012）。教师需要理解儿童遇到的困难，并帮助儿童思考生活中时间的持续性问题，然后再引导儿童采用自己的非正式的策略去理解这一概念是非常有帮助的（Kamii & Russell，2012）。

## 结语

测量是数学在现实世界中的主要应用之一，它可以帮助儿童在早期数学的另外两个关键领域——几何和数之间建立联系。第十二章也涉及一些在数学概念和实际问题解决之间建立联系的非常重要的内容领域，包括模式、结构、早期代数过程以及数据分析。

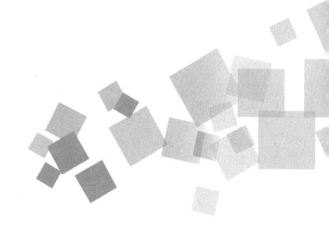

# 第十二章　其他内容领域模式、结构与代数思维：分类与数据分析

**图 12.1　两名学前儿童的操作活动中包含了什么数学内容**

本书前面的章节已经讨论了《共同核心州立标准》等数学标准中的大部分数学内容，如计数、数概念、运算、几何、测量。然而，早期数学教育中一个常见的数学内容——模式，尚未被讨论。在《共同核心州立标准》中，模式属于"运算与代数思维"领域。模式包含在这个领域中吗？同样，《共同核心州立标准》中包含了"测量与数据分析"，那么数据分析在哪里？

## 模式、结构与代数思维：概述与数学意义

模式概念的广泛使用说明了该概念作为数学目标的主要优势和劣势。细想几个其他章节中的例子。

• 知觉模式，如，感知到的多米诺模式、手指模式或听觉模式（如 3 次击打声）（见第二章）。

• 数数中的数词模式，包括数数和身体律动（Wu，2011b）（见第三章）。

- "接数（one-more）"的数数模式（见第三章），该模式把数数和计算联结起来。

- 数值模式，如，把3表征为一个三角形；或者相似的模式，如，将5分成2和3，那么2和3组合在一起，就可以构成5（见第二章、第三章、第五章、第六章）。

- 计算模式，这种模式是特别有效且易于被儿童发现的，如翻倍（3+3，7+7），可以帮助儿童理解诸如7+8这样的组合，以及5个5个模式（6是由5+1形成，7是由5+2形成），这可以帮助儿童理解将数分解为一个部分数是5的问题情境（见第六章，也可见Parker & Baldridge，2004中的其他例子）。

- 空间模式，如，正方形空间模式（第八章）或图形的组合（第九章），也包括矩阵结构（第十一章）。


早期数学中的这些模式案例没有一个能刻画出早期数学课堂中"做模式"的最典型的实践活动。典型的实践包括做"红、蓝、红、蓝"纸链这类活动。这类活动中包含了模式的重复，即一个可识别的基本单元的重复（Markworth，2016）。这种重复模式是非常重要的（Lüken，2018；Rittle-Johnson et al.，2018b），但教育工作者应该知道模式在数学和数学教育中的作用，并知道纸链这类模式重复活动在模式和结构的教学中发挥着重要作用（但肯定不是唯一的内容）。

首先，数学家琳妮·斯蒂恩（Lynne Steen）认为数学是关于模式的科学——关于数和空间的模式。根据斯蒂恩的观点，数学理论就是在模式之间的关系、基于模式与模式识别的模式应用基础上建立起来的。其次，模式和结构的相关内容并非数学教育中的附加部分：研究已经表明，儿童的模式和结构能力可以预测其数学学习，并且也是儿童数学学习的重要组成部分（Lüken，2012）。

因此，模式概念远不止模式的序列化和重复。构建模式（patterning）是对数学规律和结构的探索。对模式的识别和应用可以让那些似乎无序的情境呈现出秩序性、一致性和可预测性，并可以让我们超越信息本身做出归纳和概括。尽管可以把模式看作是一个内容领域，但构建模式并不仅是一个内容领域，它是一个过程，一个研究领域，也是一种思维习惯。从这一广义视角来看，正如前面章节所显示的，儿童对模式概念的学习与理解从刚出生的第一年就已经开始了。在本章中，我们主要关注重复型模式、数字模式（如增长型模式）和代数模式。不过我们需要牢记的是，此处所谈的模式内容仅仅是斯蒂恩的模式科学中一个很小的方面。

这个立场与其他文献也是一致的。美国研究委员会关于早期数学的报告（NRC，2004）中有许多与模式相关的文献，不过不是将模式作为一个内容领域，而是作为一种普遍的数学推理过程。这也是本书主要关注的内容。同样，《共同核心州立标准》中也有两项"数学实践"与模式和结构相关："7. 探索并利用结构"和"8. 探索并表达重复推理中的规律"。

## 模式、结构和代数思维的发展

儿童很小的时候就对模式产生了敏感，如动作模式、行为模式、视觉呈现模式等。儿童对模式的清晰理解是在童年早期逐步发展起来的。如，虽然大约有 $\frac{3}{4}$ 的儿童在刚入学时就能够复制一种重复模式，但仅有 $\frac{1}{3}$ 的儿童能够扩展或解释这样的模式。学前儿童能够复制简单的模式，至少要到学前班的时候，儿童才能够扩展和创造模式。再大一些，儿童能够理解相同模式的不同表征之间的关系（如，视觉模式和肌肉运动或运动模式之间；红、蓝、红、蓝和响指、拍手、响指、拍手之间）。这是儿童利用模式进行归纳概括和揭示模式中共同的结构的关键一步。在入学初期，儿童受益于对基本单元（如 AB）识别的学习，这些单元可能是重复的（ABABAB），也可能是增长的（ABAABAAAB），然后，儿童用这些基本单元来生成两种类型的模式。模式是视觉素养教学的众多内容之一，在阿甘（Agam）项目中具有积极的长期影响（Clements et al.，2018a；Razel & Eylon，1990），除此之外我们对模式的其他方面知之甚少。

即使我们强调模式和结构不仅是简单的重复模式，但我们也不能忽视这种建模——它是很重要的（Lüken，2018）。如，学前儿童重复模式的能力预测了其后期的数学能力，即使在控制了儿童早期获得的数学知识之后也是如此详见（Rittle-Johnson et al.，2018b）。当然，有些研究者认为要有更多的证据来支持这一点（Burgoyne，Witteveen，Tolan，Malone & Hulme，2017）。建模能力与儿童的执行功能中的模式训练、认知灵活性、工作记忆也存在相关（Bock et al.，2015；Miller，Rittle-Johnson，Loehr & Fyfe，2016），而这三种执行功能与数学能力之间存在相关（Schmerold et al.，2017；Pasnak，2017b 中也有相关介绍）。更重要的是，一篇文献综述显示，与简单的模式重复相比，学习复杂的模式概念更有利于儿童的数学学习（Pasnak，2017b，Collins & Laski，2015）。这提示教师应该帮助儿童在模式能力上实现从低到高的发展，见表 12.2 中的学习路径。

模式中什么地方有代数呢？用一种事物代替另一种事物是代数表征的起点。在学前班或幼儿园时期，许多儿童就能够用诸如 ABAB 这样的规则命名模式。这可能潜在地成为进入代数思维的另一步，因为它涉及用变量名（字母）来标记或标识包含不同物质体系的模式。这种命名活动帮助儿童认识到数学关注的是基本结构，而非物体的外部属性。另外，一一对应是基本代数概念映射（如函数表）的原始版本。最明显的可能是，早在学前班和幼儿园，儿童就已经能弄清楚早期代数概括，如，"从任何一个数中减去 0 仍然是那个数"或者"一个数减去它自身等于 0"。尽管儿童常常是在教师的明确引导下才能意识到这些代数概括，但这种代数概括在小学阶段会得到进一步发展。

正如映射概念以及函数表所示，函数思维与这种代数概括能力是紧密相关的。函数思维包括：①对共变量关系的概括化（如，雨下得越大，公园里的人越少）；②使用自然语言、图表等多元方式表征、证明这些关系；③运用这些关系进行推理，进而对具有函数特征的行为进行理解、预测（Blanton，Brizuela，Gardiner，Sawrey & Newman-Owems，2015）。以一年级儿童为研究对象，研究者揭示了函数思维的发展阶段（Blanton et al.，2015）以及使用变量表征代数关系的发展特点（Blanton，Brizuela，Gardiner，Sawrey & Newman-Owems，2017）。在这个研究中，儿童需要解决与两组数据相关的任务，如狗的数量与鼻子的数量的关系（对成人来说，$y=x$），再如一个戴着（或者没戴）一英寸或两英寸高的帽子的人的身高与帽子高度之间的关系（$y=x+1$ 或者 $y=x+2$），再比如火车在每个停靠站需要装运两辆汽车，那么火车停靠站数量与车上的汽车数量之间的关系（如果包括运输的火车，那么 $y=x+x$，或者 $y=x+x+1$，详见表 12.1）。在最初阶段，儿童并未就数据间的关系进行讨论。然后，儿童能够画出表 12.1 左列的 T 形图，但是尚未发现两列数据（停靠站的数量与车的数量）的关系。接着，儿童能够发现数据之间的关系但是尚不能将一列数据与另一列数据关联起来。下一个阶段的儿童才能这样做——开始进行函数思维。然而，这一阶段儿童的发展是非常显著的。起初，儿童在停靠站的数量与汽车的数量之间建立联系，但是一次只看到一个关系（如 3 个停靠站，6 辆汽车）。然后，儿童开始从函数的角度看待数据之间的关系，逐渐地能够用字母表征它们之间的关系（C=S±S，用来表示汽车的数量等于停靠站的数量加上停靠站的数量）。在最高的发展阶段，儿童将函数作为一种可以在动作中操作的心理形象。在这个阶段，他们将表 12.1 中左侧两列的数据理解为翻倍的关系，但是如果将运输的火车也作为一辆车的话，这个关系就需要做出调整，这样就得到了右侧的 T 形图。

关于学前儿童对模式理解的系列研究可以用于为早期数学教育中的模式教学建立发展适宜性的学习路径，至少可以用于建立简单的重复模式的学习路径。将模式作为一种思维方式的研究虽然比较薄弱，但也为相关的教学提供了指引。下一部分包含了一些有效的方法。

表 12.1　火车问题的 T 形图示例——左侧没有将火车计算在内，右侧将货车计算在内

| 停靠站 | 汽车 | 停靠站 | 汽车 |
| --- | --- | --- | --- |
| 1 | 2 | 1 | 3 |
| 2 | 4 | 2 | 5 |
| 3 | 6 | 3 | 7 |
| 4 | 8 | 4 | 9 |
| 5 | 10 | 5 | 11 |

## 经验与教育：模式、结构与代数思维

对早期儿童进行最典型的模式——重复模式的教学方法已经出现在美国的几个课程计划中（见第十五章）。在下面的表 12.2 中呈现了这种模式的学习路径，

这种模式会最终发展为数字和代数模式。这些活动表明，除了能把形状或其他物体按顺序排列以构成重复模式，儿童也能参与节奏和音乐模式。他们能学习一些比简单的 ABABAB 模式更复杂的模式。如，他们可以以"拍手、拍手、响指；拍手、拍手、响指"为始，然后讨论这种模式，并用词语和其他动作表征该模式，这样，"拍手、拍手、响指"就可以转变为"跳、跳、掉下来；跳、跳、掉下来"，并很快就符号化为 AABAAB 模式。也就是说，年幼儿童就能够用 AABAAB 命名一个模式（逐渐地能够命名模式的基本单位 AAB），这种能力帮助儿童去发现、理解由不同材料表现出的模式的相同结构并有效地解决问题（Fyfe，McNeil & Rittle-Johnson，2015）。几个课程已经成功地把这种模式教给了 4—5 岁的儿童（更多关于节律在数学学习中的作用，见 Steinke，2013）。

在有意义的、富有激励的情境中，学前儿童的游戏活动和非正式活动包括讲故事、读故事书、唱歌等，这些可能是学习数学模式的有效工具。然而，教师需要懂得如何利用这种机会。如，某位教师让儿童为纸娃娃做服饰图案。但不幸的是，她提供的样例是五颜六色的，且所有样例都是复杂的随机设计，并未包含重复模式。

在另一项研究中，教师观察到有儿童四次重复画出了一种由绿色、粉红色、紫色构成的基本单元。儿童说："看，我的规律。"教师看到了这些，说："你做的看起来很美，很具有艺术性。"她似乎并没有意识到自己已经错失了模式教学的机会（Fox，2005）。在另一所幼儿园中，一名儿童正在使用锤子和钉子等建构工具。切尔西正在把一些形状钉到软木板上，她对其他儿童说："这是一条珍珠项链，珍珠、有趣的形状，珍珠、有趣的形状，珍珠、有趣的形状。"教师也询问了切尔西有关她的作品一些问题。在教师介入之后，另一名儿童哈里特也开始使用工具复制该模式（黄色圆形、绿色三角形）。第二名儿童艾玛也加入进来，利用 ABBA 模式做了一条项链。切尔西的兴趣明显是在数学模式上，教师的介入鼓励了其他儿童加入模式创造的活动中。这就是一个在游戏情境中开展有意义的数学模式活动的案例。

从这些研究结论我们可以知道，教师需要理解各种形式的模式的学习路径以及模式作为一种思维习惯这一更广泛的含义。正如在所有数学领域中一样，我们认为在模式中有必要帮助教师规划特定的经验和活动，利用儿童发起的相关活动，在所有情境中引发和指导儿童进行有关数学的生成性讨论。

有几项研究和项目阐述了这种方法。那些学习过重复模式、对称模式、元素数量增加的模式，以及物体在 6 或 8 个位置旋转的模式的一年级儿童在阅读和数学测试上的得分更高（Pasnak et al.，2012）。在一项相关研究中，那些做过模式活动的一年级儿童比那些做阅读或社会研究活动的儿童在数学概念上表现得更为优秀，且甚至比那些直接进行数学活动的儿童在两项测评中的其中一项上表现得更优秀（Kidd et al.，2013）。

同样，来自澳大利亚的其他项目显示了强调以数学模式和结构为重点的一系列活动的作用。模式和结构数学意识项目（The Pattern and Structure Mathematical Awareness Program，PASMAP）关注五个结构性教学分组：序列、结构性数数、形状和排列、空间等距和分割（Mulligan & Mitchelmore，2018）。当儿童在诸如数数、分割、目测、分组和单位化（这意味着，正如在本章介绍部分说明的那样，本书大多数最重要的模式活动在其他章节中也存在）的过程中观察、回忆和表征数的结构和空间结构的时候，教学活动发展了儿童的视觉记忆。这些活动以不同的形式有规则地重复，鼓励儿童进行归纳概括。如，儿童复制模式，包含重复模式、不同大小的简单网格和矩阵（包括三角形或正方形的数字）。他们也解释了模式相同的原因，用序数来描述重复模式（如，"每隔 3 块就是蓝色的"）。当网格模式的一部分被隐藏或根据自己对网格模式的记忆，他们会创造出网格模式。

这些"模式和结构"活动包含了诸如那些用于感数（第二章）的视觉结构和空间结构（第七章和第十一章），以及结构化的线性空间（第十章）和与这些相联系的数字结构（第三章至第六章）。如此，模式和结构的内容远远不止简单的线性模式，还连接看似独立的数学领域。那些没有发展起这类知识的儿童在数学上的进步就小。但对所有儿童来说，特别是那些入学时能力较弱的儿童，为他们提供有关模式和结构的学习经验将有助于他们快速取得实质性的进步（Mulligan，Mitchelmore，English & Crevensten，2012），但是此时对学习经验的界定应该是广泛的（如，不仅仅定义为"改变颜色"；Papic，Mulligan & Mitchelmore，

2011）。他们能从模式和结构的教学中获得巨大的益处（Mulligan，English，Mitchelmore，Welsby & Crevensten，2011a，2011b；Mulligan & Mitchelmore，2018）。

进入小学之后，儿童能得益于用数字描述模式。即使是重复模式也能描述为"两个物体，然后是一个其他物体"。数数模式、计算模式和空间结构模式等已经在其他章节中强调过。此处的学习路径中包括了数字和代数模式。如，此处我们再次强调应该帮助儿童进行并使用一些算术归纳和概括，如：

- 一个数加上 0，和还是那个数；
- 一个数加上 1，和是数数序列中相邻的下一个数；
- 两个数相加，和与两个数的先后没有关系；
- 三个数相加，和与先加哪两个数无关。

对大多数儿童来说，这是模式、数和代数之间的第一个明确的联系。一名儿童使用某一策略可能会促使另一名儿童询问为什么它会起作用，这会引发对给定运算的一般性表述的讨论。然而，卡朋特和利瓦伊（Carpenter & Levi）发现这样的状况并不会有规律地在一、二年级的课堂上发生，因而，他们使用麦迪逊（Madison）项目中鲍勃·戴维斯（Bob Davis）的活动，特别是那些包含了对错判断和开放性数量判断的活动。如，要求儿童证明判断题的正确性，如，22-12=10（正确还是错误？），其他的如，7+8=16，67+54=571。他们也会解决一些各种形式的开放性数量判断。开放性数量判断涉及单一变量，如，x+58=84，也涉及多变量，如，x+y=12，以及重复变量，如，x+x=48。选择特定案例的目的是引发儿童对运算及其关系的基本特征的讨论。如，对 324+0=324 正确性的证明会引发儿童对 0 的特征的归纳概括。（注意：当你说给一个数加上 0 的时候，并没有改变那个数，你的意思是"添加的仅仅是 0"，而非给数连接一个 0，如，10 连接一个 0 就是 100，也不是添加包含 0 的数字，如，100+100；Carpenter & Levi，1999）。儿童喜欢创造和交换他们自己的判断题，并能从中受益。另一个案例是对 15+16=15+x 这种形式的判断。这可以引发儿童认识到他们并非一定要进行计算，然后用更复杂的策略来解决诸如

67+83=x+82 这类问题，如"我知道 83 比 82 多 1，所以要使得等号两边相等，x 一定得比 67 多 1，那就是 68！"（Carpenter，Franke & Levi，2003）。

这些研究者也提出了实践中几个需要避免的问题（Carpenter, et al., 2003）。如，避免使用等号列出事物和数量（如，约翰 =8，梅西 =9）。不要用等号表示某个集合中的元素数（|||=3）或者用它来表示两个集合的元素数目相同。最后，不要用等号来表征成串的算式，如，20+30=50+7=57+8=65。最后一个问题很常见，但可能是最突出的。如果需要，可以用一系列的等式来代替。如，20+30=50，50+7=57，57+8=65。

关于等号，还有更多基于研究的教学建议，但往往教得不好。有个研究项目建议，只有找出一个数的所有分解式，才可以把被分解的数（如 5）放在等号前面：5=5+0，5=4+1，5=3+2（Fuson & Abrahamson，2009）。这样，儿童就会写下等式链，在等式链中他们会以各种方式写出数字（如，9=8+1=23-14=109-100=1+1+1+1+5=……）。这样的工作可以帮助儿童避免有限的概念化所带来的问题。

另一项研究发现，幼儿园和一年级儿童可以认识合理的算式，如，3+2=5，但仅有一年级儿童能自己生成这样的算式。然而他们发现，认识诸如 8=12-4 这种算式的难度更大。因而，教师需要给儿童提供各种案例，包括把运算放在右边，也包括多重的运算，如，4+2+1+3+2=12。在所有这类工作中，要讨论加减算式的性质，不同符号及其作用，定义的和非定义的属性。如，儿童可能最终通过归纳不仅明白 3+2=5 和 2+3=5，而且明白 3+2=2+3。尽管如此，他们可能仅仅明白数字的顺序无关紧要，而并没有理解这是加法的性质（不是所有成对的数字）。讨论可以帮助儿童把算术运算理解为"所要思考的事情"，并帮助他们讨论其特征（更多的案例请见 Kaput，Carraher & Blanton，2008）。

另一个对三、四年级儿童的研究表明，在等式中通过与大于号和小于号对比进行等号教学有助于儿童理解等号的相关意义（Hattikudur & Alibali，2007）。相比那些仅学习一种符号的儿童，这些儿童同时学习了三种符号。

给二年级儿童提供诸如 2+5+1=3+□ 这样的等式，并给他们提供反馈，他们的成绩有了显著提高。在该研究中，不同任务类型，如，非符号、半符号或符号的都并不重要（Sherman，Bisanz & Popescu，2007）。重要的是，儿童是否把这种工作和所有计算工作理解为一种意义建构的活动。

也就是说，当要求解决类似8+4=□+5这样的问题时，儿童常常会把12填到空格中。也有儿童会把5也包含进总数中，在空格中填入17。还有儿童会把12填入空格，再在5的后面添加=17，从而得到一个总数（Franke，& Carpenter & Battey，2008）。正如前面讨论的，他们把等号理解为一种计算的指令，是"给出答案"的符号，而这并不是等号的数学意义。

后续的一项研究则表明了任务类型的重要性。解决非符号问题的经验提升了儿童在符号性问题上的表现（Sherman，2009）。也就是说，儿童用实物解决问题，如，在第四个盘子中放入什么才能让两个盘子中物体的数目相同（如●●●● ●●|●●●● ？）。这类经验可以帮助儿童把他们成功的概念和策略匹配到符号化的相等问题上。

儿童对语义的理解——每个符号的意义有助于其问题解决。如，儿童可能会以如下方式思考（Schoenfeld，2008）。

我要解决的是含有一个未知数的方程。我应该去发现框中的数字。方程的两边必须是相等的。我知道如何寻找到方程左边的总数：8+4=12。因此，我能重新把方程写作：

12=□+5

或者可能是看起来更舒服的一种形式：

□+5=12

因此，我要寻找的应该是加上5之后和等于12的数字。我知道如何做，答案是7。所以，7可以填入空格中。我能进行检查：8+4=12和7+5=12，因此，8+4=7+5。

——Schoenfeld，2008

这种解决问题的思路有赖于我们对方程含义的理解。如果儿童根据方程的意义理解这些方程，那么他们就能理解其意义并解决问题。舍恩菲尔德（Schoenfeld）认为，每个问题，即使是3+2=5，也有其特定意义（一组3和一组2的结合），对儿童来说，如果问题与其意义的连接越清晰，其算术能力和早期代数能力就会越强。

这意味着没有关注关系思维和代数思维的计算教学会给儿童以后的数学发

展造成障碍。儿童必须把所有的数学看作对模式、结构和关系的探究，看作一种在一般的理解数量情境和空间情境中形成观念和验证观念的过程（Schoenfeld，2008）。只有当儿童把这样的工作贯穿他们的数学学习中，他们才能为其后续的数学学习，包括代数学习做好准备。

最近几个项目可能是非常惊人的。英国的数学增强方案已经为学前儿童开发了代数活动。类似于解决两个联立线性方程 x+y=4 和 x=y 的问题。在这项方案中，4—5 岁的儿童要遵循两条规则在蜗牛的轮廓中涂颜色：他们必须给 4 只蜗牛涂上颜色，棕色蜗牛的数量要等于黄色蜗牛的数量。材料是由大卫·伯格斯（David Burghes）基于匈牙利数学课程开发的。

同样，由玛利亚·布兰顿（Maria Blanton）和其同事主持的早期代数项目（Blanton，et al.，2012；Blanton & Kaput，2011）表明，学前到一年级的儿童能够用物体或图画对模式进行点数和记录，到二、三年级的时候，儿童已经能够独立组织仅有数值的数据。他们建议让所有早期各年级的儿童均可以使用 T 形图（教师姓名为简单函数表名，其中一列数据表示自变量，一列数据表示因变量）。如，一年级儿童用图 12.2 中所示的 T 形图记录大小不同的组的握手总数。你能理解其模式并扩展它（或检验它）吗？

| 人 | 握手 |
|---|---|
| 0 | 0 |
| 1 | 0 |
| 2 | 1 |
| 3 | 3 |
| 4 | 6 |
| 5 | 10 |
| 6 | |

**图 12.2　一年级学生用 T 形图解决"握手问题"**

另一项研究表明，8 岁儿童同样能够执行并表现出函数思维（Warren & Cooper，2008）。一项新近研究表明，儿童需要对不同形式呈现的数学算式进行识别或者创造，这种学习方式有助于儿童理解数学算式，也有助于儿童的代数思维的发展（Mark-Zigdon & Tirosh，2017b）。

## 模式和结构的学习路径

两个报告和我们的观点一致，即模式是数学思维的一种普遍方法。在撰写关于早期数学的报告（NRC，2009）时，我们认为，模式不应该仅仅是一个内容领域，而更应该是一个数学过程（正因如此，才把该部分放到了第十三章）。

表 12.2 呈现了模式的学习路径。需要注意的是，本书的每一章中都包含了与数学模式和结构相关的内容。另外，在［LT］²中有关于每一个发展阶段的相关视频，包括资源、视频以及适合每一个发展阶段的一些其他活动。最后，这张表格中的信息"既有森林，又有树木"，这可以帮助你从大的视角——数学思维的视角去思考这部分内容。

**表 12.2　模式结构和代数思维的学习路径**

| 年龄<br>（岁） | 大致<br>阶段 | 发展进程 | 教学活动 |
|---|---|---|---|
| 0—2 | 模式<br>感知<br>阶段 | **直觉模式：基础（intuitive pat temer：foundatiton）**<br>能够隐约地、直觉地识别和使用模式，如在韵律活动或日常的童谣活动中重复词汇或者动作。虽然无法准确地识别模式，但这一阶段的儿童对模式表现出关注，经常关注一些个人化的特征，如颜色。<br>将一件没有重复单位的条纹衬衫命名为模式。 | ● 韵律模式和手杖手指游戏，［LT］²：通过使用韵律性的表达方式，儿童学习识别模式。强调儿歌、儿童诗以及即时性身体律动，如舞蹈中蕴含的模式。<br><br>● 生活中的数学与模式谈话，［LT］²：操作实物，如积木或拼图，将实物排序（如简单的材料，如不同长度的铅笔，或者可以购买的诸如蒙台梭利教具类的材料），围绕着排序规律的谈话可以帮助儿童使用、最终识别其中蕴含的模式。 |

续表

| 年龄（岁） | 大致阶段 | 发展进程 | 教学活动 |
|---|---|---|---|
| 2—3 | | 识别模式（pattern recognizer）能够识别简单的，如ABABAB模式，但是还不能命名或描述模式。<br><br>"我的衬衫是一个模式，上面的条纹是黑色、白色、黑色、白色（等）。" | • 运动模式，[LT]²：花几分钟时间与儿童以2个2个的模式或其他适宜的偶数模式进行数数，如，"1、2、3、4、5、6……"。要使活动更有趣，可以一边数一边击鼓或敲积木，数到偶数时重重地敲击。<br><br>• 环境中的模式，[LT]²或模式之旅（pattern walk）：阅读书籍《我看见了模式》（*I See Patterns*）。各种信息的无关联性和分散性使得客观世界中的模式具有迷惑性，这本书将有助于儿童解释和区分各种类型的模式，然后进行模式之旅活动，寻找、讨论、拍摄并画出看见的模式。<br><br>• 衣服上的模式，[LT]²：找儿童衣服颜色上的重复模式，鼓励他们穿带有模式的衣服来学校，并讨论他们衣服上的模式。 |
| 3—4 | | AB模式（patterner AB）：识别、描述、建构重复的ABAB模式。这个阶段遵循以下发展顺序，大部分儿童遵循这一顺序，但是也会受到任务的影响。①<br><br>• 填充模式：填补ABAB模式中缺少的元素。把物品排成一排，其中一个物品缺失，ABAB_BAB，让儿童判断并填补缺少的元素。<br><br>• 复制AB模式：复制ABABAB模式（起初也许必须挨着模式范例进行，逐渐可以远离范例或在看不见范例的条件下复制模式）。 | • 用串珠填充模式，[LT]²：呈现一个模式，与儿童一起有节奏地读出模式（如，"正方形、三角形、正方形、三角形、正方形、三角形"，至少要读出模式中三个完整的基本单元）。然后，用手指着模式中缺失的部分，问一问儿童要将这个模式补充完整，缺失的部分应该放什么形状进去。如果儿童在填充的时候有困难，教师可以用手指着积木块，让儿童读出模式，用这种大声读出模式的方式为儿童填充模式提供支持。<br><br>• 模式纸条，[LT]²：给儿童展示画在长条纸上的一个几何模式，让他们描述长条上的模式（正方形、圆形、正方形、圆形、正方形、圆形……）。 |

---

① 模式呈现的方式会影响儿童的理解。如，模式中呈现了两个维度的变化（如形状和颜色）要比只呈现一个属性（如方向）要简单。另外，某些儿童或相当一部分儿童理解模式是更加困难的（Warren，Miller，& Cooper，2012）。

续表

| 年龄<br>（岁） | 大致<br>阶段 | 发展进程 | 教学活动 |
|---|---|---|---|
| 3—4 | | 给出按 ABABAB 模式排成一排的物品，让儿童在旁边把自己的物品排成 ABABAB 模式。<br><br>• 拓展 AB 模式：在模式的末尾添上物体，扩展重复的 AB 模式。如果模式是以一个完整的基本单元结束，进行拓展会比较简单（Tsamir, Tirosh, Levenson, Barkai, & Tabach, 2017），儿童能够逐渐对以非完整的基本单元结束的模式进行拓展。 | 让儿童帮助你复制这个模式，必要的时候让他们直接把模式积木放在带有模式的纸条上。<br>教师指着每块积木让儿童说出模式。<br>• 制作模式长条（AB 模式），[LT]²：给儿童展示带有 ABABAB 模式的一个长条，让他们用材料继续完成这个模式。讨论他们是怎么知道该这么做的。<br>• 跳舞模式（AB 模式），[LT]²：让儿童玩跳舞模式，第一个人拍手、踢腿、拍手、踢腿……并随着这个模式唱歌。然后，让儿童描述这个模式。 |
| 4—5 | | **模式（patterner）：识别、描述、创造重复模式，包括 AB 模式以及含有其他基本单元的模式，如 AAB、ABC 和 AABC**<br>• 填充模式：填补重复模式中的缺失元素。<br>• 复制模式：复制重复模式。<br>• 扩展模式：能够在重复模式的末尾添加多个基本单元，对重复模式进行扩展。如果模式是以完整的基本单元结尾，模式拓展任务会更简单（Tsamir et al., 2017），逐渐地儿童会学习拓展那些以非完整的基本单元结尾的模式。 | 注意：上一个阶段的活动在这一个阶段也可以使用，只需要把模式的重复单位换一下。<br>• 跳舞模式，[LT]²：同上。<br>• 创造性的模式，[LT]²：这是把创造模式的材料添加到你的创造区的好机会。肯定有人想做一个能带回家的模式。<br>• 制作模式长条，[LT]²：同上，把模式中的重复单位换一下。<br>• 串珠链，[LT]²：在串珠链末尾的"图案标签"的指引下，儿童在串珠链的末尾继续穿珠子，以拓展该模式，最终做出一串模式项链。<br>• 排队模式 2（和 3）——拓展：给出一个完整单位（音乐家）的循环，让儿童拓展出一队音乐家的模式。模式完成后，音乐家开始游行演奏。音乐家的模式在水平 2 可以是 AAB 和 ABB，水平 3 为 ABC。 |

续表

| 年龄（岁） | 大致阶段 | 发展进程 | 教学活动 |
|---|---|---|---|
| 4—5 | 抽象模式阶段 | 给出排成 ABBABBABB 的一排物品，让儿童在末尾加上 ABBABB。<br><br>**转换模式和识别模式基本单位（pattern translator and unit recognizer）**<br>能够把模式转换成新的媒介或使用新材料表征模式，也就是对模式进行抽象和概括化。能够识别一个重复模式中最小的基本单元（大部分研究认为这一阶段的儿童尚未发展起这种能力，Miller et al., 2016）。<br>● 模式转换。将模式转换成新的媒介，也就是对模式进行抽象和概括化（如，看到一个按"红色、蓝色、紫色"连接的积木模式，用牙签摆出了一个相同的模式，-Ⅱ、-Ⅱ、-Ⅱ，能够将两个模式命名为 ABC 模式）。<br>● 识别模式的基本单元。能够识别重复模式中的基本单元，也就是模式中重复出现的那个最小部分（如， | 给出排成 ABBABBABB 的一排物品，让儿童在末尾加上 ABBABB。<br><br>● 模式长条——拓展，[LT]²：重新介绍模式长条，着重强调模式基本单元的意思。<br>▲给儿童展示一条模式长条，让他们描述长条上的模式（垂直线、垂直线、水平线；垂直线、垂直线、水平线；垂直线、垂直线、水平线……）。<br>▲问他们这个模式的基本单元是什么（垂直线、垂直线、水平线）。<br>▲让儿童用小棍帮你复制这个模式，每名儿童复制一个基本单元。<br>▲让他们添加基本单元来继续完成这个模式。<br><br>● 单元积木模式，[LT]²：把一大堆单元积木放在儿童中间，向儿童展示用两种颜色（如蓝色、蓝色、黄色）的单元积木搭成的一座塔。 |

| 年龄（岁） | 大致阶段 | 发展进程 | 教学活动 |
|---|---|---|---|
| 4—5 | 抽象模式阶段 | ABCABCABC 模式中的"红色、蓝色、紫色"）。<br>给出排成 ABBABBABB 的一排物品，让儿童识别出基本单元 ABB。<br>在函数思维的情境中，尚未看到一组数据中的数学关系（Blanton et al.，2015）。 | ▲让每名儿童搭一座蓝色、蓝色、黄色模式的塔。<br>▲让儿童把这些塔连起来，形成一列长长的单元积木模式火车。<br>▲一边指着模式火车的每个单元积木，一边有节奏地说出每个积木的颜色。<br>▲用不同的组块塔重复此活动。<br>支持性策略：<br>▲更多的帮助——对于那些制作和拓展模式有困难的儿童，最好让他们一步一步地完成单元积木模式。帮助他们把一些塔放到别人的塔(如红色积木、蓝色积木)旁边，看看他们是否一致。读自己塔中的模式，一边从下往上读每一层塔，一边有节奏地说出每层塔的颜色。最后，把塔连在一起，并再一次有节奏地重复说出这个模式。<br>▲额外挑战——用更多的复杂模式。甚至可以试一试用末尾与开头一样的模式，如，基本单元为 ABBCA，形成具有迷惑性的模式：ABBCAABBCAABBCA。<br>●模式自由探索：让儿童创造韵律模式。模式通过两个音高和相等时长(稳定节拍)的鼓点表现出来，也是视觉可见的——强调模式的基本单元。<br> |
| 5—7 | 数字模式 | **数字模式**（numeric patterner）<br>用数字表示模式，能够在一系 | ●增长模式，［LT］[2]：让儿童观察、复制和创造不断增长的模式，尤其是正方形 |

| 年龄（岁） | 大致阶段 | 发展进程 | 教学活动 |
|---|---|---|---|
| 5—7 | 数字模式 | 列几何表征和数字表证之间进行转换。能够在函数思维的支持下，在特定的情境中建构和理解 T 形图（Blanton et al., 2015）。<br><br>用物品摆出一个几何模式，让儿童描述它的数字形式。<br><br>给定一个问题情境，要求其提取 T 形图中的数据，儿童能够独立地通过数数或者跳着数的方式将 T 形图中的每一列数字填进去。 | 增长模式、三角形增长模式，关注这些模式具体表征的几何模式和数字模式。<br><br><br><br>• 寻找百数表中的模式（数字模式），[LT][2]：儿童跳着数 1—12 的倍数，进而发现百数表中蕴含的数字规律。<br>• 发现书中的模式：儿童文学中充满了能够鼓励儿童进行模式探索的好的文本（详见 Whitin & Whitin, 2011 文献中的书单和例子）。<br>• 代数和几何思维：更多例子见本书，特别是第 388—390 页。 |
| 6—7 | 代数和几何模式 | **代数模式的萌芽（beginning airthmetic patterner）**<br>在感知觉和教学的支持之下，能够识别和使用代数模式，但通常是包含了 0 的模式。儿童还能够理解不是以"3+4=7"的形式出现的算式（如 7=3+4 或者 3+4=2+5）。这表明儿童对等号的认识从"等号就是一个答案"向"等号表示数量相等"转向（详见第五章和第六章）。 | • 提出猜想，[LT][2]：在教师示范后，儿童就不同的算式进行讨论，进而理解有关数学模式或代数性质用途的猜想。 |

续表

| 年龄<br>（岁） | 大致<br>阶段 | 发展进程 | 教学活动 |
|---|---|---|---|
| 6—7 | 代数和几何模式 | 在函数思维的支持下，能够遵循两个独立的一般性的法则，建构两组数据，如 T 形图中的数据（Blanton et al., 2015）。给定一个问题情境，要求其提取 T 形图中的数据，儿童能够独立地概括出每一列数据的规律（每次加 2）。<br><br>**关联性思维（relational thinker ✦）**<br>能够识别和使用包含加法、减法的模式，能够理解相等，能够在不进行运算的前提下，通过推理比较等式的左右两边。在函数思维的支持下，能够对特定情境中两列数据间建立函数关联（Blanton et al., 2015）。能够用字母表征数字，但只限于表征实物或固定值（Blanton et al., 2017）。给定一个包含两组数据的问题情境，能够在 T 形图的两列数据之间建立关联，但是一次只能处理一行数据。 | • 函数与 T 形图：要求儿童解决简单的函数问题（如狗的数量与鼻子数量问题）并围绕着 T 形图展开讨论。<br><br>• 算式对错（关联性思考，此处是相同的符号），［LT］²：在这个问题情境中，儿童需要判断一个算式的左右两边是否相等，如 7+2=3+6（即使不需要进行加法运算）。 |
| 6—8 | | **关联性思维——符号化（relational thinker—symbolic ✦）**<br>识别和使用包含加法和减法的模式，能够理解相等。能够通过推理对等式两边的关系进行比较，即使等式中的数量是用变量进行表征的，如 | • 算式对错（符号化✦），［LT］²：在这个问题情境中，儿童需要判断一个代数算式，如 a+b-b=a，左右两边是否相等。<br>• 函数与 T 形图：要求儿童解决简单的函数问题（如，狗的数量与鼻子的数量或者身高与帽子数量的关系）并讨论他们是如何绘制出 T 形图的。 |

续表

| 年龄（岁） | 大致阶段 | 发展进程 | 教学活动 |
|---|---|---|---|
| 6—8 | | a+b=b+a。在函数思维的支持下，能够概括两列数据之间的函数关系，最初只是注意到函数关系，慢慢地能够发现两列数据之间的数量关系（Blanton et al.，2015）。能够使用字母表示未知数字，出现了最初的代数观念。<br><br>给定一个包含两组数据的问题情境，能够发现 T 形图中不同列的数据之间的关系并解释是如何通过相加得到每一个数据的。<br><br>**关联性思维与乘法（relational thinker with multiplication）**<br>识别和使用包含以重复加形式出现的乘法的模式，使用分配率区分数学事实。在函数思维的支持下，能够概括两组数据之间的函数关系，能够将字母作为变量来表征函数关系（Blanton et al.，2015）。<br><br>给定一个包含两组数据的问题情境，能够发现 T 形图中不同列的数据之间的关系，能够描述特定的数学转换关系，即运用这个转换关系操作第一列中的数字，就会得到第二列中的相应的数字。 | ● 百数表中的模式（关联性思考与乘法），［LT］²：儿童跳着数 1—12 的倍数，进而发现百数表中蕴含的模式。<br>● 函数与 T 形图：要求儿童解决函数问题，并讨论不同列中的数据之间的关系。 |

续表

| 年龄<br>（岁） | 大致<br>阶段 | 发展进程 | 教学活动 |
|---|---|---|---|
| 6—9 | 函数<br>代数<br>思维 | **作为操作对象的函数（fun-ctions-as-objects）**<br>以函数思维概括两组数据之间的函数关系，理解函数关系的适用范围，将函数关系作为一种数学操作去理解（Blanton et al.，2015）。<br>给定一个包含两组数据的问题情境，能够发现T形图中不同列的数据之间的关系，用方程来描述特定的数学转换关系，并理解如果改变条件，那么结果也会随之改变，如C=S+S，如果将运输用的火车也算进去，那么方程就会变为C=S+S+1。 | ● 函数与T形图：要求儿童解决函数问题并讨论数据之间的关系，并讨论如果我们重新思考问题情境，如在"停靠站数量与汽车数量"问题中，如果我们将运输用的火车也计算在内，那么数据间的关系会如何变化。 |

## 数据分析、分类和概率的发展

学习路径有利于儿童对数据的理解、收集和使用能力的发展。在早期阶段，数据是一个非常重要的问题解决的情境，但是数据分析能力的发展是非常缓慢的。儿童首先学习分类的基本概念和过程，然后学习量化类别，也即辨别每个类别中物体的数量。逐渐地，儿童学习数据收集，并据此回答问题或做决定——一个有效发展其应用题解决能力、数感和空间感的途径。

数据分析的基础，特别是对早期儿童来说，主要是渗透在其他领域中，如数数和分类这些领域。实物点数在第三章中已有讨论。分类既是一项重要的数据处理能力，也是一个一般化的过程，我们在第十三章中将讨论相关内容。考虑到数据处理的重要性，本书将在这部分重点介绍。无论是哪个年龄段，儿童都会通过直觉进行分类。如，在 2 个月大时，婴儿就能够把那些能放在嘴里吸吮的东西和不能吸吮的东西分开。到了 2 岁左右，儿童能够根据物体的相似属性将物体分成几类，但是不需要在属性上完全相同。到了 3 岁左右，大部分儿童能够在口头规则的指导下进行分类，这一阶段的很多儿童能够根据给定的物体属性进行分类，但是有时会在分类过程中变换分类的标准。直到五六岁的时候，儿童才能够根据物体的单一属性进行分类，过程中不会出现标准的混淆并能够按照不同的属性对物体进行分类。

数据分析的能力是伴随着儿童对有意义的情境和现象的探究过程发展起来的，在探索的过程中，儿童识别现象的重要属性，进而最终对其中的数据进行组织、结构化、可视化和表征（English，2010，2018a；Lehrer & Schauble，2002）。

在发展的早期阶段，儿童学着对物体进行分类并量化每个类别。他们会根据纽扣上的小洞的数量将纽扣分为几组，1 个小洞的、2 个小洞的……4 个小洞的，然后通过数数去判断每一组中有几颗纽扣。为了完成这个任务，儿童需要关注并描述物体的属性，根据属性对物体进行分类并量化每个类别。儿童分类的同时数出每类物体的数量（如数出每组物体中相同颜色的物体有几个）的能力越来越强。

然而，在数据处理过程中，儿童还需要决定哪些属性与问题解决之间关系密切，以及需要排除哪些无关属性的干扰。此后，儿童才开始学习组织和表征数据。这个过程也是逐渐发展的。即使已经收集了用来解决问题的数据，儿童最初也不是以类别的方式表征数据的。他们对数据的兴趣是在具体细节上（Russell，1991）。如，他们可能会简单地列举出本班的儿童以及每名儿童对问题的回答。然后，儿童才会学习对这些答案进行分类，并根据类属表征数据。最后，儿童能用实物制作图表（实物是关注的目标，如表演，然后是操作可连接的单元积木），然后是统计图、折线图以及包含格子线的柱状图，这些格子能够提高儿童阅读的频率（Friel，Curcio & Bright，2001）。到二年级的时候，大多数儿童应该已经能够通过诸如数数这样的简单的数值汇总，以及制表、做标签和图表呈现的方式（包括统计图、折线图、柱状图）组织和呈现数据（Russell，1991）。他们能够比较数据的各个部分，把数据作为一个整体进行陈述，通常也能确定图表是否回答了起初呈现的问题。

要想理解数据分析，儿童必须学习期望值和变异性这两个概念。期望值解决的是平均状况和概率问题（如，平均数，一种反映数据集中程度的测量值）。而变异性解决的是不确定性问题，值的分布范围问题（如标准差）、异常值，以及预期的和非预期的变化等问题。数据分析也被称作在噪音（变异）中寻找某些信号（预期值）（Konold & Pollatsek，2002）。该研究认为，儿童最初看到的常常是数据呈现中的单个数据（"那是我，我最喜欢巧克力"）。他们并没有把每一个个别化的数据集中起来作为一个整体来思考（Watson，Callingham & Kelly，2007）。在小学后期或三至五年级的儿童能够学习观察数据的范围或观察数据中的模式（出现频率最高的数字的数目和范围）。最后，儿童能够以一个整体来关注数据集的特征，包括相对频数、密度（"形状"）和位置（中心，如均值）。

概率是一个很难理解的概念，要在儿童年龄较大时才能进行教学。然而，年幼儿童对概率也有一些直觉的认识，也能基于这种直觉认识积累一些良好的经验（Falk，Yudilevich-Assouline & Elstein，2012）。即使是学前阶段的儿童也能讨论、记录他们的各种问题解决策略，如，"一个人从一个装有 4 颗弹珠（2 颗红色、2 颗黄色）的袋子里拿 2 颗弹珠出来，并记录取出的结果。如果这个过程重复执行 20 次，最有可能出现的情况是什么。"（Van Bommel & Palmér，2016）。这些可能包括玩一些儿童自由选择的使用骰子和旋转指针的概率游戏。这种游戏在前面章节中作为建立数概念和计算概念的游戏已经推荐过，因而此处也就不再花太多的笔墨。如果儿童感兴趣，那么选择一些替代性的活动，如通过随机生成的数字来激发讨论，如，在不同大小的区域中写上不同的数字，指针旋转到不同数字的可能性。

最后一点是要注意把数据表征和概率与代数思维的讨论联系在一起。两者的目标应该均是为了理解定量化的情境，为更复杂的数学学习建立基础。两者的中心均是对数量关系进行考察，并表征那些关系以更好地理解它们。

## 经验与教育：数据分析、分类和概率

在入小学之前，学校应该为所有儿童提供学习机会，支持儿童起码发展起最低水平的分类能力（以及排序能力，详见第十三章）。对于分类，对儿童最低的要求是能够解决不一样的问题——"其中有一个和其他都不一样"。即使是简单的教学策略——使用不同的实物进行示范、练习和反馈——对于儿童来说都是有益的，尤其是那些有特殊需要的儿童（Lebron-Rodriguez & Pasnak，1997b；Pasnak，1987b）。教师可以告诉并向儿童展示分类的规则，但是儿童更需要教师帮助他们理解这些规则以及什么时候运用这些规则。游戏化的教学策略能够帮助儿童学习归纳一些简单的规则。还可以考虑使用其他有利于分类能力以及其他能力发展的替代性的、更丰富的、基于问题解决的方法（详见 Clements，1984；Kamii，Rummelsburg & Kari，2005）。

这样的教学可以从什么时候开始？可以为不满 3 岁的儿童提供一些非正式的、以儿童为中心的学习经验。很多两岁半的儿童会知道一个规则，有一些与规则相关的概念，但是尚不能用这个规则去控制自己的行为。即使成人运用多种分类策略为他们提供帮助，包括反馈和强化，32 个月大的儿童也无法用分类标签对图片进行分类，这似乎表明提高其规则使用能力的教学策略是无效的（Zelazo，Reznick & Piñon，1995）。要提高儿童运用规则进行分类的能力，可能需要儿童有较强的行为控制能力。可以鼓励大一点的儿童为物体的属性贴属性标记，讨论物体属性并根据多种属性对物体进行分类。

关于数据表征，如图表，学前儿童能够根据一一对应关系，将离散图理解为数量表征。为这一阶段的儿童提供案例和有趣的任务（如用图表来记录他们在"拾荒"游戏中一点一点找到所需要的物体的过程）并提供反馈是有益的。

一项成功的探索性研究使用了两个阶段的教学（Schwartz，2004）。第一阶段是由小组经验构成。小组绘制图表的主题选择是由儿童的兴趣和收集数据的难易度决定的（"谁住在他们的房子里？"或"每个孩子怎么上学？"或"他们喜欢什么样的家庭活动？"）。给儿童提供各种各样的记录数据的模型，开始要提供具体材料，然后延伸到图表表征、字母表征和数字表征。教师提出如何存储信息的问题，这样"我们就不会忘记我们所说的话了"。有些儿童建议使用具体材料形成图表来记录信息。当然，许多儿童在记录数据时并没有关注对数据进行分类。计划商定好之后，儿童就能够帮助记录信息了。汇总和解释数据起始于"我们发现了什么"这类问题，这些问题主要与信息分类有关。如果要做出某个决定，如，买哪一种饼干，儿童就会采取某种方法。第二阶段是那些对此感兴趣的儿童独立收集数据的阶段。这些经验建立在第一阶段的经验基础上，教师要给儿童提供工具（最普遍的是剪贴板），还要让儿童去组织、记录和交流他们各自的发现。

另一项研究报告称，儿童可以通过操作计算机软件发展基本的数据分析技能（Hancock，1995）。儿童使用"小桌面"来制作和排列物体，如，卡通人物、比萨饼、简笔画、派对帽、属性积木、数字和一些抽象的设计，这些可以用来表征数据或者作为探索对象。所有物体都是通过组合一些简单的属性创造的，就像属性积木那样都是结构化的（这种积木是一个物体集）。儿童能为生成的物体选择属性，或者让其随机产生属性（见图 12.3）。

接下来，儿童能够以不同的方式对其进行排列，包括使用循环（韦恩图）、束、堆（统计图）、格子、链条等方式。儿童能够根据其特征动手构建自由形态的排列，或者让其按照属性自动进行排列。这些物体可以在计算机屏幕上按照使用者制定的排列规则移动。排列可以按照某种模式，也可以按照某种设计，或者按照有助于儿童分析数据的平面图和曲线图的方式。图 12.4 是由计算机生成的对儿童手掌大小的分类结果。

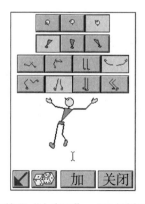

**图 12.3  儿童使用"小桌面"，通过选择属性画简笔画**

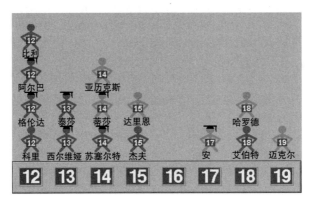

图 12.4　儿童操作计算机对其统计图表中的数据进行分类

　　这些工具也可用于玩"猜猜我的规则"和其他强调属性、分类、排列数据的游戏。5 岁儿童的轶事记录表明了其积极意义（Hancock，1995）。

　　我们可以回想一下本章模式部分介绍的由玛利亚·布莱顿及其同事开发的早期代数项目，其中也包含了对数据进行计数和组织（如使用 T 型图，详见第 388—397 页和图 12.2），这些信息可以提示我们如何将这些内容和学习过程结合在一起。

　　因此，我们认为，课程和教师可能会关注一个重大的观念：分类、组织、表征，以及使用信息提出和回答问题。如果绘制图表是这类活动的一部分，那么儿童可能会使用实物制作图表，如，把鞋或运动鞋放在地板上的正方形网格内，分成两列。接下来，儿童可能会用操作材料，或者其他诸如可连接的正方体这样的离散实物，还可能会用统计图来表征（Friel et al.，2001）。在一年级，儿童可能会用简单柱状图表征。

## 分类和数据的学习路径

　　《共同核心州立标准》规定的与数据分析相关的目标见表 12.3 以及表 12.4 有关学习路径的部分内容。

## 表 12.3　《共同核心州立标准》中有关数据分析的目标

**测量和数据（CCSS 中的 K.MD）**

**物体分类并点数每个类别中物体的数量。**

　　把物体分为给定的类别；点数每个类别中物体的数量并根据数量进行分类。

**测量和数据（CCSS 中的 1.MD）**

**表征和解释数据。**

　　能够对至多 3 个类别的数据进行组织、表征和解释；提出并回答有关数据点总数、每个类别中有多少数据点以及一个类别比另一个类别多或少多少数据点等问题。

**测量和数据（CCSS 中的 2.MD）**

**表征和解释数据。**

　　1. 通过测量最接近于整个单位的几个物体的长度，或重复同一个物体的测量值形成测量数据。通过制作线条图呈现测量值，线条图的横坐标以整数单位进行分割标记。

　　2. 绘制一幅统计图和柱状图（单一单位刻度）来表征至多 4 个类别的数据集。使用柱状图中呈现的信息解决简单的组合、分解和比较问题。

**测量和数据（CCSS 中的 3.MD）**

**表征和解释数据。**

　　1. 绘制有比例的统计图和柱状图来表征含有几个类别的数据集。用比例柱状图中呈现的信息解决一个或两个步骤的"多多少"和"少多少"的问题。如，绘制一幅柱状图，其中的每个正方形可以表征 5 个宠物。

　　2. 通过使用标有 $\frac{1}{2}$ 和 $\frac{1}{4}$ 英寸的尺子测量长度形成测量数据。通过制作线条图呈现数据，线条图的横坐标以适宜的单位——整数、$\frac{1}{2}$ 和 $\frac{1}{4}$ 进行分割标记。

表 12.4　分类和数据的学习路径

| 年龄（岁） | 发展进程 | 教学活动 |
|---|---|---|
| 0—1 | **基础：直觉地相似性分类（foundations：similarity intuiter）**<br>直觉地识别出物体或情境的某些相似性并据此进行分类（2 周大的时候，儿童能直觉地将能吸吮的物体和不能吸吮的物体区分开）。6 个月大的时候，儿童能将不同的物体放在一起；12 个月大的时候，儿童能将相似的物体放在一起。<br>非正式分类，如，2 周大的时候，儿童能将能吸吮的物体和不能吸吮的物体区分开。 | • 游戏中的分类，［LT］²：为儿童提供大量的操作材料。为物体命名并用语言强调哪些物体是一样的，哪些是不一样的。 |
| 1—2 | **相同/不同分类（similar/dissimilar maker）**<br>18 个月大的儿童能根据物体的相似性，将相同的物体分为一类，将其他不同的物体分为另一类。到了 2 岁，儿童能在直觉的基础上根据物体属性上的相似性将物体分为几类（标准可能是混淆的、不一致的），此时的儿童并不能把完全相同的物体分在一起，可能在分类时会考虑物体功能上的联系。<br>在游戏过程中，会将红色动物玩偶放在一起。看到红色小猫玩偶时，又把它们和其他的小猫玩偶放在一起，不考虑颜色是否相同。 | • 生活中的分类活动，［LT］²：在日常生活中，命名物体并用语言强调哪些物体是一样的，哪些是不一样的，同时强调物体在哪些属性上是相同的或不同的。 |
| 3 | **简单分类（simple sorter）**<br>能够在成人提供的支架基础上，遵循成人的语言指令进行分类。（在分类过程中，教师口头上的分类指令可能不尽相同，但是却会影响儿童到底将物体分成几类）。这个阶段的儿童还能纠正简单的分类中存在的错误。<br>要求儿童将图画进行分类，明确分类的简单标准，并为其提供支持，如做出分类的示范或者提醒儿童物体的某个属性。 | • 物体分类，［LT］²：提供用于思考和分类的材料，这些材料可以根据颜色、大小、形状、功能等众多属性进行分类。注意观察儿童最开始自然而然使用的分类方法——与儿童一起讨论这种方法并在此基础上帮助儿童理解分类。<br>• 分类比赛，［LT］²：玩以分类为关注点的游戏。向儿童呈现碗和一些物体，如不同类型的纽扣、珠子或者字母。如果要强调颜色，可以将不同颜色的手工 |

| 年龄（岁） | 发展进程 | 教学活动 |
|---|---|---|
| 3 | | 纸贴在墙上，让儿童将圆形贴纸贴到相同颜色的手工纸上。为了避免一直按照颜色分类的情况，可呈现碗和大量不同的物体，所有物体颜色要相同。 |
| 4 | **根据相同属性进行分类（sorter by similar attributes）**<br>能够根据物体某种明确的属性进行分类，但是分类过程中还会出现变换分类标准的情况。分类的结果可能会与成人的分类一致，但通常分类的标准是不同的，如儿童只是觉得某些物体大体上是相似的。<br>有时，特别是在成人的支持下，儿童能够快速地根据某一个标准进行分类并认识到可以有不同的分类标准。然而，他们还是会在分类过程中变换分类标准，倾向于按照某些特定的分类标准进行分类。 | • 不太一样哦，［LT］²：阅读绘本《秋秋找妈妈》（*A Motherfor Choco*），并在白板上记录儿童有关"秋秋为什么认为不同的动物可能是它的妈妈"这一问题的想法。对于秋秋来说，这些动物哪里是一样的，哪里是不一样的。（详见 Hynes-Berry & Grandau, 2019）<br>• 根据物体的一个属性分类，［LT］²：提供小组教学，过程中通过各种具体的例子为儿童提供示范，允许动手操作并提供反馈。这对于幼儿园和学前班的处境不利的儿童，需要个别化教育（特殊教育）的儿童，以及其他儿童，如视力发展障碍的儿童，是非常重要的。也可以考虑那些包含了分类的数概念与几何图形的活动。<br>• 图书分类，［LT］²：阅读绘本《有多少只蜗牛》（*How Many Snails?*）（Giganti & Crews, 1994）。这本书里有很多包含子类的东西，如草地上有不同颜色的花。然后，要求儿童根据物体的某个属性（如颜色）进行分类，然后再数一数每一类中有多少个物体。另一本很棒的绘本是《汉娜的收藏》（*Hannah's Collections*）（Marthe, 2000）。在这个故事中，汉娜需要决定带哪种藏品到学校。绘本的每一页都会有一个很棒的数学点子，包括一个对"猜猜我的标准是什么"游戏的介绍。 |

续表

| 年龄（岁） | 发展进程 | 教学活动 |
|---|---|---|
| 4 | | • 猜猜我的标准是什么，[LT]²：这是些非常适合学习分类的游戏。详见表8.1。给儿童提供一些需要关注、命名或讨论的线索，这些线索就是儿童需要去表征和遵循的分类标准。<br><br>• 分一分，数一数，[LT]²：鼓励儿童分类并量化每个类别。他们可能会根据纽扣上小洞的数量将其分为1个小洞组、2个小洞组、3个小洞组和4个小洞组，然后再数一数每个组里有几颗纽扣。为了完成这个任务，儿童需要关注并描述物体的属性，根据这些属性对物体进行分类并数一数每个类别中物体的个数。<br><br>• 有一个物体跟其他物体不一样，[LT]²：唱这首歌，然后用各种具有不同属性的材料玩游戏。 |
| 4—6 | **一致的、灵活的分类（consistent, flexible sorter）**<br>能够持续稳定地根据物体的某一种属性进行分类，能够根据物体的不同属性进行灵活分类。能够根据物体的某种属性将物体分完，分类的标准可能是给定的，也可能是自创的，能够使用"一些"或"全部"等词汇。 | • 有根据地分类，[LT]²：要求儿童有根据地分类，如，儿童可以操作立体图形，看看哪些能够从斜坡（或者其他物体）上滚下来，哪些不能，探讨为什么。或者可以探讨哪些立体图形能垒高，哪些不能以及为什么，据此对立体图形进行分类，在这个过程中探索其中蕴含的数学或科学概念。还有一些其他的科学材料也可以操作，如哪些物体有磁性。<br><br>• 重新分组（重新分），[LT]²：在集体活动中，一起阅读绘本《五个生灵》（*Five Greatures*）。这本书讲述了一个小姑娘用不同的方法将家里的生灵（家人和宠物猫）分成不同的组的故事。然后将儿童分成两组，一组是分类组，一组是检验组。教师示范一种分类方法， |

续表

| 年龄（岁） | 发展进程 | 教学活动 |
|---|---|---|
| 4—6 | | 请儿童用相同的方法分类，检验组儿童检验分类的准确性。然后儿童尝试新的分类方法。两组儿童调换角色。（详见 Hynes-Berry & Grandau，2019） |
| | | ● 猜猜我的标准是什么，［LT］[2]：这一类游戏也非常适用于分类活动，见表8.1。研究表明，如果儿童在分类时需要帮助，可以尝试语言指导、反馈以及由高于该儿童一个发展阶段的同伴对其进行示范。 |
| | **关注数据中的个别数据（data case viewer）**<br>数据将个别数据与某个数值相联系。能够识别出一组有实际测量意义的数据中的最大值与最小值。能够用图表呈现所有数据。<br>在这个阶段之前，儿童只是将数据作为"指示物"，数据只是用来表示整个事件的记录而已（"我们谈论了最喜欢的颜色是什么"）。数据对儿童而言就像是缠在手指上的绳子，是用来帮助记忆自己做了些什么的指示物。<br>最初，儿童只关注一组数据中的单个数据（"那个是我，我今年就要6岁了"）。他们尚不能将数据作为一个整体来进行思考。 | ● 使用物体制作图表，［LT］[2]：与儿童一起在一张大的网格纸上使用实物制作图表（需要能够引起注意的物体，如鞋子，接下来可以是一些操作材料，如可连接的单元积木）。<br>● 照片图表，［LT］[2]：与儿童一起制作其他形式的非连续的图表（如照片），用一一对应的方式来表征数量。解释制作的图表的含义并使用图表解决数学问题。为儿童提供例子、有趣的任务并给予及时的反馈是有助益的，如用图表来记录他们在"拾荒游戏"中收集物体的进程。 |
| 5—6 | **数据分类阶（data classifier）**<br>数据将数值相似的数据视作相同数据。使用数据比较类别中数据的频率（最常见和最不常见的数据）。通过视觉比较两个图表。将类别中的数据进行分类并用图表表征数据。<br>"最喜欢红色的人比喜欢其他颜色的人多。" | ● 环境分类与图表制作，［LT］[2]：班级儿童一起阅读巴克斯特·布朗的《房间乱糟糟》（Messy Room），帮助巴克斯特根据物体的属性想一想房间里的哪些物品可以回收，哪些物品可以重复利用，哪些物品需要扔掉。儿童可以反复多次对房间里物品的图片进行分类并根据每一类物品的数量绘制图表，从而创造出自己的表征方式（该活动完整的描述见 English，2010）。 |

| 年龄（岁） | 发展进程 | 教学活动 |
|---|---|---|
| 5—7 | **按照多种属性分类阶段（multiple att-ribute classifier）分类**<br>在一次分类活动中按照物体的多种属性进行分类。<br>"我先把大的三角形放在这边，把小的三角形放在旁边，然后我把大的圆形放那边，小的圆形放在它旁边。" | ● 分类矩阵，[LT]²：要求儿童完成一个二维矩阵，这个矩阵有行和列两个维度，行里面是不同形状的图形，列里面是不同颜色的图形。<br><br>表格见下方 |
| 7—8 | **数据汇总（data aggregater）数据**<br>根据物体抽象的属性，如功能或概念属性进行分类，理解即使物体不像，也可以放在一起。<br>关注数据的特征，将数据视为一个整体。<br>使用数据描述相对频率和密度（数据的分布形态）以及位置（数据的中心点）。<br>开始理解期望值（平均数和概率）和变异性（数据的离散程度）的含义。<br>对每个家庭在镇子里居住的年限图做出如下反应："快看这些数据，大部分家庭已经在这里住了1—6年了。""有多少个家庭？""23家里有11家，几乎是一半了。"<br><br>能够理解数据的范围和众数（出现频率最高的数据）。慢慢地，能够将数据作为一个整体来看待并关注数据的特征，包括数据的相对频率和密度（数据的分布形态），以及位置（数据的中心点，如平均数）。 | ● 我们的数据，[LT]²：儿童选择一个话题，商讨哪些属性是重要的，然后创造他们自己的用来记录数据的模型。在分享和讨论之后，儿童创造不同的方法去表征和解释他们的数据。<br><br>● 发生的可能性有多大，[LT]²：这是一系列用来探讨概率和变异性的活动。在活动中，儿童发明自己的概率实验并发展起对概率核心概念的理解。儿童记录接下来的一周里，哪些事情是一定会发生的，哪些是可能发生的，哪些一定不会发生。然后，儿童可以玩宾果游戏（bingo game），这个游戏包括了他们经历过的偶然事件中的随机性以及变异性的概念。最后，儿童帮助游戏设计公司来决定从神秘袋里拿出不同颜色的计算器的可能性是多少（English，2018a）。 |

分类矩阵表格（5—7岁）：

|  | 红色 | 绿色 | 橘色 | 蓝色 |
|---|---|---|---|---|
| ▲ |  | △ |  |  |
| ■ |  |  |  | ▭ |
| ● |  |  |  |  |

续表

| 年龄（岁） | 发展进程 | 教学活动 |
|---|---|---|
| 8 | **层级分类（hierarchical classifier）分类**<br>根据层级关系将物体分成类别与子类别。有意识地根据物体的多种属性进行分类，能根据属性对类别进行命名，理解物体可以分为不同的组。<br>能完成二维分类矩阵，能在类别中形成子类别。 | • 矩阵，[LT]²：要求儿童完成如第八章，图 8.2 显示的韦恩图，也可以以简单的韦恩图开始，见下图。<br><br>至少一边平行　　至少一个直角<br>（两个相交的圆圈图） |
| 8+ | **数据表征（data represter）数据**<br>表现出对图表"中心点"及数据变异性和范围的喜好。能够对具有相同个数的数据图表进行比较。能够使用其他表征方式，如表格，对几组有不同个数的数据的变异性进行检验，发现数据变异性的规律，运用这些规律预测数据的变化。 | • 制作甘草棒，[LT]²：儿童用培乐多彩泥做甘草棒，比较用手工做出的甘草棒与工厂生产的甘草棒（即用培乐多彩泥中的塑形工具制作），积累有关数据的变异性的经验。也就是说，在这个活动中，儿童会讨论制作过程中的质量控制问题，然后以小组为单位对甘草棒的属性（包括它们的质量）进行识别、测量、比较和记录。每个儿童都要对小组讨论后的数据进行表征。最后再以小组为单位，展示、讨论、制作图表来表征数据的范围以及甘草棒典型的质量（English，2018a）。<br><br>• 用于分类的经典艺术作品，[LT]²：儿童为不同年龄段儿童的艺术作品建构基于标准的分类模式。首先，儿童需要识别出学前班和二年级儿童的艺术作品中普遍存在的某些属性。其次，他们需要用每个年龄段儿童更多的作品去检验这个分类模式，并使用表格、图等表征形式支持自己的推理。即他们使用这个模式去预测学前班和二年级儿童接下来的艺术作品会呈现出哪些特点（活动的更多细节详见 Oslington，Mulligan，& Van Bergen，2018b）。 |

## 结语

本章的主题非常重要。如果把它看作单独的主题，如，针对重复模式的不同类型的教学单元，或针对图表绘制的教学单元，那它就不太重要，甚至可能教学的时间越长，就越远离前面章节中描述的核心教学。然而，如果把它看作思维的基本过程和方法——探寻数学模式与结构，对数学对象和概念进行分类的思维习惯——它就是大多数早期数学教育的基本内容。（早期图表的重要性是未知的，我们在自己的课程开发工作中，也是只有当真实问题出现了，图表能够帮助我们解决这个问题时，才探讨图表的相关内容，如简单的表格。）同样的观点也适用于第十三章所关注的过程。

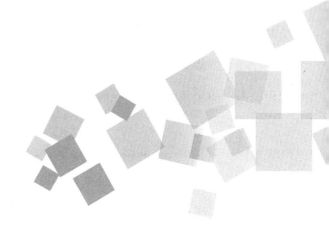

# 第十三章　数学过程与实践

　　卡门已经将她想象的比萨填满了馅料。当她准备掷数字骰子时，她说："我要得到一个大的数字并且赢你！""没办法的，你还有4个空格，但是这个数字骰子上面只有1、2、3。"她的朋友回答说。

尽管这些都是小数字，但是这个推理过程让人印象深刻。儿童能够进行数学推理。确实，我们可以认为数学是思维的精华。这是一个有力的表述。所有思维都和数学相关，这是真的吗？逻辑推理是数学的一个分支，思维在一定程度上包含逻辑。

　　仔细思考开始的小故事。在继续深入阅读前，先问问你自己：你认为卡门的朋友运用了怎样的推理过程？在我们看来，卡门的朋友可能本能地运用了如下的推理过程。

- 如果要赢，卡门必须至少掷出 4。
- 这个数字骰子上只有 1、2、3。
- 这些数字都比 4 小。
- 因此，卡门不可能在下一次掷骰子时赢。

　　尽管逻辑可能看起来是最抽象的，极少有针对年幼儿童关于逻辑的数学学习内容，研究者和其他敏感的观察者仍在儿童中看到隐含的逻辑应用。一个 18 个月大的儿童通过拉动毯子来拿到玩具，这展现了关于方法—目的（means-end）分析的开端。

　　儿童看起来是令人印象深刻的问题解决者，就像我们在前面每一章节中所看到的那样。在这一章中，我们将聚焦在问题解决、推理和其他的数学过程，或者像《共同核心州立标准》中的数学实践（见表 13.1）。该标准的数学实践部分描述了所有学段教育者希望儿童发展的各种技能。这些实践依据两个对数学教育具有长远重要性的过程和技能。一个是美国数学教师理事会提出的过程标准：问题解决、推理和证明、交流、表征、联系；另一个是美国研究理事会的报告《加起来》（*Adding It Up*）中列出的数学技能：适应性推理、策略能力、概念理解（对数学概念、数学运算、数学关系的理解）、过程熟练性（执行过程的灵活性、准确性、有效性和适宜性）、成效心向（把数学看作可感觉的、有用的、有价值的习惯倾向，以及努力和自我效能感）（Kilpatrick et al.，2001）。表 13.1 简要描述并阐释了儿童早期的《共同核心州立标准》的实践。

**表 13.1 《共同核心州立标准》中的数学实践和来自早期教育的解释**

**（简化）（来自 CCSSO/NGA，2010）**

| 1. 理解并坚持解决问题 | |
| --- | --- |
| 　　数学能力较强的儿童首先向自己解释问题的意义，并寻找解决的切入点。他们会监控和评估他们的过程，必要时会做出改变。数学能力较强的儿童用不同的方法检查自己的问题的答案，他们不断问自己"这个讲得通吗？"。他们能理解别人解决复杂问题的方法，识别不同方法之间的一致性。 | 　　理解并坚持解决问题——我们不是每天都在强调这些吗？儿童通过思考他们所能用的不同策略发明对他们来说有意义的解决方案（Clements et al.，2020）。<br><br>　　我必须把两个数量放在一起，还是把它们分开（第五章）？我如何滑动、旋转或翻转这个图形来完成这个谜题（第七章和第九章）？我如何确保我的表格是正确的数字（第四章）？ |
| **2. 抽象和量化的推理** | |
| 　　数学能力较强的儿童能理解问题情境中的数量及其关系。量化推理需要的行为习惯有：清晰地表征当前问题、考虑所包含的单位、努力理解数量的意义而非如何计算、知道并灵活运用运算及物体的不同属性。 | 　　我们已经看到儿童从出生起就能进行定量推理，至少是直觉上的推理！但是年幼儿童能进行抽象的推理吗？是的！还记得艾比在想她错过的火车吗？（第三章）或者一年级儿童在思考长度时说："如果这是一个不等式，那么你可以写 4 个命题；如果相等，你只能写 2 个。"（第十章）或者 4 岁儿童知道，如果一块布下面有 4 个，你再放 1 个，这是 5 个！ |
| **3. 建立可行的论证和批判别人的推理** | |
| 　　数学能力较强的儿童做出猜想并建立有逻辑的连续论述以探索猜想的真实性。他们证明自己的结论，和别人交流，回应别人的论证。小学生会用具体的参照物，如物体、图画、图表、动作建立论点。这些论点是有意义的，而且是正确的，尽管他们要到更高年级才能加以普遍化或抽象化。 | 　　如果你曾经在夏日阳光明媚的时候和一个学龄前儿童争论过就寝时间，你就知道他们有能力证明自己的观点，批评你的推理。如果共享积木，"你有 6 块，我有 4 块，这是不公平的，因为 6 比 4 大。"或者"我认为每次你乘以 0，结果一定是 0。一个也没有，一个也没有！"1—5 岁的儿童在自由户外游戏时会使用数学属性进行推理（Sumpter & Hedefalk，2015），这是真正数学的开端——推理和证明。 |

续表

**4. 数学建模**

数学能力较强的儿童能运用他们掌握的数学知识来解决在日常生活、社会和工作中遇到的问题。在低年级，这可能就像写一个加法算式来描述一个情境一样简单。

当儿童通过用计算器做组合来解决一个问题，或者用单位来比较两个物体的长度时，他们是在用数学建模。他们的模型变得更加抽象，甚至在小学阶段也是如此。回想一下"67 + 83 = x + 82"问题的解法："我知道83比82大1，所以 x 必须比67大1才能平衡68！"

**5. 策略性地使用适宜的工具**

数学能力较强的儿童在解决数学问题时会考虑可用的工具。这些工具可能包括纸、笔、具体模型、尺子、量角器、计算器、电子表格。

儿童喜欢使用工具。前面的章节展示了他们如何使用所有这些工具。他们把这些工具联系起来，研究如何以及为什么把一英寸长的物体摆放起来，得到的测量结果与使用尺子的测量结果相同。计算器是构建解决方案的工具，也是解决问题的证明。图形是用来证明等边三角形不能完全填满一个大正方形的工具。

**6. 努力准确化**

数学能力较强的儿童能努力和他人进行准确的交流。他们在与他人讨论和自己推理时努力使用清晰的定义。在小学阶段，儿童相互给出仔细阐述的解释。

问年幼的儿童"你怎么知道？""如果……怎么办？"，类似的问题培养了他们沟通和精确论证的能力。回想一下，一个学前儿童和他的朋友争论，他的朋友认为一个图形"太瘦了"，不是三角形："它是三角形。它有3条直边，看到了吗？1、2、3！我把它做得很瘦也没关系。"这是基于数学定义和逻辑的论证（第八章）。在早期，规则变得越来越重要，如在儿童的游戏中。数学也是如此，这是真正数学的开端——思考和推理的精确性。

**7. 寻找和运用结构**

数学能力较强的儿童能仔细识别模式和结构。如，年幼的儿童可能注意到，3+7 和 7+3 的结果相同，或者他们会根据边的数量给图形分类。再后来，儿童看出 7×8 等于他们熟记的 7×5+7×3，这为学习分配律做了准备。

儿童从很小的时候就开始使用结构，"它太像狗了，它有4条腿，会叫，它只是像猫一样小。"来自《共同核心州立标准》的数学例子是完美的：交换律（$a + b = b + a$），结合律：7 +4+6=7+（4 + 6）=7+ 10 = 17 是受到良好教导的小学生抽象、使用和讨论的代数模式（第十二章）。

| 8. 寻找和表达重复推理中的规律性 | |
|---|---|
| 　　数学能力较强的儿童会注意到是否重复计算，会寻找通用和简便的方法。 | 　　同样，儿童在重复推理中看到了模式："如果你一直在那里放另一个……就像……下一个计数数字！""看，这种模式是在顶部多增加 1 个，在底部多增加 2 个。所以，上面是常规计数，下面是两位数计数。" |

## 推理和问题解决

　　虽然高级的数学推理对大多数年幼儿童是不合适的，但是，你可以通过精确的思考和定义帮助他们在自己的水平上发展数学推理。回忆一下，那些学前班儿童判断一个图形是否是三角形的过程，儿童是根据图形的属性和三角形的定义来判断——也就是三角形是有 3 条直边的（封闭）图形（第八章）。年幼儿童认为"我们已经发现 5+2=7，所以我们知道 2+5 的结果，'因为你可以随意先加其中一个数字'"，这再次显示了他们从数学属性进行推理的能力（第五章和第六章）。他们也可以用数据进行推理（Oslington et al.，2018）。5 岁儿童就能进行各种类型的关系推理（Jablansky，Alexander，Dumas & Compton，2015）。

　　数学推理是一个重要过程，对儿童的数学发展有着独特的作用。如，在一项研究中，流体（关系）推理是几十年后数学成就的唯一一致预测因素（Green，Bunge，Briones Chiongbian，Barrow & Ferrer，2017）。另一个研究团队发现，数学推理和算术对数学成绩有独特的贡献（Nunes，Bryant，Barros & Sylva，2012）。而且，数学推理比算术技能、一般智力、工作记忆更能预测儿童的数学成绩。在一项相关研究中，逻辑推理训练提高了儿童的数学成绩（Nunes et al.，2007）。

　　当然，儿童会运用这样的推理来解决问题。年幼儿童还有一些额外的策略。

　　3 岁的卢克看到父亲在车厢里找不到丢失的垫圈时建议道："你为什么不把车

往回开，这样你就能找到了。"卢克运用"方法—目的"的分析好于他的父亲。这个策略涉及区别当前情形和目标的差别。"方法—目的"的问题解决方式可能在儿童6—9个月时出现。就像在前面的例子中所描述的那样，儿童学会通过拉毯子将玩具带到自己可以拿到的范围内。

即使是年幼儿童也有多种可以支配和选择的问题解决策略。"方法—目的"分析是一个一般策略，还有很多其他的策略。儿童知道并且喜欢认知上较为简单的策略。如，在爬山的时候，儿童能够根据当前的情形推理目的地的方向（DeLoache，Miller & Pierroutsakos，1998）。

儿童从出生的第一个月起就开始发展这些能力。如，给婴儿看3个十字架和1个正方体在机械装置中混合。它们是隐藏起来的。如果出现1个正方体，他们看它的时间比出现1个十字架的时间长。研究表明，他们可能使用逻辑或概率来估计哪个更有可能出现（Denison & Xu，2019）。另一个例子是，6个月以前的儿童会用不同的方式探索物体（Sarama & Clements，2009）。

到了1岁，他们对新事物产生兴趣，认识到差异，并改变自己的行为去寻找他们想要的物体。这些试误是一种对认知要求较低的活动，有点类似于皮亚杰理论中的循环反应——尝试创造有趣的视觉或声音的重复。在1—2岁，他们寻找隐藏的玩具，并有意识地实验新动作对物体的效果。他们尝试将在一个情境中发现的成功策略（用力拉一个被卡住的物体）用于另一个新的情境中。到了2岁，他们会系统地改变自己的动作，以新的、创造性的方法使用物体以解决问题。

这些策略的发展贯穿学步儿到学前班儿童，使儿童逐渐学会处理不断复杂的问题。如，回忆一下，当儿童被鼓励使用操作或者用图画表示物体、动作和数量关系时，他们能够解决范围广泛的加减乘除问题。

总之，虽然儿童的经验有限，但他们是令人印象深刻的问题解决者。他们能学会学习，学会推理游戏的规则。关于问题解决和推理的研究再次表明，儿童比过去认为的更加熟练，而成人没有过去认为的那么熟练。最后，尽管领域特殊性知识是必要的，但是我们还是应该认识到从领域特殊性知识开始的推理构建了普遍的问题解决和推理能力，这在儿童早期的发展中是十分明显的。帮助儿童谈论其问题解决（"有声地投入"）并制定解决问题的策略计划，可以培养他们多方面的能力，降低学业失败的风险。（McDermott et al.，2010）。注意有些儿童在处理困难问题时是否会感到焦虑（HoHong，2017）。最后，请记住，推理方法也能发展数学知识，如对算术组合的流畅性比直接指导更好（Baroody et al.，2016）。

## 逻辑运算：分类、排序、模式和代数思维

我们已经在多个章节中讨论了分类、排序和模式。如，分类的发展在第十二章中有详细的描述，而且，在之前的所有章节中，儿童都在根据数字、形状甚至算术类型进行分类。同样，儿童在多个章节中对数字和量进行排序——按顺序排列。我们再次强调，显而易见地，模式也是数学思维中最重要的思维过程和习惯之一（第十二章）。

那么，为什么又提起来呢？因为这些逻辑运算是儿童在数学、学校和生活中取得成功的基本数学过程（Ciancio，Rojas，McMahon & Pasnak，2001；Pasnak，2017；Pasnak et al.，2015）。

## 经验与教育

你呈现问题，他们决定如何解决。你再呈现问题，他们再决定如何解决。然后你问他们用了什么方法。我很吃惊，他们学会了描述自己的过程！他们将运用这种知识来回答科学问题，他们真的在进行批判性思维。在学前班就问"你是怎么知道的"是非常重要的。

——安妮（Anne），幼儿教师，搭建积木课程

美国数学教师理事会、美国幼儿教育协会、数学家（如鸟）及研究结果均指向相同的教育目标和建议：基本的过程，尤其是推理和问题解决应该是各年龄段数学教育的中心。

## 推理

帮助儿童发展前数学推理需要从早期开始。提供一个能够让儿童探究和进行推理的有物品的环境，如积木。鼓励通过语言支持推理能力的发展。如，同时用"爸爸、妈妈、宝宝"和"大、小、微小"标记情境，可以让2岁儿童进行3岁儿童的关系推理。其他几个章节已经表明，让儿童解释和论证他们关于数学问题的解决是发展数学推理能力的一个有效途径。

鼓励、注意和讨论儿童在游戏中的推理能力。想想这段学龄前儿童攀岩的情节（Sumpter & Hedefalk，2015，改编自第5页）。克里斯蒂娜老师说："那个，那个相当大。我觉得它比我还大。"克里斯蒂娜："我们应该测量吗？不管怎么说，它都比我大"（走着站在石头旁边，用自己的身体来衡量）。克里斯蒂娜："是的，不管怎么说，它都比你大。"（直接比较长度，第十章）教师指出，这块石头没有她那么高。儿童不同意，说他们是一样的，但是当教师移到石头旁边时，他们同意石头的高度到她的鼻子。然后儿童爬上石头说："是的，但是房子比石头大。"克里斯蒂娜："房子？是的，当然有。因为房子，我可以进入（房子），对吧？[传递推理]。"儿童提出了数学问题，但教师提供了大部分的推理，然而，提供这样的模型是有用的。

后来，儿童在建塔时也做了推理。萨拉说："这座塔应该比你高。然后你需要抬头看看，当我们在上面加上这个[坐垫]的时候，就会很胖很酷。"卡斯帕说："是的，但不是那么高"（挑战长度）。萨拉说："是的，比她高（指着旁观者）。更高了！"[反驳]。索菲亚说："不（同意萨拉，不同意卡斯帕），我们要高。"卡斯帕[澄清、限制]说："但没必要一直加高。"萨拉（同意但要确立一个目标）说："对，要和滑梯一样高。像克里斯托弗（老师）一样高。所以，我们需要让它和滑梯一样高，那么它比克里斯托弗高。"

萨拉建议他们应该通过增加长度来增加高度：A + D > A。卡斯帕对这个估计提出了质疑，萨拉在索菲亚的支持下，提出了几个论点，缩小了估计范围，根据演绎逻辑得出了一个结论：如果 A = B（和 B > C），那么 A > C。

## 问题解决 [①]

儿童在不断解决问题的过程中不断进步。学前班儿童或者更小的儿童能够从一个笃信问题解决重要性的教师的有计划指导（但不是规定的策略）中受益。他们从利用具体实物的广泛情境的（几何的、算术的、各种问题类型，包括加减法及大班以上的乘除法）建模中受益，从用图画表征思维中受益，从对解决方案的解释和讨论中受益。

解决更多的复杂词语问题对小学儿童来说是个挑战。他们的概念必须从现实情境中的许多凌乱细节转移到更加抽象（数学的）和定量的概念（Fuson & Abrahamson，2009）。如，儿童可能会这样读："玛丽在商店买了8块糖，但是她在回家的路上吃掉了3块，当玛丽到家时还剩下几块糖？"儿童必须认识到商店在这个问题中只是很小的一个部分，但是它的重要性在于这是一个糖果的集合。他们可能又会思考，玛丽有8块糖，但是吃掉了3块。然后，我必须找到8块再拿走3块。接着，他们可能会考虑用手指模拟这个过程，最终举起8根手指并且减少一只手上的3根手指。尤其是一开始使用"你的语言"可能会有所帮助；"你买了8颗糖果……"（Artut，2015）。此外，请回忆（第六章），让儿童探索问题，然后指导，再让他们检查他们的答案是特别有效的（Loehr et al.，2014）。

举一个排序的例子，让尽可能多的儿童在黑板前用图画、数字等方式解决问题，同时让其他儿童在座位上用儿童用的黑板或者白板解决问题。接着请两三名儿童解释他们的解决方案。再换一组儿童到黑板前解决下一个问题。最后，所有儿童都至少解释一个问题，并且大多数能够解释给其他儿童听。英语学习者（ELLS）可能会指着他们的图画或者和同伴共同解释。教育技术可以做出多方面的贡献（Herodotou，2018；Outhwaite，Faulder，Gulliford & Pitchford，2019）。

从简单到更加复杂的问题类型。对于每一种问题类型，从比较熟悉的情境和语言过渡到不太熟悉的情境和语言，指导儿童使用更加复杂的策略，然后使用算术。

---

[①] 大部分有关问题解决教学的信息都已整合在数学内容的章节中了。

同时，引入额外或者缺失信息的问题，以及多种步骤的问题。使用更大或者更加复杂的数字（如分数），和其他问题类型组合成新的问题类型，并在练习中进行反馈。

问题解决在小学阶段非常重要。如，让一年级儿童解释他们处理问题、解决问题的策略，与更高的数学学业成就相关。研究表明，数学化故事情境的过程有一个相反但是同样重要的过程——儿童应该创造和数字算式相适应的应用题（Fuson & Abrahamson，2009）。提出问题似乎是儿童表达他们创造性和综合学习能力的重要途径（Brown & Walter，1990；Kilpatrick，1987；van Oers，1994）。在以项目为基础的方法背景下解决问题，可能会特别有动力和益处。

## 作为逻辑运算的分类和排序

大多数章节中都有教授这些过程的想法（如，按数字和形状分类、按不连续量的数和连续量进行排序）。此外，分类在表 12.3 中的学习轨迹中，排序在第四章、第十和第十一章中。在这里，我们只是对这两个过程作为逻辑运算补充了一些说明，我们强调这些过程可能最好是作为解决儿童有意义的日常问题的方法来发展，正如皮亚杰所说。

儿童有时候会因为对排序感兴趣而进行排序，对分类感兴趣而进行分类，等等。但是，一般而言，当需要通过对原因进行组织才能解释事件或者现象、达到目标的时候，运算（逻辑数理知识）才是最常被运用（和发展）的。

如，尽管很多类型的活动能够支持分类的学习，"根据良好的因果关系进行分类"的指导原则（Forman & Hill，1984）表明，儿童会根据教师的指导对图形进行分类，但是更多的是从对三维物体的分类中找出哪些能够滚下斜坡的及其原因。

基于更广泛的皮亚杰的观点，研究者们给来自资源匮乏社区的一年级儿童提供了各种包含物理知识的活动，如，保龄球、平衡立方（在一个圆板上平衡苏打瓶）和捡棒子 ①，而不是典型的数学教学。当他们表现出对算术已经准备就绪时，研究者们将会给他们提供算术游戏和激发观点交流的文字问题。在这一年结束时，这些儿童的表现超过了其他仅专注于数字教学的儿童。研究人员称，物理知识活动也发展了逻辑数学知识，如，通过对棒子进行分类来决定该首先拿起哪根，并将它们从最容易拿起到最难拿起进行排列。物理知识的影响和算术活动是密不可分的，虽然没有随机分配，但该结果仍具有参考意义（Kamii & Kato，2005）。

其他研究表明，分类和排序的过程与数知识是以令人惊讶的方式相关的。学前儿童被随机分到 3 个不同的教育情境中，时间为 8 周。这 3 组分别是分类排序组、数数组（感数和计数）和控制组（Clements，1984）。前 2 组都在其被指导的方面获得了提高，并且在其他主题中也获得了进步。令人惊讶的是，数数组对分类和排序的学习多于分类排序组对数数的学习。这可能是因为所有的数字和计数在一定程度上暗示了分类。如，儿童可能会点数蓝色的汽车、红色的汽车，接着是所有的汽车。

而且，尽管这些研究使用的是实物材料，但表征和任务的意义比材料的形式更重要，因此，对于 3 岁以上的儿童来说，精心设计的计算机材料可能和实物材料一样，甚至比实物材料更有用（Clements，1999a，另见第十六章）。在一项研究中，使用计算机操作工具学习的儿童与使用实物材料学习的儿童一样，都学会了分类和其他主题内容，但只有计算机组在排序上有明显的进步（Kim，1994）。此外，计算机操纵器为儿童提供了一个更有趣的学习环境，使他们有更多时间进行数学思考。

最后，请记住，高质量的分类游戏对数学练习和执行功能是有好处的！请看表 8.1 的几个层次中的"猜猜我的规则"。

---

① 该游戏是要从散落的木棒堆上，按照从顶部到底部的顺序拿起木棒，同时禁止先拿掉被压住的木棒。——译者注

## 结语

儿童是令人印象深刻的问题解决者。他们正在学会学习和学会推理游戏的规则。提出问题和解决问题是儿童表现他们创造性和综合学习能力的有效途径。儿童的数学、语言和创造性不断得到发展，他们在学会思考的本质中建构联系。

尤其对于年幼儿童来说，数学主题不应该是孤立的主题，相反，应当是相互联系的，应当在解决重要问题的情境中或者在一个有趣的项目中。因此，这本按照数学内容来组织的书不能被认为是对每一部分内容的单独强调，包括一般数学过程能力和实践都是相互联系的，在教学和学习过程中这些内容和过程是相互交织的（NCTM，2000）。

这是对聚焦于数学目标和具体的学习路径章节的总结。第十四章主要是对认知（思维、理解和学习）、情感（情绪或感觉）和公平的讨论。

# 第十四章　认知、情感和公平

三位教师正在讨论他们学生，哪些擅长数学，哪些不太擅长。

艾瑞莎：一些学生擅长数学，然而另一些不擅长。你不能改变他们，你可以在课堂上观察他们时告诉他们。

布兰达：我不这么认为。学生在思考数学问题的过程中变得更加聪明，努力学习数学能够让学生变得更好。

卡瑞娜：肯定有一小部分学生会觉得数学是充满挑战的，也有一小部分学生出于某种原因能够很快地学习新的数学内容。但是没有人的能力是固定的，他们都需要具有良好的经验来进行数学学习，这些经验让他们学得更好，学更多的数学。

你认为以上哪位教师对天资、能力（自然）和努力、经验作用（使然）的评价是最准确的，为什么？

## 思维、学习、情感、教学

本书最后三章讨论的是将学习路径运用到实践中的重要议题。本章描述的是儿童如何思考数学，他们的情感如何参与，以及关于公平的问题。在第十五章，我们讨论的是早期教育的环境及使用的课程。我们在第十六章进行总结，主要描述教学实践并回顾相关有效教学的研究。这三章的主题在整本书中是特别的，因为在姐妹书中没有对应的章节，所以有较多的研究回顾。我们已经为只想关注实践的教师们标出了实践启示的段落。

## 学习：过程与问题

### 认知科学和学习过程

我们的层级互动理论（theory of hierarchic interactionalism，详见姐妹书中）及

对学习路径阐释的核心是年幼儿童的学习过程。本部分将从特殊的数学主题"退后"到关注一些重要而普遍的、可以被用来更好地理解儿童教育的认知和学习原则。

当儿童思考和学习时，他们建构心理表征（我们称为"精神客体"），并在其上进行认知过程（"针对对象的操作"），通过执行功能（"元认知的"）过程控制这些操作。

*实践启示*：使用认知科学来指导教学，已经嵌入学习路径的概念中，并贯穿本书。表 14.1 列举了一些具体的原则作为例子（关于完整的讨论，见 Booth et al.，2017）。

### 执行功能（自我调节）

为了学习和解决问题，人们需要资源。数学概念和过程是我们在本书中讨论过的资源。另一组资源使人们能够控制、监督或调节自己的思维和行为。这样的执行功能（EF）过程在儿童早期发展得最为迅速（以下内容改编自 Clements，Sarama & Germeroth，2016）。

认知过程（如执行功能）与儿童的学业成绩有着明显的联系。儿童需要提前计划、集中注意力，并记住过去的经验。有些人认为，执行功能过程构成了"高效数学学习的主要特征"（De Corte，Mason，Depaepe & Verschaffel，2011）。这种执行功能过程支持儿童在各个学科领域的学习，但对数学可能特别重要。举个例子，当最初读到的算术问题不正确的时候，儿童需要抑制第一次回答（不正确）的冲动，仔细研究问题。请看下面的问题："树上有 6 只鸟，3 只鸟已经飞走了，一开始树上有多少只鸟？"儿童必须抑制根据"飞走了"这句话立即做减法的欲望，而是计算出总和（通过加法、计数或其他策略）。在过去的一百年里，数学教育中对抑制性控制等执行功能过程的应用要求越来越高（Baker et al.，2010）。

这些过程加在一起，使儿童即使在面临解决问题或学习方面的困难，或面临疲劳、分心、动机下降时也能完成任务（Blair & Razza，2007；Neuenschwander，Röthlisberger，Cimeli & Roebers，2012）。因此，幼儿园教师说这样的执行功能过程（尽管不是这个名字）和学业一样重要也就不奇怪了（Bassok，Latham & Rorem，

2016）。大多数教师认为执行功能的组成部分，如抑制性控制和注意力转移，对数学思维和学习很重要，而且这些评价随着教学经验的增加而增加（Gilmore & Cragg，2014）。

表 14.1　认知科学的指导原则（Booth et al.，2017）

| 原则 | 描述 |
| --- | --- |
| 鹰架 | 逐渐减弱的支持使学习者能够流畅和独立地解决问题 |
| 分布式实践 | 间隔性练习比一次性练习要好 |
| 反馈 | 接受有信息的反馈可以促进学习 |
| 工作实例 | 研究（或解释）已经解决的例子加上解决问题的方法，比只解决问题要好 |
| 交叉 | 以混合的顺序练习解决不同类型的问题比练习同一类型的问题更好 |
| 抽象和具体的表征 | 将抽象的和具体的表征联系起来可以增加学习和转移 |
| 错误反馈 | 思考错误可以改善问题的表述，增加概念上的理解 |
| 类比比较 | 比较多个实例比研究一个实例能更好地理解 |

许多研究表明执行功能很重要，这导致一些人认为执行功能必须首先发展，之后儿童才可以学习数学等科目。然而，一旦考虑到早期数学，执行功能并不能预测日后的学习成绩（Watts，Duncan & Quan，2018）。相反，早期的数学预测了后来的执行功能。所以，这种关系可能不是单向的。我们回到这个问题，但首先我们描述三个主要的执行功能过程。

首先，注意力转移和认知灵活性包括根据情况需要将思维定式（mental set）从情况的一个方面转换到另一个方面。数学中的一个简单例子是用不同的单位计数（如用英尺和英寸来计算总长度）。认知的灵活性同样涉及避免功能固着，如倾向于只根据最熟悉的功能来看待代表对象。数学中缺乏认知灵活性的一个例子是，即使失败了，也会重复相同的解决策略。

其次，抑制性控制涉及抑制无益的反应或策略，如控制支持性反应（如在"树上有 6 只鸟"的例子中，你想到的第一个解决方案或答案），以思考更好的策略或想法。另一个例子是在数学应用题中忽略无关的信息。一个非数学的例子是，在游戏"西蒙说"中，当命令是"摸你的头"而不是必须说"西蒙说'摸你的头'"

时，儿童就会停止遵守命令。

最后，工作记忆涉及一个负责短期持有和处理信息的系统。工作记忆是他们拥有的能够思考数学和解决数学问题的心理空间的总和（实际上，另一个有用的隐喻是，工作记忆是儿童处理记忆中多种项目的能力）。这允许儿童有意识地思考任务或者问题。工作记忆影响儿童解决问题、学习和记忆的能力（Ashcraft，2006）。如，工作记忆能预测儿童的数的组成计算知识（Geary，2011；Geary et al.，2012；Passolunghi et al.，2007，尤其是工作记忆的执行控制成分）。较慢的和更加复杂的过程对工作记忆提出了额外的需求。不出所料的是，工作记忆的限制可能是引起学习困难或者学习缺陷的一个原因（Geary，Hoaard & Hamson，1999；见本章后面的论述）。特别大的工作记忆是数学能力优异的一个原因。

执行功能过程强调在处理新信息时更新工作记忆，也就是说，在从事另一项认知要求高的任务时，经常保持、处理和增加相关信息。儿童在解决一个测量问题时，可能需要在进行必要的计算时牢记问题情境和他们的解决方案，用测量单位解释计算结果，然后将其应用于问题情境以解决问题。

*实践启示*

关于执行功能的研究也提供了一些令人惊讶的好消息：高质量的数学教育可能具有教授数学和发展执行功能过程的双重好处（Clements et al.，2020）。考虑到儿童，特别是那些最需要帮助的儿童，在幼儿园中拥有的宝贵时间不多，发展多种关键能力的策略尤其有价值。工作记忆对数学学习特别重要，尤其是对残疾儿童（Cargnelutti & Passolunghi，2017）。有意使用基于学习路径的数学教育有助于这两者。特别是参见［LT］[2]上的"数学＋"活动，它确定了这样的教学方式——支持数学加执行功能。

研究还发现，某些环境和教学实践也会有所帮助（见第十六章）。仔细引导儿童注意特定的数学特征，如集合中的数字或多边形的角，有可能改善他们的学习。如，自发识别数字的倾向（见第二章）是一种技能，但也是一种思维习惯，包括直接注意数字的能力（Lehtinen & Hannula，2006）。这些思维习惯有助于进一步发展特定的数学知识，以及在与之相关的情况下将注意力引向数学的能力，也就是说，将知识概括并转移到新的情况中。

随着儿童年龄的增长，他们的工作记忆不断得到发展，这可能与更好的自我调节和执行控制能力，以及更有效的表征内容的能力有关（Cowan，Saults & Elliott，2002）。在所有年龄段，人们克服工作记忆限制的一个方法是让某些过程自动化——快而简单。这种自动化的过程并不占用太多的工作记忆（Shiffrin & Schneider，1984）。一些自动化的过程是引导程序的能力，如脸部识别的能力。在数学中，很多知识必须学习和体验多次。当执行一个更加复杂的任务时，一个熟悉的例子是，当对组合计算特别熟悉时，以致人们在执行更复杂的任务时只是知道，而不需要再去计算。这种自动化需要很多练习。这样的练习是可以被训练的，但是一个更广泛的定义是反复体验，这可能包括训练，但也包括在不同情境下对技能和知识的使用，这促进了自动化和在新情境中的转换。

**有意控制**同样也是抑制性的，它是压抑一个反应（如从他人那里抢来玩具）的能力，以便做出更好的反应（如请求分享玩具）。有意控制往往聚焦于对冒险或奖赏情境做出更多的情绪和动机反应。有意控制可能会影响学习行为以及与成人、同伴的关系。而且，缺乏这种社会情绪的自我调节会阻碍儿童在幼儿园中进行积极的师幼互动的能力，这反过来又预示着以后的低学业成就和行为问题的发生（Hamre & Pianta，2001）。类似地，有意控制较弱的儿童多破坏性和攻击性行为，由此得到的同伴支持也少，反过来也会不利于他们的学习（Valiente et al.，2011）。

*实践启示：有意控制*

研究者已经指出，一定的教育环境和教师指导可以帮助儿童集中注意力，能力得到不断成长，并且发展自我调节能力（见第十六章）。本书每个学习路径的指导活动都是有意设置的，以帮助儿童集中注意力。

## 长时记忆和提取

长时记忆是指人们对信息的储存。概念（理解）需要努力和时间才能储存到长时记忆。人们将知识应用到新的情境中是有困难的。也就是说，在所学知识的情境中更容易运用知识，但是如果没有概念性的知识，这将更加困难。

*实践启示*

帮助儿童建立丰富的概念表征（称作"综合具体知识"，见第十六章），并且观察儿童如何使用他们已知的知识解决新问题来帮助他们记住和转化他们已经学会的知识。不同的情境不一定完全不同。在一个研究中，6岁和7岁的儿童练习使用闪卡和工作单。如果在同样的形式下进行测试，两组的表现同样出色——用闪卡练习的一组用闪卡测试，用工作单练习的一组用工作表单测试。但是，如果形式转换了，他们的成绩就会显著下降（Nishida & Lillard，2007a）。

尽管容易理解的材料可以促进快速的初始学习，但它并不能帮助儿童把知识储存到长时记忆中。有挑战性的材料能带来更好的长时记忆，因为儿童必须更彻底地处理和理解它。他们额外的努力转换为更加积极的处理加工，因而更加容易储存信息。这帮助儿童更长时间地记住信息以及更加便捷地提取（记住）信息。因此，儿童可以更好地提取信息并且更容易将其应用于新情境中。

接下来，我们将讨论儿童建立的心理对象，包括陈述性的、概念性的和程序性的表征。

## 什么能预测数学成绩

关于学习和包括情感、动机在内的认知过程的思考，有这样一个问题：这些或者其他能力或倾向会预测数学成绩吗？

*数学成绩的最佳总体预测因素*

也许最重要的是，早期的数学学习可以预测以后的成绩（Bodovski & Youn，2012）。学前班的数学知识与十年级数学成绩的相关系数是0.46（Stevenson & Newman，1986）。幼儿园儿童的认知技能，如，区分相同或不同的视觉刺激物和对视觉刺激进行编码的能力预测了他们日后对数学的兴趣（Curby，Rimm-Kaufman & Ponitz，2009）。而且，和最初具有较低数学能力的儿童相比，最初具有较高数学能力的儿童数学能力的增长速度更快（Aunola，Leskinen，Lerkkanen & Nurmi，2004）。研究者总结道："目前来说，促进一年级儿童测试成绩提高的最有力的方法是在儿童进入幼儿园前提高低水平儿童的基本能力。"令人惊讶的是，早期数学可以预测阅读，但阅读却不能预测数学成绩（Lerkkanen，Rasku-Puttonen，Aunola & Nurmi，2005）。

此外，"温和"或者社会情感技能，如，能够安静地坐在教室里或者能够一进入学校就交到朋友并不能预测早期的成绩（Duncan，Claessens & Engel，2004）。早期数学知识的影响异常强烈且明显持久（Duncan，Claessens & Engel，2004；Duncan et al.，2007；Duncan & Magnuson，2011；Romano，Babchishin，Pagani & Kohen，2010）。值得注意的是，这不仅包括教育，还包括个人、家庭和社区的稳定特质（Watts，Duncan，Clements & Sarama，2018）。

一些研究显示，一般知识，尤其是精细动作技能增加了对早期数学知识的预测力（Dinehart & Manfra，2013；Grissmer，Grimm，Aiyer，Murrah & Steele，2010；Pagani & Messier，2012）。然而，仔细观察评估管理就会发现，许多旨在捕捉精细运动技能的项目也很适合捕捉空间或几何能力，如，使用积木复制一个模型，在纸上复制5个数字。

*哪些特殊的数学技能具有预测性*

回答这个问题可能有助于筛选或早期识别那些可能有数学困难的人。一些研究已经发现支持特殊任务的依据，以下列举了一些。

• 在近似数量表征系统（ANS）中大小表征的早期发展，或第二章中的近似数系统（Geary，2013；Mazzocco et al.，2011）。

• 自发地聚焦于数，如，独立地运用感数，可以预测计算但不能预测后期的阅读（见第二章）（Hannula，Lepola & Lehtinen，2007）。

• 感数，尤其是将数量和数字相联系（Geary，Brown & Samaranayake，1991）。

• 大小区分，正如指出两个数字中较大的数字，这可能和空间表征的一个弱点有关系（Chard et al.，2005；Cirino，2010；Clarke & Shinn，2004；Gersten，Jordan & Flojo，2005；Jordan，Hanich & Kaplan，2003；Lembke & Foegen，2008；Lembke，Foegen，Whittake & Hampton，2008；Geary & vanMarle，2016）。

• 如果儿童在幼儿园不能对数字进行比较，无论是符号性的还是非符号性的，他们以后就有可能出现数学障碍（Desoete，Ceulemans，De Weerdt & Pieters，2012；Olkun，Altun，Göçer Şahin & Akkurt Denizli，2015）。

• 识别数字，如阅读数字（实际上是一种语言艺术技能）（Geary & vanMarle，2016；Chard et al.，2005；Gersten et al.，2005；Lembke & Foegen，2008；Lembke et al.，2008）。

• 类似地，运用符号（如数字）的能力以及将其和数量相联系（Kolkman，Kroesbergen & Leseman，2013）。

• 缺失数字任务，即指出在数序中缺少的数字（Chard et al.，2005；Cirino，2010；Lembke & Foegen，2008；Lembke et al.，2008）。

• 能够正确地进行按物点数（见第三章、第五章）（Cirino，2010；Clarke & Shinn，2004；Geary，Brown & Samaranayake，1991；Gersten et al.，2005；Passolunghi et al.，2007），特别是能够用高级而非基本的计数能力（Nguyen et al.，2016）。

• 将数映射在数线上（Geary et al.，1991），也就是说，发展对数字系统逻辑结构的清晰理解（Geary，2013）。

• 以另一种视角将数感测量与以下相结合——数数知识和原则、数的认知、数的比较、非口头计算、应用题、数的组合（Jordan，Glutting & Ramineni，2009；Jordan，Glutting，Ramineni & Watkins，2010）。

• 流畅地进行算术组合，如，加法"事实"（对于较大的儿童，Geary，Brown & Smaranayake，1991；Gersten et al.，2005）和数的组合分解（Geary et al.，1991）。

• 儿童在幼儿园时期的模式和数学结构的知识也能预测他们在二年级末的数学，尤其是计算能力。这个知识几乎和数的知识一样有预测力（Lüken，2012）。

• 最后，具体的数学语言，如，数字（如"多"和"少"和数字词）和空间（如"后面"和"上面"和形状术语）概念与早期数学学习密切相关，甚至超越了工作记忆和比较能力等经常被引用的因素（Toll & Van Luit，2014b）。

尽管建立预测未来数学能力的证据基础很重要，但还是要谨慎，因为筛选变量和预测变量常常忽视常规数学能力之外的数学。

其他领域和数学也是相关的，如语言和读写能力（Purpura，Day，Napoli，& Hart，2017）。如，无论是词汇量还是印刷文字知识都能预测未来的算术得分（Purpura，Hume，Sims & Lnigan，2011）。

对于一些有数学困难（MD）或数学学习障碍（MLD）的儿童来说，与数学有关的其他认知过程包括工作记忆，如反向数字跨度（Geary，2003；Gersten et al.，2005；Toll，Van der Ven，Kroesbergen，& Van Luit，2010），或者是一般性的智力、工作记忆和加工速度（Geary et al.，1991）。其他研究者已经发现，当注意力（显著预测因素之一）被控制时，工作记忆不是事实流畅性的预测因素（Fuchs et al.，2005）。注意力、工作记忆和非言语的问题解决能力能够预测概念能力。回顾一下，早期的数数能力，包括自信地点数、正确运用点数策略和比较数量大小是尤其重要的（Gersten et al.，2005；Jordan，Hanich & Kaplan，2003）。

此外，与教师的关系亲密和成绩是正向相关的，特别是对年幼儿童和处境不利的儿童。最后，更外向的儿童能够更快地掌握数学（和阅读）的技能（Burchinal，Peisner-Feinberg，Pianta & Howes，2002）。从教师那里得到更多教学支持的儿童表现出更少的任务回避行为，同时也获得了更高的数学技能水平（Pakarinen et al.，2010）。因此，温暖、关怀和能够提供教育性支持的教师有助于儿童学习数学和更多知识。

这些研究的一个共同的、重要的组成部分可能是数学思维和学习中的投入程度。一个大型研究证实了投入程度或学习品质的重要性，认为它是一直到五年级时学习的最佳预测因素（Bodovsi & Youn，2011）。学习的投入程度包括任务坚持性、对学习的渴望、专注性、学习的独立性、灵活性和条理性，对于女孩以及少数族裔儿童尤其重要。

在从这些研究中得出启示时，需要注意的是它们是相关的，而不是实验性的。我们不能把因果解释归因于它们。然而，这些研究具有启发性。第十六章包括了来自实验的证据，在证据中我们可以讨论提供更好的早期数学教学的效果。现在我们简单地提出几个建议。

*实践启示*

尽早开始数学的教育。关注本书概述的关键数学主题，同时关注自我调节能力的提升。请记住自我调节和数学能力的发展是互利的—— 一方的发展支持了另一方的发展（Van der Ven et al.，2012），而读写能力则不是如此（Welsh，2010）。再说一次，数学是一种基本的认知能力。


# 情感（情绪）、信念（包括态度和努力之争）及动机

既然数学思维和学习是认知方面的，情感起作用吗？当然起（Mercader，Miranda，Presentación，Siegenthaler & Rosel，2017）。如，如果人们对数学感到焦虑，他们可能会表现得较差（Pantoja et al.，2019），并不一定是因为他们的能力或技能有限，而是因为紧张不安的想法进入他们的思维，限制了工作记忆用来解决数学问题的数量（Ashcraft，2006；Boaler，2014；Fritz，Haase & Räsänen，2019）。此外，它甚至阻止儿童尝试使用更先进的解决策略（Ramirez，Chang，Maloney，Levine & Beilock，2016）。在本节中，我们将回顾关于情感的关键发现。

作为一种文化，美国人对于数学有一种消极的情感和信念。确实，将近17%的人在看到数字的时候会产生数学焦虑（Ashcraft，2006）！焦虑影响了儿童解决数学问题的能力（Cargnelutti，Tomasetto & Passolunghi，2017），尤其是那些要求较高的问题（Ho-Hong，2017）。

一种根深蒂固的信念是数学成绩大多依赖于天资或者能力，就像艾瑞莎在本章开头指出的。相反，其他国家的人相信成绩来自努力——这是布兰达的观点。更令人不安的是，研究表明，美国的这种观念伤害了儿童，而且这是个错误的信念。相信或者被鼓励理解"只要他们努力就能学习"的儿童，相比于那些相信你要么拥有（或者得到）要么没有的儿童，能够长时间地学习并在整个学习生涯中取得更好的成绩。后面的这种观点常常导致失败和习得性无助。同样的，那些具有掌握取向目标的儿童——努力学习并懂得学校发展知识和技能的意义，比那些目标

指向高分或者超过别人的儿童的成绩更好（Middleton & Spanias，1999；NMP，2008）。他们甚至把失败作为一种学习的机会（cf.Papert，1980）。

就像卡瑞娜认为的那样，儿童之间确实存在差异，这将在后面的章节中进行讨论。然而，这些差异到底是来自先天还是后天教养或者是二者错综复杂的混合，还是很难说清的。在一个高质量的教育环境中，所有的儿童都能发展数学能力甚至智力。

幸运的是，大多数年幼儿童具有积极的关于数学的情感，并被激励积极探索数字和形状（Middleton & Spanias，1999）。不幸的是，在进入小学几年后，他们开始相信只有某些人具有学数学的能力。而且，到二、三年级，许多人就经历数学焦虑，尤其是在需要计算和问题解决的时候（Wu，Barth，Amin，Malcarne & Menon，2012），而且对那些数学学习准备不充分的儿童来说会更糟糕（Wu，et al.，2012）。我们相信那些体验到数学是一种意义建构活动的人将会在他们的整个学习生涯中对数学建立一种积极的情感。这很重要，因为在数学兴趣和数学能力之间有着交互的关系——一方会支持另一方的发展（Fisher，Dobbs-Oates，Doctoroff & Arnold，2012）。

## 实践启示：数学焦虑

利用学习路径和高质量教学的其他特点，为儿童提供有意义的并且和他们的每日生活与兴趣有联系的任务（Gervasoni，2018）。适当的挑战和新奇程度能够促进儿童兴趣的发展，推动和讨论如何提高技能能够促进掌握方向。研究人员估计，儿童应该在70%的时间里取得成功，从而最大限度地提升动机（Middleton & Spanias，1999）。

总之，很多消极的信念深嵌在我们的文化中。然而，你可以帮助儿童改变它们。这样做能够让儿童一生受益。一个最重要的帮助他们的方法就是降低你自己的数学焦虑。当幼儿园和小学的女教师有数学焦虑时——事实可能就是这样——她们的女学生在数学成绩上会更差，并且开始相信只有男生才擅长数学（Beilock，Gunderson，Ramirez & Levine，2010）。

回到情感，我们看到不管是欢乐还是沮丧的情感都在问题解决中扮演了重要的角色（McLeod & Adams，1989）。根据曼德勒的理论，这种情感的来源是计划的中断。如，一个计划受到阻碍，一种消极或者积极的情感就会产生。

### 实践启示：情感和动机

如果儿童意识到他们是错的，他们可能觉得这是令人尴尬的，但是你可以改变儿童的这种想法，让儿童确信努力和讨论，包括犯错误和遇到挫折都是学习过程的组成部分。同样，可以讨论怎样努力学习和解决问题可以让自己感觉良好（Cobb，Yackel & Wood，1989）。进行这样的讨论能够帮助儿童建立关于数学和数学问题解决（一个重要的，有趣的活动本身就是目标）以及学习（如，强调努力而不是能力）的积极情感和信念。

努力也需要动机。幸运的是，大多数儿童对学习充满动机。更好的是，他们的动机是内在的——他们因为喜欢学习而学习。这种内在动机与学业成就相关并支持学业成就。然而，儿童的动机并不相同，他们的投入度能预测后期的学业成就。事实上，在不止一个研究中，儿童在幼儿园中的动机（如，在一个任务中的投入度和坚持性）预测了他们从幼儿园到小学甚至中年级的数学知识水平（Fitzpatrick & Pagani，2013；Lepola，Niemi，Kuikka & Hannula，2005）。此外，那些一开始具有较少数学知识的儿童对任务的投入度也较低（Bodovske & Farkas，2007），外在的动机是和表现性目标相联系的（MP，2008）。与此相关的是我们前面讨论过的儿童的自我调节能力。自我调节能力不仅是一个认知过程，还是动机的组成部分。一些研究显示，在更多强调儿童中心的教学方法的课堂中，儿童表现出对数学（和阅读）更大的兴趣（Lerkkanen et al.，2012）。这很重要，不过在下结论之前，请注意作者的儿童中心和教师主导的方法是严格（我们会称为错误的）对立的。如，在儿童中心的纪律中，"冲突的解决是平和的，结果是适宜的，应用是平等的"。教师主导的"纪律是在没有解释和讨论的情况下强加的，结果是不一致的"。这也许能符合作者的研究目标，但我们相信这将导致对该研究以及很多类似研究的错误解释。很多教师指导的活动也是非常适宜的。事实上，我们建议的很多活动都是教师引导的，却被研究者界定为儿童中心的。了解具体细节总是很重要的。这将带我们到下一个要点。

### 实践启示：有意的、结构化的活动与情感

有些人担心，结构化的数学活动会对儿童的动机或者情感产生消极的影响。据我们所知，没有研究支持这种担忧。研究结果恰恰相反——动机和投入会随着有意的、结构化的、适当的教学活动而增加（Malofeeva et al.，2004）。教育者确实需要避免狭隘地看待数学和学习。如果教师把成功仅仅定义为对教师示范的迅速而准确的反应，那么教师会阻碍儿童的数学学习（Mdddleton & Spanias，1999）。最后，数学的负面情感对数学学习困难儿童的影响最大（Lebens，Graff & Mayer，2011）。我们必须尤其认真地考虑对这些儿童的积极教学实践。

然而，对于结构性的活动，有一些方法能够确保它们成为对儿童重要的、令人难忘的、有动力的数学时刻。请参阅凯尔·皮尔斯和乔恩·奥尔的网站 https://make mathmoments.com，了解他们的四步"好奇心之路"：保留信息、预测、注意和好奇、估计。

## 公平：群体和个别差异

来自高收入家庭的儿童（父母教育水平较高，使用先进的育儿理念），上学时在数学方面比其他人准备得更好（Burchinal et al.，2002；Duncan & Magnuson，2011）。对于大多数儿童来说，这种成绩差距并没有缩小，而是在扩大（Geary，2006；Lee，2002；Navarro et al.，2012）。正如下一节所讨论的，鉴于这种差距与儿童接触高质量数学经验的差异有关，这种差距被认为是学习机会的差距更为恰当（Clements et al.，2020；Sarama & Clements，2018）。

### 学习的机会：贫困和少数族裔的地位

在世界范围内，在小学教育期间没有学习这些基本能力的儿童数量从北美

和欧洲的 15% 到撒哈拉以南非洲的 85% 不等（Fritz et al.，2019）。如第一章所述，生活在贫困中和来自少数语言与种族群体的儿童显示出了明显的低成就水平（Bowman et al.，2001；Brooks-Gunn，Duncan & Britto，1999；Campbell & Silver，1999；Denton & West，2002；Entwisle & Alexander，1990；Halle，Kurtz-Costes & Mahoney，1997；Mullis et al.，2000；Natriello，McDill & Pallas，1990；Rouse，Brooks-Gunn & McLanahan，2005；Secada，1992；Sylva et al.，2005；Thomas & Tagg，2004）。

如果高质量的数学教育没有从幼儿园阶段开始并持续贯彻早期阶段，没有得到学习机会的儿童就会陷入失败的轨道（Rouse et al.，2005）。这是一种犯罪。这些来自学习数学的"充电站"较少的社区（Blevins-Knabe & MusunMiller，1996；Lee & Burkam，2002），学习机会少的儿童，一开始就会在多个主题、数字、算术、空间/几何、图案和测量知识方面落后于他们的同伴（Sarama & Clements，2009）。

这些儿童还面临其他障碍，如刻板印象威胁——社会偏见的强加，如有色人种或女性数学不好的偏见——对受威胁群体的表现有消极影响（NMP，2008）。

必须为那些来自资源匮乏社区和那些家庭语言与学校语言不同的人提供额外的支持——更好的"充电站"。我们还必须满足所有儿童的需求，包括残疾儿童。

我们必须采取一种基于有利条件的方法。这些儿童带来了不同的经验，在此基础上建立有意义的数学学习（Moll，Amanti，Neff & Gonzalez，1992）。以有利条件为基础的方法注重优势，同时尊重文化、思维和能力的多样性，将其作为数学学习环境的积极有利条件。年龄越小的儿童，他们的学习就越能在他们认为相关和有意义的环境中得到加强。研究表明，所有儿童都可以学习其他儿童所学的数学。在我们的研究中，这些儿童在同一间教室里比他们更有优势的同龄人学得更多（Clements，Sarama，Spitler，Lange & Wolfe，2011；Clements，Sarama，Wolfe & Spitler，2013）。

*英语学习者/双语学习者/英语语言学习者*

这就提出了母语不是英语的儿童的重要问题（National Academies of Sciences，2017）。太多的人认为，与其他学科相比，语言在数学中不那么重要，因为数学是基于数字或符号的。这是一个错误。儿童学习数学主要是通过口头语言，而不是教科书或数学符号（Janzen，2008）。挑战包括一些与日常用语相似但又有区别的技术性词汇，以及复杂名词短语的使用。

由于数学任务的语言要求，身为英语语言学习者的儿童与精通英语的儿童的成绩往往存在差距（Wilkinson，2017；Alt，Arizmendi，& Beal，2014）。然而，第二语言学习者的风险因素不是他们的多语言性，而是对教学语言的熟练程度。事实上，多语言也能带来认知上的好处（Hartanto，Yang & Yang，2018；National Academies of Sciences，2017；Prediger，Erath & Opitz，2019），他们可能学得更快（Choi，Jeon & Lippard，2018；Miller & Warren，2014）。因此，最好的方法是用这些儿童的第一语言进行教学（Celedón-Pattichis，Musanti & Marshall，2010；Espada，2012）。长期目标应该是帮助儿童保持和建立第一语言，同时增加英语的流畅性和识字技能，而不是用英语取代儿童的母语（Espinosa，2005）。最起码，双语教师需要了解课堂语言的语言特点，还要掌握将日常语言与数学语言联系起来的方法（Janzen，2008）。

*实践启示*

生活在贫困中和来自少数语言、种族群体的儿童需要更多的数学和更好的数学课程（Rouse et al.，2005）。他们需要的课程不仅要强调基本知识和技能，而且要强调各个水平的高级概念和技能（Fryer & Levitt，2004；Sarama & Clement，2008）。他们需要用母语来学习。

什么课程能够解决这些问题？一些基于研究的课程方案将在第十五章中详细讨论。这里给出一些一般性的指南（Espinosa，2005）。

有两个重要而普遍的准则。第一，采取基于有利条件的方法。所有儿童都可以学习大量的数学知识，所有儿童都有知识和技能可供利用（学习轨迹方法的基本原则）。第二，提供从出生到小学阶段高质量的数学教育。与来自资源充足社区的儿童相比，来自资源匮乏社区的儿童，如果从婴儿期到学前期的多个阶段都能得到高质量的照顾，他们的数学知识没有任何差别（Dearing，McCartney & Taylor，2009）。高质量的教育很重要。

• 向来自资源匮乏社区的儿童提供以下内容。

1. 正面的、支持性的关系。

2. 在学校和家庭中特别强调语言的发展。家庭中应该大力鼓励和各个年龄阶段的儿童进行有关数学的谈话，尤其是数、算术、空间关系和模式（Levine，Gunderson & Huttenlocher，2011；Toll & Van Luit，2014）。

3. 和父母及其他家庭成员的合作、尊重的关系。

4. 小班额。每名儿童需要有足够的根据其独特的才能和能力定制的个别化的互动和学习经验。

5. 能够投入合作性的计划与反思的教师团队。

6. 将直觉知识与数学语言和书面符号联系起来的游戏和活动。来自资源匮乏社区的儿童与更有优势的同龄人具有同等的非正式或直观的数感，但可能缺乏机会将这些与符号——数词和数字联系起来（Jordan，Huttenlocher & Levine，1994；Scalise，DePascale，McCown & Ramani，2019）。游戏和其他活动可以提供这些缺失的环节。

7. 更多而不是不同的高质量数学。儿童可能需要更多但并无不同的高质量数学教育，这是推荐给所有儿童的（Gaidoschik，2019；Burchinal，Zaslow & Tarullo，2016）。强化辅导可能需要（Barnes et al.，2016）。

• 为英语学习者提供以下内容（也可参见［LT］² "资源" 部分，以获得更多提示和帮助，包括宝贵的西班牙语同义词清单）。

1. 双语的教学支持包括辅助人员（教学助理、家长志愿者、年长或能力强的儿童）。

2. 使用儿童母语的教学（Burchinal，Field，Lopez，Howes & Pianta，2012），并使用同源词以及用熟悉的语言解释数学概念的方法（Janzen；2008），包括母语的教育技术，这已经被证明是有效的（Foster et al.，2018）。

3. 在婴儿期、学步儿期和学龄前期系统地引入英语，并同时保持使用母语（美国国家科学院，2017）。

4. 遵循学习路径，循序渐进，先示范所需内容，然后由能力相近的儿童分组学习，最后由儿童单独学习（Warren & Miller，2014）。

5. 在内容领域的教学中认真发展书面语言，包括视觉和口头语言支持，以及运动、操作物体等，使核心内容可以理解（美国国家科学院，2017；Warren & Miller，2014）。

6. 大量吸纳儿童文化，包括知识库（Murphey，Madill & Guzman，2017；Warren & Miller，2014）。

7. 儿童和教师之间以及儿童之间的讨论，解释解决方案，并努力实现更正式的数学语言和想法（Warren & Miller，2014）。

8. 在学习角和贴有标签的物品上使用儿童家庭语言的简单印刷材料。

9. 在学校和家庭中大力强调语言发展。

10. 从儿童的个人叙述中产生的文字应用题，帮助儿童将情况数学化（Janzen，2008）。

11. 通过讲故事生成数学问题。当给予额外的问题解决时间，提出广泛的包含乘除和多步运算的问题，以及和西班牙语一致时（Turner & Celedon-Pattichis，2011），能帮助拉丁裔儿童学习问题解决（Turner，Celedon-Pattichis & Marshall，2008）。

12. 鼓励父母和其他家庭成员在家庭活动以及早期读写和数学发展过程中使用母语，以及访问学校并分享数学在家庭和社区中的应用。

13. 使用儿童母语的适合他们年龄的书籍和故事（在学校里或借回家），也包括电子书（Murphey et al.，2017；Shamir & Lifshitz，2012）。

14. 从学前班到小学进行干预，并优先运用双语（Clements et al.，2011，2013；Fuchs et al.，2013；Sarama，Clements，Wolfe & Spitler，2012；Foster et al.，2018）。

15. 鼓励有特殊语言障碍的儿童家庭谈论数学、数字和算术，因为他们往往比其他家庭更少这样做（Kleemans，Segers & Verhoeven，2013；Prediger et al.，2019）。

16. 高质量的数学教育，特别是包括概念性理解、过程流畅性、数学实践、高认知需求以及积极的信念（Moschkovich，2013）。

*其他资源*

最后，在整个［LT］[2]中都有西班牙语资源，在资源部分以任何语言进行教学的信息。还可以查看"双语学习者！准备"（DLL!Ready）的应用程序，为所有双语学习者、英语语言学习者、英语学习者儿童的教师提供支持。

## 数学学习困难和障碍

和那些因为其他原因处于危险中的儿童类似，有障碍的儿童（CWD）常常在传统的早期儿童课堂中不能表现得很好。很多年幼儿童表现出在数学方面的特殊学习困难。不幸的是，他们常常没有被识别或者将他们和其他儿童一同广义划分到发展迟缓中。这是特别不幸的，因为聚焦于数学的干预措施在早期是有效的（Berch& Mazzocco，2007；Dowker，2004；Lerner，1997）。

*两个类别：数学困难（MD）和数学学习障碍（MLD）*

有数学困难（MD）的儿童是指由于某种原因在数学学习方面需要努力的儿童（Berch & Mazzocco，2007）。通常定义为所有在评估中低于第 35 百分位的人，估计能占到人群比例的 40%—48%。那些具有特殊数学学习障碍（MLD）的儿童具有某种形式的记忆或者认知缺陷，这干扰了他们学习数学某个或多个领域的概念或者过程的能力（Geary，2004）。他们只是那些数学困难群体中的一小部分，占到人群的 6%—7%（Berch & Mazzocco，2007；Mazzocco & Myers，2003）。研究发现，这样的分类对许多早期和低年级儿童来说是不稳定的，只有 63% 在幼儿园被认为是数学学习障碍的儿童在三年级的时候还被这样认为（Mazzocco & Myers，2003）。

*数学学习障碍（MLD）识别行为*

数学学习障碍儿童，从定义上来看，必须有一个遗传的基础，但目前是从行为上来界定。小学阶段的数学学习障碍通常以发展滞后为特征（Dowker，2004；

Jordan & Montani，1997）①。然而，定义数学学习障碍的具体行为———一般的认知、概念、技能或一些组合——仍然存在争议（Berch & Mazzocco，2007）。有研究表明包括以下各项。

（1）数学学习障碍是由单一的数感基础缺陷导致的。

（2）数学学习障碍是由各种缺陷造成的（Moeller，Fischer，Cress & Nuerk，2012）。

（3）研究人员一致认为，患有数学学习障碍的儿童在快速检索基本算术事实方面有困难。

同样，有研究表明，原因如下。

（1）无法存储或检索事实，包括检索过程的中断。

（2）视觉空间表征的障碍（Resnick，Newcombe & Jordan，2019）。

（3）工作记忆和处理速度的缺陷（Geary，Hoard，Byrd-Craven，Nugent & Numtee，2007）。

（4）被认为是正常成绩儿童表现限制的相同因素（Hopkins & Lawson，2004）。

（5）言语材料执行控制的障碍（Berch & Mazzocco，2007），这些障碍阻碍了学习所有的计数原理并在工作记忆中保持错误的违反出错，导致在整个小学阶段长期使用不成熟的策略，如手指计数（Geary，Bow-Thomas & Yao，1992；Ostad，1998），并限制了感数（Berch & Mazzocco，2007）。

*多样化的需求*

因此，数学学习障碍或者数学困难儿童具有多样的学习需求（Dowker，2004；Gervasoni，2005；Gervasoni，Hadden & Turkenburg，2007；Verschaffel et al.，2018）。这些发现支持了理解、评估和通过特定主题的学习路径教导这些儿童的需要，这也是本书的主题。也就是说，领域特殊性发展进程的层级相互作用论宗旨表明，计算能力有很多相对独立的组成部分，具有各自独立的学习路径。

———————

① 那些能够赶上进度的儿童，尤其是在高质量的教导下赶上进度的儿童，可能是发展迟缓，而不是有缺陷的。干预反应（RTI）模式包含了这一基本理念：如果儿童因为缺乏高质量的经验和教育而落后，他们就没有数学困难；他们的环境是有问题的，必须加以改善。

对大脑损伤和数学困难儿童的研究表明，其中一个领域的缺陷和其他领域可能是独立的（Dowker，2004，2005）。

这些需求包括什么？如上所述，这些可能是以下任何一项。

（1）数感：数字比较、数字保存、数字阅读、非语言计算、故事问题和算术组合（Aunio，Hautamäki，Sajaniemi & Van Luit，2008；Aunola et al.，2004；Geary et al.，1999；Gersten et al.，2005；Jordan，Kaplan，Locuniak & Ramineni，2006；Mazzocco & Thompson，2005）。

（2）计数：在某些计数领域的概念知识和技能薄弱。

（3）感数：算术（Ashkenazi et al.，2013）。

（4）位值和应用题的解决（Dowker，2004）。

请注意，这些研究往往忽略了数字以外的数学主题，我们将在后面的章节中讨论数字以外的主题。

*数学、阅读和语言学习障碍*

患有数学学习障碍（MLD）和阅读学习障碍（RLD）的儿童在数字生成和理解任务上得分较低，如数字命名、数字书写和大小比较，可能是由于对书面数字的经验不足（Geary et al.，1999）。他们更有可能将计数视为一种机械活动（Krajewski & Schneider，2009；Vukovic，2012）。相反，仅有数学学习障碍（MLD）的儿童和同时有数学学习障碍（MLD）、阅读学习障碍（RLD）的儿童在近似算术（估计加减法问题的答案）方面没有差异，这表明与数字大小有关的空间表征（而不是口头表征）的弱点是事实检索缺陷的基础（Resnick et al.，2019；Jordan et al.，2003；Mazzocco & Myers，2003）。

相反，另一个研究表明，具有数学学习障碍和同时具有数学学习障碍、阅读学习障碍的儿童能够在比较集合中的数字时表现得和他们发展正常的同龄人一样好，但是，在比较阿拉伯数字时有障碍（Rousselle & Noel，2007）。重要的是，在只有数学学习障碍和具有数学学习障碍、阅读学习障碍的群体中没有差异。这表明，至少对于部分儿童来说，数学学习障碍意味着在评估符号数字大小而不是处理数字方面有困难。这是非常有意义的，因为数字方面附加的困难会混淆儿童在一系列任务中的表现，并且是许多和数学相关问题的开始。传统的将概念和过程分开的教学方式对这些儿童来说尤其具有毁坏性。相反，将概念和过程，具体、视觉的表征与抽象的符号联系起来是更加有效的。

阅读学习障碍的类型很重要：有诵读困难（Dyslexia）的儿童比起阅读理解困难的儿童在数学上更弱，他们在数学事实的流畅性、运算、问题解决方面似乎都有不足（Vukovic，Lesaux & Siegel，2010）。流利性的缺陷可能与语音处理的问题有关，尽管也可能涉及单独的数字处理困难。

具有特殊语言损伤（SLI）的儿童可能有一些特殊的数学学习障碍，如，在协调语音和数字关系来建立结构关系方面（Donlan，1998；Prediger et al.，2019）。如，他们可能没有掌握语法系统中的量词，如"一个""一些""很少"或者"两个"（Garey，2004）。或者，他们可能在联系"两个、三个、四个、五个……"和"二十、三十、四十、五十"方面有困难。准确的计算可能更需要依赖于语言系统（Berch & Mazzocco，2007）。有特殊语言障碍的儿童需要与教师进行有质量的丰富互动（Prediger et al.，2019）。提供有意义的话语，包括解释数学概念和运算的含义，描述一般的模式。同样重要的是使用与正式技术术语相关的有意义的词汇。这在数学谈话中的结构化短语中最有用，而不是教授孤立的术语（Prediger et al.，2019）。

*其他障碍*

特殊的障碍应该放到从婴儿到成人发展路径的整个图景中来考虑（Ansari & Karmiloff-smith）。低水平过程的不同损伤可能会导致儿童和成人的不同困难。

在美国最普遍的障碍就是注意缺陷多动症（ADHD，Berch & Mazzocco，2007）。这些儿童会迅速地适应刺激并且在保持注意力方面有困难，会花费更少的时间重听，犯更多的错误。听觉处理的注意力尤其成问题。这可能可以解释他们学习基本算术组合的困难和他们在多步骤问题和复杂计算方面的困难。通过计算机游戏的辅导和工作已经显示出一些成效（Ford，Poe & Cox，1993；Shaw，Grayson & Lewis，2005；Chmiliar，2017；Iuculano et al.，2015；Ok & Kim，2017）。使用计算器能够使一些儿童取得成功（Berch & Mazzocco，2007）。

大多数唐氏综合征的儿童可以在数数时保持一一对应，但是在正确说出计数词语方面有特殊的困难。他们最常见的错误是跳过词语，说明他们在听觉记忆顺序方面有困难。也就是说，他们在一个数词和按顺序的下一个数词之间没有充分的联系。他们也缺少问题解决或者数数策略的方法（Porter，1999）。唐氏综合征儿童的教师常常忽略数字任务，但这是不明智的。视觉地呈现数字顺序可能可以帮助儿童学习数数（Porter，1999）。

身体缺陷，如听力障碍可能是数学困难的一个危险因素。然而，这些儿童看起来和他们的同伴用同样的方式学习数学，两者之间并没有牢固或必然的联系（Nunes & Moreno，1998）。基于视觉的干预措施可能对聋儿有效（Nunes & Moreno，2002）。有研究显示，聋儿或听力障碍儿童的数学困难开始于小学之前，所以早期干预尤其重要（Pagliaro & Kritzer，2013）。研究证实，这些儿童常常有其优势领域，如空间能力，这可以作为教育的出发点，他们也有一些弱势领域，如问题解决和测量，这些可以在早期阶段加以关注。

盲童不能依赖视觉空间策略来进行点数，而是使用触觉主导系统来追踪哪些物体已经被点数过（Sicilian，1988）。准确的盲数者使用三种策略，以下是每种策略从无到有、从低效到高效的简要发展进程。

• 初步浏览策略——不浏览（只是开始数数）；手无系统地在物体上移动；手以一种固定阵列模式在物体上移动，或者在计数的过程中移动物体。

• 组织策略——没有；根据一行、一个圈或者一个序列，但是不用参考点来标记从哪里开始；使用参考点，或者在计数的过程中移动物体。

• 分区——没有一一对应；触摸物体但是没有系统分区，或者移动物体，但是把它们放回同一组中；使用可移动的分区系统或者将物体移动到新的位置。

脑瘫儿童在数学上的表现差于他们的同伴，尤其在应用题的解决上（Jenks，van Lieshout & de Moor，2012）。视觉空间画板和抑制性控制的损伤能预测未来的应用题解决能力，而事实流畅性和阅读能力对提高这些儿童的应用题解决能力都很重要。

*几何学和空间思维*

就像我们已经看到的，一些研究者相信，视觉空间策略的不足是数学学习障碍的部分原因，因为它们可能是数字思考的基础（Geary，1991；Jenks et al.，2012）。那么其他数学领域呢？如集合、空间推理和测量。研究人员往往只研究数字课题，所以我们知道得很少。不足为奇的是，对于视觉受损的儿童来说，几何是一个比较困难的领域。然而，针对特殊技能的策略已经被提出，如从触觉地图中进行距离判断（Ungar，Blades & Spencer，1997）。儿童被教导用他们的手指来测量相对距离并且思考分数和比率，或者至少用"更长"或者"只有一点点长"来思考。30 分钟的训练可以帮助他们和正常视觉儿童有相同的准确率。

在第七章中关于盲童空间思考的讨论表明，所有儿童都能建构空间感和几何概念。空间知识是空间的，不是视觉的。即使是天生盲童也能够明白空间关系。在 3 岁的时候，他们开始学习某些视觉语言的空间特征（Landau，1988）。他们可以从动觉的（运动的）练习中学习（Millar & Ittyerah，1922）。他们在空间任务很多方面的表现和被蒙上眼睛的正常视觉儿童的表现相似（Morrongielo，Timney，Humphrey，Anderson & Skory，1995）。视觉输入是非常重要的，但是空间关系可以在没有视觉的情况下建构（Morrongiello et al.，1995）。盲人可以通过分辨回声学会分辨物体的大小或形状（圆形、三角形和正方形），准确率达 80%（Rice，1967，引自 Gibson，1969）。他们可以通过触觉探索来做到这些。如，盲童已经被成功教导可以按序列排列长度（Lebron-Rodriguez & Pasnak，1977）。小学阶段的儿童可以通过对两个维度的触觉扫描来发展比较长方形区域的能力（Mullet & Miroux，1996）。

视觉较弱的儿童可以跟随视觉正常儿童的活动，只要给他们提供放大的打印物、可视教具和操作材料。有时，使用低视力设备有助于儿童的几何学习。使用真实物体和可以操作的物体来表示二维或者三维的物体，对所有具有视觉损伤的儿童来说都是至关重要的。二维物体可以通过触觉的方式在二维平面上充分地表征，但是需要注意的是整个描述不能太复杂。如，《让我们通过计算机辅助来学习图形》（*Let's Learn Shape with Shapely CAL*）展示了常见图形的触觉表征（Keller &

Goldberg，1997）。

然而，二维的触觉表征对于三维物体的表征是不够的。详细、具体的指导和阐述儿童对这些对象的体验是非常重要的。要确保儿童探究了物体的所有组成部分，并且能够反映出每个部分之间的关系。儿童可以探究和描述三维物体，重建由组件构成的物体，如使用 Googooplex，并根据给定的一条边构建一个正方体，如使用 D-stix。

关于聋童的研究表明，教师和儿童常常都没有关于几何的丰富经验（Mason，1995）。然而，语言确实起到了重要作用。如，表示三角形的美国手语（ASL）符号大致是等边三角形或者等腰三角形。在学习一个为期 8 天的几何单元之后，很多儿童拼写三角形替代使用手势，这表明他们对三角形这个词的新定义和他们以前与三角形手势的联系有了区别（Mason，1995）。

考虑到几何教育中有令人混淆的词汇，因此，英语水平有限（LEP）的儿童需要特别关注。研究表明，精通英语（EP）和英语水平有限（LEP）的儿童可以通过使用计算机共同工作来建构反射和旋转的概念。在反射和旋转内容测量以及二维视觉化能力测验中，体验动态计算机环境的儿童的表现明显优于体验传统教学环境的儿童。在相同的教育环境中，英语水平有限的儿童的表现与他们精通英语的同伴在所有测验中的表现都没有统计上的显著差异（Dixon，1995）。

尽管上述研究是有局限的，但是有些儿童似乎在一些任务中确实有空间组织的困难。有些数学学习困难的儿童可能在空间关系、视觉控制和视觉感知方面需要努力，并且方向感较差（Lerner，1997）。他们可能不会像没有学习障碍的儿童那样，把一个形状看作是一个完整的、综合的实体。如，一个三角形对他们来说似乎就是三条分开的线，就像一个菱形或者甚至就像是未分化的封闭图形（Lerner，1997）。有不同大脑损伤的儿童表现出不同模式的能力。那些右半脑损伤的儿童在将物体组织成连贯的空间分组时有困难，而那些左半脑有损伤的儿童对空间阵列内的关系有困难（Stiles& Nass，1991）。对于有学习障碍和有其他特殊需要的儿童来说，基于这里描述的发展顺序的学习路径而开展的教学活动是更加重要的。了解儿童学习几何概念时所经过的发展顺序。

前面提到过，空间方面的薄弱可能是构成儿童数值大小（如，知道 5 比 4 大，但是只大一点点，而 12 比 4 大很多）、快速提取数字名称和算术组合方面困难的基础（Jordan，Hanich & Kaplan，2003）。这些儿童可能不能操作数线的视觉表征。

类似地，由于在感知形状和空间关系、识别空间关系、进行空间判断方面的困难，这些儿童不能模仿复制几何形式、图形、数字或字母。他们很可能在书写和算术方面都表现较差。当儿童不能容易地书写数字时，他们也不能读出和恰当地排列数字，因此，他们在计算时会犯错误。

*总结和政策启示：基于基础的方法*

在早期数学经验中确实存在实质性的不公平现象。由于不重视数学的文化，不适宜的学校、糟糕的教学和意义不大的教科书，美国儿童的教育正处在一种风险中（Ginsburg，1997）。如果儿童在接受了常规教学后仍不学习，就会被视为学习障碍，但是这种教学常常是有缺陷的。这使得很多专家估计，80% 被认为有学习障碍的儿童是被错误标记了（Geary，1990；Ginsburg，1997）。

没有单一的认知缺陷会导致数学困难（Dowker，2005；Gervasoni，2005；Gervasoni et al.，2007；Ginsburg，1997；Fritz，Haase & Räsänen，2019）。来自弱势群体的儿童在上学前往往被剥夺了足够的学习数学的机会，然后进入幼儿园、托儿中心和小学，而这些学校本身的数学资源就很匮乏！这种双重困境在儿童遭受第三次攻击时变得更加复杂：被误认为是学习障碍者，所有教育者对他们的期望都较低。我们必须根据儿童的已有经验、当前的知识技能、认知能力（如策略能力、注意能力、记忆能力）和学习潜力来提供完整的评价。如果儿童有学习困难，我们必须判断他们是否是由于缺少背景信息和非正式知识、基础的概念和过程，或者缺少这些之间的联系。除了日常提供给儿童的教育经验，还必须在几个月的时间框架中提供动态的、形成性的关于儿童需要的评估（Feuerstein，Rand & Hoffman，1979）以及教学建议。

*实践启示*

尽早，在 3 岁之前（Hojnoski et al.，2018）识别具有数学困难的儿童（Fritz et al.，2019），尽快让他们参与基于研究的数学干预。识别那些可能被错误教学和错贴标签的儿童——通常高质量教育是有效的（Verschaffel et al.，2018）。更好的教育经验，包括练习，对这类儿童是适用的。其他没有从中获得实质性发展的儿童需要专门的指导。通常情况下，简单的操练和练习不会被指出。

关注基本的领域，如上述讨论的数感和空间感的组成部分。一些具有数学学习障碍的儿童可能在数数或配对中保持——一对应是有困难的。他们可能需要身体上的抓握和移动物体，因为抓握在发展中是一个比指向更早的技能（Lerner，1997）。他们经常把数数理解为死板的机械活动（Geary，Hamson & Hoard，2000）。这些儿童也可能在较小的数量范围内长时间地一个接一个点数物体，而他们的同龄人已经能够从策略上感知数量了。强调他们学习感数小数量的能力，也许是用他们的手指来表征，可能会有帮助，那些对感知和区别小数字有持续困难的儿童，处于严重的普遍数学困难的风险中（Dowker，2004）。

其他儿童可能在感数（Landerl，Bevan & Butterworth，2004）、数量比较（如，知道哪一个数字更大；Landerl et al.，2004；Wilson，Rwvkin，Cohen，Cohen & Dehaene，2006）、学习和使用更加复杂的数数和算术策略（Gersten et al.，2005；Wilson，Revkin et al.，2006）方面存在困难。帮助发展近似数量表征系统（ANS）（第二章）和符号（计数、数字）能力的计算机程序是有效的（Van Herwegen & Donlan，2018）。儿童在算术方面缺乏进步，特别是在掌握算术组合方面，会导致持续的问题；因此，早期和密集的干预是必要的。在另一项研究中，表现非常差的儿童受益于 ANS 类型的算术经验，而表现较好的儿童受益于符号（数字识别）经验（Szkudlarek & Brannon，2018）。

计算和算术之间的关系需要进一步讨论。回想一下，数学学习障碍的一个行为指标是通过计数做算术。但如果儿童被错误地教育了，他们还可能做什么？（Gaidoschik，2019）如，在早期，有意义的手指计数应该被鼓励，而不是被压制。然而，正如第二章、第五章和第六章所强调的那样，像东亚国家常见的那样，转向衍生事实并通过感数和其他策略（去）组成数字，是一条更强大的算术路线（Gaidoschik，2019）。如果儿童没有接受这种高质量的教育，他们可能会坚持计算，并被错误地认定为数学学习障碍。

对于那些在解决算术问题中挣扎的数学学习障碍或数学困难的儿童，基于模式的方法明确关注问题类型的命名，已显示对小学高年级的残障儿童（CWD）有帮助（见第五章，Jitendra，2019；Peltier & Vannest，2017）。具有数学学习障碍的儿童在评估他们解决方法正确率时常常是不准确的，这暗示应该让他们检查他们的作业或者寻求帮助（Berch & Mazzocco，2007）。

虽然残障儿童可能在一些空间过程中表现出弱点，但他们也在其他方面表现出优势，如心理旋转（Resnick et al.，2019）。在任何情况下，弥补弱点，如使用数字线，并在空间优势的基础上发展，将对残障儿童特别有用（Resnick et al.，2019）。

帮助有特殊需要的儿童的资源还有很多空白。目前还没有广泛应用的方法来确定特殊数学学习困难和障碍的儿童（Geary，2004；Fritz et al.，2019；Olkun & Denizli，2015）。基于研究的课程和教学方法很少，但还是有一些。这些现有的方法将在第十五章中讨论。最后，关于早期儿童最重要的启示可能是通过为所有儿童提供高质量的早期儿童数学教育从而去预防大多数的学习困难（Bowman et al.，2001）。公平必须是完全的公平，没有标签、偏见和不平等的学习机会（见Alan J.Bishop & Forgasz，2007）。而且，这一点需要贯穿整个早期干预过程，因为数学困难和数学学习障碍比阅读困难更持久（Powell，Fuchs & Fuchs，2013）。而这些儿童可能需要更多的、但无根本性区别的、为所有儿童推荐的高质量教育（Gaidoschik，2019）。也就是说，他们所需要的不是"不同"，如果这意味着较低水平的死记硬背。他们可能需要不同的方式来处理语言和文化，为残障儿童做出调整，等等。

总之，关于什么使干预措施有效的研究有以下内容（Dowker，2019；Hojnoski et al.，2018）。

（1）尽可能早地在3岁之前开始进行系统、持续的干预（Dennis，Bryant & Drogan，2015；Gersten et al.，2015；Hardy & Hemmeter，2018；Hojnoski et al.，2018；Mononen，Aunio，Koponen & Aro，2014），建议进行2年的高质量学前教育（Shah et al.，2017）或上过渡性幼儿园（Manship et al.，2017）。

（2）采取学习路径的方法，应用所研究的年龄组的表现和知识，通常是如何发展的知识（Gervasoni，2018）。

（3）具体评估儿童的思维水平，诊断个人的优势和劣势。

（4）仔细计划，考虑资源的可用性和学校人员的适当使用：如果教学人员是不合适的、负担过重或没有经过适当的培训来实施计划，那么设计得最好的计划也不会成功。

（5）在常规、活动和环境中嵌入教学。同时，加强家庭对早期数学的重要性的认识。

（6）激发儿童的积极性，防止或抵消数学与无聊，或更糟的恐惧和焦虑的联系。

（7）使用游戏，特别是对学前和小学儿童，包括计算机游戏和活动（Cascales-Martínez，Martínez-Segura，Pérez-López & Contero，2017；Chmiliar，2017；Mohd Syah，Hamzaid，Murphy & Lim，2016；Mononen et al.，2014；Ok & Kim，2017；Salminen，Koponen，Räsänen & Aro，2015）。

（8）教授前几章中的过程和做法。如，儿童需要发展执行功能或执行功能过程。高质量的数学教育与其他良好的教育实践一起，可以对此做出贡献（Clements & Sarama，2019；Dowker，2017；Shah et al.，2017）。回顾一下，该资源有特殊的"数学 +"活动，帮助你同时教授数学和执行功能。

（9）使用小组。这是面向所有儿童的高质量教育的一个重要部分，但对残障儿童尤其重要，因为教师可以关注儿童的思维，引导他们的学习，并教授概念，然后让儿童一起及单独应用（Aunio，2019）。换句话说，教师可以充分且良好地实施学习路径方法。

（10）使用技术。计算机可以协助进行各种适应性调整，感官、运动、情感和认知。他们可能在帮助残障儿童和其他特殊需求者学习几何方面特别有用（Galitskaya & Drigas，2020，见针对不同儿童的多种适应）。

（11）使用经过研究验证的干预措施，这里有文献记录（如，对于有情绪和行为障碍的儿童，见 Ralston et al.，2014）。

### 天才和资优儿童

即使他们常常被教育者认为"做得很好"，那些具有异常能力而又有特殊需要的儿童也没有在早期阶段（和后来）的课程中做得很好（NMP，2008）。和同伴相比，他们事实上在某些算术技能上还下降了，尤其在学前和小学阶段（Mooij & Driessen，2008）。许多有天赋和才华的儿童可能没有被发现。

教师有时会教天才和资优儿童一些年龄大一些的儿童学的概念；然而，他们最频繁教授的概念通常在传统的早期儿童课程中都能够找到（Wadlington & Burns，1993）。即使研究表明，这些儿童具有关于测量、时间和分数的先进知识，但这些主题很少被探究过。

一项澳大利亚的研究表明，幼儿园的数学课程最适合最落后的儿童。在幼儿园整个一年中，天才儿童学习得很少或者什么也没有学到（B.Wright，1991）。在他上学的第一年，哈利知道学校教的所有简单数学知识，表现出对学业的兴趣，至少，他愿意完成作业。然而，在他的课堂数学经历中，他学到的最有力的一课似乎是："你不需要努力学习"（Perry & Dockett，2005）。

这是一个严重的问题，因为学龄前和幼儿园对天才儿童来说是一个至关重要的时间段。他们常常不能找到和他们具有相似兴趣，处于同一水平的同龄人，他们变得沮丧和无聊（Harrison，2004）。显然，课程和教育者应该做得更好，以满足所有儿童的学习需要。

一项研究表明，家长和教师可以准确地识别天才儿童。儿童的得分比他们年龄的平均得分高一个标准差。儿童在简易智能测试中的语言和视觉空间技能与数学技能测试中的表现一样优秀。尽管男孩在数学技能测试和视觉空间工作记忆广度方面的表现水平要高于女孩，但男孩和女孩认知因素中基本关系的大部分是相似的，除了男孩语言和空间因素的相关性比女孩强之外（Robinson，Abbot，Berninger & Busse，1996）。然而，总体而言，视觉空间和数学能力之间存在高度的相关性。

天才幼儿和大一些的天才儿童表现出同样的特点。他们是与众不同的思考者，有好奇心而且坚持不懈。他们有过人的记忆力（一名 4 岁儿童说："我能记住事情，因为我已经将它们描绘在头脑中。"）。他们能够进行抽象的联系并且参与独立的调查——形成、研究和测试理论。他们表现出领先的思维、知识、视觉表征能力和创造力。他们对数学概念的意识也同样领先。在 21 个月大，他们能够找出数字和字母之间的区别。一名儿童说："我告诉你什么是无穷大。一只青蛙产了卵，卵孵化成蝌蚪，蝌蚪长出腿并且变成青蛙，然后青蛙又产卵。现在就是一个循环，这就是无穷。所有活着的事物都是无穷的……"（Harrison，2004）。

大多数天才和资优儿童没有得到很好的照顾。这对幼儿和来自资源匮乏社区的儿童来说尤其如此（Little et al.，2017）。许多天才和资优儿童可能没有被确认为有天赋和才华，特别是最年幼的儿童。教师有时会让资优儿童接触通常只有年龄大一些的儿童才会接触的概念；然而，他们最常教授的是在幼儿课程中常见的概念（Wadlington & Burns，1993）。即使研究显示，这些儿童拥有先进的测量、时间和分数知识，但这些课题很少被探讨。目前，这些儿童经常通过非结构化的活动、发现学习、中心和小组游戏来学习，这些策略在一些情况下得到了研究的支持。然而，这些儿童还需要解决数字、运算、几何和空间感等领域中的困难问题。他们需要接受挑战，进行高水平的数学推理，包括抽象推理。

当他们受到挑战时，他们会有显著的进步（Little et al.，2017）。

*实践启示*

尽可能早地识别在数学方面有天赋的儿童，并注意到，如果这些儿童在经济上处于不利地位，那么他们不仅处在高教育风险中，而且处在天赋未被识别的风险中。我们需要尽早识别出这些儿童，支持他们学习具有挑战性的数学（Molfese，2012）。

要确保天才和资优儿童能思考和探索有趣的数学内容。研究证明，这些儿童的教学常常是通过非结构化的活动、非指导的发现学习、学习中心和小组游戏进行的（Wadlington & Burns，1993）。然而，他们也需要通过使用操作材料、数字和空间感，包括抽象推理在内的推理来解决困难的问题。事实上，教师和这些能力强的儿童互动得越多，他们学得反而越少（Molfese et al.，2012）。为什么呢？

因为教师通过密切关注的互动所提供的结构性经验对低成就儿童是有帮助的，而先进的学习者并不需要那些结构。相反，他们得益于教师鼓励他们的推理和其他语言技能，如，讨论或者解释他们在解决难题时的推理过程。这些互动鼓励了对概念的更深一步理解。使用资优分组可能有帮助，即大量资优儿童在一个或多个混合能力教室里上课（Brulles，Peters & Saunders，2012）。

一项严格的研究将同等能力的资优儿童随机分为两组，一组在星期六进行为期两年的补充性强化数学课程，另一组不进行任何课程。补习班总共有 28 节课，在理念上是建构主义的"发展适宜性"，并遵守美国国家数学教师协会（NCTM）准则。教师创建了参与开放式问题解决的社群。两年结束时，参与者的表现优于非参与者（效应量为 0.44，略低于统计学意义上的显著差异，但适度大，因此仍有希望）。儿童没有被加速，这是一个经常成功用于高年级儿童的不同策略（NMP，2008）。

为这些儿童寻找具有挑战性但可实现的任务。他们需要丰富的问题和项目（见Freiman，2018 中的例子和研究综述）。根据儿童的年龄和能力，问题可能如下："找到将五个计数器分成两组的所有可能性，并证明你都找到了""使用正方形瓷砖，不断构建更大的正方形，并解释每个瓷砖数量出现的模式。"（Freiman，2018）

前面提到的研究中的暑期课程侧重于与第七章至第九章密切相关的几何学：研究二维图形，强调组成和分解图形；描述、分类和分类图形；以及调查图形的相似性和对称性。此外，还非常强调数学实践，包括数学推理和交流，并特别关注数学话语和书面交流的策略（Little et al.，2017）。

## 性别

"我的女儿就是不能学会数字。我告诉她：'不要着急，亲爱的。我的数学也一直不好。'""我知道，"她的朋友说，"只有具有特殊天赋的人才能够真正在数学方面做得好。"

在美国，关于数学的谬见比比皆是。你可能会承认上述谈话中的两点。第一点，只有一小部分"有才华的"人可以在数学上取得成功——我们在本章前面的章节中讨论过。第二点，也是很危险的，那就是女性常常不在能学好数学的群体中。早在小学二年级，儿童就相信"数学是给男生的"，尽管男生和女生的数学成绩差不多（Cvencek，Meltzoff & Greewnwald，2011）。

关于早期数学的性别差异，研究发现和人们的观点相差很大。一个大型的关于100项研究的元分析发现，女孩在整体上比男孩表现出微不足道的优胜（0.05标准差）（Hyde，Fennema & Lamon，1990）。在计算上，0.14；在理解上，0.03；在复杂问题解决上，–0.08（男孩略高一点）。在高中（–0.29）和大学（–0.32）出现了偏向男生的差异。女孩比男孩在认识数字和形状方面更熟练，而男孩在加减乘除运算方面比女孩熟练。所有的这些差别都是很小的（Coley，2002）。 女孩可能在绘画任务方面比较好（Hemphill，1987）。有数学困难的男孩和女孩比例相同（Dowker，2004）。

一项来自荷兰的研究发现，女孩具有优越的数字能力（Van de Rijt & Van Luit，1999）；另一项研究没有发现差异（Van de Rijt，Van Luit & Pennings，1999）。来自新加坡、芬兰和中国香港的关于学前儿童的研究发现，不存在性别差异（Pirjo Aunio，Ee，Lim，Hautamaki & Van Luit，2004），尽管芬兰的另一项研究发现，女孩在数量关系而不是计数的量表中表现较好（P.Aunio et al.，2008）。研究者发现，中国香港的年幼儿童中存在数学自我概念的差异（Cheung，Leung & McBride-Chang，2007）。母亲的能够被感知的支持和自我概念相关，但只是对女孩来说是这样的。

大脑研究显示了差异，但是很小（Waber et al.，2007）。在这项研究中，男孩在知觉分析中比女孩表现得略好，但是女孩在处理速度和运动灵活性方面比男孩表现得更好。

一些研究表明，男孩比女孩更可能在数学成就中处于高和低的两端（Callahan & Clements，1984；Hyde et al.，1990；Rathbun & West，2004；Wright，1991）。这甚至适用于前面讨论的天赋儿童（Robinson et al.，1996），这反映了在天赋青少年中发现的差异（NMP，2008）。一些研究表明，差异存在于数的领域，但是在几何和测量方面不存在（Horne，2004）。一项研究发现，儿童在开始进入学校时并没有显著的差异，但是随着从幼儿园到小学四年级，差异变得显著。这个发现和研究中显示的男孩在数学方面比女孩能取得略微大一点的进步是一致的（G.Thomas & Tagg，2004）。

最稳定的性别差异是空间能力，特别是心理旋转。大多数关于空间技能的性别差异研究中都涉及年长的学生。然而，近期的研究已经在年幼儿童中发现了差异（Ehrlich，Levine & Goldin-Meadow，2006；M.Johnson，1987）。 如，4—5岁的男孩显示出在心理旋转方面强大的优势，而女孩的表现处于随机水平（Rosser，Ensing，Glider & Lane，1984）。 类似地，男孩在4—6个月大时在空间转换任务中就显示出优势，并且在转变项目中的优势没有在旋转中强。一个类似的词汇任务表明，男孩在空间任务中的优势不是由于整体的智力优势（Levine，Huttenlocher，Taylor & Langrock，1999），至少其中的一些是由于缺少经验造成的（Ebbeck，1984）。在生命的第一年中，女孩倾向于更加社会化一些，男孩对运动和动作方面更感兴趣（Lutchmaya & Baron-Cohen，2002）。男孩在空间转换任务中有更多的手势并且表现得更好，这提供了评估空间能力的一种方式并且建议鼓励手势动作是有价值的，特别是对女孩来说（Ehrlich et al.，2006）。

一个观察研究证明，男孩和女孩的拼图游戏与他们的心理旋转能力相关（MaGuinness & Morley，1991）。然而，父母对空间语言的使用只与女孩的心理旋转能力相关，与男孩无关（控制了父母对儿童说的所有话语的影响，社会经济地位和父母的空间能力）。父母的空间语言可能对女孩来说更加重要（Levine，Ratliff，Huttenlocher & Cannon，2012）。

类似地，这样的研究建议在空间能力方面的有意教学对女孩来说尤其重要。对女孩和男孩来说，空间能力和数学成就之间都存在高度的相关（Battista，1990；M.B.Casey，Nuttall & Pezaris，2001；Friedman，1995；Kersh et al.，2008）。在空间测试中得分较高的中学女生解决数学问题的能力和男生一样好，甚至更好（Fennema & Tartre，1985）。这些空间得分低而语言得分高的女孩在数学方面表现得最弱。空间能力是比数学焦虑和自信心更加强大的中介因素（Casey，Nuttall & Pezaris，1997）。父母对空间语言的使用与女孩的心理旋转能力相关，但是和男孩无关。如，在做拼图时，父母可能会谈到物体的特征、维度或形状（如"角""直线""正方形"），方向和转换（如"上下颠倒""旋转""翻转"），空间关系（如"上面""下面""之间""靠近"），或整体与部分的关系（如"整体""部分""一半"）。女孩在一些任务中可能会使用更多的语言中介（Levine et al.，2012）。

在一项研究中，男孩在数学方面更加自信，但是他们并不准确，因为自信心预测数学能力（Carr，Steiner，Kyser & Biddlevomb，2008）。然而一个重要的差异就是女孩喜欢使用操作材料来解决问题，但是男孩喜欢用更加复杂的认知策略来解决问题。这些认知策略可能会影响他们的表现和后面的学习。这种在策略使用上的差异被多次重复并且引起高度关注（Carr & Alexeev，2011；Carr & Davis，2001；Fennema，Carpenter，Franke & Levi，1998）。儿童在两种情境下解决基本的算术问题：一种是允许他们用任何自己喜欢的方式来解决问题的自由选择情境；还有一种是儿童的策略使用被限制，以便所有儿童使用相同的策略来解决相同问题的游戏情境。在自由选择情境中的策略使用重复了早期研究的发现，女孩倾向于使用利用操作材料的策略，而男孩倾向于使用检索策略。在游戏情境中，当我们控制了儿童在不同问题中使用策略的类型时，我们发现男孩和女孩一样能够使用操作材料解决问题，但是女孩不能像男孩那样有能力从记忆中检索问题的答案，在错误率或者检索速度方面没有发现差异，在正确检索的可变性方面发现存在性别差异，男孩比女孩更加具有可变性（Carr & Davis，2001）。男孩更倾向于冒险，尝试使用检索策略，并得益于这种策略（Geary，2012）。冒险者得到了更多的练习。同时，空间技能较强的女孩更倾向于使用高级的计算策略（Laski et al.，2013）。

尽管来源未知，但我们知道向所有儿童提供良好的教育，包括鼓励每个人去发展复杂的策略和去冒险时，性别差异可以被最小化。一项研究表明，女孩的策略使用受到课堂规范的引导，而课堂规范并没有积极推动更加成熟策略的使用。不幸的是，这个模式导致了女孩在能力测试中的大量失败（Carr & Alexee，2011）。空间能力也可能促进更加成熟的策略（Carr，Shing，Janes & Steiner，2007）。

*实践启示*

教授空间能力，特别是对女孩进行有意指导，并且鼓励父母也这样做。鼓励女孩和男孩一样使用复杂的策略，尽管这意味着"冒险"。

## 结语

要达到完全的专业和有效性，教师必须理解儿童的认知和情感，认识到个体差异和公平的问题。然而，这是不够的，我们也需要理解怎样使用这些理解来促进思考、积极的性格和公平。这就是下面两章的目的。第十五章提出了教学的背景——儿童被教导的情境类型，包括儿童的最初环境，他们的家人和他们的家庭环境，以及能够有效帮助年幼儿童学习数学的具体课程。

# 第十五章　儿童早期数学教育：
# 背景与课程

我很喜欢教"搭建积木"这个课程。孩子们表现出惊人的进步。有一个孩子刚开始的时候根本不能唱数，现在可以通过一一对应的方法进行唱数，而且能很自信地数到20了。

——卡拉（Carla），幼儿园教师

什么样的数学课程是适合年幼儿童的？你如何评价自己所使用的课程？在前面的章节中，我们已经讨论了早期经验、教育和教学在不同的教学主题中所发挥的作用。在本章中，我们将之前的讨论扩展至儿童学习数学的环境，包括儿童最初的环境——家人和家庭环境。接下来，我们着重关注有效帮助儿童学习数学的具体课程。另外，我们已将包含教学建议的段落标注为"实践启示"，供教师查阅和参考。

## 儿童早期教育——数学在哪里

总体而言，与没有上过幼儿园的儿童相比，上过幼儿园的儿童能更好地为学前班期间的学习做准备（Barnett，Frede，Mobasher & Mohr，1987；Lee，Brooks-Gunn，Schnur & Liaw，1990）。此外，那些接受了两年学前教育的儿童在数学和执行功能方面表现得更出色（Shah et al.，2017）。在国际上，学前教育能为弱势儿童带来诸多好处，如莫桑比克农村极度贫困地区的儿童（Martinez，Naudeau & Pereira，2017）、以色列的埃塞俄比亚移民（Korat，Gitait，Bergman Deitcher & Mevarech，2017）等。

然而，数学学习所带来的益处取决于儿童所在的幼儿园基本达到学前教育质量的最低标准（Anderson & Phillips，2017；Barnett et al.，1987；Sobayi，2018；Yoshikawa，Weiland & Brooks-Gunn，2016）。也就是说，早期教育是改善弱势儿童生活和解决教育、经济和社会结果不平等的有效方法。然而，美国大多数公立幼儿园未能在实现这一潜力所需的质量和强度上进行足够的投资（Barnett & Frede，2017）。在本章的其余部分，我们将梳理数学在儿童早期教育中的地位和特点。

### 小学阶段的数学教育

一年级和二年级的数学在很大程度上是由课程标准、课程和传统教学推动的（后面会详细介绍）。然而，早期的成绩往往有所不同。幼儿园教师平均每节课花费 39 分钟，每周共计 3.1 小时的数学教学（Hausken & Rathbun，2004），这大约是儿童在阅读上花费时间的一半。然而，花在数学上的时间可能事倍功半。进入一年级的儿童的成绩并不比进入幼儿园的儿童的平均成绩高多少（Heuvel-Pan-huizen，1996）。幼儿园和一年级的课程可能花了太多的时间教儿童已经知道的东西（Engel，Claessens & Finch，2013），而没有足够的时间教他们更有挑战性的数学，包括解决问题（Carpenter & Moser，1984；Engel，Claessens，Watts & Farkas，2016）。

## 幼儿园数学教育

幼儿园数学教育的情况也各不相同。一项更早的研究报告称，在 180 天的观察中，大多数 3 岁儿童没有数学学习经验（Tudge & Doucet，2004）。一项规模较小的观察研究表明，任何一间教室里都没有直接或间接地展示数学知识（Graham，Nash & Paul，1997）。幼儿园教师表示，他们相信数学很重要，他们参与数学讨论。对材料和活动的选择与参与，如拼图、积木、游戏、歌曲和手指游戏，成为这些教师的数学活动。

与此类似，美国早期发展和学习中心（NCEDL）的研究报告显示，儿童在幼儿园一天的大部分时间里没有参与学习或建设性活动（Early et al.，2005；Swinton et al.，2005）。他们把一天中大部分的时间（高达 44%）花在日常活动（如排队）和吃饭上，只有平均 6%—8% 的时间花在任何形式的数学活动上。据观察，教师一天中 73% 的时间没有与儿童互动，另外 18% 的时间是在很少的互动中度过的。平均而言，儿童花在学习上的时间少于 3%，而且少于一半的儿童经历过这些（Swinton et al.，2005）。然而，最近的研究表明，这种情况可能正在改变。一项研究发现，在全天的观察中，有 24 分钟的数学运算（Piasta，Pelatti & Miller，2014）。然而，幼儿园之间的差别很大，一些儿童没有任何数学（或科学）学习经验。

我们不仅需要增加儿童接受学前教育的机会，还需要提高学前教育的质量（Yoshikawa et al.，2016），以及随后所有年龄段的教育质量。在我们转向那些试图更充分地解决数学问题的项目和课程之前，我们先考虑一下儿童学习数学的第一个且一直具有影响力的环境——家庭。

# 家庭

毫无疑问，家庭在儿童的发展中，包括数学学习，扮演着重要的角色。来自美国（Levine，Gibson & berkowitz，2019）、智利（Susperreguy，Di Lonardo Burr，Xu，Douglas & LeFevre，2020）、中国（Huang，Zhang，Liu，Yang & Song，2017）、芬兰（Sorariutta & Silvén，2017）、德国（Niklas & schneider，2017）、俄罗斯（Vasilyeva，Laski，Veraksa，Weber & Bukhalenkova，2018）、坦桑尼亚（Sobayi，2018）、土耳其（Cosgun，şahin & Aydin，2017）以及其他国家（参见 McCoy et al.，2018）等众多研究表明，家庭中的数学学习能预测儿童在学校的数学成绩。

## 家庭与数学

事实上，家长的教育水平和其他家庭因素，如，和教育相关的养育实践，对于儿童早期的数学学习非常重要（Crosnoe & Cooper，2010）。甚至父母的近似数量表征系统（ANS）测试分数与他们孩子的近似数量表征系统（ANS）测试分数有关联（Navarro，Braham & Libertus，2018）。儿童早期的数学表现与家长使用数字的频率很可能也有关联（Blevins-Knabe & Musun-Miller，1996），尽管频率经常太低以致这种关联并不显著（Blevins-Knabe，Berghout Austin，Musum-Miller，Eddy & Jones，2000）。

这里还存在着一些社会文化因素的影响。如，对于儿童阅读能力的发展，家长们都认为家庭教育和学校教育同样重要，可是对于数学能力的发展，家长们则认为学校教育更重要。因此，家长们更多的是指导儿童阅读而非数学方面的学习（Sonnenschein et al.，2005）。家长们认为教儿童阅读比教儿童数学更重要（Cannon，Fernandez & Ginsburg，2005），认为数学不如社会技能、常识、阅读和语言技能重要（Blevins-Knabe et al.，2000），以及数学能力是固定不变的（Scalise et al.，2019）。家长们对数学教育的区别对待深刻影响着目前幼儿园的日常教学。

除此之外，和幼儿园教师一样，家长们对于数学是否适合儿童持有十分狭隘的观点（Sarama，2002）。与数学相比，家长们更了解语言该如何教（Cannon et al., 2005）。不论种族背景和社会经济地位，这都是个不争的事实。然而，文化差异与儿童的数学学习也可能相关。如，与美国的母亲相比，中国的母亲在日常参与儿童的学习中更可能教儿童算术，而且在学习比例概念时，中国儿童的学习表现与母亲的指导有关，美国儿童则不然（Pan，Gauvain，Liu & Cheng，2006）。研究还发现，中国的母亲认为数学和语言同样重要，但是美国的母亲却认为数学远不及语言重要（Miller，Kelly & Zhou，2005）。

接下来我们详细了解一下家长对儿童学习数学的影响。在之前有关性别的章节中，那位母亲称自己的女儿"就是没办法理解数字"，这说明家长对孩子能否学好数学有影响——有时是消极影响。研究还有以下发现。

• 孕期饮酒会导致胎儿出生后运算能力下降。显然，儿童对数字的敏感度——基本的量化自举能力，完全受到了酒精的影响（Dehaene，1997；也可参见第二章和第四章的内容）。这种能力与大脑顶叶皮层的活动密切相关，在孕期胎儿大脑的这一区域会不同程度地受到酒精的影响（Burden，Jacobson，Dodge，Dehaene & Jacobson，2007）。

• 出生时体重过轻的婴儿在数理推理能力方面发育较迟缓，这一能力与处理空间数理问题和较复杂的数理问题密切相关；但是儿童的口头任务完成情况受家长教育水平影响较大（Wakeley，2005）。类似地，中度早产儿比足月儿的数学成绩要低（van Baar，de Jong & Verhoeven，2013）。一些干预项目可以有效帮助这些儿童做得更好（Liaw，Meisels & Brooks-Gunn，1995）。

• 儿童学习成绩较差与冷漠的亲子关系有关（T. R. Konold & Pianta，2005）。

• 若母亲十分疼爱孩子，同时对孩子十分强势——经常操控孩子的思想、情感，以及孩子对家长的依恋（如诱导孩子感到羞愧），那么这样的孩子在数学方面进步缓慢。由于儿童陷入家庭关系中，缺乏独立性，而且母亲的情感和态度前后不一致，导致儿童时常担忧自己的表现。

• 家长喜欢教语言而不喜欢教数学。家长偏好语言教育，而且他们认为教儿童语言比教数学更重要是"众所周知"的道理。家长对儿童学习语言和学习数学的能力也抱有偏见。与数学相比，家长更注重语言教育，他们认为语言教育更应该教给儿童具体的知识，加深儿童对语言知识的理解，整天想方设法促进儿童语言方面的学习（Cannon et al.，2005）。

• 拥有"固定"信念的父母（就像第十四章开头的艾瑞莎）和他们的孩子在一些数学任务中表现较差——这是一种削弱信念（Scalise et al.，2019）。

• 美国家长对儿童的期望值较低。与中国家长相比，美国家长给儿童设定的要求较低。而且美国文化不像中国文化那样提倡勤奋刻苦。中国学生的座右铭是"天才出自勤奋，知识来源于积累"。美国家长表示，倘若儿童的成绩比既定目标低7分，他们也会感到满意，而中国家长只有在儿童取得比既定目标高10分的情况下才会表现出满意。

• 近期的国际比较（显示美国落后）也证明，如果家长能让儿童在家中进行各项数学活动（让他们接受高质量的学前教育），那么他们在小学阶段的数学成绩会更好（Mullis et al.，2012）。

• 在许多资源匮乏的社区，提供的数学活动数量有限（Blevins-Knabe & Musun-Miller，1996；Ginsburg，Klein & Starkey，1998；Thirumurthy，2003）。教育工作者应该通过共享这些资源（如［LT］²）来提供帮助。

• 当各种风险因素"堆积如山"时——家长受教育水平较低、贫穷、儿童参与教育机会较少，这些因素对儿童的数学学习尤其有害（Crosnoe & Cooper，2010）。

• 一项研究显示，美国家长辅导儿童功课的频率较低而且时间较少（Chen & Uttal，1998）。然而，另一项研究显示，美国家长更热衷于参与儿童在校的各项活动，而中国家长则更关注儿童的数学学习和培养儿童的责任感（Pan & Gauvain，2007）。东亚国家的家长还为儿童安排数学游戏、搭积木和折纸等活动，而美国的家长则放任儿童玩计算机游戏和看电视。

• 在某些情况下，黑人儿童在入学时各方面能力与其他儿童相当，只是进步较慢。他们不太受家长因素的影响，只是从幼儿园过渡到小学时面临较大困难。针对这些儿童开设的家长培训班能有效帮助儿童更好地适应小学，以及缓解他们在幼小衔接时面临的困难（Alexander & Entwisle，1988）。

• 家中的数字活动可以预测儿童的数字能力（LeFevre，Polyzoi，Skwar-chuk，Fast & Sowinskia，2010），包括关于数字、形状和空间的数学谈话和手势，对数学的负面影响较小（Levine et al.，2019）。

• 家中的数学活动，如测量与比较数量、讨论数学知识、用时钟讨论时间等，与女孩的数学能力密切相关，并且母亲的空间能力和语言能力也能预测她们女儿的空间能力（Dearing，Casey，Ganley，Tillinger，Laski & Montecillo，2012）。

• 家中的计算机能够预测儿童入学时的数学知识（Navarro et al.，2012）。

一项研究显示，母亲提供行为的指导越多，儿童的数学能力就越差（Christiansen，Austin & Rogan，2005）。研究者们发现，如果儿童展现出许多数学行为，母亲过多的指令行为对他们来说是过量的刺激。引入正式的数学知识会对儿童的非正式数学知识产生消极影响。研究还发现以上这些因素似乎只影响男孩，而不影响女孩。

## 实践启示

学校可以努力使家庭关系成为儿童教育的积极力量。如，当父母和教师与儿童中心理念、低控制和高支持的观点相匹配时，儿童会学到更多（Barbarin，Downer，Odom & Head，2010）。政策应鼓励家长积极投入和管理子女的教育（Crosnoe & Cooper，2010），这对于教育水平和经济水平较低的家长来说更具挑战性（Dearing et al.，2012）。

研究人员介绍了一些促进家庭积极学习数学的其他途径（本书有一整个章节，介绍了家庭数学教育的相关资源）。

• 家长与婴儿的游戏互动、交流和支持有助于为其日后的数学学习和阅读奠定基础（Cook，Roggman & Boyce，2012；Sorariutta & Silvén，2017）。

• 让所有年龄段的儿童都参与数学学习（Thompson，Napoli & Purpura，2017）。

• 保证儿童充足的睡眠——儿童每晚的睡眠通常不能少于 10 小时（Touchette et al.，2007）。

• 为儿童提供积极的学习经验，包括对儿童的学习需求保持敏感，注意在帮助儿童解决问题时所提供指导的质量，避免采用严苛或惩罚的方法，这些因素都与儿童的智商紧密相关（Brooks-Gunn et al.，1999）。

• 在阅读故事书的时候，与儿童一起讨论书中的数学概念（Anderson，Anderson & Shapiro，2004），并且和儿童一起做各种各样的数字活动（LeFevre et al.，2010）。阅读数学书籍，数字超过 10（Powell & Nurnberger-Haag，2015）和更有趣的话题（见本书的综合列表）。

• 从儿童进入学步期就开始经常和儿童谈论数字、形状和空间（Gerofsky，2015；Levine，Suriyakham，Rowe，Huttenlocher & Gunderson，2010；Levine et al.，2019；Pruden，Levine，& Huttenlocher，2011；Vasilyeva et al.，2018）。谈论的类型很重要。按顺序数数，标记一系列当前的或看得见的物体，都与儿童日后的基数知识相关，正如我们在前面数感和数数章节中所说的（Gunderson & Levine，2011）。当讨论当前物体的数量时，较大的数量（如已经超出了儿童现有能力的 4—10 个物体）可能比较小的数量对儿童更有帮助。

• 谈论各种各样的数学话题是有价值的，如这本书中的所有内容（Pruden et al.，2011；Vasilyeva et al.，2018）。

• 让父亲参与儿童的数学教育。一项研究显示，父亲与 2 岁儿童的互动可以预测儿童 5 岁和 7 岁时的数学能力（McKelvey et al.，2011）。一项针对低收入、少数族裔家庭的类似研究显示，父亲参与儿童的学习活动对儿童的数学学习有着长远影响，包括儿童在五年级时优异的数学成绩（McFadden，Tamis-LeMonda，& Cabrera，2011）。

• 像与男孩讨论数学一样，经常与女孩讨论数学。研究显示，家长与男孩讨论数学的频率是与女孩讨论的 2 倍（Chang，Sandhofer，& Brown，2011；Gunderson，Ramirez，Levine，& Beilock，2012）。此外，父亲在积木构建过程中对空间概念的支持质量可以预测他们女儿早期的数学技能（Thomson et al.，2018）。同样，儿童玩拼图的机会越多，他们在空间转换任务中的表现就越好（Levine et al.，2012）。

● 与儿童一起玩数学游戏。家长务必要花时间单独和儿童一起玩，因为在亲子游戏中，儿童能从积极的互动和指导中受益良多（Benigno & Ellis，2004）。

● 与儿童一起烹饪，尤其是使用与数字和测量相关的丰富的语言和词汇（Young-Loveridge，1989a）。根据具体的情况，给儿童具体的解释和回答比只告诉他们某个词更重要——给儿童反馈，在他们回应的基础上进一步阐述，这对帮助儿童建构数学知识更有效。

● 与儿童一起编程！那就是使用下面和第十六章的资源来学习计算机编程。亲子互动是有益的，但是家长提问太多反而会限制儿童的学习（Sheehan，Pila，Lauricella，& Wartella，2019）。

● 对儿童的学习保持非常高的期望值（Thomson，Rowe，Underwood，& Peck，2005）。在家进行数学挑战游戏（Ramani et al.，2015；Thompson et al.，2017），如较高数值的算术问题（Kleemans，Segers，& Verhoeven，2018）和不同的问题类型（第五章）。

● 主动和积极参加学校开设的数学课或培训班，以便更有效地帮助儿童在课堂上学习（Thomson et al.，2005）。

● 支持和鼓励儿童，这与儿童的学习动机密切相关（Cheung & McBride-Chang，2008）。儿童的（内在）学习动机，而不是家长的行为或观点，是他们认为自己能否学好的主要原因。

● 使用网络资源，如，我们的"数学学习与教育——基于学习路径的研究"网站（LearningTrajectories.com）、美国数学教师理事会的网站。

● 采用高质量的教材，这些教材通常提供活动思路和具体指导方案。对家长来说，也许最实用的莫过于那些能提供亲子数学活动的书籍和其他教辅材料。本书提供了推荐书目。家庭数学是个不错的项目，他们提供家长用书（Stenmark，Thompson，& Cossey，1986）。其他的书籍还包括《幼儿家庭数学（学前阶段至三年级）》［*Math for Young Children（Pre-k-3）*］，由布莱恩·哥德伯格（Brian Gothberg）所著的《幼儿家庭数学》（*Family for Young Children*），金斯伯格（Ginsburg）、迪什（Duch）、埃特勒（Ertle）以及诺布尔（Noble）2012年编著的书籍。只需在搜索引擎里输入关键词"家庭数学"，您就能找到这些资源。

研究还为教育工作者提供了几个帮助家庭的额外途径。

• 与儿童所在学校和教师密切合作（Crosnoe & Cooper，2010）。当教师给家长更多提示和指导的时候，家长能在家中各项活动中，如烹饪活动中，引入更多的数学概念（Vandermaas-Peeler，Boomgarden，Finn，& Pittard，2012）。

• 采用成功的项目来建立家庭和学校之间的联系（Muir，2018；Park，Stone，& Holloway，2017），提供家长教育（Landry et al.，2017）或引导家庭访问项目（Bierman，Welsh，Heinrichs，& Nix，2018）。家庭参与学校事务（Sorariutta & Silvén，2017）。如果一个旨在改善家庭数学学习的项目包含以下三个组成部分，那么该项目是成功的：一是为父母和孩子提供的联合和单独的会议，二是一个结构化的数学课程，三是为父母在家里发展孩子数学能力的"桥梁"活动（Doig，McCrae，& Rowe，2003）。干预可以解决家长的焦虑（Schaeffer，Rozek，Berkowitz，Levine，& Beilock，2018）。

• 为有需要的家庭和儿童提供强有力的干预措施（Garon-Carrier et al.，2018；Miller，Farkas，Vandell，& Duncan，2014）。

• 使用以研究为基础的程序，包含为父母写的具体建议（Doig et al.，2003）。

早期数学教育工作者在面对儿童家长、政策制定者以及儿童时，应该力争为各年龄阶段的所有儿童提供基础的、明确的数学学习经验。尤其是在最早期的阶段，数学学习可以与儿童的游戏和各项活动完美地衔接起来，只是还需要一位知识渊博的成人来为儿童创造一个支持数学学习的环境，为儿童提供建议，设置挑战和任务，以及教儿童数学的语言。

## 数学教育的公平性

儿童的学习路径受其第一次教育经历的影响（Barnett & Frede，2017）。事实上，"低年级可能恰恰是学校发挥最大影响的时期"（Alexander & Entwisle，1988）。

幼儿园和教师有能力和责任对儿童的数学学习产生最大可能的积极影响。正如我们所看到的，这种潜力往往没有实现。此外，社区正努力为其提供频繁学习体验的儿童恰恰是那些在幼儿园中需要，但没有得到这些体验的儿童。

## 面临风险的儿童

正如我们所见，为高风险儿童提供高质量的教育支持能帮助他们为进入幼儿园做好准备（Bowman et al.，2001；Magnuson & Waldfogel，2005；Shonkoff & Phillips，2000）。因为这些教育支持能帮助儿童在非正式数学知识方面打下基础（Clements，1984）。研究显示，早期的数学知识有助于儿童在数学方面取得好成绩，而缺少这一基础会导致部分儿童远离数学与科学学习（Campbell，Pungello，Miller-Johnson，Burchinal，& Ramey，2001；Oakes，1990）。跟踪研究显示，在学前阶段上过托幼中心（非其他形式的托幼机构）的儿童在幼儿园和小学一年级时（较小程度）数学成绩较好（Turner & Ritter，2004），而且学前阶段的数学成绩与拉美裔儿童在小学阶段数学成绩的差异有关（K. Shaw，Nelsen，& Shen，2001）。在另一项研究中，非洲裔儿童、拉美裔儿童和女童参与了一项干预项目，研究结果显示，与没有参与干预项目的同伴相比，这些儿童在四年级时更可能在数学方面取得高分（Roth，Carter，Ariet，Resnick，& Crans，2000）。总体而言，学前教育机构对儿童有所帮助，对于低收入家庭的儿童来说，他们在学前教育机构的时间越长，他们的算术能力就越强（Votruba-Drzal & Chase，2004）。

有了高质量的学前教育经验，儿童进入小学以后在数学上的成功是可以预见的（Broberg，Wessels，Lamb，& Hwang，1997；F. A. Campbell et al.，2001；Peisner-Feinberg et al.，2001），而且这种影响会持续到多年以后（Brooks-Gunn，2003）。对数学学习最重要的影响因素来自实际课堂教学——教材、教学活动以及师生互动（Peisner-Feinberg et al.，2001）。尽管研究结果显示，这些值并不大，但是对数学的影响是非常显著的（与其他科目相比），而且影响可达四年之久（Peisner- Feinberg et al.，2001）。

然而不幸的是，那些最需要高质量数学学习环境的儿童并不一定进入高质量的小学，即使他们所上的学前教育机构是高质量的。一项研究显示，学前阶段的教育质量与小学的教育质量之间的相关性非常小（0.06 — 0.15）（Peisner-Feinberg et al.，2001）。在某些情况下，有的影响只在后期出现（休眠效应）（Broberg et al.，1997）。因此，为了研究与实践的科学性，评估儿童的整体教育经验是至关重要的。

其他研究也证实了学校教育质量的重要性。俄克拉荷马州已经在美国率先将学前教育普及率提高到70%，并且将教学质量保持在较高的水平（Barnett，Hustedt，Hawkinson，& Robin，2006）。两项非常严格的评估显示，高质量的教育对儿童的数学和语言成绩有巨大的积极影响（虽然对语言成绩的影响比对数学成绩的影响更显著），各民族和各社会阶层的儿童都从中受益（Barnett，Hustedt et al.，2006；Gormley，Gayer，Phillips，& Dawson，2005）。但不幸的是，在美国，普及学前教育、提供高质量的学前教育以及为学前教育提供充足经费支持到目前为止仍是一句口号，并未落实（Barnett，Hustedt et al.，2006；Winton et al.，2005）。

与以上情况类似，研究显示，由州政府资助的高质量的学前教育项目对学前儿童的数学成绩有积极影响（Wong，Cook，Barnett，& Jung，2008），而且影响值是开端计划的两倍（虽然我们要更审慎地比较两者，更何况开端计划是全国性的，但是这五个州的学前机构的确比其他州的教学水平更高）。另外，当我们采用随机分配时，开端计划影响研究结果显示，该计划并未对3—4岁儿童的数学能力产生显著影响（DHHS，2005；Vogel，Brooks-Gunn，Martin，& Klute，2013）。因此，开端计划也许并未包含足够的数学内容。

实践启示

生活在贫困中的儿童和有特殊需求的儿童在经过高质量的数学干预措施之后，其数学成绩有所提高（Campbell & Silver，1999；Fuson，Smith，& Lo Cicero，1997；Griffin，2004；Griffin et al.，1995；Ramey & Ramey，1998），这种进步可以持续到小学一年级（Magnuson，Meyers，Rathbun，& West，2004）直至三年级

（Garnel-McCormick & Amsden，2002）。

现有的课程和方法可以帮助实现这一点（Clements et al.，2013；Clements & Sarama，2008）。重要的是，成功扩大规模需要多种资源和努力（Sarama & Clements，2013）。高质量的课程使小学的学习受益，包括数学（Fuson，2004；Griffin，2004；Karoly et al.，1998）。

## 面临风险的儿童是否已拥有较丰富的数学知识

有关不同社会阶层儿童的数学知识和能力的研究数据似乎相互矛盾。一方面，有证据显示，差距显著而且不断扩大；另一方面，低收入和中等收入家庭的儿童在自由游戏时所体现出的数学知识只有极小差别，或几乎没有差别（Ginsburg，Ness，& Seo，2003；Seo & Ginsburg，2004）。研究者们通常认为低收入家庭的儿童的数学能力比预期要好。我们可以从以下几个方面来解释两组研究相互矛盾的原因。第一，低收入家庭的儿童在家中可能参与了不同类型的非正式数学学习活动，虽然这一假设证据不足（Tudge & Doucet，2004）。研究者也观察了低收入家庭的儿童在学校的学习情况，证据显示，家长为这些儿童提供的数学思维上的帮助较少（Thirumurthy，2003）。因此，很有可能这些儿童在学校游戏中展现出了数学知识，但与高收入家庭的儿童相比，他们参与这些游戏的机会太少。第二，家长没有为儿童提供机会来反思和讨论他们所参与的前数学活动。研究显示，来自不同收入水平家庭的儿童在语言的使用方面有明显的、本质的差别（Hart & Risley，1995，1999）。低收入家庭的儿童可能参与了前数学活动，但是还不能把这些活动与学校的数学学习联系起来，因为这样做需要儿童把前数学活动中隐含的数学思想提升到意识水平。已经有研究证实，儿童之间的主要差别并不在于他们能否进行实际操作，而在于他们能否用语言表达解决问题的过程（Jordan et al.，1992），或者将他们思考的过程解释清楚（Sophian，2002）。以一个 4 岁女孩为例，当研究者问"10 加 1 等于几"时，她拿出积木，把一块积木和十块积木加起来，然后回答"11"。5 分钟之后，研究者再用同样的方式问她"那再加 2 和 1 等于几"，女孩默不作声，研究者反复询问，最后她用满不在乎的语气答道"15"（Hughes，

1981）。

总而言之，虽然没有直接证据显示，但我们相信以上研究结果所呈现出的规律似乎告诉我们，低收入家庭的儿童不缺少前数学知识，他们缺少的是数学知识的重要组成部分。他们缺少的是能力——因为他们一直缺少学习上的帮助——将学前数学知识与学校数学联系起来的能力。儿童必须学会将非正式的学习经验转化为数学经验，通过数学方式对知识进行抽象、表征和阐述，并且用数学思想和符号为日常活动建立数学模型。这需要儿童具备概括能力，能将数学思想与不同的情形联系起来，灵活地运用数学思想和推导过程。对于数学知识的各个方面，这些儿童的数学语言都很匮乏。

## 实践启示

从认识数字开始，用具体的物体来表征数字，并给予儿童规范的语言描述，促进儿童接受和表达词汇。从学步期开始，把物体分成数量很小的组，让儿童说出物体的数量，这样做可以改善儿童各方面的数字能力（Hannula，2005）。再举一个例子，把积木放进盒子和把积木从盒子里取出来这个看似简单的任务显示，即使是 4 岁儿童也喜欢并能做算术了（Hughes，1986）。（尽管那个年代的儿童学习指南提到"算术对于这个年龄段的儿童来说是荒唐的"。）一个名叫理查德的男孩，在盒子里只有 2 块积木（他其实看不到盒子里积木的数量），却被要求从盒子里拿出 3 块积木时，这样回答：

理查德：拿不出来，不是吗？

研究者：为什么拿不出来呢？

理查德：你还得再放一个进去，不是吗？

研究者：放一个进去？

理查德：对呀，放一个进去你才能拿出来 3 个。

最终，这些活动有助于儿童顺利过渡到使用更抽象的数学符号。总的来说，我们要把沟通和表征的过程作为数学教育的重要目标，而不是可有可无的附属品。

这些过程并非表达数学的最理想的方式，或是次要条件，而是数学理解的精髓所在。

数学发展与语言发展之间存在着大量的双向联系。如，学前儿童的叙述能力，尤其是转述故事主要情节的能力，用不同视角叙述故事情节的能力，用连词将故事的主要情节联系起来的能力，都与儿童两年以后的数学能力紧密相关（O'Neill，Pearce，& Pick，2004）。丰富的数学活动，如讨论解决问题的不同方法、在叙述故事时提出问题和解决问题，有助于帮儿童打下良好的语言基础，包含但不限于语言能力，为日后的数学发展打下良好的基础。

对一些读者来说，读写和语言能力对学习丰富的数学知识的裨益似乎有些牵强。因此，如果我们说有严格的研究支持这一观点的话，大家应该满意了。首先，我们针对"搭建积木"课程对儿童字母识别和口头语言能力的影响进行了随机取样调查。"搭建积木"课程组的儿童和控制组的儿童在字母识别方面，以及在衡量口头语言能力的三个维度上的表现似乎相当。但是，搭建积木课程组的儿童在以下衡量口头语言能力的四个维度上的表现优于控制组儿童：①回忆关键词的能力；②使用复杂语言的能力；③能够独立进行复述的能力；④推理的能力。这些能力与数学课程没有明显的关系，但是儿童却从数学课程中掌握了重要的语言能力。询问儿童"你是怎么知道的？"以及（像皮亚杰那样）培养儿童的逻辑数理能力，对儿童认知能力的发展非常重要。另外，一项针对英国5—7岁儿童的研究显示，早期数学和逻辑数理干预能让儿童日后的英语成绩提高14个百分点（Shayer & Adhami，2010）。虽然这可能会占用很多教学时间，但是数学干预的引入并不会损害语言和读写的发展，相反，语言能力还能从中获得发展。

## 性别

正如我们在第十四章中看到的，性别平等一直以来都是我们担心的问题。女性被社会化，认为数学是男性的专项，而且女性认为她们自己的能力不如男性。教师通常也更关心数学学得不好的男生。他们让男生回答问题和对男生说话的次数更多。最终，教师们相信数学学得好是因为男生的能力比女生强，而且认为班上数学学得最好的都是男生。所有的这些观点和行为都在无意中打击了女生学习数学的动力（Middleton & Spanias，1999）。在不止一项研究中，男生比女生更可能出现在数学成绩的最低分段和最高分段（Callahan & Clements，1984；Rathbun & West，2004）。另外，有证据显示，高分段男生的增长速度比女生快（Aunola et al.，2004）。其中的原因还不清楚，但是已经有实例证明。有研究显示，早在幼儿园阶段，男生在某些方面就已经超越了女生，如对数字的敏感度、估数能力、非语言估数能力等，这些能力可能都与空间思维能力有关（Jordan，Kaplan，OlAh et al.，2006）。然而，在英国，学前班女生的数学成绩比男生好（Sylva et al.，2005）。大多数研究表明，如果机会是公平的，那么结果也应该是公平的（Korkmaz & Yilmaz，2017；Lee & Bull，2015）。

### 实践启示

有关性别与数学的问题是复杂的，而且男生和女生在学习数学方面有各自的问题。教育者需要确保每一名儿童都能拥有完整的学习机会。举个简单的例子，在学校（幼儿园）里儿童对积木和计算机的使用是否公平。

### 有特殊需求的儿童——数学困难（MD）和数学学习障碍（MLD）

正如我们在第十四章中看到的，有些儿童表现出数学困难（MD）和数学学习障碍（MLD）。不幸的是，教师通常没有发现他们的学习困难或障碍，或者没有把他们与"发展迟缓"的儿童归为一类（Clements et al.，2020）。这样就太不幸了，因为早期针对这种学习障碍的干预措施是非常有效的（Dowker，2019；Lerner，1997）。他们似乎不使用基于推理的策略，在使用不成熟的解决问题、计数和算术策略时似乎显得比较缺乏灵活性。有特殊需要的儿童需要最早和最一致的干预（Gervasoni et al.，2007；Gervasoni，2018）。

在小学阶段，单纯患有数学学习障碍的儿童（并非同时患有数学学习障碍和阅读学习障碍）在计时数学测试中比正常发展的儿童表现要差，但是，在不计时测试中成绩却与正常发展的儿童相差无几，这证明有数学学习障碍的儿童可能只是需要更多的时间来学习运算方法和完成运算任务。也许使用计算器或其他辅助手段可以让这些儿童专注于培养自己解决问题的能力（Jordan & Montani，1997）。有数学学习障碍和阅读学习障碍的儿童需要更系统的干预，干预的主要目的在于帮助儿童更好地认识问题，教他们有效的运算策略，以及事件检索的有效方法（Jordan & Montani，1997）。

实践启示

许多有特殊需要的儿童有着截然不同的学习需要（Dowker，2017；Gervasoni et al.，2007；Gervasoni，2018）。因此，我们的教学要满足个性化的需求。另外，没有哪一个特定的教学主题非得走在另一个主题前面。因此，按照学习路径的方法去教学是满足所有儿童需要的最好方法，尤其是有特殊需要的儿童。我们建议在开始使用学习路径教学之前给所有的儿童，尤其是有各种特殊需要的儿童进行形成性测试，虽然书上已经重点介绍了，但是在本章的后半部分我们将详细地讲解。

小学阶段的数学困难（MD）和数学学习障碍（MLD）

尽早解决这些问题至关重要（Clements，Vinh，Lim，& Sarama，2020）。从家庭合作（Kritzer & Pagliaro，2013），到直接指导（Chandler，McLaughlin，Neyman，& Rinaldi，2012），到教育技术的使用（Chmiliar，2017；Gay，1989）都能帮助儿童获得成功。对于有数学困难和数学学习障碍风险的儿童，可以采用以下具体方法。

• 确定最关键的内容，如核心经验中的数字能力（Doableret al.，2012）。针对特定的需要领域。

• 对于这些目标，使用学习轨迹和形成性评估（Dowker，2004，2017；Gervasoni & Sullivan，2007）。

• 就像我们学习路径的方法一样，采用基于个人能力和强项的方法。所有儿童都有无数的能力和资源，个人、家庭和社区都是他们赖以生存的基础。

- 确保所有教师获得并使用对儿童的持续评估数据和持续的反馈，帮助他们使用这些数据来调整教学（Jayanthi，Gersten & Baker，2008；NMP，2008）。

- 与儿童分享他们的成功表现。

- 就儿童的数学成绩向父母提供清晰、具体的反馈。

- 把同伴当作导师（参见第十六章）。

- 使用明确的指导，包括建模和演示。使用清晰简洁的语言，让儿童积极参与使用几种数学概念模型（Doabler et al.，2012；Jayanthi et al.，2008；NMP，2008）。

- 精心编排教学示例（Doabler et al.，2012）。

- 使用多元教学示例（Jayanthi et al.，2008；NMP，2008）。

- 鼓励儿童用语言表达他们的想法或策略，甚至是教师模拟的明确策略（Jayanthi et al.，2008；NMP，2008）。

- 鼓励儿童在解决问题时使用多种策略和启发式方法（Jayanthi et al.，2008；NMP，2008）。

- 使用特殊的指导干预（一个针对一年级儿童的成功方案源自研究以及本书的第一版；Nunes et al.，2011）。

- 寻找其他以研究为基础的干预措施（Clements，2000；Dowker，2009；Dowker & Sigley，2010；Gersten et al.，2005），这些措施要满足教师的需求，因为并不是每一种干预都对早期数学有效（Phillips & Meloy，2012）。

- 即使在短期内，也要把个别化的指导作为集中干预的一个要素（Dowker，2004；Gersten et al.，2008）。

- 给有数学困难的儿童提供有关数学和语言理解的特殊指导，研究表明儿童能从中受益（Powell & Fuchs，2010）。

一般来说，有数学困难和数学学习障碍的儿童从明确、系统的指导中获益最多（NMP，2008；Powell et al.，2013）。这种教学方式包括教师示范、教师指导和独立实践，以及用"大声思考"来监督和增强儿童的理解和推理能力。概念、技能和解决问题的方法都是教授的，通常借助于视觉表现，以及对启发式、助记法和策略的明确注意。形成性评估是关键，教师要仔细监控主要数学科目的学习进度。

三个对于有数学困难和数学学习障碍的儿童采用的显性教学策略分别是：示范—引导—测试（MLT）；系统错误更正以及集体回应；在示范—引导—测试中，教师示范新的技能，引导全班儿童回应，然后让儿童自己练习。如，"我们2个2个数，2、4、6、8、10。我们一起来数一遍……现在你们自己数一数。" 如果儿童出错了，教师及时更正。如果儿童把某个形状说错了，教师可以说："这是一个长方形（拿出一个长方形），这是一个三角形（拿出一个三角形）。来跟着我说'长方形'。很好。现在，每位同学，这是什么形状（再次拿出长方形）？"（Kretlow，Wood，& Cooke，2011）。

干预项目开始得越早，儿童对知识体系的建构以及防止对数学产生消极态度和焦虑的效果就越好（Dowker，2004）。以下是其他一些针对小学生的教学策略。


数字和算术

有成效的具体方法包括教儿童计算的策略、与练习结合起来（通常儿童不太感兴趣而且概念较少）、使用视觉模型，以及教儿童分析算术应用题的结构。如，美国数学顾问委员会的一项研究提供的显性教学，对象是有数学学习障碍的二年级儿童，他们还没学会用"从大数开始数"的方法来解决加法问题（Tournaki，2003）。


教师：当我们拿到一个问题的时候，我们应该做什么？

学生（应该重复解题的规则）：我把问题读一遍，5加3等于几？然后我去找那个小的数。

教师（指向这个数）：现在我们来掰一掰手指。那么我要掰几根手指呢？

学生：3根。（依此类推……）

几个问题之后，教师让儿童边思考边解决问题，也就是不断地重复这些步骤和向自己提问。当儿童犯错时，教师也不断提供明确、及时的反馈。这项研究的效应值很高（1.61），这显示了教师把解题策略教给儿童的好处，而不只是让儿童做练习题，尤其是对于有数学学习障碍的儿童。

另一项研究包括美国数学顾问委员会的一份报告，属于较隐性的教学方法，调查了 48 次小组教学的效果，包括使用具体的物体来促进概念学习，研究对象是成绩较差、学习较困难的一年级儿童。与控制组儿童相比，随机分配到干预教学组的儿童在计算、概念 / 应用、应用题方面有所进步，但是在数学思维流畅性方面没有进步（Fuchs et al.，2005）。然而，这些儿童依然无法赶上那些没有学习困难的儿童。因此，这似乎是一个早期干预项目，对象是一年级刚开始的时候在数学学习方面有问题的儿童，同时这个研究也为我们提供了一个例子，告诉我们可以通过强化、综合教学和练习把概念、过程和问题解决的方法教给儿童。

两种辅导条件，一种是集中提高数字组合的流畅度，另一种是专门教儿童解题策略，结果显示，在两种辅导条件下儿童的数字组合流畅度都有所进步（Fuchs et al.，2008）。两组儿童过程计算的能力都有所提高，解题策略组的儿童进步更加显著。但是只有解题策略组的儿童在数学思考能力和应用题方面有进步。

回想一下，显性教学方法（或者是显性教学与隐性教学的结合）的要素给儿童带来的促进作用，与之前老式的直接教学大相径庭。教师明确地教儿童解题策略，而不仅仅是知识和技能，这样能每次帮儿童积累一点解题能力。儿童参与大量的小组合作和互动，在解决数学问题时，教师鼓励儿童边想边说，同伴和教师还给予儿童反馈。儿童学习如何解决问题，如何使用策略，通常还依靠具体的物体和视觉表征，或者结合更加抽象的表征来分析问题的结构。教师将每一类问题的重点标记出来（不是关键词），帮助儿童区分不同类型的问题。在每一个教学周期结束时，儿童进行练习，教师会以明确的方式帮助儿童归纳和迁移所学知识。

研究发现，其他的干预辅导也是有效的。如，辅导成功地帮助儿童弥补了信息检索、过程计算、估算等方面的不足（Fuchs，Powell，Hamlett et al.，2008）。这种干预辅导能够帮助所有儿童（如，有数学困难的儿童或既有数学困难又有阅读困难的儿童）。计算机辅助教学也能帮助儿童掌握算数组合（Burns，Kanive，

& DeGrande，2012），但是，此类项目也需要教师的广泛参与。

许多有数学困难和数学学习障碍的儿童在建立数字敏感度方面有难度。一项专门针对这一困难的干预项目是"数字竞赛"计算机游戏（Wilson，Dehaene et al.，2006；Wilson，Revkin et al.，2006）。研究者声称，儿童最基本的缺陷可能是与数的感觉相关的能力、表征的能力和非语言熟练处理数量问题的能力，主要是数量比较和估数。[研究者们一直将其称为数感（number sense），但是，为了避免与数学教育研究中广泛使用的数感一词发生混淆，我们在这里用"数的感觉（numerical sense）"。] 研究者们假设，由于与符号表征分离，儿童既缺乏非语言数的感觉能力，也没办法获得这一能力。游戏的研究结果在多个数学问题上都很有希望。

其他方法也显示出乐观的前景，包括那些更具革新的方法。即使有心智障碍的儿童也能获得有意义的学习（Baroody，1986）。教师必须确保这些儿童学会基本的计数和数数的能力和概念。也就是说，教师不能只局限于培养儿童的能力，而是要采用更加均衡和全面的教学方法，利用儿童现有的能力来弥补他们的不足，这样才能带来更好的长远的进步。视觉和空间的训练或者集中练习不应取代儿童在学习基本概念和算术策略时寻找和利用规律的经验（Baroody，1996）。较差的教学可能是很多儿童表现出数学困难，甚至数学学习障碍的原因。如果我们能帮助这些儿童在自己强项和非正式知识的基础上，创造数数策略，把概念和过程连接起来并解决问题，那么这些儿童的数学是可以学好的。策略和规律可能需要明确教给儿童，但一定不能忽视（Baroody，1996）。对于那些有心智障碍的儿童来说，教师需要小心谨慎地根据相关的学习路径评估他们的知识和能力，而且对儿童的表现保持敏感。如，中度智障的儿童也许不能唱数到 5，但有可能数 5 个数或更多数的集合。他们只是缺乏口头计数的动机（Baroody，1999）。基于以上原理的训练取得了一些成功，更多的是在近迁移测试中（Baroody，1996）。对测试本身的关注也是重要的。如，帮助儿童掌握一些 N+1 的任务（4+1，6+1），帮助他们发现 N 之后的数字规则，之后儿童就发明出接着往下数的策略（如，意识到如果 7+1=8，那么 7+2 就是 7 后面连续数两个）。

空间思维与几何

大多数研究者干预项目的重点是数字学习，但这对教育工作者来说太局限了。高分儿童的数学能力与他们的空间以及测量能力之间的联系，以及低分儿童的数学能力与他们停滞不前的测量和几何能力之间的联系告诉我们，几何和测量也要成为研究的重点（Stewart，Leeson，&Wright，1997）。如，一些儿童在各种任务中很难进行空间组织。有一定数学学习困难的儿童可能在空间关系、视觉—运动、视觉感知的学习上也有困难，并且伴有较差的方向感（Lerner，1997）。正如我们之前所讨论的，与没有学习障碍的儿童相比，他们眼中的形状也许不是完整的统一体（Lerner，1997）。有不同程度大脑损伤的儿童，其学习的困难程度也各不相同。大脑右半球受伤的儿童很难把物体摆成连贯的空间组合，而大脑左半球受伤的儿童很难弄清空间阵列中的内部关系（Stiles & Nass，1991）。用基于儿童发展规律和顺序的学习路径来教学对于有学习障碍的儿童以及有其他特殊需求的儿童来说更为重要。教师必须要很清楚这些儿童在学习几何概念的时候他们的发展路径是什么样的（见［LT²］）。

空间思维能力较弱的儿童在理解数值量，以及在快速检索数字名称和算术组合方面有困难（Jordan et al.，2003）。同样地，由于在感知形状和空间关系、辨识空间关系、做出空间判断等方面有困难，这些儿童不能正确地阅读和排列数字。因此，他们在计算的时候容易犯错。他们必须学习正确地复制和排列数字，来计算加减、位值和乘除法的问题（Bley & Thornton，1981；Thoton，Langrall，& Jones，1997）。

其他问题

让我们回顾一下尽早强调结构和模式所带来的成功案例（第十二章和其他章节）。模式与结构数学意识项目（PASMA）旨在改善儿童的视觉记忆、识别和应用模式的能力，以及寻找数学概念和表征中结构的能力，研究显示，该项目对今后有学业失败风险的儿童有积极的作用（Fox，2006）。

被诊断出患有自闭症的儿童需要尽早接受系统的干预。他们必须保持与周围世界的联系，包括数学。许多自闭症儿童对某物有强烈的兴趣，我们要利用这一点来激励他们学习几何和空间结构。如，如果他们喜欢建构游戏，他们可以学习三角形是如何在桥梁结构中使用的。许多自闭症儿童是视觉学习者，可以用操作物和图片来帮助他们学习很多主题的内容，包括几何、数字以及其他一些知识。哪怕是用动画来阐述一个动词都能让这些儿童受益匪浅。同样地，教师可以将很长的语言解释或一连串的指示分解成小的单位。大约有 $\frac{1}{10}$ 的自闭症儿童具有天才（超常）的能力，通常生来在空间思维方面能力过人，如艺术、几何算术的某个特定领域。这些能力也许不是因为某种神奇的天赋，而是通过大量的练习获得的，但是其中的原因和动机我们还不得而知（Ericsson et al.，1993）。

对于所有儿童和所有教学主题来说，聚焦是关键。要想发展最基本的数学能力，教师需要（在共同核心能力中）选择2—3个对这个年龄段的儿童来说最重要的学习路径（Powell et al.，2013）。使用形成性评估，明确儿童位于学习路径的哪个阶段，在此基础上计划教学活动来帮助儿童顺利进入下一阶段（Gervasoni et al.，2012；Sarama & Clements，2009）。

总而言之，有实质性证据显示，早期数学知识方面的不平等可以避免或得到改善，但是也有大量证据显示，整个社会并没有采取有效措施（Gersten et al.，2005）。干预项目必须从学前班和幼儿园阶段开始（Gersten et al.，2005）。如果没有这些干预措施，有特殊需求的儿童通常会被我们忽视，从而走向失败（Baroody，1999；Clements & Conference Working Group，2004；Jordan，Hanich，& Uberti，2003；Wright，1991；Wright et al.，1996）。

## 面向全体儿童的数学教育

具体的干预措施可能很重要，但这些措施不应该是对儿童数学教育的替代，而应该是对儿童数学教育的补充。所有儿童都从良好的数学教育中学习。如果我们想缩小差距，那些已有知识经验较少的儿童需要更多的时间进行更好的数学教育（Perry et al.，2008）。有研究表明，全天课程比半天课程能产生更大的数学学习效果，特别是对弱势儿童（Bodovski &Farkas，2007），但如果其他儿童也参加全天课程，这种差距将继续存在。

有风险或有特殊需要的儿童需要更多的时间，更多的数学。对缺乏学习机会的儿童的关注可以从幼儿时期就开始（Reikerås，2016）。正如第十四章所述，情感和动机也很重要。从幼儿园开始，数学知识最少的儿童从学习中获得最多（或失去最多）（参见本章前一节关于影响的内容）。这些儿童的低参与度至少有一部分可能是由于教师很难让他们参与或保持他们的参与度。因此，未来对这些儿童的教学努力应该集中在创新尝试上，以提高他们对学习的参与度。如果以前很少有机会学习的儿童每天花一些时间在他们缺乏的基本数字知识的小组教学中，参与和希望的成就可能会加快。最后，如果这些儿童的平均开始成绩可以通过更密集的学前干预来提高，他们可能也能够提高以后的成绩（Bodovski & Farkas，2007）。具体解决这些需求的干预措施将在下一节中讨论。

从更广阔的视角看，学习路径支持儿童作为社区成员和个体，同时帮助教师把所有儿童视为数学的学习者和实施者，并尊重他们，每个人都有重要的声音（Myers，Wilson，Sztajn，& Edgington，2015）。通过这种方式，学习路径还可以支持更广泛的社会正义观。

实践启示

利用学习路径可以促进数学教育各方面的公平，如图 15.1 所示。还有许多其他可用的资源来解决这个国家在公平数学教育方面的严重问题。参见参考文献（参见本书，Nasir & Cobb，2007，以及我们的新 STEM 创新、全纳早期教育、STEMI2E2）。

表 15.1 使用学习路径提供公平的数学教育（Myers et al.，2015）[①]

| 参与感 | • 确保不同水平的儿童通过各种途径参与数学活动。<br>• 使用与学习路径相关的课程材料。<br>• 使用形成性评估来了解儿童的思维水平。<br>• 为儿童的讨论提供支架，促进所有儿童参与，利用学习路径建构概念，并在数学概念之间建立联系。<br>• 循序渐进地在儿童的思维水平上，提供具有挑战性但可实现的活动。 |
|---|---|
| 成就感 | • 根据儿童当前的理解，为儿童设定合适的目标。<br>• 区分儿童已经学过的和正在学的，并利用这种理解来设计教学，以促进儿童的学习。<br>• 想各种各样的方法来收集关于儿童理解能力的证据。 |
| 认同感 | • 支持儿童努力，鼓励他们沿着学习路径前进。<br>• 创建与儿童的家庭和社区相关并予以肯定的开放式任务。<br>• 识别、鼓励并确定各种策略、算法和工具的有效性来解决问题。<br>• 不仅要帮助儿童建立与数学的联系，还要帮助他们建立与现实世界的联系（全球的、全国的和当地的）。 |
| 力量感 | • 确保所有儿童参与，有发言权，并确保公平地拥有这些想法和活动。<br>• 根据儿童对某些技能或策略的使用，将他们定位为专家。<br>• 选择或创建影响儿童所在社区的任务。<br>• 识别课堂上出现的各种数学观点，并鼓励所有儿童提出、证明和坚持自己的观点。<br>• 让每名儿童都成为数学知识的创造者，认识到儿童已经知道了什么，并通过帮助儿童把自己视为数学实干家来赋予他们自我力量。 |

## 基于实证研究的早期数学课程和方法

在第十四章中，我们已经看到早期数学知识对儿童多年以后数学成绩的影响。另外，儿童的数学能力比预想得要强，我们目前需要课程和教学法来提高儿童的数学思维能力（Hunting & Pearn，2003）。这对教学课程和教学方法意味着什么？

---

① 有改编。——作者注

### 那些广泛使用、普通的课程其实并无效果

许多学前项目，如，开端计划，使用的是创意课程和聪明开端课程。有效教育策略资料中心（What Works Clearinghouse）明确表示，高质量的研究证明以上这些课程"对于儿童的口头语言、书面语言、语音的发展或数学能力没有可辨识的效果"（What Works Clearinghouse，2013a，2013b）。课程的广泛使用程度并不能作为其应该被使用的有效标准。

作为其他的例子，两个课程，一个以识字为导向（聪明开端）和一个以发展为重点（创造性课程），产生的数学教学并不比对照组多（Aydogan et al.，2005）。另一项研究表明，使用 OWL（开放学习世界）课程的教室在 360 分钟的一天中只花 58 秒学习数学（Farran，Lipsey，Watson，& Hurley，2007）。OWL课程旨在培养读写能力和数学（Guistiet al.，2018），很少有教学，很少有机会让儿童接触数学材料，也很少有机会让儿童谈论数学或其他东西，但他们大多在区域中讨论，很少在小组和集体活动中讨论。没有儿童获得数学技能，那些一开始得分较高的儿童在一年中失去了数学技能。他们确实获得了读写技能，但只是小幅度提升（Farran et al.，2007）。在这一年里，大多数儿童的数学能力没有变化，甚至丢失了。

即使在最近创建和运行的质量最高的项目之一——雅培项目中，数学材料和教学的质量也被评为非常低（Lamy et al.，2004）。这可能是东亚国家往往优于西方国家的一个原因——东亚文化在较早的年龄发展出更稳定的数学思维和技能（Aunio et al.，2004，2006；Sakakibara，2014）。

专注于数学等领域的课程比广泛使用的全儿童课程更有效（Jenkins et al.，2018）。

### 其他课程和方法是有效的

我们已经描述了几种已被证明有效的基于研究的教学方法。在这里，我们描述其他具有启发性的研究。

一项研究比较了两种教学方法（Clements，1984）。第一种观点认为，早期

的数字技能指导是无用的，这在当时是很流行的，而且仍然很有影响力（Baroody & Benson，2001）。基于皮亚杰的一种解释，这种观点认为，如果一名儿童做不到数量守恒（第三章），也就是说，他认为改变集合的排列会改变它的数量，指令甚至可能是有害的。如果要教数学，就应该把重点放在分类、排序和保存这些逻辑基础上。第二种方法声称，儿童可以直接培养与数字相关的能力。也就是说，计数和算术本身是复杂的认知过程，在儿童数字和逻辑基础的发展中发挥着关键和建设性的作用（Clements & Callahan，1983）。4 岁儿童被随机分为三组：逻辑基础组、数字组和对照组。教授分类和排序的小组在这些逻辑操作上取得了显著的进步。同样，教数字的小组学习了这些概念。这是个好消息，但并不令人意外。令人惊讶的是，逻辑基础组在数字概念上取得了很小的进步，但数字组在分类和排序上取得了很大的进步——匹配组的表现教会了这些特定的技能，对照组的任何能力都没有提高。因此，儿童通过参与有意义的数字活动受益，其中许多活动涉及分类和排序。

基于学习路径的课程和方法是有效的——就像这样简单（Clements & Sarama，2011，2007，2013，2009；Perry et al.，2008；Young-Loveridge，1989 b，2004；Weiland & Yoshikawa，2012；Wright et al.，2006）。如，"搭建积木"课程（Clements & Sarama，2013）大大增加了弱势学龄前儿童的数学知识。形成性、定性研究表明，该课程提高了各种数学主题的成绩（Clements & Sarama，2004；Sarama & Clements，2002a）。总之，定量研究证实了这些发现，在一项小规模研究中，影响大小从数字的 0.85（科恩 d）到几何形状的 1.47 不等（Clements & Sarama，2007a）。在一项更大规模的研究中，随机分配了 36 个班级，"搭建积木"课程增加了数学环境和教学的数量和质量，并大幅提高了数学成绩。与对照组相比，效果量非常大（d = 1.07），与接受不同和广泛的数学课程的组相比，效果量是实质性的（d =0.47）。这已经被其他研究人员证实（Weiland & Yoshikawa，2012），甚至在其他国家，如厄瓜多尔（Bojorquea，Torbeyns，Van Hoof，Van Nijlen，& Verschaffel，2018）。后续分析表明，"搭建积木"课程改变了儿童的数学发展过程，帮助他们将知识从一个环境迁移到另一个环境（Watts et al.，2017）。

最后，大规模实施表明，我们的方法可以在整个城市学区实施，同样具有很好的效果（Clements et al.，2013，2011）。

但这些影响能持久吗？在我们的研究中，这些研究确实随着时间的推移而减少（Watts et al.，2017）。怀疑论者认为，如果效果消失，那么就不值得付出努力。我们认为，如果没有后续行动，指望短期早期干预的效果无限期地持续下去是不现实的（Brooks-Gunn，2003）。我们的项目表明，如果幼儿园和一年级教师在他们的教学中也使用学习路径，儿童会保持更多的早期优势（Clements et al.，2013）。也就是说，如果所有进入幼儿园的儿童的经历都是相同的幼儿园的旧课程，他们的学习路径将会变平。我们看到，即使是适度的跟进，儿童也会在他们早期的收获上有所收获。在我们的研究中，这对非裔美国儿童尤其如此（Clements et al.，2013），因为他们的教师对他们有更高的期望，并支持他们参与"搭建积木"课程。我们可以做得更好。我们应该坚持的不只是学前班的成绩，还有成功学习的戏剧性路径。

但请注意，效果并非在所有情况下都消失。在厄瓜多尔的一项关于"搭建积木"课程的研究中，一年级的优势仍然强劲（Verschaffel，Bojorquea，torbons，& Van Hoof，2019）。

其他证据也支持我们的教育论点，即早期数学课程的影响所谓的消退原因之一是儿童随后获得的数学教育质量较低（Carr，Mokrova，Vernon-Feagans，& Burchinal，2019）。额外的专业发展有帮助（Jenkins et al.，2018）。此外，一些基础课程建立在早期能力的基础上，凯伦·福森（Karen Fuson）的"数学表达式"课程在小学数学研究中表现良好（Agodini & Harris，2010）。一个主要的结论是，从小学到早期的儿童课堂低估了儿童学习数学的能力，不适合帮助他们学习。一位研究人员指出，儿童在幼儿园期间的某些数学技能实际上会退化，他只是说，排序和分类，以及一对一的通信是不够的（Wright et al.，1994）。从学前班到小学阶段，我们需要更有条理、更复杂、更完善、更有序的数学。

"儿童学校成就"课程（Lieber，Horn，Palmer，& Fleming，2008）采用的数学活动来自"搭建积木"课程，（Clements & Sarama，2013），而且使用了通

用教学设计。课程的实施显示，该课程能有效帮助残疾学前儿童获得学科和社会方面的发展。另一个项目帮助风险儿童在数学成绩的标准化测量中超过对照组（Clarke et al.，2011）。

另一个来自小学课程，对任何年龄段的教师都很重要的发现是，将技能、概念和问题解决结合起来进行教学，可以帮助儿童学习技能，就像他们只学习技能一样。这些儿童也会学习概念和解决问题的方法，而这些在只教技能的课程中是学不到的（Senk & Thompson，2003）。

## 结语

想要教学取得良好的效果，教师必须了解所处的教学环境和所使用的课程。教师最终的专业领域涉及具体的教学策略，这也正是第十六章的主题。

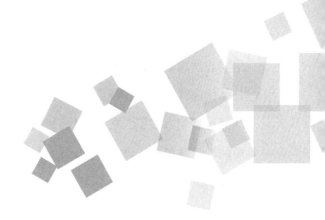

# 第十六章　教学实践与教学方法

三位教师正在讨论她们是如何教数学的。

艾瑞莎：数学与其他功课不一样。孩子们得记住具体的知识和技能。不像语言，你可以帮助孩子们很自然地学或非正式地学。但是，数学你得直接教他们。

布兰达：也许吧，可是你不认为孩子们需要在周围世界中发现数学吗？我的意思是说当孩子们在玩积木的时候，他们难道不是在学数学吗？

卡琳娜：你们两个说的都有道理。如果把你们刚才说的方法结合起来，是否能奏效呢？

您如何看待数学教学？数学教学应该更多以教师为中心还是以儿童为中心？早期数学教育中游戏的作用是什么？我们如何才能最好地满足每名儿童的需求？具体的演算对儿童有帮助吗？我们是应该强调技能还是概念呢？儿童家中的技术产品已经相当多了，在学校我们是否要让儿童远离计算机？还是我们应该利用优质的教学环境来告诉儿童如何使用技术辅助学习？如果可以，我们使用什么类型的技术，使用的频率是多高呢？

本章内容比较多，因为需要回答以上这些问题和其他一些重要问题。除了像项目（如开端计划）一样的大型实体或者课程，还有一些关于年幼儿童数学教学的具体视角、方法和策略，经研究证明这些方法是有效的。在本章中，我们简要阐述了几个重要问题。虽然每个问题都有研究证据支撑，研究证据在很多情况下都是质化的或者是相关联的；因此，不像第十五章所描述的课程评估，我们不能确定哪种具体的教学策略能导致某种类型的学习。即使我们引用的研究是采用随机实验设计（如，Clements & Sararna，2007c，2008），情况也是如此，因为有关具体教学环节的数据并非随机分配（只有整个课程是）。因此，研究结果都只是建议性的，而不是决定性的。当然我们也注意到有一两个研究的确是通过非常严格的实验对某一个具体方法进行评估。

## 教学观念和基本教学策略

对早期教育的教与学有一定观念体系的教师，以及那些趋向于使用相应类别的教学策略的教师，更能成功地促进儿童的学习。如，研究者通过对教师的观察，将教师的观念体系大致分为以下三类：传授知识、探索发现、联结主义或它们的结合（Askew，Brown，Rhodes，Wiliam，& Johnson，1997）。传授知识的教师相信"教师教学生知识"，并且认为数学是各种技能的整合。这些教师认为，评价儿童数学技能的主要途径是纸笔测试。他们把学习主要看成是个人行为，儿童一次记一个解题的套路，儿童的解题策略无关紧要，犯错失误都是因为没有掌握正确的解题方法。他们不指望所有儿童都精通（认为某些儿童"数学能力"更强）。

注重探索发现的教师认为儿童是在探索数学。他们认为儿童可以通过任何方式寻找问题的答案，并且能够应用数学知识解决日常生活中的问题。他们也认为学习是个人行为，通常包括动手操作。他们认为儿童要做好学习的准备。

联结主义的教师看重儿童的学习策略，为了帮助儿童建立数学思想、能力与主题之间的联系，他们同时也教授儿童一些策略。他们认为计算需要有效的方法，但是也强调思维的策略、推理或论证结果。他们把学习看作集体行为，儿童首先形成自己的解题策略，然后在教师的帮助下完善解题策略。大家一起讨论和解决迷思概念。教师期待所有儿童都精通。

### 实践启示

研究者也根据儿童在一年中数学成绩的实际变化将教师的教学效果进行分类（Askew et al.，1997）。研究发现，联结主义倾向更明显的教师比探索发现或传授知识倾向更明显的教师的教学效果更有效。该结果与我们的层级相互作用理论和美国数学教师理事会课程重点中的内容期望均高度一致。

教师自身对数学的兴趣、自我效能以及数学知识也非常重要（Thomson et al.，2005；Seker & Alisinanoglu，2015）。不幸的是，许多儿童早期教师对数学和数学教学持消极态度（Knaus，2017）。通常情况下这是因为他们曾有过负面的经历，这种态度其实是可以改变的！如，利用儿童文学（Jett，2018）或者参与一项基于实证研究的课程研究项目（Clements et al.，2015；Sarama et al.，2016）。

## 小组人数和结构

我们对什么才是最有效的小组人数的了解比较有限。已有研究（Askew et al.，1997）并没有发现教学效果更有效的教师比效果较差的教师采用更多的集体教学、小组教学或者个别指导的教学方法（Askew et al.，1997）。如果考试内容与小组教学内容一致，小组教学可以显著提高儿童的考试成绩（Klein Starkey，2004；Klein，Starkey & Wakeley，1999）。儿童也可以将他们在小组活动中所学的知识迁移到尚未学习的内容上去（Clements，1984）。

### 实践启示

我们猜测"搭建积木"项目取得成功的主要原因可能在于小组教学、儿童个人在计算机上的学习，以及并不太多的集体教学。然而，该项目也利用了区域和日常活动（Clements & Sarama，2007a，2008）。在所有活动中，儿童都非常活跃，但我们还是做了许多额外的努力来确保儿童在集体活动中活跃——身体上的活跃（"数数和移动"）、思维上的活跃、个体的活跃（给"兔耳朵"来张"抓拍"——所有儿童都在解决问题，都把自己的方法展示出来），以及集体的活跃（"告诉你旁边的同伴你是怎么算出来的"）——有时是多种方式的结合。

小组教学是学习路径形成性评估最有效的地方（Clements & Sarama，2007a，2008）。一个相关的发现是，这些小组不一定要小，2名儿童的小组可能并不比5名儿童的小组更有效（Clarke et al.，2017）。

在那些通常使用集体教学的国家，我们对儿童的课堂进行观察，研究发现，美国的幼儿教育可能忽视了集体教学的优势。如，在韩国，以教师为导向的集体教学为儿童营造了一个积极、滋养的环境，让儿童有机会学习基本的学习技能（French & Song，1998）。

学习区域也可以对儿童的学习有价值。然而，就像在"搭建积木"项目中一样，只有与其他类型的小组人数和结构相结合，并且在教师的精心规划、介绍和指导下，学习区域才最有效（Uyanik et al.，2018）。

## 有目的、有计划的教学

有目的、有计划的教学比自由放任的方法或基于教育时机的方法更有效（见以下部分 Helenius，2017；Knaus，2017；Lai et al.，2018；Lehrl et al.，2017），甚至比在游戏中有效，如建构区（Schmittet et al.，2018；TrawickSmith et al.，2016），对于残疾儿童来说尤其如此（Hojnoski et al.，2018）。然而，与中国教

师相比，美国幼儿教师在数学教学上的用心程度较低。如，在一项研究中，27%
的美国幼儿教师没有为数学设定任何目标，20% 没有使用任何课程或资源（Li et
al.，2015）；中国教师使用了更多即兴游戏的方法来教数学，而这种方法在美国
的小学课堂上可能没有得到充分的利用。

### 实践启示

要认识到早期数学教育需要有目的、有计划、有顺序的教学（Thomson
et al.，2005），让儿童积极参与教学（Clements & Sarama，2008；Thomson et al.，
2005）。

有计划的教学并不一定要用某种方法才能实现，通常情况下可以像游戏一样
（请见后面有关游戏的部分）。如，卢克，3 岁，已经可以数一组数了，可是教师
发现他对小组活动好像并不是很感兴趣，但是她知道卢克喜欢小车。于是，她收
集了 20 张纸板，然后对卢克说："卢克，我们来做一个大的车展吧！每个站台上
放 4 辆小车！"卢克很高兴地把纸板摊开，然后在每个纸板上放 4 辆小车。如果
儿童不来找你，那么你就去找儿童。这个活动非常有意义，令儿童印象深刻，而
且始终是有目的、有计划的。

## 教育时机

既然游戏对于激发儿童的数学思维有如此大的潜力，那么教育者是否应该只
利用教学时段呢？抓住教育时机是一个备受推崇的传统教学方法，也是一个非常
重要的教学方法。教师仔细观察儿童，从儿童自发的学习情境中找出教育时机所
需的要素，并利用这些要素促进儿童的数学学习（Ginsburg，2008）。

但是，完全依赖这种方法也会产生严重的问题。如，大多数教师几乎没有花
时间对儿童进行仔细观察以便捕捉教育时机（Ginsburg，2008；Lee，2004）。在
儿童自由游戏时，教师也几乎没有和儿童在一起（Seo & Ginsburg，2004）。正如
我们所见，许多教师以他们自身的数学水平很难让儿童参与数学学习（Bennett

et al.，1984）。大多数教师都未能正确地使用数学语言以及自由地运用数学概念，如，他们未能思考与数学相关的术语。研究者发现，教师的语言一般会影响他们在课程实施中捕捉教育时机的能力（Ginsburg，2008；Moseley，2005）。期望教师抓住时机让多名儿童建构多个数学概念也是不现实的（Ginsburg，2008）。

### 实践启示

在日常游戏和日常活动中寻找和利用教育时机（Lehrl et al.，2017）。这可能是关系教育公平的重要问题，所以要关注全体儿童，包括年龄最小的儿童，他们通常不会被视为"在做数学"（Bjorklund & Barendregt，2016）。然而，要认识到，在大多数情况下，这些时刻仅仅是他们所需要的数学活动的一小部分。

## 运用学习路径

一名教师说，当她给一名儿童面试并准备把成绩单告诉家长时，她如何运用学习路径来充分了解该儿童。

她可以唱数到 8，当她慢慢数的时候，她能数到 11，所以我问她："你能拿 6 个组成一组吗？"她这样做了。我又要她再拿多一点，我要她拿 12 个组成一组，她没办法完成。然后我想到了学习路径，我认为她还处在数数的水平(小一些的数)。她慢慢就可以数到 10 了，她刚好处在两个阶段中间。我知道接下来该怎么教她更高层次的数学思维。我是这样想的，也是这样做的（Pat，Anghileri，2004）。

在整本书中，我们已经记录了在建构标准、课程以及教学过程中，使用学习路径是卓有成效的。即使是经过仔细测试的实验，如果你真的需要使用学习路径，也表明这种方法更有效。如，被随机分配使用学习路径的儿童比只参与目标水平活动的儿童表现更好。尽管他们在目标水平上花的时间更少，但是沿着学习路径往上走的儿童在所有水平的任务上表现得更好，包括把所有时间花在学习任务上的其他儿童（Clements et al.，2019，2020）。儿童的数学学习路径显然更适合。

**实践启示**

参与与学习路径相关的有目的、有计划的教学（Carpenter & Moser，1984；Clarke et al.，2002；Clements & Sarama，2007c，2008；Cobb et al.，1991，注意不是所有的项目都使用这个表达——过程是关键），把重点放在核心概念上，并了解儿童是如何学习这些核心概念的。合理使用学习路径，正如以上教师所言，这意味着使用更高一级的教学策略和形成性评估。

# 形成性评估

接受培训的教师经常向我（Sarama）咨询他们使用的教科书中的标准测试和测试题，我反问他们为什么以及他们是怎么用这些测试题的。教师们回答是为了给儿童一个分数。我又问，这对教学有什么作用，通常教师们就默不作声了。在我们自身的教育中，我们经历过无数的考试，而且我们根本不知道这些考试的目的到底是什么。也许，最有效的测试是服务于教学策略的，它叫形成性评估。

美国数学顾问委员会研究了 10 种教学实践方法，其中只有几种有充分数量的严格研究作基础。备受研究支持的实践方法是形成性评估（NMP，2008）。形成性评估是对儿童学习的一种持续监测，为教学提供指导。教师可以通过形成性评估监测整个班级的学习情况和儿童个人的学习情况。

虽然美国数学顾问委员会的研究只包含了小学高年级的学生，其他的研究证实了定期测试和个性化教学是有效教育的关键（Shepard & Pellegrino，2018），尤其是早期数学教育（Thomson et al.，2005；Connor et al.，2018），包括国际教育（Gallego et al.，2018）。教师不仅要观察儿童的回答，更要观察他们的解题策略。研究表明，接受个性化教学的二年级学生的成绩与接受普通教学的学生的成绩之间的差距达 4 个月。

其他研究也指出形成性评估作为教学干预手段的效应值在 0.4—0.7，比大多数教学方法的效应值都大（Black & Wiliam，1998；Shepard，2005）。形成性评估能帮助所有儿童更好地学习，而且对于成绩较差的儿童最有用。他们能获得更高层次的数学能力（元认知），而这个能力是成绩较好的儿童已经具备的。

当然，评估需要做到准确和具体，这一点非常重要。但是绝大多数幼儿教师对儿童的评估既不准确也不具体（Kilday et al.，2012），因为他们缺乏专业培训。本书和第二版就是为了填补这一空白而撰写的。

另外，形成性评估适用于任何一名儿童。入学第一年，哈里已经知道教师上课讲的那些数学知识。哈里一直表现得非常出色，而且对数学很感兴趣，并愿意完成数学作业。然而，似乎他从幼儿园的数学经验里获得的最深体会是"你不需要这么努力"（Perry & Dockett，2005）。同样，对幼儿教师的观察显示，他们经常错误判断了儿童的数学水平并采用（"更多相同"）的教学方法，即使当他们有意提供学习机会（富有挑战的问题），尤其是对那些成绩较好的儿童。这里我们只是想提醒大家，正如在第十四章里所讨论的，满足资优儿童的学习需要和满足学习有困难儿童的需要同样重要（Bennett，Desforges，Cockburn & Wilkin-son，1984）。因此，成绩好的儿童从教学中得到的帮助是最少的——他们几乎没有学到新的数学知识。还有一个最有可能匹配失误的就是那些成绩较差的儿童——教师几乎不会将教学内容降低几个层次来满足这些儿童的需要。

对儿童按能力分班要灵活，要基于形成性评估，并且要符合儿童的情感和社会性发展。如果处理不当，会使入校时能力较差的儿童产生行为的偏差并降低儿童的自我效能感（Catsambis & Buttaro，2012）。不幸的是，在那些低社会经济地位和高比例少数族裔儿童的学校里，处理不当时有发生，小学教师可能同时要教4—5个班（减少上课时间），并且将时间都花在成绩较好的儿童身上（Nomi，2010）。相比之下，在经济条件较好的优势学校里，按能力分班能提高所有儿童的成绩。

### 实践启示

使用形成性评估来满足所有儿童的需要。像所有的教学实践一样，形成性评估需要使用得当。请问自己如下这些问题（Shepard，2005）。

- 儿童出现的最主要的错误是什么？
- 儿童出错可能的原因是什么？
- 如何指导这名儿童让他今后避免出现这种错误？

另外，当形成性评估着重考查儿童对概念以及概念之间关系的理解时，知识的迁移也是可以考查的。如果以上这些显而易见而且轻而易举，请注意一项对早期儿童纵向研究（ECLS）数据的分析：大约有一半的幼儿教师报告他们从未使用像数学成绩分组这样的方法（NRC，2009）。为数不多的学前班教师使用小组教学，绝大多数使用的是集体教学。

## 互动、讨论和联系数学：数学讨论

教学颇有成效的教师经常与他们的儿童讨论数学（Clements et al.，2017a；Gervasoni & Perry，2017；Trawick-Smith，Oski，DePaolis，Krause & Zebrowski，2016；Trawick-Smith，et al.，2016；Walshaw & Anthony，2008）。学前班教师与儿童之间有关数学的讨论在数量上差别显著（Klibanoff，Levine，Huttenlocher，Vasilyeva & Hedges，2006）。教师越常和儿童讨论数学，儿童的数学知识进步越快。讨论数学的情境从有计划的数学教学到日常活动（如，儿童参与一个美术项目，他们需要制作一本书，教师要儿童按顺序将页码写上去），再到偶然的关于数量的讨论（如，"你能告诉我这两串珠子的区别是什么吗？"）。一项后续研究发现，与儿童数学学习进步相关的并不是教师总共说了多少个字，而是具体的数学讨论的数量（Ehrlich & Levine，2007a）。研究还发现，另外一个交流的媒介，写数学日记也能帮助儿童学习数学（Kostos & Shin，2010）。

另外，在教师不常讨论数学的班级里，儿童的数学能力实际上降低了。不幸的是，大部分教师都不和儿童讨论数学，即使儿童已经发起了讨论。在一项研究中，儿童说出了很多数学的语句，但是 60% 都被教师忽略了。教师用数学语言的回答只有 10%（Diaz，2008），这可能是因为只有四分之一的教师认为数学不仅仅是数数那么简单。

还有一些研究显示，当教师能够创设适宜的课堂环境，给予儿童高质量的反馈并拓展他们的知识和技能时，儿童与教师之间的关系更加可靠和积极（Howes，Fuligni，Hong，Huang & Lara-Cinisomo，2013），这对拉丁裔儿童（Murphey，Madill & Guzman，2017）和其他群体的儿童尤为重要。具体的数学语言概念与早期数学学习密切相关，尤其是那些之前没有获得高质量数学学习机会的儿童（Toll & Van Luit，2014）。

## 实践启示

与儿童讨论数学。与教学成效较低的教师相比，教学颇有成效的教师通常采用开放式问题。问儿童"为什么？"和"你是怎么知道的？"，期待儿童从学前班开始，与大家一起分享解题的策略，解释自己思考的过程，共同努力解决问题，互相倾听（Askew et al.，1997；Carpenter，Fennema，Franke，Levi & Empson，1999；Carpenter，Franke，Jacobs，Fennema & Empson，1998；Clarke et al.，2002；Clernents & Sarama，2007c，2008；Cobb et al.，1991；Thomson et al.，2005；Clements et al.，2017a，2017b；Clements，Sarama，et al.，2019；Fuson et al.，2015）。

更加强调在任何活动的末尾对重点概念进行总结，意识到数学的特性以及概念之间的关系。突出数学概念之间的联系以及数学与日常生活中需要解决的问题之间的联系（Askew et al.，1997；Clarke et al.，2002；Clements & Sarama，2007c，2008）。

总而言之，教师要围绕有计划的活动与儿童积极开展数学讨论。在讨论数学的基础上，建立和培养他们的数学思想和解题策略，使他们能更好地做出回答（Clements & Sarama，2008）。虽然具体教学实践的研究大多是相关性研究，并非实验研究，但是研究结果对我们还是有很大的启发。

## 高期望

对儿童在数学中学到的知识和技能抱有很高的期望，这将有助于所有儿童实现他们的潜力（Kim，2015），尤其是对非洲裔美国儿童（Schenke et al.，2017）。

### 实践启示

挑战儿童。与教学成效甚微的教师相比，教学颇有成效的教师对儿童的期望值较高（Clarke et al.，2002；Clements & Sararna，2007c，2008；Thomson et al.，2005），他们对所有儿童都抱有高期望（Askew et al.，1997）。

## 培养积极的数学态度

儿童的数学焦虑可以预测未来的数学成绩，而不仅是认知数学能力，尤其是处理具有挑战性问题的能力（Pantoja et al.，2019）。令人惊讶的是，数学成绩和工作记忆都很优秀的儿童可能会因为数学焦虑而避免使用更高级的解题策略（Ramirez et al.，2016）。不足为奇的是，这些策略中的大多数只是反映了我们之前讨论过的那些教学策略，但重点是这些教学策略也被证实可以改善儿童对数学的态度和观念。

### 实践启示

良好的学习环境有助于培养儿童对数学学习的积极态度（Anghileri，2001，2004；Clements，Sarama & DiBiase，2004；Cobb，1990；Cobb et al.，1991；Cobb et al.，1989；Fennema et al.，1996；Hiebert，1999；Kutscher et al.，2002；McClain，Cobb，Gravemei－jer & Estes，1999）。有效的教学方法包括以下几个方面。

• 引入对儿童来说有意义的问题（实际意义和数学意义）。

- 期望儿童在社会情境中创造、解释以及批判自己的解题思路。

- 为儿童提供创造发明和实践的机会。

- 使用实物操作（Liggett，2017）。

- 使用技术手段（Sarama & Clements，2020；Silander et al.，2016）。

- 鼓励和支持儿童朝着越来越复杂和抽象的数学方法和理解进步，鼓励儿童理解和形成更有效、更简洁的解题策略。

- 帮助儿童发现不同类型知识和主题之间的联系，其目的在于帮助每名儿童建立系统、连贯的数学知识体系。

- 确保对女孩有关数学的期待和互动是积极的，并且与男孩相当（Gunderson et al.，2012）。

### 关于作业、成绩和"教学职责"

我（Sarama）经常碰到研究生请求我延长收作业的时间，他们说自己是如何忙或者他们遇到了多大的难处。我总是说"好的"，并且嘱咐他们："请你们也做一件事情作为回报。当你们的学生请你们延长交作业的时间时，你们也要充分理解他们。"这一点对教师来说并不是显而易见的。我有一次（也只有一次）问教师有关他们家庭作业的政策。我们列了一张单子，包括一些惩罚措施，如，推迟一天交作业得零分等。教师们声称这是他们的"教学职责"。我说："我们这一门课的作业就按照这种方式执行。"教师们气急败坏并认为我不尊重他们。似乎大家都只记得别人的不是，而没有人反思自己的不对。请记住，当儿童不能理解某个数学概念时，我们要教他们；当儿童不会系鞋带时，我们要教他们；当儿童忘记做作业（可能只是忘记带了），我们就要……惩罚吗？这不是教。

## 协作学习/同伴辅导

美国数学顾问委员会对小学和中学阶段"以儿童为中心"和"以成人为中心"

的数学教学的文献综述发现，教学不能只"以儿童为中心"，或只"以教师为中心"（NMP，2008）。在同伴帮辅学习策略（PALS）中，教师确定在某些技能方面需要帮助的儿童，以及能够在这些方面提供帮助的儿童。儿童一对一组成帮辅小组，所有小组共同学习数学。小组成员和所有技能也经常更换，以确保所有儿童都有机会当"教练"和"运动员"。教师在小组之间来回走动，观察各个小组的学习情况并提供个别指导。这种教学方法的结果的前景比较乐观，但不是绝对的。对于成绩较差的儿童在计算测量方面的提高是最明显的。有些研究也使用了形成性评估，因此，这两种教学方法的相对贡献还不清楚。如，儿童组成了一对一的帮辅小组，开展为期 15 周的数学学习（Fuchs，Fuchs & Karns，2001），控制组的儿童接受教师为主的直接授课和示范。研究结果表明，有特殊需要的儿童（效应值 0.43）、成绩较差的儿童（效应值 0.37）以及成绩中等的儿童（效应值 0.44）都有所进步，这也表明帮辅小组策略对儿童的实际积极影响（尽管数值上不太显著）。

类似地，全班性的同伴帮辅项目也取得了巨大的成功（Greenwood，Delquadri & Hall，1989）。这种方法是每周将全班分成小老师和帮辅对象小组，教师奖励回答问题的小组。当我们对一年级最初的前测成绩和智商的差异进行调整时，与接受标准教学（包括第一章所提到的教学方法）的同等情况的低收入家庭控制组儿童相比，实验组低收入家庭的儿童的数学成绩（和语言成绩）提高更显著。与高收入家庭的儿童对照组相比，实验组儿童与对照组儿童的成绩差别不显著，实验组的效应值比高收入家庭的儿童的效应值要低。

其他合作学习方法并没有得到一致严格的研究检验（NMP，2008）。然而，研究提供了一些教学指导（Johnson & Johnson，2009；Nastasi & Clements，1991）。儿童需要建设性的小组讨论，包括做口头报告、小组活动、征求意见和提供解释，并且轮流担任小组长（Wilkinson，Martino & Camilli，1994）。

### 实践启示

为了提高儿童的社会技能，激发他们的学习动机，加强他们更高层次的思维能力，我们推荐的教学方法是基于对研究结论的整合（Nastasi & Clements，

1991），这些推荐的教学方法都有如下共同特点。

- 小组成员积极相互依存（如，如果你学得好，我也学得好）。小组成员拥有共同的学习目标，分享学习资源（如，每个小组一份作业单）。每个人都有各自的角色，角色是轮流担任的。儿童共同讨论数学问题，鼓励对方学习。

- 相互推动理解（如，将理解建立在同伴的想法之上）。儿童力争理解对方的观点，并在对方的理解的基础上加以阐述。他们在互动过程中建构对问题的理解。

- 认知冲突，然后形成共识（如，两个脑袋比一个好使——事实上，有时候两个错的也能得出个对的！）。儿童通过采择同伴的观点进行学习，尝试归纳总结不同的想法，最后得出更好的想法。维持个体责任（如，每个人都必须学习），每名儿童都有责任理解这些概念。

这就涉及教师必须让儿童清楚自己在协作学习中的职责，包括以下几点。

- 合作学习，为对方解释透彻。
- 努力理解同伴的解释。
- 需要帮助时，提问要具体。当同伴向你提问时，你有责任帮助他。不要只告诉对方答案，要把过程解释给他听。有的教师也使用"在问我之前请先问三个人"的策略。只有当问过三位同学并且这三位同学都无法帮助的情况下，才能向教师提问。
- 欢迎不同的想法，朝着共识努力。小组成员必须达成一致才能将最终答案写下来。当然，他们也可以同意检验其中一个人的想法。
- 鼓励对方。有不同意见的时候，儿童之间的争论只对事不对人。

儿童相互协作的时候，教师的主要角色是鼓励互动和合作，以及讨论儿童的解题方案。如，如果一名儿童没有回答同伴的问题，那么教师可以给出回答让讨论能够继续进行下去。教师还要让儿童知道努力去理解对方的想法比得到单个正确答案更重要。教师也要仔细观察，注意哪些问题可以拿出来共同讨论而且对全班都有用。如，某名儿童可以告诉全班，虽然他们这组只共同解决了两个问题，但是他们却从了解对方的思考过程中学到了很多知识。有时候，也可以让儿童讨论他们是如何处理一些合作过程中的社交问题的。如，教师可以让一组儿童和全班分享他们是如何成功处理轮次的冲突的。在小组内，教师也可以鼓励儿童讨论和决定责任的划分。

如果教师想推进班级儿童的有效合作，可以采纳如下建议。

• 强调社会支持的重要性。鼓励儿童为同伴提供帮助，强调目标是所有儿童都参与学习，而且能学好。

• 教儿童具体的沟通技巧，如，积极倾听、提问和回答、提供解释以及有效的辩论方法。

• 针对儿童的社交互动给他们提供信息反馈和社会强化措施。教儿童为对方提供类似的信息反馈。另外，教师可以示范恰当的互动行为。

• 教授儿童并示范解决冲突的技巧，如谈判、妥协以及合作。

• 鼓励儿童根据自己的发展水平采择观点（"站在别人的立场上去思考问题"）。

• 在所有阶段，评估儿童的学习，帮助他们反思他们所学的东西，以及协同工作如何帮助他们学习，或者他们如何可以协作得更好（Johnson & Johnson，2009）。

最后一条启示是给非裔美国儿童的：研究建议对这些儿童来说，除了表现性的创造力之外，主动协作和参与是非常有益的（Waddell，2010）。

## 游戏

有些研究结果支持传统的教学方法，强调游戏和以儿童为主的学习经验。有一项研究发现，与严格的以学科为主的学习相比，当儿童参与由他们自主发起的学习时，他们在各个方面都有所进步，尤其是在数学方面（Marcon，1992）。

证据显示，这些儿童的成绩在临近小学毕业时（六年级，不是五年级）有所进步（Marcon，2002），这与一些亚洲国家的情况一致。如，日本的学前班和幼儿园很注重儿童的社会情感，而不是成绩（虽然非正式的数学学习普遍存在于学校和家庭，我们接下来会谈到）。学前儿童一天之中大多数时间都在进行自由游戏。在日常生活中，家长也经常在数学方面与儿童互动，如数电梯里的数字。很少有家长提及作业（Murata，2004）。与此类似，比利时弗兰德的学前教育比荷兰更关注儿童的全面发展，而较少关注某个具体领域的知识内容的教学（Torbeyns et al.，2002）。虽然荷兰儿童起步较早，但是到了小学阶段他们被弗兰德儿童超越（原因尚不清楚）。最后，一项跨国研究显示，与那些以个人或社会活动为主（个人保育和小组社会活动）的学前班相比，以自由选择活动为主的学前班儿童在7岁时语言成绩更好（Montie，Xiang & Schweinhart，2006）。学前班的集体活动与儿童7岁时的认知成绩负相关（认知包括与数学相关的知识领域：数量、空间关系、解决问题和时间）。相反，在自由游戏中，2—3岁的儿童可以学习高阶概念（Sim & Xu，2017）。

但是，我们对这些研究结果要保持谨慎的态度（Clements & Sarama，2014）。绝大多数研究都是相关性研究——无法得知其中的因果关系。另外，中国儿童比美国儿童在数学上进步显著是因为接受了数学教育和指导（Geary & Liu，1996）。也许"以日常生活为主"或"以游戏为主"的数学教育方法最大的问题在于这样的教学通常收效甚微。一项对幼儿园课程评估研究的分析指出，通过日常活动来间接地教儿童数学不会带来数学成绩的提高，但是小组合作学习可以。尽管如此，为儿童精心设计自由选择的游戏，并且适合儿童的发展阶段是非常重要的。

也许最重要的是我们关于什么是教学目标和什么不是教学目标的概念。日本的幼儿教师，正如之前所述，认为自己与小学教师最主要的区别在于促进儿童的社会情感发展。然而，他们的意思是指，不是直接教数学，而是准备与数学思维有关的教学材料，如纸牌游戏、跳绳以及写数字的记分牌等（Hatano & Sakakibara，2004）。除此之外，他们通过向儿童提问或亲自参加这些游戏来推动游戏的发展。他们邀请理解程度更好的儿童说出他们的想法以激励其他儿童思考（Hatano & Sakakibara，2004）。由于更广泛的日本文化比较重视数学能力和概念，像这样的数学游戏很常见，并且也很吸引儿童。如，在自由游戏时间里，一名儿童拿了几张报纸，其他儿童也要，于是教师发明了"每人一张报纸"（数字）的游戏。教师将两名儿童分成一组，给每组发两卷纸，有的儿童开始自己折纸，把边缘部分折成三角形。一名儿童边折边说："把这个对折，变成一半，再把这个对折，又变成一半。"（变成四分之一那么大。）教师也参与这个游戏，他们折出稍微复杂一些的物体，然后儿童聚集在一起讨论这些物体的形状和数量。儿童也开始自己动手做一些比较复杂的物体，从这个活动中，儿童了解和讨论形状的构成和分解。大小和测量的概念也贯穿儿童的讨论中。因此，这些"非教学"的教师其实教给儿童很多数学，并且为儿童设计了既可以操作物体又可以讨论自己的想法的教学情境；为儿童提供越来越富有挑战的任务；通过示范、参与、指导以及纠正儿童的错误或提供详细的反馈来帮助儿童的学习（Hatano & Sakakibara，2004）。因此，在儿童的家庭和学校中，数学无处不在，即使学前阶段的数学与小学数学的教学目标侧重点不一样，这表明日本社会对数学的重视。

　　游戏对促进儿童数学发展有以下几个方面的作用。"游戏创造了儿童的最近发展区。在游戏中，儿童总是有超越他当前年纪和日常生活的行为举止；在游戏中，他比自己高半个头"（Vygotsky，1978）。在43%的观察时间里，学前儿童至少显示出一次数学思维的标志（Ginsburg et al.，1999）。当然，这可能只是一个很短暂的片段，但这表示儿童在大量的自由游戏时间里可以参与数学学习。研究发现了儿童游戏中的6种数学内容（Seo & Ginsburg，2004）。

● 分类（2%）指分组、排序以及根据特征归类。一个小女孩，安娜，从盒子里拿出所有塑料小虫，然后把它们按照类型和颜色分类。

● 大小（13%）指描述或比较物体的大小。当布里安娜拿出一张报纸铺在美术桌上时，艾米说："这张报纸太小了，不能把桌子遮起来。"

● 计数（12%）指说出数字词语、数数、马上认出物体的数量（认数），或者数字的阅读和书写。3个女孩在画她们的家人，讨论她们有几个哥哥或妹妹，以及她们的兄弟姐妹几岁了。

- 变化（5%）指把物体拼在一起或拆开，探索物体翻转等动作。几个女孩把用油泥做成的球拍扁，用小刀切，做成比萨。

- 模式和形状（21%）指认识和创造模式或形状，或探索几何特征。珍妮用串珠做了一串项链，她用的是红黄模式。

- 空间关系（4%）指描述或画出一个地点或方向。当特蕾莎把娃娃家的小沙发放在窗边时，凯蒂把它搬到客厅中央，说"沙发应该放在电视机前面"。

在游戏中，88%的儿童至少参与了以上一项数学活动。与那些教师只强调唱数和辨识形状的学前班相比，这为我们日后建构有趣的数学活动提供了丰富的基础。我们把这些活动称为前数学活动——非常重要，但是，大多数儿童还没有把这些活动完全数学化，需要教师帮助他们讨论数学、反思数学和建构数学。

那么更小一些的儿童呢？即使是学步儿也在游戏中展现出不错的数学能力，主要表现在3个学习领域中：数字和数数、几何以及问题解决（Reikeras，Loge & Knivsberg，2012）。观察还发现，如果游戏激发了儿童的学习，整合了儿童和教师的兴趣，那么游戏可以支持儿童的数学学习（van Oers，1994）。一项观察研究发现，4—7岁儿童在游戏时非常频繁地自发使用数学，其中的教学机会远比教师想象得多，而教师实际抓住的机会要少得多（van Oers，1996）。虽然研究采用了不同的分类体系，而且只观察了一个扮演游戏的情境，一个"鞋店"，我们还是可以进行一些比较：分类（5%）、数数（5%）、一一对应（4%）、测量（27%）、估数（1%）、解决数字问题（1%）、简单算术（1%）、数量概念（20%）、数词（11%）、空间—时间（5%）、记数法（7%）、尺寸维度（5%）、金钱（5%）以及序列和守恒（0%）。在另一项研究中，参与以游戏为主的数学教学的儿童的成绩显著高于全国平均成绩。但是这个研究结果仍值得推敲，因为成绩差异从5—7岁逐渐下降，从显著变成不显著，而且儿童的语言成绩显著低于全国平均成绩（van Oers，2003，注意测试只是强调低思维水平的内容）。

然而，教师意识到数学和儿童的关系，可以通过游戏来支持数学学习（Helenius et al.，2016）。

## 实践启示

教师可以通过提供丰富的环境和适当的干预来支持儿童在游戏中的数学学习（Clements & Sarama，2014）。

### 游戏的类型

游戏有很多类型，如，感知运动 / 操作类游戏和象征 / 假装游戏（Monighan-Nourot，Scales，Van Hoorn，& Almy，1987；Piaget，1962）。感知运动类游戏可能指节奏韵律模式、回应以及探索材料，如积木。对于以感知为主的学步儿来说，游戏需要依靠真实的物体。所有儿童都应该玩结构性、开放性的材料。在中国和美国，对乐高和积木的使用一般与数学活动紧密相关，尤其是模式与形状的学习。然而，美国的幼儿园里虽然有很多玩具，但有的并不鼓励数学活动。再次强调，少即是多。

象征游戏又可以分为建构游戏、表演游戏或规则支配游戏。在建构游戏中，儿童通过动手操作物体而构建一个事物。3 岁儿童 40% 的游戏和 4—6 岁儿童一半的游戏都是建构游戏。建构游戏的魅力在于儿童用不同的方法搭建物体。

诸如细沙、油泥和积木这样的材料为培养儿童的数学思维提供了丰富的机会（Perry & Dockett，2002）。教师可以提供操作性材料（如饼干模具）和儿童进行平行游戏，在游戏中对饼干的形状和数量做出评论和提问，如，利用油泥和饼干模具做出很多相同形状的饼干，或者改变沙、油泥做成的物体的形状。一位教师告诉两名男孩，她要把油泥做成的小球"藏起来"，然后她用一个平板盖住小球，接着往下压。两名男孩说小球还在那儿，但当教师把这块扁平的东西拎起来时，小球"不见了"。孩子们非常惊喜，然后按教师的方法重复做，相互讨论并认为小球在这个圆里面（Forman & Hill，1984）。

用这些材料来游戏，如果再加上有创意地使用，可以帮助儿童解决数学问题。

一项针对研究的综述指出，如果在解决数学问题之前，教师鼓励儿童富有成效地使用这些材料，那么他们在解决问题的时候会比没有这种经验的儿童或者只是学过如何使用材料的儿童更有效（Holton，Ahmed，Williams & Hill，2001）。

假装游戏需要用假想情境来替代儿童当下的环境。建构游戏中的数学可以通过添加假想的成分而得以加强。两名儿童同时用积木搭高楼，并开始争执他们自己的高楼是最高的。同样地，社会表演游戏如果情境设置得当可以自然地成为数学游戏。在"搭建积木"项目中有一套活动是关于恐龙商店的，儿童可以去这个商店买玩具。教师和儿童一起在假想游戏区搭建了一个商店，售货员填好订单并且告诉顾客该付多少钱（每个恐龙玩具只要 1 美元）。

在一次课上，盖比当售货员。塔米卡递给他一张 5 的卡片（5 个点和数字 5）来买她要的玩具。盖比数出了 5 个恐龙玩具。

教师（刚刚进入这个区域）：你买了几个恐龙？

塔米卡：5 个。

教师：你怎么知道的？

塔米卡：因为盖比数了一下。

塔米卡的数数技能尚在需要提高的阶段，而且她相信盖比数数肯定比她强。这个游戏的情境帮助她更好地数数。

贾内尔：我要买的数量很大。她给了盖比一张 2 的卡片和一张 5 的卡片。

盖比：我没有那么多一样的恐龙。

教师：你可以给贾内尔 2 个这样的恐龙和 5 个那样的恐龙。

当盖比数完两拨恐龙并把它们都放进篮子里时，贾内尔正在数手上的钱。她不小心数错了，给了张 6 美元。

盖比：你要付 7 美元。

这种社会假想游戏的情境再加上教师的帮助，对三个层次儿童的数学思维都有促进作用。

在象征游戏中，教师需要对情境进行规划，观察游戏的发展趋势，并根据观察适时地提供材料（如，如果儿童在比较大小，教师需要提供测量工具），当数学在游戏中出现时，将其拿出来讨论并询问诸如"你是怎么知道的？""你确定吗？"这样的问题（有关你的回答或解决思路）（van Oers，1996）。

规则游戏是指儿童慢慢接受预设好的规则，规则通常是随意制定的（Van Herwegen & Donlan，2018）。这类游戏是锻炼儿童数学思维的沃土，尤其是培养儿童有策略地思考问题、自主性或独立性（Griffin，2004；Kamii，1985）。如，用数字卡片可以提供数数和比较的经验（Kamii & Housman，1999）。教师可以用数字卡片游戏来组织数学学习或思维训练，如，比较（"战争"）、奇数牌（"老妇人"）以及钓鱼（Clements & Sarama，2004a；Kamii & DeVries，1980）。这些游戏通常围绕一个重点突出、循序渐进的数学课程。

### 一种特殊的游戏：数学游戏

这些例子给我们带来了另一种游戏，数学游戏或者玩数学（Steffe & Wiegel，1994）。如，我们再回顾一下艾比玩她父亲带回来的玩具火车头的情形，这 5 个火车头一模一样，艾比正在玩其中的 3 个。艾比边玩边说：

"我有 1、2、3。所以（指向空中）4、5……，还有两个不见了。4、5。（停顿）不！我要这几个成为（指向这 3 个火车头）1、3、5。那么 2 和 4 不见了。还是有两个不见了，但它们是 2 和 4。"

艾比把她的象征游戏变成了数学游戏，在这个游戏里数数的词也可以拿来当数字数。

数学游戏有如下一些特点：①以问题解决者为中心的活动，由问题解决者决定游戏的过程；②游戏依靠问题解决者当前的知识；③游戏将问题解决者当前的知识体系连接贯通；④可以通过③强化当前知识帮助儿童更好地参与未来解决问题／数学游戏，因为它强化未来对知识的获取；⑤这些行为和优势与问题解决者的年龄无关（Holton et al.，2001）。

### 游戏需要教师的引导

儿童可以从他们的游戏中提取抽象概念，但为了达到教育目的，教师必须在他们的游戏中引入有趣的问题，并就儿童行为的意义提供反馈（Pound，2017；van Oers & Poland，2012）。如，如果儿童正好在动物园的情境中游戏，教师可以走过去建议，如果有一张动物园的地图供游客参观该多有趣。一旦他们开始制作地图，教师就可以和儿童围绕这个话题开展讨论，并提出关于如何表示物体、距离和方向的问题（参见第七章）。

这就是有教师引导的游戏。游戏是有趣的、灵活的、自愿的和内在激励的；它包括积极的参与，经常包括假装。有教师引导的游戏一方面保持了自由游戏的身心愉悦和儿童导向，保持了儿童的能动性；另一方面通过温柔而细致的成人框架增加了对学习目标的关注（Hassinger-Das et al.，2017）。

游戏化与学科化之间的对立其实是一种错误而有害的二分法（Clements & Sarama，2014；Merkley & Ansari，2018）：有人提出，所有的数学学习都应该通过游戏进行，认为学科化的方法和游戏化的方法是冲突的（Fisher，Hirsh-Pasek，& 2012）。然而，他们也说"搭建积木"项目是一个基于游戏的学习项目。我们同意——如果你广义地定义游戏，并且不把学科化和游戏化对立起来。

尽管数学可以并且应该是游戏化的、好玩的，这并不意味着让儿童游戏就能提供高质量的，甚至只是足够的数学教育（Sarama & Clements，2012；参见下一部分教育时机的更多证据）。自由游戏的教室里数学的收获最少（Chien et al.，2010）。儿童，尤其是处境不利的儿童，需要有目的的和系统的教学。传统的早期教育方法，如，发展适宜性实践并未显示出增进了儿童的学习（Van Horn，Karlin，Ramey，Aldredge & Snyder，2005）。仅仅基于日常生活和游戏的数学教育课程往往收效甚微。相比之下，更具学科化的方法具有显著、一致的积极影响（Fuller et al.，2017），并且对社交情绪发展没有消极作用（Le at al.，2019）。

我们需要在维持发展适宜性实践可能带来的好处，如，在社会情绪发展（Van Horn，et al.，Curby，Brock & Hamre，2013）的同时，还要让儿童的一日生活中充满有趣、同样具有适宜性的、投入数学思维中的机会（Lange，Meaney，Riesbeck & Wernberg，2013；Peisner-Feinberg et al.，2001）。另一项研究结果显示，通过日常生活间接地教数学并不能预测学业的进步，而系统的、有目的的集体教学却能做到（Klein，Starkey，Clements，Sarama & Iyer，2008）。数学化是基本数学能力的必要前提。成人必须帮助儿童讨论和思考他们在游戏中学到的数学，而且数学是一个系统性的学科。运用系统化课程的有目的教学对于丰富和鹰架自由游戏来说是一个重要的补充，这对于来自资源匮乏社区的儿童来说尤为重要。

总而言之，高质量的、显性的、系统化的教学应该是儿童早期学习数学经验的核心。这有助于儿童的学习，也有助于教师看到其他日常活动中的数学潜力，以及这种数学能促进高质量的游戏——这一点很重要。是的，在重视数学的课堂里，儿童在自由选择（游戏）时间里也倾向于高水平地投入（Aydogan et al.，2005）。所以，高质量的数学教学和高质量的自由游戏并不需要竞争时间。两个都做，两个都能做好，儿童从两个途径中都能获益。不幸的是，很多成人认为"开放的自由游戏"是好的，数学"课"是不好的（Sarama，2002；Sarama & DiBiase，2004）。他们不相信学前儿童需要专门的数学教学（Clements & Sarama，2009）。他们没有认识到他们在剥夺儿童享受数学欢乐的同时，也在剥夺儿童享受高质量自由游戏的魅力的权利。其实这是可以双赢，甚至是多赢的。

## 直接教学、以儿童为中心的教学方法、发现学习、游戏—— 如何促进数学知识和自我调控能力

我们已经知晓了一些支持直接教学的研究文献（对于成绩较差的儿童），以及一些支持以儿童为中心的教学方法的研究证据。其他研究也指出，直接教学可以提高儿童成绩，尤其是在短期内，但是偏向于以儿童为中心的教学方法对儿童整体智力有长远的促进作用（Schweinhart & Weikart，1988，1997）。教育者能得出什么结论呢？在这一部分中，我们对以往的研究进行了归纳并提供明确的教学建议。

不幸的是，以儿童为中心的教学方法这个专业术语变成了无所不包的代名词，从教师什么都不教的自由放任式课堂，到有计划、有组织、师生互动的课堂，后者能够帮助儿童朝着基本技能更成熟的阶段发展，如自我调控能力。这也难怪很多只认前者的人认为，以儿童为中心的教学方法并无效果。类似地，教师指导的含义也包罗万象，从适宜的鹰架活动到像监狱一样的严格的活动（Lerkkanen et al.，2012）。也难怪很多只认后者的人要拒绝教师的指导。

研究显示，一些以儿童为中心的教学活动，如游戏，如果精心设计和实施的话，对儿童适应小学，今后取得好的学习成绩所需的基本认知能力和社会情感能力都大有裨益。具体的、以儿童为中心的教学方法能帮助儿童建构基本的自我调控学习能力。学前儿童比较缺乏注意力，那么我们可以减少不必要的干扰。帮助学前儿童建立积极的自我调控能力是可以实现的，这对学前儿童来说益处良多。

在以小组或大组为单位的学习情境中，鼓励儿童在解决问题时彼此沟通和交流（"转向你的同伴，告诉他你认为这个数是几"）也能促进自我调控能力的养成。高水平的社会表征游戏是促进自我调控能力发展的一个关键方法，因为在游戏中，儿童需要协商角色和规则——要遵守规则，如果他们想参与游戏的话。同样重要的是，消除游戏中那些对儿童自我调控能力毫无益处的冷场、枯燥的常规以及过于专制的环境。这样的方法已经被证明可以成功改善学前儿童的自我调控能力和学习成绩（Bodrova & Leong，2006）。作为全面的学前课程的一部分，以及早期

语言发展干预项目的一部分，这些方法也可以成功改善学前儿童的自我调控能力和学习成绩（Barnett，Yarosz，Thomas，& Hornbeck，2006；Bodrova & Leong，2001，2003；Bodrova，Leong，Norford，& Paynter，2003；Diamond，Barnett，Thomas，& Munro，2007）。然而，在近期的一个研究性的研讨会上，提出了四项独立的研究［包括我们中的一位作者和博德罗瓦（Bodrova）及梁（Leong）］。在这项研究中，教师以很好的保真度使用游戏教学的策略，但却发现在执行功能方面并无促进作用（教育有效性研究学会的学术年会，华盛顿特区，2012 年 3 月 7 日）。所以，这个方法是有用的，但还不够。它的好处可能是有助于课堂管理，减少儿童的问题行为，减轻儿童的压力，这些有利于自我调控和学业成绩的进步（Raver，jones，Li-Grining，Zhai，Bub，& Pressler，2011；Raver，Jones，Li-Grining，Zhai，Metzger，& Solomon，2009）。存在一些发展以上教师能力的有效模式（Hemmeter，Ostrosky，& Fox，2006；Hsieh，Hemmeter，McCollum，& Ostrosky，2009）。

近期研究显示，发展儿童执行功能（如注意力）的一个重要途径是，和提供指导的成人互动。这可以在不同的情境下完成，如，小组的数学活动（如"搭建积木"项目）、音乐训练或专门的注意力训练（Neville et al.，2008），以及高质量的数学活动（Clements et al.，2020）。

同样，不幸的是，大多数反对直接教学的研究（Schweinhart & Weikart，1988，1997）可能并不可靠。研究的结果通常是不显著的，在不同组间采用的方法并不如我们预想的那样明显不同，研究对象的数量十分小，以及其他一些因素等（Bereiter，1986；Gersten，1986；Gersten & White，1986）。最后，这些研究的结论支持某种类型的直接教学，正如我们之前所了解到的。

研究发现，那些旨在改善儿童自我调控能力和提高早期学习能力的课程最能有效帮助儿童在学校取得成功（如 Blair & Razza，2007）。另外，研究也发现，在有意强调数学的课堂中，儿童的数学能学得更好，但是还不止这些。在有数学内容的课堂中，儿童更可能在自由游戏时间里有高质量的投入（Dale C. Farran，Kang，Aydogan & Lipsey，2005）。

最后，直接教学还是发现教学？一个对许多研究进行的大型元分析显示了和我们这里的文献综述一致的结果。首先，无指导的发现学习任务是无效的。然而，有质量的和有指导的发现学习通常比其他所有方法（直接教学、提供解释或无指导的发现学习）都好。也就是说，当儿童在建构自己的解释和参与有指导的发现时，学习得最好。这些有质量的发现任务需要儿童的主动参与来优化他们的学习。无指导的发现学习不能使儿童受益，而反馈、有用的范例、鹰架及启发式的解释却可以（Alfieri et al.，2010；Baroody et al.，2015；Levesque，2010 发现了同样的结果）。

## 实践启示

我们从各类研究中总结出的结论如下。

• 当以内容为主的直接教学被误用为（只有）教师引导的活动，并且以让儿童参与自己选择的活动为代价，儿童练习变成"教师调控"，以及教师不给儿童机会来发展自我调控行为，这样的教学会影响儿童日后按照自己的意愿参与学习行为的能力。将直接教学和以儿童为中心的教学方法二元对立是错误的，高质量的早期数学课程应该结合对内容和促进游戏及自我调控行为的明显关注。

• 以儿童为中心的教学方法，如，实施扮演、假扮游戏以及小组讨论（包括在集体时段一对儿童互相讨论如何解决问题），在教师的精心组织和协调下，对儿童的发展有非常重要的贡献。

• 旨在同时改善儿童自我调控能力和提高早期学习能力的课程最能有效帮助儿童在学校取得成功。

• 如果儿童先探索问题，则可以在教学中学得更好。如，如果二年级学生在教学之前先尝试解决 3+5=4+_ 的问题，他们就比传统的"先教学再实践"的方法学得更好。探索有助于儿童更精确地判断他们自己的理解和能力，鼓励他们尝试各种策略，以及把他们导向问题的重要方面（DeCaro & Rittle-johnson，2012）。

• 综合运用各种教学策略，但是强调有指导的发现。在有指导的任务中鹰架儿童，帮助儿童解释他们自己的思想，通过提供及时反馈以及数学词汇和概念来确保这些思想是准确的。提供如何完成任务的有用的范例（Alfieri et al.，2010；Baroody et al.，2006）。

• 回顾（第十五章中）我们谈到的教授技能、概念和问题解决的数学课程，可以帮助儿童掌握技能，且与那些只学技能的儿童表现一样好，还可以帮助儿童掌握概念和解决问题的方法，这是那些只学习技能课程的儿童无法获得的（Senk & Thompson，2003）。

## 项目教法

数学应该来自无数的日常生活情景，包括游戏，但又远远超出日常生活。如，一组学前儿童探索了许多测量方法，为的是给木匠画一个草图，让他能做一张新桌子（Malaguzzi，1997）。

然而，学前课程评估研究发现，这种以项目为中心的教学方法与控制组课堂相比，并不能对儿童的数学发展产生多大的用处。我们尚不知道这些教师有没有把项目课程实施好，或者说这种基于项目的课程，或其他以儿童为中心的课程是否对支持长远、全面的数学知识和技能的提高效果甚微。我们还需要进行研究来确定，如果拥有了像瑞吉欧·艾米利亚（Reggio Emelia）那样丰富的环境，基于项目的课程是否可以顺利实施，并且带来哪些益处。

### 时间（花在"任务"上）

儿童花在学习上的时间越多，他们学到的东西就越多。与半日托幼儿园相比，这一点更适用于全托幼儿园（Lee，Burkam，Ready，Honigman & Meisels，2006；Walston & West，2004）。儿童花在数学上的时间越多，所学到的数学知识也就越多，尽管这个影响可能不会持续到小学三年级（Walston，West & Rathbun，2005）。另外，教学质量中等的托幼机构也许会对儿童的社会情感发展有消极影响。超过15—30小时的上学时间对来自资源匮乏社区的儿童有益，但对来自资源丰富社区的儿童作用不大。如果儿童在2—3岁入园，他们的收获最大（Leob et al.，2008）。记住，这些研究虽然包括大量儿童，但是依旧只是相关性研究。

同样地，儿童在学校花越多的时间学习数学，参加的数学活动越多（在学前班每天 20—30 分钟），他们学到的数学就越多——而不会妨碍其他方面的发展（Clements & Sarama，2008）。在一项单独但具有挑战性的研究中，学前儿童受益更多的不是他们在任务上花的时间，而是他们参与的数学活动的数量（Sarama et al.，2012）。儿童从各种强调同一层次思维的活动中学习得更好。从需要相同概念和过程（如对物体的心理动作）的不同情况中归纳数学结构，他们可能会更容易地学习概念。

## 班级规模与教师助手

一项元分析发现，当班级只有 22 名或更少儿童的时候，以及当儿童的家庭经济状况较差，或者是少数族裔儿童时，小班教学对幼儿园至三年级儿童的阅读和数学的发展有极大的积极作用（Robinson，1990）。STAR 研究项目，一项大规模的随机实验（Finn & Achilles，1990；Finn，Gerber，Achilles & Boyd-Zaharias，2001；Finn，Pannozzo & Achilles，2003）发现，从幼儿园至三年级的每个年级，与参加普通规模班级，以及有各科教师助手的普通规模班级的儿童相比，参加小班教学的儿童成绩更好（Finn & Achilles，1990；Finn et al.，2001）。从上学伊始就参加小班教学的儿童，以及参加小班教学时间越长的儿童受益最大。

但是，我们很少注意到为什么小班教学有用。一些研究发现，小班教学让教师的情绪得到了改善，教师能把更多的时间花在直接教学上，而花在管理班级秩序上的时间较少，纪律问题更加少见，儿童的学习参与度更高，留级和辍学的情况也明显减少了（Finn，2002）。因此，教师能更有效地教学。另外，儿童也会变得更好。他们更加积极地参与学习，表现出更多亲学习和亲社会行为，以及更少的反社会行为（Finn et al.，2003）。

这项研究至少有两个政策上的缺陷，或者错误地使用小班教学（Finn，2002）。第一，管理者可能忽略了对专业教师的需求（加州迅速减小班级规模，因此也招收了很多没有相关资质的教师——STAR 项目的所有教师都是拥有资质的）。第二，他们可能混淆了师生比（30 名儿童配备 2 名教师，看似师生比较低，但是班级规模还是较大的——研究的重点就是班级规模）。毫无计划地减小班级规模很可能产生不了任何作用（Milesi & Gamoran，2006）。

**实践启示**

总而言之，小班教学有很多好处，尤其是对于年龄偏小的儿童以及有留级危险的儿童（Finn，2002；Finn et al.，2001）。小班教学并非教好和学好的原因，只是为更有效的教和学提供了机会。STAR 项目并没有其他的干预。如果教师能够参与职业培训，专门指导他们如何在小班教学的情境下有效采用创新课程和形成性评估，我们可以预见研究的结果将更加显著。

另一个来自这些研究让人惊讶的结果是，教师助手的出现并不会对儿童的学习产生任何影响（Finn，2002；NMP，2008）。经费的投入可以放在引进新教师或为教师提供职业培训方面（请见本书姊妹篇的第十四章）。只要多做一些高等数学可能会产生类似的效果，而几乎没有任何额外的费用（Engel et al.，2016）。

# 练习或重复经验

对于学前儿童来说，那些需要重复练习才能掌握的知识，如计数、数数、比大小、说出形状的名称、算术组合等，研究为我们提供了一些指导。大量的练习是有必要的。我们更喜欢用重复经验这个术语，因为它包含很多不同的情境和不同类型的活动，没有哪一种情况下学前儿童非得"严格操练"，而且不同的学习情境能支持知识的概括和迁移。另外，分散的、有间隔的练习比集中的大规模练习（都安排在一节课里，一遍又一遍重复做同一种题）更好（Cepeda，Pashler，Vul，Wied & Rohrer，2006）。由于我们希望儿童能在学习生涯里尽快掌握这些知识，如果儿童已经把概念基础学得很好，并且理解透彻了，那么我们建议可以经常让儿童练习基于这些概念基础的知识和技能。

## 操作物和"具体"表征

"具体"的概念，从具体的操作物到诸如"从具体到抽象"的教学顺序，是隐含在教育理论、研究和实践中的，对于数学教育尤其如此。被大家广为接受的概念背后一定有它的道理，而且这些概念还能免受批评（Sarama & Clements，2016）。

总的来说，在数学课上使用操作物的儿童数学成绩优于那些不使用操作物的儿童（Driscoll，1983；Greabell，1978；Guarino et al.，2013；Johnson，2000；Lamon & Huber，1971；Raphael & Wahlstrom，1989；Sowell，1989；Suydam，1986；Thompson，2012），即使好处可能是微小的（Anderson，1957）。操作物带来的好处应该不受儿童所在年级、能力以及教学主题的限制，由于操作物的使用可以让儿童理解教学主题。使用操作物还可以提高儿童在记忆测试与问题解决测试中的成绩。当教师在课堂上给儿童提供具体的操作材料时，儿童对数学的态度也会得到改善（Sowell，1989）。如，使用正方体可以提高小学二年级儿童的数学成绩（Liggett，2017）。

然而，操作物并不能确保成功（Baroody，1989）。一项研究发现，在一个知识迁移测试中，没有使用操作物的课堂成绩得分优于使用了操作物的课堂（Fennema，1972）。小学二年级儿童在学习乘法时，一组儿童使用操作物（彩色棒），另一组儿童用数学符号（如，2+2+2），两组儿童都学了乘法，但是符号组的儿童在知识迁移测试中的成绩更好。该研究中的所有教师都强调学习的目的是理解，不论是使用操作物、心算还是纸笔测试。

另一项研究揭示儿童的表征之间通常缺乏联系，如，操作物与纸笔测试之间的联系。如，研究者发现，那些使用操作物在减法测试中取得最优成绩的儿童反而在纸笔测试中的成绩最差，反之亦然（Resnick & Omanson，1987）。研究者们随之探查了概念图示教学的好处，所谓概念图示教学就是专门帮助儿童建立通过使用操作物获得的"具体"知识与数学符号之间的联系。虽然这听上去比较合理，但是它带来的好处毕竟是有限的。"具体"的经验不起作用，儿童对数量的关注反而起了作用。相反，儿童有时只是机械地学习如何使用操作物。如，一名儿童在用豆子和豆串练习数位，这名儿童把（一粒）豆子放在十位上，而把一串豆子（十粒豆子）放在个位上（Hiebert & Wearne，1992）。我们学到了什么？操作物本身并没有承载数学概念。要了解操作物的作用，以及任何从具体到抽象的教学顺序，我们必须进一步明确"具体"到底是什么意思。

大多数教育者和研究者争辩说操作物是有效的，因为它们是具体的物体。作为"具体"的含义，很多时候意味着实实在在的物体，并且儿童可以用双手操作。这种感官上的特性表面上使得操作物具有"真实性"，与我们直觉上有意义的自我联系在一起，因此对我们有所帮助。但是，这个观点存在问题（Metz，1995）。首先，我们不能假定概念可以从操作材料中"读出来"。也就是说，这些实际物体可能在操作上充满意义，却不带有任何概念的启发。操作奎逊纳棒，约翰·霍特（John Holt）说他和他的同事：

"对于彩色棒十分兴奋，因为我们可以看到彩色棒与数学之间的密切联系。因此，我们假定儿童看到彩色棒和操作彩色棒，也可以明白数字和数学运算是怎么一回事。这个理论的问题在于我的同事和我早已知道数字运算。我们可以说，'噢，这些彩色棒就像是数字一样'。但是，如果我们事先不知道数字运算是怎么一回事，看着这些彩色棒能帮我们弄明白吗？也许有用，也许没用。"

——霍特，1982

其次，即使儿童开始建立操作物与原始理解的联系，对于某种操作物的实际行为会暗示某种思维活动，这种思维活动与我们想要教给儿童的思维活动相差甚远。如，研究者发现，儿童使用数线做加法时有很多不匹配的情况。做6+3时，儿童在数线上找到6，然后接着数1、2、3，然后读出答案9。这对他们心算没有任何帮助，因为这样做他们要数7、8、9，而且同时他们还要计算数量——7是1，8是2，依此类推。这些行为与我们预期的行为是完全不一样的（Gravemeijer，1991）。研究者们还发现，儿童在操作算盘时表现出的外部行为与教师想要教给儿童的心算行为不完全匹配。诚然，有些作者认为数线模型虽然不能有效帮助儿童学习加法和减法，但是用数线模型来检测儿童的数学知识能帮助我们做出一些重要的推断，了解儿童还知道些什么（Ernest，1985）。无论如何，数线不能被当成"理所当然的"模型（Núãez，Cooperrider & Wasmann，2012），如果要用，就一定要教。

同样地，小学二年级儿童也不会学习在百数表上使用更复杂的策略（如，要算34+52，就10个10个数：34、44、54……），因为这个东西与儿童的活动不匹配，或者不能有效帮助他们建立有用的数字图像，帮助他们创建抽象的由十位数构成的复合数（Cobb，1995）。

因此，操作物虽然在数学学习中有重要的地位，但是，它们本身并不承载——甚至可能不是必要的支持——数学概念的含义。它们甚至可以被机械地使用，就像那名儿童把一粒豆子放在十位上，把一串豆子放在个位上一样。刚开始的时候，儿童可能需要具体的材料来建构理解，但是，他们必须反思他们对于操作物的行为。教师要能够反思儿童对于数学概念的表征，并且帮助他们建立越来越复杂的数学表征。


虽然感知协调练习能提高感知能力与思维能力，但是，对概念的理解不会从手指尖传送至手臂。

——鲍尔，1992


除此之外，当我们谈到具体理解的时候，我们不一定指的是实际物体。高年级的教师希望儿童有超越实际物体的具体理解能力。如，我们希望看到数字——作为思维（43+26我可以想出来）的载体——对于高年级的儿童来说是"具体"的东西。我们对于"具体"似乎有不同的理解方式。

当我们利用感官材料来理解一个概念时，我们的知识是"感知—具体知识"。如，在早期阶段，如果不借助实物，学前儿童不能进行有意义的数数、加减。以布兰达为例，研究者将7块方块中的4块盖上布，然后告诉布兰达已经遮住4块了，问她一共有几块方块。布兰达想把布掀起来看，但是被研究者拒绝了。于是她只好去数看得见的 3 块方块。布兰达想把那块布掀起来说明她意识到布下面藏起来的那些方块，而且她想要去数这些方块。

她还达不到数数的程度，因为她还不能按顺序说出她能够想到的方块的数量，她需要客观存在的物体来协助数数。注意，这并不是说操作物是这些概念最初的根源。研究显示情况并非如此（Gelman & Williams，1997）。然而，当儿童需要借用具体物体来解决问题，并且没有这种物体就无法解决问题时，儿童可能处于某种思维阶段。如，我们要一个刚满 4 岁的女孩用积木或者不用积木（"小砖块"）来做加法（Hughes，1981）。

（1）

教师：我们再放 1 个进去（放 1 个进去）。10 个加 1 个是多少个？

女孩：嗯……（思考）……11！

教师：是的，很棒。那我们再放 1 个进去（又放 1 个）。11 加 1 是多少？

女孩：12。

5 分钟以后，积木被拿走。

（2）

教师：我问你几个问题，好吗？ 2 个加 1 个是多少个？

女孩：（不作声）。

教师：2 个加 1 个是多少？

女孩：嗯……是……

教师：是……多少呢？

女孩：嗯……15。（毫不在乎的语气）

接下来是一个稍大一点儿的男孩。

教师：3个加1个是多少？3加1等于多少？

男孩：3个和什么？1个什么？字母——我的意思是数字吗？（我们之前在玩磁力数字玩具的游戏，所以这个小男孩理所当然地想到那些数字玩具。）

教师：3个再加1个是多少？

男孩：再加1个什么？

教师：就是再加1，明白吗？

男孩：我不明白（很生气）。

这与研究结果是一致的，也就是说，大多数儿童要到5岁半以后才能解决较大数字的问题，并且不需要借助具体事物（Levine，Jordan & Huttenlocher，1992）。显然，儿童不仅要学会数数的顺序和基数原则，还要掌握把数字语言转化成数量的含义（序数—基数的转变，Fuson，1992a）。学前班儿童在有积木的情况下能更好地解决算术问题（Carpenter & Moser，1982），而且如果不借助客观存在的、具体的事物，可能连最简单的问题都无法解决（Baroody，Eiland，Su & Thompson，2007）。

研究者认为，即使在很小的年龄，儿童对于数字的理解也是比较具体的，直到他们学会数字。到那时，他们所获得的理解就比较抽象了（Spelke，2003）。

总而言之，那些通过感知—具体知识的儿童需要使用或者至少直接提及感官材料来理解一个概念或过程（Jordan，Huttenlocher & Levine，1994）。这些材料作为儿童行动图示的支撑，能够促使儿童更有效地进行数学运算（Correa，Nunes & Bryant，1998）。这并不意味着他们的理解是具体的，因为即使是婴儿也能产生和运用抽象思维（Gelman，1994）。再举一个例子，学前儿童都知道——至少是"行动中的理论"——几何距离的原则，并且不需要依靠具体、感知的经验来判断距离（Bartsch & Wellman，1988）。

### 具体与抽象

那么，什么是抽象呢？有些人担心抽象的知识不利于儿童的发展。他们可能在想，不恰当（有限）的教学会带来什么后果。几十年前，维果茨基就警告说：

"直接教概念是不可能的，也是无用的。想要这样做的教师除了教儿童一些空洞的套话，什么也做不了，儿童也只不过像鹦鹉学舌一样重复这些套话，不可能获得与概念相对应的知识，只是掩盖一个真空而已。"

——维果茨基，1934，1986

这就是纯抽象知识。

然而，抽象在任何一个年龄段是不可避免的。数学是有关抽象和概括的。2 作为一个概念是抽象的。另外，即使是婴儿也会使用抽象的概念范畴来给物体分类（Lehtinen & Hannula，2006；Mandler，2004），包括按照数量分类。这是通过与生俱来的知识来实现的——天生的素养给儿童在建构知识时一个良好的开端。这些是"行动中的抽象"，因此，并非由儿童明显地表征出来，而是用来建构知识的（Karmiloff-Smith，1992）。当一个小婴儿说"2 只小狗"时，她其实是在使用数量表征的抽象结构来标记具体情况。因此，这种情况与维果茨基提到的自发（具体）概念和科学（抽象）概念的形成相似，因为行动中的抽象概念引导了具体知识的发展，并最终在社会中介的作用下成为外显的言语抽象。我们将在下面讨论这种类型的知识：具体知识和抽象知识的结合。

### 综合—具体知识

综合—具体知识是由一种特殊方式连接在一起的知识。这是具体这个词最原始的意思——一起成长。是什么给了人行道上混凝土以强度？是许许多多单独的颗粒组合成的一个相互联系的整体。是什么给了综合—具体知识以强度呢？是许许多多独立的概念组合成的一个相互联系的知识结构。如果儿童拥有这种内部相互联系的知识结构，那么客观物体、对客观物体的操作以及抽象的知识在强大的心理结构中都是相互关联的。诸如 75、$\frac{3}{4}$、直角这样的概念会成为真实的、看得见摸得着的、牢固的概念，就像人行道上的混凝土一样。概念对于儿童就像扳手对于水管工那样具体——一个唾手可得且有用的工具。这就像人们对金钱的概念也是在使用金钱的过程中逐渐形成的。

因此，一个概念不是只有具体和非具体之分的。这得看这个概念与你既有的知识之间到底是什么关系（Wilensky，1991），有可能是感知—具体的、纯抽象的或者是综合—具体的。另外，作为教育者，我们没办法把数学揉进感知—具体材料中，因为像数字这样的概念并不是"就在那里唾手可得的"。正如皮亚杰所言，知识是建构的——在每个人的头脑里重新发明的过程。4 这个概念再也不"在"4 块积木中了，而"在"显示 4 块积木的图片中。儿童通过建立数字的表征而创造 4 这个概念，并把它与实际的积木或书上的积木联系起来（Clements，1989；Clements & Battista，1990；Kamii，1973，1985，1986）。正如皮亚杰的合作者赫敏·辛克莱（Hermine Sinclair）所言，"……数字都是儿童创造出来的，不是找到的（如，他们找到一些漂亮的积木），也不是从成人那里获得的（如，从成人那里拿到一个玩具）"（Sinclair，Forward，in Steffe & Cobb，1988）。

最终使数学概念变成综合—具体知识的并不是具体事物的物理特征。诚然，根据皮亚杰所言，物理知识与逻辑数理知识不同（Kamii，1973）。同样，研究也指出，图片对学习的辅助作用就像客观操作物一样（Scott & Neufeld，1976）。使概念变得综合—具体是这个概念与其他概念和其他情形之间的联系——有无"意义"。约翰·霍特指出，那些已经理解了数字的儿童在有或没有积木的情况下都能完成任务。

但是，那些没有积木就无法完成任务的儿童即使拿到积木也不知道该怎么做。对他们来说，积木和数字一样是抽象的、脱离实际的、神秘的、任意的、变化多端的，因此，积木应该要被赋予生命才行。

——霍特，1982

对操作材料的良好使用应该能帮助儿童建立、强化和联通有关数学概念的各种表征。诚然，我们经常假定能力更强或更高年级的儿童对数学的熟练掌握程度得益于他们日渐增长的知识、数学思维过程或者解题方法。然而，事实通常是年龄更小的儿童其实已经掌握了相关知识，只是还不能有效创建对必要信息的心理表征（Greeno & Riley，1987）。从这一点上来说，操作材料可以起到重要作用。

当我们比较这两个层面的具体知识时，我们会发现"具体"这个形容词所描述的东西发生了变化。感知—具体知识指的是需要依靠具体事物以及儿童操作这些物体所获得的知识。综合—具体知识指的是高层次的"具体"知识，因为它与其他知识联系在一起，既包括抽象出的物理知识，因此与具体事物相隔甚远，还包括各种类型的抽象知识。这种知识包含的内容主要是具体的、嵌入式的、综合的以及生动的（Varela，1999）。总的来说，这些描述的都是儿童在发展过程中知识的转变过程。与其他理论家一致（Anderson，1993），我们并不认为这两类知识存在本质上的差别，或者不具备可比性，正如"具体"对"抽象"或"具体"对"符号"。

### 实践启示：操作材料的教学运用

把操作材料用于教学的原因通常是它们是具体的，而且容易理解。然而，我们也见过，正如这句话——情人眼里出西施——只有懂的人才能看出具体。操作材料应该起到什么作用呢？研究给我们提供了一些指导。

• *用操作材料建立模型*。我们注意到儿童在很小的时候就能解决数学问题，似乎需要一些具体事物来操作——或者，更准确地说，需要感知—具体支撑材料——来解决问题。有研究显示，在数数任务中使用操作材料的儿童成绩更好（Guarino，2013）。但是，他们成功的关键在于他们可以模拟情形（Carpenter，Ansell，Franke，Fennema & Weisbeck，1993；Outhred & Sardelich，1997）。儿童早期的数字识别、数数以及算术能力（回忆布兰达的案例），可能需要或者得益于使用感知—具体支撑材料，如果它们能有效帮助儿童探索和理解数学的结构和过程。如，比起用图片，儿童更得益于用钢丝把不是三角形的东西变成三角形（Martin，Lukong & Reaves，2007）。他们在纸上只能画图，但是他们可以把钢丝掰成各种形状。另外，对这些操作材料进行细微的调整可以在不同发展阶段对儿童产生影响。一项研究显示，如果使用更有趣的操作材料（水果而不是枯燥的积木），3岁儿童更有可能在记忆测试中准确辨认出数字并正确回答减法问题，但儿童对课堂的注意力却不存在差别（Nishida & Lillard，2007b）。研究者没有做出进一步的假设，只是谈到了儿童的已有经验，也许建构更复杂的心理模型才是导致差别的真正原因。

• *确保操作材料起到符号表征的作用*。回忆有关模型与地图的作用（DeLoache，1987）。很多类似的研究（Munn，1998；Uttal，Scudder & DeLoache，1997）支持以下指导原则：具体物并不一定是一项教学优势。这种具体物会导致儿童很难把操作材料当作数学符号的表征。要使操作材料发挥作用，儿童必须理解操作材料代表了某个数学概念。另一个例子来源于早期代数思维的培养。当我们的目标是培养儿童的抽象思维时，具体的材料不一定能发挥一定的作用。如，在解答儿童身高差的数学问题时（如，玛丽比汤姆高4英寸），儿童们都同意用T表示汤姆的身高，却反对用T+4来表示玛丽的身高，而是更喜欢用M来表示（Schliemann，Carraher & Brizuela，2007）。其他儿童虽然算出了一些问题，但是坚持强调用T表示高或10。另外，儿童趋向于把身高差当作（绝对的）高度差。儿童的一部分困难在于他们需要想出一个字母来表示一个变化的量，而用于教学的具体情境却隐含了一个特定的量——也许未知，但并不是那个变化的量。也就是说，儿童可以想出表示某个高度的值，或者钱包里未知的钱的数量，或者某个惊喜，但是很难把这些值看作一组数值。相反，他们在数学游戏中学到得更多，如，"猜猜我的规则"，这是个简单的数学游戏，并非具体的操作材料、各种物体或情境。单纯的数字游戏是有意义的，而且能帮助那些来自较差学校的儿童思考数值之间的关系和使用代数符号。

• *儿童必须要能够把操作材料看作某个数学概念的符号表征*。操作材料与它们所表征的数学概念之间的关系对于儿童来说并不是显而易见的（Uttal，Marzolf et al.，1997）。除此之外，在某些情境下，操作材料的实体性可能会妨碍儿童数学能力的发展，其他的表征可能对学习更有效。另外，积极的教学应该指导儿童把操作材料当作解决数学问题的符号或工具，并在此前提下制作、坚持和使用操作材料。我们在接下来的部分将详细讨论，把操作材料（如数值积木）与语言、表征连接起来能成功建构数学概念和技能。（Brownell & Moser，1949；Fuson & Briars，1990；Hiebert & Wearne，1993；Griffiths et al.，2017）。

总的来说，儿童必须建构、理解和使用表征符号与问题情境之间在结构上的相似性，从而把物体当作思维的工具。当儿童无法理解结构上的相似性时，操作材料也许毫无意义，甚至可能会阻碍问题解决和数学学习（Outhred & Sardelich，1997）。正如在前面的部分中提到的，如果操作材料不能与我们需要儿童发展的思维动作相对应，那么操作材料的使用不仅浪费时间，甚至会妨碍教学效果。操作材料、图画以及其他形式的表征应该尽量与我们需要儿童发展的对物体的心理动作一致（见图 16.1）。

**图 16.1　教师有效地运用操作材料和讨论来建构儿童的综合—具体知识**

• *鼓励儿童适当使用操作材料*（Griffiths et al.，2017）。让儿童操作操作材料有好处吗？通常情况下是的，但有时候不是。大多数教师发现，如果不让儿童亲自操作某个材料（如玩具恐龙），让他们跟着教学计划走（如数数）的效果很差，有时候基本上做不到。另外，儿童不仅可以而且能够通过自主游戏打下许多前数学的基础，尤其是在操作比较系统的操作材料时，如，图形积木或建构积木（Griffiths et al.，2017；Seo & Ginsburg，2004）。然而，如果没有教师的指导，这些经验几乎没有数学内涵。反过来说，操作材料有时候也可能没有任何作用。当某个物体被当作数学符号来使用时，操作这个物体可能会对理解产生干扰。如，让儿童操作一个房间的模型会降低他们在地图搜索任务中把该模型当成符号的成功率，不让儿童操作房间模型反而会增加他们的成功率（DeLoache，Miller，Rosengren & Bryant，1997）。因此，使用操作材料的目的必须仔细考量。

• *操作材料的使用要少而精。*一些研究指出，操作材料使用得越多越好。然而，美国教师趋向于使用不同种类的操作材料来提高儿童的学习动机和使数学更有趣（Moyer，2000；Uttal，Marzolf et al.，1997）。另外，迪恩斯（Dienes）的多元具体化理论（Multipe embodiment theory）也指出，如果真要抽象出数学概念，儿童需要在多个情境中体验这个数学概念。然而，也出现了一些反对的教学实践和证据。在日本，成功的教师趋向于重复使用同一个操作材料（Uttal，Marzolf et al.，1997）。研究的确指出，与操作不同材料所获得的经验相比，对某个操作材料更深层次的操作反而更有效（Hiebert & Wearne，1996）。一项研究综述指出，多个表征是有用的（如一个操作材料、图画、语言表达、符号），但是许多不同类型的操作材料却不一定有用。不同的操作材料必须用于不同的任务，从而让儿童明白它们并不是玩具，而是思维的工具（Björklund，2014；Sowell，1989）。

• *刚开始使用"预先结构"操作材料时要小心谨慎。*我们必须小心使用"预先结构"的操作材料——那些数学内涵已经被制造商事先植入的操作材料，如，十进制积木（与连锁积木相反）。这些操作材料可能是约翰·霍特给儿童用的彩色棒——"这是另一种数字，用彩色木头做成的符号，而不是纸上的标记"（Holt，1982）。有的时候越简单越好。如，荷兰的教师们发现，儿童用十进制积木和其他结构的十进制积木时学得不是很好。也许在使用这种操作材料时，儿童还不能在头脑里把用一个十进制积木置换另一个积木与把一个10分成10个1这样的思维动作相匹配，或者立刻明白"1个10"和"10个1"的数量相同。荷兰的儿童通过听一个有关苏丹数金子的故事反而学得更好。这个故事的情境给儿童提供了数数和分组的机会。金子要数，要包装，有时候包装还要拆开——并始终保持一定的库存（Gravemeijer，1991）。因此，儿童最好是使用他们自己创作的操作材料，而且把 10 个一组的数分解成单个的数（如连锁积木）而不是使用十进制积木（Baroody，1990）。游戏的情境如果提供分组机会就更完美了。

• *使用图画和符号——尽早脱离操作材料，至少在数字和操作方面，要尽快*（Griffiths et al.，2017）。小学二年级的时候做算术题需要操作材料的儿童很可能到了四年级还这样做（Carr & Alexeev，2008），这表示儿童没能沿着数学学习路径向前发展。虽然模式化需要我们在儿童思维发展的初级阶段使用操作材料，但是，即使是学前班和幼儿园的儿童都能使用其他形式的表征，如，与操作材料搭配或不用操作材料搭配的图画和符号（Carpenter et al.，1993；Outhred & Sardelich，1997；van Oers，1994）。即使是 5 岁儿童，有形的操作材料发挥的作用也许微乎其微。如，一项研究发现，使用操作材料和不使用操作材料的儿童在准确率和算术策略上没有显著差别（Grupe & Bray，1999）。两组儿童的相似性在于：没有提供操作材料的儿童使用手指的频率为 30%，而提供了操作材料的儿童使用玩具熊的频率是 9%，但是，同时使用手指的频率为 19%，这样使用外界辅助物的总频率为 28%。最后，在一项长达 12 周的研究完成约一半的时候，儿童停止借用外界辅助。有形的物体对教学有重要贡献，但是不一定有效（Baroody，1989；Clements，1999a）。图画也可以成为模型，如空白数线（Klein，Beishuizen & Treffers，1998；见第五章）。另一个我们关心的问题是儿童的心理图像。成绩优异的儿童所建构的心理图像质量较高，并且有一个更具概念化和关系化的核心。他们能够将不同的学习经验连接起来并抽象出相似的东西。成绩较差的儿童所建构的心理图像更趋向于表面特征。教学应该帮助这些儿童形成更复杂的心理图像（Gray & Pitta，1999）。

面对有形的操作材料和计算机中虚拟的操作材料，我们应该选择有意义的表征，这些表征提供给儿童的实物和思维活动与我们想要儿童掌握的数学概念和思维动作（运算过程或者运算法则）一致。然后我们需要指导儿童在这些表征之间建立联系（Fuson & Briars，1990；Lesh，1990）。

# 技术——计算机（平板电脑、手机等）和电视

在幼儿园就读的克里斯正在用 Logo 的简化版（Clements et al., 2001）画图形。他一直在电脑上打 R 字（代表直角），然后输入两个数字作为边长。这一次他选择的数字是 9 和 9，他看到了一个正方形然后大笑。

成人：现在，你知道这两个 9 对于这个直角意味着什么了吗？

克里斯：我现在还不知道，也许我可以把它叫作方形直角！

在接下来的几天里，克里斯重复用着他发明的这个词。

## 技术的适宜性

1995 年，我们声称"我们不再需要问使用技术是否'适宜'"早期儿童发展（Clements & Swarninathan, 1995）。有关支持这一说法的研究曾经是而且一直是可信的。然而，对于在儿童早期使用电脑的误解和无端的指责始终不绝于耳（如 Cordes & Miller, 2000）。这很重要，因为有些教师一直对电脑持有偏见，他们的做法与研究证据背道而驰，尤其是那些在中等社会经济地位学校任职的教师，他们坚信在儿童的教室里放置电脑是不适宜的。

我就是不喜欢这个年龄段的孩子用电脑，这个东西太不实际了，太不贴近孩子们的感官了，这里面完全没有思考的过程，完全就是敲键盘。如果敲这个键不对，那你就随便敲另外一个键。这完全没有思考，没有任何解题过程，也没有任何东西的逻辑分析。

我认为电脑也许能够一次管住孩子。我的意思是，也许一次可以管住两三个孩子，做一些小组活动。但是，这似乎是把这个孩子与外界隔绝了。我真的不认为电脑在早期教育中占有一席之地。

——李、金斯伯格，2007

我们在其他地方也对此批评做过回应（Clements & Sarama，2003b；Sarama & Clements，2019）。在这里，我们简单地总结了美国和世界各地（如拉丁美洲和加勒比地区，Sarama & Clements，2020）对学前儿童和计算机研究的一些基本发现（Clements & Sarama，2010；Sarama & Clements，2019）。

• 儿童在使用计算机时表现出非常积极的情感（Ishigaki，Chiba & Matsuda，1996；Shade，1994）。当儿童一起使用计算机时，他们表现出更积极的情感和兴趣（Shade，1994），而且他们更喜欢与同伴一起而不是独自一人（Lipinski，Nida，Shade & Watson，1986；Rosengren，Gross，Abrams & Perlmutter，1985；Swigger & Swigger，1984）。另外，在计算机上操作可以激发新的学习契机，形成团队合作，如，同伴互助和指导，以及在彼此的想法上展开讨论（Clements，1994）。

• 在儿童的发展情况和家庭经济条件大致相同的情况下，在家中可以使用计算机的儿童在学校的阅读和认知能力发展测试中表现更好（Li & Atkins，2004）。家中是否有计算机可以预测儿童入学时的数学知识（Navarro et al.，2012）。屏幕时间可能不是问题，活动的类型，如看电视可能会降低执行功能，但高质量的互动节目会增加执行功能（Huber et al.，2018）。

• 幼儿园设置计算机中心不仅不会干扰现有的游戏和社会互动，还可以促进更广泛、更积极的社会互动、合作以及互助行为（Binder & Ledger，1985；King & Alloway，1992；Rhee & Chavnagri，1991；Rosengren et al.，1985）。即使是在幼儿园的教室里，计算机区可以营造一个以同伴的夸奖和鼓励为特色的积极学习氛围（Klinzing & Hall，1985）。

• 计算机可以代表一种环境，在这个环境中儿童的认知与社会互动同时受到鼓励，而且两者相辅相成（Clements，1986；Clements & Nastasi，1985）。

• 计算机可以提升学业成绩（Clements & Sarama，2003b）。儿童精力充沛，他们非常主动而且对自己的学习过程负责。那些在其他领域落后的儿童却在计算机学习领域出类拔萃（Primavera，Wiederlight & DiGiacomo，2001）。

• 技术可以支持那些经常被剥夺机会的儿童（Outhwaite，Gulliford & Pitchford，2017），如移民的孩子（Moon & Hofferth，2018）和残疾儿童（Ok & Kim，2017）。

• 计算机可以激发儿童的创造力，包括创意数学思维（Clements，1986，1995；Clements & Sarama，2003b）。

• 教师需要也应该得到支持，为了他们的孩子能够获得这些裨益（Urbina & Polly，2017）。

其中最后一点与本书的内容最为直接相关，因此，我们会在这一点上进行深入阐述。

## 计算机辅助教学（CAI）

即使是2—3岁的儿童也可以从技术辅助教学（TAI）中受益，发展数学技能和概念，包括减法、数数、加法和其他主题。一项严谨的研究表明，设计和实施良好的技术辅助教学应用程序可以对数学成绩产生积极影响（国家数学顾问小组，2008），最近的研究支持这一结论，涉及各个数学主题和年龄段，特别是从幼儿园到小学阶段（Foster，Anthony，Clements & Sarama，2016；Moradmand，Datta & Oakley，2013；Nusir，Alsmadi，Al-Kabi & Sharadgah，2013；Outhwaite et al.，2019；Reeves，Gunter & Lacey，2017；Schacter & Jo，2016；Thompson & Davis，2014；van der Ven，Segers，Takashima & Verhoeven，2017；Van Herwegen & Donlan，2018；Zaranis，2018a，2018b）以及双语学习儿童（Foster et al.，2018）。最近的另一项研究表明，技术辅助教学产生了积极的影响，虽然影响度适中（如，效应大小为+0.15个标准差，Cheung & Slavin，2013）。这篇综述还指出了TAI模型的差异。TAI的影响最大为+0.18。将TAI与传统教学相结合的技术管理学习和综合项目的效应量较小，分别为+0.08和+0.07。然而，另一项关于早期数学教育技术的元分析发现，它的中等效应值为0.48。（其中，数感的效应值为

0.53，操作为 0.42，应用题为 0.57，几何和测量为 0.59）（Harskamp，2015）。然而，单个基于研究的项目显示出了很高的效应规模，包括超过 1 个标准差（Aragón-Mendizábal，Aguilar-Villagrán，Navarro-Guzmán，& Howell，2017）。英国最近的一项研究表明，与 4—5 岁儿童的标准练习相比，数学应用程序在从基本事实和概念到更高层次的数学推理和解决问题的技能等所有方面都有显著影响（Outhwaite et al.，2019）。

### 练习和重复经验

技术辅助教学的一个常见用途是提供练习，如，技术辅助教学显著提高了 3 岁儿童的分类和计数等技能（Clements & Nastasi，1993），以及加法和计算估计（Fuchs et al.，2006，2008；Salminen et al.，2015）。的确，有些综述指出，使用计算机辅助教学收获最大的是在学前教育阶段（Fletcher-Flinn & Gravatt，1995）或者小学阶段，尤其是在补偿教育方面（Clements & Nastasi，1993）。每天只要大约 10 分钟就能带来显著的成效，20 分钟则效果更好。（请注意研究建议短时间的重复练习，所以对学前儿童来说，建议每次练习 5—15 分钟）。另一个项目显示，TAI 对小学一年级儿童的算术流畅性有良好的效果，每周练习 3 次，每次 15 分钟，持续 4 个月（Smith，Marchand-Martella，& Martella，2011）。同样，小学一年级儿童通过 48 次 15 分钟的 TAI 练习，提高了他们对整数概念的技能学习（Fien et al.，2016）。与对照组儿童相比，使用数学书架 TAI 作为常规课程的补充的学前儿童在 15 周内可获得较大的进步（>1SD）（Schacter & Jo，2016）。在 21 周的时间里，学前儿童使用积木软件比他们的同龄人学到更多的数学知识（Foster et al.，2016）。在学校，通过 TAI 进行几何和空间推理也比传统方法更有效（Lin & Chen，2016；Lin & Hou，2016；Zaranis & Synodi，2017），在家中也是如此（Silander et al.，2016）。

这些研究的实际目的是解决教育公平问题，如缩小儿童早期学习机会的差距。其他研究针对不同人群解决了类似的公平问题，如果使用得当，技术也有很多优势（Clements & Sarama，2017；Fien et al.，2016）。与其他方法相比，有特殊需要的儿童也从 TAI 中获益更多（Cascales-Martínez et al., 2017）。如，技术实践可以特别帮助有数学困难（MD）或数学学习障碍（MLD）的儿童（Harskamp, 2015; Mohd Syah et al., 2016）。然而，这必须与正确的学习路径相匹配（见下文），并且应该是正确的实践。如，"简单的"练习，如重复的、基于速度的、练习算术"事实"，对那些还处于计算策略不成熟水平的儿童没有帮助。相反，研究表明，练习可以帮助他们理解概念，并在任何时间压力的练习之前学习算术事实（Clements & Sarama, 2017）。

此外，教授流畅程度和认知策略的训练比单独任何一种训练更有效，尤其是对男孩（Carr，Taasoobshirazi，Stroud & Royer，2011）。在 40 次 30 分钟的训练后，这些组合是最有效的（与对照组相比，效果大小为 0.53）。然而，男孩似乎在策略的使用和流畅性方面获益更多。女孩倾向于继续使用简单的计数，她们有所进步，但没有使用更复杂的策略，也许是因为男孩在测试前有更好的数感（Carr et al., 2011）。技术和非技术方法可能都需要更好地支持女孩的发展。最后，确保儿童在纸上和计算机上练习。只在纸上练习或只在计算机上练习不如同时在纸上和计算机上练习更具概括化（Rich et al., 2017）。

研究表明，即使不一定是为了这个目的而设计的技术应用，也可以帮助注意力缺陷多动障碍（ADHD）儿童提升数学能力。一项研究表明，小学一年级儿童的逻辑、数学和集中注意力的技能、解决问题的能力都有了显著提高，有时甚至停止了不由自主的抽搐（Zaretsky，2017）。对于双语学习者（DLLs）也有一些很有希望的发现（Lysenko et al., 2016）。科技的使用对数学与以英语为母语的儿童和双语儿童之间的数学成绩差距的缩小有关（Kim & Chang，2010）。使用积木软件（Clements & Sarama, 2007, 2018）作为补充，显著提高了来自低收入背景的西班牙语双语学习者的数学能力（Foster et al., 2016）。

需要注意的是，练习的使用应该谨慎，通常要适度，尤其是对年幼的儿童，他们的创造力可能会因为持续的练习而受到损害（Haugland，1992）。如果长期只进行练习，一些儿童可能会缺乏完成学业的动力，或者缺乏创造性（Clements & Nastasi，1993）。还有一种可能性是，儿童在反复练习之后会缺乏完成学业的动力，而仅仅在计算机上进行的练习可能不如纸笔作业更具概括化（Clements & Nastasi，1993；Duhon，House & Stinnett，2012）。让儿童花大约20%的时间在纸笔练习上似乎可以解决概括化的问题（Rich e et al.，2017）。相反，那些鼓励发展和使用策略的练习，提供不同的环境（支持概括化），并促进问题解决可能比单独练习更合适，或者说最好与练习结合使用。为了让教学更加有效，所有类型的练习必须遵循和符合第一阶段和第二阶段的指导，并且要符合儿童的文化。

练习并不局限于常规的练习。有意识地练习更有目的性，包括思考、解决问题和反思，以分析、概念化和培养自己的策略和理解（Lehtinen，Hannula-Sormunen，McMullen & Gruber，2017）。技术辅助教学包括这种有意的练习。如，数字导航游戏（NNG）是基于自适应算术策略和有意练习原则的研究（Lehtinen et al.，2015）。儿童创造自己的计算策略来进步，随着任务和条件的要求逐渐增加，他们需要越来越高级的计算策略。游戏提供了战略脚手架和持续的反馈（Lehtinen et al.，2015）。在教师的支持下，数字导航游戏（NNG）实现了教育目标，可以迁移到代数前技能（Lehtinen et al.，2017）。我们将在后面的章节中讨论游戏的使用。另一个例子将"现实数学教育"软件与学习路径结合起来使用，这是一种比较成熟的方法，通过使用呈现算术问题的故事来教授算术（Zaranis，2017）。教师在活动的导入环节使用非计算机环境，接下来的练习均在计算机上完成，使用这种教学策略的学前儿童比使用常规幼儿园课程（包括使用一些简单软件的课程）的学前儿童所学到的算术要多得多。

其他的技术辅助教学模式包括且常常结合了一些方法，这些方法也超出了简单练习的范围。在一项研究中，将问题解决、故事和练习相结合，教会了学前儿童数字概念和自然科学（溶解度和循环利用）。此外，通过使用教程或视频模型提供的测量概念已经教会了学前儿童长度的概念（Aladé，Lauricella，Beaudoin-Ryan & Wartella，2016）和小学生面积的概念（Clementset al.，2018）。

其基于实证研究的项目也取得了成功。如，技术辅助教学，即使提供最少量的支架，已被证实是一种可行的方法，通过寻找模式的方法，帮助有学业风险的小学一年级学生发现 +1 的规则（添加一个等同于"多数一个"）（Baroody et al.，2015）。教学软件可能会提出，"当我们数数的时候，3后面是什么数字？"，然后立即回答一个相关的加法问题，"3＋1=？"。另外，一个"加零"项和一个加法项（两个加数都大于1）作为＋1规则的非示例，以防止过度泛化该规则。一个类似的技术项目结合了流畅性和认知策略的使用，帮助小学二年级学生，尤其是男孩，提高了他们的算术成绩（Carr et al.，2011）。

使用技术辅助教学的不同类型和不同方式可以实现不同的目标。如，所有在多媒体环境中学习的学前儿童的数学技能都比那些没有在任何技术环境中的儿童提高得更多。在技术辅助教学过程中，那些单独操作的学前儿童表现出了最高水平，那些合作学习的学前儿童对合作学习的积极态度也有所提升（Weiss，Kramarski & Talis，2006）。最后，为期较长的教程在早期数学中很少见，但一些程序正在开发新的方法。一个项目正使用协作式多媒体环境，帮助4—7岁儿童通过反馈合作解决问题（Kramarski & Weiss，2007）。这些儿童比那些没有在多媒体环境下合作学习的儿童表现得更好。在另一种方法中，儿童创造了代表一个人或角色的数字图像，并用这个角色通过输入文本或计算机麦克风来分享想法（Cicconi，2014）。

## 计算机游戏和探索环境

如果精心挑选，计算机游戏在提高技能和概念转变方面也是有效的（Ketamo & Kiili，2010）。克劳斯发现，平均每两周有一个小时与计算机互动的小学二年级儿童在加法快速测试中的正确率是控制组儿童的2倍（Kraus，1981）。学前儿童也可以从各种各样的在线或离线计算机游戏中获益（Clements & Sarama，2008）。如，在一个简单的游戏中，儿童将手指组合放在平板电脑上，玩一个在时间结束前识别和表示数字的游戏。新颖的界面促进了儿童使用他们的手指，这项早期试点研究颇具前景（Barendregt et al.，2012）。甚至一个流行的游戏——愤怒的小鸟，已经被证明可以帮助四五岁的儿童学习科学概念，如投射运动（Herodotou，2018）。交互式三维可视化可以帮助小学二年级儿童了解地球—太阳—月球系统，让他们观察在虚拟空间中移动的空间物体。这项技术提供了一种亲身体验，可以帮助学前儿童观察到通常需要在外太空进行直接、长期观察的现象（Isik-Ercan，Zeynep

Inan，Nowak & Kim，2014）。探索环境可以让学前儿童参与对称性的研究（Chorney & Sinclair，2018；Seloraji & Eu，2017）。

基于计算机游戏的学习对残疾儿童和流动儿童也有帮助，因为它们用想象的世界、有趣的故事吸引儿童，并与同龄人分享经验。它们还可能提供各种新的启示供玩家探索和游戏（Kankaanranta，Koivula，Laakso & Mustola，2017）。此外，精心设计的游戏可以促进多种技能的发展，如语音意识、记忆增强策略、运动技能和协调能力以及逻辑和数学能力（Peirce，2013）。

更新的科技游戏可以采取完全不同的形式，可以针对儿童学习的不同领域。如，机器人 Nao 通过社交游戏和活动促进参与、社交互动和几何学习（Keren & Fridin，2014）。机器人在屏幕上的图像中识别出一个形状，然后要求儿童在物理机器人上找到并触摸相同的形状。评估结果显示，这些体验改善了学前儿童的几何思维和元认知任务（Keren & Fridin，2014）。几何教育在很多方面受益于技术，技术手段为学习内容的可视化、操作、认知工具、话语发起和思维方式提供支持（Crompton，Grant & Shraim，2018）。因此，高质量的游戏和探索环境可以为STEM 学习做出独特的贡献，我们相信未来一定会发明出更多种类的游戏。以下部分将讨论教育技术的其他方法。

### 编程、编码和机器人

在适当的技术环境和教师的指导下，编程或编码——指示计算机遵循一组命令——对学前儿童来说是可能的（Gedik，Çetin & Koca，2017）。小学低年级儿童在编程让机器龟移动并画出带有 Logo 的形状后，对图形的特征和测量的意义表现出了更明显的认识。他们学会了测量长度和角度（Sarama et al.，2003）以及排序等（Kazakoff，Sullivan & Bers，2013）。特别是现在有了新的计算机语言版本，如 Scratch Jr.（Flannery et al.，2013；Portelance，Strawhacker & Bers，2016），学前儿童可以学会使用相关的编程语言并且能够把知识迁移到其他领域，如，地图任务和解释物体向左向右旋转。他们学会思考数学的方法和他们自身的问题解决策略。如，小学一年级学生瑞安想要把龟标转过来指向与自己垂直的方向。他问教师："90 的一半是多少？"教师回答完以后，他输入 RT 45。"噢，我的方向错了。"他什么也没说，只是眼睛盯着屏幕。"试试左转 90°。"他最后说。这种逆向操作恰好达到了预期的效果。编程带来的学习成效还远不限于这些小规模的研究。一项基于编码的几何课程主要评估了 1624 名学生和他们的教师（Clements et al.，2001）。

最初的 Logo 乌龟是一个在地板上移动的机器人。现代机器人环境的计算机编码更加注重工程，包括乐高积木和机器人（Keren & Fridin，2014；Palmér，2017）。在乐高 logo 中，儿童创建乐高结构，包括灯、传感器、电机、齿轮和滑轮，他们通过计算机代码控制它们的结构。另一项研究显示，在澳大利亚，5—7 岁的儿童学习如何建模、探索和评估建造和编程的乐高机器人（McDonald& Howell，2012）。这样的研究表明，技术和动手学习的环境互为补充。如，用身体执行编程指令的小学二年级儿童比只用纸和笔计划的儿童表现出更好的解决问题能力（Sung，Ahn，Kai & Black，2017），这是对佩珀特的"身体同步"概念的又一次验证（Papert，1980；Sarama & Clements，2016）。这样的经历可以积极地影响数学和科学成绩以及高阶思维能力（Sarama & Clements，2020），特别是对于有学业失败风险的儿童（Day，2002）。这种方法还以其他方式解决了公平问题。如果从幼儿园就开始使用这种方法，男孩和女孩之间几乎没有什么区别，而且都能从与机器人合作中受益（Sullivan & Bers，2013）。

学前儿童可以有意义且快乐地操作编程数字玩具，如蜜蜂机器人，但提供明确的支架也很重要，因为这些支架能帮助他们思考编程中的序列（Newhouse，Cooper & Cordery，2017；Palmér，2017）。从指导机器人搬东西、向前推或分类教室里发现的可回收材料（Sullivan，Kazakoff & Bers，2013），到学习更高级的几何。编程和机器人是容易操作的，吸引人的，对学前儿童有益。最近的研究项目为学前儿童编程创设并评估了新的学习环境，如 4—5 岁儿童的平板电脑学习环境，如恐龙（Sheehan et al.，2019），以及针对残疾儿童编程的明确指导策略（Taylor，2017）。

残疾儿童可以完全参与编程和学习计算思维（Israel，Jeong，Ray & Lash，

2020）。研究表明，残疾儿童需要的支持并不是针对身体残疾，而是针对每名儿童的，在其他教育领域成功的同样的支持（Snodgrass，Israel & Reese，2016）。如，对一名儿童来说，这包括获得材料、关于做什么和如何做的口头指示、解决问题技巧的模型（如，观看研究人员尝试不同的编程代码组合）和如何完成分配任务的模型（如，观看研究人员完成一项活动，而计算机就在儿童面前）。

### 计算机操作

即使我们同意"具体"不能简单地等同于我们在本章中所讨论过的物理教具，但是，我们也可能不容易把计算机屏幕上的东西当作有效的操作材料。然而，就像实物能对儿童个人产生意义一样，计算机也能提供同样意义的表征。有意思的是，研究发现，计算机表征更容易掌控，而且比实物更加"清楚"、灵活，更具扩展性。如，一组小学低年级儿童在计算机环境下学习数概念。他们通过选择和排列豆子、小棒和数学符号构建"豆棒图"。与真实的豆—棒环境相比，这个计算机环境为儿童提供了同等的，有时更具操作性和灵活性的环境（Char，1989）。

计算机豆棒与实际豆棒都是有价值的。但是，为了解决教学顺序的问题，使用了其中一种就不必再使用另一种了。同样地，与只使用实际操作材料的控制组儿童相比，同时使用计算机实物和软件操作的儿童在分类与逻辑思维方面展现出较大的复杂性（Olson，1988）。其他研究则支持使用实物与具体的操作材料（Thompson，2012；Tucker et al.，2017）。

一部分原因在于计算机操作可以遵循一定的指导，我们在前面讨论过。使用计算机操作的这些优势和其他潜在优势可以归纳为两类：一类是给儿童和教师带来数学和心理上的帮助，另一类是给实践和教学带来帮助。

1. 数学和心理上的帮助。也许软件最大的特点在于操作动作蕴含一些重要的过程，而我们又恰恰希望儿童能掌握这些过程，并内化成他们自己的心理活动。

• *让儿童意识到数学的思维和过程*。大多数儿童能使用实际操作材料来完成一些动作，如平移动、翻转以及旋转，但是他们只是根据直觉做出和修改动作，并没有意识到这中间的几何运动。即使是年幼儿童都能移动拼图而对可以描述物体实际的几何运动毫无意识。研究表明，使用计算机工具操作图形可以让儿童清楚地看到这些图形的运动（Sarama et al.，1996）。如，4 岁儿童如果脱机操作拼图积木，他们根本无法解释完成拼图所需的运动。如果有了计算机，儿童很快就能适应这个软件并能向同伴解释他们接下来要如何做："你要点这里，你要把这个转一下。"

• *鼓励和帮助儿童做出完整、准确的解释*。与使用笔纸的儿童相比，使用计算机的儿童在解决数学问题时更精准（Clements et al.，2001；Gallou-Dumiel，1989；Johnson-Gentile，Clements & Battista，1994）。

• *支持心理的"作用于物体"*。计算机操作的灵活性比实物操作更能让儿童看到心理上的"作用于物体"。如，实实在在的十进制积木可能会比较笨拙，而且操作起来不连贯，这让儿童只能看到树木——碎片的操作——而忘记了整片森林——数值的概念。另外，儿童可以把计算机中的十进制积木拆散成一块块的积木，或者也可以把一块块的积木拼在一起形成十。这种动作与我们想要儿童掌握的心理动作更加一致。几何工具则可以帮助儿童学习图形的组合与分解（Clements & Sarama，2007c；Sarama et al.，1996）。如，米切尔开始用三角形组合出一个六边形（Sarama et al.，1996）。在摆放好 2 个三角形之后，他用手指在计算机屏幕上围着尚未完成的六边形的中心数，边数边想象还需要几个三角形。他说还需要 4 个。放了一个三角形之后，他说："哇啊！现在还要 3 个！"然而，如果没有计算机，米切尔必须要照着一个具体的六边形，每摆放一次就要检查一次，在计算机上有目的的操作帮助他形成了心理影像（依靠想象来分解六边形）以及预测每一次成功的摆放。另外，组合图形能帮助儿童根据自己的图形和图案一个单元接着一个单元地建构。教师可以与儿童讨论每一个小的单元是如何组成一个大的结构的。如果把这个放进软件里，教师可以向儿童展示粘贴工具如何制作一个结构单元，并且在这个单元的基础上复制、平移、旋转以及翻转。

• 这使得构建这样的图案和模式变得更容易，也更巧妙。我们可以将一组图形组合成的图案进行旋转和翻转，也可以将一组图形作为单位进行旋转和翻转。因此，儿童在计算机上进行的操作反映了他们的心理运算，这正是我们想要儿童掌握的。儿童在计算机上的操作可以包括准确的图形分解，这是依靠物理教具不容易实现的；如，把一个图形（如一个常规六边形）剪切成其他图形（如，不仅是两个梯形，还有两个五边形以及各种各样的图形组合）。计算机操作极大地提高了儿童在这方面的能力（Clements，Battista，Sarama & Swaminathan，1997；Clements & Sarama，2007c；Sarama et al.，1996）。

• *改变了操作材料的本质*。同样地，计算机操作的灵活性可以让儿童以物理教具无法做到的方式探索几何图形。如，儿童可以改变计算机中图形的大小，改变所有图形，或者只改变某些图形的大小。马修想要做一个完全是蓝色的小人，他意识到他可以重叠计算机中的两个菱形，这样恰好能覆盖一个三角形区域。在一项有关模式的研究中，研究者声称，计算机操作的灵活性对儿童学习模式有很多好处（Moyer，Niezgoda & Stanley，2005）。与实物操作或绘画相比，计算机操作能让儿童做出更多的模式以及在模式中使用更多的元素。最终，他们只有在计算机上操作才能创出新的图形（通过部分遮挡）。

• *符号化和建立联系*。计算机操作可以作为数学概念的符号，通常比物理的操作材料更好。如，计算机操作可以拥有我们希望它们所拥有的数学特征，也可以拥有我们希望儿童掌握的运算，并且没有其他可能造成干扰的特征。

• *用反馈将具体与抽象联系起来*。紧密相关的是，计算机可以将教具与符号联系起来——将多个表征联系在一起。如，由十进制积木所表征的数字与儿童对积木的操作是动态联系在一起的，因此，当儿童改变积木时，显示的数字也会自动发生改变。这可以帮助儿童了解他们的动作与数字之间的关系。与直接操作实物材料相比，操作符号是否太过拘束或太难？有趣的是，更少的"自由"可能带来更大的帮助。在一项有关位值的研究中，一组儿童在计算机上操作十进制教具，这组儿童并不能直接移动这些计算机中的积木，相反，他们只能操作符号（Thompson，1992；Thompson & Thompson，1990）。另一组儿童使用实物十进制积木，虽然教师频繁地指导儿童去关注他们对积木的操作与纸上所写内容之间的联系，实物积木组的儿童对在纸上写一些东西来表征他们对于积木的操作并没有感到拘束。相反，他们似乎把两件事看作两项不相干的任务。相比之下，计算机组的儿童能有意义地使用符号，更可能把符号与十进制积木联系起来。在计算机环境中，诸如计算机十进制积木或者计算机程序，儿童不会忘记他们的动作产生的结果，而在实物操作过程中儿童却很可能会忘记。因此，计算机操作可以帮助儿童在实际经验的基础上，把实际经验与符号表征紧密联系在一起。这样，计算机可以帮助儿童把感官—具体的知识与抽象的知识联系在一起，那么，儿童就能构建综合—具体知识。

• *记录和回放儿童的动作*。计算机不仅能让我们储存静态的操作。一旦完成一系列的动作，通常我们很难去反思其过程，但是，计算机能记录并回放我们的操作顺序。我们可以对动作进行记录、回放、改变以及观看。这样做能够促进真正的数学探索。计算机游戏，如俄罗斯方块能让儿童把同样的游戏再玩一遍。其中的一个版本，翻滚多米诺（Clements，Russell，Tierney，Battista & Meredith，1995），儿童需要用任意顺序的多米诺覆盖一个区域。如果儿童认为可以改进他们的策略，他们可以选择用同样的多米诺按照同样的顺序再玩一遍。

2. 实践和教学上的帮助。这些帮助包括可以给儿童带来实际的帮助以及为教师提供教学机会。

• *提供另一个媒介，一个可以储存与回顾操作的媒介*。形状作为另一个建构的媒介，尤其是日复一日地操作能带来细微的发展（也就是说，实物积木在大多数时间里都被收起来——而在计算机上操作，它们可以被保存，也可以一遍遍地操作，可以无限满足所有儿童的需要）。当一组儿童用实物积木练习模式时我们观察到这一好处。他们想要在地毯上轻微地移动积木。两个小女孩（用四只手）想要把她们的设计拼起来，可是没能成功。于是玛丽莎要利亚去调整她的图案。利亚试了，但是在调整图案的过程中，她插入了两块额外的积木，图案跟以前不一样了。两个小女孩尝试了很多办法想恢复原来的图案，却经历了无数的挫败。如果她们能够保存当初的设计，或者如果她们可以整体移动图案，她们的小组作业就能继续完成了。

• *提供可掌控的、清晰的、灵活的教具*。图形计算机教具比实际的材料更便于控制，更加清楚。如，只要把轮廓填充好，它们就能自动形成正确的图案——另外，不像实际材料——它们会一直保持自己的位置。如果儿童想让它们一直保持自己的位置，他们可以"冻结"这些图形的位置。我们观察到儿童在计算机上操作图形软件的时候，如果他们需要更多空间来继续他们的设计，儿童能迅速学会将图形粘贴在一起，并且将图形作为组合来移动。

· *提供一个可扩展的操作材料*。某些特定的建构活动用软件比用实际材料更容易完成，如，尝试建构不同类型的三角形。我们观察到儿童用图形部分遮挡其他图形来建构非等边三角形，并创造出许多不同类型的三角形。还有一个例子就是儿童用组合和遮挡各种图形的方法来建构正确的角度。

· *记录和扩展儿童的操作*。打印机可以及时打印出计算机记录的操作，儿童可以将其带回家，做成海报并进行复印。（虽然我们也喜欢儿童用模板、剪贴画来记录自己的操作，但这比较费时，因此不是任何时候都需要。）

计算机支持儿童把他们自己的知识变得显而易见，这也能帮助他们构建综合—具体的知识。计算机和实物材料的混合使用比不使用任何操作材料或只使用其中一种要更好（Lane，2010）。

### 计算机与游戏

研究显示，与实物材料或纸张媒介相比，计算机的动态特征更能支持儿童的数学游戏（Steffe & Wiegel，1994）。如，两名学前儿童正在"搭建积木"项目软件中自由探索一系列名为"派对时刻"的活动（Clements & Sarama，2004a），在这个游戏中，她们可以拿出任意数量的物品，接着计算机就会去数这个数并把它标记出来。"我有一个主意！"一个女孩说，她清空了所有物品然后把餐垫拖到每一张椅子上。"你要给每个人拿一个杯子，但是首先你要告诉我一共要多少个杯子。"她的朋友还没来得及数，她就打断道："每个人都要一个喝牛奶的杯子和一个喝果汁的杯子！"两个小女孩非常努力地合作，一开始她们在房子中间找杯子，但是，最后她们把屏幕上的餐垫数了两遍。她们的答案是——最开始是19——不准确的，但是，当她们一个一个去放置这些杯子的时候并未因出错而受挫，她们发现需要 20 个杯子。这两名儿童在这个情境中带着数学在游戏，带着问题在游戏，同时也在与同伴做游戏。

如果可以边建构数学概念，边让儿童进行数学游戏，数学其实在本质上对儿童来说是非常有趣的（Steffe & Wiegel，1994）。要做到这一点，教学材料，无论是实物的、电脑上的，或只是口头上的，都必须是高质量的。

### 实践启示：用计算机有效开展教学

成人给予的最初支持能帮助年幼儿童使用计算机进行学习（Rosengren et al.，1985；Shade，Nida，Lipinski & Watson，1986）。有了这些帮助，儿童可以经常独立使用计算机。但是，有成人在一旁时他们会更加专注，更加努力，挫败感也更少（Binder & Ledger，1985）。因此，研究的一项启示指出，教师要让计算机成为儿童的众多选择之一，并且要把计算机放在他们或其他成人可以指导和帮助他们的地方（Sarama & Clements，2002b）。

在这一部分，我们提供了更多的研究启示，这些研究启示涉及如何安排和管理教室、选择软件、在计算机环境中与儿童互动的策略，以及支持有特殊需要的儿童。

• *布置教室*。计算机在教室中的实际位置可以强化其社会功能（Davidron & Wright，1994；Shade，1994）。计算机中与儿童互动的部分，如键盘、鼠标、显示器和麦克风，必须放置在儿童的视平线上，或者放在一张较矮的桌上，或者地上。如果儿童要从光驱中更换碟片，光驱也要放在儿童可以看见并可以轻易操作的位置。软件可以更换，与其他的区域一起来配合教学主题。计算机的其他部分应该要放在儿童碰不到的地方，所有的部件都必须固定并且在必要时锁定。如果是几名儿童共同使用一台计算机，可以使用有轮子的平板车。

• *在计算机前放两张座椅以便教师坐在一旁促进积极的社会互动*。如果两名以上的儿童同时使用一台计算机，他们通常会抢着控制键盘（Shrock，Matthias，Anastasoff，Vensel & Shaw，1985）。把计算机放在离彼此都很近的地方能促进儿童分享彼此的想法。放在教室中央的计算机能吸引儿童驻足观看以及参与计算机活动，这样的布置也能让教师的参与保持最佳水平。教师在附近提供必要的指导和帮助（Clements，1991）。 其他因素，如，计算机与儿童的比例也可能会影响儿童的社会行为。如果计算机和儿童的比例在 10∶1 以下，能比较理想地促进计算机的使用、合作以及男女相同的使用权限（Lipinski et al.，1986；Yost，1998）。合作使用计算机能提升儿童的成绩（Xin，1999），两两共用一台计算机和一人使用一台计算机的混合使用是最理想的（Shade，1994）。

• *鼓励儿童把线上与线下的学习经验联系起来，把打印材料、教具和实物放在计算机旁边*（Hutinger & Johanson，2000），这也为正在观察和轮次的儿童提供了很好的活动。

• *管理计算机区域*。正如其他的区域一样，告诉儿童适当地使用计算机和维护计算机，张贴标记提醒儿童操作规则（如，不要在电脑旁放置任何液体、沙子、食物或磁铁）。设备要以儿童为中心，方便儿童寻找和使用他们想要的各种程序，防止他们因粗心而弄坏其他程序或文件，这样每个人使用起来会更自在。

• *监测儿童用计算机的时间，给予每名儿童平等使用的机会，这是非常重要的*。然而，至少有一项研究发现，严格的时间限制让儿童对彼此产生了敌意，这不利于社会交流（Hutinger & Johanson，2000）。一个更好的主意是用签到制度，采用灵活的时间鼓励儿童的自我管理。签到表对儿童的读写萌发也有积极的促进作用（Hutinger & Johanson，2000）。

• *循序渐进地介绍计算机操作*。刚开始时给儿童提供极大的支持和指导，甚至可以与儿童一起坐在计算机旁来鼓励他们轮次。然后慢慢地培养儿童的自我指导和合作学习。必要时，教儿童如何有效开展合作，如交流和切磋的技巧。对于儿童来说，这还包括在特定游戏或在自由探索环境中轮次到底是什么意思。但是，不强制儿童每时每刻共享计算机，尤其是以建构为主的活动，如 Logo 那样的教具和自由探索的环境，儿童有时需要独自完成。如果有可能，至少放置两台主机，即使儿童在一台计算机上操作，也能有同伴教学和其他形式的互动。

• *一旦儿童能独立操作，提供充分的指导，但是不要太多*。干预太多或干预时机不对都会降低同伴指导和合作（Bergin，Ford & Mayer-Gaub，1986；Emihovich & Miller，1988；Riel，1985）。如果没有任何的教师指导，儿童很可能会摩拳擦掌地坐在计算机旁抢着玩计算机游戏（Lipinski et al.，1986；Silvern，Countermine & Williamson，1988）。

• *教师应精心计划并且只使用对儿童有益的计算机程序*。研究显示，教学中引入计算机通常会对教师提出额外的要求（Shrock et al.，1985）。计算机不应该只是简单地摆在那儿。计算机可以帮助儿童学习，而且在使用过程中教师和儿童都应该反思。儿童应学会理解他们所使用的程序是如何工作的，背后的原因是什么（Turkle，1997）。

• *采用有效的教学策略*。对于计算机的有效使用至关重要的一点是教师的计划、参与和支持。最佳的策略是，教师的角色应该是儿童学习的促进者。这种促进不仅包括创建学习环境，还包括建立学习环境的各项标准和支持各种类型的学习环境。使用开放式程序时，如，帮助儿童学会独立操作可能需要教师提供大量的支持。其他的重要支持包括编排和讨论计算机操作以帮助儿童形成可行的概念和策略，提出问题以帮助儿童反思他们的概念和策略，以及搭建桥梁来帮助儿童把计算机和非计算机的经验联系起来。理想的情况是，计算机软件的内容必须与课程内容紧密联系在一起。

• *积极参与*。纵观教育目标，我们发现那些让儿童从计算机中受益匪浅的教师通常都非常积极。这种积极的指导对儿童使用计算机学习有显著的积极作用（Primavera et al.，2001）。这些教师密切指导儿童学习基本技能，鼓励他们尝试开放性的问题。他们经常鼓励、提问、促进和演示，而不提供不必要的帮助或限制儿童探索的机会（Hutinger & Johanson，2000）。他们为儿童不恰当的行为提供引导，为解题策略提供榜样，并给予儿童充分的选择（Hutinger et al.，1998）。这种方式的鹰架使儿童学会反思他们自己的思考行为，并带来更高层次的思考过程。这种以元认知为导向的教学策略包括明确目标、积极监测、树立榜样、提问、反思、同伴指导、讨论和推理（Elliott & Hall，1997）。

• *明确即将要学的知识并扩展儿童的思考*。教师应注意教学活动的重要内容和概念。适当的时候，可以通过使用计算机的反馈实现认知冲突以促进儿童的反思和质疑他们自己的想法，并最终强化所学的概念。教师还需要帮助儿童把计算机操作与非计算机操作联系起来。集体讨论可以帮助儿童交流他们的解题策略，反思他们学到的知识，这也是使用计算机教学的重要组成部分（Galen & Buter，1997）。有效的教师能避免过于指导性的教学行为（但对于特定群体以及使用计算机设备的注意事项是必要的），而且正如刚才所说，避免严格的时间限制（会导致与社会交流相悖的敌意与隔绝），避免提供不必要的帮助并且不允许儿童自由探索（Hutinger et al.，1998）。相反，教师通过让一名儿童扮演教的角色或口头提醒儿童解释自己的操作过程，并在其他儿童需要帮助时给予回应，来促进儿童相互指导（Paris & Morris，1985）。

• *记住，准备和后续工作对于电脑活动来说是必要的，其他活动也一样。* 不要忽略在计算机操作之后的重要的集体讨论环节。可以使用一台大屏幕计算机或者投影仪。

• *支持双语儿童以及母语非英文的儿童。* 别忘了那些为所有双语儿童以及母语非英文儿童的教师支持准备的应用程序。

• *支持有特殊需要的儿童。* 即使是对技术提出批评的人也赞同它对有特殊需要的儿童带来的帮助。如果使用得当，技术可以提高儿童在多样化和限制较少的情境中的能力。计算机的优势在于（Fritz, Haase & Räsänen，2019，Schery & O'Connor，1997）：耐心而不带有任何评判、提供不可分割的专注、按照儿童的步伐前进、提供即时的强化。教师应确保他们选相应的软件，并指导有特殊需要的儿童使用"补偿"软件。儿童可以从探索和问题解决中受益。如，一些研究发现，Logo 是一个特别能吸引儿童的活动，能从幼儿园到小学一贯地培养儿童更高的思维水平，包括有特殊需要的儿童（Clements & Nastasi，1988；Degelman，Free，Scarlato，Blackburn & Golden，1986；Lehrer，Harckharn，Archer & Pruzek，1986；Nastasi，Clements & Battista，1990）。

• *使用高质量的软件。* 一项最重要的指导原则就是使用高质量的软件，其有效性是有实证依据的。对"搭建积木"软件和 TRIAD 软件的评估发现，教师使用该软件促进了儿童的学习。即使对软件的独立评估也发现，儿童的数学成绩有所提高（Anthony，Hecht，Williams，Clements & Sarama，2011）。

• *考虑全方位的技术。*计算机存在于写字板、桌面和电话等设备中。所有类型的技术提供了广阔的工具资源，如，让儿童用遍布教室的摄像头记录学习经验可以有效促进他们的数学学习（Northcote，2011）。

软件可以提供帮助，但是我们可以做得更好。很少有软件程序的设计是基于明确的（如出版了的）理论和实证研究基础的（Clements，2007；Clements& Sarama，2007c；Ritter，Anderson，Koedinger & Corbett，2007）。这个领域还需要更多持续的反复研究和发展项目。基于研究的评估与开发重复周期，在每一个周期内微调软件的数学内容和教学方法会对学习带来巨大的差异（如，Aleven & Koedinger，2002；Clements & Battista，2000；Clements et al.，2001；Lauritlard & Taylor，1994；Steffe & Olive，2002）。这些研究可以明确如何改进软件设计以及为什么要改善软件设计（NMP，2008）。

我们提到，高质量的互动节目可以增加执行功能，但在电视上观看动画片可能会降低执行功能（Huber et al.，2018）。关于电视我们还知道些什么？

## 电视

有关电视对儿童早期的影响——积极的或消极的——争议更大。相关的文献已经有很多（Clements & Nastasi，1993），接下来我们总结了一些重要的研究结果。

• 节目内容很重要——暴力的电视节目会导致儿童的攻击行为，但是教育节目会促进儿童的亲社会行为。

• 许多专家建议 3 岁以下的儿童不要看电视（还有一些专家建议小学之前都不应该看电视）。

• 教育电视节目像《芝麻街》（*Sesame Street*）、《蓝色线索》（*Blue's Clues*）以及《瞭望大世界》（*Peep and the Big Wide World*）对儿童的学习有积极作用，并在节目内容和方法上持续更新。观看教育节目可以预测儿童 5 岁时的入学准备情况。

• 跟踪调研发现，观看教育节目的高中生比不观看教育节目的成绩更好。可能一部分原因在于早期学习方式——学习使得他们在学校第一年的成绩不错，这也激发了他们积极的学习动机，认为教师教得好，分在高能力班上，得到更多的关注，因此在校学习时持续进步。

• 如果成人在儿童看电视时加以引导，则可促进儿童的学习（其他的媒体也是一样）。家长可以和儿童一起看教育节目，并和儿童讨论节目内容。他们可以帮助儿童积极参与节目素材、节目之后的讨论或制作自己的节目。

• 教师有必要给家长提供纸质的材料，或者请家长亲自参与讨论如何借助媒体促进儿童的学习。

一个令人不安的研究结果是，高社会经济地位家庭的儿童比低社会经济地位家庭的儿童能够更好地理解《芝麻街》（Sesame Street）中的数学概念。另外，儿童的词汇量越大，对数学理解得越好，那么，儿童对屏幕上的数学概念就能理解得更好（Morgenlander，2005）。另一项研究发现，"富有的人越发富有"，给教育者和整个社会带来很大的挑战。

## 把概念、技能和问题解决整合在一起

美国数学顾问委员会曾指出，数学课程必须同时发展儿童的概念理解、运算流畅以及问题解决的能力。有关教师是否要把教学重心放在能力或概念上的争论应该要停止了——两者都需要，而且两者要同时发展，以一种整合的方式（Gilmore et al.，2017；Özcan & Doğan，2017）。如，小学二年级的儿童任意分配到两个教学方案中的一个。一个是以现实数学教育为蓝本的基于改革的教学方案，儿童要创造和讨论他们的解决方法。教学伊始，这个教学方案强调概念理解、程序性技巧和灵活应用多种策略的同时发展。使用这个教学方案的儿童比那些使用一开始强调程序性技能的掌握，只在教学快结束时才强调各种策略的应用的传统书本教学方案的儿童成绩更好。改革方案组的儿童更多地选择与问题中数字属性相关的策略，并能更灵活地使用解题策略，如，用补偿策略解决以数字 8 结尾的整数。也就是说，灵活的问题解决者会根据手头现有问题中的数字特点来调整自己的策略，如，在解 62-49 这道题时，能先用 62-50=12，然后用 12+1=13 来得出答案，在解 62-44 时，可以将算式拆成 44+6=50，50+10=60，60+2=62，然后 6+10+2=18。这种灵活的应用显示了对概念的理解和程序性技能的掌握。传统教学方案组的儿童即使学了几个月以后也没有灵活地使用运算程序。改革组的儿童在三项测试中得分更高，展示了更好的概念理解。两个组的儿童在掌握程序性技能之前就已经掌握了概念，但是，改革组的儿童在这两个方面融通的能力更强（Blote，Van der Burg，& Klein，2001）。

其他的研究也传递了同样的信息。如，低社会经济地位的城市小学一、二年级儿童从概念教学中受益匪浅，这种教学将位值积木和书写表征联系起来（Fuson& Briars，1990）。一个很久以前的研究也得出过相似的结论。采用机械化教学的小学二年级儿童在教学结束后的随即后测中算得更快更准，但是，概念化教学的儿童能更好地解释算法的可行性，在保持测试中得分更高，并能更好地迁移所学知识（Brownell & Moser，1949）。还有一项研究同样指出概念教学的好处（Hiebert & Wearne，1993），能帮助成绩较差的儿童上升到与成绩好的儿童相当的水平。这些研究虽然都有不足之处，但是都揭示了同一个道理：为了帮助儿童达到我们今天所倡导的数学目标，好的概念教学和程序性教学比机械化教学更好（Hiebert & Grouws，2007）。

最后一项研究发现，不像往常的技能教学方法（Stipek & Ryan，1997），贫困儿童更能从强调意义、理解以及问题解决的教学中受益（Knapp，Shields & Turnbull，1992）。这种方法对儿童构建更高的能力更有效——或者至少——对教基本技能更有效。另外，这种方法更能让儿童投入学习中。

对于能力最好的儿童来说，研究指出，灵活并创造性地使用数学程序的基础在于概念理解。儿童的知识必须把程序与概念、日常生活经验、类比以及其他技能和概念联系起来（Baroody & Dowker，2003）。

**实践启示**

教儿童概念可以帮助他们构建技能和概念理解，能帮助他们适应性地使用自己的技能。除了解题效率以外，儿童还具备了流畅和适应性的专长（Baroody，2003）。教师需要提出问题、建立联系以及用让连接可见的方式来解决问题，有时扮演更积极的角色，有时则把主动权交给儿童。

# 结语

教师的影响比其他因素都大，而且早期教师对儿童的影响最大（Tymms，Jones，Albone，& Henderson，2009）。因此，早期数学教师必须要用最好的教学策略。

教学手段只是教学的工具，正因如此，我们必须谨慎、小心、深思熟虑并恰当地使用这些手段。每一种教学策略，从游戏到直接教学，可能是教育性的，也可能是误导性的。任何误导性的学习经验都有可能会束缚和扭曲接下来经验的发展（Dewey，1938/1997）。如，由不恰当的直接教学导致的误导性的学习经验会降低儿童把数学概念进行广泛应用的敏感度，或即使儿童自动发展了技能，但是，作为技能基础的概念而言，儿童的进一步学习经验得不到发展。相反，那些完全反对教学内容结构化和程序化的以儿童为中心的教育方法也许一时能激发儿童的学习热情，但是，由于教学内容之间毫无关联反而限制了儿童今后的综合学习经验。"高质量的学习来源于在学前教育阶段正式的和非正式的学习经验。'非正式'并不意味着无计划和即兴的学习经验。"（NCTM，2000）正如杜威所说："正因为传统的教育是常规化的，里面的计划和内容都是一代一代往下传的，这并不意味着进步的教育是无计划的即兴之事。"诸如此类的日常活动已经被证实能有效丰富开端计划学校中儿童的数学知识（Arnold，Fisher，Doctoroff & Dobbs，2002）。

总的来说，在这个全新的教育时代，我们所知道的主要有几种方法，如果在高质量的情境下使用，可以有效促进儿童的学习。大多数成功的教学策略，即使是那些目标明确的策略，也包括游戏或类似游戏的活动。所有方法都有一个共同的核心，那就是关注儿童的兴趣和参与度，以及学习内容与儿童的认知水平相适应。虽然有的研究支持一般的以游戏为导向的教学方法，但是，学习数学似乎是一个特殊的过程，即使在学前阶段（Day，Engelhardt，Maxwell & Bolig，1997），而且以数学为焦点的方法是成功的。

无论采用何种教学方法和策略，教育者必须牢记儿童所构建的概念与成人的概念有天壤之别（如，Piaget & Inhelder，1967；Steffe & Cobb，1988）。幼儿教师必须非常谨慎，不可假定儿童像成人一样"明白"情况、问题或解决方法。成功的教师解释儿童的操作和思考，并努力从儿童的视角来看待问题。基于解释，教师可以推测儿童有可能学会的知识或者儿童能从他的经验中抽象出什么样的知识。同样地，当教师与儿童互动的时候，他们通常从儿童的视角来思考自己的行为，这使得早期教学充满挑战，同时也充满回报。

我们看到的不光是儿童的概念与成人的有天壤之别，儿童的概念可以作为后续学习的最好的出发点。研究和专家实践一致认为，儿童需要掌握技能，而技能要对应他们所学的概念——诚然，还没有理解概念就学习技能会导致许多学习困难（Baroody，2004a，2004b；Fuson，2004；Kilpatrick et al.，2001；Sophian，2004a；Steffe，2004）。成功的创新课程和教学是直接建立在儿童的思考之上的（他们所理解的概念和他们所掌握的技能），给儿童提供创造和实践的机会，要儿童解释他们的各种策略（Hiebert，1999）。这种教学方案能促进概念的发展和更高一级的思维，并且不以掌握技能为代价。

在与儿童的所有互动中，教师必须帮助儿童在所学概念和技能之间建立牢固的联系，因为坚实的概念基础能促进技能的发展。教师应该鼓励儿童创造和描述他们自己的解决方法，应该鼓励儿童尝试那些经证实行之有效的方法，并在适当的时候把这种方法教给儿童，教师还应该鼓励儿童描述和比较不同的解决方法。研究发现，那些把儿童视为有初步知识的积极学习者并在学习过程中给予大量支持的教学方法比传统的缺乏以上特点的教学方法要更好（Fuson，2004）。教师要持续地将生活中的真实情境、问题解决以及数学内容综合起来（Fuson，2004）。

这种综合不仅是一种教学策略，这对儿童理解概念和掌握诸如运算流畅等技能都是必要的，这也可以促进儿童把课堂上所学的知识迁移到未来的学习和课外情境中。

数学本身包含了大量的概念和主题，这些概念和主题之间的关系就像一张巨大的网（NCTM，2000）。从幼儿园之前到小学的数学教学必须把现实生活、有意义的学习情境、问题解决以及数学概念和技能交织在一起。这样的教学才有可能扭转美国当前日益下滑的数学教育，当前的教育是让一开始就对探索数学感兴趣的儿童（Perlmutter，Bloom，Rose & Rogers，1997）逐渐"明白"努力没有用，只有极少数的儿童才有"天赋"学数学（Middleton & Spanias，1999）。教师要采用基于探究和话语丰富的教学方法（Walshaw & Anthony，2008），强调要付出努力才能理解数学（而不是强调"学完"或是"正确答案"），并且关注儿童的内在动机。把所学知识与真实生活联系起来也可以巩固儿童的知识以及他们对于数学的观念（Perlmutter et al.，1997）。

尽管如此，早期的数学能力只能反映有限的理解。这其中有很多原因。人们的期待也在不断上升。在几百年前，大学数学水平也不过是简单的运算。数学的文化工具也已经成倍增长。在美国的大多数教学方法并没有意识到这些工具或者意识到儿童的思维能力，没有意识到要把这种思维引向深度以及促进儿童创新的必要性，这就是我们接下来要强调的最后一点。

教师是关键，但不能只依靠教师。整个教育体系需要转变（Bodovski，nahumishani & Walsh，2013）。我们需要在所有层面（包括儿童个体）开展工作，将实证研究的方法整合到目标、课程、评估和教师专业发展中——所有这些都基于学习路径（Hiebert & Stigler，2017）。我们希望本书和本书第二版中的知识能帮助您成为真正有效的、专业的教育者，为更好的教育体系以及每一名儿童拥有更好的数学教育而努力奋斗。

# 参考文献

Agodini, R., & Harris, B. (2010). An experimental evaluation of four elementary school math curricula. *Journal of Research on Educational Effectiveness*, *3*(3), 199–253. doi: 10.1080/19345741003770693

Akers, J., Battista, M. T., Goodrow, A., Clements, D. H., & Sarama, J. (1997). *Shapes, halves, and symmetry: Geometry and fractions*. Dale Seymour.

Aksoy, A. B., & Aksoy, M. K. (2017). The role of block play in early childhood. In I. Koleva & G. Duman (Eds.), *Educational research and practice* (pp. 104–113). Sofia, Bulgaria: St. Kliment Ohridski University Press.

Aktas-Arnas, Y., & Aslan, D. (2004). The development of geometrical thinking in 3 to 6 years old children group. In O. Ramazan, K. Efe, & G. Güven (Eds.), *1st international pre-school education conference* (Vol. I, pp. 475–494). I˙stanbul, Turkey: Ya-Pa Yayıncılık.

Aladé, F., Lauricella, A. R., Beaudoin-Ryan, L., & Wartella, E. (2016). Measuring with Murray: Touchscreen technology and preschoolers' STEM learning. *Computers in Human Behavior*, *62*, 433–441. doi: 10.1016/ j.chb.2016.03.080.

Aleven, V. A. W. M. M., & Koedinger, K. R. (2002). An effective metacognitive strategy: Learning by doing and explaining with a computer-based Cognitive Tutor. *Cognitive Science*, *26*(2), 147–179.

Alexander, K. L., & Entwisle, D. R. (1988). Achievement in the first

2 years of school: Patterns and processes. *Monographs of the Society for Research in Child Development, 53*(2), 1–157.

Alfieri, L., Brooks, P. J., Aldrich, N. J., & Tenenbaum, H. R. (2010). Does discovery-based instruction enhance learning? *Journal of Educational Psychology, 103*(1), 1–18. doi: 10.1037/a0021017.

Alt, M., Arizmendi, G. D., & Beal, C. R. (2014). The relationship between mathematics and language: Academic implications for children with specific language impairment and English language learners. *Lang Speech Hear Serv Sch, 45* (3), 220–233. doi: 10.1044/2014_LSHSS-13-0003.

Alvarado, M. (2015). The utility of written numerals for preschool children when solving additive problems/La utilidad de los numerales escritos en la resolución de problemas aditivos en niños preescolares. *Estudios De Psicología, 36*(1), 92–112. doi: 10.1080/02109395.2014.1000026.

Anantharajan, M. (2020). teacher noticing of mathematical thinking in young children's representations of counting. *Journal for Research in Mathematics Education, 51*(3), 268–300. www.jstor.org/stable/ 10.5951/ jresemtheduc-2019-0068.

Anderson, A., Anderson, J., & Shapiro, J. (2004). Mathematical discourse in shared storybook reading. *Journal for Research in Mathematics Education, 35*(1), 5–33.

Anderson, J. R. (Ed.). (1993). *Rules of the mind.* Hillsdale, NJ: Lawrence Erlbaum Associates.

Anderson, S., & Phillips, D. (2017). Is pre-K classroom quality associated with kindergarten and middleschool academic skills? *Developmental Psychology, 53*(6), 1063. doi: 10.1037/ dev0000312.

Anghileri, J. (2001). What are we trying to achieve in teaching standard calculating procedures? In M. V. D. Heuvel-Panhuizen (Ed.), *Proceedings of the 25th Conference of the International Group for the Psychology in Mathematics Education* (Vol. 2, pp. 41–48). Utrecht, The Netherlands: Freudenthal Institute.

Anghileri, J. (2004). Disciplined calculators or flexible problem solvers? In M. J. Høines & A. B. Fuglestad (Eds.), *Proceedings of the 28th Conference of the International Group for the Psychology in Mathematics Education* (Vol. 2, pp. 41–46). Bergen, Norway: Bergen University College.

Angier, N. (2018). Many animals can count, some better than you, *The New York Times*. Retrieved from www.nytimes.com/2018/02/05/science/ani mals-count-numbers.html?hp&action=click&pgty pe=Homepage&clickSource=story-heading&modu le=second-column-region&region=top-news&WT.nav=top-news.

Anthony, J., Hecht, S. A., Williams, J., Clements, D. H.,& Sarama, J. (2011a). Efficacy of computerized Earobics and Building Blocks instruction for kindergarteners from low SES, minority and ELL backgrounds: Year 2 results. *Paper presented at the Institute of Educational Sciences Research Conference*, Washington, DC.

Aragón-Mendizábal, E., Aguilar-Villagrán, M., NavarroGuzmán, J. I., & Howell, R. (2017). Improving number sense in kindergarten children with low achievement in mathematics. *Anales de Psicología, 33*(2), 311–318. doi: 10.6018/analesps.33.2.239391.

Arditi, A., Holtzman, J. D., & Kosslyn, S. M. (1988). Mental imagery and sensory experience in congenital blindness. *Neuropsychologia, 26*(1), 1–12.

Arnold, D. H., Fisher, P. H., Doctoroff, G. L., & Dobbs, J. (2002). Accelerating math development in Head Start classrooms: Outcomes and gender differences. *Journal of Educational Psychology, 94*(4), 762–770.

Artut, P. D. (2015). Preschool children's skills in solving mathematical word problems. *Educational Research and Reviews, 10*(18), 2539–2549. doi: 10.5897/ERR2015.2431.

Ashcraft, M. H. (2006, November). Math performance, working memory, and math anxiety: Some possible directions for neural functioning work. *Paper presented at the Neural Basis of Mathematical Development*, Nashville, TN.

Ashkenazi, S., Mark-Zigdon, N., & Henik, A. (2013). Do subitizing deficits in developmental dyscalculia involve pattern recognition weakness? *Developmental Science, 16*(1), 35–46. doi: 10.1111/j.14677687.2012.01190.

Askew, M., Brown, M., Rhodes, V., Wiliam, D., & Johnson, D. (1997). Effective teachers of numeracy in UK primary schools: Teachers' beliefs, practices, and children's learning. In M. V. D. HeuvelPanhuizen (Ed.), *Proceedings of the 21st Conference of the International Group for the Psychology of Mathematics Education* (Vol. 2, pp. 25–32). Utrecht, The Netherlands: Freudenthal Institute.

Aslan, D. (2004). *The investigation of 3 to 6 year-olds preschool children's recognition of basic geometric shapes and the criteria they employ in distinguishing one shape group from the other (Anaokuluna devam eden 3-6 yas grubu çocuklarina temel geometrik sekilleri tanimalari ve sekilleri ayirtetmede kullandiklari kriterlerin incelenmesi)*. (Masters), Adana, Turkey: Cukurova University.

Aslan, D., & Aktas-Arnas, Y. (2007). Three-to sixyear-old children's recognition of geometric shapes. *International Journal of Early Years Education, 15*(1), 81–101.

Aubrey, C. (1997). Children's early learning of number in school and out. In I. Thompson (Ed.), *Teaching and learning early number* (pp. 20–29). Philadelphia, PA: Open University Press.

Aunio, P. (2019). Small group interventions for children aged 5–9 years old with mathematical learning difficulties. In A. Fritz, V. G. Haase & P. Räsänen (Eds.), *International handbook of mathematical learning difficulties: From the laboratory to the classroom* (pp. 709–731). Cham, Switzerland: Springer.

Aunio, P., Ee, J., Lim, S. E. A., Hautamäki,

J., & Van Luit, J. E. H. (2004). Young children's number sense in Finland, Hong Kong and Singapore. *International Journal of Early Years Education, 12*(3), 195–216.

Aunio, P., Hautamäki, J., Sajaniemi, N., & Van Luit, J. E. H. (2008). Early numeracy in low-performing young children. *British Educational Research Journal, 35*(1), 25–46.

Aunio, P., Korhonen, J., Bashash, L., & Khoshbakht, F. (2014). Children's early numeracy in Finland and Iran. *International Journal of Early Years Education*, 1–18. doi: 10.1080/09669760.2014.988208.

Aunio, P., Niemivirta, M., Hautamäki, J., Van Luit, J. E. H., Shi, J., & Zhang, M. (2006). Young children's number sense in China and Finland. *Scandinavian Journal of Psychology, 50*(5), 483–502.

Aunio, P., & Räsänen, P. (2015a). Core numerical skills for learning mathematics in children aged five to eight years – A working model for educators. *European Early Childhood Education Research Journal*, 1–21. doi: 10.1080/1350293x.2014.996424.

Aunio, P., & Räsänen, P. (2015b). Core numerical skills for learning mathematics in children aged five to eight years – A working model for educators. *European Early Childhood Education Research Journal*, 1–21. doi: 10.1080/1350293x.2014.996424.

Aunola, K., Leskinen, E., Lerkkanen, M.-K., & Nurmi, J.-E. (2004). Developmental dynamics of math performance from preschool to grade 2. *Journal of Educational Psychology, 96*(4), 699–713.

Aydogan, C., Plummer, C., Kang, S. J., Bilbrey, C., Farran, D. C., & Lipsey, M. W. (2005, June 5–8). An investigation of prekindergarten curricula: Influences on classroom characteristics and child engagement. *Paper presented at the NAEYC*, Washington, DC.

Bachman, H. J., Votruba-Drzal, E., El Nokali, N. E., & Castle Heatly, M. (2015). Opportunities for learning math in elementary school:

Implications for SES disparities in procedural and conceptual math skills. *American Educational Research Journal*, *52* (5), 894–923. doi: 10.3102/0002831215594877.

Bagiati, A., & Evangelou, D. (2018). Identifying engineering in a prek classroom: An observation protocol to support guided project-based instruction. In L. D. English & T. Moore (Eds.), *Early engineering learning* (pp. 83–111). Gateway East, Singapore: Springer.

Baker, C. E. (2014). Does parent involvement and neighborhood quality matter for African American boys' kindergarten mathematics achievement? *Early Education and Development*, *26*(3), 342–355. doi: 10.1080/10409289.2015.968238.

Baker, D., Knipe, H., Collins, J., Leon, J., Cummings, E., Blair, C. B., & Gramson, D. (2010). One hundred years of elementary school mathematics in the United States: A content analysis and cognitive assessment of textbooks from 1900 to 2000. *Journal for Research in Mathematics Education*, *41*(4), 383–423.

Ball, D. L. (1992). Magical hopes: Manipulatives and the reform of math education. *American Educator*, *16*(2), 14; 16–18; 46–47.

Banse, H. W., Clements, D. H., Sarama, J., Day-Hess, C. A., Simoni, M., Ratchford, J., & Pugia, A. (2020). *What teaching moves support young children's in the moment understanding of early addition and subtraction?* Manuscript submitted for publication.

Baratta-Lorton, M. (1976). *Mathematics their way: An activity-centered mathematics program for early childhood education.* Menlo Park, CA: AddisonWesley.

Barbarin, O. A., Downer, J. T., Odom, E., & Head, D. (2010). Home–school differences in beliefs, support, and control during public prekindergarten and their link to children's kindergarten readiness. *Early Childhood Research Quarterly*, *25*(3), 358–372. doi: 10.1016/j.ecresq.2010.02.003.

Barendregt, W., Lindström, B., Rietz-Leppänen, E., Holgersson, I., & Ottosson, T. (2012). Development and evaluation of Fingu: A mathematics iPad game using multi-touch interaction. *Paper presented at the Proceedings of the 11th International Conference on Interaction Design and Children*, Bremen, Germany.

Barnett, W. S., & Frede, E. C. (2017). Long-term effects of a system of high-quality universal preschool education in the United States. In H. P. Blossfeld, N. Kulic, J. Skopek, & M. Triventi (Eds.), *Childcare, Early Education and Social Inequality: An International Perspective* (pp. 152–172). Cheltenham, UK: Edward Elgar Publishing.

Barnett, W. S., Frede, E. C., Mobasher, H., & Mohr, P. (1987). The efficacy of public preschool programs and the relationship of program quality to efficacy. *Educational Evaluation and Policy Analysis, 10*(1), 37–49.

Barnett, W. S., Hustedt, J. T., Hawkinson, L. E., & Robin, K. B. (2006). *The state of preschool 2006: State preschool yearbook*. New Brunswick, NJ: National Institute for Early Education Research (NIEER).

Barnett, W. S., Yarosz, D. J., Thomas, J., & Hornbeck, A. (2006). *Educational effectiveness of a Vygotskian approach to preschool education: A randomized trial*. New Brunswick, NJ: National Institute of Early Education Research (NIEER).

Barnes, M. A., Klein, A., Swank, P., Starkey, P., McCandliss, B., Flynn, K., ... Roberts, G. (2016). Effects of tutorial interventions in mathematics and attention for low-performing preschool children. *Journal of Research on Educational Effectiveness, 9*(4), 577–606. doi: 10.1080/19345747.2016.1191575

Baroody, A. J. (1986b). Counting ability of moderately and mildly handicapped children. *Education and Training of the Mentally Retarded, 21*(4), 289–300.

Baroody, A. J. (1987a). *Children's mathematical thinking*. New York, NY:

Teachers College.

Baroody, A. J. (1987b). The development of counting strategies for single-digit addition. *Journal for Research in Mathematics Education, 18*, 141–157.

Baroody, A. J. (1989). Manipulatives don't come with guarantees. *Arithmetic Teacher, 37*(2), 4–5.

Baroody, A. J. (1990). How and when should place value concepts and skills be taught? *Journal for Research in Mathematics Education, 21*, 281–286.

Baroody, A. J. (1996). An investigative approach to the mathematics instruction of children classified as learning disabled. In D. K. Reid, W. P. Hresko, & H. L. Swanson (Eds.), *Cognitive approaches to learning disabilities* (3rd ed., pp. 547–615). Austin, TX: Pro-Ed.

Baroody, A. J. (1999). The development of basic counting, number, and arithmetic knowledge among children classified as mentally handicapped. In L. M. Glidden (Ed.), *International review of research in mental retardation* (Vol. 22, pp. 51–103). New York, NY:

Academic Press.

Baroody, A. J. (2003). The development of adaptive expertise and flexibility: The integration of conceptual and procedural knowledge. In A. J. Baroody & A. Dowker (Eds.), *The development of arithmetic concepts and skills: Constructing adaptive expertise* (pp. 1–33). Mahwah, NJ: Lawrence Erlbaum Associates.

Baroody, A. J. (2004a). The developmental bases for early childhood number and operations standards. In D. H. Clements, J. Sarama, & A.M. DiBiase (Eds.), *Engaging young children in mathematics: Standards for early childhood mathematics education* (pp. 173–219). Mahwah, NJ: Lawrence Erlbaum Associates.

Baroody, A. J. (2004b). The role of psychological research in the development of early childhood mathematics standards. In D. H. Clements, J. Sarama, & A.M. DiBiase (Eds.), *Engaging young children in mathematics: Standards for early childhood mathematics education* (pp.

149–172). Mahwah, NJ: Lawrence Erlbaum Associates.

Baroody, A. J. (2016). Curricular approaches to introducing subtraction and fostering fluency with basic differences in grade 1. In R. Bracho (Ed.), *The development of number sense: From theory to practice. Monograph of the Journal of Pensamiento Numérico y Algebraico (Numerical and Algebraic Thought)* (Vol. 10, pp. 161–191). University of Granada.

Baroody, A. J., Bajwa, N. P., & Eiland, M. (2009). Why can't Johnny remember the basic facts? *Developmental Disabilities, 15(1)*, 69–79.

Baroody, A. J., & Benson, A. P. (2001). Early number instruction. *Teaching Children Mathematics, 8(3)*, 154–158.

Baroody, A. J., & Dowker, A. (2003). *The development of arithmetic concepts and skills: Constructing adaptive expertise.* Mahwah, NJ: Erlbaum.

Baroody, A. J., Eiland, M., Su, Y., & Thompson, B. (2007). Fostering at-risk preschoolers' number sense. *Paper presented at the American Educational Research Association.*

Baroody, A. J., Eiland, M. D., Purpura, D. J., & Reid, E. E. (2012). Fostering at-risk kindergarten children's number sense. *Cognition and Instruction, 30(4)*, 435–470. doi: 10.1080/07370008. 2012.720152

Baroody, A. J., Eiland, M. D., Purpura, D. J., & Reid, E. E. (2013). Can computer-assisted discovery learning foster first graders' fluency with the most basic addition combinations? *American Educational Research Journal, 50(3)*, 533–573. doi: 10.3102/0002831212473349.

Baroody, A. J., Lai, M. L., & Mix, K. S. (2005). Changing views of young children's numerical and arithmetic competencies. *Paper presented at the National Association for the Education of Young Children,* Washington, DC.

Baroody, A. J., Lai, M.L., & Mix, K. S. (2006). The development of young children's number and operation sense and its implications for early childhood education. In B. Spodek & O. N. Saracho (Eds.), *Handbook of research on the education of young children* (pp. 187–221). Mahwah, NJ: Lawrence Erlbaum Associates.

Baroody, A. J., Li, X., & Lai, M. L. (2008). Toddlers' spontaneous attention to number. *Mathematical Thinking and Learning, 10*(3*)*, 240–270.

Baroody, A. J., & Purpura, D. J. (2017). Number and operations. In J. Cai (Ed.), *Handbook for research in mathematics education* (pp. 308–354). Reston, VA: National Council of Teachers of Mathematics (NCTM).

Baroody, A. J., Purpura, D. J., Eiland, M. D., & Reid, E. E. (2015). The impact of highly and minimally guided discovery instruction on promoting the learning of reasoning strategies for basic add-1 and doubles combinations. *Early Childhood Research Quarterly, 30, Part A*(0), 93–105. doi: 10.1016/ j.ecresq. 2014.09.003.

Baroody, A. J., Purpura, D. J., Eiland, M. D., Reid, E. E., & Paliwal, V. (2016). Does fostering reasoning strategies for relatively difficult basic combinations promote transfer by K-3 students? *Journal of Educational Psychology, 108*(4), 576–591.

Baroody, A. J., & Rosu, L. (2004, April). Adaptive expertise with basic addition and subtraction combinations—The number sense view. *Paper presented at the American Educational Research Association*, San Francisco, CA.

Baroody, A. J., & Tiilikainen, S. H. (2003). Two perspectives on addition development. In A. J. Baroody & Dowker (Eds.), *The development of arithmetic concepts and skills: Constructing adaptive expertise* (pp. 75–125). Mahwah, NJ: Lawrence Erlbaum Associates.

Barrett, J. E., Clements, D. H., & Sarama, J. (2017). Children's measurement: A longitudinal study of children's knowledge and learning of length, area, and volume. In B. Herbel-Eisenmann (Ed.), *Journal for Research in Mathematics Education* (Vol. 16). Reston, VA: National Council of Teachers of Mathematics.

Bartsch, K., & Wellman, H. M. (1988). Young children's conception of distance. *Developmental Psychology*, *24*(4*)*, 532–541.

Bassok, D., Latham, S., & Rorem, A. (2016). Is kindergarten the new first grade? How early elementary school is changing in the age of accountability. *AERA Open*, *1*(4), 1–31. doi: 10.1177/2332858415616358.

Batchelor, S., & Gilmore, C. (2015). Magnitude representations and counting skills in preschool children. *Mathematical Thinking and Learning*, *17*(2–3), 116–135. doi: 10.1080/10986065.2015. 1016811.

Battista, M. T. (1990). Spatial visualization and gender differences in high school geometry. *Journal for Research in Mathematics Education*, *21*(1*)*, 47–60.

Beilin, H. (1984). Cognitive theory and mathematical cognition: Geometry and space. In Gholson & T. L. Rosenthal (Eds.), *Applications of cognitive-developmental theory* (pp. 49–93). New York, NY: Academic Press.

Beilock, S. L., Gunderson, E. A., Ramirez, G., & Levine, S. C. (2010). Female teachers' math anxiety affects girls math achievement. *Proceedings of the National Academy of Sciences*, *107*(5*)*, 1860–1863.

Benigno, J. P., & Ellis, S. (2004). Two is greater than three: Effects of older siblings on parental support of preschoolers' counting in middleincome families. *Early Childhood Research Quarterly*, *19*(1*)*, 4–20.

Bennett, N., Desforges, C., Cockburn, A., & Wilkinson, B. (1984). *The quality of pupil learning experiences*. Hillsdale, NJ: Lawrence Erlbaum Associates.

Berch, D. B., & Mazzocco, M. M. M. (Eds.). (2007). *Why is math so hard for some children? The nature and origins of mathematical learning difficulties and disabilities*. Baltimore, MD: Paul H. Brooks.

Bereiter, C. (1986). Does direct instruction cause delinquency? Response to Schweinhart and Weikart. *Educational Leadership*, *44*(3*)*, 20–21.

Bergin, D. A., Ford, M. E., & Mayer-Gaub,

G. (1986). *Social and motivational consequences of microcomputer use in kindergarten*. San Francisco, CA: American Educational Research Association.

Bierman, K. L., Welsh, J., Heinrichs, B. S., & Nix, R. L. (2018). Effect of preschool home visiting on school readiness and need for services in elementary school: A randomized clinical trial. *JAMA Pediatrics*, e181029. doi: 10.1001/jamapediatrics. 2018.1029.

Binder, S. L., & Ledger, B. (1985). *Preschool computer project report*. Oakville, Ontario, Canada: Sheridan College.

Bishop, A. J. (1980). Spatial abilities and mathematics education—A review. *Educational Studies in Mathematics*, *11*(3*)*, 257–269.

Bishop, A. J. (1983). Space and geometry. In R. A. Lesh & M. S. Landau (Eds.), *Acquisition of mathematics concepts and processes* (pp. 7–44). New York, NY: Academic Press.

Bishop, A. J., & Forgasz, H. J. (2007). Issues in access and equity in mathematics education. In F. K. Lester, Jr. (Ed.), *Second handbook of research on mathematics teaching and learning* (pp. 1145–1167). New York, NY: Information Age Publishing.

Björklund, C. (2012). What counts when working with mathematics in a toddler-group? *Early Years*, *32*(2*)*, 215–228. doi: 10.1080/09575146. 2011.652940

Björklund, C. (2014). Less is more—mathematical manipulatives in early childhood education. *Early Child Development and Care*, *184*(3), 469–485.

Björklund, C. (2015). Pre-primary school teachers' approaches to mathematics education in Finland. *Journal of Early Childhood Education Research*, *4* (2), 69–92.

Björklund, C., & Barendregt, W. (2016). Teachers' pedagogical mathematical awareness in diverse child-age-groups. *Nordic Studies in Mathematics Education*, *21*(4), 115–133.

Björklund, C. (2018). Powerful frameworks for conceptual

understanding. In V. Kinnear, M. Y. Lai, & T. Muir (Eds.), *Forging connections in early mathematics teaching and learning.* Gateway East, Singapore: Springer.

Black, P., & Wiliam, D. (1998). Assessment and classroom learning. *Assessment in Education: Principles, Policy & Practice, 5*(1*)*, 7–76.

Blair, C., & Razza, R. P. (2007). Relating effortful control, executive function, and false belief understanding to emerging math and literacy ability in kindergarten. *Child Development, 78* (2*)*, 647–663.

Blanton, M., Brizuela, B. M., Gardiner, A. M., Sawrey, K., & Newman-Owens, A. (2015). A learning trajectory in 6-year-olds' thinking about generalizing functional relationships. *Journal for Research in Mathematics Education, 46*, 511–558. doi: 10.5951/ jresemathaduc.46.5.0511.

Blanton, M., Brizuela, B. M., Gardiner, A. M., Sawrey, K., & Newman-Owens, A. (2017). A progression in first-grade children's thinking about variable and variable notation in functional relationships. *Educational Studies in Mathematics, 95*(2), 181–202. doi: 10.1007/ s10649-016-9745-0.

Blanton, M. L., & Kaput, J. J. (2011). Functional thinking as a route into algebra in the elementary grades. In J. Cai & E. J. Knuth (Eds.), *Early algebraization: A global dialogue from multiple perspectives* (pp. 5–23). New York, NY: Springer.

Blanton, M. L., Stephens, A. C., Knuth, E. J., Gardiner, A. M., Isler, I., Marum, T. et al. (2012). *The development of children's algebraic thinking using a learning progressions approach.* Paper presented at the Research Presession of the 2012 Annual Meeting of the National Council of Teachers of Mathematics, Philadelphia, PA.

Blevins-Knabe, B., Berghout Austin, A., Musun-Miller, L., Eddy, A., & Jones, R. M. (2000). Family home care providers' and parents' beliefs and practices concerning mathematics with young children. *Early Child Development and Care, 165*(1*)*, 41–58.

doi: 10.1080/0300443001650104

Blevins-Knabe, B., & Musun-Miller, L. (1996). Number use at home by children and their parents and its relationship to early mathematical performance. *Early Development and Parenting, 5*(1*)*, 35–45.

Blevins-Knabe, B., Whiteside-Mansell, L., & Selig, J. (2007). Parenting and mathematical development. *Academic Exchange Quarterly, 11*, 76–80.

Bley, N. S., & Thornton, C. A. (1981). *Teaching mathematics to the learning disabled*. Rockville, MD: Aspen Systems Corporation.

Blöte, A. W., Van der Burg, E., & Klein, A. S. (2001). Students' flexibility in solving two-digit addition and subtraction problems: Instruction effects. *Journal of Educational Psychology, 93* (3*)*, 627–638.

Boaler, J. (2014). Research suggests that timed tests cause math anxiety. *Teaching Children Mathematics, 20*(8), 469–474.

Bock, A., Cartwright, K. B., Gonzalez, C., O'Brien, S., Robinson, M. F., Schmerold, K., …Pasnak, R. (2015). The role of cognitive flexibility in pattern understanding. *Journal of Education and Human Development, 4*(1). doi: 10.15640/jehd. v4n1a3.

Bodovski, K., & Farkas, G. (2007). Mathematics growth in early elementary school: The roles of beginning knowledge, student engagement, and instruction. *The Elementary School Journal, 108* (2*)*, 115–130.

Bodovski, K., Nahum-Shani, I., & Walsh, R. (2013). School climate and students' early mathematics learning: Another search for contextual effects. *American Journal of Education, 119*(2), 209–234. doi: 10.1086/667227.

Bodovski, K., & Youn, M.J. (2011). The long term effects of early acquired skills and behaviors on young children's achievement in literacy and mathematics. *Journal of Early Childhood Research, 9*(1), 4–19.

Bodovski, K., & Youn, M.J. (2012). Students' mathematics learning from kindergarten through 8th grade: The longterm influence of school readiness. *International Journal of Sociology of Education, 1(2)*, 97–122. doi: 10.4471/rise.2012.07.

Bodrova, E., & Leong, D. J. (2001). *The tools of the mind: A case study of implementing the Vygotskian approach in American early childhood and primary classrooms*. Geneva, Switzerland: International Bureau of Education.

Bodrova, E., & Leong, D. J. (2006). Self-regulation as a key to school readiness: How can early childhood teachers promote this critical competency? In M. Zaslow & I. Martinez-Beck (Eds.), *Critical issues in early childhood professional development* (pp. 203–224). Baltimore, MD: Brookes Publishing.

Bodrova, E., Leong, D. J., Norford, J. S., & Paynter, D. E. (2003). It only looks like child's play. *Journal of Staff Development, 24(2)*, 47–51.

Bofferding, L., & Alexander, A. (2011). Nothing is something: First graders' use of zero in relation to negative numbers. *Paper presented at the American Educational Research Association*, New Orleans, LA.

Bojorquea, G., Torbeyns, J., Van Hoof, J., Van Nijlen, D., & Verschaffel, L. (2018). Effectiveness of the Building Blocks program for enhancing Ecuadorian kindergartners' numerical competencies. *Early Childhood Research Quarterly, 44*(3), 231–241. doi: 10.1016/j.ecresq.2017.12.009.

Bonny, J. W., & Lourenco, S. F. (2013). The approximate number system and its relation to early math achievement: Evidence from the preschool years. *Journal of Experimental Child Psychology, 114(3)*, 375–388. doi: 10.1016/j.jecp.2012.09.015.

Bower, C., Zimmermann, L., Verdine, B. N., Toub, T. S., Islam, S. S., Foster, L., ... Hirsh-Pasek, K. (2020). Piecing together the role of a spatial assembly intervention in preschoolers' spatial and mathematics learning: Influences of gesture, spatial language, and socioeconomic status. *Developmental Psychology, 56*(4), 686–698. doi:

10.1037/dev0000899.

Bowman, B. T., Donovan, M. S., & Burns, M. S. (Eds.). (2001). *Eager to learn: Educating our preschoolers*. Washington, DC: National Academy Press.

Brendefur, J. L., Strother, S., & Rich, K. (2018). Building place value understanding through modeling and structure. *Journal of Mathematics Education*, *11*(1), 31–45. doi: 10.26711/00757715 2790017.

Broberg, A. G., Wessels, H., Lamb, M. E., & Hwang, C. P. (1997). Effects of day care on the development of cognitive abilities in 8-year-olds: A longitudinal study. *Developmental Psychology*, *33*(1), 62–69.

Brooks-Gunn, J. (2003). Do you believe in magic? What we can expect from early childhood intervention programs. *Social Policy Report*, *17*(1), 1, 3–14.

Brooks-Gunn, J., Duncan, G. J., & Britto, P. R. (1999). Are socioeconomic gradients for children similar to those for adults? In D. P. Keating & C. Hertzman (Eds.), *Developmental health and the wealth of nations* (pp. 94–124). New York, NY: Guilford Press.

Brosnan, M. J. (1998). Spatial ability in children's play with LEGO blocks. *Perceptual and Motor Skills*, *87*(1), 19–28. doi: 10.2466/pms.1998.87.1.19.

Brown, S. I., & Walter, M. I. (1990). *The art of problem posing*. Mahwah, NJ: Lawrence Erlbaum Associates.

Brownell, W. A., & Moser, H. E. (1949). *Meaningful vs. mechanical learning: A study in grade* III *subtraction*. Durham, NC: Duke University Press.

Bruce, C. D., Flynn, T. C., & Bennett, S. (2015). A focus on exploratory tasks in lesson study: The Canadian 'Math for Young Children' project. *ZDM Mathematics Education*. doi: 10.1007/ s11858-015-0747-7.

Brulles, D., Peters, S. J., & Saunders, R. (2012). Schoolwide mathematics achievement within the gifted cluster grouping model. *Journal of Advanced Academics*, *23*(3), 200–216. doi: 10.1177/1932202x12451439.

Bryant, P. E. (1997). Mathematical

understanding in the nursery school years. In T. Nunes & P. Bryant (Eds.), *Learning and teaching mathematics: An international perspective* (pp. 53–67). East Sussex, England: Psychology Press.

Burchinal, M. R., Field, S., López, M. L., Howes, C., & Pianta, R. (2012). Instruction in Spanish in prekindergarten classrooms and child outcomes for English language learners. *Early Childhood Research Quarterly, 27(2)*, 188–197. doi: 10.1016/j. ecresq.2011.11.003.

Burchinal, M. R., Zaslow, M., & Tarullo, L. (2016). *Quality thresholds, features, and dosage in early care and education: Secondary data analyses of child outcomes.* Monographs of the Society for Research in Child Development.

Burchinal, M. R., Peisner-Feinberg, E., Pianta, R., & Howes, C. (2002). Development of academic skills from preschool through second grade: Family and classroom predictors of developmental trajectories.

*Developmental Psychology, 40(5)*, 415–436.

Burden, M. J., Jacobson, S. W., Dodge, N. C., Dehaene, S., & Jacobson, J. L. (2007). Effects of prenatal alcohol and cocaine exposure on arithmetic and "number sense." *Paper presented at the Society for Research in Child Development.*

Burger, W. F., & Shaughnessy, J. M. (1986). Characterizing the van Hiele levels of development in geometry. *Journal for Research in Mathematics Education, 17(1)*, 31–48.

Burgoyne, K., Witteveen, K., Tolan, A., Malone, S., & Hulme, C. (2017). Pattern understanding: Relationships with arithmetic and reading development. *Child Development Perspectives.* doi: 10.1111/ cdep.12240

Burns, M. K., Kanive, R., & DeGrande, M. (2012). Effect of a computer-delivered math fact intervention as a supplemental intervention for math in third and fourth grades. *Remedial and Special Education, 33(3)*, 184–191. doi: 10.1177/0741932510381652.

Burny, E. (2012). Towards an understanding of children's difficulties with conventional time systems. In *Time-related competences in primary education* (Chapter 2), doctoral dissertation. Belgium: Ghent University.

Burny, E., Valcke, M., & Desoete, A. (2009). Towards an agenda for studying learning and instruction focusing on time-related competences in children. *Educational Studies*, *35*(5), 481–492. doi: 10.1080/03055690902879093

Burny, E., Valcke, M., & Desoete, A. (2012). Clock reading: An underestimated topic in children with mathematics difficulties. *Journal of Learning Disabilities*, *45*(4), 351–360. doi: 10.1177/0022219411407773

Burny, E., Valcke, M., Desoete, A., & Van Luit, J. E. H. (2013). Curriculum sequencing and the acquisition of clock-reading skills among Chinese and Flemish children. *International Journal of Science and Mathematics Education*, *11*, 761–785.

Butterworth, B. (2010). Foundational numerical capacities and the origins of dyscalculia. *Trends in Cognitive Sciences*, *14*, 534–541.

Callahan, L. G., & Clements, D. H. (1984). Sex differences in rote counting ability on entry to first grade: Some observations. *Journal for Research in Mathematics Education*, *15*, 378–382.

Campbell, F. A., Pungello, E. P., Miller-Johnson, S., Burchinal, M., & Ramey, C. T. (2001). The development of cognitive and academic abilities: Growth curves from an early childhood educational experiment. *Developmental Psychology*, *37*, 231–242.

Campbell, P. F., & Silver, E. A. (1999). *Teaching and learning mathematics in poor communities*. Reston, VA: National Council of Teachers of Mathematics.

Cannon, J., Fernandez, C., & Ginsburg, H. P. (2005, April). Parents' preference for supporting preschoolers' language over mathematics learning: A difference that runs deep. *Paper presented at the Biennial Meeting of the Society for Research in Child Development*, Atlanta, GA.

Canobi, K. H., Reeve, R. A., & Pattison, P. E. (1998). The role of conceptual understanding in children's addition problem solving. *Developmental Psychology, 34*, 882–891.

Capraro, K. (2017). "Making change" in second grade: Exploring money through project-based learning. *YC Young Children, 72*(3), 30–36.

Carey, S. (2004). Bootstrapping and the origin of concepts. *Daedulus, 133*(1), 59–68.

Carpenter, T. P., Ansell, E., Franke, M. L., Fennema, E. H., & Weisbeck, L. (1993). Models of problem solving: A study of kindergarten children's problem-solving processes. *Journal for Research in Mathematics Education, 24*, 428–441.

Carpenter, T. P., Coburn, T., Reys, R. E., & Wilson, J. (1976). Notes from National Assessment: Recognizing and naming solids. *Arithmetic Teacher, 23*, 62–66.

Carpenter, T. P., Fennema, E. H., Franke, M. L., Levi, L., & Empson, S. B. (1999). *Children's mathematics: Cognitively guided instruction.* Portsmouth, NH: Heinemann.

Carpenter, T. P., Fennema, E. H., Franke, M. L., Levi, L., & Empson, S. B. (2014). *Children's mathematics: Cognitively guided instruction* (2nd ed.). Portsmouth, NH: Heinemann.

Carpenter, T. P., Franke, M. L., Jacobs, V. R., Fennema, E. H., & Empson, S. B. (1998). A longitudinal study of invention and understanding in children's multidigit addition and subtraction. *Journal for Research in Mathematics Education, 29*, 3–20.

Carpenter, T. P., Franke, M. L., & Levi, L. (2003). *Thinking mathematically: Integrating arithmetic and algebra in elementary school.* Portsmouth, NH: Heinemann.

Carpenter, T. P., & Levi, L. (1999). *Developing conceptions of algebraic reasoning in the primary grades.* Montreal, Canada: American Educational Research Association.

Carpenter, T. P., & Moser, J. M. (1982). The development of addition and subtraction problem solving skills. In T. P. Carpenter, J. M. Moser, & T. A. Romberg (Eds.), Addition and subtraction: A cognitive perspective (pp. 9–24). Erlbaum.

Carpenter, T. P., & Moser, J. M. (1984). The acquisition of addition and subtraction concepts in grades one through three. *Journal for Research in Mathematics Education, 15*, 179–202.

Carper, D. V. (1942). Seeing numbers as groups in primary-grade arithmetic. *The Elementary School Journal, 43*, 166–170.

Carr, M., & Alexeev, N. (2011). Fluency, accuracy, and gender predict developmental trajectories of arithmetic strategies. *Journal of Educational Psychology, 103*(3), 617–631.

Carr, M., & Davis, H. (2001). Gender differences in arithmetic strategy use: A function of skill and preference. *Contemporary Educational Psychology, 26*, 330–347.

Carr, M., Shing, Y. L., Janes, P., & Steiner, H. H. (2007). Early gender differences in strategy use and fluency: Implications for the emergence of gender differences in mathematics. *Paper presented at the Society for Research in Child Development.*

Carr, M., Steiner, H. H., Kyser, B., & Biddlecomb, B. (2008). A comparison of predictors of early emerging gender differences in mathematics competence. *Learning and Individual Differences, 18*, 61–75.

Carr, M., Taasoobshirazi, G., Stroud, R., & Royer, M. (2011). Combined fluency and cognitive strategies instruction improves mathematics achievement in early elementary school. *Contemporary Educational Psychology, 36*, 323–333.

Carr, M., Alexeev, N., Wang, L., Barned, N., Horan, E., & Reed, A. (2018). The development of spatial skills in elementary school students. *Child Development, 89*(2), 446–460. doi: 10.1111/cdev.12753.

Carr, R. C., Mokrova, I. L., Vernon-Feagans, L., & Burchinal, M. R. (2019). Cumulative classroom quality during prekindergarten and kindergarten and children's language, literacy, and mathematics skills. *Early Childhood Research Quarterly, 47,* 218–228.

Cargnelutti, E., & Passolunghi, M. C. (2017). Cognitive and affective factors in second-grade children with math difficulties. *Perspectives on Language and Literacy, 43*(1), 41.

Cargnelutti, E., Tomasetto, C., & Passolunghi, M. C. (2017). The interplay between affective and cognitive factors in shaping early proficiency in mathematics. *Trends in Neuroscience and Education, 8-9,* 2836. doi: 10.1016/j.tine.2017.10.002.

Cascales-Martínez, A., Martínez-Segura, M.-J., PérezLópez, D., & Contero, M. (2017). Using an augmented reality enhanced tabletop system to promote learning of mathematics: A case study with students with special educational needs. *EURASIA Journal of Mathematics, Science & Technology Education, 13*(2), 355–380.

Casey, B. M., Paugh, P., & Ballard, N. (2002). *Sneeze builds a castle.* Bothell, WA: The Wright Group/ McGraw-Hill.

Casey, B., Andrews, N., Schindler, H., Kersh, J. E., Samper, A., & Copley, J. (2008a). The development of spatial skills through interventions involving block building activities. *Cognition and Instruction, 26*(3), 1–41.

Casey, B., Erkut, S., Ceder, I., & Young, J. M. (2008). Use of a storytelling context to improve girls' and boys' geometry skills in kindergarten. *Journal of Applied Developmental Psychology, 29*(1), 29–48.

Casey, B., Nuttall, R. L., & Pezaris, E. (1997). Mediators of gender differences in mathematics college entrance test scores: A comparison of spatial skills with internalized beliefs and anxieties. *Developmental Psychology, 33*(4), 669–680.

Casey, B., Nuttall, R. L., & Pezaris, E. (2001). Spatial– mechanical reasoning skills versus mathematics self-confidence as mediators of gender differences on mathematics subtests using cross-national gender-based items. *Journal for Research in Mathematics Education, 32*(1), 28–57.

Casey, B. M., Andrews, N., Schindler, H., Kersh, J. E., Samper, A., & Copley, J. V. (2008b). The development of spatial skills through interventions involving block building activities. *Cognition and Instruction, 26*, 1–41.

Catsambis, S., & Buttaro, A., Jr. (2012). Revisiting "Kindergarten as academic boot camp": A nationwide study of ability grouping and psychosocial development. *Social Psychology of Education, 15* (4), 483–515. doi: 10.1007/s11218-012-9196-0.

CCSSO/NGA. (2010). *Common core state standards for mathematics.* Washington, DC: Council of Chief State School Officers and the National Governors Association Center for Best Practices.

Celedón-Pattichis, S., Musanti, S. I., & Marshall, M. E. (2010). Bilingual elementary teachers' reflections on using students' native language and culture to teach mathematics. In M. Q. Foote (Ed.), *Mathematics teaching & learning in K–12: Equity and professional development* (pp. 7–24). New York, NY: Palgrave Macmillan.

Cepeda, N. J., Pashler, H., Vul, E., Wixted, J. T., & Rohrer, D. (2006). Distributed practice in verbal recall tasks: A review and quantitative synthesis. *Psychological Bulletin, 132*, 354–380.

Chalufour, I., Hoisington, C., Moriarty, R., Winokur, J.,& Worth, K. (2004). The science and mathematics of building structures. *Science and Children, 41* (4), 30–34.

Chandler, A., McLaughlin, T. F., Neyman, J., & Rinaldi, L. (2012). The differential effects of direct instruction flashcards with and without a shorter math racetrack to teach numeral identification to preschoolers: A failure to replicate. *Academic Research International, 2*(3), 308–313.

Chang, A., Sandhofer, C. M., & Brown, C. S. (2011). Gender biases in early number exposure to preschoolaged children. *Journal of Language and Social Psychology, 30*(4), 440–450.

Chang, A., Zmich, K. M., Athanasopoulou,

A., Hou, L., Golinkoff, R. M., & Hirsh-Pasek, K. (2011). Manipulating geometric forms in two-dimensional space: Effects of socio-economic status on preschoolers' geometric-spatial ability. *Paper presented at the Society for Research in Child Development*, Montreal, Canada.

Char, C. A. (1989). *Computer graphic feltboards: New software approaches for young children's mathematical exploration*. San Francisco, CA: American Educational Research Association.

Chard, D. J., Clarke, B., Baker, S., Otterstedt, J., Braun, D., & Katz, R. (2005). Using measures of number sense to screen for difficulties in mathematics: Preliminary findings. *Assessment for Effective Intervention*, *30*(2), 3–14.

Chen, C., & Uttal, D. H. (1988). Cultural values, parents' beliefs, and children's achievement in the United States and China. *Human Development, 31*, 351–358.

Cheng, Y.-L., & Mix, K. S. (2012). Spatial training improves children's mathematics ability. *Journal of Cognition and Development, 15*(1), 2–11. doi: 10.1080/15248372.2012.725186.

Cheung, C., Leung, A., & McBride-Chang, C. (2007). Gender differences in mathematics self concept in Hong Kong children: A function of perceived maternal academic support. *Paper presented at the Society for Research in Child Development.*

Cheung, A. C. K., & Slavin, R. E. (2013). The effectiveness of educational technology applications for enhancing mathematics achievement in K-12 classrooms: A meta-analysis. *Educational Research Review, 9*(1), 88–113. doi: 10.1016/j.edurev.2013.01.001.

Cheung, C., & McBride-Chang, C. (2008). Relations of perceived maternal parenting style, practices, and learning motivation to academic competence in Chinese children. *Merrill-Palmer Quarterly, 54*(1), 1–22.

Chien, N. C., Howes, C., Burchinal, M.

R., Pianta, R. C., Ritchie, S., Bryant, D. M., Clifford, R. M. ... Barbarin, O. A. (2010). Children's classroom engagement and school readiness gains in prekindergarten. *Child Development, 81*(5), 1534–1549. doi: 10.1111/j.1467-8624.2010.01490.x.

Chmiliar, L. (2017). Improving learning outcomes: The iPad and preschool children with disabilities. *Frontiers in Psychology, 8*, 1–11. doi: 10.3389/ fpsyg.2017.00660.

Choi, J. Y., Jeon, S., & Lippard, C. (2018). Dual language learning, inhibitory control, and math achievement in Head Start and kindergarten. *Early Childhood Research Quarterly, 42*(Supplement C), 66–78. doi: 10.1016/j.ecresq.2017. 09.001.

Chorney, S., & Sinclair, N. (2018). Fingers-on geometry: The emergence of symmetry in a primary school classroom with multi-touch dynamic geometry. In N. Calder, K. Larkin, & N. Sinclair (Eds.), *Using mobile technologies in the teaching and learning of mathematics* (pp. 213–230). Cham, Switzerland: Springer.

Christiansen, K., Austin, A., & Roggman, L. (2005, April). Math interactions in the context of play: Relations to child math ability. *Paper presented at the Biennial Meeting of the Society for Research in Child Development,* Atlanta, GA.

Ciancio, D. S., Rojas, A. C., McMahon, K., & Pasnak, R. (2001). Teaching oddity and insertion to Head Start children: An economical cognitive intervention. *Journal of Applied Developmental Psychology, 22*, 603–621.

Cicconi, M. (2014). Vygotsky meets technology: A reinvention of collaboration in the early childhood mathematics classroom. *Early Childhood Education Journal, 42*(1), 57–65. doi: 10.1007/ s10643-013-0582-9.

Cirino, P. T. (2010). The interrelationships of mathematical precursors in kindergarten. *Journal of Experimental Child Psychology, 108*(4). doi: 10.1016/j.jecp.2010.11.004.

Clarke, B., Doabler, C. T., Kosty, D.,

Nelson, E. K., Smolkowski, K., Fien, H., & Turtura, J. (2017). Testing the efficacy of a kindergarten mathematics intervention by small group size. *AERA Open*, *3*(2), 1–16. doi: 10.1177/2332858417706899.

Clarke, B., & Shinn, M. R. (2004). A preliminary investigation into the identification and development of early mathematics curriculum-based measurement. *School Psychology Review*, *33*(2), 234–248.

Clarke, B., Smolkowski, K., Baker, S., Fien, H., Doabler, C. T., & Chard, D. (2011). The impact of a comprehensive Tier I core kindergarten program on the achievement of students at risk in mathematics. *Elementary School Journal*, *111*(4), 561–584.

Clarke, B. A., Clarke, D. M., & Horne, M. (2006). A longitudinal study of children's mental computation strategies. In J. Novotná, H. Moraová, M. Krátká, & N. Stehlíková (Eds.), *Proceedings of the 30th Conference of the International Group for the Psychology in Mathematics Education* (Vol. 2, pp. 329–336). Prague, Czech Republic: Charles University.

Clarke, D. M., Cheeseman, J., Gervasoni, A., Gronn, D., Horne, M., McDonough, A., Montgomery, P. ... Rowley, G. (2002). *Early numeracy research project: Final report*. Melbourne, Victoria, Australia: Department of Education, Employment and Training, the Catholic Education Office, and the Association of Independent Schools.

Clements, D. H. (1984). Training effects on the development and generalization of Piagetian logical operations and knowledge of number. *Journal of Educational Psychology*, *76*, 766–776.

Clements, D. H. (1986). Effects of Logo and CAI environments on cognition and creativity. *Journal of Educational Psychology*, *78*, 309–318.

Clements, D. H. (1989). *Computers in elementary mathematics education*. Englewood Cliffs, NJ: Prentice-Hall.

Clements, D. H. (1991). Current technology and the early childhood curriculum. In B. Spodek & O. N. Saracho (Eds.), *Yearbook in early childhood education, Volume 2: Issues in early childhood curriculum* (pp. 106–131). New York, NY: Teachers College Press.

Clements, D. H. (1994). The uniqueness of the computer as a learning tool: Insights from research and practice. In J. L. Wright & D. D. Shade (Eds.), *Young children: Active learners in a technological age* (pp. 31–50). Washington, DC: National Association for the Education of Young Children.

Clements, D. H. (1995). Teaching creativity with computers. *Educational Psychology Review, 7*(2), 141–161.

Clements, D. H. (1999a). "Concrete" manipulatives, concrete ideas. *Contemporary Issues in Early Childhood, 1*(1), 45–60.

Clements, D. H. (1999b). Subitizing: What is it? Why teach it? *Teaching Children Mathematics, 5,* 400–405.

Clements, D. H. (1999c). Teaching length measurement: Research challenges. *School Science and Mathematics, 99*(1), 5–11.

Clements, D. H. (2000). Translating lessons from research into mathematics classrooms: Mathematics and special needs students. *Perspectives, 26*(3), 31–33.

Clements, D. H. (2001). Mathematics in the preschool. *Teaching Children Mathematics, 7,* 270–275.

Clements, D. H., & Conference Working Group. (2004). Part one: Major themes and recommendations. In D. H. Clements, J. Sarama, & A. M. DiBiase (Eds.), *Engaging young children in mathematics: Standards for early childhood mathematics education* (pp. 1–72). Mahwah, NJ: Lawrence Erlbaum Associates.

Clements, D. H. (2007). Curriculum research: Toward a framework for "research-based curricula". *Journal for Research in Mathematics Education, 38,* 35–70.

Clements, D. H., & Sarama, J. (2008). Mathematics and technology: Supporting learning for students and teachers. In O. N. Saracho & B. Spodek (Eds.), *Contemporary perspectives on science and technology in early childhood education* (pp. 127– 147). Charlotte, NC: Information Age.

Clements, D. H., Agodini, R., & Harris, B. (2013). Instructional practices and student math achievement: Correlations from a study of math curricula. Retrieved from NCEE (National Center for Education Evaluation and Regional Assistance) website: http://ies.ed.gov/ncee/pubs/ 20134020/.

Clements, D. H., & Sarama, J. (2014, March 3, 2014). Play, mathematics, and false dichotomies [Blog post]. Preschool matters...today! [New Brunswick NJ: National Institute for Early Education Research (NIEER) at Rutgers University]. Retrieved from http://preschoolmatters. org/2014/03/03/playmathematics-and-false-dichotomies/.

Clements, D. H., Sarama, J., Wolfe, C. B., & Spitler, M. E. (2015). Sustainability of a scale-up intervention in early mathematics: Longitudinal evaluation of implementation fidelity. *Early Education and Development*, *26*(3), 427–449. doi: 10.1080/10409289.2015.968242.

Clements, D. H., Sarama, J., & Germeroth, C. (2016). Learning executive function and early mathematics: Directions of causal relations. *Early Childhood Research Quarterly*, *36*(3), 79–90. doi: 10.1016/j. ecresq.2015.12.009.

Clements, D. H., & Sarama, J. (2017). Valid issues but limited scope: A response to Kitchen and Berk's research commentary on educational technology. *Journal for Research in Mathematics Education*, *48*(5), 474– 482.

Clements, D. H., & Sarama, J. (2007/2018). *Building Blocks Software [Computer software]*. Columbus, OH: McGraw-Hill Education.

Clements, D. H., & Sarama, J. (2019). Executive function and early mathematical learning difficulties. In A. Fritz, V. G. Haase & P. Räsänen (Eds.), *International handbook of mathematical learning difficulties: From the laboratory to the classroom* (pp. 755–771). Cham, Switzerland:

Springer.

Clements, D. H., Sarama, J., Baroody, A. J., Joswick, C., & Wolfe, C. B. (2019). Evaluating the efficacy of a learning trajectory for early shape composition. *American Educational Research Journal*, *56*(6), 2509–2530. doi: 10.3102/0002831219842788.

Clements, D. H., Vinh, M., Lim, C. I., & Sarama, J. (2020). STEM for inclusive excellence and equity. *Early Education and Development*. doi: 10.1080/ 10409289.2020.1755776.

Clements, D. H., & Battista, M. T. (1990). Constructivist learning and teaching. *Arithmetic Teacher*, *38*(1), 34–35.

Clements, D. H., & Battista, M. T., (Artist). (1991). *Logo geometry*. Morristown, NJ: Silver Burdett & Ginn.

Clements, D. H., & Battista, M. T. (1992). Geometry and spatial reasoning. In D. A. Grouws (Ed.), *Handbook of research on mathematics teaching and learning* (pp. 420–464). New York, NY: Macmillan. Clements, D. H., & Battista, M. T. (2000). Designing effective software. In A. E. Kelly & R. A. Lesh (Eds.), *Handbook of research design in mathematics and science education* (pp. 761–776). Mahwah, NJ: Lawrence Erlbaum Associates.

Clements, D. H., Battista, M. T., & Sarama, J. (1998). Students' development of geometric and measurement ideas. In R. Lehrer & D. Chazan (Eds.), *Designing learning environments for developing understanding of geometry and space* (pp. 201–225). Mahwah, NJ: Lawrence Erlbaum Associates.

Clements, D. H., Battista, M. T., & Sarama, J. (2001). Logo and geometry. *Journal for Research in Mathematics Education Monograph Series*, *10*.

Clements, D. H., Battista, M. T., Sarama, J., & Swaminathan, S. (1997). Development of students' spatial thinking in a unit on geometric motions and area. *The Elementary School Journal*, *98*, 171–186.

Clements, D. H., Battista, M. T., Sarama, J., Swaminathan, S., & McMillen, S. (1997). Students' development of length measurement concepts in a Logo-based unit on geometric paths.

*Journal for Research in Mathematics Education, 28*(1), 70–95.

Clements, D. H., & Callahan, L. G. (1983). Number or prenumber experiences for young children: Must we choose? *The Arithmetic Teacher, 31*(3), 34–37.

Clements, D. H., & Callahan, L. G. (1986). Cards: A good deal to offer. *The Arithmetic Teacher, 34* (1), 14–17.

Clements, D. H., Dumas, D., Dong, Y., Banse, H. W., Sarama, J., & Day-Hess, C. A. (2020). Strategy diversity in early mathematics classrooms. *Contemporary Educational Psychology, 60.* doi: 10.1016/j.cedpsych.2019.101834.

Clements, D. H., Fuson, K. C., & Sarama, J. (2017a). The research-based balance in early childhood mathematics: A response to Common Core criticisms. *Early Childhood Research Quarterly, 40,* 150–162.

Clements, D. H., Fuson, K. C., & Sarama, J. (2017b). What is developmentally appropriate teaching? *Teaching Children Mathematics, 24*(3), 179–188. doi: 10.5951/teacchilmath.24.3.0178.

Clements, D. H., Fuson, K. C., & Sarama, J. (2019). Critiques of the Common Core in early math: A research-based response. *Journal for Research in Mathematics Education, 50*(1), 11–22. doi: 10.5951/jresematheduc.50.1.0011.

Clements, D. H., & Meredith, J. S. (1993). Research on Logo: Effects and efficacy. *Journal of Computing in Childhood Education, 4,* 263–290.

Clements, D. H., & Meredith, J. S. (1994). *Turtle math [Computer software].* Montreal, Quebec: Logo Computer Systems, Inc. (LCSI).

Clements, D. H., & Nastasi, B. K. (1985). Effects of computer environments on social-emotional development: Logo and computerassisted instruction. *Computers in the Schools, 2*(2–3), 11–31.

Clements, D. H., & Nastasi, B. K. (1988). Social and cognitive interactions in educational computer environments. *American Educational Research Journal, 25,* 87–106.

Clements, D. H., & Nastasi, B. K. (1993).

Electronic media and early childhood education. In B. Spodek (Ed.), *Handbook of research on the education of young children* (pp. 251–275). New York, NY: Macmillan.

Clements, D. H., Russell, S. J., Tierney, C., Battista, M. T., & Meredith, J. S. (1995). *Flips, turns, and area.* Cambridge, MA: Dale Seymour Publications.

Clements, D. H., & Sarama, J. (1996). Turtle Math: Redesigning Logo for elementary mathematics. *Learning and Leading with Technology, 23*(7), 10–15. Clements, D. H., & Sarama, J. (1997). Research on Logo: A decade of progress. *Computers in the Schools, 14*(1–2), 9–46.

Clements, D. H., & Sarama, J. (2003a). Strip mining for gold: Research and policy in educational technology—A response to "Fool's Gold". *Educational Technology Review, 11*(1), 7–69.

Clements, D. H., & Sarama, J. (2003c). Young children and technology: What does the research say? *Young Children, 58*(6), 34–40.

Clements, D. H., & Sarama, J. (2004). Building Blocks for early childhood mathematics. *Early Childhood Research Quarterly, 19*, 181–189.

Clements, D. H., & Sarama, J. (2007a). Effects of a preschool mathematics curriculum: Summative research on the *Building Blocks* project. *Journal for Research in Mathematics Education, 38*(2), 136–163. doi: 10.2307/748360.

Clements, D. H., & Sarama, J. (2007b). *Building Blocks—SRA Real Math, Teacher's Edition, Grade PreK.* Columbus, OH: SRA/McGraw-Hill.

Clements, D. H., & Sarama, J. (2008). Experimental evaluation of the effects of a research-based preschool mathematics curriculum. *American Educational Research Journal, 45*(2), 443–494. doi: 10.3102/0002831207312908.

Clements, D. H., & Sarama, J. (2010). Technology. In V. Washington & J. Andrews (Eds.), *Children of 2020: Creating a better tomorrow* (pp. 119–123). Washington, DC: Council for Professional Recognition/National

Association for the Education of Young Children.

Clements, D. H., & Sarama, J. (2011). Early childhood mathematics intervention. *Science, 333*(6045), 968–970. doi: 10.1126/science.1204537.

Clements, D. H., & Sarama, J. (2013). *Building Blocks (Volumes 1 and 2)*. Columbus, OH: McGraw-Hill Education.

Clements, D. H., Sarama, J., Baroody, A. J., & Joswick, C. (2020). Efficacy of a learning trajectory approach compared to a teach-to-target approach for addition and subtraction. *ZDM Mathematics Education*. doi: 10.1007/s11858-01901122-z.

Clements, D. H., Sarama, J., Baroody, A. J., Joswick, C., & Wolfe, C. B. (2019). Evaluating the efficacy of a learning trajectory for early shape composition. *American Educational Research Journal, 56*(6), 2509–2530. doi: 10.3102/0002831219842788.

Clements, D. H., Sarama, J., Barrett, J. E., Van Dine, D. W., Cullen, C. J., Hudyma, A., … Eames, C. L. (2018). Evaluation of three interventions teaching area measurement as spatial structuring to young children. *The Journal of Mathematical Behavior, 50*, 23–41. doi: 10.1016/j.jmathb.2017.12.004.

Clements, D. H., Sarama, J., & DiBiase, A.-M. (2004). *Engaging young children in mathematics: Standards for early childhood athematics education.* Mahwah, NJ: Lawrence Erlbaum Associates.

Clements, D. H., Sarama, J., Layzer, C., Unlu, F., & Fesler, L. (2020). Effects on mathematics and executive function of a mathematics and play intervention versus mathematics alone. *Journal for Research in Mathematics Education, 51*(3), 301–333. doi: 10.5951/jresemtheduc-2019-0069.

Clements, D. H., Sarama, J., & MacDonald, B. L. (2019). Subitizing: The neglected quantifier. In A. Norton & M. W. Alibali (Eds.), *Constructing number: Merging perspectives from psychology and mathematics education* (pp. 13–45). Gateway East, Singapore:

Springer.

Clements, D. H., Sarama, J., Spitler, M. E., Lange, A. A., & Wolfe, C. B. (2011). Mathematics learned by young children in an intervention based on learning trajectories: A large-scale cluster randomized trial. *Journal for Research in Mathematics Education, 42*(2), 127–166. doi: 10.5951/jresemathedu.42.2.0127.

Clements, D. H., Sarama, J., Swaminathan, S., Weber, D., & Trawick-Smith, J. (2018). Teaching and learning Geometry: Early foundations. *Quadrante, 27*(2), 7–31.

Clements, D. H., Sarama, J., Wolfe, C. B., & Spitler, M. E. (2013). Longitudinal evaluation of a scale-up model for teaching mathematics with trajectories and technologies: Persistence of effects in the third year. *American Educational Research Journal, 50*(4), 812–850. doi: 10.3102/0002831212469270.

Clements, D. H., & Stephan, M. (2004). Measurement in pre-K–2 mathematics. In D. H. Clements, J. Sarama, & A.-M. DiBiase (Eds.), *Engaging young children in mathematics: Standards for early childhood mathematics education* (pp. 299–317). Mahwah, NJ: Lawrence Erlbaum Associates.

Clements, D. H., & Swaminathan, S. (1995). Technology and school change: New lamps for old? *Childhood Education, 71*, 275–281.

Clements, D. H., Swaminathan, S., Hannibal, M. A. Z., & Sarama, J. (1999). Young children's concepts of shape. *Journal for Research in Mathematics Education, 30*, 192–212.

Clements, D. H., Vinh, M., Lim, C.-I., & Sarama, J. (2020). STEM for inclusive excellence and equity. *Early Education and Development*. doi: 10.1080/10409289.2020.1755776.

Cobb, P. (1990). A constructivist perspective on information-processing theories of mathematical activity. *International Journal of Educational Research, 14*, 67–92.

Cobb, P. (1995). Cultural tools and mathematical learning: A case study. *Journal for Research in Mathematics Education, 26*, 362–385.

Cobb, P., Wood, T., Yackel, E., Nicholls, J., Wheatley, G., Trigatti, B., Perlwitz, M. (1991). Assessment of a problem-centered second-grade mathematics project. *Journal for Research in Mathematics Education, 22*(1), 3–29.

Cobb, P., Yackel, E., & Wood, T. (1989). Young children's emotional acts during mathematical problem solving. In D. B. McLeod & V. M. Adams (Eds.), *Affect and mathematical problem solving: A new perspective* (pp. 117–148). New York, NY: SpringerVerlag.

Codding, R. S., Hilt-Panahon, A., Panahon, C. J., & Benson, J. L. (2009). Addressing mathematics computation problems: A review of simple and moderate intensity interventions. *Education and Treatment of Children, 32*(2), 279–312.

Cohen, L. E., & Emmons, J. (2017). Block play: Spatial language with preschool and school-age children. *Early Child Development and Care, 187*(5-6), 967–977.

Cohen, L. E., & Uhry, J. (2007). Young children's discourse strategies during block play: A Bakhtinian approach. *Journal of Research in Childhood Education, 21*(3), 302–315.

Colburn, W. (1849). *Colburn's first lessons: Intellectual arithmetic upon the inductive method of instruction.* William J. Reynolds.

Coley, R. J. (2002). *An unequal start: Indicators of inequality in school readiness.* Princeton, NJ: Educational Testing Service.

Collins, M. A., & Laski, E. V. (2015). Preschoolers' strategies for solving visual pattern tasks. *Early Childhood Research Quarterly, 32*, 204–214. doi: 10.1016/j.ecresq.2015.04.004.

Confrey, J., Maloney, A. P., Nguyen, K. H., & Rupp, A. A. (2014). Equipartitioning: A foundation for rational number reasoning. Elucidation of a learning trajectory. In A. P. Maloney, J. Confrey, & K. H. Nguyen (Eds.), *Learning over time: Learning trajectories in mathematics education* (pp. 61–96). New York, NY: Information Age Publishing. Connor, C. M., Mazzocco, M. M. M., Kurz, T.,

Crowe, E. C., Tighe, E. L., Wood, T. S., & Morrison, F. J. (2018). Using assessment to individualize early mathematics instruction. *Journal of School Psychology*, *66*, 97–113. doi: 10.1016/j. jsp.2017.04.005.

Crompton, H., Grant, M. R., & Shraim, K. Y. H. (2018). Technologies to enhance and extend children's understanding of geometry: A configurative thematic synthesis of the literature. *Educational Technology & Society*, *21*(1), 59–69.

Cook, G. A., Roggman, L. A., & Boyce, L. K. (2012). Fathers' and mothers' cognitive stimulation in early play with toddlers: Predictors of 5th grade reading and math. *Family Science*, *2*, 131–145.

Cooper, R. G., Jr. (1984). Early number development: Discovering number space with addition and subtraction. In C. Sophian (Ed.), *Origins of cognitive skills* (pp. 157–192). Mahwah, NJ: Lawrence Erlbaum Associates.

Cordes, C., & Miller, E. (2000). *Fool's gold: A critical look at computers in childhood.* Retrieved November 7, 2000, from www.allianceforchildhood. net/ projects/computers/computers_ reports.htm.

Correa, J., Nunes, T., & Bryant, P. (1998). Young children's understanding of division: The relationship between division terms in a noncomputational task. *Journal of Educational Psychology*, *90*, 321–329.

Cosgun, A. A., ahin, F. T., & Aydin, Z. N. (2017). Role of family in promoting math skills in early childhood. In R. Efe, E. Atasoy, I. Koleva, & V. Kotseva (Eds.), Current Trends in Educational Sciences (pp. 635–646). Sofia, Bulgaria: St. Kliment Ohridski University Press.

Cowan, N., Saults, J. S., & Elliott, E. M. (2002). The search for what is fundamental in the development of working memory. *Advances in Child Development and Behavior*, *29*, 1–49.

Crollen, V., & Noël, M.-P. (2015). The role of fingers in the development of counting and arithmetic skills. *Acta Psychologica*, *156*(0), 37–44. doi: 10.1016/j.actpsy.2015.01.007.

Crosnoe, R., & Cooper, C. E. (2010). Economically disadvantaged children's transitions into elementary school: Linking family processes, school contexts, and educational policy. *American Educational Research Journal, 47*, 258–291.

Curby, T. W., Brock, L. L., & Hamre, B. K. (2013). Teachers' emotional support consistency predicts children's achievement gains and social skills. *Early Education & Development, 24*(3), 292–309. doi: 10.1080/10409289.2012.665760.

Curby, T. W., Rimm-Kaufman, S. E., & Ponitz, C. C. (2009). Teacher–child interactions and children's achievement trajectories across kindergarten and first grade. *Journal of Educational Psychology, 101*(4), 912–925. doi: 10.1037/a0016647.

Curtis, R. P. (2005). Preschoolers' counting in peer interaction. *Paper presented at the American Educational Research Association*, New Orleans, LA.

Cvencek, D., Meltzoff, A. N., & Greenwald, A. G. (2011). Math–gender stereotypes in elementary school children. *Child Development, 82*(3), 766–779. doi: 10.1111/j.1467-8624.2010.01529.x.

Davenport, L. R., Henry, C. S., Clements, D. H., & Sarama, J. (2019a). *No more math fact frenzy*. Portsmouth, NH: Heinemann.

Davenport, L. R., Henry, C. S., Clements, D. H., & Sarama, J. (2019b). *No more math fact frenzy*. Portsmouth, NH: Heinemann.

Davidson, J., & Wright, J. L. (1994). The potential of the microcomputer in the early childhood classroom. In J. L. Wright & D. D. Shade (Eds.), *Young children: Active learners in a technological age* (pp. 77–91). Washington, DC: National Association for the Education of Young Children.

Day, S. L. (2002). Real kids, real risks: Effective instruction of students at risk of failure. *Bulletin, 86*(682). doi: https://doi.org/10.1177/019263650208663203.

Duhon, G. J., House, S. H., & Stinnett, T. A. (2012). Evaluating the generalization of math fact fluency gains across paper and computer performance modalities. *Journal of School Psychology*, *50*, 335–345. doi: 10.1016/j.jsp.2012.01.003.

Davis, R. B. (1984). *Learning mathematics: The cognitive science approach to mathematics education.* Norwood, NJ: Ablex.

Dawson, D. T. (1953). Number grouping as a function of complexity. *The Elementary School Journal*, *54*, 35–42.

Day, J. D., Engelhardt, J. L., Maxwell, S. E., & Bolig, E. E. (1997). Comparison of static and dynamic assessment procedures and their relation to independent performance. *Journal of Educational Psychology*, *89*(2), 358–368.

Dearing, E., Casey, B. M., Ganley, C. M., Tillinger, M., Laski, E., & Montecillo, C. (2012). Young girls' arithmetic and spatial skills: The distal and proximal roles of family socioeconomics and home learning experiences. *Early Childhood Research Quarterly*, *27*, 458–470.

DeCaro, M. S., & Rittle-Johnson, B. (2012). Exploring mathematics problems prepares children to learn from instruction. *Journal of Experimental Child Psychology*, *113*(4), 552–568. doi: 10.1016/j.jecp.2012.06.009.

De Corte, E., Mason, L., Depaepe, F., & Verschaffel, L. (2011). Self-regulation of mathematical knowledge and skills. In B. J. Zimmerman & D. H. Schunk (Eds.), *Handbook of self-regulation of learning and performance* (pp. 155–172). New York: Routledge.

Degelman, D., Free, J. U., Scarlato, M., Blackburn, J. M., & Golden, T. (1986). Concept learning in preschool children: Effects of a short-term Logo experience. *Journal of Educational Computing Research*, *2*(2), 199–205.

Dehaene, S. (1997). *The number sense: How the mind creates mathematics.* New York, NY: Oxford University Press.

Dearing, E., McCartney, K., & Taylor, B. A. (2009). Does higher-quality early child care promote lowincome children's math and literacy achievement in middle childhood? *Child Development*, *80*(5), 1329–1349. doi: 10.1111/ cdev.2009.80.issue-510.1111/ j.1467-8624.2009.01336.x.

Dennis, M. S., Bryant, B. R., & Drogan, R. (2015). The impact of Tier 2 mathematics instruction on second graders with mathematics difficulties. *Exceptionality*, *23*(2), 124–145. doi: 10.1080/09362835.2014.986613.

DeLoache, J. S. (1987). Rapid change in the symbolic functioning of young children. *Science*, *238*, 1556–1557.

DeLoache, J. S., Miller, K. F., & Pierroutsakos, S. L. (1998). Reasoning and problem solving. In D. Kuhn & R. S. Siegler (Eds.), *Handbook of child psychology: Vol. 2. Cognition, perception, & language* (5th ed.) (pp. 801–850). New York, NY: Wiley.

DeLoache, J. S., Miller, K. F., Rosengren, K., & Bryant, N. (1997). The credible shrinking room: Very young children's performance with symbolic and nonsymbolic relations. *Psychological Science, 8*, 308–313.

Denison, S., & Xu, F. (2019). Infant statisticians: The origins of reasoning under uncertainty. *Perspectives on Psychological Science, 14*(4), 499–509. doi: 10.1177/1745691619847201

Denton, K., & West, J. (2002). *Children's reading and mathematics achievement in kindergarten and first grade.* from http://nces.ed.gov/pubsearch/ pubsinfo.asp?pubid=2002125.

Desoete, A., Ceulemans, A., De Weerdt, F., & Pieters, S. (2012). Can we predict mathematical learning disabilities from symbolic and non-symbolic comparison tasks in kindergarten? Findings from a longitudinal study. *British Journal of Educational Psychology, 82*(1), 64–81. doi: 10.1348/2044-8279.002002.

Dewey, J. (1938/1997). *Experience and education.* New York, NY: Simon & Schuster.

DHHS. (2005). *Head Start impact study: First year findings.* Washington, DC: U.S. Department of Health and Human Services; Administration for Children and Families.

Diamond, A., Barnett, W. S., Thomas, J., & Munro, S. (2007). Preschool program improves cognitive control. *Science, 318*, 1387–1388.

Diaz, R. M. (2008). *The role of language in early childhood mathematics: A parallel mixed method study. Doctoral dissertation, Florida International University.* Retrieved from http://search.pro quest.com/docview/304815869.

Dindyal, J. (2015). Geometry in the early years: A commentary. *ZDM Mathematics Education, 47*(3), 519–529.

Dinehart, L., & Manfra, L. (2013). Associations between low-income children's fine motor skills in preschool and academic performance in second grade. *Early Education & Development, 24*(2), 138–161. doi: 10.1080/10409289.2011.636729.

Dixon, J. K. (1995). Limited English proficiency and spatial visualization in middle school student's construction of the concepts of reflection and rotation. *The Bilingual Research Journal, 19*(2), 221–247.

Doabler, C. T., Cary, M. S., Jungjohann, K., Clarke, B., Fien, H., Baker, S., Smolkowski, K., Chard, D. (2012). Enhancing core mathematics instruction for students at risk for mathematics disabilities. *Teaching Exceptional Children, 44*(4), 48–57.

Doig, B., McCrae, B., & Rowe, K. (2003). *A good start to numeracy: Effective numeracy strategies from research and practice in early childhood.* Canberra ACT, Australia: Australian Council for Educational Research.

Donlan, C. (1998). Number without language? Studies of children with specific language impairments. In C. Donlan (Ed.), *The development of mathematical skills* (pp. 255–274). East Sussex, UK: Psychology Press.

Dowker, A. (2004). *What works for children with mathematical difficulties? (Research Report No. 554).* Nottingham, UK: University of Oxford/DfES. Dowker, A. (2005). Early identification and intervention for students with mathematics difficulties. *Journal of Learning Disabilities, 38*, 324–332.

Dowker, A. (2009). *What works for children with mathematical difficulties? The effectiveness of intervention schemes*. Nottingham, England: DCSF Publications.

Dowker, A. (2017). Interventions for primary school children with difficulties in mathematics. *Advances in Child Development and Behavior, 53*, 255–287. doi: 10.1016/bs.acdb.2017.04.004.

Dowker, A. (2019). Children's mathematical learning difficulties: Some contributory factors and interventions. In A. Fritz, V. G. Haase, & P. Räsänen (Eds.), *International handbook of mathematical learning difficulties: From the laboratory to the classroom* (pp. 773–787). Cham, Switzerland: Springer.

Dowker, A., & Sigley, G. (2010). Targeted interventions for children with arithmetical difficulties. *British Journal of Educational Psychology Monographs, II*(7), 65–81.

Downs, R. M., & Liben, L. S. (1988). Through the map darkly: Understanding maps as representations. *The Genetic Epistemologist, 16*, 11–18.

Downs, R. M., Liben, L. S., & Daggs, D. G. (1988). On education and geographers: The role of cognitive developmental theory in geographic education. *Annals of the Association of American Geographers, 78*, 680–700.

Draisma, J. (2000). Gesture and oral computation as resources in the early learning of mathematics. In T. Nakahara & M. Koyama (Eds.), *Proceedings of the 24th Conference of the International Group for the Psychology in Mathematics Education* (Vol. 2, pp. 257–264).

Driscoll, M. J. (1983). *Research within reach: Elementary school mathematics and reading*. St. Louis: CEMREL, Inc.

Dumas, D., McNeish, D., Sarama, J., & Clements, D. (2019). Preschool mathematics intervention can significantly improve student learning trajectories through elementary school. *AERA Open, 5*(4), 1–5. doi:

10.1177/2332858419879446.

Duncan, G. J., Claessens, A., & Engel, M. (2004). *The contributions of hard skills and socio-emotional behavior to school readiness*. Evanston, IL: Northwestern University.

Duncan, G. J., Dowsett, C. J., Claessens, A., Magnuson, K., Huston, A. C., Klebanov, P. Pagani, L. ... Japel, C. (2007). School readiness and later achievement. *Developmental Psychology, 43*(6), 1428–1446.

Duncan, G. J., & Magnuson, K. (2011). The nature and impact of early achievement skills, attention skills, and behavior problems. In G. J. Duncan & R. Murnane (Eds.), *Whither opportunity? Rising inequality and the uncertain life chances of lowincome children* (pp. 47–70). New York, NY: Russell Sage Press.

Duran, C. A. K., Byers, A., Cameron, C. E., & Grissmer, D. (2018). Unique and compensatory associations of executive functioning and visuomotor integration with mathematics performance in early elementary school. *Early Childhood Research Quarterly, 42*, 21–30. doi: 10.1016/j. ecresq.2017.08.005.

Duval, R. (2014). The first crucial point in geometry learning: Visualization. *Mediterranean Journal for Research in Mathematics Education, 13*, 1–28.

Early, D., Barbarin, O., Burchinal, M. R., Chang, F., Clifford, R., Crawford, G., Weaver, W. ... Barnett, W. S. (2005). *Pre-kindergarten in eleven states: NCEDL's multi-state study of pre-kindergarten & study of State-Wide Early Education Programs (SWEEP)*. Chapel Hill, NC: University of North Carolina.

Ebbeck, M. (1984). Equity for boys and girls: Some important issues. *Early Child Development and Care, 18*, 119–131.

Eberle, R. S. (2014, September). The role of children's mathematical aesthetics: The case of tessellations. *The Journal of Mathematical Behavior, 35*, 129–143. doi: 10.1016/ j.jmathb.2014.07.004.

Ebersbach, M., Luwel, K., & Verschaffel, L. (2015). The relationship between children's familiarity with numbers and their performance in bounded and unbounded number line estimations. *Mathematical Thinking and Learning, 17*(2–3), 136–154. doi: 10.1080/10986065.2015.1016813.

Edens, K. M., & Potter, E. F. (2013). An exploratory look at the relationships among math skills, motivational factors and activity choice. *Early Childhood Education Journal, 41*(3), 235–243. doi: 10.1007/s10643-012-0540-y.

Edwards, C., Gandini, L., & Forman, G. E. (1993). *The hundred languages of children: The Reggio Emilia approach to early childhood education.* Norwood, N.J.: Ablex Publishing Corp.

Ehrlich, S. B., & Levine, S. C. (2007, April). The impact of teacher "number talk" in low-and middle-SES preschool classrooms. *Paper presented at the American Educational Research Association*, Chicago, IL.

Ehrlich, S. B., Levine, S. C., & Goldin-Meadow, S. (2006). The importance of gesture in children's spatial reasoning. *Developmental Psychology, 42* (6), 1259–1268. doi: 10.1037/0012-1649.42.6.1259.

Eimeren, L. V., MacMillan, K. D., & Ansari, D. (2007, April). The role of subitizing in childrens development of verbal counting. *Paper presented at the Society for Research in Child Development*, Boston, MA.

Elia, I. (2018). Observing the use of gestures in young children's geometric thinking. In I. Elia, J. Mulligan, A. Anderson, A. Baccaglini-Frank, & C. Benz (Eds.), *Contemporary Research and Perspectives on Early Childhood Mathematics Education* (pp. 159–182). Cham: Springer International Publishing.

Elia, I., Gagatsis, A., & Demetriou, A. (2007). The effects of different modes of representation on the solution of one-step additive problems. *Learning and Instruction, 17*, 658–672.

Elia, I., van den Heuvel-panhuizen, M., & Gagatsis, A. (2018). Geometry learning in the early years: Developing understanding of shapes and space with a focus on visualization. In V. Kinnear, M. Y. Lai, & T. Muir (Eds.), *Forging connections in early mathematics teaching and learning* (pp. 73–95). Gateway East, Singapore: Springer.

Elliott, A., & Hall, N. (1997). The impact of self-regulatory teaching strategies on "at-risk" preschoolers mathematical learning in a computermediated environment. *Journal of Computing in Childhood Education*, *8*(2/3), 187–198.

Emihovich, C., & Miller, G. E. (1988). Talking to the turtle: A discourse analysis of Logo instruction. *Discourse Processes*, *11*, 183–201.

Engel, M., Claessens, A., & Finch, M. A. (2013). Teaching students what they already know? The (mis) alignment between mathematics instructional content and student knowledge in kindergarten. *Educational Evaluation and Policy Analysis*, *35*(2), 157–178. doi: 10.3102/0162373712461850.

Engel, M., Claessens, A., Watts, T., & Farkas, G. (2016). Mathematics content coverage and student learning in kindergarten. *Educational Researcher*, *45* (5), 293–300. doi: 10.3102/0013189x16656841.

English, L. D. (2010). Young children's early modelling with data. *Mathematics Education Research Journal*, *22*(2), 24–47.

English, L. D. (2018a). Young children's statistical literacy in modelling with data and chance. In A. Leavy, M. Meletiou-Mavrotheris, & E. Paparistodemou (Eds.), *Statistics in early childhood and primary education* (pp. 295–313). Springer doi: 10.1007/978-981-13-1044-7_17.

English, L. D. (Ed.). (2018b). *Early engineering learning*. Gateway East, Singapore: Springer.

Entwisle, D. R., & Alexander, K. L. (1990). Beginning school math competence: Minority and majority comparisons. *Child Development*, *61*, 454–471.

Ericsson, K. A., Krampe, R. T., & Tesch-Römer, C. (1993). The role of deliberate practice in the acquisition of expert performance. *Psychological*

*Review, 100*, 363–406.

Ernest, P. (1985). The number line as a teaching aid. *Educational Studies in Mathematics, 16*, 411–424.

Espada, J. P. (2012). The native language in teaching kindergarten mathematics. *Journal of International Education Research, 8*(4), 359–366.

Espinosa, L. M. (2005). Curriculum and assessment considerations for young children from culturally, linguistically, and economically diverse backgrounds. *Psychology in the Schools, 42*(8), 837–853. doi: 10.1002/pits.20115.

Evans, D. W. (1983). *Understanding infinity and zero in the early school years.* Unpublished doctoral dissertation, University of Pennsylvania.

Falk, R., Yudilevich-Assouline, P., & Elstein, A. (2012). Children's concept of probability as inferred from their binary choices—revisited. *Educational Studies in Mathematics, 81*(2), 207–233. doi: 10.1007/s10649-012-9402-1.

Farran, D. C., Lipsey, M. W., Watson, B., & Hurley, S. (2007). Balance of content emphasis and child content engagement in an early reading first program. *Paper presented at the American Educational Research Association.*

Fennema, E. H. (1972). The relative effectiveness of a symbolic and a concrete model in learning a selected mathematics principle. *Journal for Research in Mathematics Education, 3*, 233–238.

Fennema, E. H., Carpenter, T. P., Frank, M. L., Levi, L., Jacobs, V. R., & Empson, S. B. (1996). A longitudinal study of learning to use children's thinking in mathematics instruction. *Journal for Research in Mathematics Education, 27*, 403–434.

Fennema, E. H., Carpenter, T. P., Franke, M. L., & Levi, L. (1998). A longitudinal study of gender differences in young childrens mathematical thinking. *Educational Researcher, 27*, 6–11.

Fennema, E. H., & Tartre, L. A. (1985). The use of spatial visualization in mathematics by girls and boys.

*Journal for Research in Mathematics Education, 16,* 184–206.

Feuerstein, R., Rand, Y. A., & Hoffman, M. B. (1979). *The dynamic assessment of retarded performers: The Learning Potential Assessment Device, theory, instruments, and techniques.* Baltimore, MD: University Park Press.

Finn, J. D. (2002). Small classes in American schools: Research, practice, and politics. *Phi Delta Kappan, 83,* 551–560.

Finn, J. D., & Achilles, C. M. (1990). Answers and questions about class size. *American Educational Research Journal, 27*(3), 557–577.

Finn, J. D., Gerber, S. B., Achilles, C. M., & BoydZaharias, J. (2001). The enduring effects of small classes. *Teachers College Record, 103*(2), 145–183. Finn, J. D., Pannozzo, G. M., & Achilles, C. M. (2003). The "why's" of class size: Student behavior in small classes. *Review of Educational Research, 73,* 321–368.

Fisher, K., Hirsh-Pasek, K., & Golinkoff, R. M. (2012). Fostering mathematical thinking through playful learning. In S. Suggate & E. Reese (Eds.), *Contemporary Debates in Childhood Education and Development* (pp. 81–91). New York, NY: Routledge.

Fisher, K. R., Hirsh-Pasek, K., Golinkoff, R. M., & Newcombe, N. (2013). Taking shape: Supporting preschoolers acquisition of geometric knowledge through guided play. *Child Development, 84*(6), 1872–1878.

Fisher, P. H., Dobbs-Oates, J., Doctoroff, G. L., & Arnold, D. H. (2012). Early math interest and the development of math skills. *Journal of Educational Psychology, 104*(3), 673–681. doi: 10.1037/ a0027756.

Fitzpatrick, C., & Pagani, L. S. (2013). Task-oriented kindergarten behavior pays off in later childhood. *Journal of Developmental & Behavioral Pediatrics, 34*(2), 94–101. doi: 10.1097/ DBP.0b013e 31827a3779.

Fletcher-Flinn, C. M., & Gravatt, B. (1995). The efficacy of computer assisted instruction (CAI): A meta-analysis. *Journal of Educational*

*Computing Research, 12,* 219–242.

Flevares, L. M., & Schiff, J. R. (2014). Learning mathematics in two dimensions: A review and look ahead at teaching and learning early childhood mathematics with children's literature. *Frontiers in Psychology, 5*(459), 1–12. doi: 10.3389/ fpsyg.2014.00459.

Flexer, R. J. (1989). Conceptualizing addition. *Teaching Exceptional Children, 21*(4), 21–25.

Fluck, M. (1995). Counting on the right number: Maternal support for the development of cardinality. *Irish Journal of Psychology, 16,* 133–149.

Fluck, M., & Henderson, L. (1996). Counting and cardinality in English nursery pupils. *British Journal of Educational Psychology, 66,* 501–517.

Ford, M. J., Poe, V., & Cox, J. (1993). Attending behaviors of ADHD children in math and reading using various types of software. *Journal of Computing in Childhood Education, 4,* 183–196.

Forman, G. E., & Hill, F. (1984). *Constructive play: Applying Piaget in the preschool* (rev. ed.). Menlo Park, CA: Addison Wesley.

Foster, M. E., Anthony, J. L., Clements, D. H., Sarama, J., & Williams, J. J. (2018). Hispanic dual language learning kindergarten students' response to a numeracy intervention: A randomized control trial. *Early Childhood Research Quarterly, 43,* 83–95. doi: 10.1016/j.ecresq.2018.01.009.

Fien, H., Doabler, C. T., Nelson, N. J., Kosty, D. B., Clarke, B., & Baker, S. K. (2016). An examination of the promise of the Numbershire level 1 gaming intervention for improving student mathematics outcomes. *Journal of Research on Educational Effectiveness, 9*(4), 635–661. doi: 10.1080/19345747.2015.1119229.

Flannery, L. P., Silverman, B., Kazakoff, E. R., Bers, M. U., Bonta, P., & Resnick, M. (2013). Designing ScratchJr: Support for early childhood learning through computer programming. Paper presented at the Proceedings of the 12th International Conference on Interaction Design and Children, New

York, New York. http://dl.acm.org/citation.cfm?id=2485785.

Foster, M. E., Anthony, J. L., Clements, D. H., & Sarama, J. (2016). Improving mathematics learning of kindergarten students through computer assisted instruction. *Journal for Research in Mathematics Education*, *47*(3), 206–232. doi: https://doi.org/10.5951/jresematheduc.47.3.0206.

Fuller, B., Bein, E., Bridges, M., Kim, Y., & RabeHesketh, S. (2017). Do academic preschools yield stronger benefits? Cognitive emphasis, dosage, and early learning. *Journal of Applied Developmental Psychology*, *52*, 1–11. doi: 10.1016/j. appdev.2017.05.001.

Fox, J. (2005). Child-initiated mathematical patterning in the pre-compulsory years. In H. L. Chick & J. L. Vincent (Eds.), *Proceedings of the 29th Conference of the International Group for the Psychology in Mathematics Education* (Vol. 2, pp. 313–320). Melbourne, AU: PME.

Fox, J. (2006). A justification for mathematical modelling experiences in the preparatory classroom. In P. Grootenboer, R. Zevenbergen, & M. Chinnappan (Eds.), *Proceedings of the 29th annual conference of the Mathematics Education Research Group of Australia* (pp. 221–228). Canberra, Australia: MERGA.

Franke, M. L., Carpenter, T. P., & Battey, D. (2008). Content matters: Algebraic reasoning in teacher professional development. In J. J. Kaput, D. W. Carraher, & M. L. Blanton (Eds.), *Algebra in the early grades* (pp. 333–359). Mahwah, NJ: Lawrence Erlbaum Associates.

Freiman, V. (2018). Complex and open-ended tasks to enrich mathematical experiences of kindergarten students. In F. M. Singer (Ed.), *Mathematical creativity and mathematical giftedness: enhancing creative capacities in mathematically promising students* (pp. 373–404). Cham: Springer International Publishing.

French, L., & Song, M.-J. (1998). Developmentally appropriate teacher-directed approaches: Images from

Korean kindergartens. *Journal of Curriculum Studies, 30*, 409–430.

Friedman, L. (1995). The space factor in mathematics: Gender differences. *Review of Educational Research, 65*(1), 22–50.

Friel, S. N., Curcio, F. R., & Bright, G. W. (2001). Making sense of graphs: Critical factors influencing comprehension and instructional implications. *Journal for Research in Mathematics Education, 32*, 124–158.

Fritz, A., Haase, V. G., & Räsänen, P. (Eds.). (2019). *International handbook of mathematical learning difficulties: From the laboratory to the classroom.* Cham, Switzerland: Springer.

Frontera, M. (1994). On the initial learning of mathematics: Does schooling really help? In J. E. H. Van Luit (Ed.), *Research on learning and instruction of mathematics in kindergarten and primary school* (pp. 42–59). Doetinchem, The Netherlands: Graviant.

Fryer, J., & Levitt, S. D. (2004). Understanding the Black–White test score gap in the first two years of school. *The Review of Economics and Statistics, 86*(2), 447–464.

Fuchs, L. S., Compton, D. L., Fuchs, D., Paulson, K., Bryant, J. D., & Hamlett, C. L. (2005). The prevention, identification, and cognitive determinants of math difficulty. *Journal of Educational Psychology, 97*, 493–513.

Fuchs, L. S., Fuchs, D., Hamlett, C. L., Powell, S. R., Capizzi, A. M., & Seethaler, P. M. (2006). The effects of computer-assisted instruction on number combination skill in at-risk first graders. *Journal of Learning Disabilities, 39*, 467–475.

Fuchs, L. S., Fuchs, D., & Karns, K. (2001). Enhancing kindergartners' mathematical development: Effects of peer-assisted learning strategies. *Elementary School Journal, 101*, 495–510.

Fuchs, L. S., Geary, D. C., Compton, D. L., Fuchs, D., Schatschneider, C., Hamlett, C. L., DeSelms, J., ... Changas, P. (2013). Effects of first-grade number knowledge tutoring with contrasting forms of practice. *Journal of Educational Psychology*, *105* (1), 58–77. doi: 10.1037/a0030127.supp.

Fuchs, L. S., Powell, S. R., Cirino, P. T., Fletcher, J. M., Fuchs, D., & Zumeta, R. O. (2008). Enhancing number combinations fluency and math problem-solving skills in third-grade students with math difficulties: A field-based randomized control trial. *Paper presented at the Institute of Education Science 2007 Research Conference.*

Fuchs, L. S., Powell, S. R., Hamlett, C. L., Fuchs, D., Cirino, P. T., & Fletcher, J. M. (2008). Remediating computational deficits at third grade: A randomized field trial. *Journal of Research on Educational Effectiveness*, *1*, 2–32.

Fuchs, L. S., Powell, S. R., Seethaler, P. M., Cirino, P. T., Fletcher, J. M., Fuchs, D. Hamlett, C. L. (2010). The effects of strategic counting instruction, with and without deliberate practice, on number combination skill among students with mathematics difficulties. *Learning and Individual Differences*, *20*(2), 89–100.

doi: 10.1016/ j.lindif.2009.09.003.

Fuhs, M. W., McNeil, N. M., Kelley, K., O'Rear, C., & Villano, M. (2016). The role of non-numerical stimulus features in approximate number system training in preschoolers from low-income homes. *Journal of Cognition and Development*, *17*(5), 737–764. doi: 10.1080/15248372.2015.1105228

Fuson, K. C. (1988). *Children's counting and concepts of number*. New York, NY: Springer-Verlag.

Fuson, K. C. (1992a). Research on learning and teaching addition and subtraction of whole numbers. In G. Leinhardt, R. Putman, & R. A. Hattrup (Eds.), *Handbook of research on mathematics teaching and learning* (pp. 53–187). Mahwah, NJ: Lawrence Erlbaum Associates.

Fuson, K. C. (1992b). Research on whole number addition and subtraction. In D. A. Grouws (Ed.), *Handbook of research on mathematics teaching and learning* (pp. 243–275). New York, NY: Macmillan.

Fuson, K. C. (2003). Developing

mathematical power in whole number operations. In J. Kilpatrick, W. G. Martin, & D. Schifter (Eds.), *A research companion to Principles and Standards for School Mathematics* (pp. 68–94). Reston, VA: National Council of Teachers of Mathematics.

Fuson, K. C. (2004). Pre-K to grade 2 goals and standards: Achieving 21st century mastery for all. In D. H. Clements, J. Sarama, & A.M. DiBiase (Eds.), *Engaging young children in mathematics: Standards for early childhood mathematics education* (pp. 105–148). Mahwah, NJ: Lawrence Erlbaum Associates.

Fuson, K. C. (2009). *Mathematically-desirable and accessible whole-number algorithms: Achieving understanding and fluency for all students.* Chicago, IL: Northwestern University.

Fuson, K. C. (2018). Building on Howe's three pillars in kindergarten to grade 6 classrooms. In Y. Li, W. J. Lewis, & J. J. Madden (Eds.), *Mathematics matters in education: Essays in honor of Roger E. Howe* (pp. 185–207). Cham:

Springer International Publishing.

Fuson, K. C. (2020). The best multidigit computation methods: A cross-cultural cognitive, empirical, and mathematical analysis. *Universal Journal of Educational Research, 8*(4), 1299–1314. doi: 10.13189/ujer.2020.080421

Fuson, K. C., & Abrahamson, D. (2009). *Word problem types, numerical situation drawings, and a conceptual phase model to implement an algebraic approach to problem-solving in elementary classrooms.* Chicago, IL: Northwestern University.

Fuson, K. C., & Briars, D. J. (1990). Using a baseten blocks learning/teaching approach for first- and second-grade placevalue and multidigit addition and subtraction. *Journal for Research in Mathematics Education, 21*, 180–206.

Fuson, K. C., Clements, D. H., & Sarama, J. (2015). Making early math education work for all children. *Phi Delta Kappan, 97*, 63–68.

Fuson, K. C., Perry, T., & Kwon, Y. (1994). Latino, Anglo, and Korean childrens finger addition methods. In J. E. H.

Van Luit (Ed.), *Research on learning and instruction of mathematics in kindergarten and primary school* (pp. 220–228). Doetinchem, The Netherlands: Graviant.

Fuson, K. C., Smith, S. T., & Lo Cicero, A. (1997). Supporting Latino first graders' ten-structured thinking in urban classrooms. *Journal for Research in Mathematics Education, 28,* 738–760.

Fuson, K. C., Wearne, D., Hiebert, J. C., Murray, H. G., Human, P. G., Olivier, A. I., Carpenter, T. P., Fennema, E. H. (1997).Children's conceptual structures for multidigit numbers and methods of multidigit addition and subtraction. *Journal for Research in Mathematics Education, 28,* 130–162.

Fyfe, E. R., McNeil, N. M., & Rittle-Johnson, B. (2015). Easy as ABCABC: Abstract language facilitates performance on a concrete patterning task. *Child Development, 86*(3), 927–935. doi: 10.1111/ cdev.12331.

Gadanidis, G., Hoogland, C., Jarvis, D., & Scheffel, T. L. (2003). Mathematics as an aesthetic experience. In

*Proceedings of the 27th Conference of the International Group for the Psychology in Mathematics Education* (Vol. 1, p. 250). Honolulu, HI: University of Hawai'i.

Gagatsis, A., & Elia, I. (2004). The effects of different modes of representation on mathematical problem solving. In M. J. Høines & A. B. Fuglestad (Eds.), *Proceedings of the 28th Conference of the International Group for the Psychology in Mathematics Education* (Vol. 2, pp. 447–454). Bergen, Norway: Bergen University College.

Gagatsis, A., & Patronis, T. (1990). Using geometrical models in a process of reflective thinking in learning and teaching mathematics. *Educational Studies in Mathematics, 21,* 29–54.

Gaidoschik, M. (2019). Didactics as a source and remedy of mathematical learning difficulties. In A. Fritz, V. G. Haase & P. Räsänen (Eds.), *International handbook of mathematical learning difficulties: From the laboratory to the classroom* (pp. 73–89). Cham, Switzerland:

Springer.

Galen, F. H. J., & Buter, A. (1997). De rol van interactie bij leren rekenen met de computer （Computer tasks and classroom discussions in mathematics). *Panama-Post. Tijdschrift Voor Nascholing En Onderzoek Van Het Rekenw Iskundeonderwijs*, *16*(1), 11–18. Gallou-Dumiel, E. (1989). Reflections, point symmetry and Logo. In C. A. Maher, G. A. Goldin, & R. B. Davis (Eds.), *Proceedings of the eleventh annual meeting, North American Chapter of the International Group for the Psychology of Mathematics Education* (pp. 149–157). New Brunswick, NJ: Rutgers University.

Galitskaya, V., & Drigas, A. (2020). Special education: Teaching geometry with ICTs. *International Journal of Emerging Technologies in Learning (iJET)*, *15*(06). doi: 10.3991/ijet. v15i06.11242.

Gallego, F. A., Näslund-Hadley, E., & Alfonso, M. (2018). *Tailoring instruction to improve mathematics skills in preschools [IDB Working Paper Series ; 905]*. Inter-American Development Bank. www. povertyactionlab.org/sites/default/files/ pub lications/613_1026_Tailoring-Instructions-toImprove-Mathematics-SkillsinPreSchool_ June2017.pdf.

Gamel-McCormick, M., & Amsden, D. (2002). *Investing in better outcomes: The Delaware early childhood longitudinal study*. New Castle, DE: Delaware Interagency Resource Management Committee and the Department of Education.

Garon-Carrier, G., Boivin, M., Lemelin, J.-P., Kovas, Y., Parent, S., Séguin, J., … Dionne, G. (2018). Early developmental trajectories of number knowledge and math achievement from 4 to 10 years: Low-persistent profile and early-life predictors. *Journal of School Psychology*, *68*, 84–98. doi: 10.1016/j.jsp.2018.02.004.

Gathercole, S. E., Tiffany, C., Briscoe, J., Thorn, A., & The, A. T. (2005). Developmental consequences of poor phonological shortterm memory function in childhood: A longitudinal study. *Journal of Child Psychology and Psychiatry, 46*(6), 598–611. doi: 10.1111/j.1469-7610.2004.00379.x.

Gavin, M. K., Casa, T. M., Adelson, J. L., & Firmender, J. M. (2013). The impact of challenging geometry and measurement units on the achievement of grade 2 students. *Journal for Research in Mathematics Education, 44*(3), 478–509.

Gay, P. (1989). Tactile turtle: Explorations in space with visually impaired children and a floor turtle. *British Journal of Visual Impairment, 7*(1), 23–25. doi: https://doi.org/10.1177/026461968900700106

Geary, D. C. (1990). A componential analysis of an early learning deficit in mathematics. *Journal of Experimental Child Psychology, 49*, 363–383.

Geary, D. C. (1994). *Children's mathematical development: Research and practical applications.* Washington, DC: American Psychological Association.

Geary, D. C. (2003). Learning disabilities in arithmetic: Problem solving differences and cognitive deficits. In H. L. Swanson, K. Harris, & S. Graham (Eds.), *Handbook of learning disabilities*(pp. 199–212). New York, NY: Guilford Press.

Geary, D. C. (2004). Mathematics and learning disabilities. *Journal of Learning Disabilities, 37*, 4–15.

Geary, D. C. (2006). Development of mathematical understanding. In D. Kuhn, R. S. Siegler, W. Damon, & R. M. Lerner (Eds.), *Handbook of child psychology: Volume 2—Cognition, perception, and language* (6th ed.) (pp. 777–810). Hoboken, NJ: Wiley.

Geary, D. C. (2011). Cognitive predictors of achievement growth in mathematics: A 5-year longitudinal study. *Developmental Psychology, 47*(6), 1539–1552. doi: 10.1037/a0025510.

Geary, D. C. (2013). Early foundations for mathematics learning and their relations to learning disabilities. *Current Directions in Psychological Science, 22*(1), 23–27. doi: 10.1177/0963721412469398.

Geary, D. C., Bow-Thomas, C. C., & Yao, Y. (1992). Counting knowledge and skill in cognitive addition: A comparison of normal and mathematically disabled children. *Journal of Experimental Child Psychology*, *54*, 372–391.

Geary, D. C., Brown, S. C., & Samaranayake, V. A. (1991). Cognitive addition: A short longitudinal study of strategy choice and speed-of-processing differences in normal and mathematically disabled children. *Developmental Psychology*, *27*(5), 787–797.

Geary, D. C., Hamson, C. O., & Hoard, M. K. (2000). Numerical and arithmetical cognition: A longitudinal study of process and concept deficits in children with learning disability. *Journal of Experimental Child Psychology*, *77*, 236–263.

Geary, D. C., Hoard, M. K., Byrd-Craven, J., Nugent, L., & Numtee, C. (2007). Cognitive mechanisms underlying achievement deficits in children with mathematical learning disability. *Child Development*, *78*, 1343–1359.

Geary, D. C., Hoard, M. K., & Hamson, C. O. (1999). Numerical and arithmetical cognition: Patterns of functions and deficits in children at risk for a mathematical disability. *Journal of Experimental Child Psychology*, *74*, 213–239.

Geary, D. C., Hoard, M. K., & Nugent, L. (2012). Independent contributions of the central executive, intelligence, and in-class attentive behavior to developmental change in the strategies used to solve addition problems. *Journal of Experimental Child Psychology*, *113*(1), 49–65. doi: 10.1016/j. jecp.2012.03.003.

Geary, D. C., & Liu, F. (1996). Development of arithmetical competence in Chinese and American children: Influence of age, language, and schooling. *Child Development*, *67*(5), 2022–2044.

Geary, D. C., van Marle, K., Chu, F. W., Rouder, J., Hoard, M. K., & Nugent, L. (2017). Early conceptual understanding of cardinality predicts superior schoolentry number-system knowledge. *Psychological Science*, *29*(2), 191–205. doi: 10.1177/0956797617729817.

Geary, D. C., & vanMarle, K. (2016). Young children's core symbolic and nonsymbolic quantitative knowledge in the prediction of later mathematics achievement. *Dev Psychol*, *52*(12), 2130–2144. doi: 10.1037/dev0000214.

Gebuis, T., & Reynvoet, B. (2011). Generating nonsymbolic number stimuli. *Behavior Research Methods*, *43*(4), 981–986.

Gedik, N., Çetin, M., & Koca, C. (2017). Examining the experiences of preschoolers on programming via tablet computers. *Mediterranean Journal of Humanities*, *7*(1), 193–203. doi: 10.13114/ mjh.2017.330.

Gelman, R. (1994). Constructivism and supporting environments. In D. Tirosh (Ed.), *Implicit and explicit knowledge: An educational approach* (Vol. 6, pp. 55–82). Norwood, NJ: Ablex.

Gelman, R., & Williams, E. M. (1997). Enabling constraints for cognitive development and learning: Domain specificity and epigenesist. In D. Kuhn & R. Siegler (Eds.), *Cognition, perception, and language. Vol. 2: Handbook of Child Psychology* (5th ed., pp. 575–630). New York, NY: John Wiley & Sons.

Gerofsky, P. R. (2015). Why Asian preschool children mathematically outperform preschool children from other countries. *Western Undergraduate Psychology Journal*, *3*(1). Retrieved from http://ir. lib.uwo. ca/wupj/vol3/iss1/11.

Gersten, R. (1986). Response to "consequences of three preschool curriculum models through age 15." *Early Childhood Research Quarterly*, *1*, 293–302.

Gersten, R., Chard, D. J., Jayanthi, M., Baker, M. S., Morpy, S. K., & Flojo, J. R. (2008). *Teaching mathematics to students with learning disabilities: A meta-analysis of the intervention research*. Portsmouth, NH: RMC Research Corporation, Center on Instruction.

Gersten, R., Jordan, N. C., & Flojo,

J. R. (2005). Early identification and interventions for students with mathematical difficulties. *Journal of Learning Disabilities*, *38*, 293–304.

Gersten, R., Rolfhus, E., Clarke, B., Decker, L. E., Wilkins, C., & Dimino, J. (2015). Intervention for first graders with limited number knowledge: Large-scale replication of a randomized controlled trial. *American Educational Research Journal*, *52*(3), 516–546. doi: 10.3102/0002831214565787.

Gersten, R., & White, W. A. T. (1986). Castles in the sand: Response to Schweinhart and Weikart. *Educational Leadership*, *44*(3), 19–20.

Gervasoni, A. (2005). The diverse learning needs of children who were selected for an intervention program. In H. L. Chick & J. L. Vincent (Eds.), *Proceedings of the 29th Conference of the International Group for the Psychology in Mathematics Education* (Vol. 3, pp. 33–40). Melbourne, Australia: PME.

Gervasoni, A. (2018). The impact and challenges of early mathematics intervention in an Australian context. In G. Kaiser, H. Forgasz, M. Gravenm, A. Kuzniak, E. Simmt, & B. Xu (Eds.), *13th International Congress on Mathematical Education* (pp. 115–133). Cham: Springer International Publishing.

Gervasoni, A., & Perry, B. (2017). Notice, explore and talk about mathematics: Making a positive difference for preschool children, educators and families in Australian communities that experience multiple disadvantages. *Advances in Child Development and Behavior*, *53*, 169–225. doi: 10.1016/bs.acdb.2017.03.002.

Gervasoni, A., Hadden, T., & Turkenburg, K. (2007). Exploring the number knowledge of children to inform the development of a professional learning plan for teachers in the Ballarat Diocese as a means of building community capacity. In J. Watson & K. Beswick (Eds.), *Mathematics: Essential research, essential practice* (Proceedings of the 30th Annual Conference of the Mathematics

Education Research Group of Australasia) (Vol. 3, pp. 305–314). Hobart, Australia: MERGA.

Gervasoni, A., Parish, L., Hadden, T., Livesey, C., Bevan, K., Croswell, M., Turkenburg, K. (2012). The progress of grade 1 students who participated in an extending mathematical understanding intervention program. In J. Dindyalm, P. Cheng, & S. F. Ng (Eds.), *Mathematics education research group of Australasia* (pp. 306–313). Evans and Company.

Gervasoni, A., & Sullivan, P. (2007). Assessing and teaching children who have difficulty learning arithmetic. *Educational & Child Psychology, 24*(2), 40–53.

Gibson, E. J. (1969). *Principles of perceptual learning and development.* New York, NY: AppletonCentury-Crofts, Meredith Corporation.

Giganti, P., Jr., & Crews, D. (1994). *How Many Snails?* New York, NY: Harper Trophy.

Gilligan, K. A., Flouri, E., & Farran, E. K. (2017). The contribution of spatial ability to mathematics achievement in middle childhood. *Journal of Experimental Child Psychology, 163*, 107–125. doi: 10.1016/j.jecp.2017.04.016.

Gilmore, C., & Cragg, L. (2014). Teachers' understanding of the role of executive functions in mathematics learning. *Mind, Brain, and Education, 8*(3), 132–136. doi: 10.1111/mbe.12050.

Gilmore, C., Keeble, S., Richardson, S., & Cragg, L. (2017). The interaction of procedural skill, conceptual understanding and working memory in early mathematics achievement. *Journal of Numerical Cognition, 3*(2), 400–416. doi: 10.5964/ jnc.v3i2.51.

Gilmore, C. K., & Papadatou-Pastou, M. (2009). Patterns of individual differences in conceptual understanding and arithmetical skill: A meta-analysis. *Mathematical Thinking and Learning, 10*, 25–40.

Ginsburg, H. P. (1977). *Children's arithmetic.* Austin, TX: Pro-Ed.

Ginsburg, H. P. (1997). Mathematics learning disabilities: A view from developmental psychology. *Journal of Learning Disabilities, 30*, 20–33.

Ginsburg, H. P. (2008). Mathematics education for young children: What it is and how to promote it. *Social Policy Report, 22*(1), 1–24.

Ginsburg, H. P., Duch, H., Ertle, B., & Noble, K. G. (2012). How can parents help their children learn math? In B. H. Wasik (Ed.), *Handbook of family literacy* (2nd ed., p. 496). New York, NY: Routledge. Ginsburg, H. P., Inoue, N., & Seo, K. H. (1999). Young children doing mathematics: Observations of everyday activities. In J. V. Copley (Ed.), *Mathematics in the early years* (pp. 88–99). Reston, VA: National Council of Teachers of Mathematics.

Ginsburg, H. P., Klein, A., & Starkey, P. (1998). The development of children's mathematical thinking: Connecting research with practice. In W. Damon, I. E. Sigel, & K. A. Renninger (Eds.), *Handbook of child psychology. Volume 4: Child psychology in practice* (pp. 401–476). New York, NY: John Wiley & Sons.

Ginsburg, H. P., Ness, D., & Seo, K. H. (2003). Young American and Chinese children's everyday mathematical activity. *Mathematical Thinking and Learning, 5*, 235–258.

Gold, Z. S. (2017). *Engineering play: Exploring associations with executive function, mathematical ability, and spatial ability in preschool.* (THESIS. DEGREE), Purdue University, Ann Arbor.

Goldschmeid, E., & Jackson, S. (1994). *People under three: Young children in daycare.* London, UK: Routledge.

Gormley, W. T., Jr., Gayer, T., Phillips, D., & Dawson, B. (2005). The effects of universal pre-Kon cognitive development. *Developmental Psychology, 41*, 872–884.

Graham, T. A., Nash, C., & Paul, K. (1997). Young children's exposure to mathematics: The child care context. *Early Childhood Education Journal, 25*, 31–38.

Granrud, C. E. (1987). Visual size constancy in newborn infants.

*Investigative Ophthalmology & Visual Science, 28*(Suppl. 5), 5.

Gravemeijer, K. P. E. (1990). Realistic geometry instruction. In K. P. E. Gravemeijer, M. van den Heuvel, & L. Streefland (Eds.), *Contexts free productions tests and geometry in realistic mathematics education* (pp. 79–91). Utrecht, The Netherlands: OW&OC.

Gravemeijer, K. P. E. (1991). An instructiontheoretical reflection on the use of manipulatives. In L. Streefland (Ed.), *Realistic mathematics education in primary school* (pp. 57–76). Utrecht, The Netherlands: Freudenthal Institute, Utrecht University.

Gray, E. M., & Pitta, D. (1997). Number processing: Qualitative differences in thinking and the role of imagery. In L. Puig & A. Gutiérrez (Eds.), *Proceedings of the 20th Annual Conference of the Mathematics Education Research Group of Australasia* (Vol. 3, pp. 35–42).

Gray, E. M., & Pitta, D. (1999). Images and their frames of reference: A perspective on cognitive development in elementary arithmetic. In O. Zaslavsky (Ed.), *Proceedings of the 23rd Conference of the International Group for the Psychology of Mathematics Education* (Vol. 3, pp. 49–56). Haifa, Israel: Technion.

Green, C. T., Bunge, S. A., Briones Chiongbian, V., Barrow, M., & Ferrer, E. (2017). Fluid reasoning predicts future mathematical performance among children and adolescents. *Journal of Experimental Child Psychology, 157*, 125–143. doi: 10.1016/j.jecp.2016.12.005.

Greeno, J. G., & Riley, M. S. (1987). Processes and development of understanding. In R. E. Weinert & R. H. Kluwe (Eds.), *Metacognition, motivation, and understanding* (pp. 289–313). Mahwah, NJ: Lawrence Erlbaum Associates.

Greenwood, C. R., Delquadri, J. C., & Hall, R. V. (1989). Longitudinal effects of classwide peer tutoring. *Journal of Educational Psychology, 81*, 371–383.

Griffin, S. (2004). Number Worlds:

A researchbased mathematics program for young children. In D. H. Clements, J. Sarama, & A. M. DiBiase (Eds.), *Engaging young children in mathematics: Standards for early childhood mathematics education* (pp. 325–342). Mahwah, NJ: Lawrence Erlbaum Associates.

Griffin, S. (2009). Learning sequences in the acquisition of mathematical knowledge: Using cognitive developmental theory to inform curriculum design for pre-K–6 mathematics education. *Mind, Brain & Education, 3*(2), 96–107.

Griffin, S., Case, R., & Capodilupo, A. (1995). Teaching for understanding: The importance of the Central Conceptual Structures in the elementary mathematics curriculum. In A. McKeough, J. Lupart, & A. Marini (Eds.), *Teaching for transfer: Fostering generalization in learning* (pp. 121–151). Mahwah, NJ: Lawrence Erlbaum Associates.

Griffin, S., Case, R., & Siegler, R. S. (1994). Rightstart: Providing the central conceptual prerequisites for first formal learning of arithmetic to students at risk for school failure. In K. McGilly (Ed.), *Classroom lessons: Integrating cognitive theory and classroom practice* (pp. 25–49). Cambridge, MA: MIT Press.

Griffiths, R., Back, J., & Gifford, S. (2017). Using manipulatives in the foundations of arithmetic. Retrieved from University of Leicester website: www. nuffieldfoundation.org/sites/default/ files/files/Nuffield%20Main%20 Report%20Mar% 202017web(1).pdf.

Gavin, M. K., Casa, T. M., Adelson, J. L., & Firmender, J. M. (2013). The impact of challenging geometry and measurement units on the achievement of grade 2 students. *Journal for Research in Mathematics Education, 44*(3), 478–509.

Grissmer, D., Grimm, K. J., Aiyer, S. M., Murrah, W. M., & Steele, J. S. (2010). Fine motor skills and early comprehension of the world: Two new school readiness indicators. *Developmental Psychology, 46*(5),

1008–1017. doi: 10.1037/a0020104. supp.

Grissmer, D., Mashburn, A. J., Cottone, E., Chen, W. B., Brock, L. L., Murrah, W. M., & Cameron, C. E. (2013). Playbased afterschool curriculum improves measures of executive function, visuospatial and math skills and classroom behavior for high risk K–1 children. *Paper presented at the Society for Research in Child Development*, Seattle, WA.

Grupe, L. A., & Bray, N. W. (1999). *What role do manipulatives play in kindergartners' accuracy and strategy use when solving simple addition problems?* Albuquerque, NM: Society for Research in Child Development.

Guarino, C., Dieterle, S. G., Bargagliotti, A. E., & Mason, W. M. (2013). What can we learn about effective early mathematics teaching? A framework for estimating causal effects using longitudinal survey data. *Journal of Research on Educational Effectiveness*, *6*, 164–198.

Guisti, J., Hinkle, K., Oldenburg, G.,

Paul, H., Vlasie, J., Lincoln, B., & Moulton, C. (2018). Critique of the OWL curriculum. *University of Montana Journal of Early Childhood Scholarship and Innovative Practice*, *2*(1), 1–9.

Gunderson, E., Ramirez, G., Levine, S., & Beilock, S. (2012). The role of parents and teachers in the development of gender-related math attitudes. *Sex Roles*, *66*(3–4), 153–166. doi: 10.1007/s11199-011-9996-2

Gunderson, E. A., & Levine, S. C. (2011). Some types of parent number talk count more than others: Relation between parents' input and children's number knowledge. *Developmental Science*, *14*(5), 1021–1032. doi: 10.1111/j.1467-7687.2011.01050.x.

Gunderson, E. A., Ramirez, G., Beilock, S., & Levine, S. C. (2012). The relation between spatial skill and early number knowledge: The role of the linear number line. *Developmental Psychology*, *48*(5), 1229–1241. doi: 10.1037/a0027433.

Gupta, D. (2014). *Early elementary*

*students' fractional understanding: examination of cases from a multi-year longitudinal study* Baylor University. Curriculum & Instruction. http://hdl. handle.net/ 2104/9162.

Halle, T. G., Kurtz-Costes, B., & Mahoney, J. L. (1997). Family influences on school achievement in lowincome, African American children. *Journal of Educational Psychology*, *89*, 527–537.

Hamdan, N., & Gunderson, E. A. (2017). The number line is a critical spatial-numerical representation: Evidence from a fraction intervention. *Developmental Psychology*, *53*(3), 587–596. doi: 10.1037/ dev0000252.

Hamre, B. K., & Pianta, R. C. (2001). Early teacherchild relationships and the trajectory of children's school outcomes through eighth grade. *Child Development*, *72*, 625–638.

Hancock, C. M. (1995). Das Erlernen der Datenanalyse durch anderweitige Beschäftigungen: Grundlagen von Datencompetenz bei Schülerinnen und Schülern in den klassen 1 bis 7. [Learning data analysis by doing something else: Foundations of data literacy in grades 1–7]. *Computer Und Unterricht*, *17*(1), 33–39.

Hannibal, M. A. Z., & Clements, D. H. (2010). Young children's understanding of basic geometric shapes. Manuscript submitted for publication.

Hannula, M. M. (2005). *Spontaneous focusing on numerosity in the development of early mathematical skills*. Turku, Finland: University of Turku.

Hannula, M. M., Lepola, J., & Lehtinen, E. (2007). Spontaneous focusing on numerosity at Kindergarten predicts arithmetical but not reading skills at grade 2. *Paper presented at the Society for Research in Child Development*.

Hannula-Sormunen, M. M., Lehtinen, E., & Räsänen, P. (2015). Children's spontaneous focusing on numerosity, subitizing, and counting skills as predictors of their mathematical performance seven years later at school. *Mathematical Thinking and Learning*, *17*(2–3), 155–177. doi: 10.1080/ 10986065.2015.1016814.

Hardy, J. K., & Hemmeter, M. L. (2018). Systematic instruction of early math skills for preschoolers at risk for math delays. *Topics in Early Childhood Special Education*. doi: 10.1177/0271121418792300.

Hartanto, A., Yang, H., & Yang, S. (2018). Bilingualism positively predicts mathematical competence: Evidence from two large-scale studies. *Learning and Individual Differences, 61*, 216–227. doi: 10.1016/j.lindif.2017.12.007.

Harris, L. J. (1981). Sex-related variations in spatial skill. In L. S. Liben, A. H. Patterson, & N. Newcombe (Eds.), *Spatial representation and behavior across the life span* (pp. 83–125). New York, NY: Academic Press.

Harrison, C. (2004). Giftedness in early childhood: The search for complexity and connection. *Roeper Review, 26*(2), 78–84.

Hassidov, D., & Ilany, B.S. (2017). Between natural language and mathematical symbols (<,>,=): The comprehension of pre-service and preschool teachers-perspective of numbers. *Creative Education, 8*, 1903–1911. doi: 10.4236/ce.2017.812130.

Hassinger-Das, B., Hirsh-Pasek, K., & Golinkoff, R. M. (2017). The case of brain science and guided play: A developing story. *Young Children, 72*(2), 45.

Hatano, G., & Sakakibara, T. (2004). Commentary: Toward a cognitive-sociocultural psychology of mathematical and analogical development. In L. D. English (Ed.), *Mathematical and analogical reasoning of young learners* (pp. 187–200). Mahwah, NJ: Lawrence Erlbaum Associates.

Hattikudur, S., & Alibali, M. (2007). Learning about the equal sign: Does contrasting with inequalities help? *Paper presented at the Society for Research in Child Development.*

Haugland, S. W. (1992). Effects of computer software on preschool children's developmental gains. *Journal of Computing in Childhood Education, 3* (1), 15–30.

Hausken, E. G., & Rathbun, A.

(2004). Mathematics instruction in kindergarten: Classroom practices and outcomes. *Paper presented at the American Educational Research Association.*

Hawes, Z., LeFevre, J.-A., Xu, C., & Bruce, C. D. (2015). Mental rotation with tangible three-dimensional objects: A new measure sensitive to developmental differences in 4-to 8-year-old children. *Mind, Brain, and Education, 9*(1), 10–18. doi: 10.1111/mbe.12051.

Hawes, Z., Moss, J., Caswell, B., Naqvi, S., & MacKinnon, S. (2017). Enhancing children's spatial and numerical skills through a dynamic spatial approach to early geometry instruction: Effects of a 32-week intervention. *Cognition and Instruction, 35*(3), 236–264. doi: 10.1080/07370008. 2017.1323902.

Hegarty, M., & Kozhevnikov, M. (1999). Types of visual-spatial representations and mathematical problems-solving. *Journal of Educational Psychology, 91,* 684–689.

Hemmeter, M. L., Ostrosky, M. M., &

Fox, L. (2006). Social emotional foundations for early learning: A conceptual model for intervention. *School Psychology Review, 35,* 583–601.

Hemphill, J. A. R. (1987). *The effects of meaning and labeling on four-year-olds' ability to copy triangles.* Columbus, OH: The Ohio State University.

Henry, V. J., & Brown, R. S. (2008). First-grade basic facts: An investigation into teaching and learning of an accelerated, high-demand memorization standard. *Journal for Research in Mathematics Education, 39*(2), 153–183.

Herodotou, C. (2018). Young children and tablets: A systematic review of effects on learning and development. *Journal of Computer Assisted Learning, 34*(1), 1–9.

Herzog, M., Ehlert, A., & Fritz, A. (2019). Development of a sustainable place value understanding. In A. Fritz, V. G. Haase, & P. Räsänen (Eds.), *International handbook of mathematical learning difficulties:*

From the laboratory to the classroom (pp. 561–579). Cham, Switzerland: Springer.

Heuvel-Panhuizen, M. V. D. (1996). *Assessment and realistic mathematics education*. Utrecht, The Netherlands: Freudenthal Institute, Utrecht University.

Hickendorff, M., Torbeyns, J., & Verschaffel, L. (2019). Multi-digit addition, subtraction, multiplication, and division strategies. In A. Fritz, V. G. Haase, & P. Räsänen (Eds.), *International handbook of mathematical learning difficulties: From the laboratory to the classroom* (pp. 543–560). Cham, Switzerland: Springer.

Hiebert, J. C. (1999). Relationships between research and the NCTM Standards. *Journal for Research in Mathematics Education, 30*, 3–19.

Hiebert, J. C., & Grouws, D. A. (2007). The effects of classroom mathematics teaching on students' learning. In F. K. Lester, Jr. (Ed.), *Second handbook of research on mathematics teaching and learning* (Vol. 1, pp. 371–404). New York, NY: Information Age Publishing.

Hiebert, J. C., & Wearne, D. (1992). Links between teaching and learning place value with understanding in first grade. *Journal for Research in Mathematics Education, 23*, 98–122.

Hiebert, J. C., & Wearne, D. (1993). Instructional tasks, classroom discourse, and student learning in second-grade classrooms. *American Educational Research Journal, 30*, 393–425.

Hiebert, J. C., & Wearne, D. (1996). Instruction, understanding, and skill in multidigit addition and subtraction. *Cognition and Instruction, 14*, 251–283.

Ho-Hong, C. B. (2017). Mathematics anxiety and working memory: Longitudinal associations with mathematical performance in Chinese children. *Contemporary Educational Psychology, 51*, 99–113. doi: 10.1016/j.cedpsych.2017.06.006.

Hojnoski, R. L., Caskie, G. I. L., & Miller Young, R. (2018). Early numeracy trajectories: Baseline performance levels and growth rates in young children by disability status. *Topics in Early Childhood Special Education, 37*(4), 206–218. doi: 10.1177/0271121417735901.

Holt, J. (1982). *How children fail.* New York, NY: Dell. Holton, D., Ahmed, A., Williams, H., & Hill, C. (2001). On the importance of mathematical play. *International Journal of Mathematical Education in Science and Technology, 32,* 401–415.

Harskamp, E. (2015). The effects of computer technology on primary school students' mathematics achievement: A meta-analysis. In S. Chinn (Ed.), *The Routledge international handbook of dyscalculia* (pp. 383–392). Abingdon, Oxon, UK: Routledge.

Helenius, O. (2017). Theorizing professional modes of action for teaching preschool mathematics. Paper presented at the Nordic Conference on Mathematics Education, NORMA 17, Stockholm, Sweeden.

Helenius, O., Johansson, M. L., Lange, T., Meaney, T., & Wernberg, A. (2016). Measuring temperature within the didaktic space of preschool. *Nordic Studies in Mathematics Education, 21*(4), 155–176.

Hiebert, J., & Stigler, J. W. (2017). Teaching versus teachers as a lever for change: Comparing a Japanese and a U.S. perspective on improving instruction. *Educational Researcher, 46*(4), 169–176. doi: 10.3102/0013189X17711899.

Huber, B., Yeates, M., Meyer, D., Fleckhammer, L., & Kaufman, J. (2018). The effects of screen media content on young children's executive functioning. *Journal of Experimental Child Psychology, 170,* 72–85. doi: 10.1016/j.jecp.2018.01.006.

Hopkins, S. L., & Lawson, M. J. (2004). Explaining variability in retrieval times for addition produced by students with mathematical learning difficulties. In M. J. Høines & A. B. Fuglestad (Eds.), *Proceedings of the 28th Conference of the International Group for the*

*Psychology in Mathematics Education* (Vol. 3, pp. 57–64). Bergen, Norway: Bergen University College.

Horne, M. (2004). Early gender differences. In J. Høines & A. B. Fuglestad (Eds.), *Proceedings of the 28th Conference of the International Group for the Psychology in Mathematics Education* (Vol. 3, pp. 65–72). Bergen, Norway: Bergen University College.

Howe, R. E. (2018). Cultural knowledge for teaching mathematics. In Y. Li, W. J. Lewis, & J. J. Madden (Eds.), *Mathematics matters in education: Essays in honor of Roger E. Howe* (pp. 19–39). Cham: Springer International Publishing.

Howes, C., Fuligni, A. S., Hong, S. S., Huang, Y. D., & Lara-Cinisomo, S. (2013). The preschool instructional context and child–teacher relationships. *Early Education & Development, 24*(3), 273–291. doi: 10.1080/10409289.2011.649664.

Hsieh, W.-Y., Hemmeter, M. L., McCollum, J. A., & Ostrosky, M. M. (2009). Using coaching to increase preschool teachers' use of emergent literacy teaching strategies. *Early Childhood Research Quarterly, 24*, 229–247.

Huang, Q., Zhang, X., Liu, Y., Yang, W., & Song, Z. (2017). The contribution of parent–child numeracy activities to young Chinese children's mathematical ability. *British Journal of Educational Psychology, 87*(3), 328–344. doi: 10.1111/bjep.12152 Hudson, T. (1983). Correspondences and numerical differences between disjoint sets. *Child Develop-ment, 54*, 84–90.

Hughes, M. (1981). Can preschool children add and subtract? *Educational Psychology, 1*, 207–219.

Hughes, M. (1986). *Children and number: Difficulties in learning mathematics.* Oxford, England: Basil Blackwell.

Humphrey, G. K., & Humphrey, G. K. (1995). The role of structure in infant visual pattern perception. *Canadian Journal of Psychology, 43*(2), 165–182.

Hunting, R., & Davis, G. (Eds.). (1991). *Early fraction learning.* New York,

NY: Springer-Verlag.

Hunting, R. P. (2003). Part-whole number knowledge in preschool children. *The Journal of Mathematical Behavior, 22,* 217–235.

Hunting, R., & Pearn, C. (2003). The mathematical thinking of young children: Pre-K–2. In A. S. Pateman, B. J. Dougherty, & J. Zilliox (Eds.), *Proceedings of the 27th Conference of the International Group for the Psychology in Mathematics Education* (Vol. 1, p. 187). Honolulu, HI: University of Hawai'i.

Hurst, M., Monahan, K. L., Heller, E., & Cordes, S. (2014). 123s and ABCs: Developmental shifts in logarithmic-to-linear responding reflect fluency with sequence values. *Developmental Science.* doi: 10.1111/desc.12165

Hutinger, P. L., Bell, C., Beard, M., Bond, J., Johanson, J., & Terry, C. (1998). *The early childhood emergent literacy technology research study. Final report.* Macomb, IL: Western Illinois University.

Hutinger, P. L., & Johanson, J. (2000). Implementing and maintaining an effective early childhood comprehensive technology system. *Topics in Early Childhood Special Education, 20*(3), 159–173.

Huttenlocher, J., Jordan, N. C., & Levine, S. C. (1994). A mental model for early arithmetic. *Journal of Experimental Psychology: General, 123,* 284–296. Huttenlocher, J., Levine, S. C., & Ratliff, K. R. (2011). The development of measurement: From holistic perceptual comparison to unit understanding. In N. L. Stein & S. Raudenbush (Eds.), *Developmental science goes to school: Implications for education and public policy research* (pp. 175–188). New York, NY: Taylor and Francis.

Huttenlocher, J., Newcombe, N. S., & Sandberg, E. H. (1994). The coding of spatial location in young children. *Cognitive Psychology, 27*(2), 115–147.

Hyde, J. S., Fennema, E. H., & Lamon, S. J. (1990). Gender differences in mathematics performance: A meta-analysis. *Psychological Bulletin, 107,*

139–155.

Hynes-Berry, M., & Grandau, L. (2019). *Where's the math?* Washington, DC: National Association for the Education of Young Children.

Irwin, K. C., Vistro-Yu, C. P., & Ell, F. R. (2004). Understanding linear measurement: A comparison of Filipino and New Zealand children. *Mathematics Education Research Journal, 16*(2), 3–24.

Ishigaki, E. H., Chiba, T., & Matsuda, S. (1996). Young children's communication and self expression in the technological era. *Early Childhood Development and Care, 119*, 101–117.

Isik-Ercan, Z., Zeynep Inan, H., Nowak, J. A., & Kim, B. (2014). "We put on the glasses and moon comes closer!" Urban second graders exploring the earth, the sun and moon through 3d technologies in a science and literacy unit. *International Journal of Science Education, 36*(1), 129–156.

Israel, M., Jeong, G., Ray, M., & Lash, T. (2020). Teaching elementary computer science through universal design for learning. Paper presented at the Proceedings of the 51st ACM Technical Symposium on Computer Science Education.

Iuculano, T., Rosenberg-Lee, M., Richardson, J., Tenison, C., Fuchs, L. S., Supekar, K., & Menon, V. (2015). Cognitive tutoring induces widespread neuroplasticity and remediates brain function in children with mathematical learning disabilities. *Nat Commun, 6*, 8453. doi: 10.1038/ncomms9453 Jablansky, S., Alexander, P. A., Dumas, D., & Compton, V. (2015). Developmental differences in relational reasoning among primary and secondary school students. *Journal of Educational Psychology Advanced Online Publication* 18. doi: 10.1037/edu0000070.

Janzen, J. (2008). Teaching English language learners. *Review of Educational Research, 78*, 1010–1038.

Jayanthi, M., Gersten, R., & Baker, S. (2008). *Mathematics instruct ion for students with learning disabilities or difficulty learning mathematics: A guide for teachers*. Portsmouth, NH: RMC Research Corporation, Center on Instruction.

Jenkins, J. M., Duncan, G. J., Auger, A., Bitler, M. P., Domina, T., & Burchinal, M. R. (2018). Boosting school readiness: Should preschool teachers target skills or the whole child? *Economic of Education Review, 65,* 107–125. doi: 10.1016/j. econedurev.2018.05.001.

Jenkins, J. M., Watts, T. W., Magnuson, K. A., Gershoof, E., Clements, D. H., Sarama, J., & Duncan, G. J. (2018). Do high quality kindergarten and first grade classrooms mitigate preschool fadeout? *Journal of Research on Educational Effectiveness, 11*(3), 339–374. doi: 10.1080/19345747.2018.1441347.

Jenks, K. M., van Lieshout, E. C. D. M., & de Moor, J. M. H. (2012). Cognitive correlates of mathematical achievement in children with cerebral palsy and typically developing children. *British Journal of Educational Psychology, 82*(1), 120–135. doi: 10.1111/j.2044-8279.2011.02034.x.

Jett, C. (2018). The effects of children's literature on preservice early childhood mathematics teachers' thinking. *Journal of the Scholarship of Teaching and Learning, 18*(1), 96–114. doi: 10.14434/josotl. v18i1.20722.

Jitendra, A. K. (2019). Using schema-based instruction to improve students' mathematical word problem solving performance. In A. Fritz, V. G. Haase, & P. Räsänen (Eds.), *International handbook of mathematical learning difficulties: From the laboratory to the classroom* (pp. 595–609). Cham, Switzerland: Springer.

Johnson, D. W., & Johnson, R. T. (2009). An educational psychology success story: Social interdependence theory and cooperative learning. *Educational Researcher, 38*(5), 365–379.

Johnson, M. (1987). *The body in the mind.* Chicago: The University of Chicago Press.

Johnson, V. M. (2000). *An investigation of the effects of instructional strategies* on conceptual understanding of young children in mathematics. New Orleans, LA: American Educational Research Association.

Johnson-Gentile, K., Clements, D. H., & Battista, M. T. (1994). The effects of computer and noncomputer environments on student's conceptualizations of geometric motions. *Journal of Educational Computing Research, 11*, 121–140.

Jordan, K. E., Suanda, S. H., & Brannon, E. M. (2008). Intersensory redundancy accelerates preverbal numerical competence. *Cognition, 108*, 210–221.

Jordan, N. C., Glutting, J., & Ramineni, C. (2009). The importance of number sense to mathematics achievement in first and third grades. *Learning and Individual Differences, 22*(1), 82–88.

Jordan, N. C., Glutting, J., Ramineni, C., & Watkins, M. W. (2010). Validating a number sense screening tool for use in kindergarten and first grade: Prediction of mathematics proficiency in third grade. *School Psychology Review, 39*(2), 181–195.

Jordan, N. C., Hanich, L. B., & Kaplan, D. (2003). A longitudinal study of mathematical competencies in children with specific mathematics difficulties versus children with comorbid mathematics and reading difficulties. *Child Development, 74*, 834–850.

Jordan, N. C., Hanich, L. B., & Uberti, H. Z. (2003). Mathematical thinking and learning difficulties. In A. J. Baroody & A. Dowker (Eds.), *The development of arithmetic concepts and skills: Constructing adaptive expertise* (pp. 359–383). Mahwah, NJ: Lawrence Erlbaum Associates.

Jordan, N. C., Huttenlocher, J., & Levine, S. C. (1994). Assessing early arithmetic abilities: Effects of verbal and nonverbal response types on the calculation performance of middleand low-income children. *Learning and Individual Differences, 6*, 413–432.

Jordan, N. C., Kaplan, D., Locuniak, M. N., & Ramineni, C. (2006). Predicting first-grade math achievement from developmental number sense trajectories. *Learning Disabilities*

*Research and Practice, 22*(1), 36–46.

Jordan, N. C., Kaplan, D., Oláh, L. N., & Locuniak, M. N. (2006). Number sense growth in kindergarten: A longitudinal investigation of children at risk for mathematics difficulties. *Child Development, 77*, 153–175.

Jordan, N. C., & Montani, T. O. (1997). Cognitive arithmetic and problem solving: A comparison of children with specific and general mathematics difficulties. *Journal of Learning Disabilities, 30*, 624–634.

Kankaanranta, M., Koivula, M., Laakso, M.-L., & Mustola, M. (2017). Digital games in early childhood: Broadening definitions of learning, literacy, and play. In M. Ma & A. Oikonomou (Eds.), *Serious Games and Edutainment Applications : Volume II* (pp. 349–367). Cham: Springer International Publishing.

Kazakoff, E., Sullivan, A., & Bers, M. (2013). The effect of a classroom-based intensive robotics and programming workshop on sequencing ability in early childhood. *Early Childhood Education Journal, 41*(4), 245–255. doi: 10.1007/s10643-012-0554-5.

Ketamo, H., & Kiili, K. (2010). Conceptual change takes time: Game based learning cannot be only supplementary amusement. *Journal of Educational Multimedia and Hypermedia, 19*(4), 399–419.

Kilday, C. R., Kinzie, M. B., Mashburn, A. J., & Whittaker, J. V. (2012). Accuracy of teachers' judgments of preschoolers' math skills. *Journal of Psychoeducational Assessment, 30*(2), 48–158. doi: 10.1016/j.ecresq.2014.06.007.

Kim, H. (2015). Foregone opportunities: Unveiling teacher expectancy effects in kindergarten using counterfactual predictions. *Social Psychology of Education*, 1–24. doi: 10.1007/s11218-014-9284-4.

Kim, S., & Chang, M. (2010). Does computer use promote the mathematical proficiency of ELL students? *Journal of Educational Computing Research, 42*, 285–305.

Knaus, M. J. (2017). Supporting early

mathematics learning in early childhood settings. *Australasian Journal of Early Childhood, 42*(3), 4–13. doi: 10.23965/AJEC.42.3.01.

Kramarski, B., & Weiss, I. (2007). Investigating preschool children's mathematical engagement in a multimedia collaborative environment. *Journal of Cognitive Education and Psychology, 6*, 411–432.

Kraus, W. H. (1981). Using a computer game to reinforce skills in addition basic facts in second grade. *Journal for Research in Mathematics Education, 12*, 152–155.

Kamii, C. (1973). Pedagogical principles derived from Piaget's theory: Relevance for educational practice. In M. Schwebel & J. Raph (Eds.), *Piaget in the classroom* (pp. 199–215). New York, NY: Basic Books.

Kamii, C. (1985). *Young children reinvent arithmetic: Implications of Piaget's theory*. New York, NY: Teaching College Press.

Kamii, C. (1986). Place value: An explanation of its difficulty and educational implications for the primary grades. *Journal of Research in Childhood Education, 1*, 75–86.

Kamii, C. (1989). *Young children continue to reinvent arithmetic: 2nd grade. Implications of Piaget's theory*. New York, NY: Teaching College Press.

Kamii, C., & DeVries, R. (1980). *Group games in early education: Implications of Piaget's theory*. Washington, DC: National Association for the Education of Young Children.

Kamii, C., & Dominick, A. (1997). To teach or not to teach algorithms. *Journal of Mathematical Behavior, 16*, 51–61.

Kamii, C., & Dominick, A. (1998). The harmful effects of algorithms in grades 1–4. In L. J. Morrow & M. J. Kenney (Eds.), *The teaching and learning of algorithms in school mathematics* (pp. 130–140). Reston, VA: National Council of Teachers of Mathematics.

Kamii, C., & Housman, L. B. (1999). *Young children reinvent arithmetic: Implications of Piaget's theory* (2nd ed.). New York, NY: Teachers College

Press.

Kamii, C., & Kato, Y. (2005). Fostering the development of logicomathematical knowledge in a card game at ages 5–6. *Early Education & Development, 16*, 367–383.

Kamii, C., Miyakawa, Y., & Kato, Y. (2004). The development of logico-mathematical knowledge in a block-building activity at ages 1-4. *Journal of Research in Childhood Education, 19*, 13–26.

Kamii, C., Rummelsburg, J., & Kari, A. R. (2005). Teaching arithmetic to low-performing, low-SES first graders. *Journal of Mathematical Behavior, 24*, 39–50.

Kamii, C., & Russell, K. A. (2012). Elapsed time: Why is it so difficult to teach? *Journal for Research in Mathematics Education, 43*(3), 296–315.

Kaput, J. J., Carraher, D. W., & Blanton, M. L. (Eds.). (2008). *Algebra in the early grades*. Mahwah, NJ: Lawrence Erlbaum Associates.

Karmiloff-Smith, A. (1992). *Beyond modularity: A developmental perspective on cognitive science.* Cambridge, MA: MIT Press.

Karoly, L. A., Greenwood, P. W., Everingham, S. S., Houbé, J., Kilburn, M. R., Rydell, C. P., Sanders, M., Chiesa, J. (1998). *Investing in our children: What we know and don't know about the costs and benefits of early childhood interventions*. Santa Monica, CA: Rand Education.

Kawai, N., & Matsuzawa, T. (2000). Numerical memory span in a chimpanzee. *Nature, 403*, 39–40.

Keller, S., & Goldberg, I. (1997). *Let's Learn Shapes with Shapely-CAL*. Great Neck, NY: Creative Adaptations for Learning, Inc.

Keren, G., & Fridin, M. (2014). Kindergarten social assistive robot (KindSAR) for children's geometric thinking and metacognitive development in preschool education: A pilot study. *Computers in Human Behavior, 35*, 400–412. doi: 10.1016/j. chb.2014.03.009.

Kersh, J., Casey, B. M., & Young, J.

M. (2008). Research on spatial skills and block building in girls and boys: The relationship to later mathematics learning. In B. Spodek & O. N. Saracho (Eds.), *Contemporary perspectives on mathematics in early childhood education* (pp. 233–251). Charlotte, NC: Information Age Publishing.

Kidd, J. K., Carlson, A. G., Gadzichowski, K. M., Boyer, C. E., Gallington, D. A., & Pasnak, R. (2013). Effects of patterning instruction on the academic achievement of 1st-grade children. *Journal of Research in Childhood Education*, *27*(2), 224–238. doi: 10.1080/02568543.2013.766664.

Kilpatrick, J. (1987). Problem formulating: Where do good problems come from? In A. H. Schoenfeld (Ed.), *Cognitive science and mathematics education* (pp. 123–147). Hillsdale, NJ: Lawrence Erlbaum Associates.

Kilpatrick, J., Swafford, J., & Findell, B. (Eds.) (2001). *Adding it up: Helping children learn mathematics*. Washington, DC: Mathematics Learning Study Committee, National Research Council; National Academies Press.

Kim, B., Pack, Y. H., & Yi, S. H. (2017). Subitizing in children and adults, depending on the object individuation level of stimulus: Focusing on performance according to spacing, color, and shape of objects. *Family and Environment Research*, *55*(5), 491–505. doi: 10.6115/fer.2017.036.

Kim, S.Y. (1994). The relative effectiveness of hands-on and computer-simulated manipulatives in teaching seriation, classification, geometric, and arithmetic concepts to kindergarten children. *Dissertation Abstracts International*, *54/09*, 3319.

King, J. A., & Alloway, N. (1992). Preschooler's use of microcomputers and input devices. *Journal of Educational Computing Research*, *8*, 451–468.

Kinnear, V., & Wittmann, E. C. (2018). Early mathematics education: A plea for mathematically founded conceptions. In V. Kinnear, M. Y. Lai,

& T. Muir (Eds.), *Forging connections in early mathematics teaching and learning* (pp. 17–35). Gateway East, Singapore: Springer.

Kleemans, T., Segers, E., & Verhoeven, L. (2013). Relations between home numeracy experiences and basic calculation skills of children with and without specific language impairment. *Early Childhood Research Quarterly*, *28*(2), 415–423. *doi:* 10.1016/ j.ecresq.2012.10.004.

Kleemans, T., Segers, E., & Verhoeven, L. (2018). Individual differences in basic arithmetic skills in children with and without developmental language disorder: Role of home numeracy experiences. *Early Childhood Research Quarterly*, *43*(2), 62–72. doi: 10.1016/j.ecresq.2018.01.005.

Klein, A., & Starkey, P. (2004). Fostering preschool children's mathematical development: Findings from the Berkeley Math Readiness Project. In H. Clements, J. Sarama, & A.-M. DiBiase (Eds.), *Engaging young children in mathematics: Standards for early childhood mathematics education* (pp. 343–360). Mahwah, NJ: Lawrence Erlbaum Associates.

Klein, A., Starkey, P., Clements, D. H., Sarama, J., & Iyer, R. (2008). Effects of a pre-kindergarten mathematics intervention: A randomized experiment. Journal of Research on Educational Effectiveness, 1 (2), 155–178. doi: 10.1080/19345740802114533.

Klein, A., Starkey, P., & Wakeley, A. (1999). Enhancing pre-kindergarten children's readiness for school mathematics. *Paper presented at the American Educational Research Association.*

Klein, A. S., Beishuizen, M., & Treffers, A. (1998). The empty number line in Dutch second grades: Realistic versus gradual program design. *Journal for Research in Mathematics Education*, *29*, 443–464.

Klibanoff, R. S., Levine, S. C., Huttenlocher, J., Vasilyeva, M., & Hedges, L. V. (2006). Preschool children's mathematical knowledge:

The effect of teacher "math talk". *Developmental Psychology, 42*, 59–69.

Klim-Klimaszewska, A., & Nazaruk, S. (2017). The scope of implementation of geometric concepts in selected kindergartens in Poland. *Problems of Education in the 21st Century, 75*(4), 345–353.

Klinzing, D. G., & Hall, A. (1985). *A study of the behavior of children in a preschool equipped with computers.* Chicago: American Educational Research Association.

Knapp, M. S., Shields, P. M., & Turnbull, B. J. (1992). *Academic challenge for the children of poverty.* Washington, DC: U.S. Department of Education.

Kolkman, M. E., Kroesbergen, E. H., & Leseman, P. P. M. (2013). Early numerical development and the role of non-symbolic and symbolic skills. *Learning and Instruction, 25*(165), 95–103. doi: 10.1016/j.learninstruc.2012.12.001.

Konold, C., & Pollatsek, A. (2002). Data analysis as the search for signals in noisy processes. *Journal for Research in Mathematics Education, 33*, 259–289.

Konold, T. R., & Pianta, R. C. (2005). Empiricallyderived, person-oriented patterns of school readiness in typically-developing children: Description and prediction to first-grade achievement. *Applied Developmental Science, 9*, 174–187.

Koontz, K. L., & Berch, D. B. (1996). Identifying simple numerical stimuli: Processing inefficiencies exhibited by arithmetic learning disabled children. *Mathematical Cognition, 2*, 1–23.

Koponen, T., Salmi, P., Eklund, K., & Aro, T. (2013). Counting and RAN: Predictors of arithmetic calculation and reading fluency. *Journal of Educational Psychology, 105*(1), 162–175. doi: 10.1037/ a0029285.

Korat, O., Gitait, A., Bergman Deitcher, D., & Mevarech, Z. (2017). Early literacy programme as support for immigrant children and as transfer to early numeracy. *Early Child Development and Care, 187*(3), 18.

Korkmaz, H. ., & Yilmaz, A. (2017).

Investigating kindergartners geometric and spatial thinking skils: In context of gender and age. *European Journal of Education Studies*, *3*(9), 55–69. doi: 10.5281/ zenodo.845498.

Kostos, K., & Shin, E.-K. (2010). Using math journals to enhance second graders' communication of mathematical thinking. *Early Childhood Education Journal*, *38*(3), 223–231.

Krajewski, K., & Schneider, W. (2009). Exploring the impact of phonological awareness, visual–spatial working memory, and preschool quantity-number competencies on mathematics achievement in elementary school: Findings from a 3-year longitudinal study. *Journal of Experimental Child Psychology*, *103*(4), 516–531 doi: 10.1016/j. jecp.2009.03.009.

Kretlow, A. G., Wood, C. L., & Cooke, N. L. (2011). Using inservice and coaching to increase kindergarten teachers' accurate delivery of group instructional units. *The Journal of Special Education*, *44*(4), 234–246.

Kritzer, K. L., & Pagliaro, C. M. (2013). An intervention for early mathematical success: Outcomes from the hybrid version of the Building Math Readiness Parents as Partners (MRPP) project. *Journal of Deaf Studies and Deaf Education*, *18*(1), 30–46. doi: 10.1093/deafed/ens033.

Kutscher, B., Linchevski, L., & Eisenman, T. (2002). From the Lotto game to subtracting two-digit numbers in first-graders. In A. D. Cockburn & Nardi (Eds.), *Proceedings of the 26th Conference of the International Group for the Psychology in Mathematics Education* (Vol. 3, pp. 249–256). University of East Anglia.

Lai, Y., Carlson, M. A., & Heaton, R. M. (2018). Giving reason and giving purpose. In Y. Li, W. J. Lewis, & J. J. Madden (Eds.), *Mathematics matters in education: Essays in honor of Roger E. Howe* (pp. 149–171). Cham: Springer International Publishing. Lamy, C. E., Frede, E., Seplocha, H., Strasser, J., Jambunathan, S., Juncker, J. A., Jambunathan, S. ... Wolock, E. (2004).

Inch by inch, row by row, gonna make this garden grow: Classroom quality and language skills in the Abbott Preschool Program [Publication]. Retrieved September 29, 2007, from http://nieer.org/docs/?DocID=94.

Landau, B. (1988). The construction and use of spatial knowledge in blind and sighted children. In J. Stiles-Davis, M. Kritchevsky, & U. Bellugi (Eds.), *Spatial cognition: Brain bases and development* (pp. 343–371). Mahwah, NJ: Lawrence Erlbaum Associates.

Landerl, K., Bevan, A., & Butterworth, B. (2004). Developmental dyscalculia and basic numerical capacities: A study of 8–9-year-old children. *Cognition*, *93*, 99–125.

Landry, S. H., Zucker, T. A., Williams, J. M., Merz, E. C., Guttentag, C. L., & Taylor, H. B. (2017). Improving school readiness of high-risk preschoolers: Combining high quality instructional strategies with responsive training for teachers and parents. *Early Childhood Research Quarterly*, *40*, 38–51. doi: 10.1016/j.ecresq.2016.12.001.

Lane, C. (2010). *Case study: The effectiveness of virtual manipulatives in the teaching of primary mathematics.* (Master thesis), University of Limerick, Limerick, UK. Retrieved from http://digital commons.fiu.edu/etd/229.

Langhorst, P., Ehlert, A., & Fritz, A. (2012). Non-numerical and numerical understanding of the part–whole concept of children aged 4 to 8 in word problems. *Journal Für MathematikDidaktik*, *33*(2), 233–262. doi: 10.1007/s13138-012-0039-5.

Lansdell, J. M. (1999). Introducing young children to mathematical concepts: Problems with "new" terminology. *Educational Studies*, *25*, 327–333.

Larson, L. C., & Rumsey, C. (2018). Bringing stories to life: Integrating literature and math manipulatives. *The Reading Teacher*, *71*(5), 589–596. doi: 10.1002/trtr.1652.

Laski, E. V., Casey, B. M., Yu, Q., Dulaney, A., Heyman, M., & Dearing, E. (2013). Spatial skills as a predictor of first grade girls' use of higher level arithmetic strategies. *Learning and Individual Differences, 23*(1), 123–130. doi: 10.1016/j. lindif.2012.08.001.

Laski, E. V., & Siegler, R. S. (2014). Learning from number board games: You learn what you encode. *Developmental Psychology, 50*(3), 853. doi: 10.1037/a0034321.

Laski, E. V., & Yu, Q. (2014). Number line estimation and mental addition: Examining the potential roles of language and education. *Journal of Experimental Child Psychology, 117*, 29–44.

Laurillard, D., & Taylor, J. (1994). Designing the Stepping Stones: An evaluation of interactive media in the classroom. *Journal of Educational Television, 20*, 169–184.

Leavy, A., Pope, J., & Breatnach, D. (2018). From cradle to classroom: Exploring opportunities to support the development of shape and space concepts in very young children. In V. Kinnear, M. Y. Lai, & T. Muir (Eds.), *Forging Connections in Early Mathematics Teaching and Learning* (pp. 115–138). Singapore: Springer Singapore.

Lebens, M., Graff, M., & Mayer, P. (2011). The affective dimensions of mathematical difficulties in schoolchildren. *Education Research International, 2011*, 1–13.

Lebron-Rodriguez, D. E., & Pasnak, R. (1977). Induction of intellectual gains in blind children. *Journal of Experimental Child Psychology, 24*, 505–515.

Lee, J. (2002). Racial and ethnic achievement gap trends: Reversing the progress toward equity? *Educational Researcher, 31*, 3–12.

Lee, J. (2004). Correlations between kindergarten teachers' attitudes toward mathematics and teaching practice. *Journal of Early Childhood Teacher Education, 25*(2), 173–184.

Lee, J. S., & Ginsburg, H. P. (2007). What is appropriate mathematics education for four-year-olds? *Journal of Early Childhood Research, 5*(1), 2–31.

Lee, K., & Bull, R. (2015). Developmental changes in working memory, updating, and math achievement. *Journal of Educational Psychology, 108*(6), 869–882.

Lee, S. A., Spelke, E. S., & Vallortigara, G. (2012). Chicks, like children, spontaneously reorient by three-dimensional environmental geometry, not by image matching. *Biology Letters, 8*(4), 492–494. doi: 10.1098/rsbl.2012.0067.

Lee, V. E., Brooks-Gunn, J., Schnur, E., & Liaw, F.R. (1990). Are Head Start effects sustained? A longitudinal follow-up comparison of disadvantaged children attending Head Start, no preschool, and other preschool programs. *Child Development, 61*, 495–507.

Lee, V. E., & Burkam, D. T. (2002). *Inequality at the starting gate.* Washington, DC: Economic Policy Institute.

Lee, V. E., Burkam, D. T., Ready, D. D., Honigman, J. J., & Meisels, S. J. (2006). Full-day vs. half-day kindergarten: In which program do children learn more? *American Journal of Education, 112*, 163–208.

Leeson, N. (1995). Investigations of kindergarten student's spatial constructions. In B. Atweh & S. Flavel (Eds.), *Proceedings of 18th Annual Conference of Mathematics Education Research Group of Australasia* (pp. 384–389). Darwin, AU: Mathematics Education Research Group of Australasia.

Leeson, N., Stewart, R., & Wright, R. J. (1997). Young children's knowledge of three-dimensional shapes: Four case studies. In F. Biddulph & K. Carr (Eds.), *Proceedings of the 20th Annual Conference of the Mathematics Education Research Group of Australasia* (Vol. 1, pp. 310–317). Hamilton, New Zealand: MERGA.

LeFevre, J.-A., Polyzoi, E., Skwarchuk, S.-L., Fast, L., & Sowinskia, C. (2010). Do home numeracy and literacy practices of Greek and Canadian parents predict the numeracy skills of kindergarten children? *International Journal of Early Years Education, 18*(1), 55–70.

Lehrer, R. (2003). Developing understanding of measurement. In J. Kilpatrick, W. G. Martin, & D. Schifter (Eds.), *A Research companion to Principles and Standards for School Mathematics* (pp. 179–192). Reston, VA: National Council of Teachers of Mathematics.

Lehrer, R., Harckham, L. D., Archer, P., & Pruzek, R. M. (1986). Microcomputer-based instruction in special education. *Journal of Educational Computing Research, 2*, 337–355.

Lehrer, R., Jacobson, C., Thoyre, G., Kemeny, V., Strom, D., Horvarth, J., Gance, S.& Koehler, M. (1998). Developing understanding of geometry and space in the primary grades. In R. Lehrer & D. Chazan (Eds.), *Designing learning environments for developing understanding of geometry and space* (pp. 169–200). Mahwah, NJ: Lawrence Erlbaum Associates.

Lehrer, R., Jenkins, M., & Osana, H. (1998). Longitudinal study of children's reasoning about space and geometry. In R. Lehrer & D. Chazan (Eds.), *Designing learning environments for developing understanding of geometry and space* (pp. 137–167). Mahwah, NJ: Erlbaum.

Lehrer, R., & Pritchard, C. (2002). Symbolizing space into being. In K. P. E. Gravemeijer, R. Lehrer, B. Van Oers, & L. Verschaffel (Eds.), *Symbolizing, modeling and tool use in mathematics education* (pp. 59–86). Dordrecht: Kluwer Academic Publishers.

Lehrer, R., & Schauble, L. (Eds.). (2002). *Investigating real data in the classroom: Expanding children's understanding of math and science.* New York, NY: Teachers College Press.

Lehrer, R., Strom, D., & Confrey, J. (2002). Grounding metaphors and inscriptional resonance: Children's emerging understandings of mathematical similarity. *Cognition and Instruction, 20*(3), 359–398.

Lehtinen, E., & Hannula, M. M. (2006). Attentional processes, abstraction and transfer in early mathematical development. In L. Verschaffel, F. Dochy, M. Boekaerts, & S. Vosniadou (Eds.), *Instructional psychology: Past, present and future trends. Fifteen essays in honour of Erik De Corte* (Vol. 49, pp. 39–55). Amsterdam, The Netherlands: Elsevier.

Leibovich, T., Katzin, N., Harel, M., & Henik, A. (2016). From 'sense of number' to 'sense of magnitude'– The role of continuous magnitudes in numerical cognition. *Behavioral and Brain Sciences In Press*, 60. doi: 10.1017/S0140525X1600096.

Lembke, E. S., & Foegen, A. (2008). *Identifying indicators of performance in early mathematics for kindergarten and grade 1 students*. Submitted for publication.

Lembke, E. S., Foegen, A., Whittake, T. A., & Hampton, D. (2008). Establishing technically adequate measures of progress in early numeracy. *Assessment for Effective Intervention, 33*(4), 206–210.

Lange, T., Meaney, T., Riesbeck, E., & Wernberg, A. (2014). Mathematical teaching moments: between instruction and construction. In C. Benz, B. Brandt, U. Kortenkamp, G. Krummheuer, S. Ladel, & R. Vogel (Eds.), *Early mathematics learning: Selected papers of the POEM 2012 conference* (pp. 37–54). Springer. https://doi.org/ 10.1007/978-1-4614-4678-1_4.

Le, V.-N., Schaack, D., Neishi, K., Hernandez, M. W., & Blank, R. K. (2019). Advanced content coverage at kindergarten: Are there trade-offs between academic achievement and social-emotional skills? *American Educational Research Journal, 56*(4). doi: 10.3102/0002831218813913.

Lehrl, S., Kluczniok, K., Rossbach, H.-G., & Anders, Y. (2017). Longer-term effects of a high-quality preschool intervention on childrens mathematical development through age 12: Results from the German model project Kindergarten of the Future in Bavaria. *Global Education Review, 4*(3), 70–87.

Lehtinen, E., Brezovszky, B., Rodríguez-Aflecht, G., Lehtinen, H., Hannula-

Sormunen, M. M., McMullen, J., ... Jaakkola, T. (2015). Number Navigation Game (NNG): Design principles and game description *Describing and Studying DomainSpecific Serious Games* (pp. 45–61).

Lehtinen, E., HannulaSormunen, M. M., McMullen, J.,& Gruber, H. (2017). Cultivating mathematical skills: From drill-and-practice to deliberate practice. *ZDM Mathematics Education.* doi: 10.1007/ s11858-017-0856-6.

Lepola, J., Niemi, P., Kuikka, M., & Hannula, M. M. (2005). Cognitive-linguistic skills and motivation as longitudinal predictors of reading and arithmetic achievement: A follow-up study from kindergarten to grade 2. *International Journal of Educational Research*, *43*, 250–271.

Lerkkanen, M.-K., Kiuru, N., Pakarinen, E., Viljaranta, J., Poikkeus, A.M., Rasku-Puttonen, H. Siekkinen, M., & Nurmi, J.E. (2012). The role of teaching practices in the development of children's interest in reading and mathematics in kindergarten. *Contemporary Educational Psychology*, *37*(4), 266–279. doi: 10.1016/j.cedpsych.2011. 03.004

Lerkkanen, M.K., Rasku-Puttonen, H., Aunola, K., & Nurmi, J.E. (2005). Mathematical performance predicts progress in reading comprehension among 7-year-olds. *European Journal of Psychology of Education*, *20*(2), 121–137.

Lerner, J. (1997). *Learning disabilities*. Boston, MA: Houghton Mifflin Company.

Lesh, R. A. (1990). Computer-based assessment of higher order understandings and processes in elementary mathematics. In G. Kulm (Ed.), *Assessing higher order thinking in mathematics* (pp. 81–110). Washington, DC: American Association for the Advancement of Science.

Levesque, A. (2010). *An investigation of the conditions under which procedural content enhances conceptual self-explanations in mathematics.*

Master's thesis, Concordia University. Available from ProQuest Dissertations and Theses database (UMI no. MR67234). Retrieved from http://proquest.umi. com/pqdlink? did=2191474161&Fmt=7&clientId= 39334&RQT=309&VName=PQD.

Levine, S. C., Gibson, D. J., & Berkowitz, T. (2019). Mathematical development in the early home environment. In D. C. Geary, D. B. Berch, & K. M. Koepke (Eds.), *Cognitive foundations for improving mathematical learning* (Vol. 5, pp. 107–142). San Diego, CA: Academic Press (an Elsevier imprint).

Levine, S. C., Gunderson, E., & Huttenlocher, J. (2011). Mathematical development during the preschool years in context: Home and school input variations. In N. L. Stein & S. Raudenbush (Eds.), *Developmental Science Goes to School: Implications for Education and Public Policy Research* (pp. 190–202). New York, NY: Taylor and Francis.

Levine, S. C., Huttenlocher, J., Taylor, A., & Langrock, A. (1999). Early

sex differences in spatial skill. *Developmental Psychology*, *35*(4), 940–949.

Levine, S. C., Jordan, N. C., & Huttenlocher, J. (1992). Development of calculation abilities in young children. *Journal of Experimental Child Psychology*, *53*, 72–103.

Levine, S. C., Ratliff, K. R., Huttenlocher, J., & Cannon, J. (2012). Early puzzle play: A predictor of preschoolers' spatial transformation skill. *Developmental Psychology*, *48*(2), 530–542. doi: 10.1037/a0025913.

Levine, S. C., Suriyakham, L. W., Rowe, M. L., Huttenlocher, J., & Gunderson, E. A. (2010). What counts in the development of young children's number knowledge? *Developmental Psychology*, *46*(5), 1309–1319. doi: 10.1037/a0019671.

Li, X., Chi, L., DeBey, M., & Baroody, A. J. (2015). A study of early childhood mathematics teaching in the United States and China. *Early Education and Development*, *26*(3), 450–478. doi: 10.1080/10409289.2015.994464.

Li, Z., & Atkins, M. (2004). Early childhood computer experience and cognitive and motor development. *Pediatrics, 113*, 1715–1722.

Liaw, F.-R., Meisels, S. J., & Brooks-Gunn, J. (1995). The effects of experience of early intervention on low birth weight, premature children: The Infant Health and Development program. *Early Childhood Research Quarterly, 10*, 405–431.

Liben, L. S. (2008). Understanding maps: Is the purple country on the map really purple? *Knowledge Question, 36*, 20–30.

Libertus, M. E. (2019). Understanding the link between the approximate number system and math abilities. In D. C. Geary, D. B. Berch, &M. Koepke (Eds.), *Cognitive foundations for improving mathematical learning* (Vol. 5, pp. 91–106). San Diego, CA: Academic Press (an Elsevier imprint).

Libertus, M. E., Feigenson, L., & Halberda, J. (2011a). Preschool acuity of the Approximate Number System correlates with math abilities. *Developmental Science, 14*(6), 1292–1300. doi: 10.1111/ j.1467-7687.2011.080100x.

Libertus, M. E., Feigenson, L., & Halberda, J. (2011b). Effects of approximate number system training for numerical approximation and school math abilities. *Poster presented at NICHD Math Cognition Conference*, Bethesda, MD.

Libertus, M. E., Feigenson, L., & Halberda, J. (2013, May). Effects of approximate number system training for numerical approximation and school math abilities. *Paper presented at the NICHD Mathematics Meeting*, Bethesda, MD.

Lieber, J., Horn, E., Palmer, S., & Fleming, K. (2008). Access to the general education curriculum for preschoolers with disabilities: Children's School Success. *Exceptionality, 16*(1), 18–32. doi: 10.1080/09362830701796776.

Liggett, R. S. (2017). The impact of use of manipulatives on the math scores of grade 2 students. *Brock Education Journal, 26*(2), 87–101.

Lin, C.H., & Chen, C.M. (2016). Developing spatial visualization and mental rotation with a digital puzzle game at primary school level. *Computers in Human Behavior, 57*, 23–30. doi: 10.1016/j. chb.2015.12.026

Lin, G. (2020a). *Circle! sphere!* Watertown, MA: Charlesbridge Publishing.

Lin, G. (2020b). *The last marshmallow [math notes by Douglas H. Clements].* Watertown, MA: Charlesbridge Publishing.

Lin, Y.H., & Hou, H.T. (2016). Exploring young children's performance on and acceptance of an educational scenario-based digital game for teaching route-planning strategies: A case study. *Interactive Learning Environments, 24*(8), 1967–1980.

Link, T., Moeller, K., Huber, S., Fischer, U., & Nuerk, H.C. (2013). Walk the number line – An embodied training of numerical concepts. *Trends in Neuroscience and Education, 2*(2), 74–84.

Linnell, M., & Fluck, M. (2001). The effect of maternal support for counting and cardinal understanding in pre-school children. *Social Development, 10*, 202–220.

Lipinski, J. M., Nida, R. E., Shade, D. D., & Watson, J. A. (1986). The effects of microcomputers on young children: An examination of free-play choices, sex differences, and social interactions. *Journal of Educational Computing Research, 2*, 147–168.

Lippard, C. N., Riley, K. L., & Lamm, M. H. (2018). Encouraging the development of engineering habits of mind in prekindergarten learners. In D. English & T. Moore (Eds.), *Early engineering learning* (pp. 19–36). Gateway East, Singapore: Springer.

Little, C. A., Adelson, J. L., Kearney, K. L., Cash, K., & O'Brien, R. (2017). Early opportunities to strengthen academic readiness: Effects of summer learning on mathematics achievement. *Gifted Child Quarterly, 62*(1), 83–95. doi: 10.1177/ 0016986217738052.

Loeb, S., Bridges, M., Bassok, D., Fuller, B., & Rumberger, R. (2007). How much is too much? The influence of preschool centers on children's development nationwide. *Economics of Education Review, 26*, 52–56.

Loehr, A. M., Fyfe, E. R., & Rittle-Johnson, B. (2014). Wait for it. delaying instruction improves mathematics problem solving: Classroom study. *The Journal of Problem Solving, 7*(1). doi: 10.7771/1932-6246.1166.

Lüken, M. M. (2012). Young children's structure sense. *Journal Für Mathematik-Didaktik, 33*(2), 263–285. doi: 10.1007/s13138-012-0036-8.

Lüken, M. M. (2018). Repeating pattern competencies in threeto five-year old kindergartners: A closer look at strategies. In I. Elia, J. Mulligan, A. Anderson, A. Baccaglini-Frank, & C. Benz (Eds.), *Contemporary Research and Perspectives on Early Childhood Mathematics Education* (pp. 35–53). Cham: Springer International Publishing. Lutchmaya, S., & Baron-Cohen, S. (2002). Human sex differences in social and non-social looking preferences, at 12 months of age. *Infant Behavior and Development, 25*, 319–325.

Lyons, I. M., Bugden, S., Zheng, S., De Jesus, S., & Ansari, D. (2018). Symbolic number skills predict growth in nonsymbolic number skills in kindergarteners. *Developmental Psychology, 54* (3), 440–457. doi: 10.1037/dev0000445.

Lysenko, L., Rosenfield, S., Dedic, H., Savard, A., Idan, E., Abrami, P. C., … Naffi, N. (2016). Using interactive software to teach foundational mathematical skills. *Journal of Information Technology Education: Innovations in Practice, 15*, 19–34.

MacDonald, B. L. (2015). Ben's perception of space and subitizing activity: A constructivist teaching experiment. *Mathematics Education Research Journal, 27*(4), 563–584. doi: 10.1007/s13394-015-0152-0.

MacDonald, B. L., & Shumway, J. F. (2016). Subitizing games: Assessing preschool children's number understanding. *Teaching Children*

*Mathematics, 22*(6), 340–348.

MacDonald, B. L., & Wilkins, J. L. M. (2017). Amy's subitizing activity relative to number understanding and item orientation. *Manuscript submitted for publication.*

Magargee, S. D. (2017). *An exploration of the math names for numbers: An early childhood mathematics intervention.* (Doctoral dissertation), University of the Incarnate Word, Ann Arbor. ProQuest Dissertations & Theses Global database.

Magnuson, K. A., Meyers, M. K., Rathbun, A., & West, J. (2004). Inequality in preschool education and school readiness. *American Educational Research Journal, 41*, 115–157.

Magnuson, K. A., & Waldfogel, J. (2005). Early childhood care and education: Effects on ethnic and racial gaps in school readiness. *The Future of Children, 15*, 169–196.

Malaguzzi, L. (1997). *Shoe and meter.* Reggio Emilia, Italy: Reggio Children.

Malofeeva, E., Day, J., Saco, X., Young, L., & Ciancio, D. (2004). Construction and evaluation of a number sense test with Head Start children. *Journal of Education Psychology, 96*, 648–659.

Mandler, J. M. (2004). *The foundations of mind: Origins of conceptual thought.* New York, NY: Oxford University Press.

Manginas, J., Nikolantonakis, C., & Papageorgioy, A. (2017). Cognitive skills and mathematical performance, memory (shortterm, longterm, working) mental performance and their relationship with mathematical performance of preschool students. *European Journal of Education Studies, 3*(12). doi: 10.5281/zenodo.1098252.

Manship, K., Holod, A., Quick, H., Ogut, B., de los Reyes, I. B., Anthony, J., … Keuter, S. (2017). The impact of transitional kindergarten on California students: Final report from the study of California's transitional kindergarten program. Retrieved from American Institutes for Research website: www.air.org.

Marcon, R. A. (1992). Differential effects

of three preschool models on inner-city 4-year-olds. *Early Childhood Research Quarterly, 7*, 517–530.

Marcon, R. A. (2002). Moving up the grades: Relationship between preschool model and later school success. *Early Childhood Research & Practice*. Retrieved from http://ecrp. uiuc.edu/v4n1/ marcon.html.

Mari i , S. M., & Stamatovi , J. D. (2017). The effect of preschool mathematics education in development of geometry concepts in children. *Eurasia Journal of Mathematics, Science and Technology Education, 13*(9), 6175–6187. doi: 10.12973/ eurasia.2017.01057a.

Mark, W., & Dowker, A. (2015). Linguistic influence on mathematical development is specific rather than pervasive: Revisiting the Chinese number advantage in Chinese and English children. *Acta Psychologica, 6*, 203. doi: 10.3389/fpsyg.2015.00203.

Markovits, Z., & Hershkowitz, R. (1997). Relative and absolute thinking in visual estimation processes. *Educational Studies in Mathematics, 32*, 29–47.

Markworth, K. A. (2016). A repeat look at repeating patterns. *Teaching Children Mathematics, 23*(1), 22–29. doi: 10.5951/teacchilmath.23.1.0022.

Mark-Zigdon, N., & Tirosh, D. (2017). What is a legitimate arithmetic number sentence? The case of kindergarten and first-grade children. In J. J. Kaput, D. W. Carraher, & M. L. Blanton (Eds.), *Algebra in the early grades* (pp. 201– 210). Mahwah, NJ: Erlbaum.

Marthe, J. (2000). *Hannah's collections*. New York, NY: Dutton Children's Books.

Martin, R. B., Cirino, P. T., Sharp, C., & Barnes, M. A. (2014). Number and counting skills in kindergarten as predictors of grade 1 mathematical skills. *Learning and Individual Differences, 34*, 12–23. doi: 10.1016/ j.lindif.2014.05.006.

Martin, T., Lukong, A., & Reaves, R. (2007). The role of manipulatives in arithmetic and geometry tasks. *Journal of Education and Human Development, 1*(1), 27–50. doi:

10.1080/07370008.2015.1124882.

Martinez, S., Naudeau, S., & Pereira, V. A. (2017). Preschool and child development under extreme poverty: Evidence from a randomized experiment in rural Mozambique. *World Bank Policy Research Working Paper No. 8290.*

Mason, M. M. (1995). Geometric knowledge in a deaf classroom: An exploratory study. *Focus on Learning Problems in Mathematics*, *17*(3), 57–69.

Mazzocco, M. M. M., Feigenson, L., & Halberda, J. (2011). Preschoolers' precision of the approximate number system predicts later school mathematics performance. *PLoS ONE*, *6*(9), e23749. doi: 10.1371/journal.pone.0023749.t001.

Mazzocco, M. M. M., & Myers, G. F. (2003). Complexities in identifying and defining mathematics learning disability in the primary school-age years. *Annals of Dyslexia*, *53*, 218–253.

Mazzocco, M. M. M., & Thompson, R. E. (2005). Kindergarten predictors of math learning disability. *Quarterly Research and Practice*, *20*, 142–155.

McClain, K., Cobb, P., Gravemeijer, K. P. E., & Estes, B. (1999). Developing mathematical reasoning within the context of measurement. In L. V. Stiff & F. R. Curcio (Eds.), *Developing mathematical reasoning in grades K–12* (pp. 93–106). Reston, VA: National Council of Teachers of Mathematics. McCormick, K. K., & Twitchell, G. (2017). A preschool investigation: The skyscraper project. *Teaching Children Mathematics*, *23*(6), 340–348.

McCoy, D. C., Salhi, C., Yoshikawa, H., Black, M., Britto, P., & Fink, G. (2018). Homeand center-based learning opportunities for preschoolers in lowand middle-income countries. *Children and Youth Services Review*, *88*, 44–56. doi: 10.1016/j.childyouth.2018.02.021.

McCoy, D. C., Yoshikawa, H., Ziol-Guest, K. M., Duncan, G. J., Schindler, H. S., Magnuson, K., … Shonkoff, J. P.

(2017). Impacts of early childhood education on mediumand long-term educational outcomes. *Educational Researcher, 46*(8), 474–487. doi: 10.3102/0013189x17737739.

McCrink, K., & de Hevia, M. D. (2018). From innate spatial biases to enculturated spatial cognition: The case of spatial associations in number and other sequences. *Frontiers in Psychology, 9*(Article 415). doi: 10.3389/fpsyg.2018.00415.

McDermott, P. A., Fantuzzo, J. W., Warley, H. P., Water Man, C., Angelo, L. E., Gadsden, V. L., & Sekino, Y. (2010). Multidimensionality of teachers graded responses for preschoolers' stylistic learning behavior: The learning-to-learn scales. *Educational and Psychological Measurement, 71* (1), 148–169. doi: 10.1177/0013164410387351.

McDonald, S., & Howell, J. (2012). Watching, creating and achieving: Creative technologies as a conduit for learning in the early years. *British Journal of Educational Technology,* 43(4), 641–651. doi: 10.1111/j.1467-8535.2011.01231.x.

McFadden, K. E., Tamis-LeMonda, C. S., & Cabrera, N. J. (2011). Quality matters: Low-income fathers engagement in learning activities in early childhood predict children's academic performance in fifth grade. *Family Science, 2*, 120–130.

McGarvey, L. M., Luo, L., & Hawes, Z., & Spatial Reasoning Study Group. (2018). Spatial skills framework for young engineers. In L. D. English & T. Moore (Eds.), *Early engineering learning* (pp. 53–81). Gateway East, Singapore: Springer.

McGee, M. G. (1979). Human spatial abilities: Psychometric studies and environmental, genetic, hormonal, and neurological influence? *Psychological Bulletin, 86*, 889–918.

McGraw, A. L., Ganley, C. M., Powell, S. R., Purpura, D. J., Schoen, R. C., & Schatschneider, C. (2019, March). An investigation of mathematics language and its relation with mathematics and reading. *2019 SRCD Biennial Meeting,*

Baltimore, MD.

McGuinness, D., & Morley, C. (1991). Gender differences in the development of visuospatial ability in preschool children. *Journal of Mental Imagery*, *15*, 143–150.

McKelvey, L. M., Bokony, P. A., Swindle, T. M., ConnersBurrow, N. A., Schiffman, R. F., & Fitzgerald, H. E. (2011). Father teaching interactions with toddlers at risk: Associations with later child academic outcomes. *Family Science, 2*, 146–155.

McLeod, D. B., & Adams, V. M. (Eds.). (1989). *Affect and mathematical problem solving*. New York, NY: Springer-Verlag.

McMullen, J., Hannula-Sormunen, M. M., & Lehtinen, E. (2014). Spontaneous focusing on quantitative relations in the development of children's fraction knowledge. *Cognition and Instruction, 32*(2), 198–218.

McNeil, N. M. (2008). Limitations to teaching children 2 + 2 = 4: Typical arithmetic problems can hinder learning of mathematical equivalence. *Child Development, 79*(5), 1524–1537.

McNeil, N. M., Fyfe, E. R., & Dunwiddie, A. E. (2015). Arithmetic practice can be modified to promote understanding of mathematical equivalence. *Journal of Educational Psychology, 107*(2), 423–436. doi: 10.1037/a0037687.

McNeil, N. M., Fyfe, E. R., Petersen, L. A., Dunwiddie, A. E., & Brletic-Shipley, H. (2011). Benefits of practicing 4 = 2 + 2: Nontraditional problem formats facilitate children's understanding of mathematical equivalence. *Child Development, 82*(5), 1620–1633.

Meaney, T. (2016). Locating learning of toddlers in the individual/society and mind/body divides. *Nordic Studies in Mathematics Education, 21*(4), 5–28.

Meloni, C., Fanari, R., Bertucci, A., & Berretti, S. (2017). *Impact of early numeracy training on kindergarteners from middle-income families*. Paper presented at the 14th International Conference on Cognition and Exploratory Learning in Digital Age.

Mercader, J., Miranda, A., Presentación, M. J., Siegenthaler, R., & Rosel, J. F.

(2017). Contributions of motivation, early numeracy skills, and executive functioning to mathematical performance. A longitudinal study. *Frontiers in Psychology*, *8*. doi: 10.3389/fpsyg.2017.02375.

Merkley, R., & Ansari, D. (2018). *Foundations for learning: Guided play for early years maths education.* Chartered College of Teaching. https://impact.chartered.college/article/merkleyansari-learning-guided-play-early-years-maths/.

Methe, S., Kilgus, S., Neiman, C., & Chris RileyTillman, T. (2012). Meta-analysis of interventions for basic mathematics computation in single-case research. *Journal of Behavioral Education*, *21*(3), 230–253. doi: 10.1007/s10864-012-9161-1.

Middleton, J. A., & Spanias, P. (1999). Motivation for achievement in mathematics: Findings, generalizations, and criticisms of the research. *Journal for Research in Mathematics Education*, *30*, 65–88.

Milesi, C., & Gamoran, A. (2006). Effects of class size and instruction on kindergarten achievement. *Education Evaluation and Policy Analysis*, *28*(4), 287–313.

Millar, S., & Ittyerah, M. (1992). Movement imagery in young and congenitally blind children: Mental practice without visuospatial information. *International Journal of Behavioral Development*, *15*, 125–146.

Miller, E. B., Farkas, G., Vandell, D. L., & Duncan, G. J. (2014). Do the effects of Head Start vary by parental pre-academic stimulation? *Child Development*, *85*, 1385–1400. doi: 10.1111/cdev.12233.

Miller, K. F. (1984). Child as the measurer of all things: Measurement procedures and the development of quantitative concepts. In C. Sophian (Ed.), *Origins of cognitive skills: The eighteenth annual Carnegie symposium on cognition* (pp. 193–228). Hillsdale, NJ: Erlbaum.

Miller, K. F. (1989). Measurement as a tool of thought: The role of measuring procedures in children's understanding of quantitative invariance. *Developmental Psychology, 25*, 589–600.

Miller, K. F., Kelly, M., & Zhou, X. (2005). Learning mathematics in China and the United States: Cross-cultural insights into the nature and course of preschool mathematical development. In J. I. D. Campbell (Ed.), *Handbook of mathematical cognition* (pp. 163–178). New York, NY: Psychology Press.

Miller, K. F., Smith, C. M., Zhu, J., & Zhang, H. (1995). Preschool origins of cross-national differences in mathematical competence: The role of number-naming systems. *Psychological Science, 6*, 56–60.

Miller, M. R., Rittle-Johnson, B., Loehr, A. M., & Fyfe, E. R. (2016). The influence of relational knowledge and executive function on preschoolers' repeating pattern knowledge. *Journal of Cognition and Development, 17*(1), 85–104. doi: 10.1080/15248372.2015.1023307.

Miller, J., & Warren, E. (2014). Exploring ESL students' understanding of mathematics in the early years: Factors that make a difference. *Mathematics Education Research Journal.* doi: 10.1007/ s13394-014-0121-z

Mitchelmore, M. C. (1989). The development of children's concepts of angle. In G. Vergnaud, J. Rogalski, & M. Artique (Eds.), *Proceedings of the 13th Annual Conference of the International Group for the Psychology of Mathematics Education* (Vol. 2, pp. 304–311). Paris, France: City University.

Mitchelmore, M. C. (1992). Children's concepts of perpendiculars. In W. Geeslin & K. Graham (Eds.), *Proceedings of the 16th Annual Conference of the International Group for the Psychology in Mathematics Education* (Vol. 2, pp. 120–127). Durham, NH: Program Committee of the 16th PME Conference.

Mitchelmore, M. C. (1993). The development of preangle concepts. In A. R. Baturo & L. J. Harris (Eds.), *New directions in research on geometry* (pp. 87–93). Centre for Mathematics and Science Education, Queensland University of Technology.

Mitchelmore, M. C., & White, P. (1998). Development of angle concepts: A framework for research. *Mathematics Education Research Journal, 10,* 4–27.

Mix, K. S., Levine, S. C., Cheng, Y. L., Young, C., Hambrick, D. Z., Ping, R., & Konstantopoulos, S. (2016). Separate but correlated: The latent structure of space and mathematics across development. *Journal of Experimental Psychology, 145*(9), 1206–1227. doi: 10.1037/xge0000182.

Mix, K. S., Levine, S. C., & Huttenlocher, J. (1997). Early fraction calculation ability. *Developmental Psychology, 35,* 164–174.

Mix, K. S., Moore, J. A., & Holcomb, E. (2011). One-toone play promotes numerical equivalence concepts. *Journal of Cognition and Development, 12*(4), 463–480.

Mix, K. S., Smith, L. B., & Crespo, S. (2019). Leveraging relational learning mechanisms to improve place value

instruction. In A. Norton & M. W. Alibali (Eds.), *Constructing number: Merging perspectives from psychology and mathematics education* (pp. 87–121). Springer. https://doi.org/ 10.1007/978-3-030-00491-0.

Moeller, K., Fischer, U., Cress, U., & Nuerk, H.C. (2012). Diagnostics and intervention in developmental dyscalculia: Current issues and novel perspectives. In Z. Breznitz, O. Rubinsten, V. J. Molfese, & D. L. Molfese (Eds.), *Reading, writing, mathematics and the developing brain: Listening to many voices* (Vol. 6, pp. 233–275). The Netherlands: Springer.

Mohd Syah, N. E., Hamzaid, N. A., Murphy, B. P., & Lim, E. (2016). Development of computer play pedagogy intervention for children with low conceptual understanding in basic mathematics operation using the dyscalculia feature approach. *Interactive Learning Environments, 24*(7), 1477–1496. doi: 10.1080/10494820.2015.1023205.

Molfese, V. J., Brown, T. E., Adelson, J.

L., Beswick, J., Jacobi-Vessels, J., Thomas, L., Ferguson, M., & Culver, B. (2012). Examining associations between classroom environment and processes and early mathematics performance from pre-kindergarten to kindergarten. *Gifted Children*, *5*(2), article 2. Retrieved from http://docs. lib.purdue.edu/gifted children/vol5/ iss2/2.

Moll, L. C., Amanti, C., Neff, D., & Gonzalez, N. (1992). Funds of knowledge for teaching: Using a qualitative approach to connect homes and classrooms. *Theory into Practice*, *31*, 132–141.

Monighan-Nourot, P., Scales, B., Van Hoorn, J., & Almy, M. (1987). *Looking at children's play: A bridge between theory and practice*. New York, NY: Teachers College.

Mononen, R., Aunio, P., Koponen, T., & Aro, M. (2014). A review of early numeracy interventions for children at risk in mathematics. *International Journal of Early Childhood Special Education*, *6*(1), 25–54.

Montie, J. E., Xiang, Z., & Schweinhart, L. J. (2006). Preschool experience in 10 countries: Cognitive and language performance at age 7. *Early Childhood Research Quarterly*, *21*, 313–331.

Mooij, T., & Driessen, G. (2008). Differential ability and attainment in language and arithmetic of Dutch primary school pupil? *British Journal of Educational Psychology*, *78*(Pt 3), 491–506. doi: 10.1348/000709907X235981.

Moomaw, S. (2015). Assessing the difficulty level of math board games for young children. *Journal of Research in Childhood Education*, *29*(4), 17. doi: 10.1080/02568543.2015.1073201

Moon, U. J., & Hofferth, S. (2018). Change in computer access and the academic achievement of immigrant children. *Teachers College Record*, *120*(4).

Moradmand, N., Datta, A., & Oakley, G. (2013). My maths story: An application of a computer-assisted framework for teaching mathematics in the lower primary years. Paper presented at the Society for Information Technology

&#x0026; Teacher Education International Conference 2013, New Orleans, Louisiana, United States. Conference paper retrieved from www.editlib.org/p/48603.

Morgenlander, M. (2005). *Preschoolers' understanding of mathematics presented on Sesame Street.* Paper presented at the American Educational Research Association, New Orleans, LA.

Morrongiello, B. A., Timney, B., Humphrey, G. K., Anderson, S., & Skory, C. (1995). Spatial knowledge in blind and sighted children. *Journal of Experimental Child Psychology*, *59*, 211–233.

Moseley, B. (2005). Pre-service early childhood educators' perceptions of mathmediated language. *Early Education & Development*, *16*(3), 385–396.

Moschkovich, J. (2013). Principles and guidelines for equitable mathematics teaching practices and materials for English language learners. *Journal of Urban Mathematics Education*, *6*(1),

45–57.

Moss, J., Hawes, Z., Naqvi, S., & Caswell, B. (2015). Adapting Japanese Lesson Study to enhance the teaching and learning of geometry and spatial reasoning in early years classrooms: A case study. *ZDM Mathematics Education*, *47*(3), 1–14. doi: 10.1111/mono.12280.

Moyer, P. S. (2000). Are we having fun yet? Using manipulatives to teach "real math". *Educational Studies in Mathematics: An International Journal*, *47*(2), 175–197.

Moyer, P. S., Niezgoda, D., & Stanley, J. (2005). Young children's use of virtual manipulatives and other forms of mathematical representations. In Masalski & P. C. Elliott (Eds.), *Technologysupported mathematics learning environments: 67th Yearbook* (pp. 17–34). Reston, VA: National Council of Teachers of Mathematics.

Moyer-Packenham, P. S., Shumway, J. F., Bullock, E., Tucker, S. I., Anderson-Pence, K. L., Westenskow, A., … Jordan, K. (2015). Young children's learning performance and efficiency when using virtual manipulative mathematics iPad apps. *Journal of Computers in Mathematics and Science Teaching, 34*(1), 41–69.

Muir, T. (2018). Using mathematics to forge connections between home and school. In V. Kinnear, M. Y. Lai, & T. Muir (Eds.), *Forging connections in early mathematics teaching and learning* (pp. 173–190). Gateway East, Singapore: Springer.

Mullet, E., & Miroux, R. (1996). Judgment of rectangular areas in children blind from birth. *Cognitive Development, 11*, 123–139.

Mulligan, J., English, L. D., Mitchelmore, M. C., Welsby, S., & Crevensten, N. (2011). An evaluation of the pattern and structure mathematics awareness program in the early school years. In J. Clark, B. Kissane, J. Mousley, T. Spencer, & S. Thornton (Eds.), *Proceedings of the AAMT-MERGA Conference 2011, The Australian Association of Mathematics Teachers Inc. & Mathematics Education*
*Research Group of Australasia* (pp. 548–556). Alice Springs, Australia.

Mulligan, J., & Mitchelmore, M. (2018). Promoting early mathematical structural development through an integrated assessment and pedagogical program. In I. Elia, J. Mulligan, A. Anderson, A. Baccaglini-Frank, & C. Benz (Eds.), *Contemporary Research and Perspectives on Early Childhood Mathematics Education* (pp. 17–33). Cham: Springer International Publishing.

Mulligan, J., Mitchelmore, M., English, L. D., & Crevensten, N. (2012). *Evaluation of the "reconceptualising early mathematics learning" project.* Paper presented at the AARE APERA International Conference, Sydney.

Mulligan, J., Prescott, A., Mitchelmore, M. C., & Outhred, L. (2005). Taking a closer look at young students' images of area measurement. *Australian Primary Mathematics Classroom, 10*(2), 4–8.

Mulligan, J., Verschaffel, L., Baccaglini-Frank, A., Coles, A., Gould, P., He, S., … Yang,

D.-C. (2018). Whole number thinking, learning and development: Neuro-cognitive, cognitive and developmental approaches. In M. G. Bartolini Bussi & H. Sun (Eds.), *Building the Foundation: Whole Numbers in the Primary Grades: The 23rd ICMI Study* (pp. 137–167). Cham: Springer International Publishing.

Mulligan, J. T., English, L. D., Mitchelmore, M. C., Welsby, S. M., & Crevensten, N. (2011b). *Developing the Pattern and Structure Assessment (PASA) interview to inform early mathematics learning.* Paper presented at the AAMT-MERGA Conference 2011, Alice Springs, Australia.

Mullis, I. V. S., Martin, M. O., Foy, P., & Arora, A. (2012). *TIMSS 2011 International Results in Mathematics.* Chestnut Hill, MA: TIMSS & PIRLS International Study Center, Lynch School of Education, Boston College.

Mullis, I. V. S., Martin, M. O., Gonzalez, E. J., Gregory, K. D., Garden, R. A., O'Connor, K. M., Chrostowski, S. J., & Smith, T. A. (2000). *TIMSS 1999 international mathematics report.* Boston: The International Study Center, Boston College, Lynch School of Education.

Munn, P. (1998). Symbolic function in pre-schoolers. In C. Donlan (Ed.), *The development of mathematical skills* (pp. 47–71). East Sussex, England: Psychology Press.

Murata, A. (2004). Paths to learning ten-structured understanding of teen sums: Addition solution methods of Japanese Grade 1 students. *Cognition and Instruction, 22,* 185–218.

Murata, A. (2008). Mathematics teaching and learning as a mediating process: The case of tape diagrams. *Mathematical Thinking and Learning, 10,* 374–406.

Murata, A., & Fuson, K. C. (2006). Teaching as assisting individual constructive paths within an interdependent class learning zone: Japanese first graders learning to add using 10. *Journal for Research in Mathematics Education, 37*(5), 421–456. doi: 10.2307/30034861.

Murphey, D., Madill, R., & Guzman, L. (2017). Making math count more for young Latinos. *The Education Digest, 83*(1), 8–14.

Mussolin, C., Nys, J., Content, A., & Leybaert, J. (2014). Symbolic number abilities predict later approximate number system acuity in preschool children. *PLoS ONE, 9*(3), e91839. doi: 10.1371/ journal.pone.0091839.

Mustafa, N. A., Omar, S. S. S., Shafie, N., & Kamarudin, M. F. (2017). *Understanding preschool children's skill in subtraction using cooperative learning*. Paper presented at the International Scientific and Professional Conference, Opatija, Croatia.

Myers, M., Wilson, P. H., Sztajn, P., & Edgington, C. (2015). From implicit to explicit: Articulating equitable learning trajectories based instruction. *Journal of Urban Mathematics Education, 8*(2), 11–22.

Nanu, C. E., McMullen, J., Munck, P., & HannulaSormunen, M. M. (2018). Spontaneous focusing on numerosity in preschool as a predictor of mathematical skills and knowledge in the fifth grade. *Journal of Experimental Child Psychology, 169*, 42–58. doi: 10.1016/j.jecp.2017.12.011

Nasir, N. I. S., & Cobb, P. (2007). *Improving access to mathematics: Diversity and equity in the classroom.* New York, NY: Teachers College Press.

Nastasi, B. K., & Clements, D. H. (1991). Research on cooperative learning: Implications for practice. *School Psychology Review, 20*, 110–131.

Nastasi, B. K., Clements, D. H., & Battista, M. T. (1990). Social-cognitive interactions, motivation, and cognitive growth in Logo programming and CAI problem-solving environments. *Journal of Educational Psychology, 82*, 150–158.

National Academies of Sciences, E., and Medicine. (2017). *Promoting the educational success of children and youth learning English: Promising futures.* Washington, DC: The National Academies Press.

National Mathematics Advisory Panel. (2008). *Foundations for success: The final report of the National Mathematics Advisory Panel.* Washington, DC: U.S. Department of Education, Office of Planning, Evaluation and Policy Development.

National Research Council. (2009). *Mathematics learning in early childhood: Paths toward excellence and equity.* Washington, DC: National Academy Press.

Natriello, G., McDill, E. L., & Pallas, A. M. (1990). *Schooling disadvantaged children: Racing against catastrophe.* New York, NY: Teachers College Press.

Navarro, J. I., Aguilar, M., Marchena, E., Ruiz, G., Menacho, I., & Van Luit, J. E. H. (2012). Longitudinal study of low and high achievers in early mathematics. *British Journal of Educational Psychology, 82*(1), 28–41. doi: 10.1111/j.20448279.2011.02043.x.

Navarro, M. G., Braham, E. J., & Libertus, M. E. (2018). Intergenerational associations of the approximate number system in toddlers and their parents. *British Journal of Developmental Psychology, 36*(4), 521–539. doi: 10.1111/bjdp.12234.

NCTM. (2000). *Principles and standards for school mathematics.* Reston, VA: National Council of Teachers of Mathematics.

NCTM. (2006). *Curriculum focal points for prekindergarten through grade 8 mathematics: A quest for coherence.* National Council of Teachers of Mathematics.

Nes, F. T. v. (2009). *Young children's spatial structuring ability and emerging number sense.* Doctoral dissertation, de Universtiteit Utrecht, Utrecht, The Netherlands.

Neuenschwander, R., Röthlisberger, M., Cimeli, P., & Roebers, C. M. (2012). How do different aspects of self-regulation predict successful adaptation to school? *Journal of Experimental Child Psychology, 113*(3), 353–371. doi: 10.1016/j.jecp.2012.07.004.

Neville, H., Andersson, A., Bagdade, O., Bell, T., Currin, J., Fanning, J.,

& Yamada, Y. (2008). Effects of music training on brain and cognitive development in under-privileged 3to 5-year-old children: Preliminary results. In C. Asbury & Rich (Eds.), *Learning, Arts, & the Brain* (pp. 105–116). New York/Washington, DC: Dana Press.

Newcombe, N. (2010). Picture this: Increasing math and science learning by improving spatial thinking. *American Educator*, *34*(2), 29–35.

Newcombe, R. S., & Huttenlocher, J. (2000). *Making space: The development of spatial representation and reasoning.* Cambridge, MA: MIT Press.

Newhouse, C. P., Cooper, M., & Cordery, Z. (2017). Programmable toys and free play in early childhood classrooms. *Australian Educational Computing*, *32*(1), 14.

Ng, S. N. S., & Rao, N. (2010). Chinese number words, culture, and mathematics learning. *Review of Educational Research*, *80*(2), 180–206.

Nguyen, T., Watts, T. W., Duncan, G. J.,

Clements, D. H., Sarama, J., Wolfe, C. B., & Spitler, M. E. (2016). Which preschool mathematics competencies are most predictive of fifth grade achievement? *Early Childhood Research Quarterly*, *36*, 550–560. doi: 10.1016/j.ecresq.2016.02.003.

Nieuwoudt, H. D., & van Niekerk, R. (1997, March). The spatial competence of young children through the development of solids. *Paper presented at the American Educational Research Association*, Chicago, IL.

Niklas, F., & Schneider, W. (2017). Home learning environment and development of child competencies from kindergarten until the end of elementary school. *Contemporary Educational Psychology*, *49*, 263–274. doi: 10.1016/j.cedpsych. 2017.03.006.

Nishida, T. K., & Lillard, A. S. (2007a, April). *From flashcard to worksheet: Children's inability to transfer across different formats.* Paper presented at the Society for Research in Child Development, Boston, MA.

Nishida, T. K., & Lillard, A. S. (2007b,

April). *Fun toy or learning tool?: Young children's use of concrete manipulatives to learn about simple math concepts.* Paper presented at the Society for Research in Child Development, Boston, MA.

NMP. (2008). *Foundations for success: The final report of the National Mathematics Advisory Panel.* Washington, DC: U.S. Department of Education, Office of Planning, Evaluation and Policy Development.

Nomi, T. (2010). The effects of within-class ability grouping on academic achievement in early elementary years. *Journal of Research on Educational Effectiveness, 3*, 56–92.

Northcote, M. (2011). Step back and hand over the cameras! Using digital cameras to facilitate mathematics learning with young children in K–2 classrooms. *Australian Primary Mathematics Classroom, 16*(3), 29–32.

NRC. (2004). *On evaluating curricular effectiveness: Judging the quality of K–12 mathematics evaluations.* Washington, DC: Mathematical Sciences Education Board, Center for Education, Division of Behavioral and Social Sciences and Education, National Academies Press.

NRC. (2009). *Mathematics in early childhood: Learning paths toward excellence and equity.* Washington, DC: National Academy Press.

Nührenbörger, M. (2001). Insights into children's ruler concepts—Grade-2 students conceptions and knowledge of length measurement and paths of development. In M. V. D. Heuvel-Panhuizen (Ed.), *Proceedings of the 25th Conference of the International Group for the Psychology in Mathematics Education* (Vol. 3, pp. 447–454). Utrecht, The Netherlands: Freudenthal Institute.

Nunes, T., Bryant, P., Evans, D., & Bell, D. (2010). The scheme of correspondence and its role in children's mathematics. *British Journal of Educational Psychology, 2*(7), 83–99. doi: 10.1348/97818543370009x12583699332537.

Nunes, T., Bryant, P., Evans, D., Bell, D., & Barros, R. (2011). Teaching children how to include the inversion principle in their reasoning about quantitative relations. *Educational Studies in Mathematics*, *79* (3), 371–388. doi: 10.1007/s10649-011-9314-5.

Nunes, T., Bryant, P., Evans, D., Bell, D., Gardner, S., Gardner, A., & Carraher, J. (2007). The contribution of logical reasoning to the learning of mathematics in primary school. *British Journal of Developmental Psychology*, *25*(1), 147–166. doi: 10.1348/026151006x153127.

Nunes, T., Bryant, P. E., Barros, R., & Sylva, K. (2012). The relative importance of two different mathematical abilities to mathematical achievement. *British Journal of Educational Psychology*, *82*(1), 136–156. doi: 10.1111/j.2044-8279.2011.02033.x.

Nunes, T., Bryant, P. E., Burman, D., Bell, D., Evans, D., & Hallett, D. (2009). Deaf children's informal knowledge of multiplicative reasoning. *Journal of Deaf Studies and Deaf Education*, *14* (2), 260–277.

Nunes, T., Bryant, P. E., Evans, D., & Barros, R. (2015). Assessing quantitative reasoning in young children. *Mathematical Thinking and Learning*, *17*(2–3), 178–196. doi: 10.1080/10986065.2015.1016815.

Nunes, T., Dorneles, RB. V., Lin, P.-J., & Rathgeb-Schnierer, E. (2016). *Teaching and learning about whole numbers in primary school*. Springer. doi: 10.1007/978-3-319-45113-8_1.

Nunes, T., & Moreno, C. (1998). Is hearing impairment a cause of difficulties in learning mathematics? In Donlan (Ed.), *The development of mathematical skills* (Vol. 7, pp. 227–254). Hove, UK: Psychology Press.

Nunes, T., & Moreno, C. (2002). An intervention program for promoting deaf pupil's achievement in mathematics. *Journal of Deaf Studies and Deaf Education*, *7*(2), 120–133.

Núñez, R., Cooperrider, K., Doan, D., & Wassmann, J. (2012). Contours of time: Topographic construals of past, present, and future in the Yupno valley of P. N. Guinea. *Cognition*,

*124*(1), 25–35. doi: 10.1016/j.cognition.2012.03.007.

Núñez, R., Cooperrider, K., & Wassmann, J. (2012). Number concepts without number lines in an indigenous group of Papua New Guinea. *PLoS ONE*, *7* (4), 1–8. doi: 10.1371/journal.pone.0035662.

Núñez, R., Doan, D., & Nikoulina, A. (2011). Squeezing, striking, and vocalizing: Is number representation fundamentally spatial? *Cognition*, *120*(2), 225–235. doi: 10.1016/j.cognition.2011.05.001.

Núñez, R. E. (2011). No innate number line in the human brain. *Journal of Cross-cultural Psychology, 42*(4), 651–668. doi: 10.1177/0022022111406097.

Nurnberger-Haag, J. (2016). A cautionary tale: How children's books (mis) teach shapes. *Early Education and Development, 28*(4), 415–440. doi: 10.1080/10409289.2016.1242993.

Nusir, S., Alsmadi, I., Al-Kabi, M., & Sharadgah, F. (2013). Studying the impact of using multimedia interactive programs on children's ability to learn basic math skills. *E-learning and Digital Media, 10* (3), 305–319.

Ok, M. W., & Kim, W. (2017). Use of iPads and iPods for academic performance and engagement of prek-12 students with disabilities: A research synthesis. *Exceptionality, 25*(1), 54–75.

O'Neill, D. K., Pearce, M. J., & Pick, J. L. (2004). Preschool children's narratives and performance on the Peabody Individualized Achievement Test Revised: Evidence of a relation between early narrative and later mathematical ability. *First Language, 24*(2), 149–183.

Oakes, J. (1990). Opportunities, achievement, and choice: Women and minority students in science and mathematics. In C. B. Cazden (Ed.), *Review of research in education* (Vol. 16, pp. 153–222). Washington, DC: American Educational Research Association.

Obersteiner, A., Reiss, K., & Ufer, S. (2013). How training on exact or approximate mental representations of number can enhance first-grade students' basic number processing and arithmetic skills. *Learning and Instruction*, *23*(1), 125–135. doi: 10.1016/j.learninstruc.2012.08.004.

OECD. (2014). *Strong performers and successful reformers in education-Lessons from PISA 2012 for the United States*. OECD Publishing. doi: 10.1787/9789264207585-en.

Olkun, S., Altun, A., Göçer ahin, S., & Akkurt Denizli, Z. (2015). Deficits in basic number competencies may cause low numeracy in primary school children. *Ted EĞİtİm Ve Bİlİm*, *40*(177). doi: 10.15390/eb.2015.3287

Olkun, S., & Denizli, Z. A. (2015). Using basic number processing tasks in determining students with mathematics disorder risk. *Dusunen Adam: The Journal of Psychiatry and Neurological Sciences*, 47–57. doi: 10.5350/dajpn 2015280105.

Olson, J. K. (1988). *Microcomputers make manipulatives meaningful*. Budapest, Hungary: International Congress of Mathematics Education.

Örnkloo, H., & von Hofsten, C. (2007). Fitting objects into holes: On the development of spatial cognition skills. *Developmental Psychology*, *43* (2), 404–416. doi: 10.1037/0012-1649.43.2.404.

Oslington, G., Mulligan, J. T., & Van Bergen, P. (2018). Young children's reasoning through data exploration. In V. Kinnear, M. Y. Lai, & T. Muir (Eds.), *Forging Connections in Early Mathematics Teaching and Learning* (pp. 191–212). Singapore: Springer Singapore.

Ostad, S. A. (1998). Subtraction strategies in developmental perspective: A comparison of mathematically normal and mathematically disabled children. In A. Olivier & K. Newstead (Eds.), *Proceedings of the 22nd Conference for the International Group for the Psychology of Mathematics Education* (Vol. 3, pp. 311–318). Stellenbosch, South Africa: University of Stellenbosch.

Outhred, L. N., & Sardelich, S. (1997). Problem solving in kindergarten: The development of representations. In F. Biddulph & K. Carr (Eds.), *People in Mathematics Education. Proceedings of the 20th Annual Conference of the Mathematics Education Research Group of Australasia* (Vol. 2, pp. 376–383). Rotorua, New Zealand: Mathematics Education Research Group of Australasia.

Outhwaite, L. A., Faulder, M., Gulliford, A., & Pitchford, N. J. (2019). Raising early achievement in math with interactive apps: A randomized control trial. *Journal of Educational Psychology*, *111*, 284–298. doi: 10.1037/edu0000286.

Outhwaite, L. A., Gulliford, A., & Pitchford, N. J. (2017). Closing the gap: Efficacy of a tablet intervention to support the development of early mathematical skills in UK primary school children. *Computers & Education*, *108*, 43–58. doi: 10.1016/j.compedu.2017.01.011.

Owens, K. (1992). Spatial thinking takes shape through primary-school experiences. In W. Geeslin & K. Graham (Eds.), *Proceedings of the 16th Conference of the International Group for the Psychology in Mathematics Education* (Vol. 2, pp. 202–209). Durham, NH: Program Committee of the 16th PME Conference.

Özcan, Z. Ç., & Do an, H. (2017). A longitudinal study of early math skills, reading comprehension and mathematical problem solving. *Pegem Eğitim Ve Öğretim Dergisi*, *8*(1), 1–18. doi: 10.14527/ pegegog.2018.001.

Pagani, L., & Messier, S. (2012). Links between motor skills and indicators of school readiness at kindergarten entry in urban disadvantaged children. *Journal of Educational and Developmental Psychology*, *2*(1), 95. doi: 10.5539/jedp.v2n1p95.

Pagliaro, C. M., & Kritzer, K. L. (2013). The math gap: A description of the mathematics performance of preschool-aged deaf/hard-of-hearing children. *Journal of Deaf Studies and Deaf Education*, *18* (2), 139–160. doi: 10.1093/deafed/ens070.

Pakarinen, E., Kiuru, N., Lerkkanen, M.-

K., Poikkeus, A.M., Ahonen, T., & Nurmi, J.E. (2010). Instructional support predicts children's task avoidance in kindergarten. *Early Childhood Research Quarterly*, *26*(3), 376–386. doi: 10.1016/j.ecresq.2010.11.003.

Paliwal, V., & Baroody, A. J. (2020). Cardinality principle understanding: The role of focusing on the subitizing ability. *ZDM Mathematics Education*. doi: 10.1007/s11858-020-01150-0.

Palmér, H. (2017). Programming in preschool: With a focus on learning mathematics. *International Research in Early Childhood Education*, *8*(1), 75–87. Pan, Y., & Gauvain, M. (2007). *Parental involvement in children's mathematics learning in American and Chinese families during two school transitions*. Paper presented at the Society for Research in Child Development.

Pan, Y., Gauvain, M., Liu, Z., & Cheng, L. (2006). American and Chinese parental involvement in young children's mathematics learning. *Cognitive Development*, *21*, 17–35.

Pantoja, N., Rozek, C. S., Schaeffer, M. W., Berkowitz, T., Beilock, S. L., & Levine, S. C. (2019, March). Children's math anxiety predicts future math achievement over and above cognitive math ability. Paper presented at the 2019 SRCD Biennial Meeting, Baltimore, MD.

Papert, S. (1980). *Mindstorms: Children, computers, and powerful ideas*. New York, NY: Basic Books.

Papic, M. M., Mulligan, J. T., & Mitchelmore, M. C. (2011). Assessing the development of preschoolers' mathematical patterning. *Journal for Research in Mathematics Education*, *42*(3), 237–269. doi: 10.5951/jresematheduc.42.3.0237.

Paris, C. L., & Morris, S. K. (1985). *The computer in the early childhood classroom: Peer helping and peer teaching*. Cleege Park, MD: MicroWorld for Young Children Conference.

Park, J., Bermudez, V., Roberts, R. C., & Brannon, E. M. (2016). Nonsymbolic approximate arithmetic training improves math performance in preschoolers. *Journal of Experimental Child Psychology*, *152*, 278–293. doi: 10.1016/j. jecp.2016.07.011.

Park, S., Stone, S. I., & Holloway, S. D. (2017). School-based parental involvement as a predictor of achievement and school learning environment: An elementary school-level analysis. *Children and Youth Services Review*, *82*(Supplement C), 195–206. doi: 10.1016/j.childyouth.2017. 09.012.

Parker, T. H., & Baldridge, S. J. (2004). *Elementary mathematics for teachers*. Quebecor World, MI: Sefton-Ash Publishing.

Pasnak, R. (1987). Accelerated cognitive development of kindergartners. *Psychology in the Schools*, *28*(4), 358–363. doi: 10.1002/1520-6807(198710) 24:4<358::AID-PITS2310240410>3.0.CO;2-Q.

Pasnak, R. (2017). Empirical studies of patterning. *Psychology*, *8*(13), 2276–2293. doi: 10.4236/

psych.2017.813144.

Pasnak, R., Kidd, J. K., Gadzichowski, K. M., Gallington, D. A., Schmerold, K. L., & West, H. (2015). Abstracting sequences: Reasoning that is a key to academic achievement. *The Journal of Genetic Psychology*, *176*(3), 171–193. doi: 10.1080/00221325.2015.1024198.

Pasnak, R., Kidd, J. K., Gadzichowski, M., Gallington, D. A., McKnight, P., Boyer, C. E., & Carlson, A. (2012). *An efficacy test of patterning instruction for first grade*. Fairfax, VA: George Mason University.

Passolunghi, M. C., Vercelloni, B., & Schadee, H. (2007). The precursors of mathematics learning: Working memory, phonological ability and numerical competence. *Cognitive Development*, *22*(2), 165–184. doi: 10.1016/j.cogdev.2006.09.001.

Peisner-Feinberg, E. S., Burchinal, M. R., Clifford, R. M., Culkins, M. L., Howes, C., Kagan, S. L., & Yazejian, N. (2001). The relation of preschool childcare quality to children's cognitive and social developmental trajectories through second grade. *Child Development, 72*, 1534–1553.

Peltier, C., & Vannest, K. J. (2017). The effects of schema-based instruction on the mathematical problem solving of students with emotional and behavioral disorders. *Behavioral Disorders*, *43*(2), 277–289. doi: 10.1177/0198742917704647.

Perlmutter, J., Bloom, L., Rose, T., & Rogers, A. (1997). Who uses math? Primary children's perceptions of the uses of mathematics. *Journal of Research in Childhood Education*, *12*(1), 58–70.

Perry, B., & Dockett, S. (2002). Young children's access to powerful mathematical ideas. In L. D. English (Ed.), *Handbook of International Research in Mathematics Education* (pp. 81–111). Mahwah, NJ: Lawrence Erlbaum Associates.

Perry, B., & Dockett, S. (2005). "I know that you don't have to work hard": Mathematics learning in the first year of primary school. In H. L. Chick & J. L. Vincent (Eds.), *Proceedings of the 29th Conference of the International Group for the Psychology in Mathematics Education* (Vol. 4, pp. 65–72). Melbourne, Australia: PME.

Perry, R., & Lewis, C. C. (2017). Lesson study to scale up research-based knowledge: A randomized, controlled trial of fractions learning. *Journal for Research in Mathematics Education*, *48*(3), 261–299.

Perry, B., Young-Loveridge, J. M., Dockett, S., & Doig, B. (2008). The development of young children's mathematical understanding. In H. Forgasz, A. Barkatsas, A. Bishop, B. A. Clarke, Keast, W. T. Seah et al. (Eds.), *Research in mathematics education in Australasia 2004–2007* (pp. 17–40). Rotterdam, The Netherlands: Sense Publishers.

Phillips, D., & Meloy, M. (2012). High-quality school-based pre-K can boost early learning for children with special needs. *Exceptional Children*, *78*(4), 471–490.

Piaget, J. (1962). *Play, dreams and*

*imitation in childhood*. New York, NY: W. W. Norton.

Piaget, J. (1971/1974). *Understanding causality*. New York, NY: W. W. Norton.

Piaget, J., & Inhelder, B. (1967). *The child's conception of space*. New York, NY: W. W. Norton.

Piasta, S. B., Pelatti, C. Y., & Miller, H. L. (2014). Mathematics and science learning opportunities in preschool classrooms. *Early Education and Development*, 25(4), 445–468.

Peirce, N. (2013). Digital game-based learning for early childhood. Retrieved from Learnovate Centre website: www.learnovatecentre.org/wp-content/ uploads/2013/05/Digital_Game-based_Learning_ for_Early_Childhood_Report_FINAL.pdf.

Platas, L. M. (2019). Practicing the mathematical practices DREME TE. Retrieved from https:// dreme.stanford. edu/people/linda-platas.

Pollio, H. R., & Whitacre, J. D. (1970). Some observations on the use of natural numbers by preschool children. *Perceptual and Motor Skills*, 30, 167–174. Portelance, D. J., Strawhacker, A. L., & Bers, M. U. (2016). Constructing the ScratchJr programming language in the early childhood classroom. *International Journal of Technology and Design Education*, 26(4), 489–504.

Porter, J. (1999). Learning to count: A difficult task? *Down Syndrome Research and Practice*, 6(2), 85–94.

Portsmore, M., & Milto, E. (2018). Novel engineering in early elementary classrooms. In L. D. English & Moore (Eds.), *Early engineering learning* (pp. 203–223). Gateway East, Singapore: Springer.

Pound, L. (2017). Count on play: The importance of play in making sense of mathematics. In G. Goodliff, N. Canning, J. Parry & L. Miller (Eds.), *Young Children's Play and Creativity: Multiple Voices* (pp. 220–228). Abingdon, Oxon & New York, NY: Routledge.

Powell, S. R., & Fuchs, L. S. (2010). Contribution of equalsign instruction beyond word-problem tutoring for third-grade students with mathematics difficulty. *Journal of Educational Psychology, 102* (2), 381–394.

Powell, S. R., Fuchs, L. S., & Fuchs, D. (2013). Reaching the mountaintop: Addressing the common core standards in mathematics for students with mathematical disabilities. *Learning Disabilities Research & Practice, 28*(1), 38–48. doi: 10.1111/ ldrp.12001.

Powell, S. R., & Nurnberger-Haag, J. (2015). Everybody counts, but usually just to 10! A systematic analysis of number representations in children's books. *Early Education and Development, 26*(3), 377–398. doi: 10.1080/10409289.2015.994466.

Pratt, C. (1948). *I learn from children.* New York, NY: Simon and Schuster.

Prediger, S., Erath, K., & Opitz, E. M. (2019). The language dimension of mathematical difficulties. In A. Fritz, V. G. Haase & P. Räsänen (Eds.), *International handbook of mathematical learning difficulties: From the laboratory to the classroom* (pp. 437–455). Cham, Switzerland: Springer.

Primavera, J., Wiederlight, P. P., & DiGiacomo, T. M. (2001, August). *Technology access for low-income preschoolers: Bridging the digital divide.* Paper presented at the American Psychological Association, San Francisco, CA.

Pruden, S. M., Levine, S. C., & Huttenlocher, J. (2011). Children's spatial thinking: Does talk about the spatial world matter? *Developmental Science, 14* (6), 1417–1430. doi: 10.1111/j.1467-7687.2011.01088.x.

Purpura, D. J., Day, E., Napoli, A. R., & Hart, S. A. (2017). Identifying domain-general and domain-specific predictors of low mathematics performance: A classification and regression tree analysis. *Journal of Numerical Cognition, 3*(2), 365–399. doi: 10.5964/jnc.v3i2.53.

Purpura, D. J., Hume, L. E., Sims, D. M., & Lonigan, C. J. (2011). Early literacy and early numeracy: The value of including early literacy skills in the prediction of numeracy development. *Journal of Experimental Child Psychology, 110*, 647–658. doi: 10.1016/j.jecp.2011.07.004.

Purpura, D. J., & Napoli, A. R. (2015). Early numeracy and literacy: Untangling the relation between specific components. *Mathematical Thinking and Learning, 17*(2-3), 197–218. doi: 10.1080/10986065.2015.1016817.

Ralston, N. C., Benner, G. J., Tasai, S.-F., Riccomini, P. C., & Nelson, J. R. (2014). Mathematics instruction for students with emotional and behavioral disorders: A best-evidence synthesis. *Preventing School Failure, 58*(1), 1–16.

Ramani, G. B., Rowe, M. L., Eason, S. H., & Leech, K. A. (2015). Math talk during informal learning activities in Head Start families. *Cognitive Development, 35*, 15–33. doi: 10.1016/j.cogdev.2014.11.002.

Ramani, G. B., Siegler, R. S., & Hitti, A. (2012). Taking it to the classroom: Number board games as a small group learning activity. *Journal of Educational Psychology, 104*(3), 661–672. doi: 10.1037/ a0028995.supp.

Ramey, C. T., & Ramey, S. L. (1998). Early intervention and early experience. *American Psychologist, 53*, 109–120.

Ramirez, G., Chang, H., Maloney, E. A., Levine, S. C., & Beilock, S. L. (2016). On the relationship between math anxiety and math achievement in early elementary school: The role of problem solving strategies. *Journal of Experimental Child Psychology, 141*, 83–100. doi: doi:10.1016/ j.jecp.2015.07.014 Raphael, D., & Wahlstrom, M. (1989). The influence of instructional aids on mathematics achievement. *Journal for Research in Mathematics Education, 20*, 173–190.

Rathbun, A., & West, J. (2004). *From kindergarten through third grade: Children's beginning school experiences*. Washington, DC: U.S. Department of Education, National Center for Education Statistics. Rathé, S., Torbeyns, J., De Smedt, B., & Verschaffel, L. (2019). Spontaneous focusing on Arabic number symbols and its association with early mathematical competencies. *Early Childhood Research Quarterly, 48*, 111–121. doi: 10.1016/j.ecresq.2019.01.011.

Rathé, S., Torbeyns, J., Hannula-Sormunen, M., De Smedt, B., & Verschaffel, L. (2016). Spontaneous focusing on numerosity: A review of recent research. *Mediterranean Journal for Research in Mathematics Education, 15*, 1–25.

Raver, C. C., Jones, S. M., Li-Grining, C., Zhai, F., Bub, K., & Pressler, E. (2011). CSRP's impact on low-income preschoolers preacademic skills: Selfregulation as a mediating mechanism. *Child Development, 82*(1), 362–378. doi: 10.1111/j.14678624.2010.01561.x.

Raver, C. C., Jones, S. M., Li-Grining, C., Zhai, F., Metzger, M. W., & Solomon, B. (2009). Targeting children's behavior problems in preschool classrooms: A cluster-randomized controlled trial. *Journal of Consulting and Clinical Psychology, 77* (2), 302–316. doi: 10.1037/a0015302.

Razel, M., & Eylon, B.-S. (1986). Developing visual language skills: The Agam program. *Journal of Visual Verbal Languaging, 6*(1), 49–54.

Razel, M., & Eylon, B.-S. (1990). Development of visual cognition: Transfer effects of the Agam program. *Journal of Applied Developmental Psychology, 11*, 459–485.

Razel, M., & Eylon, B. S. (1991, July). Developing mathematics readiness in young children with the Agam program. *Paper presented at the Fifteenth Conference of the International Group for the Psychology of Mathematics Education*, Genoa, Italy.

Reardon, S. F. (2011). The widening academic achievement gap between the rich and the poor: New evidence and possible explanations. In G. J. Duncan & R. Murnane (Eds.), *Whither Opportunity? Rising Inequality, Schools, and Children's Life Chances* (pp. 91–116). New York, NY: Russell

Sage Foundation.

Reeves, J. L., Gunter, G. A., & Lacey, C. (2017). Mobile learning in pre-kindergarten: Using student feedback to inform practice. *Educational Technology & Society, 20*(1), 37–44.

Reikerås, E. (2016). Central skills in toddlers' and preschoolers' mathematical development, observed in play and everyday activities *Nordic Studies in Mathematics Education, 21*(4), 57–77.

Reikerås, E., Løge, I. K., & Knivsberg, A.M. (2012). The mathematical competencies of toddlers expressed in their play and daily life activities in Norwegian kindergartens. *International Journal of Early Childhood, 44*(1), 91–114. doi: 10.1007/ s13158-011-0050-x.

Resnick, I., Newcombe, N. S., & Jordan, N. C. (2019). The relation between spatial reasoning and mathematical achievement in children with mathematical learning difficulties. In A. Fritz, V. G. Haase & P. Räsänen (Eds.), *International handbook of mathematical learning difficulties: From the laboratory to the classroom* (pp. 423–435). Cham, Switzerland: Springer.

Resnick, L. B., & Omanson, S. (1987). Learning to understand arithmetic. In R. Glaser (Ed.), *Advances in instructional psychology* (pp. 41–95). Hillsdale, NJ: Lawrence Erlbaum Associates.

Resnick, L. B., & Singer, J. A. (1993). Protoquantitative origins of ratio reasoning. In T. P. Carpenter, E. H. Fennema, & T. A. Romberg (Eds.), *Rational numbers: An integration of research* (pp. 107–130). Erlbaum.

Rhee, M. C., & Chavnagri, N., (Cartographer). (1991). *Four-year-old children's peer interactions when playing with a computer.* ERIC Document No. ED342466. Wayne State University.

Rich, S. E., Duhon, G. J., & Reynolds, J. (2017). Improving the generalization of computer-based math fluency building through the use of sufficient stimulus exemplars. *Journal of*

*Behavioral Education, 26*(2), 123–136.

Richardson, K. (2004). Making sense. In D. H. Clements, J. Sarama, & A.M. DiBiase (Eds.), *Engaging young children in mathematics: Standards for early childhood mathematics education* (pp. 321–324). Mahwah, NJ: Lawrence Erlbaum Associates.

Riel, M. (1985). The Computer Chronicles Newswire: A functional learning environment for acquiring literacy skills. *Journal of Educational Computing Research, 1*, 317–337.

Ritchie, S. J., & Bates, T. C. (2013). Enduring links from childhood mathematics and reading achievement to adult socioeconomic status. *Psychological cience, 24*, 1301–1308. doi: 10.1177/0956797612466268.

Ritter, S., Anderson, J. R., Koedinger, K. R., & Corbett, A. (2007). Cognitive Tutor: Applied research in mathematics education. *Psychonomics Bulletin & Review, 14*(2), 249–255.

Rittle-Johnson, B., Fyfe, E. R., & Zippert, E. (2018). The roles of patterning and spatial skills in early mathematics development. *Early Childhood Research Quarterly.* doi: 10.1016/j.ecresq.2018.03.006.

Robinson, G. E. (1990). Synthesis of research on effects of class size. *Educational Leadership, 47* (7), 80–90.

Robinson, N. M., Abbot, R. D., Berninger, V. W., & Busse, J. (1996). The structure of abilities in math-precocious young children: Gender similarities and differences. *Journal of Educational Psychology, 88*(2), 341–352.

Rogers, A. (2012). *Steps in developing a quality whole number place value assessment for years 3–6: Unmasking the "experts."* Paper presented at the Mathematics Education Research Group of Australasia, Singapore.

Romano, E., Babchishin, L., Pagani, L. S., & Kohen, D. (2010). School readiness and later achievement: Replication and extension using a nationwide Canadian survey. *Developmental Psychology, 46* (5), 995–1007. doi: 10.1037/a0018880.

Rosengren, K. S., Gross, D., Abrams,

A. F., & Perlmutter, M. (1985). *An observational study of preschool children's computing activity.* Austin, TX: "Perspectives on the Young Child and the Computer" conference, University of Texas at Austin.

Rosser, R. A., Ensing, S. S., Glider, P. J., & Lane, S. (1984). An information-processing analysis of children's accuracy in predicting the appearance of rotated stimuli. *Child Development, 55,* 2204–2211. Rosser, R. A., Horan, P. F., Mattson, S. L., & Mazzeo, J. (1984). Comprehension of Euclidean space in young children: The early emergence of understanding and its limits. *Genetic Psychology Monographs, 110,* 21–41.

Roth, J., Carter, R., Ariet, M., Resnick, M. B., & Crans, G. (2000, April). *Comparing fourth-grade math and reading achievement of children who did and did not participate in Florida's statewide Prekindergarten Early Intervention Program.* Paper presented at the American Educational Research Association, New Orleans, LA.

Rouse, C., Brooks-Gunn, J., & McLanahan, S. (2005). Introducing the issue. *The Future of Children, 15,* 5–14.

Rousselle, L., & Noël, M.-P. (2007). Basic numerical skills in children with mathematics learning disabilities: A comparison of symbolic vs. non-symbolic number magnitude processing. *Cognition, 102,* 361–395.

Russell, K. A., & Kamii, C. (2012). Children's judgements of durations: A modified republication of Piaget's study. *School Science and Mathematics, 112*(8), 476–482.

Russell, S. J. (1991). Counting noses and scary things: Children construct their ideas about data. In D. Vere-Jones (Ed.), *Proceedings of the Third International Conference on Teaching Statistics* (pp. 158–164). Dunedin, New Zealand: International Statistical Institute.

Sæbbe, P.-E., & Mosvold, R. (2016). Initiating a conceptualization of the professional work of teaching mathematics in kindergarten in terms of discourse. *Nordic Studies in Mathematics Education, 21*(4), 79–93.

Sakakibara, T. (2014). Mathematics learning and teaching in Japanese preschool: Providing appropriate foundations for a elementary schooler's mathematics learning. *International Journal of Educational Studies in Mathematics, 1*(1), 16–26.

Salminen, J., Koponen, T., Räsänen, P., & Aro, M. (2015). Preventive support for kindergarteners most at-risk for mathematics difficulties: Computer-assisted intervention. *Mathematical Thinking and Learning, 17*(4), 273–295. doi: 10.1080/10986065.2015.1083837.

Sandhofer, C. M., & Smith, L. B. (1999). Learning color words involves learning a system of mappings. *Developmental Psychology, 35*, 668–679.

Sarama, J. (2002). Listening to teachers: Planning for professional development. *Teaching Children Mathematics, 9*, 36–39.

Sarama, J. (2004). Technology in early childhood mathematics: "Building Blocks" as an innovative technology-based curriculum. In D. H. Clements, J. Sarama, & A.M. DiBiase (Eds.), *Engaging young children in mathematics: Standards for early childhood mathematics education* (pp. 361–375). Mahwah, NJ: Lawrence Erlbaum Associates.

Sarama, J., Brenneman, K., Clements, D. H., Duke, N. K., & Hemmeter, M. L. (2017). Interdisciplinary teaching across multiple domains: The C4L (Connect4Learning) Curriculum. In L. B. Bailey (Ed.), *Implementing the Common Core State Standards across the early childhood curriculum* (pp. 1–53). New York, NY: Routledge.

Sarama, J., & Clements, D. H. (2016). Physical and virtual manipulatives: What is "concrete"? In P. S. Moyer-Packenham (Ed.), *International perspectives on teaching and learning mathematics with virtual manipulatives* (Vol. 3, pp. 71–93). Switzerland: Springer International Publishing.

Sarama, J., & Clements, D. H. (2020). Promoting a good start: Technology in early childhood mathematics. In E. Arias, J. Cristia & S. Cueto (Eds.), *Learning mathematics in the 21st Century: Adding technology to the equation* (pp. 181–223). Washington, DC: Inter-American Development Bank.

Sarama, J., Clements, D. H., Wolfe, C. B., & Spitler, M. E. (2016). Professional development in early mathematics: Effects of an intervention based on learning trajectories on teachers' practices. *Nordic Studies in Mathematics Education, 21* (4), 29–55.

Sarama, J., & Clements, D. H. (2002a). Building Blocks for young children's mathematical development. *Journal of Educational Computing Research, 27*(1&2), 93–110.

Sarama, J., & Clements, D. H. (2002b). Learning and teaching with computers in early childhood education. In O. N. Saracho & B. Spodek (Eds.), *Contemporary Perspectives on Science and Technology in Early Childhood Education* (pp. 171–219). Greenwich, CT: Information Age Publishing, Inc.

Sarama, J., & Clements, D. H. (2003). *Building Blocks* of early childhood mathematics. *Teaching Children Mathematics, 9*(8), 480–484.

Sarama, J., & Clements, D. H. (2009). *Early childhood mathematics education research: Learning trajectories for young children.* New York, NY: Routledge. Sarama, J., & Clements, D. H. (2012). Mathematics for the whole child. In S. Suggate & E. Reese (Eds.), *Contemporary debates in childhood education and development* (pp. 71–80). New York, NY: Routledge.

Sarama, J., & Clements, D. H. (2013). Lessons learned in the implementation of the TRIAD scale-up model: Teaching early mathematics with trajectories and technologies. In T. G. Halle, A. J. Metz, & I. Martinez-Beck (Eds.), *Applying implementation science in early childhood programs and systems* (pp. 173–191). Baltimore, MD: Brookes.

Sarama, J., & Clements, D. H. (2018). Promoting positive transitions through coherent instruction, assessment, and professional development: The TRIAD scale-up model. In A. J. Mashburn, J. LoCasale-Crouch & K. Pears (Eds.), *Kindergarten transition and readiness: Promoting cognitive, social-emotional, and selfregulatory development* (pp. 327–348). Cham, Switzerland: Springer International Publishing.

Sarama, J., & Clements, D. H. (2019). Technology in early childhood education. In O. N. Saracho (Ed.), *Handbook of research on the education of young children* (Vol. 4, pp. 183–198). New York, NY: Routledge.

Sarama, J., Clements, D. H., Barrett, J. E., Cullen, C. J., & Hudyma, A. (2019). Length measurement in the early years: Teaching and learning with learning trajectories. *Submitted for publication.*

Sarama, J., Clements, D. H., Barrett, J. E., Van Dine, D. W., & McDonel, J. S. (2011). Evaluation of a learning trajectory for length in the early years. *ZDM-The International Journal on Mathematics Education, 43,* 667–680. doi: 10.1007/s11858-011-0326-5.

Sarama, J., Clements, D. H., Swaminathan, S., McMillen, S., & González Gómez, R. M. (2003). Development of mathematical concepts of two-dimensional space in grid environments: An exploratory study. *Cognition and Instruction, 21,* 285–324.

Sarama, J., Clements, D. H., & Vukelic, E. B. (1996). The role of a computer manipulative in fostering specific psychological/mathematical processes. In E. Jakubowski, D. Watkins, & H. Biske (Eds.), *Proceedings of the 18th Annual Meeting of the North America Chapter of the International Group for the Psychology of Mathematics Education* (Vol. 2, pp. 567–572). Columbus, OH: ERIC Clearinghouse for Science, Mathematics, and Environmental Education.

Sarama, J., Clements, D. H., Wolfe, C. B., & Spitler, M. E. (2012). Longitudinal evaluation of a scale-up model for teaching mathematics with trajectories and technologies. *Journal of Research on Educational Effectiveness, 5*(2),

105–135.

Sarama, J., & DiBiase, A.M. (2004). The professional development challenge in preschool mathematics. In D. H. Clements, J. Sarama, & A.M. DiBiase (Eds.), *Engaging young children in mathematics: Standards for early childhood mathematics education* (pp. 415–446). Mahwah, NJ: Lawrence Erlbaum Associates.

Sarama, J., Lange, A., Clements, D. H., & Wolfe, C. B. (2012). The impacts of an early mathematics curriculum on emerging literacy and language. *Early Childhood Research Quarterly*, *27*(3), 489–502. doi: 10.1016/ j.ecresq.2011.12.002.

Sariba & Arnas, Y. A. (2017). Which type of verbal problems do the teachers and education materials present to children in preschool period? *Necatibey Faculty of Education Electronic Journal of Science and Mathematics Education*, *11* (1), 81–100.

Scalise, N. R., DePascale, M., McCown, C., & Ramani, G. B. (2019, March). "My child's math ability will never change": Relations between parental beliefs and preschoolers' math skills. Paper presented at the 2019 SRCD Biennial Meeting, Baltimore, MD.

Schacter, J., & Jo, B. (2016). Improving low-income preschoolers mathematics achievement with Math Shelf, a preschool tablet computer curriculum. *Computers in Human Behavior*, *55*(A), 223–229. doi: 10.1016/ j.chb.2015.09.013.

Schaeffer, M. W., Rozek, C. S., Berkowitz, T., Levine, S. C., & Beilock, S. L. (2018). Disassociating the relation between parents' math anxiety and children's math achievement: Long-term effects of a math app intervention. *Journal of Experimental Psychology General*, *147*(12), 1782–1790. doi: 10.1037/xge0000490.

Schenke, K., Watts, T. W., Nguyen, T., Sarama, J., & Clements, D. H. (2017). Differential effects of the classroom on African American and non-African American's mathematics achievement. *Journal of Educational Psychology*, *109*(6), 794–811.

Schery, T. K., & O'Connor, L. C. (1997). Language intervention: Computer training for young children with special needs. *British Journal of Educational Technology, 28*, 271–279.

Schliemann, A. C. D., Carraher, D. W., & Brizuela, B. M. (2007). *Bringing out the algebraic character of arithmetic.* Mahwah, NJ: Lawrence Erlbaum Associates.

Schmerold, K. L., Bock, A., Peterson, M., Leaf, B., Vennergrund, K., & Pasnak, R. (2017). The relations between patterning, executive function, and mathematics. *Journal of Psychology: Interdisciplinary and Applied, 151*(2), 207–228. doi: 10.1080/00223980.2016.1252708.

Schmitt, S. A., Korucu, I., Napoli, A. R., Bryant, L. M., & Purpura, D. J. (2018). Using block play to enhance preschool children's mathematics and executive functioning: A randomized controlled trial. *Early Childhood Research Quarterly, 44*, 181–191. doi: 10.1016/j.ecresq.2018.04.006.

Schoenfeld, A. H. (2008). Early algebra as mathematical sense making. In J. J. Kaput, D. W. Carraher, & M. L. Blanton (Eds.), *Algebra in the early grades* (pp. 479–510). Mahwah, NJ: Lawrence Erlbaum Associates.

Schumacher, R. F., & Fuchs, L. S. (2012). Does understanding relational terminology mediate effects of intervention on compare word problems? *Journal of Experimental Child Psychology, 111*(4), 607–628. doi: 10.1016/j.jecp.2011.12.001.

Schwartz, S. (2004). Explorations in graphing with prekindergarten children. In B. Clarke (Ed.), *International perspectives on learning and teaching mathematics* (pp. 83–97). Gothenburg, Sweden: National Centre for Mathematics Education.

Schweinhart, L. J., & Weikart, D. P. (1988). Education for young children living in poverty: Childinitiated learning or teached automatic human infordirected instruction? *The Elementary School Journal, 89*, 212–225.

Schweinhart, L. J., & Weikart, D. P. (1997). The High/ Scope curriculum comparison study through age 23. *Early Childhood Research Quarterly, 12,* 117–143.

Scott, L. F., & Neufeld, H. (1976). Concrete instruction in elementary school mathematics: Pictorial vs. manipulative. *School Science and Mathematics, 76,* 68–72.

Secada, W. G. (1992). Race, ethnicity, social class, language, and achievement in mathematics. In D. A. Grouws (Ed.), *Handbook of research on mathematics teaching and learning* (pp. 623–660). New York, NY: Macmillan.

Sedaghatjou, M., & Campbell, S. R. (2017). Exploring cardinality in the era of touchscreen-based technology. *International Journal of Mathematical Education in Science and Technology, 48*(8), 1225–1239. eker, P. T., & Alisinano lu, F. (2015). A survey study of the effects of preschool teachers' beliefs and self-efficacy towards mathematics education and their demographic features on 48-60-month-old preschool children's mathematic skills. *Creative Education, 06*(03),

405–414. doi: 10.4236/ ce.2015.63040.

Sella, F., Berteletti, I., Lucangeli, D., & Zorzi, M. (2016). Spontaneous non-verbal counting in toddlers. *Development of Science, 19*(2), 329–337. doi: 10.1111/desc.12299.

Seloraji, P., & Eu, L. K. (2017). Students' performance in geometrical reflection using GeoGebra. *Malaysian Online Journal of Educational Technology, 5* (1), 65–77.

Senk, S. L., & Thompson, D. R. (2003). *Standardsbased school mathematics curricula. What are they? What do students learn?* Mahwah, NJ: Lawrence Erlbaum Associates.

Seo, K.H., & Ginsburg, H. P. (2004). What is developmentally appropriate in early childhood mathematics education? In D. H. Clements, J. Sarama, & A.M. DiBiase (Eds.), *Engaging young children in mathematics: Standards for early childhood mathematics education* (pp. 91–104). Mahwah, NJ: Lawrence Erlbaum Associates.

Shade, D. D. (1994). Computers and young children: Software types, social contexts, gender, age, and emotional responses. *Journal of Computing in Childhood Education, 5*(2), 177–209.

Shade, D. D., Nida, R. E., Lipinski, J. M., & Watson, J. A. (1986). Microcomputers and preschoolers: Working together in a classroom setting. *Computers in the Schools, 3*, 53–61.

Shah, H. K., Domitrovich, C. E., Morgan, N. R., Moore, J. E., Rhoades, B. L., Jacobson, L., & Greenberg, M. T. (2017). One or two years of participation: Is dosage of an enhanced publicly funded preschool program associated with the academic and executive function skills of low-income children in early elementary school? *Early Childhood Research Quarterly, 40*, 123–137. doi: 10.1016/j.ecresq.2017.03.004.

Shahbari, J. A. (2017). Mathematical and pedagogical knowledge amongst first-and second-grade inservice and preservice mathematics teachers. *International Journal for Mathematics Teaching and Learning, 18*(1), 41–65.

Shamir, A., & Lifshitz, I. (2012). E-books for supporting the emergent literacy and emergent math of children at risk for learning disabilities: Can metacognitive guidance make a difference? *European Journal of Special Needs Education, 28*(1), 33–48. doi: 10.1080/08856257.2012.742746.

Shaw, K., Nelsen, E., & Shen, Y.L. (2001, April). *Preschool development and subsequent school achievement among Spanish-speaking children from low-income families.* Paper presented at the American Educational Research Association, Seattle, WA.

Shaw, R., Grayson, A., & Lewis, V. (2005). Inhibition, ADHD, and computer games: The inhibitory performance of children with ADHD on computerized tasks and games. *Journal of Attention Disorders, 8*, 160–168.

Shayer, M., & Adhami, M. (2010). Realizing the cognitive potential of children 5–7 with a mathematics focus: Post-test and longterm effects of a 2-year intervention. *British Journal of Educational Psychology, 80*(3),

363–379.

Sheehan, K. J., Pila, S., Lauricella, A. R., & Wartella, E. A. (2019). Parent-child interaction and children's learning from a coding application. *Computers & Education*, *140*. doi: 10.1016/j. compedu.2019.103601.

Shepard, L. (2005). Assessment. In L. DarlingHammond & J. Bransford (Eds.), *Preparing teachers for a changing world* (pp. 275–326). San Francisco, CA: Jossey-Bass.

Shepard, L., & Pellegrino, J. W. (2018). Classroom assessment principles to support learning and avoid the harms of testing. *Educational Measurement: Issues and Practice*, 37(1), 52–57.

Sherman, J., & Bisanz, J. (2009). Equivalence in symbolic and non-symbolic contexts: Benefits of solving problems with manipulatives *Journal of Educational Psychology*, *101*(1), 88–100.

Sherman, J., Bisanz, J., & Popescu, A. (2007, April). *Tracking the path of change: Failure to success on equivalence problems*. Paper presented at the Society for Research in Child Development, Boston, MA.

Shiakalli, M. A., & Zacharos, K. (2014). The contribution of external representations in preschool mathematical problem solving. *International Journal of Early Years Education*, *20*(4), 315–331.

Shiffrin, R. M., & Schneider, W. (1984). Controlled and automatic human information processing: II. Perceptual learning, automatic attending, and a general theory. *Psychological Review*, *84*, 127–190.

Shonkoff, J. P., & Phillips, D. A. (Eds.). (2000). *From neurons to neighborhoods: The science of early childhood development*. Washington, DC: National Academy Press.

Shrock, S. A., Matthias, M., Anastasoff, J., Vensel, C., & Shaw, S. (1985). *Examining the effects of the microcomputer on a real world class: A naturalistic study*. Anaheim, CA: Association for Educational Communications and Technology.

Sicilian, S. P. (1988). Development

of counting strategies in congenitally blind children. *Journal of Visual Impairment & Blindness*, *82*(8), 331–335. doi: 10.1177/0145482X8808200811.

Siegler, R. S. (1993). Adaptive and non-adaptive characteristics of low income children's strategy use. In L. A. Penner, G. M. Batsche, H. M. Knoff, & D. L. Nelson (Eds.), *Contributions of psychology to science and mathematics education* (pp. 341–366). Washington, DC: American Psychological Association.

Siegler, R. S. (1995). How does change occur: A microgenetic study of number conservation. *Cognitive Psychology*, *28*, 255–273. doi: 10.1006/cogp.1995.1006.

Siegler, R. S. (2017). Fractions: Where it all goes wrong. *Scientfic American*. www.scientificamerican.com/ article/fractions-where-it-all-goes-wrong/ Siegler, R. S., & Booth, J. L. (2004). Development of numerical estimation in young children. *Child Development*, *75*, 428–444.

Silander, M., Moorthy, S., Dominguez, X., Hupert, N., Pasnik, S., & Llorente, C. (2016). Using digital media at home to promote young children's mathematics learning: Results of a randomized controlled trial. Retrieved from Society for Research on Educational Effectiveness. 2040 Sheridan Road, Evanston, IL 60208. website: https://search.proquest. com/docview/1871568227?accountid=14608.

Silverman, I. W., York, K., & Zuidema, N. (1984). Areamatching strategies used by young children. *Journal of Experimental Child Psychology*, *38*, 464–474.

Silvern, S. B., Countermine, T. A., & Williamson, P. A. (1988). Young children's interaction with a microcomputer. *Early Child Development and Care*, *32*, 23–35.

Sim, Z. L., & Xu, F. (2017). Learning higher-order generalizations through free play: Evidence from 2-and 3-year-old children. *Developmental Psychology*, *53* (4), 642–651. doi: 10.1037/dev0000278.

Simmons, F. R., Willis, C., & Adams, A.-M. (2012). Different components of working memory have different relationships with different mathematical skills. *Journal of Experimental Child Psychology*, *111*(2), 139–155. doi: 10.1016/j.jecp.2011.08.011.

Skoumpourdi, C. (2010). Kindergarten mathematics with 'Pepe the Rabbit': How kindergartners use auxiliary means to solve problems. *European Early Childhood Education Research Journal*, *18*(3), 149–157.

Slater, A., Mattock, A., & Brown, E. (1990). Size constancy at birth: Newborn infants' responses to retinal and real size. *Journal of Experimental Child Psychology*, *49*, 314–322.

Slovin, H. (2007, April). *Revelations from counting: A window to conceptual understanding*. Paper presented at the Research Presession of the 85th Annual Meeting of the National Council of Teachers of Mathematics, Atlanta, GA.

Smith, L. B., Jones, S. S., Landau, B., GershkoffStowe, L., & Samuelson, L. (2002). Object name learning provides on-the-job training for attention. *Psychological Science*, *13*, 13–19.

Smith, C. R., Marchand-Martella, N. E., & Martella, R. C. (2011). Assessing the effects of the *Rocket Math* program with a primary elementary school student at risk for school failure: A case study. *Education and Treatment of Children*, *34*, 247–258.

Snodgrass, M. R., Israel, M., & Reese, G. C. (2016). Instructional supports for students with disabilities in K-5 computing: Findings from a cross-case analysis. *Computers & Education*, *100*, 1–17. doi: 10.1016/j.compedu.2016.04.011.

Sobayi, C. (2018). The role of parents and pre-primary education in promoting early numeracy development to young children in Dar es Salaam. *Papers in Education and Development*(35).

Solem, M., Huynh, N. T., & Boehm, R. (Eds.). (2015). *Learning progressions for maps, geospatial technology, and spatial thinking: A research handbook.*

Washington, DC: National Center for Research in Geography Education.

Sonnenschein, S., Baker, L., Moyer, A., & LeFevre, S. (2005, April). *Parental beliefs about children's reading and math development and relations with subsequent achievement*. Paper presented at the Biennial Meeting of the Society for Research in Child Development, Atlanta, GA.

Sophian, C. (2002). Learning about what fits: Preschool children's reasoning about effects of object size. *Journal for Research in Mathematics Education, 33*, 290–302.

Sophian, C. (2004). A prospective developmental perspective on early mathematics instruction. In D. H. Clements, J. Sarama, & A. M. DiBiase (Eds.), *Engaging young children in mathematics: Standards for early childhood mathematics education*(pp. 253–266). Mahwah, NJ: Lawrence Erlbaum Associates.

Sophian, C. (2013). Vicissitudes of children's mathematical knowledge: Implications of developmental research

for early childhood mathematics education. *Early Education & Development, 24*(4), 436–442. doi: 10.1080/10409289.2013.773255.

Sophian, C., & Adams, N. (1987). Infants' understanding of numerical transformations. *British Journal of Educational Psychology, 5*, 257–264.

Sorariutta, A., & Silvén, M. (2017). Maternal cognitive guidance and early education and care as precursors of mathematical development at preschool age and in ninth grade. *Infant and Child Development, 27*(2). doi: 10.1002/icd.2069.

Sorariutta, A., & Silvén, M. (2018). Quality of both parents' cognitive guidance and quantity of early childhood education: Influences on pre-mathematical development. *British Journal of Educational Psychology, 88*(2), 192–215. doi: 10.1111/bjep.12217.

Soto-Calvo, E., Simmons, F. R., Willis, C., & Adams, A.M. (2015, December). Identifying the cognitive predictors of early counting and calculation skills: Evidence from a longitudinal study. *Journal of Experimental Child Psychology, 140*, 16–37. doi: 10.1016/j.jecp.2015.06.011.

Sowder, J. T. (1992a). Estimation and number sense. In D. A. Grouws (Ed.), *Handbook of research on mathematics teaching and learning* (pp. 371–389). New York, NY: Macmillan.

Sowder, J. T. (1992b). Making sense of numbers in school mathematics. In G. Leinhardt, R. Putman, & R. A. Hattrup (Eds.), *Analysis of arithmetic for mathematics teaching* (pp. 1–45). Mahwah, NJ: Lawrence Erlbaum Associates.

Sowell, E. J. (1989). Effects of manipulative materials in mathematics instruction. *Journal for Research in Mathematics Education, 20*, 498–505.

Spaepen, E., Coppola, M., Spelke, E. S., Carey, S. E., & Goldin-Meadow, S. (2011). Number without a language model. *Proceedings of the National Academy of Sciences, 108*(8), 3163–3168. doi: 10.1073/ pnas.1015975108

Spaepen, E., Gunderson, E. A., Gibson, D., GoldinMeadow, S., & Levine, S. C. (2018). Meaning before order: Cardinal principle knowledge predicts improvement in understanding the successor principle and exact ordering. *Cognition, 180*, 59–81. doi: 10.1016/j.cognition.2018.06.012.

The Spatial Reasoning Study Group. (2015). *Spatial reasoning in the early years: Principles, assertions, and speculations*. New York, NY: Routledge. Spelke, E. S. (2003). What makes us smart? Core knowledge and natural language. In D. Genter & S. Goldin-Meadow (Eds.), *Language in mind* (pp. 277–311). Cambridge, MA: MIT Press.

Spelke, E. S. (2008). Effects of music instruction on developing cognitive systems at the foundations of mathematics and science. In C. Asbury & B. Rich (Eds.), *Learning, Arts, & the Brain* (pp. 17–49). New York/Washington, DC: Dana Press.

Starkey, P., Klein, A., Chang, I., Qi, D., Lijuan, P., & Yang, Z. (1999, April). *Environmental supports for young children's mathematical development in China and the United States*. Paper presented at the Society for Research in Child Development, Albuquerque, NM.

Starr, A., Libertus, M. E., & Brannon, E. M. (2013). Infants show ratio-dependent number discrimination regardless of set size. *Infancy, 18*(6), 927–941. doi: 10.1111/infa.12008

Steen, L. A. (1988). The science of patterns. *Science, 240*, 611–616.

Steffe, L. P. (1991). Operations that generate quantity. *Learning and Individual Differences, 3*, 61–82.

Steffe, L. P. (2004). PSSM from a constructivist perspective. In D. H. Clements, J. Sarama, & A.M. DiBiase (Eds.), *Engaging young children in mathematics: Standards for early childhood mathematics education* (pp. 221–251). Mahwah, NJ: Lawrence Erlbaum Associates.

Steffe, L. P., & Cobb, P. (1988). *Construction of arithmetical meanings and strategies*. New York, NY: Springer-Verlag.

Steffe, L. P., & Olive, J. (2002). Design and use of computer tools for interactive mathematical activity (TIMA). *Journal of Educational Computing Research, 27*(1&2), 55–76.

Steffe, L. P., & Olive, J. (2010). *Children's fractional knowledge*. Springer. doi: 10.1007/978-1-44190519-8.

Steffe, L. P., Thompson, P. W., & Richards, J. (1982). Children's counting in arithmetical problem solving. In T. P. Carpenter, J. M. Moser, & T. A. Romberg (Eds.), *Addition and subtraction: A cognitive perspective* (pp. 83–97). Mahwah, NJ: Lawrence Erlbaum Associates.

Steffe, L. P., & Wiegel, H. G. (1994). Cognitive play and mathematical learning in computer MicroWorlds. *Journal of Research in Childhood Education, 8*(2), 117–131.

Steinke, D. (2013) *Rhythm and number sense: How music teaches math*. Lafayette, CO: NumberWorks.

Stenmark, J. K., Thompson, V., & Cossey, R. (1986). *Family math*. Berkeley, CA: Lawrence Hall of

Science, University of California.

Stephan, M., & Clements, D. H. (2003). Linear, area, and time measurement in prekindergarten to grade 2. In D. H. Clements (Ed.), *Learning and teaching measurement: 65th Yearbook* (pp. 3–16). Reston, VA: National Council of Teachers of Mathematics.

Stevenson, H. W., & Newman, R. S. (1986). Long-term prediction of achievement and attitudes in mathematics and reading. *Child Development, 57,* 646–659.

Stewart, R., Leeson, N., & Wright, R. J. (1997). Links between early arithmetical knowledge and early space and measurement knowledge: An exploratory study. In F. Biddulph & K. Carr (Eds.), *Proceedings of the Twentieth Annual Conference of the Mathematics Education Research Group of Australasia* (Vol. 2, pp. 477–484). Hamilton, New Zealand: MERGA.

Stigler, J. W., Fuson, K. C., Ham, M., & Kim, M. S. (1986). An analysis of addition and subtraction word problems in American and Soviet elementary mathematics textbooks. *Cognition and Instruction, 3,* 153–171.

Stiles, J., & Nass, R. (1991). Spatial grouping activity in young children with congenital right or left hemisphere brain injury. *Brain and Cognition, 15,* 201–222.

Stock, P., Desoete, A., & Roeyers, H. (2009). Mastery of the counting principles in toddlers: A crucial step in the development of budding arithmetic abilities? *Learning and Individual Differences, 19* (4), 419–422. doi: 10.1016/j.lindif.2009.03.002.

Sullivan, A., & Bers, M. (2013). Gender differences in kindergarteners' robotics and programming achievement. *International Journal of Technology & Design Education, 23*(3), 691–702. doi: 10.1007/ s10798-012-9210-z.

Sullivan, A., Kazakoff, E. R., & Bers, M. U. (2013). The wheels on the bot go round and round: Robotics curriculum in pre-kindergarten. *Journal of Information Technology Education: Innovations in Practice, 12,* 203–219.

Sumpter, L., & Hedefalk, M. (2015). Preschool children's collective mathematical reasoning during free outdoor play. *The Journal of Mathematical Behavior, 39*, 1–10. doi: 10.1016/j.jmathb.2015.03.006.

Sung, W., Ahn, J.-H., Kai, S. M., & Black, J. (2017). Effective planning strategy in robotics education: An embodied approach. Paper presented at the Society for Information Technology & Teacher Education International Conference 2017, Austin, TX, United States. www.learntechlib.org/p/177387

Sun Lee, J., & Ginsburg, H. P. (2009). Early childhood teachers' misconceptions about mathematics education for young children in the United States. *Australasian Journal of Early Childhood, 34*(4), 37–45.

Susperreguy, M. I., Di Lonardo Burr, S., Xu, C., Douglas, H., & LeFevre, J. A. (2020). Children's home numeracy environment predicts growth of their early mathematical skills in Kindergarten. *Child Development*. doi: 10.1111/cdev.13353.

Suydam, M. N. (1986). Manipulative materials and achievement. *Arithmetic Teacher, 33*(6), 10, 32.

Swigger, K. M., & Swigger, B. K. (1984). Social patterns and computer use among preschool children. *AEDS Journal, 17*, 35–41.

Swinton, P. J., Buysse, V., Bryant, D., Clifford, D., Early, D., & Little, L. (2005). NCEDL Prekindergarten study. *Early Developments*, 9(1).

Sylva, K., Melhuish, E., Sammons, P., SirajBlatchford, I., & Taggart, B. (2005). *The effective provision of pre-school education [EPPE] project: A longitudinal study funded by the DfEE (1997–2003)*. London, England: EPPE Project, Institute of Education, University of London.

Szkudlarek, E., & Brannon, E. M. (2018). Approximate arithmetic training improves informal math performance in low achieving preschoolers. *Frontiers in Psychology*, in press. doi: 10.3389/fpsyg. 2018.00606.

Taylor, M. (2017). *Computer programming with early elementary students with* and without intellectual disabilities. (Doctoral Dissertation), University of Central Florida. Retrieved from http://purl.fcla. edu/fcla/etd/CFE0006807.

Tharp, R. G., & Gallimore, R. (1988). *Rousing minds to life: Teaching, learning, and schooling in social contexts.* New York, NY: Cambridge University Press.

Thirumurthy, V. (2003). *Children's cognition of geometry and spatial thinking—A cultural process.* Unpublished doctoral dissertation, University of Buffalo, State University of New York.

Tierney, C., & Berle-Caman, M. (1997). *Fair shares.* Dale Seymour.

Thom, J. S., & McGarvey, L. M. (2015). The act and artifact of drawing(s): Observing geometric thinking with, in, and through children's drawings. *ZDM Mathematics Education, 47*(3), 465–481. doi: 10.1007/s11858-015-0697-0.

Thomas, B. (1982). *An abstract of kindergarten teachers' elicitation and utilization of children's prior knowledge in the teaching of shape concepts.* Unpublished manuscript, School of Education, Health, Nursing, and Arts Professions, New York University.

Thomas, G., & Tagg, A. (2004). *An evaluation of the Early Numeracy Project 2003.* Wellington, Australia: Ministry of Education.

Thommen, E., Avelar, S., Sapin, V. R. Z., Perrenoud, S., & Malatesta, D. (2010). Mapping the journey from home to school: A study on children's representation of space. *International Research in Geographical and Environmental Education, 19*(3), 191–205.

Thompson, A. C. (2012). *The effect of enhanced visualization instruction on first grade students' scores on the North Carolina standard course assessment.* (Dissertation), Liberty University, Lynchburg, VA.

Thompson, P. W. (1992). Notations, conventions, and constraints: Contributions to effective use of concrete materials in elementary mathematics. *Journal for Research in Mathematics Education, 23*, 123–147.

Thompson, C. J., & Davis, S. B. (2014). Classroom observation data and instruction in primary mathematics education: Improving design and rigour. *Mathematics Education Research Journal, 26*(2), 301–323. doi: 10.1007/s13394-013-0099-y.

Thompson, P. W., & Thompson, A. G. (1990). Salient aspects of experience with concrete manipulatives. In F. Hitt (Ed.), *Proceedings of the 14th Annual Meeting of the International Group for the Psychology of Mathematics* (Vol. 3, pp. 337–343). Mexico City, Mexico: International Group for the Psychology of Mathematics Education.

Thompson, R. J., Napoli, A. R., & Purpura, D. J. (2017). Age-related differences in the relation between the home numeracy environment and numeracy skills. *Infant and Child Development, 26* (5), 1–13. doi: 10.1002/icd.2019.

Thomson, D., Casey, B. M., Lombardi, C. M., & Nguyen, H. N. (2018). Quality of fathers' spatial concept support during block building predicts their daughters' early math skills – But not their sons'. *Early Childhood Research Quarterly*. doi: 10.1016/j.ecresq.2018.07.008.

Thomson, S., Rowe, K., Underwood, C., & Peck, R. (2005). *Numeracy in the early years: Project Good start.* Camberwellm Victoria, Australia: Australian Council for Educational Research.

Thorton, C. A., Langrall, C. W., & Jones, G. A. (1997). Mathematics instruction for elementary students with learning disabilities. *Journal of Learning Disabilities, 30*, 142–150.

Titeca, D., Roeyers, H., Josephy, H., Ceulemans, A., & Desoete, A. (2014). Preschool predictors of mathematics in first grade children with autism spectrum disorder. *Research in Developmental Disabilities, 35*(11), 2714–2727. doi: 10.1016/j.ridd.2014.07.012.

Tirosh, D., Tsamir, P., Levenson, E. S., & Barkai, R. (2020). Setting the table with toddlers: A playful context for engaging in one-to-one correspondence. *ZDM*. doi: 10.1007/s11858-019-01126-9.

Toll, S. W. M., Van der Ven, S., Kroesbergen, E., & Van Luit, J. E. H. (2010). Executive functions as predictors of math learning disabilities. *Journal of Learning Disabilities*, *20*(10), 1–12. doi: 10.1177/0022219410387302.

Toll, S. W. M., & Van Luit, J. E. H. (2014). Explaining numeracy development in weak performing kindergartners. *Journal of Experimental Child Psychology*, *124C*, 97–111. doi: 10.1016/j.jecp. 2014.02.001.

Toll, S. W. M., Van Viersen, S., Kroesbergen, E. H., & Van Luit, J. E. H. (2015). The development of (non-)symbolic comparison skills throughout kindergarten and their relations with basic mathematical skills. *Learning and Individual Differences*, *38*, 10–17. doi: 10.1016/j.lindif.2014.12.006.

Torbeyns, J., van den Noortgate, W., Ghesquière, P., Verschaffel, L., Van de Rijt, B. A. M., & van Luit, J. E. H. (2002). Development of early numeracy in 5to 7-year-old children: A comparison between Flanders and the Netherlands. *Educational Research and Evaluation. An International Journal on Theory and Practice*, *8*, 249–275.

Touchette, E., Petit, D., Séguin, J. R., Boivin, M., Tremblay, R. E., & Montplaisir, J. Y. (2007). Associations between sleep duration patterns and behavioral/cognitive functioning at school entry. *Sleep*, *30*, 1213–1219.

Tournaki, N. (2003). The differential effects of teaching addition through strategy instruction versus drill and practice to students with and without learning disabilities. *Journal of Learning Disabilities*, *36*(5), 449–458.

Trawick-Smith, J., Oski, H., DePaolis, K., Krause, K., & Zebrowski, A. (2016). Naptime data meetings to increase the math talk of early care and education providers. *Journal of Early Childhood Teacher Education*, *37*(2), 157–174. doi: 10.1080/10901027.2016.1165762.

Trawick-Smith, J., Swaminathan, S., &

Liu, X. (2016). The relationship of teacher child play interactions to mathematics learning in preschool. *Early Child Development and Care, 186*(5), 716–733. doi: 10.1080/03004430.2015.1054818.

Tsamir, P., Tirosh, D., Levenson, E. S., Barkai, R., & Tabach, M. (2017). Repeating patterns in kindergarten: Findings from children's enactments of two activities. *Educational Studies in Mathematics, 96*(1), 83–99. doi: 10.1007/s10649-017-9762-7.

Tudge, J. R. H., & Doucet, F. (2004). Early mathematical experiences: Observing young Black and White children's everyday activities. *Early Childhood Research Quarterly, 19,* 21–39.

Tu luk, M. N., & Öcal, S. M. (2017). Examination of STEM education and its effect on economy: Importance of early childhood education. In I. Koleva & G. Duman (Eds.), *Educational research and practice* (pp. 362–370). Sofia, Bulgaria: St. Kliment Ohridski University Press.

Tucker, S. I., Lommatsch, C. W., Moyer-Packenham, P. S., Anderson-Pence, K. L., & Symanzik, J. (2017). Kindergarten children's interactions with touchscreen mathematics virtual manipulatives: An innovative mixed methods analysis. *International Journal of Research in Education and Science, 3*(2), 646–665.

Turkle, S. (1997). Seeing through computers: Education in a culture of simulation. *The American Prospect, 31,* 76–82.

Turner, E. E., & Celedón-Pattichis, S. (2011). Problem solving and mathematical discourse among Latino/a kindergarten students: An analysis of opportunities to learn. *Journal of Latinos and Education, 10*(2), 146–169.

Turner, E. E., Celedón-Pattichis, S., & Marshall, M. E. (2008). Cultural and linguistic resources to promote problem solving and mathematical discourse among Hispanic kindergarten students. In R. S. Kitchen & E. A. Silver (Eds.), *Promoting high participation and success in mathematics by Hispanic students: Examining opportunities and probing promising practices* (Vol. 1, pp. 19–42). Tempe, AZ: TODOS: Mathematics for ALL.

Turner, R. C., & Ritter, G. W. (2004, April). *Does the impact of preschool childcare on cognition and behavior persist throughout the elementary years?* Paper presented at the American Educational Research Association, San Diego, CA.

Tymms, P., Jones, P., Albone, S., & Henderson, B. (2009). The first seven years at school. *Educational Assessment and Evaluation Accountability, 21,* 67–80.

Tzur, R., & Lambert, M. A. (2011). Intermediate participatory stages as zone of proximal development correlate in constructing counting-on: A plausible conceptual source for children's transitory "regress" to counting-all. *Journal for Research in Mathematics Education, 42,* 418–450.

Tzuriel, D., & Egozi, G. (2010). Gender differences in spatial ability of young children: The effects of training and processing strategies. *Child Development, 81*(5), 1417–1430.

Ungar, S., Blades, M., & Spencer, C. (1997). Teaching visually impaired children to make distance judgments from a tactile map. *Journal of Visual Impairment and Blindness, 91,* 163–174.

Urbina, A., & Polly, D. (2017). Examining elementary school teachers' integration of technology and enactment of TPACK in mathematics. *The International Journal of Information and Learning Technology, 34*(5), 439–451. doi: 10.1108/IJILT-06-2017-0054.

Uttal, D. H., Marzolf, D. P., Pierroutsakos, S. L., Smith, C. M., Troseth, G. L., Scudder, K. V., & DeLoache, J. S. (1997). Seeing through symbols: The development of children's understanding of symbolic relations. In O. N. Saracho & B. Spodek (Eds.), *Multiple perspectives on play in early childhood education* (pp. 59–79). Albany: State University of New York Press.

Uttal, D. H., Meadow, N. G., Tipton, E., Hand, L. L., Alden, A. R., Warren, C., & Newcombe, N. S. (2013). The malleability of spatial skills: A meta-analysis of training studies. *Psychological Bulletin, 139*(2), 352–402. doi: 10.1037/a0028446.

Uttal, D. H., Scudder, K. V., & DeLoache, J. S. (1997). Manipulatives as symbols: A new perspective on the use of concrete objects to teach mathematics. *Journal of Applied Developmental Psychology, 18*, 37–54.

Uyanik Aktulun, O., & Inal Kiziltepe, G. (2018). Using learning centers to improve the language and academic skills of preschool children. *World Journal of Education, 8*(6). doi: 10.5430/wje.v8n6p32.

Valiente, C., Eisenberg, N., Haugen, R., Spinrad, T. L., Hofer, C., Liew, J., & Kupfer, A. S. (2011). Children's effortful control and academic achievement: Mediation through social functioning. *Early Education & Development, 22*(3), 411–433. doi: 10.1080/10409289.2010.505259.

Vallortigara, G. (2012). Core knowledge of object, number, and geometry: A comparative and neural approach. *Cognitive Neuropsychology, 29* (1–2), 213–236. doi: 10.1080/02643294.2012.654772.

Vallortigara, G., Sovrano, V. A., & Chiandetti, C. (2009). Doing Socrates [sic] experiment right: Controlled rearing studies of geometrical knowledge in animals. *Current Opinion in Neurobiology, 19*(1), 20–26. doi: 10.1016/j.conb.2009.02.002.

Van Baar, A. L., de Jong, M., & Verhoeven, M. (2013). Moderate preterm children born at 32–36 weeks gestational age around 8 years of age: Differences between children with and without identified developmental and school problems. In O. Erez (Ed.), *Preterm Birth* (pp. 175–189). Rijeka, Croatia: In Tech Europe.

Van Bommel, J., & Palmér, H. (2016). Young children exploring probability – With focus on their documentations. *Nordic Studies in Mathematics Education, 21*(4), 95–114.

Van der Ven, F., Segers, E., Takashima, A., & Verhoeven, L. (2017). Effects of a tablet game intervention on simple addition and subtraction fluency in first graders. *Computers in Human Behavior, 72*, 200–207. doi: 10.1016/ j.chb.2017.02.031.

Van de Rijt, B. A. M., & Van Luit, J. E. H. (1999). Milestones in the development of infant numeracy. *Scandinavian Journal of Psychology, 40*, 65–71.

Van de Rijt, B. A. M., Van Luit, J. E. H., & Pennings, A. H. (1999). The construction of the Utrecht early mathematical competence scales. *Educational and Psychological Measurement, 59*, 289–309.

Van den Heuvel-panhuizen, M., Elia, I., & Robitzsch, A. (2015). Kindergartners' performance in two types of imaginary perspective-taking. *ZDM Mathematics Education, 47*(3), 345–362. doi: 10.1111/bjet.12320.

Van der Ven, S. H. G., Kroesbergen, E. H., Boom, J., & Leseman, P. P. M. (2012). The development of executive functions and early mathematics: A dynamic relationship. *British Journal of Educational Psychology, 82*(1), 100–119. doi: 10.1111/ j.2044-8279.2011.02035.x.

Van Herwegen, J., & Donlan, C. (2018). *Improving preschoolers' number foundations*. London, England: Kingston University. www. nuffieldfounda tion.org/sites/default/ files/files/Van%20Herwe gen%20 41669%20-%20Main%20report_ Improv ing%20Preschoolers%20 Number%20Founda tions%20 (Mar18).pdf.

Van Luit, J. E. H., & Van der Molen, M. J. (2011). The effectiveness of Korean number naming on insight into numbers in Dutch students with mild intellectual disabilities. *Research in Developmental Disabilities, 32*, 1941– 1947.

Van Oers, B. (1994). Semiotic activity of young children in play: The construction and use of schematic representations. *European Early Childhood Education Research Journal, 2*, 19–33.

Van Oers, B. (1996). Are you sure? Stimulating mathematical thinking during young children's play. *European Early Childhood Education Research Journal, 4*, 71–87.

Van Oers, B. (2003). Learning resources in the context of play. Promoting effective learning in early childhood. *European Early Childhood Education Research Journal, 11*, 7–25.

Van Oers, B., & Poland, M. (2012). Promoting abstract thinking in young children's play. In B. van Oers (Ed.), *Developmental Education for Young Children* (Vol. 7, pp. 121–136). The Netherlands: Springer.

Vanbinst, K., Ghesquiere, P., & Smedt, B. D. (2012). Numerical magnitude representations and individual differences in children's arithmetic strategy use. *Mind, Brain, and Education, 6*(3), 129–136. doi: 10.1111/j.1751-228X.2012.01148.x.

Vandermaas-Peeler, M., Boomgarden, E., Finn, L., & Pittard, C. (2012). Parental support of numeracy during a cooking activity with four-year-olds. *International Journal of Early Years Education, 20*(1), 78–93. doi: 10.1080/09669760.2012.663237.

Van Horn, M. L., Karlin, E. O., Ramey, S. L., Aldridge, J., & Snyder, S. W. (2005). Effects of developmentally appropriate practices on children's development: A review of research and discussion of methodological and analytic issues. Elementary School Journal, 105(4), 325–351.

Varela, F. J. (1999). *Ethical know-how: Action, wisdom, and cognition.* Stanford, CA: Stanford University Press.

Vasilyeva, M., Laski, E., Veraksa, A., Weber, L., & Bukhalenkova, D. (2018). Distinct pathways from parental beliefs and practices to children's numeric skills. *Journal of Cognition and Development, 19*(4), 345–366. doi: 10.1080/15248372.2018.1483371

Verdine, B. N., Golinkoff, R. M., Hirsh-Pasek, K., & Newcombe, N. S. (2017). Links between spatial and mathematical skills across the preschool years. *Monographs of* the Society for Research in Child Development, 82(1, Serial No. 324). doi: 10.1111/mono.12280.

Verdine, B. N., Lucca, K. R., Golinkoff, R. M., Newcombe, N. S., & Hirsh-Pasek, K. (2016). The shape of things: The origin of young children's knowledge of the names and properties of geometric forms. The Journal of Cognition and Development, 17(1), 142–161. doi: 10.1080/15248372. 2015.1016610.

Vergnaud, G. (1978). The acquisition of arithmetical concepts. In E. Cohors-Fresenborg & I. Wachsmuth (Eds.), Proceedings of the 2nd Conference of the International Group for the Psychology of Mathematics Education (pp. 344–355). Osnabruck, Germany: International Group for the Psychology of Mathematics Education.

Verschaffel, L., Baccaglini-Frank, A., Mulligan, J., van den Heuvel-Panhuizen, M., Xin, Y. P., & Butterworth, B. (2018). Special needs in research and instruction in whole number arithmetic. In M. G. Bartolini Bussi & X. H. Sun (Eds.), Building the Foundation: Whole Numbers in the Primary Grades: The 23rd ICMI Study (pp. 375–397). Cham: Springer International Publishing.

Verschaffel, L., Bojorquea, G., Torbeyns, J., & Van Hoof, J. (2019). Persistence of the Building Blocks' impact on Ecuadorian children's early numerical abilities EARLI 2019, Aachen University, Germany. https://doi.org/10.1016/j.ecresq. 2017.12.009.

Verschaffel, L., Greer, B., & De Corte, E. (2007). Whole number concepts and operations. In F. K. Lester, Jr. (Ed.), Second handbook of research on mathematics teaching and learning (pp. 557–628). New York, NY: Information Age Publishing.

Vogel, C., Brooks-Gunn, J., Martin, A., & Klute, M. M. (2013). Impacts of early Head Start participation on child and parent outcomes at ages 2, 3, and 5. Monographs of the Society for Research in Child Development, 78(1), 36–63. doi: 10.1111/j.15405834.2012.00702.x.

Votruba-Drzal, E., & Chase, L. (2004). Child care and low-income children's development: Direct and moderated effects. *Child Development*, *75*, 296–312.

Vukovic, R. K. (2012). Mathematics difficulty with and without reading difficulty: Findings and implications from a four-year longitudinal study. *Exceptional Children*, *78*, 280–300.

Vukovic, R. K., & Lesaux, N. K. (2013). The language of mathematics: Investigating the ways language counts for children's mathematical development. *Journal of Experimental Child Psychology*, *115*(2), 227–244. doi: 10.1016/j.jecp.2013.02.002.

Vukovic, R. K., Lesaux, N. K., & Siegel, L. S. (2010). The mathematics skills of children with reading difficulties. *Learning and Individual Differences*, *20*(6), 639–643.

Vurpillot, E. (1976). *The visual world of the child*. New York, NY: International Universities Press.

Vygotsky, L. S. (1934/1986). *Thought and language*. Cambridge, MA: MIT Press.

Vygotsky, L. S. (1978). Internalization of higher psychological functions. In M. Cole, V. John-Steiner, Scribner, & E. Souberman (Eds.), *Mind in society* (pp. 52–57). Cambridge, MA: Harvard University Press.

Waber, D. P., de Moor, C., Forbes, P., Almli, C. R., Botteron, K., Leonard, G., Milovan, D. … Rumsey, J.. (2007). The NIH MRI study of normal brain development: Performance of a population based sample of healthy children aged 6 to 18 years on a neuropsychological battery. *Journal of the International Neuropsychological Society*, *13* (5), 729–746.

Waddell, L. R. (2010). How do we learn? African American elementary students learning reform mathematics in urban classrooms. *Journal of Urban Mathematics Education*, *3*(2), 116–154.

Wadlington, E., & Burns, J. M. (1993). Instructional practices within preschool/kindergarten gifted programs. *Journal for the Education of the Gifted*, *17*(1), 41–52.

Wakeley, A. (2005, April). *Mathematical knowledge of very low birth weight prekindergarten children*. Paper presented at the Biennial Meeting of the Society for Research in Child Development, Atlanta, GA.

Walshaw, M., & Anthony, G. (2008). The teacher's role in classroom discourse: A review of recent research into mathematics classrooms. *Review of Educational Research, 78*, 516–551.

Walston, J. T., & West, J. (2004). *Full-day and halfday kindergarten in the United States: Findings from the "Early childhood longitudinal study, kindergarten class 1998–99" (NCES 2004–2078)*. Washington, DC: U.S. Department of Education, Institute of Education Sciences, National Center for Education Statistics.

Walston, J. T., West, J., & Rathbun, A. H. (2005). *Do the greater academic gains made by full-day kindergarten children persist through third grade?* Paper presented at the Annual Meeting of the American Educational Research Association, Montreal, Canada.

Wang, F., Xie, H., Wang, Y., Hao, Y., & An, J. (2016). Using touchscreen tablets to help young children learn to tell time. *Frontiers in Psychology, 7* (1800). doi: 10.3389/fpsyg.2016.01800

Wang, J. J., Odic, D., Halberda, J., & Feigenson, L. (2016). Changing the precision of preschoolers' approximate number system representations changes their symbolic math performance. *The Journal of Experimental Child Psychology, 147*, 82–99. doi: 10.1016/j.jecp.2016.03.002.

Wang, M., Resnick, L. B., & Boozer, R. F. (1971). The sequence of development of some early mathematics behaviors. *Child Development, 42*, 1767–1778.

Warren, E., & Cooper, T. (2008). Generalising the pattern rule for visual growth patterns: Actions that support 8 year olds' thinking. *Educational Studies in Mathematics, 67*, 171–185. doi: 10.1007/sl0649-007-9092-2.

Warren, E., Miller, J., & Cooper, T. J. (2012). Repeating patterns: Strategies to assist young students to generalise the mathematical structure.

*Australasian Journal of Early Childhood*, *37*(3), 111–120.

Warren, E., & Miller, J. (2014). Supporting English second-language learners in disadvantaged contexts: Learning approaches that promote success in mathematics. *International Journal of Early Years Education*. doi: 10.1080/09669760.2014. 969200

Watson, J. M., Callingham, R. A., & Kelly, B. A. (2007). Students' appreciation of expectation and variation as a foundation for statistical understanding. *Mathematical Thinking and Learning*, *9*, 83–130.

Watts, T. W., Clements, D. H., Sarama, J., Wolfe, C. B., Spitler, M. E., & Bailey, D. H. (2017). Does early mathematics intervention change the processes underlying children's learning? *Journal of Research on Educational Effectiveness*, *10*(1), 96–115. doi: 10.1080/19345747.2016.1204640.

Watts, T., Duncan, G. J., Chen, M., Claessens, A., DavisKean, P. E., Duckworth, K., Engel, M., Siegler, R. S., & Susperreguy, M. I. (2015). Self-concepts, school placements, executive function, and fractions knowledge as mediators of links between early and later school achievement. *Child Development*, *86*(6), 1892–1907. doi: 10.1111/cdev.12416.

Watts, T. W., Duncan, G. J., Clements, D. H., & Sarama, J. (2018). What is the long-run impact of learning mathematics during preschool? *Child Development*, *89*(2), 539–555. doi: 10.1111/cdev.12713 Watts, T. W., Duncan, G. J., Siegler, R. S., & DavisKean, P. E. (2014). What's past is prologue: Relations between early mathematics knowledge and high school achievement. *Educational Researcher*. doi: 10.3102/0013189X14553660.

Watts, T. W., Duncan, G. J., & Quan, H. (2018). Revisiting the marshmallow test: A conceptual replication investigating links between early delay of gratification and later outcomes. *Psychological Science*, 1–9. doi: 10.1177/0956797618761661.

Weiland, C., & Yoshikawa, H. (2012).

*Impacts of BPS K1 on children's early numeracy, language, literacy, executive functioning, and emotional development*. Paper presented at the School Committee, Boston Public Schools, Boston, MA. Weiss, I., Kramarski, B., & Talis, S. (2006). Effects of multimedia environments on kindergarten children's mathematical achievements and style of learning. *Educational Media International, 43*(1), 3–17. doi: 10.1080/09523980500490513.

Wellman, H. M., & Miller, K. F. (1986). Thinking about nothing: Development of concepts of zero. *British Journal of Developmental Psychology, 4*, 31–42.

Welsh, J. A., Nix, R. L., Blair, C., Bierman, K. L., & Nelson, K. E. (2010). The development of cognitive skills and gains in academic school readiness for children from low-income families. *Journal of Educational Psychology, 102*(1), 43–53.

What Works Clearinghouse. (2013). *Bright beginnings WWC Intervention Report*. Princeton, NJ: Author.

Wheatley, G. (1996). *Quick draw: Developing spatial sense in mathematics*. Tallahassee, FL: Mathematics Learning.

Whitin, P., & Whitin, D. J. (2011, May). Mathematical pattern hunters. *Young Children, 66*(3), 84–90.

Wiegel, H. G. (1998). Kindergarten students' organizations of counting in joint counting tasks and the emergence of cooperation. *Journal for Research in Mathematics Education, 29*, 202–224.

Wilensky, U. (1991). Abstract mediations on the concrete and concrete implications for mathematics education. In I. Harel & S. Papert (Eds.), *Constructionism* (pp. 193–199). Norwood, NJ: Ablex.

Wilkerson, T. L., Cooper, S., Gupta, D., Montgomery, M., Mechell, S., Arterbury, K., Moore, S., Baker, B. R., & Sharp, P. T. (2014). An investigation of fraction models in early elementary grades: A mixedmethods approach. *Journal of Research in Childhood Education, 29*(1), 1–25. doi:

10.1080/02568543.2014.945020.

Wilkinson, S. (2017). *Mathematics development in Spanish-speaking English language learners*. (Doctoral Dissertation), University of Iowa. Retrieved from http://ir.uiowa.edu/etd/5878.

Wilkinson, L. A., Martino, A., & Camilli, G. (1994). Groups that work: Social factors in elementary students mathematics problem solving. In J. E. H. van Luit (Ed.), *Research on learning and instruction of mathematics in kindergarten and primary school* (pp. 75–105). Doetinchem, The Netherlands: Graviant Publishing Company.

Williams, R. F. (2008). Guided conceptualization? Mental spaces in instructional discourse. In Oakley & A. Hougaard (Eds.), *Mental spaces in discourse and interaction* (pp. 209–234). Amsterdam, The Netherlands: John Benjamins Publishing Company.

Wilson, A. J., Dehaene, S., Pinel, P., Revkin, S. K., Cohen, L., & Cohen, D. K. (2006). Principles underlying the design of "The Number Race", an adaptive computer game for remediation of dyscalculia. *Behavioral and Brain Functions, 2*, 19.

Wilson, A. J., Revkin, S. K., Cohen, D. K., Cohen, L., & Dehaene, S. (2006). An open trial assessment of "The number race," an adaptive computer game for remediation of dyscalculia. *Behavioral and Brain Functions, 2*, 20.

Wing, R. E., & Beal, C. R. (2004). Young children's judgments about the relative size of shared portions: The role of material type. *Mathematical Thinking and Learning, 6*, 1–14.

Wolfgang, C. H., Stannard, L. L., & Jones, I. (2001). Block play performance among preschoolers as a presdictor of later school achievement in mathematics. *Journal of Research in Childhood Education, 15*, 173–180.

Wong, V. C., Cook, T. D., Barnett, W. S., & Jung, K. (2008). An effectiveness-based evaluation of five state pre-kindergarten programs. *Journal of Policy Analysis and Management, 27*(1), 122–154.

Wright, B. (1991). What number knowledge is possessed by children beginning the kindergarten year of school? *Mathematics Education Research Journal*, *3*(1), 1–16.

Wright, R. J., Stanger, G., Cowper, M., & Dyson, R. (1994). A study of the numerical development of 5-year-olds and 6-year-olds. *Educational Studies in Mathematics*, *26*, 25–44.

Wright, R. J., Stanger, G., Cowper, M., & Dyson, R. (1996). First-graders' progress in an experimental mathematics recovery program. In J. Mulligan & M. Mitchelmore (Eds.), *Research in early number learning* (pp. 55–72). Adelaide, Australia: AAMT.

Wright, R. J., Stanger, G., Stafford, A. K., & Martland, J. (2006). *Teaching number in the classroom with 4–8 year olds*. London, England: Paul Chapman Publications/Sage Publications.

Wu, -H.-H. (2011). *Understanding numbers in elementary school mathematics*. Providence, RI: American Mathematical Society.

Wu, S. S., Barth, M., Amin, H., Malcarne, V., & Menon, V. (2012). Math anxiety in second and third graders and its relation to mathematics achievement. *Frontiers in Psychology*, *3*(162), 1–11. doi: 10.3389/fpsyg.2012.00162.

Wynn, K. (1992). Addition and subtraction by human infants. *Nature*, *358*, 749–750.

Xin, J. F. (1999). Computer-assisted cooperative learning in integrated classrooms for students with and without disabilities. *Information Technology in Childhood Education Annual*, *1*(1), 61–78.

Yackel, E., & Wheatley, G. H. (1990). Promoting visual imagery in young pupils. *Arithmetic Teacher*, *37* (6), 52–58.

Yin, H. S. (2003). Young children's concept of shape: Van Hiele visualization level of geometric thinking. *The Mathematics Educator*, *7*(2), 71–85.

Yoshikawa, H., Weiland, C., & Brooks-Gunn, J. (2016). When does preschool matter? *The Future of Children*, *26*(2), 21–35.

Yost, N. J. M. (1998). Computers, kids, and crayons: A comparative study of one kindergarten's emergent literacy behaviors. *Dissertation Abstracts International, 59–08*, 2847.

Young-Loveridge, J. M. (1989a). The number language used by preschool children and their mothers in the context of cooking. *Australian Journal of Early Childhood, 21*, 16–20.

Young-Loveridge, J. M. (1989b). The development of children's number concepts: The first year of school. *New Zealand Journal of Educational Studies, 24*(1), 47–64.

Young-Loveridge, J. M. (2004). Effects on early numeracy of a program using number books and games. *Early Childhood Research Quarterly, 19*, 82–98.

Young-Loveridge, J. M., & Bicknell, B. (2018). Making connections using multiplication and division contexts. In V. Kinnear, M. Y. Lai, & T. Muir (Eds.), *Forging Connections in Early Mathematics Teaching and Learning* (pp. 259–272). Singapore: Springer

Singapore.

Zacharos, K., & Kassara, G. (2012). The development of practices for measuring length in preschool education. *Skholê, 17*, 97–103.

Zaranis, N. (2017). Does the use of information and communication technology through the use of Realistic Mathematics Education help kindergarten students to enhance their effectiveness in addition and subtraction? *Preschool & Primary Education, 5*(1), 46–62. doi: 10.12681/ ppej.9058.

Zaranis, N. (2018a). Comparing the effectiveness of using ICT for teaching geometrical shapes in kindergarten and the first grade. *International Journal of Web-Based Learning and Teaching Technologies (IJWLTT), 13*(1), 50–63. doi: 10.4018/ IJWLTT.2018010104.

Zaranis, N. (2018b). Comparing the effectiveness of using tablet computers for teaching addition and subtraction *Learning Strategies and Constructionism in Modern Education Settings* (pp. 131–151): IGI Global.

Zaranis, N., & Synodi, E. (2017). A

comparative study on the effectiveness of the computer assisted method and the interactionist approach to teaching geometry shapes to young children. *Education and Information Technologies*, *22*(4), 1377–1393.

Zaretsky, E. (2017). The impact of using logic patterns on achievements in mathematics through application-games. In J. Horne (Ed.), *Philosophical Perceptions on Logic and Order* (pp. 73–95). IGI Global. https://doi. org/10.4018/978-1-5225-24434.ch002

Zelazo, P. D., Reznick, J. S., & Piñon, D. E. (1995). Response control and the execution of verbal rules.

*Developmental Psychology*, *31*, 508– 517.

Zhang, X., & Lin, D. (2015). Pathways to arithmetic: The role of visual-spatial and language skills in written arithmetic, arithmetic word problems, and nonsymbolic arithmetic. *Contemporary Educational Psychology*, *41*, 188–197. doi: 10.1016/j. cedpsych.2015.01.005.

Zur, O., & Gelman, R. (2004). Young children can add and subtract by predicting and checking. *Early Childhood Research Quarterly*, *19*, 121–137.

出 版 人　郑豪杰
责任编辑　徐　杰
版式设计　京久科创　沈晓萌
责任校对　贾静芳
责任印制　李孟晓

**图书在版编目（CIP）数据**

儿童早期的数学学习与教育：基于学习路径的研究：
第三版／（美）道格拉斯·H. 克莱门茨，（美）朱莉·萨
拉马著；张俊等译. —2版. 北京：教育科学出版
社，2025.3
书名原文：Learning and Teaching Early Math——
The Learning Trajectories Approach（Third Edition）
ISBN 978-7-5191-3672-7

Ⅰ. ①儿…　Ⅱ. ①道…　②朱…　③张…　Ⅲ. ①数学教
学—儿童教育—研究　Ⅳ. ①O1

中国国家版本馆CIP数据核字（2024）第005079号

北京市版权局著作权合同登记　图字：01-2023-5008号

儿童早期的数学学习与教育——基于学习路径的研究（第三版）
ERTONG ZAOQI DE SHUXUE XUEXI YU JIAOYU——JIYU XUEXI LUJING DE YANJIU（DI-SAN BAN）

| | | | | |
|---|---|---|---|---|
| 出版发行 | 教育科学出版社 | | | |
| 社　　址 | 北京·朝阳区安慧北里安园甲9号 | 邮　　编 | 100101 |
| 总编室电话 | 010-64981290 | 编辑部电话 | 010-64989386 |
| 出版部电话 | 010-64989487 | 市场部电话 | 010-64989572 |
| 传　　真 | 010-64891796 | 网　　址 | http://www.esph.com.cn |
| 经　　销 | 各地新华书店 | | |
| 制　　作 | 北京京久科创文化有限公司 | | |
| 印　　刷 | 保定市中画美凯印刷有限公司 | 版　　次 | 2020年5月第1版 |
| | | | 2025年3月第2版 |
| 开　　本 | 787毫米×1092毫米　1/16 | | |
| 印　　张 | 46.25 | 印　　次 | 2025年3月第1次印刷 |
| 字　　数 | 657千 | 定　　价 | 150.00元 |

Learning and Teaching Early Math: The Learning Trajectories Approach, 3rd Edition
By Douglas H. Clements and Julie Sarama

© 2021 Douglas H. Clements and Julie Sarama